普通高等教育"十一五"国家级规划教材

面 向 21 世 纪 课 程 教 材
Textbook Series for 21st Century

高等农林教育"十三五"规划教材

生物化学

第3版

刘国琴　杨海莲　主编

中国农业大学出版社
·北京·

内容简介

生物化学是一门在分子水平研究生命体的化学结构与化学变化、用化学术语解释生命本质的动态科学。

本书是面向生物学专业编写的理科教材。内容包括 3 部分：首先，重点讨论了蛋白质、核酸、酶、糖类和脂质等生物大分子的结构、功能以及结构与功能之间的关系，同时介绍了这些生物大分子的重要生物化学性质及相关分离、分析技术的基本原理和应用特点；其次，对糖类、脂质、氨基酸、核苷酸的分解代谢和合成代谢及其代谢调节进行了系统、概要介绍；最后，主要以原核生物为例讨论了从 DNA 到 RNA 再到蛋白质的遗传信息流的分子机制。同时，在各章中插入了知识拓展框和典型习题，体现了内容的新颖性、趣味性和实用性。

本书内容编写精炼、前后呼应、富有逻辑、图文并茂、双色印制，适合作为生物科学专业理科教材，同时也适合医学和大农学类相关专业本科生使用。

图书在版编目(CIP)数据

生物化学/刘国琴，杨海莲主编. —3 版. —北京：中国农业大学出版社，2019.1(2024.5 重印)
ISBN 978-7-5655-2167-6

Ⅰ.①生… Ⅱ.①刘…②杨… Ⅲ.①生物化学-高等学校-教材 Ⅳ.①Q5

中国版本图书馆 CIP 数据核字(2018)第 302966 号

书　　名　生物化学(第 3 版)
作　　者　刘国琴　杨海莲　主编

策划编辑　赵　艳　潘晓丽　　**责任编辑**　田树君
封面设计　郑　川　李尘工作室
出版发行　中国农业大学出版社
社　　址　北京市海淀区圆明园西路 2 号　　**邮政编码**　100193
电　　话　发行部 010-62818525，8625　　读者服务部 010-62732336
　　　　　编辑部 010-62732617，2618　　出　版　部 010-62733440
网　　址　http://www.caupress.cn　　**E-mail**　cbsszs@cau.edu.cn
经　　销　新华书店
印　　刷　北京时代华都印刷有限公司
版　　次　2019 年 5 月第 3 版　　2024 年 5 月第 5 次印刷
规　　格　185 mm×260 mm　　16 开本　　27.75 印张　　690 千字
定　　价　84.00 元

第3版编写人员

主　编　刘国琴　杨海莲

副主编　韩海棠　董江丽　马静芳　李　菡

编　者　刘国琴(中国农业大学)
杨海莲(中国农业大学)
韩海棠(中国农业大学)
董江丽(中国农业大学)
马静芳(甘肃农业大学)
李　菡(山东农业大学)
艾晓杰(上海交通大学)
张少斌(沈阳农业大学)
赵国芬(内蒙古农业大学)
朱素娟(扬州大学)
李今煜(福建农林大学)
李　燕(上海水产大学)

第2版编写人员

主　编　刘国琴　张曼夫

副主编　杨海莲　马静芳　李　菡　艾晓杰

编　者　刘国琴（中国农业大学）
杨海莲（中国农业大学）
马静芳（甘肃农业大学）
李　菡（山东农业大学）
艾晓杰（上海交通大学）
张少斌（沈阳农业大学）
赵国芬（内蒙古农业大学）
朱素娟（扬州大学）
李今煜（福建农林大学）
李　燕（上海水产大学）

第1版编写人员

主　编　张曼夫

编　者　（按姓氏笔画排序）
龙良启（华中农业大学）
刘国琴（中国农业大学）
张曼夫（中国农业大学）
程国华（沈阳农业大学）
郭蔼光（西北农林科技大学）

第3版前言

党的二十大报告明确提出，深入实施科教兴国战略、人才强国战略、创新驱动发展战略。生命科学迅猛发展，与生物化学相关的新理论、新知识和新技术不断涌现。生物化学教材内容的及时更新对学生拓宽视野、跟踪学科前沿、激发创新意识具有重要意义。

本书此次再版，我们重点考虑解决如下3个问题：如何在完整保留原有知识体系的基础上，精炼有效地引入一些新理论、新知识和新技术，从而开拓学生的视野和创新意识？如何更多地将生物化学知识与人类生活实际相结合，从而激发学生学习生物化学的兴趣？如何引导学生通过各章的简短练习，更深刻地理解和掌握重点内容，从而提升分析问题和解决问题的能力？

此版教材在对部分章节内容进行修改的基础上，主要做了以下2方面的改动：①增加了27个知识拓展框。选择性地引入了生物化学学科深受关注的新成果，如：扩大遗传字母表的梦想；简要介绍了多种疾病治疗的生物化学基础，如流感、肿瘤、糖尿病酮症酸中毒、砷中毒、急性白血病、糙皮病、半乳糖血症、高尿酸血症以及心脏病、毒瘾戒除等；还介绍了一些生物化学应用技术，包括生物医学新材料，利用基因工程生产血清白蛋白，果蔬农药残留快速检测等。②在每章后分别加入了填空、单选和问答题3类典型习题，并附有答案。希望能够帮助学生提高生物化学学习效率，提升运用生物化学知识分析问题和解决问题的能力。知识拓展框、习题和答案的撰写工作由杨海莲、韩海棠和董江丽3位老师共同完成。此次再版组织工作由杨海莲老师负责。

第3版《生物化学》保持了第2版的基本框架结构，内容充实，语句通顺，编写精炼，富有逻辑，深度适中，重点突出，难点处理合适，图文并茂；本次修改中，杨海莲、韩海棠和董江丽3位老师阅读了大量学术期刊资料，结合自己多年的教学经验，认真选择有关内容，编写成文并附有出处，以知识拓展框的形式呈现出来，明显提升了该教材的新颖性、趣味性和实用性。原第2版教材中视频文件将做成二维码放在相应章节的习题前。该教材适合作为生物科学专业理科教材，同时也适合医学和大农学类相关专业本科生使用。

该书从第1版发展到第3版，得益于教育部、北京市教委、中国农业大学教务处和生物学院的多方支持，得益于近10所大学生物化学老师的参与，还得益于过去8年中许多读者对书中错误的指正，这里一并深表感谢。由于能力有限，相信书中一定还存在错误，竭诚希望广大读者批评指正。

编　者

2024年5月于北京

第2版前言

进入 20 世纪，国家建设突飞猛进，生命科学快速发展，大学教材也版本频出。当今大学教材呈现多样性和高更新率的趋势，其原因众所周知。作为一部教材的编者，我们深知，写教材是一项神圣的工作，一项巨大的工程；一本合格的教材应该是：内容充实，语句通顺，形式新颖，编写精练，富有逻辑，深度适中，重点突出，难点处理合适，图文相应且一致。

生物化学是一门现代科学、动态科学和交叉科学，这些特点决定了《生物化学》教材的编写难度。在本书的编写中，我们首先拟定了整本书的章节内容，然后组织 9 所大学 10 名教学第一线老师，参考国内外多部生物化学教材，对张曼夫主编的《生物化学》（中国农业大学出版社，2002）进行了重新编写。全书共 18 章，编写分工如下：第一章（绪论）、第二章（蛋白质构件分子——氨基酸）和第三章（蛋白质结构与功能）由刘国琴编写；第四章（蛋白质的分离与鉴定）由张少斌编写；第五章（酶）由李菡编写；第六章（维生素与辅酶）和第十二章（脂质代谢）由李燕编写；第七章（糖类）和第十一章（糖代谢）由马静芳编写；第八章（核酸化学）由李今煜编写；第九章（脂类和生物膜）和第十章（生物能学与生物氧化）由朱素娟编写；第十三章（氨基酸代谢）和第十四章（核苷酸代谢）由赵国芬编写；第十五章（DNA 合成）和第十六章（RNA 转录）由杨海莲和艾晓杰编写；第十七章（蛋白质生物合成）由杨海莲和马静芳编写；第十八章（代谢调节）由杨海莲和赵国芬编写。张曼夫在编写人员的组织过程中起了主导作用。

全书统稿工作由刘国琴完成。主要工作如下：对各章节从内容、文字到用图进行了认真筛选和大幅度修改，努力使内容精练，语言通顺，重点突出，富有逻辑性和系统性；对众多教学难点进行了恰当处理，如氨基酸滴定、蛋白质结构与功能的关系、DNA 拓扑学、酶促反应过渡态、抗体酶、酶的转换数、生物能学理论和跨膜信号转导等；对一些高难度生物化学研究技术原理进行了深入浅出的介绍，如 X 射线衍射技术、MALDI-TOF 和串联质谱等；在恰当的知识背景下引入了一些新概念、新进展，如分子马达、分子旋转、蛋白质组学、基因芯片、小分子 RNA、免疫沉淀、蛋白质“标签”和 DNA 甲基化等。在全书的内容安排和统稿过程中，杨海莲、李菡、马静芳和艾晓杰做了大量工作。

《生物化学》第 2 版适合作为生物学专业理科教材，同时也适合医学和大农学类相关专业本科生使用。该书能顺利出版，得益于北京市“中国农业大学生物化学优秀教学团队”和教育部“中国农业大学生物化学双语教学示范课程”建设经费的大力支持，以及中国农业大学等所有参编单位的大力支持。参加编写的 10 位教师分别来自中国农业大学、上海交通大学、山东农业大学、内蒙古农业大学、沈阳农业大学、甘肃农业大学、扬州大学、福建农林大学和上海水产大学。另外，此书在校稿和书图制作过程中还得到部分研究生或本科生的帮助，如王春艳、陈子溦、贾薇、余跃洲和李晓等，这里一并表示感谢。

尽管作者在主观上想编写一本“合格”的教材，在实际编写中也尽了最大努力，仅统稿时间就长达两年，但由于能力有限，经验不足，书中一定存在不足或错误之处，竭诚希望广大读者批评指正。

编　者

2010 年 12 月于北京

第1版前言

20 世纪是信息与生命科学的世纪，人才是科学发展的关键。我国高等学校担当了培养高等人才的历史任务。为了适应新世纪生物科学的发展需要，各院校相继成立了细胞、分子生物学和生物技术等相关专业。教育部同时决定在全国高校建立生物学专业理科人才培养基地。中国农业大学生物学院于 1997 年获准建立生物学专业理科人才培养基地后进行了专业调整，重新制定了教学大纲。编者根据新教学大纲的要求和需要，参考近年国外生物化学教材的有关内容，组织编写了这本书。本书专业名词根据科学出版社出版的《英汉、汉英生物化学词汇》和《英汉生物学与生物工程词汇》编写。该书也是高等教育面向 21 世纪教学内容和课程体系改革项目(04 - 10)研究的成果。

根据教育部关于加强基础、淡化专业的改革精神，在篇幅可能的条件下，本教材突出水、糖、脂肪、氨基酸等生物分子的基本知识，重点加强了酶、核酸、蛋白质等生物大分子的功能与结构的描述，尽可能吸收近代生物化学发展的知识；内容编辑方式上也做了一些新的尝试，希望能给读者带来新鲜感。这是一本生物学专业理科教材，也可作为相关专业的研究生和生物科学研究工作者的参考书。

编写《生物化学》得到了中华农业科教基金的资助，同时也得到了中国农业大学、华中农业大学、西北农林科技大学、沈阳农业大学各级领导的关怀和支持，这里特别要感谢 Western Michigan University 的 J. Stenesh 教授和美国 New York Plenum 的 Press，我们在参考和引用他们出版的教材图表时，得到了他们的支持和授权。我国著名的生物化学家、中国科学院院士、中国农业大学教授阎隆飞先生生前对本书的编写给予了热情支持，并对编写大纲和内容都做了精心的指导，还亲自为本书写了推荐意见。中国农业大学生物学院生物化学与分子生物学系吴显荣教授也在百忙中审阅了大部分章节。李义平博士、袁克湖博士和乔素兰博士为本书绘制图表、校对等方面做了大量的工作。在此，我们向为这本书做过工作的老师、朋友和同学表示衷心感谢。

编者抱着一颗为教学工作尽心尽力做些工作的心情，组织了这本教材的编写工作，但主观愿望与实际能力总是有差距，教材中一定有不足甚至是错误的地方，希望广大读者不吝指出，以便再版时更正。

编　者

2002 年 8 月 1 日

目录

第一章

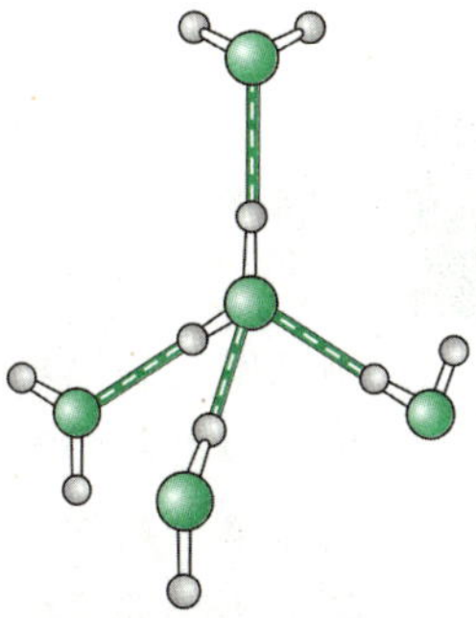

绪　　论

生物化学是研究生命体化学组成及化学变化规律的一门科学，主要利用化学、物理学和生物学的原理、方法来研究生物学问题。什么是生命呢？从古至今，从哲学家到生物学家，都对答案非常感兴趣，也有过多种解释。概括说来，生命是物质运动的高级形式，它建立在物理、化学规律之上，但又不完全归结为物理、化学范畴；生命是以蛋白质和核酸为主的高度有序的多分子体系，是能进行新陈代谢和自我繁殖的开放系统。

生物化学是一门现代交叉学科，于 19 世纪末叶兴起，到 20 世纪初屹立于科学界。生物化学在建立初期，以天然有机化合物的分离、鉴定为主要研究内容，而今已发展成为探索复杂生命过程分子基础的一门科学，其主要任务是研究蛋白质、核酸、酶、糖类、脂类等生物大分子结构与功能、物质代谢与能量代谢以及遗传信息流。

近百年来，生物化学取得了一系列的辉煌成就，对多种学科的发展产生了重要影响。为更好地理解这些影响，我们一起回顾一下生物化学学科的建立、发展及其历史性贡献。

一、生物化学发展简史

（一）生物化学于 19 世纪末叶建立

18 世纪下半叶，化学成就大量积累。学者们开始思考一个深层次问题：有机化合物与无机化合物的根本区别是什么？当时的德国生理学家提出，二者的根本区别在于有无“生命活力”。

19 世纪前半叶，许多化学家开始从事生命体的研究，有机化学很快发展成为一门研究生物体有机成分的化学。此阶段有两位德国化学家工作卓著：①F. Wöhler 于 1828 年发现无机化合物氰化铵经过加热能合成生物分子——尿素。尿素本来是一种仅存在于动物机体的有机物质，尿素的体外合成意味着有机化学与无机化学之间并没有鸿沟存在，生命的性质可以用化学术语来解释。该发现对“生命活力论”是一个致命打击。②J. von Liebig 认为动物体的热能是由食物燃烧产生的，于 1842 年提出“代谢”这个概念，指出代谢是生物体内物质的合成与分解过程。这些观点对用化学原理认识生命过程起到了重要作用。

19 世纪 40 年代细胞学说的建立大大刺激了生理学的发展，同时加速了生物化学学科的建立。许多化学家开始分离、鉴定细胞的各种化学成分，其中最为突出的是德国化学家 F. Hoppe-Seyler。他广泛研究血液、软骨及其他体液的化学组分，从血液中分离出血红蛋白，提出生物化学的概念，并于 1877 年创办了《生理化学杂志》，明确指出："生理化学"已成长为一门科学。

随着细胞有机物质分子结构知识的不断积累，细胞中化学反应的研究也随之展开。首先得到阐明的是降解代谢途径，即有机化合物分解的一系列化学反应。早在 19 世纪初人们就认识到酵母菌是酒精发酵的主要微生物，但它如何将葡萄糖分解成酒精和二氧化碳并不清楚。法国微生物学家 L. Pasteur 认为发酵因子(酵素，后来称"酶")只存在于活的酵母细胞中，这引起了不小的争议。直到 1897 年 E. Büchner 用酵母无细胞提取物完成了酒精发酵，才彻底否定了上述观点。至此，人们清晰地认识到，活的机体是由特定的化学物质组成的，这些物质在化学过程中是可以发生相互作用的。

19 世纪末期，另一位著名的生物化学家是德国的 E. Fischer。他用化学方法确定了许多单糖和二糖的结构和构型，证明酶有专一性，于 1894 年提出了用于揭示底物与酶关系的"锁—钥"假说，完成了氨基酸之间的缩合反应，提出了蛋白质肽键理论。由于他对生物化学的杰出贡献，被公认为"生物化学之父"，并于 1902 年获得诺贝尔化学奖。

(二)20 世纪前半叶生物化学作为一门独立学科迅速发展

进入 20 世纪后，由于德国生物化学处于领先地位，大量学生到德国留学，由此带动了美、英、法等多个国家的生物化学发展。随着生物化学研究领域的不断拓展，涌现出了一大批优秀的生物化学家，在物质分离和研究上取得了很多成果。例如，从动物组织中分离到胰岛素、甲状腺素和肾上腺素作为药用；英国剑桥大学 F. G. Hopkins 发现维生素，大大促进了食品营养学的发展。德国生物化学家 O. F. Meyerhof 由于在肌肉代谢上的成就而获得 1922 年诺贝尔奖，德国化学家 R. Willstatter 因为在色素方面的成果于 1915 年获得诺贝尔奖，O. H. Warburg 由于在细胞呼吸方面的贡献于 1931 年获得诺贝尔奖，等等。

20 世纪前半叶生物化学有 3 个重大发现：激素、维生素和酶。关于酶本质的讨论持续了多年，有学者认为"酶是蛋白质"，而以 R. Willstatter 为代表的学者则认为"酶不是蛋白质"。J. Sumner(1926)第一次获得了脲酶晶体，证明其化学本质是蛋白质，成为 20 世纪初期的突出成就(1946 年获得诺贝尔化学奖)。随后 J. H. Northrup(1930)得到胃蛋白酶和胰蛋白酶的晶体(1946 年获得诺贝尔化学奖)。至此，"酶是蛋白质"的观点被普遍接受，这刺激了更多酶的分离分析，酶学成为生物化学不断增长的重要研究领域。随着酶学的研究进展，更多代谢途径被解析，如糖酵解、酒精发酵、尿素循环以及 H. A. Krebs(1953 年获得诺贝尔生理学医学奖)的三羧酸循环等。因此，人们开始相信生物化学研究能够为揭示细胞功能提供强有力的手段。

20 世纪中叶，生物化学已成为一门独立的学科，而且它在代谢方面的深入研究催生了生物力能学的诞生。生物力能学主要研究细胞如何将营养物质中的化学能转变成为生物可以利用的一种"通货"——ATP，并将碳水化合物、脂肪、氨基酸及核苷酸的代谢途径联系起来，使各代谢途径之间的内在联系和调控关系更加明确。

(三)20 世纪后半叶生物化学带动了多个新兴学科

20 世纪中叶以后，由于各领域科学家跨学科的有效合作，以及许多研究技术改进，如色谱技术、电泳技术、离心技术、荧光技术、同位素示踪技术、X 射线衍射技术等，生物化学得以迅猛发展。这期间的代表性成果有：①阐明了物质合成代谢途径。例如，M. Calvin 等利用放射性同位素(^{14}C)研究植物光合作用的化学反应过程,提出了卡尔文循环,揭开了光合作用的奥秘,于1961年获得诺贝尔化学奖。②蛋白质一级结构的精确测定。英国剑桥大学的F. Sanger发明了一种标记蛋白N端氨基酸的DNP法,以此为基础并结合电泳和层析技术,经过15年的努力于1952年将胰岛素A链及B链中氨基酸的顺序准确无误地测定出来,证明蛋白质一级结构是由特定数量的氨基酸按特定的顺序排列而成的,由此获得1958年诺贝尔化学奖。之后,分子质量更大的核糖核酸酶也完成氨基酸顺序测定。现在已有10万多种蛋白质序列被测定出来并储存在蛋白质数据库中。③人工合成活性蛋白质。在实验室里最先人工合成的是由8个氨基酸组成的多肽——催产素,是由美国化学家V. du Vigneaud完成的(1955年获诺贝尔奖)。多肽分子小,还不算是真正的蛋白质。当F. Sanger测定出牛胰岛素氨基酸顺序以后,许多实验室试图合成这种蛋白质,但都失败了。1959年在国家科技委员会的组织下,由北京大学化学系、中国科学院生物化学研究所和上海有机化学研究所组织了一支研究队伍,经过多年合作研究,于1965年用人工合成方法得到结晶牛胰岛素。它的结构、生物活性、物理化学性质、结晶形状都和天然的牛胰岛素完全一样,这引起了世界科学界的极大关注,标志着中国科学家在蛋白质合成化学领域已经处于世界领先地位。④蛋白质构象的解析。美国化学家L. Pauling于20世纪40年代末开始利用X射线衍射技术研究蛋白质的三维结构,推断广泛存在于毛发、指甲中的蛋白质纤维是以一种α-螺旋的空间结构形式存在,这是人类认识到的第一个蛋白质空间结构。Pauling因此荣获1954年诺贝尔化学奖。1958年,英国剑桥大学的J. C. Kendrew和M. F. Perutz用X射线衍射技术解析出抹香鲸肌红蛋白和马血红蛋白的晶体结构,开创了蛋白质三级结构和四级结构的研究,二人共享了1962年诺贝尔化学奖。现在蛋白质晶体结构和功能的研究已成为生物化学的一门重要分支学科,称为结构生物学。蛋白质空间结构的阐明不仅使我们对蛋白质结构的认识达到原子水平,而且为揭示蛋白质功能和蛋白质互作机理提供了精确数据。

1944年美国微生物学家O. Avery等通过肺炎球菌转化实验,证明了遗传物质是DNA。J. Watson与F. Crick根据M. Wilkins和R. Franklin获得的DNA的X射线衍射图以及Chargaff提出的DNA碱基组成规律,于1953年创造性地提出了DNA双螺旋结构模型,引发了生命科学的革命性变化,随之诞生了分子生物学。Watson、Crick和Wilkins于1962年获得诺贝尔生理学医学奖。随后,Crick(1958)提出了分子生物学的中心法则,明确指出在生物体中遗传信息是从DNA传到RNA,再从RNA传到蛋白质。中心法则很快得到证实,现已成为分子生物学的指导思想。1966年,M. W. Nirenberg等破译了遗传密码(genetic code),提出3个核苷酸编码一种氨基酸。三联体学说激发了学者们测定DNA核苷酸序列的热情。1975年F. Sanger等建立了DNA酶法测序。随后,A. M. Maxam与W. Gilbert(1976)用化学法解决了DNA碱基序列测定,他们3人同时获得了1980年的诺贝尔化学奖,其中Sanger是继1958年以后再次获此大奖。

20世纪70年代核酸序列的准确测定和限制性内切酶的发现,使DNA重组获得成功,由此开创了基因工程(genetic engineering)新时代,并促进了分子生物学、分子医学、分子农业的发展。人们可以利用生物反应器生产干扰素,利用DNA重组技术获得抗虫棉。生物信息学、量子生物学、结构生物学、分子发育学、分子生理学、分子免疫学等许多边缘性学科相继诞生。20世纪80年代初,T. Cech发现核酶,RNA研究出现一个新高潮,"酶是蛋白质"等许多传统观点被打破,RNA成为当今非常活跃的研究领域之一。

由美国、英国、日本、法国、德国和中国共同承担的人类基因组计划已于2000年完成。我国继2002年宣布独立完成水稻基因组全部测序后，近几年又有多种作物基因组测序报道。目前最大的挑战就是揭示这些序列的功能，特别是非编码DNA的功能，这不仅有助于深刻理解生命本质，而且对许多疾病的诊断治疗以及提高农作物的产量、品质都具有重要指导意义。目前，生命科学已经进入到后基因组时代(post-genomic era)，核酸序列的测定速度不断上升，可利用的数据库多达几百个，加上计算机的快速运算，方便了人们在整体水平上对基因组功能的研究，继而产生了功能基因组学(functional genomics)、比较基因组学(comparative genomics)、蛋白质组学(proteomics)以及互作学(interactics)等一系列新学科。可见，生物化学是分子生物学等许多新型学科的基础，而新兴学科的发展又为生物化学提供了新理论知识和现代研究技术。生物化学是一门现代科学(modern science)、动态科学(dynamic science)和交叉科学(multidiscipline science)。生物化学对生命科学、农业和医学的发展具有深远的影响。

二、生物分子的特性

地球上的生命形式多种多样，从低等生物到高等生物，从单细胞生物到多细胞生物，从耐冷的极地生物到100℃以上温泉中的嗜热生物，它们形态不一，但都具备如下特征：①无时无刻不在进行着新陈代谢；②能够自我繁殖；③在生物化学组成上具有同一性；④细胞具有高度组织化结构；⑤能保持一个稳定的内环境；⑥对外环境具有感应性和适应性。新陈代谢和自我繁殖是生物体的最基本特征。在生物化学水平解释生物体的特征是生物化学的重要任务。在分章节学习生物化学内容之前，我们先来认识一下生物分子的基本特性。

(一)生物分子由轻元素组成

自然界有100多种化学元素，但构成生物体的元素只有约30种，其中大量元素为H、O、C、N、Ca、P、Cl、K。按原子总数的百分比计算，生物体含量最多的是C、H、O、N 4种元素，占细胞总物质的99%以上。它们相对原子质量较小，都属于轻元素(light element)，较轻的元素容易形成较强的化学键。在海水中含量最多的9种元素(H、O、Cl、Na、Mg、S、Ca、K、C)中，有6种(H、O、C、Ca、Cl、K)属于人体大量元素，而地壳中含量最多的元素(O、Si、Al、Fe、Ca、Na、K、Mg)中，仅O、Ca、K为人体大量元素，可见生命起源于海洋的化学根据是充分的。

(二)生物分子是含碳化合物

细胞干重的一半是碳元素。C可与H、O和N形成多种形式的共价键，与H形成单键，与O或N形成单、双键，更有生物学意义的是碳—碳之间可以单、双、三键多种形式相互连接，从而形成线状链、分支链、环形链以及笼状结构，这些丰富的碳骨架(carbon skeleton)结合上各种功能基团，如羟基、氨基、羧基、巯基、磷酸基等，便形成了具有特殊化学性质和生物功能的生物分子。含有碳骨架的分子称为有机化合物，几乎所有的生物分子都为有机化合物。所有生物体都是由无生命的化学分子组成的，这些化学分子在体外都遵循一般的物理和化学规律。

(三)生物大分子为多聚体

细胞中含有蛋白质、核酸、多糖等生物大分子，它们都是由小的单体分子聚集成的。蛋白质多肽链由氨基酸按一定顺序以肽键连接而成，核酸由 4 种核苷酸单体按一定顺序以 3′,5′-磷酸二酯键连接而成，而多糖则是由单糖以糖苷键连接而成。更有趣的是这些多聚体都是极性的，即各单体之间的连接具有方向性。蛋白质有两个末端：一个是氨基末端，另一个是羧基末端；核酸的 5′端为磷酸基团，3′端为羟基；多糖的两端糖基一个具有还原性半缩醛，另一个则没有。

(四)生物分子具有三维结构特征

碳原子呈四面体，碳原子参与形成的单键可以自由旋转。每种生物分子理论上都具有多种构象或称三维结构，但在细胞的水环境中往往只采用天然构象，此时它们的能量最低，结构也最稳定。例如细胞中存在的成千上万种蛋白质，它们都有各自特定的三维结构，这是它们实现生物学功能的基础。

(五)生物分子之间的互作具有立体特异性

生物分子在细胞内不是孤立存在，它们相互识别、相互结合、相互作用，这些互作不仅具有严格选择性，而且作用部位是特定的，具有立体特异性。例如，抗原与抗体的互作发生在抗原决定簇与抗体“臂”端可变区之间，酶与其反应底物的互作发生在酶活性中心，蛋白质与核酸的互作发生在蛋白质的核酸结合位点等等。

三、水——生命的介质

水占地球表面的 70%，有趣的是在人体内水也占 70%。“水是生命之源”，没有水就没有生命。有观点认为人体衰老过程是一个失水的过程：胎儿含水量为 90%，刚出生婴儿为 80%，青壮年为 70%，老年人为 60%以下。从地球出现生命的第一天起，水在生命体的生长和繁衍中就一直起着重要作用。

(一)水在生命体中的重要作用

①水是生命的溶剂。水是化学活性液体，是许多生物分子和无机离子的良好溶剂。各种营养物的吸收、生物分子的合成和分解反应、代谢物的转运、废物的排除等，都需要水作为介质。

②水是许多生物化学反应的底物或产物。植物在光合作用过程中将水裂解，然后才能将 CO_2 固定成碳水化合物。生物大分子的水解反应需要水直接参与，而有机物彻底氧化的产物中一定有水。

③水有利于生物大分子结构的形成。生物大分子都具有特定的三维空间结构，这是生物分子与环境水相互作用的结果。大多数功能蛋白质分子为球状，其内部多为疏水性氨基酸残基，分子表面含有更多的亲水性氨基酸残基。

④水有助于调节体温。与分子质量相似的有机化合物相比，水具有热容量大、蒸发热高等性质，因此，水环境不易随环境温度升降而发生剧烈变化，这非常有利于维持生命体的正常体

温。水是生命的“热缓冲剂”。

(二)水是极性分子

水的特殊物理性质取决于它的分子结构。水分子由 2 个 H 和 1 个 O 组成。2 个 H 和 O 的共价连接不是共线性结构，而是以 104.5°的夹角伸出(图 1-1)。水分子的电荷分布不对称，O 呈电负性，H 呈电正性，整个分子为偶极结构。水分子的这种极性形式对生命系统非常重要。

与其他分子质量相当的有机分子相比，由于水分子之间能通过氢键(hydrogen bond)发生相互作用，所以水的热容量大、蒸发热高。氢键具有方向性和饱和性。对于液态水来说，每个水分子可以与 3～5 个水分子发生瞬间作用，水分子重排速度很快，每 10^{-12} s 重排一次。水分子之间的密度随温度而变化，这既与氢键的解离有关，也与分子热运动有关。

非常有趣的是水不同于其他物质，它在 4℃时密度最大，而 0℃时冻结成的冰密度最小，这对于保护生命非常重要。在结冰状态下，1 个水分子和 4 个邻近水分子以氢键相连，形成正四面体结构(图 1-2)。4 个氢键位点中 2 个为氢的供体，2 个为氢的受体。全部水分子借助氢键形成定向有序排列的四面体冰晶，而冰晶是一个敞开式的松弛结构(图 1-3)，5 个水分子不能把四面体的全部体积占完，因此，冰的密度反而小，能够漂浮在水面上。冰层不仅能作为隔热层阻止水温的进一步降低，而且还允许空气中的氧气分子顺利透过，及时为水下生物提供氧气。可见，正是由于水的特殊性质，才稳定了水下环境，保障了水生生物的生存与繁衍。

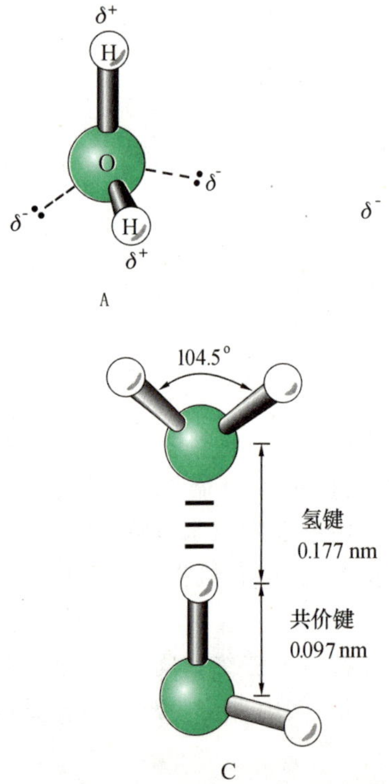

图 1-1　水分子结构与氢键

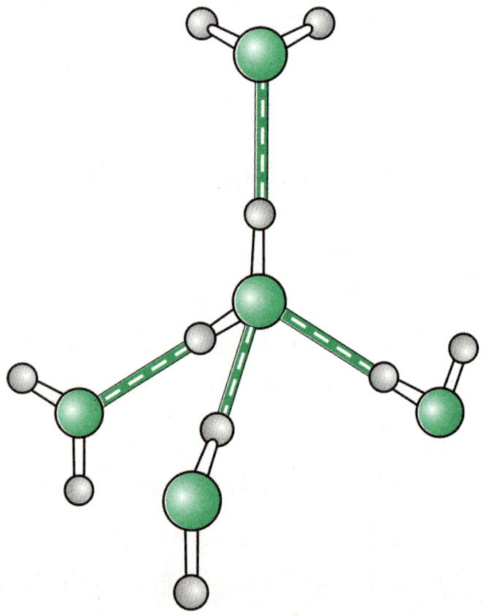

图 1-2　水分子靠氢键形成的正四面体结构

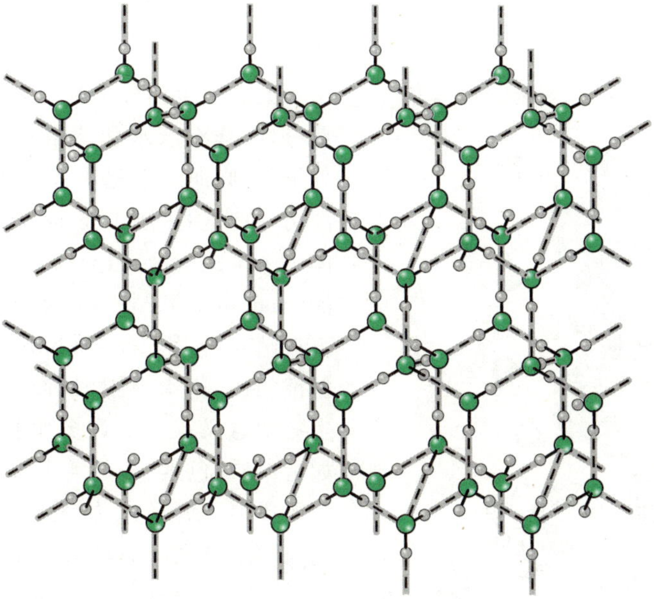

图 1-3 冰晶的开放式疏松结构

(三)水是很好的溶剂

与其他溶剂相比，水可以溶解更多的物质，这与它的极性有关。先来看一下盐是如何溶解于水的。NaCl 中的 Cl^- 和 Na^+ 靠离子键结合，2 个离子的吸引力 F 与电荷电量的乘积(Q_1Q_2)成正比，与电荷质点间的距离平方(R^2)成反比，在溶液中此吸引力随周围介质的介电常数 ε 增大而降低。

$$F = \frac{Q_1Q_2}{\varepsilon R^2}$$

介电常数是溶剂中偶极数量的一种物理特性参数。从表 1-1 可以看出，水的介电常数为 78.5，比大多数有机溶剂高许多。当 NaCl 溶于水时，Na^+ 吸引水分子的负电性端，Cl^- 吸引水分子的正电性端，两种离子周围均形成了有序排列的水分子层(图 1-4)。水溶解盐是通过水化(hydration)和电荷屏蔽(charge screening)作用实现的。

表 1-1 一些常见溶剂的介电常数

物质	介电常数	物质	介电常数	物质	介电常数
甲酰胺	110.0	乙醇	24.3	苯	2.3
水	78.5	丙酮	20.7	四氯化碳	2.2
二甲基亚砜	48.9	氨	16.9	己烷	1.9
甲醇	32.6	氯仿	4.8		

不带电荷的极性分子能与水形成氢键，因此在水中也有很好的溶解度。糖、蛋白质、核酸等许多生物大分子，因含有氨基、羧基、磷酸基带电基团或羟基等极性基团，不仅可以通过水化层、电荷屏蔽效应在水中呈溶解状态，还可以通过与水分子之间的氢键以及生物大分子内部有关基团之间的氢键、离子键(charge-charge interaction)和范德华力(van der Waals force)在水溶液中保持稳定的构象。

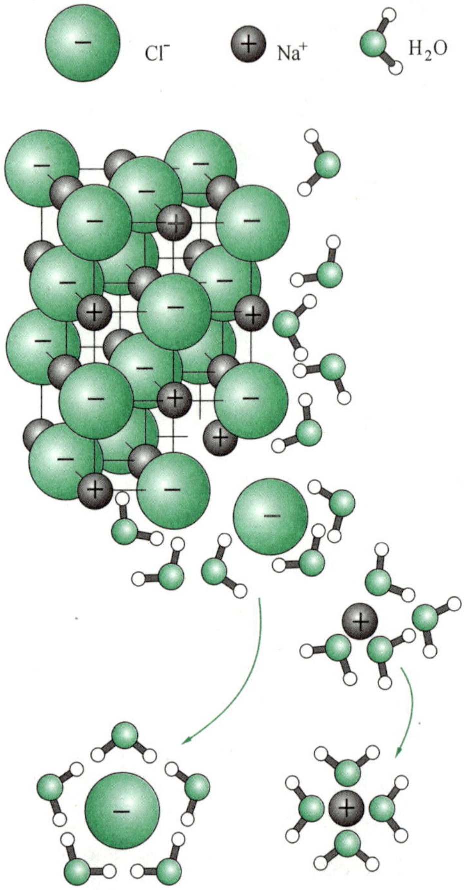

图 1-4 NaCl 在水中的溶解

(四)双亲性分子在水中形成微团或双分子层

大多数生物分子都含有极性部分和非极性部分,即具有亲水和疏水双亲性。对于双亲性分子,水倾向于水化亲水性部分,同时排开疏水部分,使这些分子形成分散于水中的聚集体——微团(micelles)(图 1-5)或双分子层(bilayered sheet)。稳定微团或双分子层的作用力来自疏水作用(hydrophobic interactions)。与氢键相比,疏水力很弱,而且没有方向性,但其生物学意义很大。许多生物分子是两性分子,如蛋白质、色素、某些维生素。生物大分子结构的形成离不开疏水力,生物膜复合体的形成更是与膜组分之间的疏水相互作用直接相关。

(五)水分子的可解离性质有利于缓冲生理 pH

液态水分子能有限地解离成 H^+ 和 OH^-。H^+ 并不实际存在于水中,而是与一个水分子结合形成水合氢离子 H_3O^+,通常用 H^+ 表示。

$$H_2O \longrightarrow H^+ + OH^-$$

根据计算,纯水的 $[H^+]=[OH^-]=10^{-7}$ mol/L(25℃)。当溶液中 $[H^+]>10^{-7}$ mol/L 时为酸性,$[H^+]<10^{-7}$ mol/L 时为碱性。绝大多数溶液中,质子浓度都很低,为方便起见,取质子浓度的负对数 pH 表示一个物质的酸度:$pH=-lg[H^+]$。纯水的 pH=7.0。

根据广义酸碱理论,凡是能提供质子的物质就是酸,凡是能接受质子的物质就是碱。因此每一个酸碱反应都可以表示为:

$$HA + H_2O \longleftrightarrow H_3O^+ + A^- \quad (1)$$

通常缩写为酸解离反应:

$$HA \longleftrightarrow H^+ + A^- \quad (2)$$

对于式(1):平衡常数 $K_{eq}=\dfrac{[H_3O^+][A^-]}{[HA][H_2O]}$

即:$K_{eq}\times[H_2O]=\dfrac{[H_3O^+][A^-]}{[HA]}$ (3)

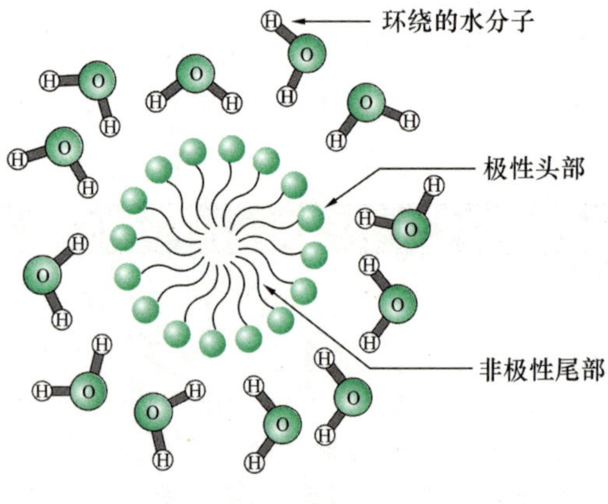

图 1-5 微团结构

在一个非常稀的水溶液中,水的浓度基本保持在 55.5 mol/L(1 000 g/L,即 18.015 g/mol),是一个定值,因此,式(3)可写为:$K_{eq}=[H^+]$

[A^-]/[HA]。可见，对于一个酸解离反应，其平衡常数 K_{eq} 就是其解离常数 K(dissociation constant)。甲酸的解离常数 K 为 1.78×10^{-4}，其 pK=3.75；NH_4^+ 的解离常数 K 为 5.62×10^{-10}，其 pK=9.25。

酸碱物质溶于水时会改变水中 H^+ 和 OH^- 的相对数量，溶液的 pH 会发生相应变化，生物分子的解离状态、分子结构及理化性质会随着溶液酸度的变化而改变。剧烈的 pH 变化还会导致生物分子的变性，因此，在体外制备生物分子时多采用缓冲系统。当缓冲对物质溶于水时，其 pK 值越接近环境 pH，其缓冲能力就越强。有趣的是，所有的生理溶液都具有很强的缓冲能力。比如，正常人的血液生理 pH 总是保持在 7.4 左右。磷酸和碳酸离子的 pK 值接近生理 pH 范围，因此，是生物体最常见的缓冲剂。蛋白质、核酸、脂类等许多生物分子都带有酸碱基团，在生理 pH 范围也都是很好的缓冲剂。总之，水除了作为生命的介质，参与生物化学反应，促进生物大分子及膜复合物天然结构形成，以及帮助调节体温外，水解离质子和接纳质子的能力还对生物分子结构的正常维持以及缓冲细胞的生理 pH 具有重要意义。

参考文献

1. 阎隆飞，李明启. 基础生物化学. 北京：农业出版社，1985.
2. Moran L A, Horton H R, Scrimgeour K G, et al. Principle of Biochemistry. 5th ed. International: Pearson Education Inc(Asia), 2012.
3. Nelson D L, Cox M M. Lehninger Principles of Biochemistry. 7th ed. New York: Worth Publishers, 2017.

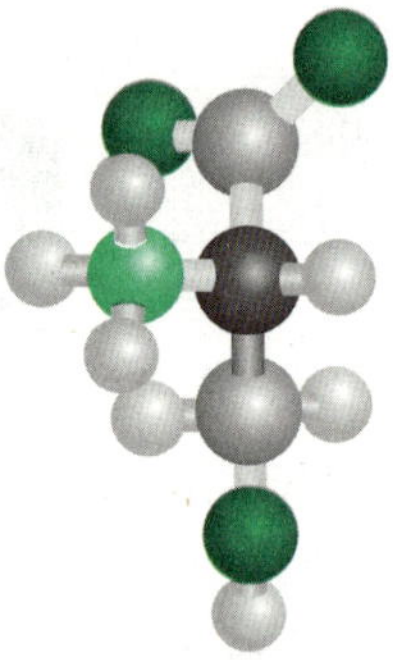

第二章

蛋白质构件分子——氨基酸

氨基酸(amino acids)是蛋白质的基本结构单元,为深入揭示蛋白质的结构和功能,需要对氨基酸的结构、性质以及常见研究技术有深刻了解。在本章中,我们重点介绍氨基酸的结构特点、酸碱性质、常见化学反应和分离分析技术。在之后的两章中分别讨论蛋白质结构与功能的关系以及有关蛋白质研究技术。

第一节 氨 基 酸

一、蛋白质的基本结构单元是氨基酸

从细菌到人类细胞,所有蛋白质都由 *L* - *α* - 氨基酸组成,其分子结构通式如下:

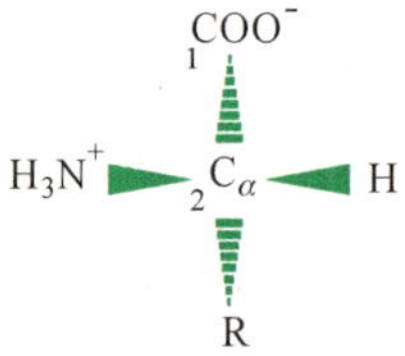

氨基酸分子中的 4 个基团——氨基、羧基、氢原子和 R 基团都连在同一个 *α* - 碳原子上。R 基团称为侧链(side chain)。不同氨基酸的侧链在大小、形状、电荷、形成氢键能力以及化学反应性上均不同。氨基酸的基本结构决定了氨基酸的共性,而侧链则决定了每种氨基酸的特性。深入理解蛋白质的结构与功能,就要弄清氨基酸的结构特征和基本性质。

二、蛋白质标准氨基酸

在自然界中已经发现 700 多种氨基酸,参与构成蛋白质的氨基酸称为蛋白质氨基酸,其他属于非蛋白质氨基酸。在蛋白质氨基酸中,有 20 种氨基酸出现频率高,直接作为合成蛋白质的构件分子,有自己的密码子(详见第十七章),这类氨基酸称为标准氨基酸(standard amino acids)或常见氨基酸。

为方便分析，一般按照氨基酸侧链的极性和电荷情况将 20 种蛋白质标准氨基酸分为 5 组：

1. 非极性、脂肪族侧链氨基酸组(nonpolar, aliphatic R groups)

包括甘氨酸、丙氨酸、缬氨酸、亮氨酸、异亮氨酸、甲硫氨酸和脯氨酸 7 种。它们的侧链都是非极性脂肪族，在生理 pH 下不带电荷。其中，最简单的氨基酸是甘氨酸，侧链为氢原子，不含手性碳原子。丙氨酸的侧链是一个甲基。缬氨酸的侧链含 3 个碳原子。亮氨酸和异亮氨酸侧链更大，二者碳原子数相同，互为异构体。甲硫氨酸含有以硫醚键形式存在的硫原子，比较特殊，在原核细胞生物合成蛋白质时作为起始氨基酸(详见第十七章)。脯氨酸为亚氨基氨基酸，侧链以环状形式(四氢吡咯环)连接在 α - 碳原子上。

非极性、脂肪族侧链

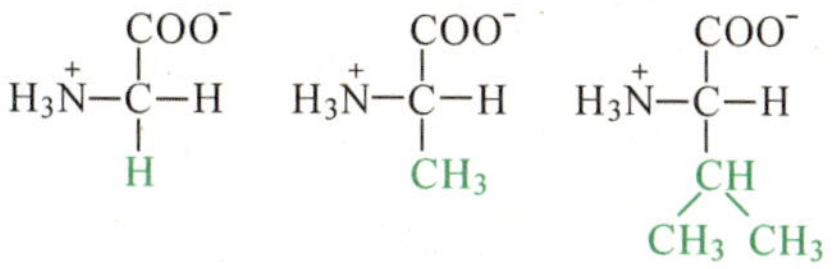

甘氨酸　　丙氨酸　　缬氨酸

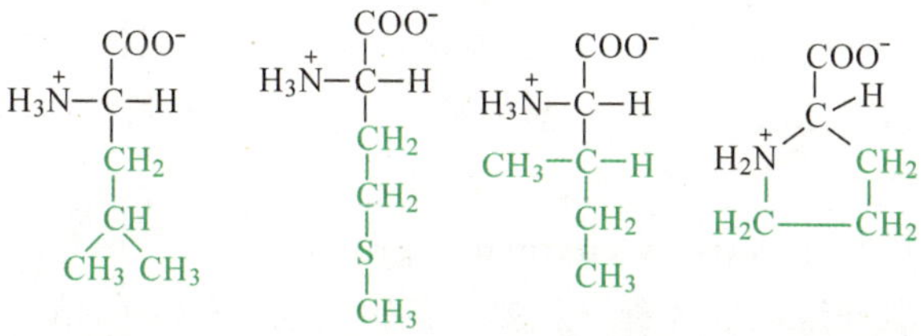

亮氨酸　　甲硫氨酸　　异亮氨酸　　脯氨酸

2. 芳香族侧链氨基酸组(aromatic R groups)

包括苯丙氨酸、酪氨酸和色氨酸 3 种。其中，苯丙氨酸侧链含有苯环，酪氨酸侧链含有酚基(酚羟基有一定极性)，色氨酸侧链含有吲哚基，这 3 类基团都有共轭双键，因此，都属于芳香族氨基酸。芳香族氨基酸疏水性强，其侧链在生理 pH 下不带电荷。

非极性、芳香族侧链

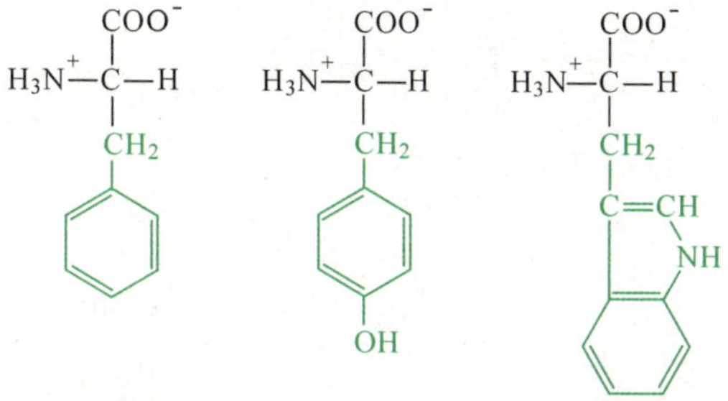

苯丙氨酸　　酪氨酸　　色氨酸

3. 极性、不带电荷 R 侧链组(polar, uncharged R groups)

包括丝氨酸、苏氨酸、半胱氨酸、天冬酰胺和谷氨酰胺 5 种。它们的共性是侧链具有一定极性，但在生理 pH 下不会发生解离。其中，丝氨酸、苏氨酸侧链都含有脂肪族羟基，使得这 2 种氨基酸更亲水，比相同碳原子数的丙氨酸和缬氨酸更活跃。半胱氨酸含有高反应活性的巯基(sulfhydryl group, —SH)，在某些蛋白质分子中可以形成二硫键，对维持蛋白质三维结构有特殊作用。天冬酰胺和谷氨酰胺都含有酰胺基团，后者侧链比前者多 1 个碳原子。

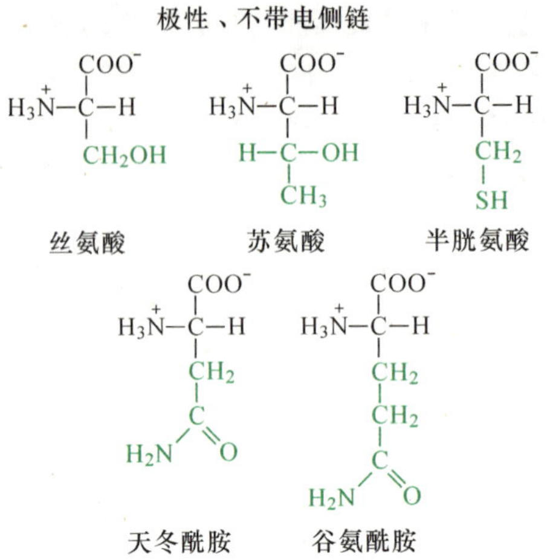

4. 带负电荷 R 侧链组(negatively charged R groups)

包括天冬氨酸、谷氨酸 2 种。它们的侧链都带有一个羧基,在生理 pH 下带负电荷。天冬氨酸侧链比谷氨酸侧链少一个碳原子。这 2 种氨基酸在生理 pH 下具有释放质子的能力,因此又叫酸性氨基酸(acidic amino acids)。前面提到的天冬酰胺和谷氨酰胺分别是天冬氨酸和谷氨酸的衍生物。

5. 带正电荷 R 侧链组(positively charged R groups)

包括赖氨酸、精氨酸和组氨酸 3 种。赖氨酸侧链含有 ε - 氨基,精氨酸侧链含有胍基,这两种基团在生理 pH 下发生质子化而带正电荷。组氨酸含有咪唑基,在生理 pH 下可以接受一个质子而带正电荷,也可以给出一个质子,这取决于它的局部微环境。组氨酸常存在于酶分子的活性部位,在酸碱催化中起重要作用(见第五章)。这 3 种氨基酸在生理 pH 下具有获得质子的能力,又叫碱性氨基酸(basic amino acids)。

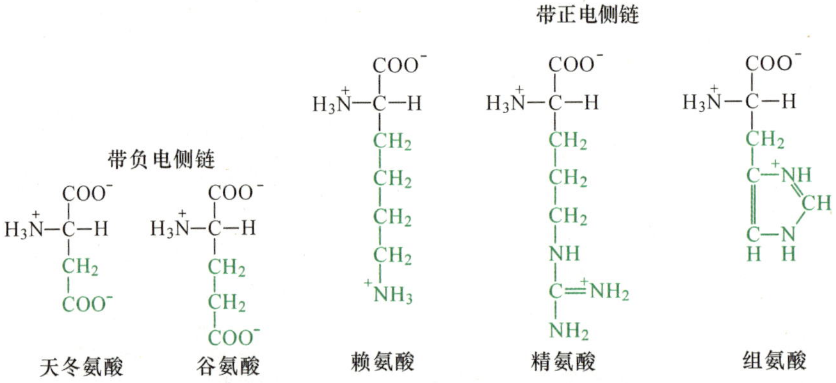

上述 20 种氨基酸作为蛋白质的基本构成单元至少在地球上已经存 2 000 万年。为揭示生命的奥秘,科学家们不断深入研究各种氨基酸在蛋白质结构和功能中的作用,为方便起见,在描述中常采用氨基酸的三字母缩写符号或单字母符号,见表 2 - 1。三字母缩写符号,一般为各氨基酸英文名称的前 3 个字母,第一个字母为大写,后两个为小写,如甘氨酸为“Gly”。单字母符号为大写,其中有的和三字母符号的第一个字母相同,如甘氨酸,为“G”;有的不相同,如赖氨酸的三字母符号为“Lys”,单字母符号为“K”。

表 2-1 20 种常见氨基酸特性

中文名称	英文名称	三字符	单字符	pK_1	pK_2	pK_R	pI	侧链分类	侧链极性	亲水指数	分子量	蛋白质中出现频率(%)
甘氨酸	Glycine	Gly	G	2.35	9.78		5.97	脂肪族	非极性	−0.4	75.067	7.03
丙氨酸	Alanine	Ala	A	2.35	9.87		6.02	脂肪族	非极性	1.8	89.094	8.76
缬氨酸	Valine	Val	V	2.29	9.74		5.97	脂肪族	非极性	4.2	117.148	6.73
亮氨酸	Leucine	Leu	L	2.33	9.74		5.98	脂肪族	非极性	3.8	131.175	9.68
异亮氨酸	Isoleucine	Ile	I	2.32	9.76		6.02	脂肪族	非极性	4.5	131.175	5.49
甲硫氨酸	Methionine	Met	M	2.13	9.28		5.75	含硫	非极性	1.9	149.208	2.32
脯氨酸	Proline	Pro	P	1.95	10.64		6.3	环式	非极性	−1.6	115.132	5.02
苯丙氨酸	Phenylalanine	Phe	F	2.2	9.31		5.48	芳香族	非极性	2.8	165.192	3.87
色氨酸	Tryptophan	Trp	W	2.46	9.41		5.89	芳香族	非极性	−0.9	204.228	1.25
丝氨酸	Serine	Ser	S	2.19	9.21		5.68	含羟基	极性	−0.8	105.093	7.14
苏氨酸	Threonine	Thr	T	2.09	9.1		6.53	含羟基	极性	−0.7	119.119	5.53
天冬酰胺	Asparagine	Asn	N	2.14	8.72		5.41	酰胺	极性	−3.5	132.119	3.93
谷氨酰胺	Glutamine	Gln	Q	2.17	9.13		5.65	酰胺	极性	−3.5	146.146	3.9
酪氨酸	Tyrosine	Tyr	Y	2.2	9.21	10.46	5.66	芳香族	极性	−1.3	181.191	2.91
半胱氨酸	Cysteine	Cys	C	1.92	10.7	8.37	5.02	含硫	极性	2.5	121.154	1.38
赖氨酸	Lysine	Lys	K	2.16	9.07	10.54	9.74	碱性	极性	−3.9	146.189	5.19
精氨酸	Arginine	Arg	R	1.82	8.99	12.48	10.76	碱性	极性	−4.5	174.203	5.78
组氨酸	Histidine	His	H	1.82	9.17	6.00	7.59	芳香族	极性	−3.2	155.156	2.26
天冬氨酸	Aspartic acid	Asp	D	1.99	9.9	3.9	2.97	酸性	极性	−3.5	133.104	5.49
谷氨酸	Glutamic acid	Glu	E	2.1	9.47	4.07	3.22	酸性	极性	−3.5	147.131	6.32

备注：亲水指数(hydropathy index)：是对氨基酸侧链亲水性或者疏水性程度的度量，数值越大，疏水性越强。

知识拓展框

必需氨基酸和肿瘤代谢

必需氨基酸(essential amino acid):指人(或其他脊椎动物)不能合成或合成速度远不适应机体的需要,必须由食物蛋白供给,这些氨基酸称为必需氨基酸。成人必需氨基酸的需要量为蛋白质需要量的20%～37%,分别是:赖氨酸、色氨酸、苯丙氨酸、甲硫氨酸、苏氨酸、异亮氨酸、亮氨酸和缬氨酸。

人体虽能够合成精氨酸和组氨酸,但通常不能满足正常的需要,因此,两者又被称为半必需氨基酸或条件必需氨基酸,在幼儿生长期这两种是必需氨基酸。人体对半必需氨基酸的需要量随着年龄的增加而下降,成人比婴儿显著下降。

非必需氨基酸(nonessential amino acid):指人(或其他脊椎动物)自身能由简单的前体合成,不需要从食物中获得的氨基酸。例如甘氨酸、丙氨酸等氨基酸。

相对正常细胞来讲,肿瘤细胞常常表现出大量摄取必需氨基酸这一重要特征。2017年武汉大学一课题组报道了MYC-SLC7A5/SLC43A1正反馈环路通过重编程必需氨基酸代谢从而促肿瘤恶性发展的分子机制。前人研究表明,许多SLC(solute carrier family)家族成员蛋白参与调控必需氨基酸的摄入。MYC,是肿瘤代谢调控的关键蛋白。MYC通过直接激活的方式调控了SLC7A5和SLC43A1的表达,并形成了MYC-SLC7A5/SLC43A1正反馈环路,增强肿瘤细胞对必需氨基酸的摄取,最终促进肿瘤的恶性发展。该环路的持续性激活不仅保证了必需氨基酸的摄取,而且级联放大了MYC介导的整个转录调控网络,促进葡萄糖、谷氨酰胺、核苷酸和脂肪酸等关键营养物质的代谢重编程。干预SLC7A5/SLC43A1的功能可打断这一正反馈信号环路,选择性诱导MYC过表达的肿瘤细胞发生凋亡。上述结果提示我们,靶向SLC7A5/SLC43A1的单克隆抗体可作为MYC高表达肿瘤病人的潜在治疗手段。

Yue M.,Jiang J.,Gao P.,et al. Oncogenic MYC activates a feedforward regulatory loop promoting essential amino acid metabolism and tumorigenesis. Cell Reports,2017,21:3819-3832.

三、非标准氨基酸

除了20种蛋白质标准氨基酸外,生物体中还发现300多种不同的氨基酸,称为非标准氨基酸(nonstandard amino acids)(图2-1)。

有一类非标准氨基酸称为蛋白质稀有氨基酸,它们虽构成蛋白质,但出现频率小,大多为标准氨基酸的衍生物。这类氨基酸没有自己的密码子,是在蛋白质合成后经氨基酸修饰形成的,具有重要的生物学意义。例如4-羟脯氨酸。哺乳动物皮肤和骨骼中富含胶原蛋白,它之所以能作为纤维蛋白起保护和支撑作用,就是因为它含有丰富的4-羟脯氨酸。又如,γ-羧基谷氨酸是凝血蛋白的重要组分,如果谷氨酸羧基化不完全,会导致出血症。蛋白质合成后氨基酸修饰的生物功能越来越引起人们重视。

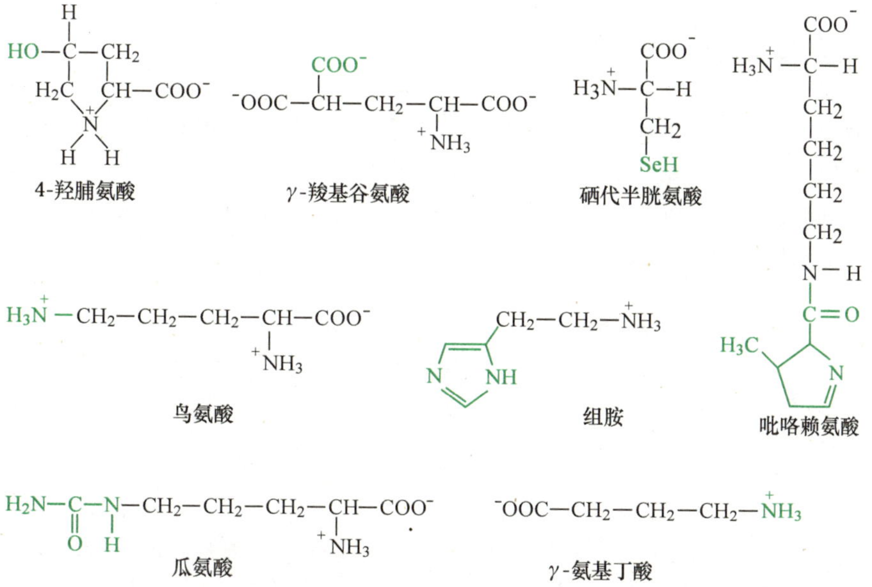

图 2-1　非标准氨基酸

令人惊奇的是近年来科学家们又在某些蛋白质中发现了两种新型氨基酸——硒代半胱氨酸(selenocysteine)和吡咯赖氨酸(pyrrolysine)。它们不仅参与构成蛋白质，而且有自己的密码子，被分别排在 20 种标准氨基酸之后，标注为第 21、22 种氨基酸。已经证实许多生物含有这两种氨基酸。

D - 氨基酸属于非标准氨基酸。许多种细菌和真菌能合成 *D* - 氨基酸并用于构建细胞壁或作为某些抗生素的组分。细菌细胞壁的肽聚糖中有 *D* - 谷氨酸和 *D* - 丙氨酸(详见第七章)，其生物学意义尚不十分清楚，可能有防止细胞壁受肽酶(一类专门水解肽键的酶)攻击的作用。一些抗生素如缬氨霉素、放线菌素 D 等都含有 *D* - 氨基酸。

在非标准氨基酸中，还有一大类呈游离状态存在的氨基酸，它们有的是合成标准氨基酸的前体物(precursor)，有的是某些生物化学代谢途径的中间物(intermediate)。如鸟氨酸(ornithine)、瓜氨酸(citrulline)等是尿素循环的中间物(详见第十三章)。

标准氨基酸经酶促反应脱羧、脱氨可产生有重要生物学作用的物质。例如，在哺乳动物脑中，谷氨酸的脱羧产物——γ - 氨基丁酸(GABA)能作为神经递质来改变神经细胞的行为；组氨酸的脱羧基产物——组胺(histamine)可用来控制血管的收缩和胃酸的分泌。

第二节　氨基酸性质

氨基酸具有多种物理、化学性质。这里重点讨论在蛋白质化学中具有重要意义的氨基酸化学性质，同时介绍几种常见的氨基酸化学反应。

一、氨基酸的酸—碱性质

酸—碱性质是氨基酸的重要性质。在中性水溶液中，氨基酸分子完全离子化。对于一氨基、一羧基氨基酸，在完全解离时，α-氨基质子化带一个正电荷（$—NH_3^+$），α-羧基处于解离状态而带一个负电荷（$—COO^-$），整个分子为偶极离子(dipolarion)或称兼性离子(zwitterion)。静电荷为零的氨基酸可用“A^0”表示。

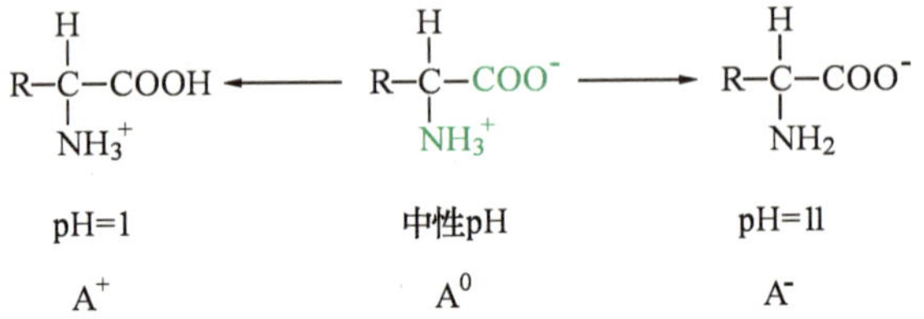

氨基酸在不同 pH 下，表现出不同的解离状态。在 pH=1 时，α-氨基发生质子化，α-羧基不解离，整个分子带正电荷，用“A^+”表示；在 pH=11 时，α-羧基解离出一个质子，α-氨基不发生质子化，整个分子带负电荷，用“A^-”表示。可见，氨基酸的解离状态是 pH 的一个函数，可以随环境 pH 的变化而变化。

(一)氨基酸的解离

α-羧基解离常数以 K_1 表示，α-氨基解离常数以 K_2 表示。从氨基酸的解离反应可知氨基酸解离常数与 pH 的关系。以甘氨酸为例，其解离反应分两步：

第一步是 α-羧基的解离：

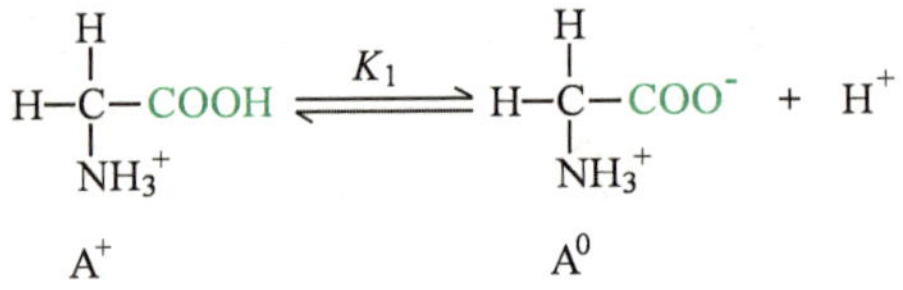

那么，$K_1=\dfrac{[A^0][H^+]}{[A^+]}$ (1)

第二步是 α-氨基的解离：

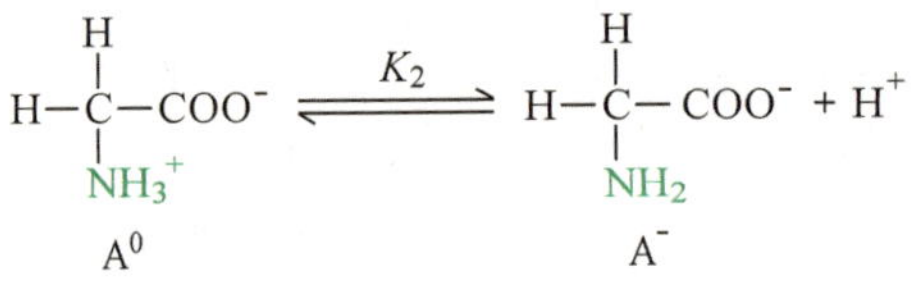

那么，$K_2=\dfrac{[A^-][H^+]}{[A^0]}$ (2)

K_1 和 K_2 的具体数值可通过测定氨基酸的滴定曲线获得。图 2-2 是甘氨酸的滴定曲线。

甘氨酸溶于中性水时，大多数分子为兼性离子：氨基质子化（$—NH_3^+$），羧基处于解离状态（$—COO^-$）。对甘氨酸溶液进行酸（如 HCl）滴定，曲线显示溶液 pH 不随酸的等量加入呈线性降低，而是出现一个缓冲区段(buffering zone)，表明甘氨酸对酸有缓冲作用，其实质是解离状态的 α-羧基可以接受质子。到酸滴定终点，所有甘氨酸的羧基质子化，分子带一个正电荷（A^+）。反过来，如果对甘氨酸溶液进行碱（如 NaOH）滴定，曲线显示溶液 pH 也不随碱的等量加入呈线性增加，而是出现另一个缓冲区段，表明甘氨酸对碱也有缓冲作用，其实质是质子化的 α - 氨基在碱性环境中解离出了质子。到碱滴定终点，所有甘氨酸的 α - 氨基解离，分子带一个负电荷（A^-）。

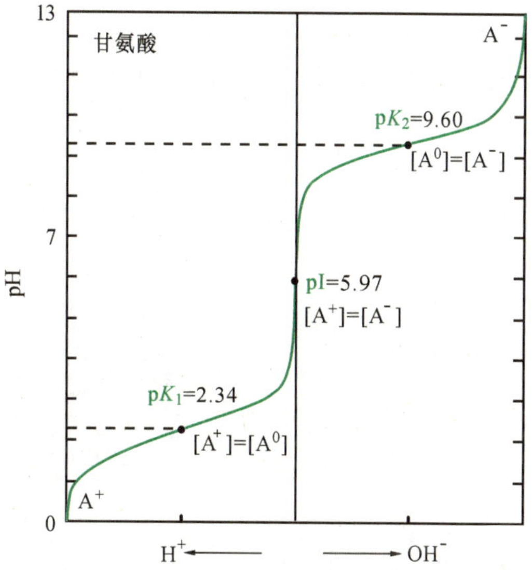

图 2-2　甘氨酸滴定曲线

（二）氨基酸的等电点

从滴定曲线可以看出，甘氨酸在酸碱滴定过程中出现了两个缓冲区段，这是一氨基、一羧基氨基酸酸碱滴定的一个特征，说明氨基酸具有酸—碱两性性质。在酸滴定缓冲区段的中点是甘氨酸的 α - 羧基缓冲能力最强的时刻，此时有一半 α - 羧基发生了解离，即 $A^+=A^0$；同理，在碱滴定缓冲区段的中点，甘氨酸的 α - 氨基有一半为质子化状态，即 $A^0=A^-$。

我们来分析一下甘氨酸的 K_1 和 K_2 与溶液 pH 的关系：

根据式(1)，当$[A^+]=[A^0]$时，

$$K_1=[H^+]$$

取负对数，即 $pK_1=pH$。

可见，测定出酸滴定缓冲区段中点所对应的 pH，即 pK_1。pK_1 是甘氨酸 α - 羧基解离一半时溶液的 pH。大多数氨基酸的 pK_1 在 2.2 左右。

根据式(2)，当$[A^-]=[A^0]$时，

$$K_2=[H^+]$$

取负对数，即 $pK_2=pH$。

可见，测定出碱滴定缓冲区段中点所对应的 pH，即 pK_2。pK_2 是甘氨酸 α - 氨基解离一半时溶液的 pH。大多数氨基酸的 pK_2 在 9.4 左右。

如果我们将式(1)和式(2)相乘，得：$K_1\times K_2=\dfrac{[A^0][H^+]}{[A^+]}\times\dfrac{[A^-][H^+]}{[A^0]}$

当所有甘氨酸分子静电荷为零时，即$[A^+]=[A^-]$时，$K_1\times K_2=[H^+]^2$，则$[H^+]=\sqrt{K_1\times K_2}$。

取负对数后为：$pH=\dfrac{1}{2}(pK_1+pK_2)$。

我们将氨基酸分子静电荷为零时的 pH 定义为氨基酸等电点(isoelectric point，pI)。换句话说，氨基酸分子所带正电荷和负电荷数相等时溶液的 pH 即为该氨基酸的 pI。从一个氨基酸的 pK_1 和 pK_2 可以直接计算出 pI。

在甘氨酸酸滴定和碱滴定曲线上各有一个拐点，分别为 pK_1 和 pK_2，从整个滴定曲线可以发现，还存在第 3 个拐点，即甘氨酸的等电点 pI 值。

对于一氨基、一羧基氨基酸：$pI=\dfrac{1}{2}(pK_1+pK_2)$。

对于碱性氨基酸或酸性氨基酸，因为侧链也能发生解离，因此除了 pK_1 和 pK_2 外，还有 pK_R，即侧链基团解离一半时所对应的 pH。下面我们以组氨酸为代表，分析一下碱性氨基酸的酸碱滴定曲线(图 2-3)。在 pH 从酸性到碱性的变化中，首先是 α-羧基解离，紧跟着是侧链咪唑基团的解离，最后是 α-氨基的解离。分子的等点状态位于 R 基团解离和 α-氨基解离之间，按上述方法可以推导出：

对于碱性氨基酸：$pI=\frac{1}{2}(pK_2+pK_R)$。

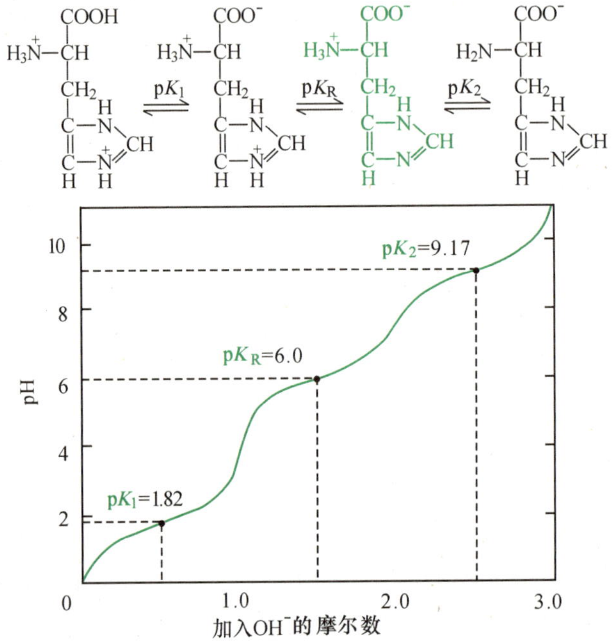

图 2-3 组氨酸的酸碱滴定曲线

同理，从谷氨酸的酸碱解离和滴定曲线(图 2-4)可知，对于酸性氨基酸：

$$pI=\frac{1}{2}(pK_1+pK_R)$$

根据氨基酸 pI 值和溶液 pH，很容易判断氨基酸分子的带电情况：

当 pH＝pI 时，氨基酸净电荷为零，在电场中不移动；

当 pH＞pI 时，氨基酸分子带负电荷，在电场中向正极移动；

当 pH＜pI 时，氨基酸分子带正电荷，在电场中向负极移动。

不同氨基酸有不同的 pI 值(表 2-1)。在同一个 pH 环境中，不同氨基酸所带电荷是有区别的。普通氨基酸的 pI 值大约为 6，在生理 pH 下(pH＝7 左右)大多呈兼性离子形式；酸性氨基酸的 pI 值在 2.0 左右，在生理 pH 下带负电；赖氨酸和精氨酸的 pI 值偏高，在生理 pH 下整个分子带正电。在碱性氨基酸中，组氨酸很特殊，它的 pK_R 为 6.04，在生理 pH 时几乎有一半侧链为质子化形式，既能接受质子又能提供质子。酶活性中心的组氨酸残基能很好地发挥酸碱催化作用(详见第五章)，原因在此。

总之，氨基酸具有酸—碱性质，在水中呈解离状态；其解离状态与溶液 pH 有关；通过测定氨基酸的滴定曲线可以测出 pK_1、pK_2 和 pK_R 值；从氨基酸的 pK 值可以计算出氨基酸 pI 值；从氨基酸 pI 值和环境 pH 可以推测出氨基酸分子带电情况和在电场中的行为。

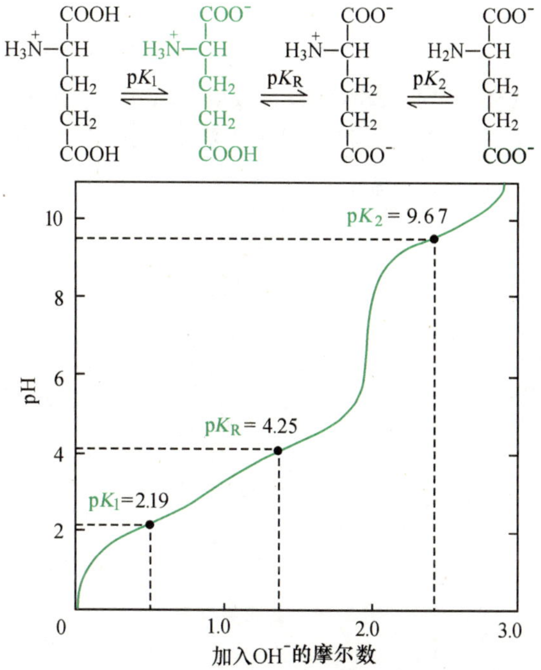

图 2-4　谷氨酸的酸碱滴定曲线

二、氨基酸的化学反应

氨基酸由于含有氨基、羧基、羟基、巯基等基团，可以发生烃基化、脱羧和脱氨等化学反应，这里重点介绍：

1. 桑格反应(Sanger reaction)

这个反应首先被英国科学家 F. Sanger 用来鉴定氨基酸，故称为桑格反应(图 2-5)。这是一个烷基化反应，主要试剂为 1-氟-2,4-二硝基苯(FDNB)或称 2,4-二硝基氟苯(2,4-dinitrofluorobenzene，DNFB)。在弱碱性反应条件下，DNFB 与氨基酸的 α-氨基反应生成黄色 2,4-二硝基苯基氨基酸，即 DNP-氨基酸。

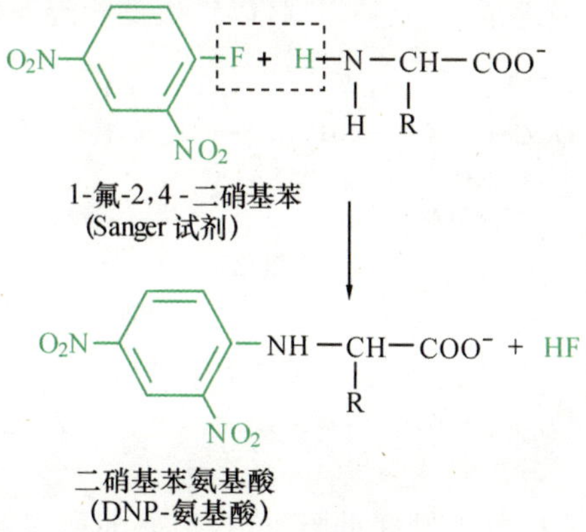

图 2-5　桑格反应

2. 艾德曼反应(Edman reaction)

该反应首先被 P. Edman 用于鉴定氨基酸,故称为艾德曼反应(图 2-6)。也是一个烷基化反应,主要试剂为苯异硫氰酸酯(phenylisothiocyanate,PITC)。在弱碱性条件下,PITC 使氨基酸的 α-氨基发生烷基化,形成苯氨基硫甲酰衍生物——PTC-氨基酸。

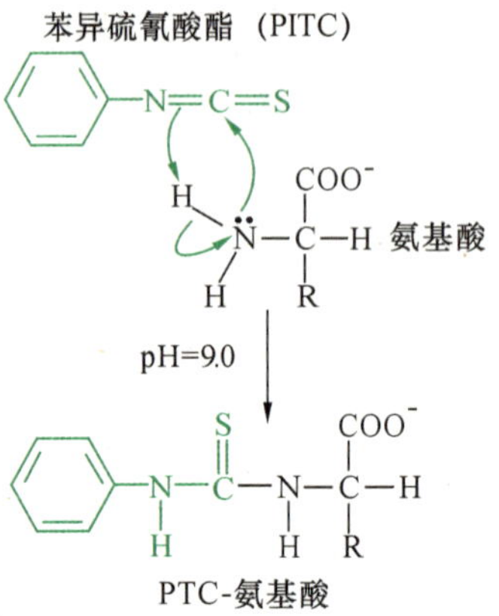

图 2-6 艾德曼反应

3. 茚三酮反应

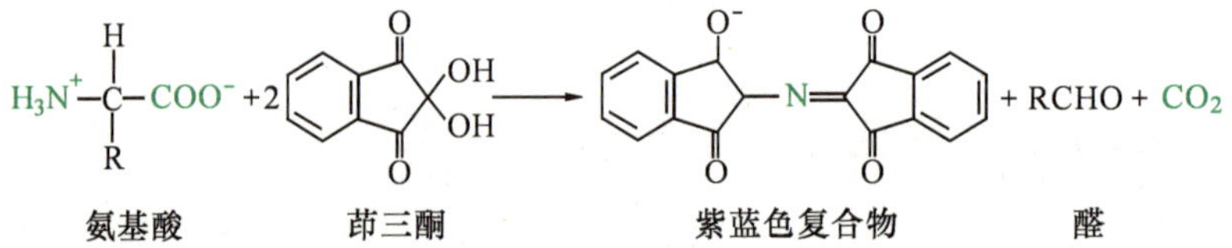

这是一个氨基酸 α-氨基和 α-羧基都参与的反应。在弱酸性溶液中,氨基酸和水合茚三酮共热,氨基酸发生氧化脱氨、脱羧反应,产生紫蓝色物质。脯氨酸显色特殊,生成产物颜色为黄色。在一定浓度范围内,显色溶液的吸光率与氨基酸的含量成正比,通过用分光光度计比色可以测定氨基酸的含量。

4. 巯基反应

半胱氨酸是唯一含有巯基的氨基酸。巯基反应性很高。

①在氧化环境中,两个半胱氨酸的巯基靠近,以二硫键相连形成胱氨酸。

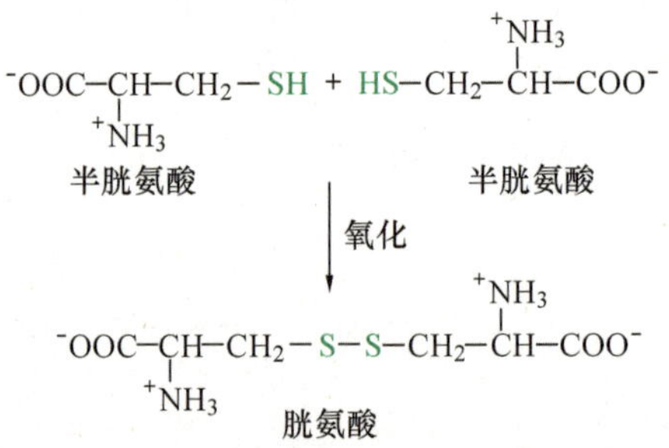

二硫键在维持蛋白质分子构象中发挥重要作用,但并非所有蛋白质半胱氨酸都参与形成二硫键(详见第三章),自由巯基往往与蛋白质活性有关,因此,在蛋白质提取过程中,为了防止

巯基氧化，需要在溶液中加入含有巯基的还原性试剂，如二硫苏糖醇(dithiothreitol，DTT)。

②蛋白质分子中的二硫键可以用氧化法或还原法打开。对蛋白质进行适当处理，打开二硫键，有利于蛋白质结构分析(详见第三章)。氧化法断裂二硫键常用试剂为过甲酸。如图 2 - 7 所示，二硫键在断裂时，硫原子被氧化成磺酸基团。

还原法断裂二硫键常用还原性试剂 β - 巯基乙醇(β - mercaptoethanol)，反应如下：

$$\text{Cys—S—S—Cys} + \beta\text{-巯基乙醇} \longrightarrow 2\ \text{Cys—SH}$$

③蛋白质二硫键还原后，所产生的两个巯基容易再形成二硫键，为了对此类巯基进行暂时性保护，可以用烷基化试剂(如碘乙酸)处理。

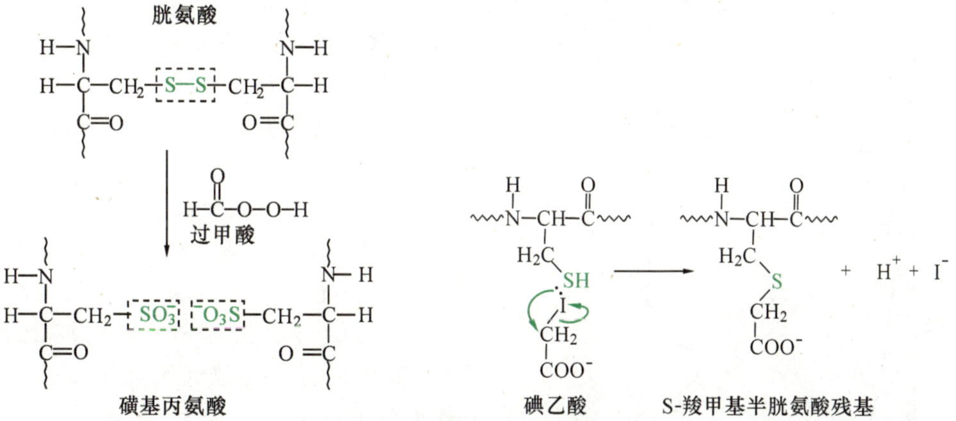

图 2 - 7　过甲酸断裂二硫键

此外，巯基还可与重金属反应形成沉淀。

三、氨基酸的光学活性与构型

具有光活性的分子一般都含有不对称中心(asymmetric centers)或称手性中心(chiral centers)。氨基酸的 C_α 原子为手性碳原子，因此具有光学活性(optical activity)。20 种标准氨基酸中，除甘氨酸外都具有光学活性，能够使平面偏振光(plane-polarized light)旋转。具有一个手性碳原子的化合物，存在一对互为镜像对称的立体异构体，称为对映体(enantiomers)。通过测定平面偏振光的旋转可以将对映体区分开来，而一般的物理、化学方法无法做到这一点。

光活性分子的立体异构体命名系统有多种，有机化学中已有详细介绍。在生物化学中，一般采用 *L* - 、*D* - 系统。以 *D* - 甘油醛为参照，氨基酸羧基在上，侧链在下时，如果 α - 氨基位于左侧则为 *L* - 构型，位于右侧为 *D* - 构型。

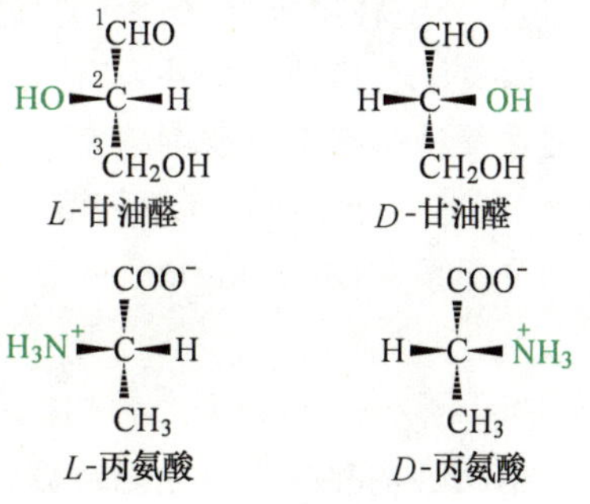

除了细菌能利用 *D* - 氨基酸合成细胞壁结构中的寡肽外，几乎所有的蛋白质氨基酸都为 *L* - 构型，即 *L* - α - 氨基酸。生命体在合成不对称生物分子时往往采用一致的立体异构体，这是一种非常有趣的生命分子特征。对外星生命的探索中曾经发现过 α - 氨基酸，但它们是不同构

型氨基酸的混合物，被认为来自化学合成而非生物合成。生命体为何选择 L - 氨基酸而非 D - 氨基酸合成蛋白质，其生物学意义迄今仍是一个谜。

四、氨基酸的紫外光谱性质

氨基酸在可见光区没有吸收，在红外区和远紫外区（<200 nm）都有光吸收。在近紫外区（200～400 nm），3 个芳香族氨基酸——酪氨酸、色氨酸和苯丙氨酸都有特征吸收峰。酪氨酸的最大吸收波长是 275 nm，色氨酸的最大吸收波长是 280 nm（图 2 - 8）。苯丙氨酸的最大吸收波长稍微短一些，为 257 nm。

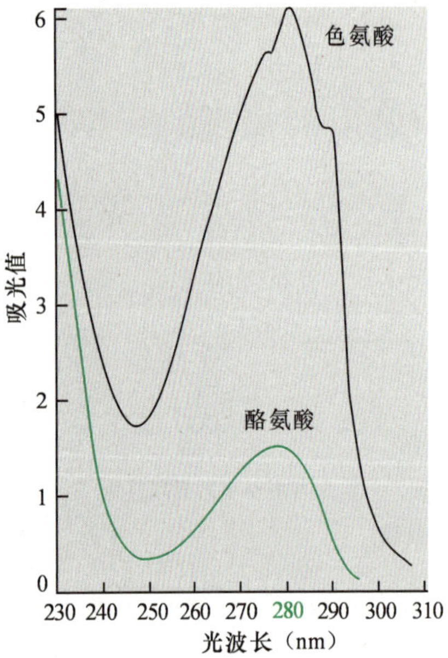

图 2 - 8　酪氨酸和色氨酸的紫外吸收光谱

溶液中氨基酸浓度越高，光吸收值越高，在一定浓度范围内二者成正比关系，符合比尔定律（Beer's Law）：

$$A = \varepsilon bc$$

式中，ε 为摩尔消光系数，单位为 L/(mol · cm)；b 为比色标的光径，单位为 cm；c 为溶液浓度，单位为(mol/L)。不同氨基酸在不同波长下摩尔消光系数不同。吸光值又称光密度值（optical density，OD）。

通过分光光度计测得 280 nm 下的吸光值 A_{280}，即可求出氨基酸的浓度。一般蛋白质都含有色氨酸、酪氨酸和苯丙氨酸，故对于蛋白质溶液也可通过测定 A_{280} 获得蛋白质浓度，即所谓的紫外分光光度法（详见第四章）。

第三节　氨基酸的分离分析

为了解蛋白质的氨基酸组成或制备某种氨基酸产品，需要将氨基酸从混合物中分离出来并进行鉴定。层析技术，原称色谱技术（chromatography），是氨基酸分离分析最有效的常见技术，包括分配柱层析、纸层析、薄层层析、离子交换柱层析，下面分别给予介绍。

除离子交换柱层析外，其他 3 种层析原理均相同，都是基于氨基酸的溶解度差异。一种氨基酸在某种溶剂中溶解度越大，那么，它在同等体积溶剂中被“分配”的数量也就越大。在一定温度下，当一种溶质在互不相溶的溶剂中分配达到平衡时，溶质在 A、B 两相中的浓度（c）比值称为分配系数（distribution coefficient），即：

$$K_d = \frac{c_A}{c_B}$$

不同氨基酸有不同分配系数，分配系数差异大的物质更容易得到分离。利用溶质分配系数差别进行的层析称为分配层析(partition chromatography)。进行分配层析时,增加 A 相体积(V_A)可以有效提高分配到 A 相的溶质总量,此时的分配系数称为有效分配系数(K_{eff}):

$$K_{eff}=\frac{c_A V_A}{c_B V_B}=K_d \times R_v$$

式中,R_v 为 A、B 两相的体积之比。层析技术常使用大量溶剂,就是为了提高有效分配系数。

所有层析系统由流动相(mobile phase)和固定相(stationary phase)组成。流动相指穿过支持介质的流动溶液,相当于 A 相;固定相指结合在支持介质(或填料)亲水基团上的不流动的水,相当于 B 相。习惯上,人们将吸附着水的凝胶状支持介质泛称为固定相。

不同层析技术支持介质不同,用于分离的溶剂不同,下面分别给以简要介绍。

一、分配柱层析

分配柱层析(partition chromatography)是利用待分离的不同组分在流动相和固定相之间分配系数的差异而进行分离的方法。在玻璃管(或不锈钢管)中填充一种兼亲水性和一定机械力的介质,如纤维素、淀粉、硅胶等,使其在溶剂中下沉形成一定高度,即层析柱(chromatographic column)(图 2-9)。将氨基酸样品加到柱床表面,然后用一个溶剂系统作为洗脱剂(eluent)自上而下洗脱,氨基酸便随流动相按照有效分配系数被分离。分步收集洗出液(eluate),结合茚三酮显色可定量氨基酸;结合纸层析或薄层层析,可定性氨基酸。

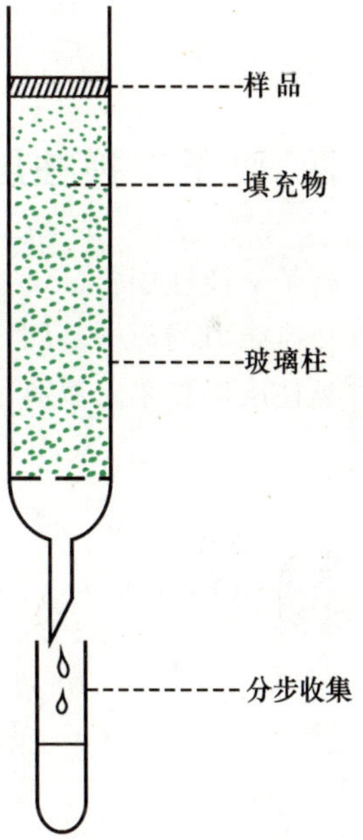

图 2-9 柱层析系统

二、纸层析

纸层析(filter-paper chromatography)是利用滤纸作为支持介质进行的分配层析。在滤纸靠近某角的位置点上氨基酸混合液样品,这个点称为"原点"(图 2-10)。将点样后的滤纸放入密闭容器中,使点样一侧与一个溶剂系统(如丁醇—乙酸)接触。此时,溶剂便沿滤纸进行快速展层,并带动"原点"的氨基酸一起前移。氨基酸按照溶解度大小被推展,溶解度越大,被推得越远,因而被分离。将茚三酮溶液喷洒在滤纸上,蓝紫色的氨基酸点(脯氨酸为黄色)便可呈现出来。在同样条件下,对标准氨基酸(已知氨基酸)进行纸层析,通过氨基酸斑点位置的比较,即可获悉未知氨基酸的种类。不同氨基酸相对迁移率(R_f 值)不同。R_f 值即氨基酸离开原点的迁移距离(X)与溶剂前沿的距离(Y)之比。在一定条件下,每种氨基酸的 R_f 值是恒定的。

三、薄层层析

薄层层析(thin-layer chromatography)也属于分配层析。将精制粉状介质(如纤维素粉、硅胶粉、氧化铝粉)制成糊状涂在玻璃板上形成均匀薄层,晾干后将氨基酸样品点在一侧,然后放入层析缸中，使点样一端靠近溶剂，氨基酸便按照溶解度不同被推展、分离(图 2-11)，即薄层层析。氨基酸经过薄层层析后，同样用茚三酮显色出各氨基酸位点。在有标准样品做对照的情况下，可使未知氨基酸得到鉴定。较之纸层析，薄层层析点样量少，分辨率高，速度快。

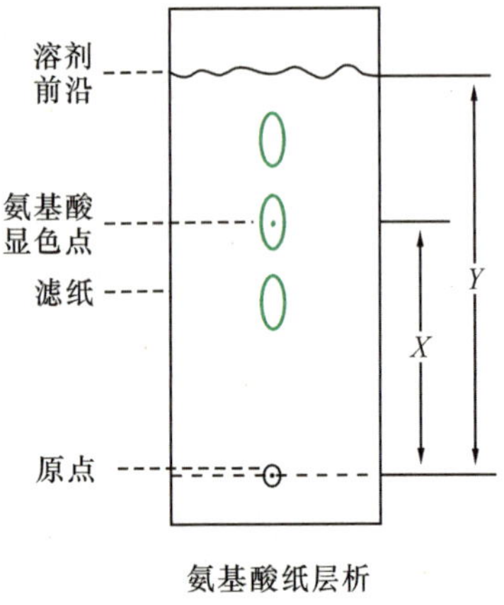

图 2-10　氨基酸纸层析

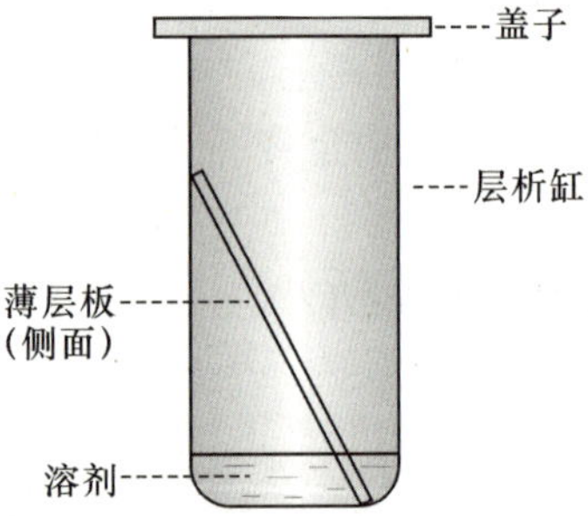

图 2-11　薄层层析

四、离子交换柱层析

离子交换柱层析(ion-exchange column chromatography)，就是利用键合在固定相表面的具有交换能力的离子基团，根据流动相待分离组分的离子可逆结合能力的差异，进行物质分离的一类柱层析技术。以离子交换树脂(ion-exchange resin)作介质，氨基酸可以按照电荷不同得以分离。离子交换树脂是人工合成的聚苯乙烯—苯二乙烯不溶性化合物，为具网状结构的颗粒性高聚物，上面引入某种带电基团。如引入的是酸性基团，如—SO_3H(图 2-12)、—COOH，则可解离 H^+，能和溶液中的阳离子交换，称为阳离子交换树脂；如引入的是碱性基团，如－NH_3OH，则可解离出 OH^-，能和溶液中的阴离子发生交换，则称为阴离子交换树脂。

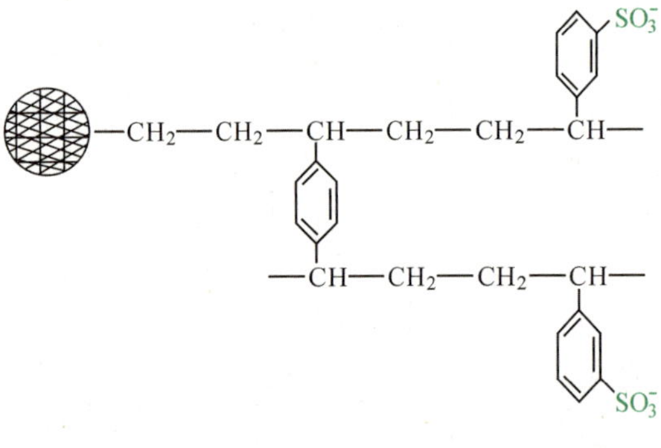

图 2-12　带磺酸基团的阳离子交换树脂结构

氨基酸与离子交换树脂的作用力主要有两个电荷间相互作用和疏水力。电荷间相互作用是首要因素，与氨基酸的解离状态直接相关。在解离状态相近的氨基酸中，侧链疏水性越高，与树脂的作用力越大，在层析柱中停留的时间越长，出峰需要的洗出液体积越大。

分离氨基酸通常用阳离子交换剂。将氨基酸样品 pH 调至等电点以下(如 pH 2～3)，各种氨基酸带正电荷；当样品流经阳离子交换柱，各氨基酸便与树脂阳离子发生交换、“挂”在交换剂上；当用具有 pH 梯度和盐梯度的缓冲液自上而下洗脱时，随着 pH 升高，氨基酸所带正电荷数减少，与树脂的结合力降低；随着盐浓度升高，氨基酸进一步减小与树脂的结合力。由此，混合液中氨基酸便按照正电荷从少到多、侧链疏水力从弱到强的顺序被洗脱、分离。酸性氨基酸与碱性氨基酸相比，侧链为极性不带电荷的氨基酸与芳香族氨基酸相比，疏水性弱的氨基酸与疏水性强的氨基酸相比，在经过阳离子交换柱以后都是前者先于后者被洗脱。

离子交换层析可以在常压下进行，也可以在高压下进行。借助于高压装置，高效、快速分离物质的层析技术，称为高效液相色谱(high performance liquid chromatography，HPLC)。HPLC 所采用的层析柱有的基于分配原理，有的基于离子交换或其他原理。HPLC 通常适合氨基酸等生物有机小分子的分离、分析。

层析系统的流动相可以是液体，也可以是气体。以流体为流动相的称为液相层析(liquid chromatograph)；以气体为流动相、液体为固定相的称为气液层析，又称气相层析(gas chromatograph)。由于被分离样品必须经过汽化，气相层析对分离装置要求比较高。气相色谱仪就是这样一种仪器，它自动化程度高，能够快速分离、分析微量小分子样品。

参考文献

1. 朱圣庚，徐长法. 生物化学. 4 版. 北京：高等教育出版社，2016.
2. Berg J M，Tymoczko J L，Stryer L. Biochemistry. 7th ed. New York：W H Freeman and Company，2012.
3. Moran L A，Horton H R，Scrimgeour K G，et al. Principle of Biochemistry. 5th ed. International：Pearson Education Inc (Asia)，2012.
4. Nelson D L，Cox M M. Lehninger Principles of Biochemistry. 7th ed. New York：Worth Publishers，2017.

思　考　题

一、填空

1. 组成蛋白质的 20 种标准氨基酸中，含硫的氨基酸有________和________。
2. 研究人员利用________试剂能够直接观察，确定溶液中是否存在氨基酸。
3. 蛋白质中二硫键通常是在两个________氨基酸残基之间形成。

二、单选

1. 当 pH 为 12 时，甘氨酸溶液中甘氨酸__________？

A)带 1 个正电荷　B)带 1 个负电荷　C)带 2 个负电荷　D)净电荷为零

2. ________是五肽 Ala-Phe-Val-Ser-Gln 的 N 末端氨基酸。

A)Gln　B)Phe　C)Ala　D)A and B

3. 下列________最有可能埋在球状蛋白质的内部。

A)Thr　B)Lys　C)Leu　D)A and B

三、问答题

1. 请根据 20 种蛋白质标准氨基酸结构特征，完成下列表格的填写。

氨基酸侧链基团	氨基酸三字符	氨基酸单字符
含有巯基		
含有羟基		
含有咪唑基		
含有羧基		
含有胍基		

2. 学生利用阳离子交换柱层析分离含有 Lys、Val 和 Asp 3 种氨基酸的样品。请根据离子交换柱层析分离原理判断 3 种氨基酸洗脱的顺序,并说明理由。

3. 什么是 Sanger 试剂?它的用途是什么?

第三章

蛋白质结构与功能

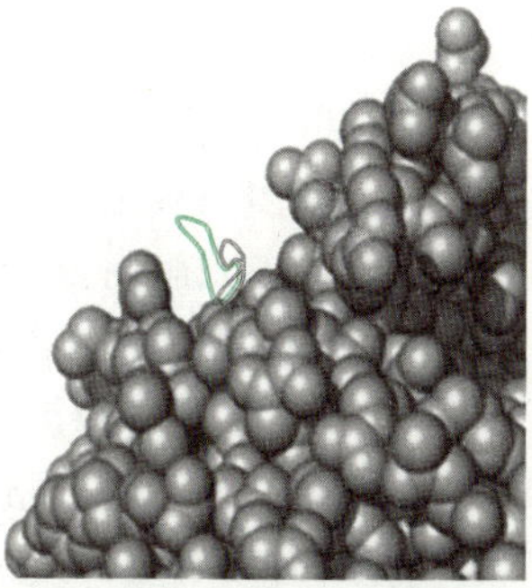

在蛋白质、核酸、脂类、多糖的功能研究中，人们最先认识的是蛋白质。蛋白质被认为是最重要的生物物质，其英文词“protein”即来自希腊文“protos”，意指“第一重要的”。

蛋白质主要由 C、H、O、N、S 元素组成，有些含 P、Fe、Cu、I、Zn、Mo 等元素。含有机氮，而且氮含量平均为 16%，是蛋白质元素组成的一个突出特点，也是凯氏定氮法测定蛋白质含量的计算基础。

蛋白质种类繁多。按照组成分为简单蛋白质(simple proteins)和缀合蛋白质(conjugated proteins)。简单蛋白质完全由氨基酸组成，如胰岛素；缀合蛋白质除氨基酸组成的蛋白质部分外，还有非蛋白质成分——辅基(prosthetic group)，如核蛋白、糖蛋白、脂蛋白、磷蛋白、血红素蛋白、黄素蛋白、金属蛋白等。不同蛋白质具有不同生物功能，通常分为以下 6 个方面：

1. 酶催化作用

酶是一类生物催化剂，绝大多数为蛋白质。生命活动离不开化学反应，无论是 CO_2 水合这样的简单化学反应，还是 DNA 精确复制一类的复杂反应，都由酶催化完成。蛋白质在生物系统的化学转化过程中处于中心位置。

2. 运输和储藏

机体中许多小分子、离子是通过蛋白质运输的。如血红蛋白能将氧气从肺部运输到身体的各组织，并将组织代谢产生的 CO_2 运输到肺以便排出体外。又如，在血液中，铁的运输由转铁蛋白(transferrin)完成。在肝脏中，铁离子以铁蛋白形式储藏。植物种子中的谷蛋白、鸡蛋中的卵清蛋白以及牛奶中的酪蛋白等都是后代成长发育所需氨基酸的储存库。

3. 细胞运动

生命和运动紧密相连。无论个体运动，还是细胞运动，甚或胞内运动，都需要蛋白质完成。负责肌肉收缩的主要蛋白质是肌动蛋白和肌球蛋白；细菌鞭毛的运动则需要微管蛋白和力蛋白(dynein)的互作。

4. 机械支撑作用

有些蛋白质具有很强的抗张力作用，对机体组织和细胞具有机械支撑作用。动物皮肤和骨骼中广泛存在的胶原蛋白(collagen)以及动物的毛、发、角、爪中的角蛋白(keratin)都有这类功能。

5. 免疫保护

脊椎动物免疫反应的主要产物是抗体，抗体的本质是蛋白质。抗体能特异识别并排除外来入侵物。此外，像蛇蝎毒液中的小分子毒蛋白，植物产生的防止虫咬的毒蛋白等，都是生命体自我保护的武器。

6. 调控作用

许多激素是蛋白质或多肽，它们通过与靶细胞上的受体蛋白(receptor)特异结合，把胞外信号传递到胞内，引起细胞一系列化学反应，最后导致机体产生相应的生理变化。如胰岛素可以调节血糖水平；阻遏蛋白可以阻止某基因的表达。

实际上，每种蛋白质都有自己独特的功能。如淀粉酶、蛋白酶和脂肪酶，虽然都是水解酶，但作用对象不同。蛋白质如此神奇多样的功能依赖于它们各自不同的分子结构。要揭示生命规律，必须对蛋白质的结构与功能有深刻的理解。在这一章里，我们将在不同层次上认识蛋白质的基本结构，并结合实例讨论蛋白质结构与功能的关系。

蛋白质结构通常分为4个层次：一级结构(primary structure)、二级结构(secondary structure)、三级结构(tertiary structure)和四级结构(quaternary structure)。其中一级结构属于初级结构，指多肽链氨基酸顺序和二硫键位置；二、三、四级结构属于蛋白质高级结构。蛋白质一级结构是构成高级结构的基础，高级结构决定蛋白质功能。

第一节 蛋白质一级结构

一、氨基酸以肽键连接形成蛋白质

蛋白质由许多氨基酸按一定顺序连接而成，各氨基酸之间以肽键(peptide bond)相连。肽键是由一个氨基酸的 α - 羧基与另一个氨基酸的 α - 氨基发生缩合反应，脱去一分子水形成的酰胺键(图 3 - 1)。

实际上，该反应的逆反应更容易进行。在细胞中，肽键的形成是一个复杂的生物化学过程，需要能量输入(详见第十七章)。

肽键连同与之相连的4个原子(羰基氧、氨基氢和2个 α - 碳原子)称为肽基(peptide group)(图 3 - 2A)。

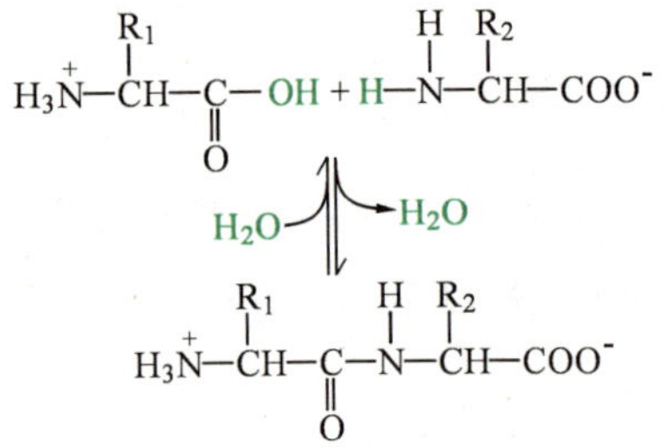

图 3 - 1　氨基酸的缩合反应

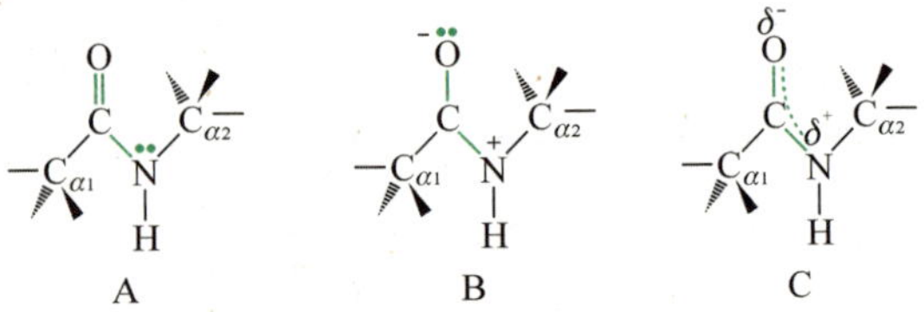

图 3 - 2　肽基与肽键

肽基有3个基本特征：①肽基呈刚性平面结构。20世纪30年代末，L. Pauling 和 Corey 研究多肽的键距和键角，测得肽键长度为0.132 nm，比C—N之间的单键(0.149 nm)短，比C═N之间的双键(0.127 nm)长。换句话说，肽键并非典型的单键(图 3 - 2B)，也不是典型的双键，而是具有部分双键性质(图 3 - 2C)。这是由于酰胺氮上的孤电子对与羰基之间发生了共振相互作用，使肽键呈共振杂化体结构。部分双键性质使得肽键不能自由旋转，导致肽基上的所有原子共处于一个平面上，即所谓肽平面（peptide plane）或称酰胺平面。这里需要指出的是 C—C_α 和 N—C_α 之间的连键是可以旋转的。②肽基具有极性。羰基氧带有部分负电荷，可以在形成氢键时作为氢的受体；氨基氮具有部分正电荷，氨基可以在形成氢键时作为氢的供体。③大多数肽基为反式构象（*trans* conformation）。2 个 C_α 分处于肽平面的两侧，羰基氧和氨基氢位于肽键两侧，这种反式构象有利于结构的稳定。Pro 形成肽键时，由于四氢吡咯环引起空间位阻，消除了反式构象的优势，顺式（*cis*）、反式（*trans*）2 种结构形式均会出现。

二、多肽链的方向性及大小

多个氨基酸通过肽键按顺序连在一起就形成了多肽链（polypeptide chain），其中每个氨基酸单位称为残基（residue）。除特殊的环状多肽外，多肽链一般为线性结构，具有方向性，也就是说它的两个末端是不同的：一端为游离的 α - NH_3^+，称为氨基端或 N 端（N terminus）；另一端为游离的 α - COO^-，称为羧基端或 C 端（C terminus）。

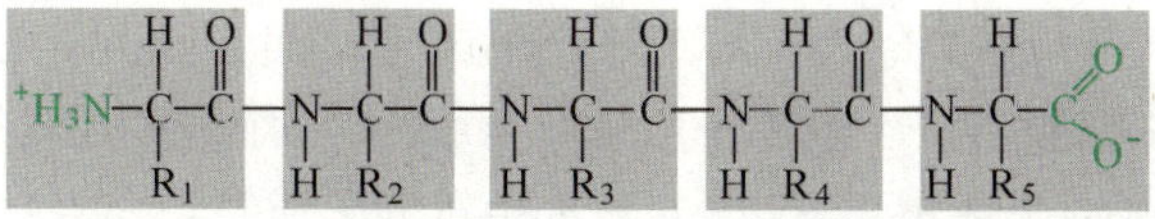

书写多肽链时，习惯上将 N 端氨基酸残基作为起始端，按从左到右的方向写出多肽链中氨基酸的排列顺序，可以三字母形式表示，如 AlaGlyTyrGlyTyr，也可以单字母形式表示，如 AGYGY。

多肽链由一条主链（main chain）和多个 R 基侧链（side chain）组成。主链由"α - 碳原子—羰基碳—氨基氮"重复单位构成。不同主链，长度差别很大。由 2 个氨基酸残基组成的称为二肽（dipeptide），由 3 个氨基酸残基组成的称为三肽……。一般把含有几个至十几个氨基酸残基的肽称为寡肽（oligopeptide），把更长的称为多肽（polypeptide）。

生物体内有些寡肽或多肽含量虽然很少，但具有重要的生物学活性，称为活性肽（active peptide），如谷胱甘肽（glutathione）、缬氨霉素（valinomycin）、脑啡肽、抗菌肽等。下面简单介绍前两种。

谷胱甘肽（GSH）广泛存在于植物、动物及某些微生物中，其分子是由谷氨酸、半胱氨酸和甘氨酸组成的三肽，活性基团为巯基。在谷胱甘肽分子中，谷氨酸和半胱氨酸之间的肽键为异肽键，成键的羰基来自谷氨酸的 γ - 羧基，而不是 α - 羧基。为了突出这一点，谷胱甘肽常表示为 γ - 谷胱甘肽。在红细胞中，谷胱甘肽不仅可以作为巯基缓冲剂，维持血红蛋白或其他巯基酶 Cys 残基处于还原状态，而且还可以用于消除脂质过氧化物对细胞膜的破坏，是生物体很好的氧化还原缓冲剂。

谷胱甘肽(GSH)
还原型

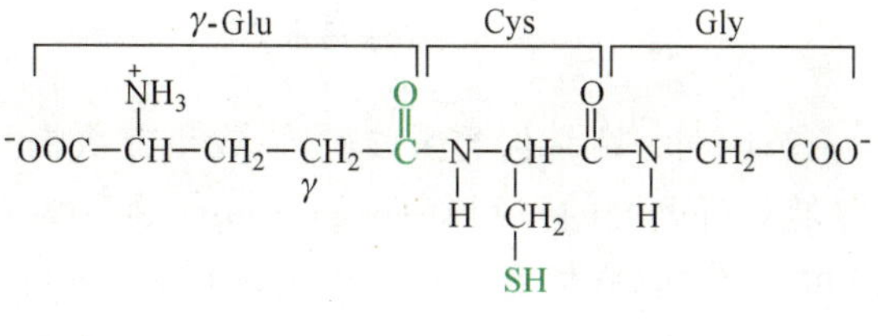

缬氨霉素是一种常见抗生素，人们常把它看作环形肽。实际上，它含有 3 次重复排列的 *D* - 缬氨酸、*L* - 乳酸、*L* - 缬氨酸和 *D* - 羟基异戊酸序列，属于特殊的寡肽(图 3 - 3A)。缬氨霉素是钾离子(K^+)载体(图 3 - 3B)，能协助 K^+ 跨膜扩散，破坏细胞膜两侧的 K^+ 浓度，因而有杀菌作用。

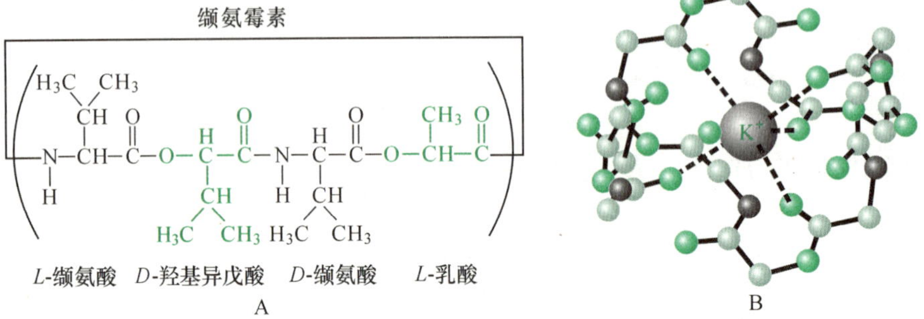

图 3 - 3　缬氨霉素

大多数天然多肽链含有 50～2 000 个氨基酸残基。氨基酸平均分子质量为 110 Da(Da 可以省略)。在国际上通常以道尔顿(dalton，Da)、千道尔顿(kilodalton，kDa)为单位来表示蛋白质分子质量。一个道尔顿相当于 1 个原子质量单位(u)。一个分子质量为 50 000 的蛋白质即 50 000 Da 或 50 kDa(国内出版物要求以“u”表示相对分子质量，1 u=1 Da)。值得注意的是，蛋白质和多肽链含义不同，蛋白质更强调结构和功能上的完整性。对于缀合蛋白质来讲，多肽链是蛋白质的主要结构成分，而不是唯一成分；另外，一个蛋白质可能由一条多肽链组成，也可能包含多条相同或不同的多肽链。

三、蛋白质的氨基酸顺序具有特异性

牛胰岛素(insulin)是世界上首例被测定氨基酸顺序的蛋白质。英国生物化学家 F. Sanger 历时十多年，通过 2,4 -二硝基氟苯(DNFB)和多肽链氨基末端反应(桑格反应)并结合纸层析等方法，于 1953 年测定出牛胰岛素的氨基酸顺序(图 3 - 4)。胰岛素由两条多肽链组成：A 链含 21 个氨基酸残基，B 链含 30 个氨基酸残基，各氨基酸残基有严格的顺序。整个蛋白质含有两个链间二硫键，一个链内二硫键。

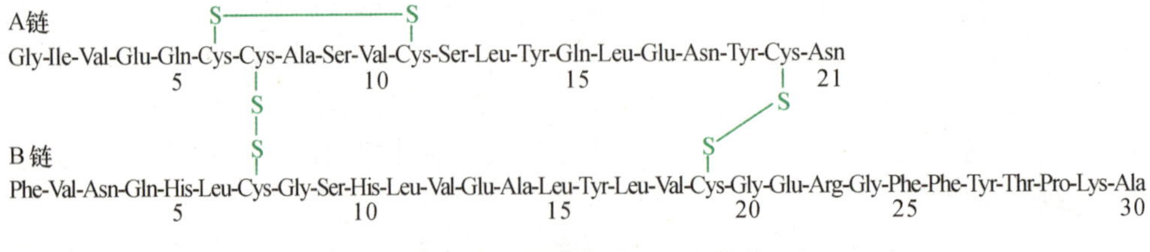

图 3 - 4　牛胰岛素分子一级结构

胰岛素是第一个被阐明一级结构的蛋白质，该成果首次揭示出蛋白质具有特定氨基酸顺序，这在生物化学领域具有重要的里程碑意义，Sanger 也因此获得 1956 年的诺贝尔化学奖。20 世纪 50 年代末、60 年代初，人们意识到蛋白质的氨基酸顺序是由遗传决定的：DNA 核苷酸顺序决定 mRNA 的核苷酸顺序，mRNA 的核苷酸顺序又决定蛋白质的氨基酸顺序（详见第十六章、第十七章）。

四、蛋白质序列测定

测定蛋白质氨基酸顺序具有重要意义，不仅有利于揭示蛋白质生物活性的分子基础、多肽链的折叠规律以及在分子水平揭示物种进化关系，还有利于揭示分子遗传病的分子机理，为药物设计提供依据。蛋白质序列测定技术发展很快，除目前普遍使用蛋白质自动测序仪（protein sequencer）外，还有其他方法。下面介绍几种方法的要点和应用特点。

（一）直接测序法

基于 Edman 反应原理对蛋白质进行测序是最传统也最直接的蛋白质测序方法。基本策略分 3 步：

①制备测序用蛋白质样品。首先获得蛋白质纯品，测定出蛋白质由几条多肽链组成；然后分离出不同多肽链，并针对每一条多肽链测定出氨基酸组成。

②对多肽链进行分段测序。为了保证测序结果的准确性，对于比较长的多肽链要进行特异水解，获得一套大小适中的肽段（fragment），然后利用 Edman 降解法对各肽段进行氨基酸顺序测定。为明确各肽段之间的先后顺序，需要用两种以上的有限水解方法（limited proteolysis）对多肽链进行处理，获得多套肽段并测序。

③拼凑完整多肽链的一级结构。根据每套肽段中各肽段的氨基酸顺序以及多套肽段之间的重叠区（overlap），拼凑出整个多肽链的氨基酸顺序。如果有二硫键，还要确定其位置。

上述策略看起来简单，但在实际蛋白质测序工作中，要涉及许多生物化学技术，主要有：

1. 多肽链末端氨基酸残基分析

用于测序的蛋白质样品，不仅要求高纯度，而且要有同质性。如果一个蛋白质由多条不同多肽链组成，显然不能直接用于测序。通过鉴定蛋白质多肽链末端氨基酸可以确定多肽链的数量。如胰岛素，N 端分析显示有 Phe 和 Gly 两种，且等量存在，说明胰岛素至少含有两条不同的多肽链。多肽链末端氨基酸残基的鉴定方法有两类：

（1）N 端氨基酸残基分析　用于鉴定 N 端氨基酸的方法有多种，常见有氨肽酶（aminopeptidase）法、桑格法、丹磺酰氯（dansyl chloride）法和 Edman 降解法（Edman degradation）。

氨肽酶是一类肽链外切酶（exopeptidase），简称外肽酶，专门从 N 末端开始逐个水解肽键。通过控制酶反应速度，可以分离、鉴定出 N 端氨基酸。由于酶反应速度很难严格控制，因此，该法在实际应用中有较大局限性。

桑格反应原理上一章已经介绍。DNFB 在弱碱性反应条件下与多肽链 N 端氨基酸残基的 α - 氨基反应生成 DNP - 肽；新形成的共价键比肽键稳定，进行酸水解时，黄色的 DNP - 氨基酸释放下来，其他则水解为自由氨基酸。结合层析即可鉴定出多肽链 N 端氨基酸残基（图 3 - 5）。

丹磺酰氯是一种荧光试剂，能专一性地与多肽链 N 端的 α - 氨基反应，生成稳定的丹磺酰蛋白质（DNS - 肽）；肽键经酸水解释放出游离氨基酸，结合层析或电泳技术，即可鉴定出带荧光的 DNS - 氨基酸（图 3 - 6）。

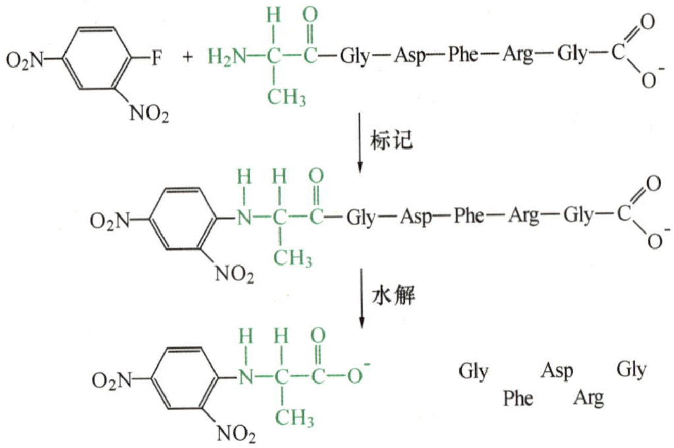

图 3-5　桑格法测定多肽链 N 末端氨基酸残基

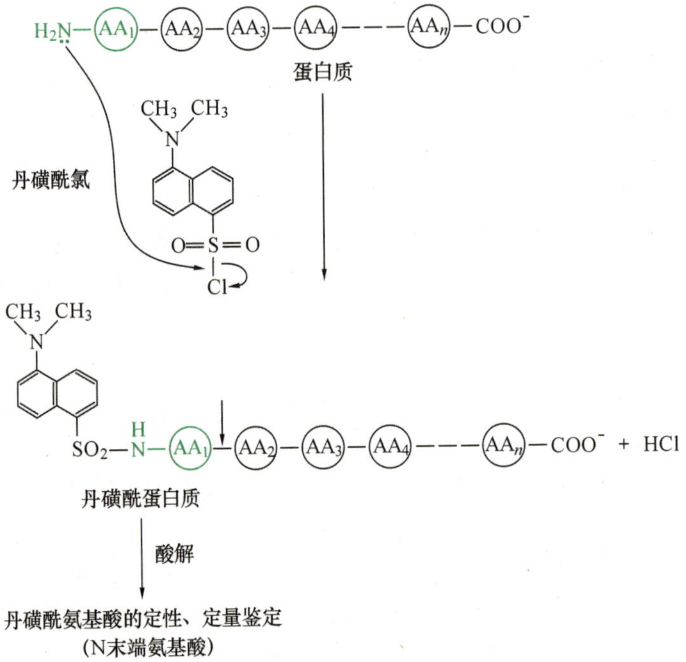

图 3-6　丹磺酰氯在多肽链末端分析中的应用

比起前几种方法来，Edman 降解法更有效(图 3-7)。在弱碱条件下，多肽链 N 端 α-氨基与 PITC 反应，标记为苯氨基硫代甲酰蛋白质；肽链中第一个肽键变弱，在无水酸(酸酐，如三氟乙酸)存在下发生降解，第一个氨基酸(AA_1)转变为氨基酸噻唑衍生物；氨基酸噻唑衍生物经抽提、分子重排等反应，生成无色的乙内酰苯硫脲氨基酸(PTH-AA_1)，结合层析技术可快速确定出氨基酸的种类。

Edman 降解法有一个突出特点，就是不仅可以用来测定多肽链 N 端氨基酸，还可以通过循环反应、重复抽提和氨基酸层析分析，将剩余多肽链的氨基酸按顺序一一测定出来。

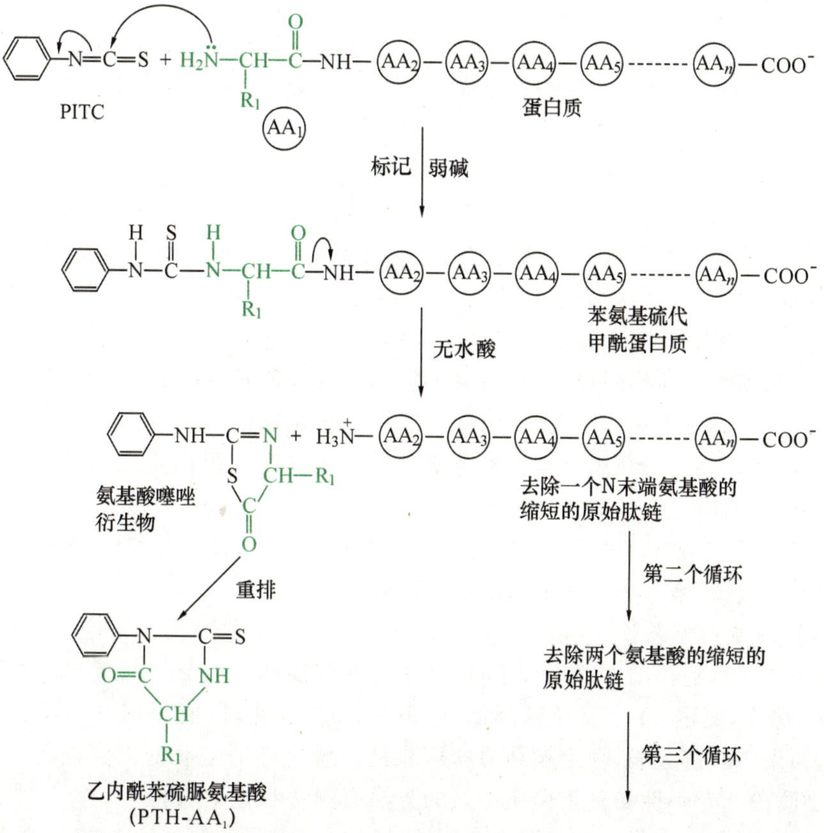

图 3-7　Edman 降解法原理

(2)C 端氨基酸残基分析　常用方法有羧肽酶法和肼解法。羧肽酶(carboxypeptidase)也属于外肽酶,专门水解羧基末端肽键,释放出 C 端氨基酸。如果羧基末端是脯氨酸时,羧肽酶无法作用,可采用一种特殊的化学法——肼解法(hydrazinolysis),即在 100℃、弱酸性条件下,多肽链与肼反应 20 h,此时所有肽键发生肼解,羰基与肼以酰胺键连接,各种氨基酸残基生成酰肼,只有 C 端氨基酸残基除外,结合层析即可鉴定出该氨基酸(图 3-8)。

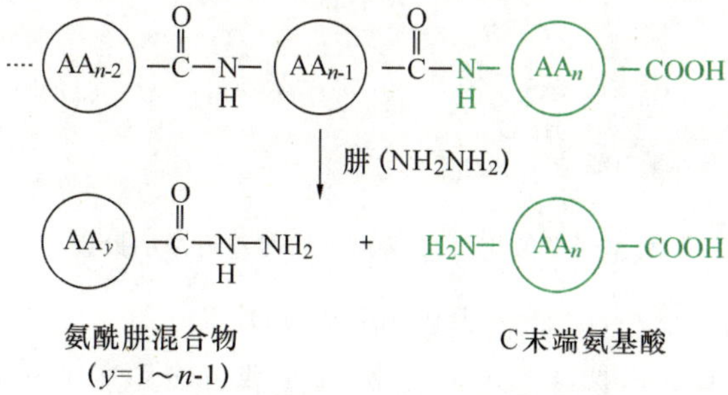

图 3-8　肼解法测定羧基末端氨基酸

2. 多肽链的分离

如果确定出蛋白质由多条不同的多肽链组成,那么就要将它们分离,首先需要打断多肽链之间或多肽链内部的二硫键。最常用的断裂方法是用β-巯基乙醇(β-mercaptoethanol)或二硫苏糖醇(dithiothreitol,DTT)处理。由此形成的自由巯基,容易再氧化成二硫键,为防止这种情况产生,常采用碘乙酸进行保护。多肽链的分离可采用多种技术,具体原理和技术要点将在第四章中专门介绍。

3. 多肽链氨基酸组分分析

为利于多肽链的进一步处理和分析,最好对多肽链进行氨基酸组分分析,就是测定出含有哪些氨基酸?每种氨基酸有多少?这需要首先将多肽链进行彻底水解,释放出自由氨基酸。

蛋白质彻底水解常用两种方法:酸水解(6 mol/L HCl,回流煮沸 20 h)和碱水解(5 mol/L NaOH,回流煮沸 20 h)。酸水解的优点是产物仍为 *L*-氨基酸,缺点是色氨酸被破坏,羟基氨基酸和酰胺类氨基酸受到不同程度破坏;碱水解的优点是色氨酸稳定,缺点是产物中除 *L*-氨基酸外,还有 *D*-氨基酸,有消旋现象,而且大多数氨基酸被破坏。

多肽链彻底水解后,可利用层析技术对氨基酸进行鉴定。蛋白质氨基酸组分分析已经实现自动化,所用仪器叫作氨基酸自动分析仪(amino acid analyzer)。这是一种将氨基酸标记反应(如生成 PTC-氨基酸)和离子交换层析相结合的技术,通过测定洗脱峰的位置定性氨基酸,通过测定紫外吸收值(来自标记的 PTC)定量氨基酸。

4. 多肽链的专一性裂解

用于测序的多肽链长度一般不宜超过 50 个氨基酸残基。对于一个分子群体,假定反应正确率为 98%,那么,测定 60 个反应循环后,$0.98^{60}=0.3$。此时,能正确发生反应的分子不到 1/3。可见,如果多肽链太长,会影响结果的可靠性。对这样的多肽链需要进行专一性有限水解,分离出小肽段。专一性切割蛋白质位点的方法有酶法和化学法:

胰蛋白酶(trypsin)专门水解由赖氨酸或精氨酸的羧基形成的肽键,胰凝乳蛋白酶(chymotrypsin)专门水解由芳香族(或具有大的疏水侧链)氨基酸的羧基形成的肽键,具体分子机理见第五章。

最常用的化学裂解药物是溴化氰(CNBr),可专一性水解 Met 的羧基形成的肽键(图 3-9)。具体反应如下:

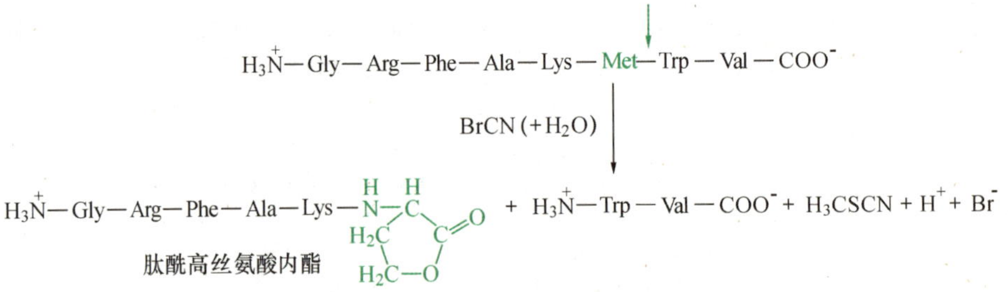

图 3-9　溴化氢裂解 Met 的羧基形成的肽键

5. 肽段氨基酸序列测定(sequence determination)

肽段氨基酸序列的测定一般基于 Edman 降解原理。为了保证对同一个样品的可控连续反应,通常将样品吸附在 PVDF(polyvinylidine difluoride)膜上,循环进行降解反应(图 3-7)。每一个循环反应需要 30~50 min。对每一次反应液的 PTH-氨基酸进行分析,即可测得氨基酸顺序。这个过程已实现自动化,由蛋白质自动测序仪(protein sequencer)完成,这不仅加快了测序速度,而且提高了测序长度(可达上百个氨基酸残基)。

6. 蛋白质氨基酸顺序的拼接与二硫键的确定

根据一套肽段中每个肽段的序列，并结合另一套肽段中重叠肽的氨基酸顺序，很容易拼接出整个多肽链的顺序。如果蛋白质中存在二硫键，还需要测定二硫键的位置。传统的测定方法是进行对角线电泳（diagonal electrophoresis）分析（图 3 - 10）。选取一种特殊的水解方式，如用胃蛋白酶使天然蛋白质肽键发生不完全水解，但二硫键依然保持完整。取一块方形滤纸，将样品点在滤纸中央进行纸电泳，此时，各氨基酸或寡肽在一维方向上将按各自的迁移率移动而被分离“排队”。对第一向电泳后的滤纸进行过甲酸蒸气处理，使二硫键氧化成磺基丙氨酸，然后将滤纸旋转 90°在同样条件下进行第二向电泳。此时，除含有磺基丙氨酸的肽段外，其他氨基酸和肽段仍以各自的迁移率移动，并保持着整个“队列”，最后在滤纸上形成“对角线”排列。磺基丙氨酸因多出 1 个负电荷，二向电泳时表现出较快的迁移速度，会脱离对角线“队列”。对“脱队”肽段进行氨基酸组分分析，便可确定出二硫键的位置。

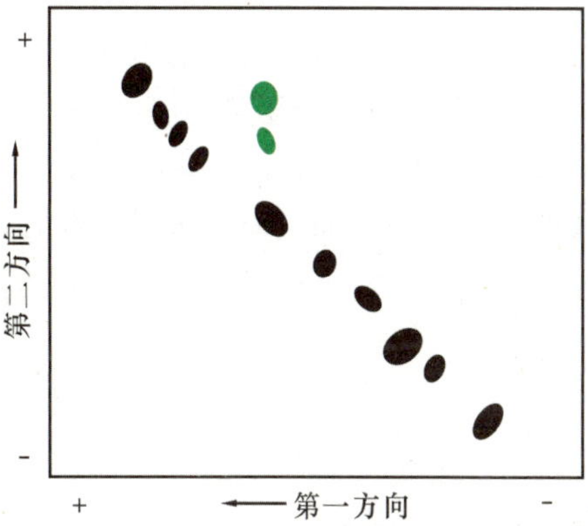

图 3 - 10　对角线电泳

直接测序法获得的数据直接，说服力强，灵敏度较高，皮摩尔蛋白质样品（10^{-12} mol/L）即可。该法需要高纯度样品，对于含量低、难纯化的蛋白质不适宜；另外，操作步骤多，耗时耗力，价格昂贵。近些年来，质谱法（MS）得到发展，方便了微量蛋白质的准确测定。

（二）串联质谱法

质谱（mass spectrometry，MS）是根据带电粒子的质荷比“m/z”（mass-to-charge ratio）不同而对物质进行鉴定的一种技术，原理比较复杂，这里只简单介绍基本应用原理。质谱和串联质谱应用不同，质谱法可用来测定多肽链的分子质量，而串联质谱能用于多肽链测序。

1. 质谱法测定多肽链分子质量

自 20 世纪 80 年代以来，随着质谱技术的发展，质谱不仅可用于分析具有热稳定性的小分子，而且也可用于大分子蛋白质的鉴定，是目前蛋白质组学（proteomics）研究中的重要技术之一。常见有两种蛋白质质谱技术：

（1）MALDI - TOF MS　即基质辅助激光解吸离子化—飞行时间—质谱（matrix-assisted laser desorption ionization time - of - flight MS）。MALDI-TOF MS 基本工作原理如图 3 - 11 所示，首先将蛋白质样品与某种小分子有机物（称为基质，如 2，5 - 二羟基苯甲酸或者肉桂酸）混合、点在一块金属底板上，然后自然风干或加热除去溶剂，此时多肽链便被包埋在基质中并与其共结晶；在激光脉冲作用下，基质吸收激光能量并升华，携带多肽分子进入气态；同时酸性的基质将质子转移给多肽链，使其带上单个正电荷（H^+）。多肽离子在

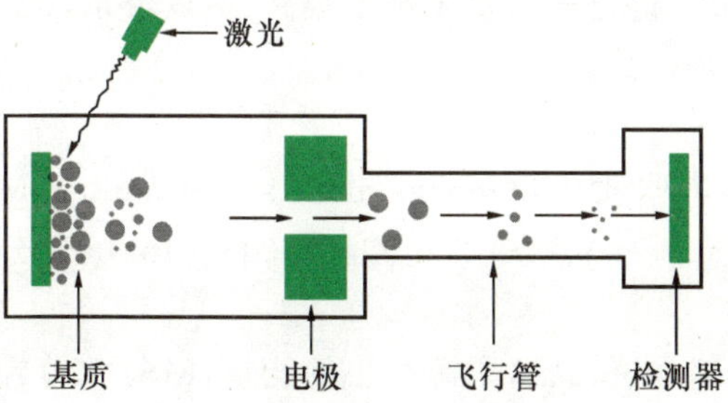

图 3 - 11　MALDI-TOF-MS 基本原理

经过电极激发(如 10 kV)后带上同样大小的动能(E_v),便快速通过真空飞行管。m/z 越小,飞行速度越快,反之越慢,故先后在检测器中被检测。根据动能与质量(m)、速度(V)的关系式:$E_v=1/2m\times V^2$,便可依据其在飞行管中的飞行时间计算出多肽链的分子质量。

(2)ESI - MS　即电喷雾电离质谱(electrospray ionization MS)。蛋白质或多肽溶液首先在几千伏高压下微滴化并汽化,同时蛋白质或多肽分子在微量有机酸存在下被电离而随机携带上若干正电荷。由于属于弱电离,蛋白质分子不会产生多肽碎片。因此,对于同一种蛋白质分子,各分子将因电荷数不同表现为不同的 m/z,在质谱图上就是一系列独立峰线(图 3 - 12)。峰高代表 m/z 相同的多肽离子的数量,峰越高,该类离子数越多。在这个质谱峰中,相邻峰的多肽离子之间只差一个正电荷,故可精确计算出多肽链分子质量。

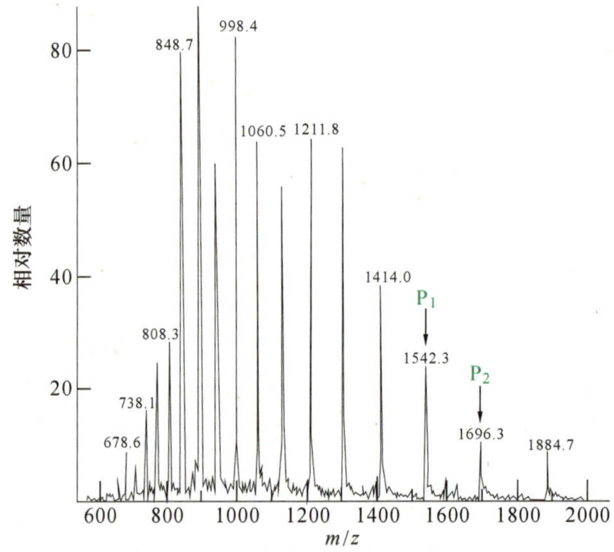

图 3 - 12　肌红蛋白质谱图

(引自:Voet and Voet. Biochemistry,2004)

例如:在肌红蛋白质谱图上任意取两个相邻的峰,P_1 峰的 m/z 为 1 542.3,P_2 峰的 m/z 为 1 696.3。设定 P_1 的正电荷数为 z_1,那么,P_2 正电荷数就为(z_1-1)。列出两个相邻分子的质荷比与分子质量 m 的关系,即:

对于 P_1:$1\ 542.3=(m+z_1)/z_1$

对于 P_2:$1\ 696.3=[m+(z_1-1)]/z_1-1$

解这个二元一次方程,不难计算出肌红蛋白的相对分子质量 $m=16\ 951$。用质谱法分析蛋白质分子质量已经实现自动化。质谱法测定多肽链分子质量灵敏度很高,达皮摩尔(pmol,10^{-12} mol/L)甚至飞摩尔(fmol,10^{-15} mol/L)微量样品。

2. 串联质谱用于多肽链测序

将两个质谱(MS - 1、MS - 2)串联起来,即串联质谱(tandem mass spectrometry,MS/MS)。串联质谱由离子源、MS - 1、碰撞池(collision cell)、MS - 2 和监测器(detector)5 部分组成,如图 3 - 13 所示。

用串联质谱测定多肽链氨基酸顺序,基本原理是:借助离子源产生的能量,MS - 1 首先分离 、选出多肽链的酶解肽段(P_1,P_2,P_3…);各肽段分别进入碰撞池中被惰性原子(如氮、

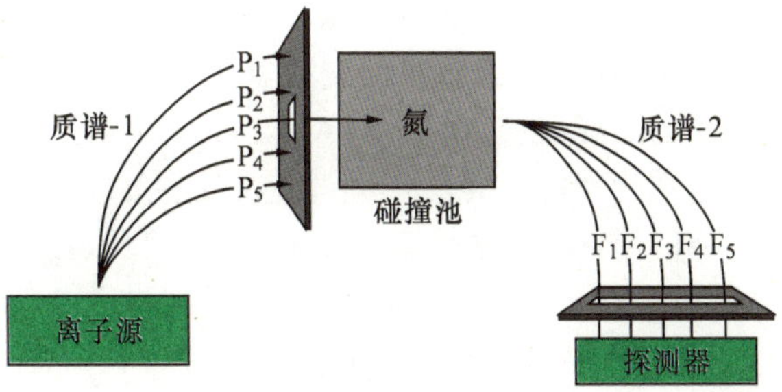

图 3-13 串联质谱

氩、氦)随机裂解成碎片,一个肽段产生一套碎片(F_1,F_2,F_3…);接着由 MS-2 分析出各碎片的精确质量。各相邻碎片之间只差一个氨基酸残基,质量差别为 56(NH—CH—CO),加上各种氨基酸 R 基质量(如 Gly=1,Trp=130),因此,根据整套离子碎片的质量差可推测出氨基酸顺序。

串联质谱测序有如下优点:

①快速。小于 25 个氨基酸残基的多肽链只需几分钟即可完成。

②灵敏度高。亚皮摩尔量级(小于 10^{-12} mol/L)蛋白质样品即可。

③氨基酸残基的修饰基团能够得到鉴定。

(三)推定法

蛋白质的氨基酸顺序是由翻译它的模版——mRNA 的碱基顺序决定的,通过测定 cDNA(与 mRNA 序列互补的 DNA)的碱基顺序可以推测出蛋白质的氨基酸顺序(详见第十七章)。DNA 序列的测定比氨基酸序列分析简便快捷,对于多肽链长、生物体内含量低的蛋白质,从基因入手利用推定法获知蛋白质氨基酸顺序十分有效。但推定法有一定缺陷,并非所有的推定都是正确的,另外也不能确定功能蛋白质是否有翻译后加工和修饰。

五、蛋白质数据库与蛋白质序列比对分析

从胰岛素序列测定以来,已经有几十万条蛋白质序列测定出来。为了方便国际同行对测序结果的共享,科学家们将这些数据收集起来,建立了蛋白质信息库(protein information resource)或蛋白质数据库(protein database)。通过网上操作,可以随时进入"库"中提取所需要的数据。常见数据库有 http://www.ncbi.nih.gov,http://www.expasy.org,http://www.rcsb.org,http://www.uniprot.org,等。

一级结构是蛋白质的重要结构。常常是蛋白质一级结构相同,生物功能就相同;但生物功能相同,一级结构并非完全相同。一类蛋白质中往往只要具备了一定的"同源序列"(homologous sequence),表现出一定的结构相似性,就能执行同样的生物功能。相关计算机软件与数据库为多肽链序列比对(sequence-alignment)提供了方便。存在于不同生物中的一组序列和功能相似的蛋白质互称同源蛋白(homologous proteins)。同源蛋白之间在进化上有亲缘关系。序列相似性越高,进化关系越近;反之,进化关系越远。在同源蛋白中,有些位点的氨基酸残基在进化上比较保守,称为不变残基(invariable residues)或保守残基,它们对蛋白质特定结

构和功能非常重要，如果发生突变，蛋白质极易丧失正常功能；有些位点的氨基酸残基可以发生改变，称为可变残基（variable residues）。在可变残基中，有些只能在同类氨基酸之间发生保守性替代（conservative substitutions），如 Glu→Asp，Leu→Ile 等。可变残基对蛋白质的结构和功能没有特殊影响，一般只在物种进化中起作用，与免疫性有关。例如猪与人的胰岛素相比只差一个可变残基，故临床上有时用猪胰岛素来治疗人糖尿病。可见，蛋白质的一级结构与生物功能的关系是辩证的，既具有保守、严格的对应关系，又有一定变异性，以适应物种进化的需要。

同源蛋白质之间可能长度有差别，但局部特征序列是一致的。通过比较蛋白质的保守序列，可以推测蛋白质的功能。把蛋白质（或 DNA）序列中重复出现的一小段特征序列称为模体或基序（motif）。模体长度从几个到十几个氨基酸残基不等，模体中个别氨基酸残基可有变化。根据同源蛋白的序列相似性绘制出的分子系统树（phylogenetic tree）或称进化树（evolutionary tree），可以在分子水平显示同源蛋白之间的进化关系。如细胞色素 c（cytochrome c，Cyt c），它是一类在真核生物中普遍存在的保守蛋白质，在呼吸链中起电子传递体作用（详见第十章）。对 40 多种生物的细胞色素 c 序列比对分析显示，它们具有很高的相似性。人和黑猩猩相比，序列完全相同；人与鲤鱼相比相差 18 个氨基酸残基，与啤酒酵母相比则相差 47 个氨基酸残基。在全长 102～108 个氨基酸中，有 28 个位点属于保守氨基酸。过去，人们对生物亲缘关系的描述都是通过形态比较，现在有了大量蛋白质分子数据，依据保守蛋白质的氨基酸顺序很容易绘制出更科学的进化树。

第二节　蛋白质二级结构

细胞中的天然蛋白质并非以伸展的一级结构形式存在，而是形成特定空间构象（conformation）或称高级结构。构象和构型是两个不同的概念。构象是指分子中各原子的空间排列，构象的变化不涉及共价键的断裂。蛋白质的功能不仅取决于它的一级结构，还取决于它的天然构象。已经发现有十多种人类疾病与蛋白质构象的失常有关，被称为构象病，突出的例子是“疯牛病”，即由一种糖蛋白——朊病毒的异常构象引起的致死性神经变性疾病。

蛋白质分子中原子间的距离在 0.1 nm 的数量级，用光学显微镜和电子显微镜都无法直接观察分子构象。X 射线衍射技术（X-ray diffraction）可以在原子水平解析蛋白质的三维结构。

一、X 射线衍射技术

X 射线是一种高能电子波，其波长和蛋白质分子中原子间距处于相同数量级。用 X 射线衍射技术分析蛋白质的构象，需要蛋白质首先形成晶体。晶体是众多分子在三维空间中的有序排列。蛋白质晶体和其他化合物晶体的形成类似，是在过饱和溶液中慢慢产生的。构成晶体的最小重复单位称为晶胞。当一束单色的 X 射线平行光束通过一个单晶体时，其中一部分射线遇到原子产生电子散射波，同相位散射波相互干涉形成衍射波（图 3-14A）。用 X 射线感光胶片（或仪器）记录衍射图（图 3-14B）。衍射图包括了衍射点的分布和强度信息，其中衍射点的分布取决于每个晶胞中原子的分布，而衍射点的强度主要取决于晶体中所有晶胞的数量。将衍射数据转变为电子密度图(图 3 - 14C),便可在原子水平解析出蛋白质的三维结构。

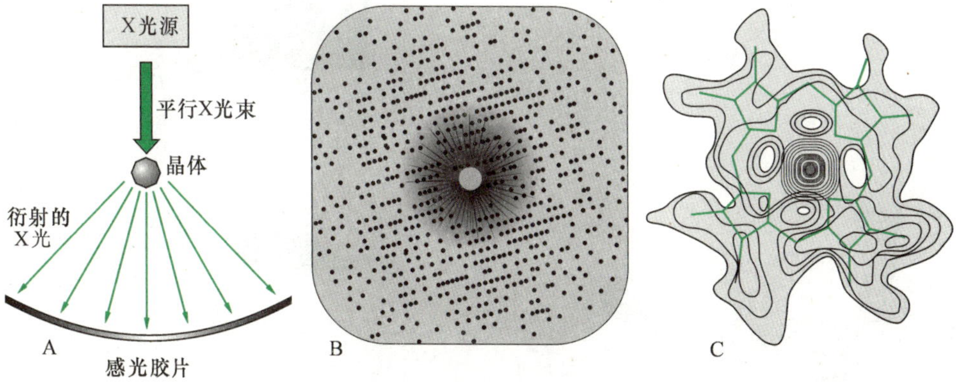

图 3 - 14 X 射线衍射原理(A)、肌红蛋白 X 射线衍射图(B)和血红素电子密度图(C)

蛋白质三维结构解析精确度与衍射信号强度成正比。晶体越大,晶胞数越多,衍射信号越强;入射光波长越短,强度越高,衍射信号越强。虽然 X 射线照射溶液中的单个蛋白质分子时也可发生衍射,但信号太弱,无法记录。晶体像一个光栅,是 X 光射线衍射的放大器。因此,X 射线衍射技术用于蛋白质构象分析时,被测样品须是一定大小的晶体。晶体为 0.5 mm 时,大约含有 10^{12} 个蛋白质分子。通常用高能电子快速轰击 Cu 靶,产生波长为 1.54 Å 的 X 射线,近年来新发展的同步辐射(synchrotron radiation)使 X 射线强度提高了 100 多倍,而且波长更短,大大提高了分辨率。

除了 X 射线衍射技术外,用核磁共振(nuclear magnetic resonance,NMR)技术也可分析蛋白质构象。NMR 对蛋白质样品没有晶体要求,只需高浓度和高纯度的蛋白质溶液,但对于分子质量比较大的蛋白质不易获得清晰构象。此外,圆二色(circular dichroism)、荧光偏振(fluorescence polarization)、拉曼光谱(Raman spectroscopy)等技术都曾用于蛋白质的局部构象分析。

二、多肽链折叠的空间限制

多肽链主链结构实际上由一个个肽基平面组成,各平面之间通过 C_α 连接。在多肽链折叠为高级结构时,肽基的 6 个原子始终保持在一个平面上。尽管如此,与 C_α 相连的两个化学键($N—C_\alpha$;$C—C_\alpha$)是典型的单键,可以绕键轴旋转(图 3 - 15)。$N—C_\alpha$ 单键旋转角度定义为 ϕ(phi)角,$C—C_\alpha$ 单键旋转角度定义为 ψ(psi)角。ψ 和 ϕ 这两个构象角称为二面角(dihedral angle)。规定相邻两个肽基处于某一空间构象时二面角为 0°,顺时针旋转为正值,逆时针旋转为负值,那么,ψ 和 ϕ 的大小分别在 −180°～+180°。大多数多肽链主链构象可以用二面角表示,一对二面角决定了相邻两个肽基平面的空间位置。实际上,并非任意成对二面角都存在,主要限制来自主链原子和相邻氨基酸残基侧链之间发生的空间干扰。

1963 年印度科学家 G. N. Ramachandran 等研究了多肽链的立体化学,以非键合原子之间的接触距离为理论依据,用蛋白质二面角 ϕ 作横坐标,ψ 作纵坐标,作图推测哪些成对二面角所规定的构象是立体化学所允许的,哪些是不允许的。这个 ϕ - ψ 图称作拉氏构象图,如图 3 - 16 所示。

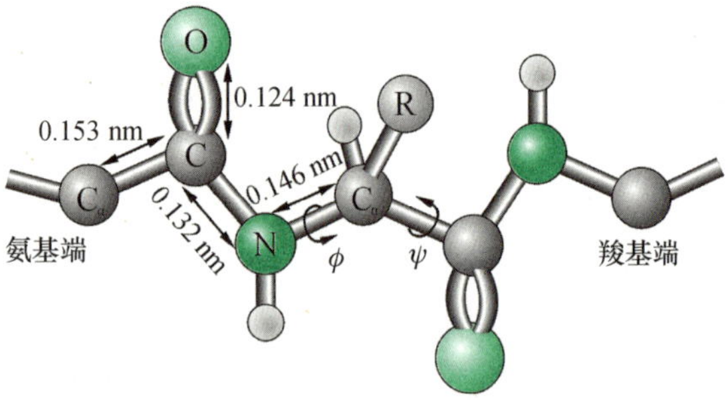

图 3-15 肽平面的旋转与二面角模型

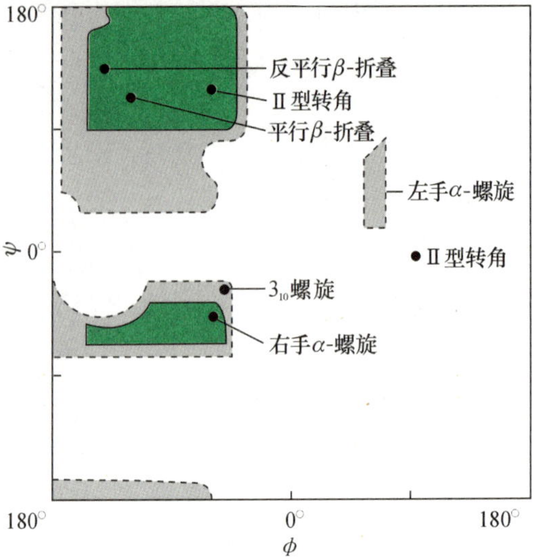

图 3-16 拉氏构象图

在图中实线范围，非键合原子之间的距离不小于范德华距离，由此二面角形成的构象能量低，结构稳定，是立体化学所允许的；实线与虚线之间为临界限制区，此类构象可以存在，但不稳定。虚线以外是不允许区，即非键合原子之间的距离小于范德华距离，构象能量高，极不稳定。上述推测被后来的 X 衍射实测结果所证实。从允许区占很小比例可以看出，蛋白质多肽链在形成构象时具有很大的局限性，主要受限于相邻氨基酸残基 R 侧链产生的空间位阻。

三、蛋白质二级结构

多肽链借助氢键沿一维方向所形成的周期性结构称为蛋白质二级结构。1951 年，Pauling 和 Corey 根据大量研究结果，推测多肽链能够形成两种周期性结构，分别命名为 α-螺旋（α-helix）和 β-折叠（β-sheet）。该推测很快得到 X 衍射结果的支持。α-螺旋和 β-折叠是蛋白质分子中两种主要的二级结构类型，下面重点给予介绍。

（一）α-螺旋

α-螺旋指多肽主链借助氢键紧密卷曲而成的周期性螺旋状构象（图 3-17）。每个 α-螺旋含有 3.6 个氨基酸残基，螺距为 0.54 nm，相邻氨基酸轴向距离为 0.15 nm；α-螺旋为右手螺旋，其中每一个氨基酸的 C═O 和它后面第 4 个氨基酸残基的 N—H 形成氢键，氢键方向和螺旋轴的方向基本一致；由每一个氢键闭合形成的环包含 13 个原子，因此，α-螺旋又叫 3.6_{13}-螺旋。在 α-螺旋中，氨基酸侧链以螺旋形式向外伸展，特征二面角为：$\phi=-57°$，$\psi=-48°$。在 α-螺旋中，Glu、Ala 和 Leu 出现频率比较高；Pro 由于无酰胺氢，不能形成链内氢键，它的出现往往引起 α-螺旋的终止。

不同蛋白质中，α-螺旋含量变化很大。肌红蛋白、血红蛋白分子中 α-螺旋是主体结构。胰凝乳蛋白酶不含 α-螺旋。α-螺旋以单股形式存在时往往很短，一般不超过 4 nm。蛋白质构象中存在着多种螺旋结构，α-螺旋是最常见的一种。

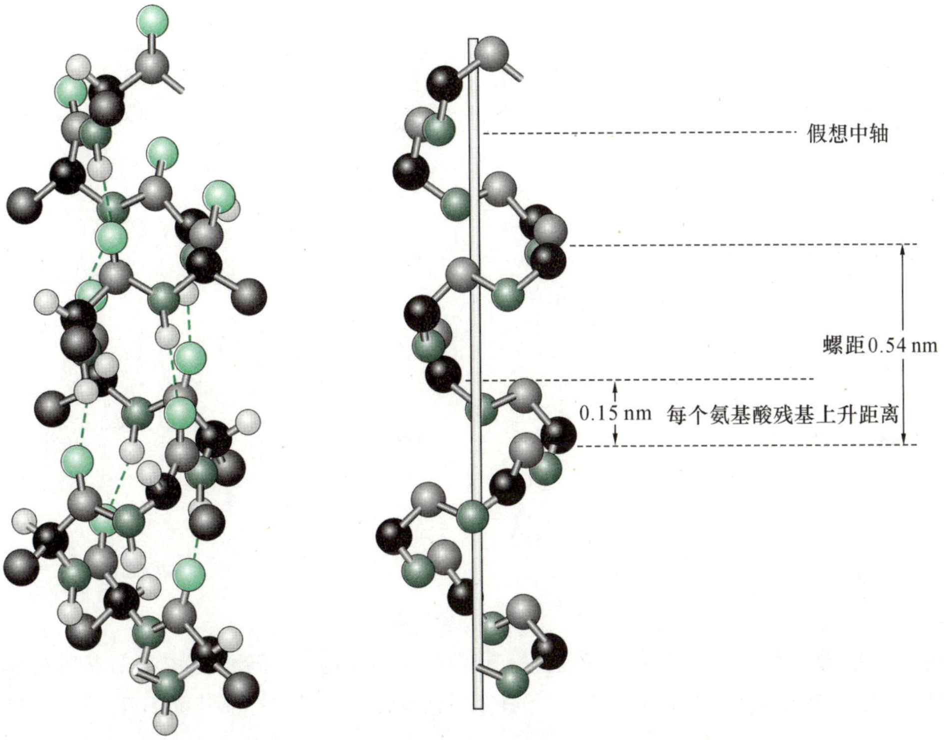

图 3-17　*α*-螺旋(左图显示氢键和 R 侧链的位置，右图显示右手螺旋)

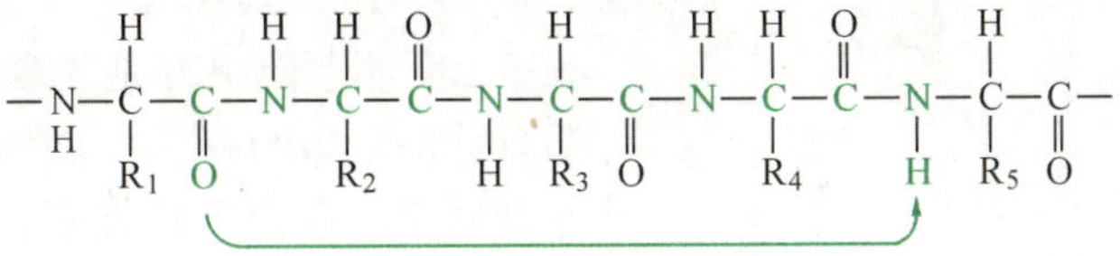

(二)*β*-折叠片

两个或多个(通常 2～5 个)几乎完全伸展的一条多肽链之中的不同肽段，靠氢键侧向聚集在一起形成的片状结构，即 *β*-折叠片。Val 和 Ile 最易形成 *β*-折叠片。在 *β*-折叠片中，多肽主链为锯齿状折叠构象，氨基酸侧链交替分布在片层平面的两侧，相邻氨基酸的轴向距离为 0.35 nm。如果相邻多肽链的走向是相同的(即每个氨基酸都是从氨基末端到羧基末端)，就称为平行 *β*-折叠片，如图 3-18A 所示；如果是反向排列的，就称为反平行 *β*-折叠片，如图 3-18B 所示。

(三)非重复性二级结构(nonrepetitive secondary structure)

在一个球状蛋白质中，*α*-螺旋和 *β*-折叠片平均占一半左右。其他的多肽链片段以转角(turn)、卷曲(coil)或环(loop)等构象形式出现。这些结构不呈现重复性结构，而是单独存在，形式多样。球状蛋白质中可能没有 *α*-螺旋或 *β*-折叠片，但一般离不开此类非重复性结构。

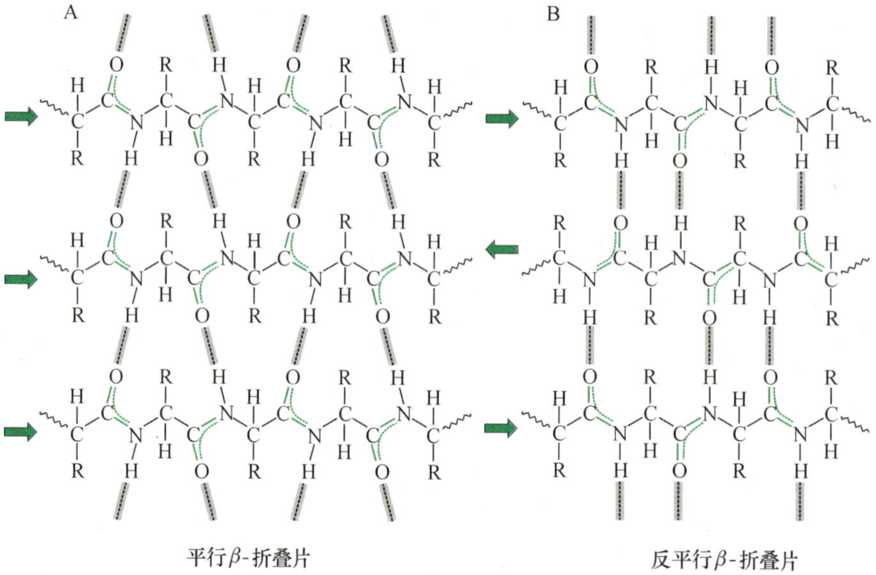

图 3-18 β-折叠片

连接 β-折叠片的一类回折结构称为 β-转角(β-turn)。β-转角由 4 个氨基酸残基组成，其中第 1 个氨基酸残基的 C═O 和第 4 个氨基酸残基的—NH 之间借助氢键，使主链结构以 180°角回转。β-转角有多种形式，图 3-19 表示 β-转角的 2 种主要类型。Pro 具有环状结构，有利于 β-转角的形成。Gly 侧链很小，仅一个 H，在 β-转角中能很好地调整其他残基的空间位阻，因此也常出现在 β-转角中。β-转角常存在于球状蛋白质分子的表面。

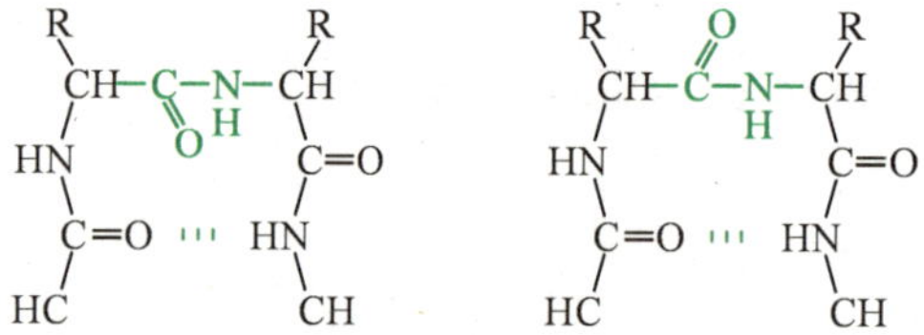

图 3-19 两种类型 β-转角

蛋白质构象中存在着各类卷曲，它们不同于变性蛋白质(见下文)中的自由卷曲。对于一个特定蛋白质来讲，每一个卷曲具有明确而稳定的结构，常构成蛋白质的功能部位。大于 60 个氨基酸残基的蛋白质一般含有一个以上环状结构。由 6～16 个残基组成的环状结构外形很像希腊字母 Ω，称为 Ω 环。Ω 环总是位于蛋白质表面，在分子识别过程中有重要作用。

四、蛋白质超二级结构

在蛋白质中，特别是球状蛋白质中，经常可以看到若干相邻的二级结构单元彼此相互作用，形成有规则的组合体，如图 3-20 显示的螺旋—环—螺旋(helix-loop-helix)、卷曲螺旋(coiled coil)、螺旋束(helix bundle)、βαβ 单元(βαβ unit)、β-发夹(hairpin)、β-曲折(β-meander)、希腊钥匙拓扑结构(Greek key topology)、β-三明治(β-sandwich)等。这些由若干个相邻二级结构形成的具有一定规律的组合体通称为超二级结构(super-secondary structure)。

超二级结构广泛存在于各类球状蛋白质结构中。在许多纤维状蛋白质分子中，如角蛋白(keratin)、胶原蛋白(collagen)和丝心蛋白(fibroin)等，均以超二级结构为基本结构形式，这赋予纤维蛋白特殊的功能。为深刻理解超二级结构，下面分别讨论这几种蛋白质的结构与功能的关系。

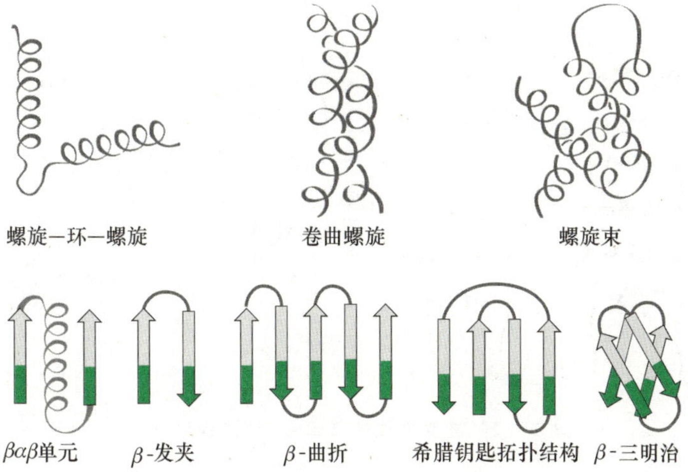

图 3-20　蛋白质超二级结构

1. 角蛋白

角蛋白是组成动物皮肤和皮肤衍生物的结构蛋白质，有多种，其中由 α-螺旋结构组成的称为 α-角蛋白。α-角蛋白伸缩性好，构成毛发、鳞、角、蹄、爪等。如图 3-21 所示，毛发 α-角蛋白首先由两股右手 α-螺旋相互缠绕形成左手螺旋，属于 αα 组合的超二级结构，随即两个 αα 结构平行排列形成所谓的原纤维(protofilament)，2～3 nm；之后经历两股原纤维平行排列形成原纤丝(protofibril)，四股原纤丝组合成中间纤维(intermediate filament)等组装过程，最终与皮层细胞和鳞状细胞等组合成一根毛发，直径大约为 20 μm。皮层细胞中填充着无数个纵向排列的中间纤维。

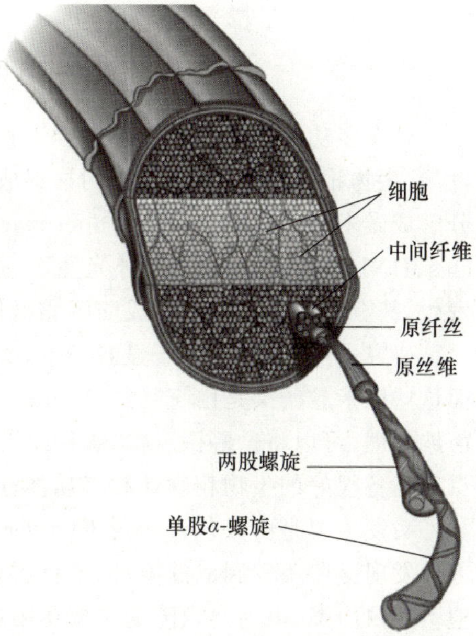

图 3-21　毛发横切面及 α-角蛋白结构
(引自：Nelson et al. Principle of Biochemistry, 2017)

毛发能够抗一定张力，还可以抗拉伸，这一方面源于它的紧密螺旋结构，另一方面源于螺旋间存在的一些二硫键。α-角蛋白在湿热条件下可以转化为 β-角蛋白——一种更为伸展的构象。我们熟知的烫发过程不仅涉及这类构象变化，还伴随着二硫键的断裂和再形成(图 3-22)。卷发后涂上还原剂并加热，这个过程二硫键将被破坏；洗去还原剂，涂上氧化剂，二硫键按卷曲后的位置重新组合。正是因为相邻多肽链的半胱氨酸残基对在卷曲处发生了“错位”，从而形成了卷发。

大多数动物不能消化、利用角蛋白。衣蛾的幼虫能咬坏毛料衣服是因为其消化道中含有丰富的硫醇，可以还原角蛋白的二硫键。

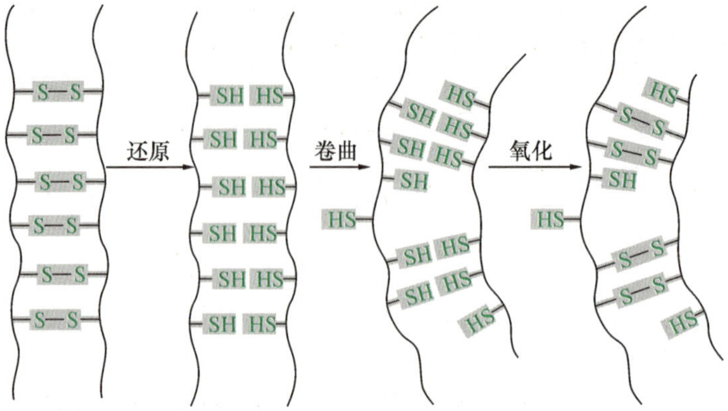

图 3-22　烫发过程中二硫键的断裂和再形成

知识拓展框

生物医学新材料——头发

开发多功能的生物材料对医学工程领域来说具有重大意义。随着生物医学工程迅猛发展，生物相容性高、功能多样的材料成为迫切需要。2018 年，科学家们首次将人类头发分解成微米材料（hierarchical microparticles，HMP）和纳米材料（hierarchical nanoparticles，HNP），研究发现，在红外光照下，这些材料能够消融血栓、破坏肿瘤、预防白内障的发生，甚至还能够被用来做成防晒霜抵御紫外线。

研究人员发现，在电子显微镜下，头发的无定形基质是由卵圆形的微米粒子构成的，而这些微米粒子又是由直径约 80 nm 的纳米球组装而成的。通过碱性溶液加热以及超声波处理，可以将这些微/纳米级别组装结构分离出来。这一系列从纳米到微米尺寸的新材料具备很好的生物相容性和多功能性，将被广泛应用于生物医学领域的研究与生产。

头发主要是由黑色素和角蛋白组成，而黑色素具有优良的氧化还原平衡能力。研究人员发现这些头发制成的微/纳米材料也可通过清除自由基维持细胞内氧化还原平衡，有望治疗白内障，因为白内障的主要诱因之一就是自由基过剩导致的晶状体氧化。

头发可以吸收可见光产生的热量，这种现象在炎热夏天尤为明显。因此，研究人员想到这种光热转换效应或许能使头发制成的材料在肿瘤以及血栓的热消融方面得到应用。此假设在随后的动物实验中得到了证实。

自然条件下头发可以吸收紫外线继而保护头皮。受此启迪，研究人员探究了这些源自头发的材料对紫外线的高效吸收能力并努力拓展其应用，成功将这种材料做成了一种防晒霜。在小鼠动物模型中，这种材料和透明质酸共混的凝胶可以很好地保护小鼠皮肤免受紫外线的伤害。

Zheng D W，Hong S，Xu L，et al. Hierarchical micro－/nanostructures from human hair for biomedical applications. Adv Mater，2018，30：1800836.

2. 胶原蛋白

胶原蛋白存在于多细胞动物，在脊椎动物中含量尤为丰富，是组成骨、腱、软骨、牙齿和血管等组织的结构蛋白。其基本结构是三螺旋（triple helix）或称胶原螺旋（collagen helix）。哺乳动物至少有 20 种不同的胶原蛋白类型，最典型的胶原蛋白Ⅰ是由三股平行而伸展的左手螺旋靠范德华力和氢键拧成的右手三螺旋，分子为杆状，长约 300 nm，直径约 1.4 nm。其氨基酸组成具有特异性，由（Gly—X—Y）重复连接而成；其中 X 多为 Pro，Y 多为羟脯氨酸（Hyp）或羟赖氨酸，这两种稀有氨基酸分别由 Pro 和 Lys 经羟基化修饰转变而来，二者含量占 15%～30%。Gly 侧链只是一个氢原子，其大量出现便于形成紧实的螺旋结构。多条胶原螺旋纵向、横向排列在一起，便形成直径为 10～200 nm 的胶原纤维（collagen fibrils）。由于胶原纤维实际上是由胶原螺旋组成的缆状结构，因而沿着中轴方向具有很高的抗张强度，这非常适合在骨骼、牙齿、血管等组织中承受和传送力或起保护作用。不同组织中胶原蛋白排列有区别，抗张强度不同，肌腱的胶原纤维可以抵抗 20～30 kg/mm^3。

在某些酶的作用下，胶原纤维中胶原蛋白分子内部或分子之间的 Lys 和 His 可以形成共价键。这种共价交联随着动物年龄增长有所增加，这将降低胶原纤维的弹性和承受力，使得肌腱、韧带、软骨、血管越来越硬而脆。许多疾病与胶原蛋白分子缺陷有关，如 Gly 突变成 Ser 会严重破坏胶原螺旋，导致婴儿软骨病。

3. 丝心蛋白

丝心蛋白是蚕丝、蜘蛛丝的主要成分，由 β-折叠结构组成。丝心蛋白一级结构含有 6 个残基的重复序列：Gly—Ser—Gly—Ala—Gly—Ala，其中 Gly 高频率间隔出现。多肽链首先靠氢键形成紧实的反平行 β-折叠，众多的 β-折叠再靠范德华力堆积在一起。虽然丝心蛋白因多肽链充分伸展而不耐拉伸，但 β-折叠的层层堆集却赋予丝心蛋白一定的柔性和抗张能力。蚕丝柔滑纤细，是加工真丝面料的原材料。

第三节　蛋白质三级结构

蛋白质三级结构是指一条多肽链借助各种次级键折叠成的具有特殊肽链走向的紧密构象。次级键包括疏水作用力、氢键、离子键、范德华力，其中以疏水作用力的作用最为突出。多肽链折叠为三级结构后，疏水氨基酸残基多集中于分子内部，而亲水氨基酸残基多分布在分子表面。在有些蛋白质三级结构中，二硫键也常出现。

在比较大（含 200 个以上氨基酸残基）的蛋白质三级结构中，往往出现一个以上相对独立的紧密结构区域，称为结构域（domain）。结构域可含 40～400 个残基，甚至更多。不同的结构域具有专一性的作用，如 3-磷酸甘油醛脱氢酶的每个亚基中有两个明显的结构域，辅酶 NAD^+（详见第六章）特异结合在比较紧凑的一个结构域上（图 3-23）。

结构域之间的肽链称为铰链区（hinge region），具有一定柔性。铰链的存在不仅有助于蛋白质与其他分子的互作，而且利于分子内两个结构域之间的互作。在体外，铰链区更容易被水解，水解后原有的结构域在一定程度上依然能保持其自身活性。

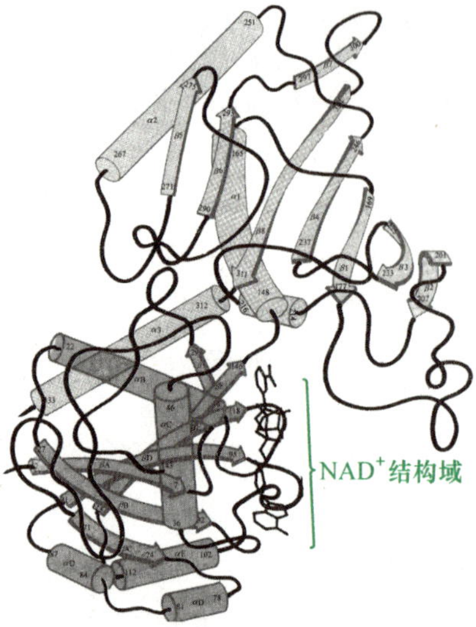

图 3-23　3-磷酸甘油醛脱氢酶的三级结构及其结构域

（引自：Stenesh. Biochemistry，1998）

一、多肽链的折叠与蛋白质变性

可溶性球状蛋白质有自己特定的天然构象。在细胞内，蛋白质生物合成过程中即伴随多肽链的自发折叠(folding)。多肽链折叠有的为快速自发过程，有的则需要由一类称为分子伴侣(molecular chaperone)的蛋白辅助完成，或有异构酶参与。在体外，多肽链的折叠要慢得多。

多肽链中的疏水氨基酸残基相互挤在一起排开水，大多亲水氨基酸残基位于分子表面，从而形成比较稳定的天然构象。形成蛋白质特定天然构象的信息来自蛋白质的一级结构，一级结构决定高级结构，这可从蛋白质的变性和复性得到证明。

天然蛋白质分子当受到某些过激的物理因素或化学因素的影响时，次级键会被破坏，导致天然构象解体，生物活性丧失，这个过程称为蛋白质变性(denaturation)。常见物理因素有：高热、高压、紫外线、X射线、超声波、甚至过渡搅拌等；化学因素有：强酸、强碱、重金属盐、三氯乙酸等。蛋白质变性后，理化性质有明显改变：溶解度降低，扩散系数降低，黏度增加，对蛋白酶的水解更敏感等。进食大量蛋白质的同时吃大量涩柿子(富含单宁酸)，容易使胃肠中蛋白质凝固成不被消化的“柿石”。误食重金属盐后，给患者服用大量牛奶，使之成为变性不溶物，可阻止有毒金属离子进入细胞。

对于单一蛋白质，如果变性条件不剧烈，除去变性因素后，蛋白质还可恢复其天然构象和生物学活性，这种现象称为蛋白质的复性(renaturation)。蛋白质的复性程度与本身结构的复杂性有关，也与变性过程有关。蛋白质结构越复杂，变性越剧烈，复性越困难。蛋白质天然构象处于能量最低状态，理论上变性是可逆的，但实际操作中由于复性所需条件复杂，往往不能尽如人意。细胞或组织蛋白质变性后不能复性，煮熟的鸡蛋无法孵出小鸡来即是此原因。

实验室常用的蛋白质变性剂有十二烷基硫酸钠(sodium dodecyl sulfate，SDS)、盐酸胍(guanidine hydrochloride)、尿素等(图 3-24)。8 mol 尿素和 6 mol 盐酸胍能破坏蛋白质的非共价键，尤其氢键。SDS 为表面活性剂，能破坏蛋白质疏水相互作用，使非极性基团暴露。

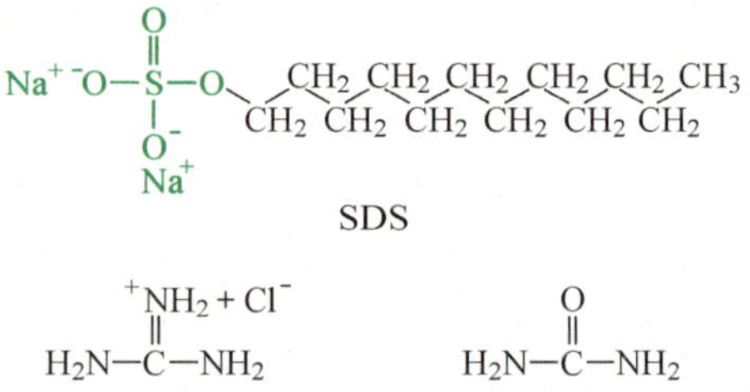

图 3-24　几种蛋白质变性剂

最典型的蛋白质变性—复性实验是 C. B. Anfinsen 对牛胰核糖核酸酶的深入研究，见图 3-25。

牛胰核糖核酸酶为单条多肽链折叠成的球状构象，含有 124 个氨基酸残基，分子中有 4 个二硫键。在 8 mol/L 尿素和巯基乙醇存在时，牛胰核糖核酸酶所有的二硫键断裂，多肽链自由伸展呈无规则卷曲，酶变性失活。当用透析法除去变性剂和巯基乙醇后，多肽链会自发折叠成原来的构象，4 个二硫键又在特定半胱氨酸之间形成。酶活性得到恢复，各项物理、化学性质和天然酶的完全一致。

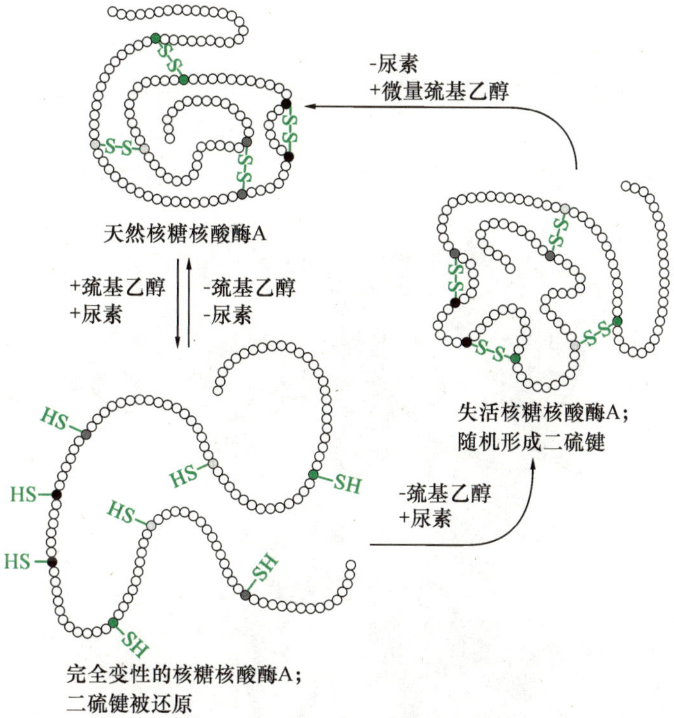

图 3-25　牛胰核糖核酸酶的变性与复性

在复性过程中有一个有趣的现象，就是如果完全除去巯基乙醇，酶的活性往往很低；只有残留微量巯基乙醇时，才表现出高活性。其原因是：4 个二硫键断裂后形成了 8 个自由巯基，理论上，它们在多肽链复性过程中相互之间可形成 105 种二硫键组合形式，但只有一种是具有完全活性的天然形式。在复性的反应系统中保持微量巯基乙醇可以为错配的二硫键提供纠错机会，最终形成稳定的天然构象。变性酶的复性过程靠体系中自由能的减少来驱动，是一个自发过程。

C. B. Anfinsen 对牛胰核糖核酸酶的变性—复性实验说明，决定蛋白质天然构象的信息来源于多肽链氨基酸的顺序，换句话说，蛋白质的一级结构决定高级结构，这是分子生物学的重要原则之一。因此，如果知道了一个蛋白质的氨基酸顺序，就可预测出它的高级结构。利用有关网站和软件预测蛋白质构象已成为目前生物信息学研究的重要内容之一。

二、肌红蛋白的结构与功能

肌红蛋白(myoglobin，Mb)的生物功能是在肌肉中储存和供应氧。肌肉中，氧浓度一般在 0～10 mmHg，肌红蛋白必须具备在低氧环境中可逆结合氧的能力，这对深水动物如鲸鱼、海豹等尤为重要。肌红蛋白呈现怎样的空间结构才能具备可逆结合氧的能力呢？下面以肌红蛋白为例讨论蛋白质三级结构与功能的关系。

肌红蛋白相对分子质量为 16 700，由一条含有 153 个氨基酸残基的多肽链和一个血红素(heme)组成。肌红蛋白的空间构象于 20 世纪 50 年代末由 J. Kendrew 及其同事完成，结果如图 3-26 所示。整个分子致密结实，呈扁平状，分子大小为 4.5 nm×3.5 nm×2.5 nm；含有 8

段 α - 螺旋(分别命名为 A,B,C,…,H),占多肽链的 75%;分子内部和外表面氨基酸残基有严格限定:外表面既有亲水性氨基酸残基,又有疏水性氨基酸残基,但分子内部多为疏水性氨基酸残基或极性氨基酸残基的疏水部分。肌红蛋白最突出的特点是分子表面有一个由多肽链折叠成的疏水裂缝(或凹穴),主要由 Val68 和 Phe43 的侧链组成,还有两个 His:一个离血红素近的称为近端(proximal)His;远一些的称为远端(distal)His;裂缝中嵌有血红素。

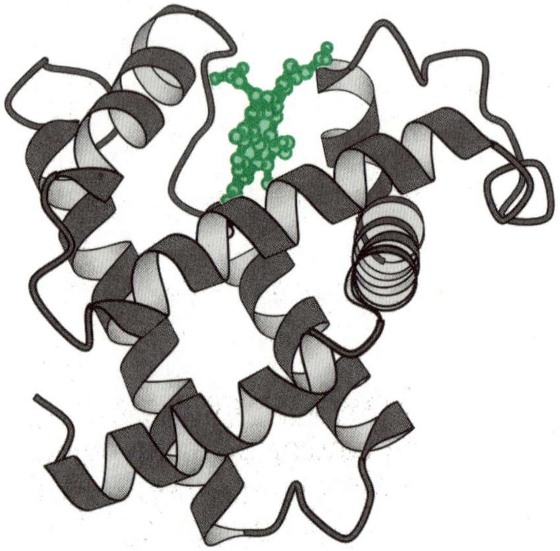

图 3 - 26 肌红蛋白

(引自:Berg et al. ,Biochemistry,2012)

血红素由一个有机分子和一个 Fe 原子组成。有机分子是原卟啉(protoporphyrin),由 4 个吡咯(pyrrole)环通过亚甲基桥联而成,四吡咯环上面连着 4 个甲基、2 个乙烯基和 2 个丙酸基团。这些基团的连接方式有 15 种,但仅原卟啉Ⅸ方式存在于生物系统中。Fe 原子位于原卟啉环的中央,以 4 个配位键分别与吡咯氮原子相连(图 3 - 27)。

实际上,铁原子不能完全进入卟啉环,而是离开卟啉环平面约 0.4Å。通常情况下,血红素中的铁原子为二价,铁原子两侧有两个位点能分别形成配位键,称为第 5、第 6 个配位键。在肌红蛋白中,第 5 个配位点被多肽链的近端 His93 的咪唑环占据。在脱氧肌红蛋白中,第 6 个配位点空着,可用于氧合位点(图 3 - 28)。氧的结合诱导 Fe^{2+} 移进环平面。非常有趣的是远端 His64 的咪唑环像一扇栅栏门盖在氧结合位点上面。铁原子只有在二价时才有结合氧的能力,高铁肌红蛋白(metmyoglobin)不能结合氧。

血红素对肌红蛋白可逆结合氧的能力贡献很大,除去血红素辅基后的肌红蛋白,即珠蛋白(globin),是没有氧结合能力的。反过来讲,多肽链的作用也很重要,如果没有多肽链折叠成的疏水还原性的微环境,血红素也不会可逆结合氧。原因有二:①血红素分子自由存在时将相互靠近,这极易引起 Fe^{2+} 自氧化为 Fe^{3+};②血红素中的 Fe^{2+} 与氧形成配位键(O—O—Fe)时,3 个原子在一条直线上,这会导致氧结合力过强而不利于氧的释放。肌红蛋白多肽链通过巧妙折叠,形成特定的微环境包裹住血红素,可以有效地防止 Fe^{2+} 的自氧化。利用蛋白质工程实验证明,如果将远端 His 突变为 Asp,血红蛋白的自氧化能力将增加 350 倍。此外,多肽链中 His64 的"栅栏门"为氧的结合限定了空间,使氧分子只能以约 60°倾角与 Fe 结合,这会减弱氧亲和力，肌红蛋白的多肽链部分控制着血红素可逆结合氧的能力。可见，多肽链折叠成天然构象是蛋白质执行独特功能的保证，蛋白质的高级结构决定蛋白质的功能。

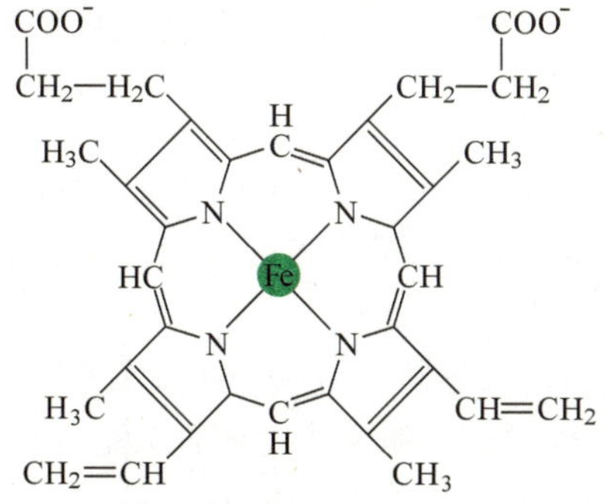

血红素（Fe-原卟啉IX）

图 3-27　血红素

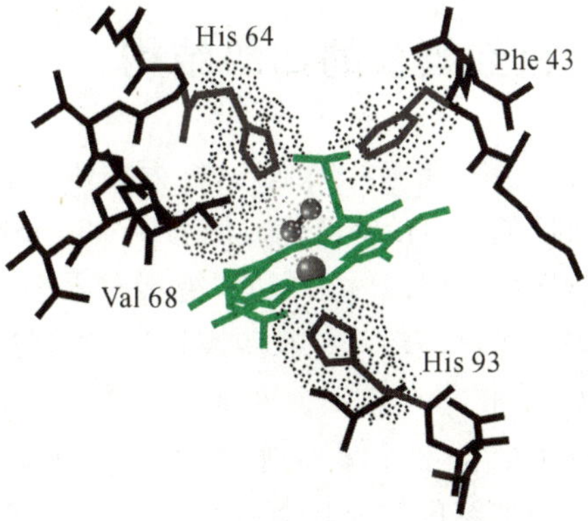

图 3-28　肌红蛋白中血红素与氧结合的微环境

（引自：Moran et al.. Principles of Biochemistry，2012）

我们都知道 CO 毒性很强，这是因为血红素的氧结合位点也可以被 CO 占据。空气中的 CO 含量达 0.06%～0.08%时，即有中毒的危险，达到 0.1%时则能窒息死亡。CO 是偶极分子，在溶液中与血红素成线形结合（C—O—Fe），其亲和力是氧亲和力的 25 000 倍。生物在代谢过程中会产生少量 CO，如果它们抢先占据了血红素的第 6 个配位键，这对细胞显然是有害的。在肌红蛋白中，由于 His64 的位阻效应，不仅降低了氧的亲和力，而且使 CO 的结合力下降更明显，由 25 000 倍变成了 250 倍，这对肌红蛋白在细胞代谢环境正常执行功能显然有利。

第四节　蛋白质四级结构

自然界中有许多蛋白质不是由一条多肽链形成，而是由多个多肽链以球状亚单位形式缔结在一起，形成一个有功能的聚集体形式，这种聚集体形式称为四级结构。血红蛋白（hemoglobin）、免疫球蛋白 G（immunoglobulin G，IgG）都具有四级结构形式。四级结构中的每个亚单位称为亚基（subunit）或单体（monomer）。由相同亚基组成的蛋白质称为同聚体（homomultimers），由不同亚基组成的称为异聚体（heteromultimers）。我们知道，组成蛋白质氨基酸的 α-碳原子是不对称的，由极性多肽链折叠成的亚基也是手性分子，但具有四级结构的蛋白质分子往往具有对称性，呈点对称、轴对称或面对称。

四级结构中各亚基之间主要通过非共价键缔结在一起，其中疏水相互作用贡献最大，范德华力最小，氢键和离子键则提供了亚基间特异结合的作用力。

蛋白质的四级结构形式对细胞高效行使功能具有重要意义，不仅有利于蛋白质的稳定，还有利于催化基团汇集在一起，从而产生协同效应（cooperation），以提高细胞快速应对复杂反应的能力。下面以血红蛋白为例讨论蛋白质四级结构与生物功能的关系，深入理解亚基间协同效应所产生的微妙效果，进一步认识“蛋白质结构决定蛋白质功能”这个重要的生物化学原则。

一、血红蛋白的四级结构

血红蛋白存在于红细胞内，作为载体将氧从肺部经血液运送给各代谢组织。它的存在能将每升血液的 5 mL 运氧能力提高到 250 mL。奇特的是，血红蛋白不是作为简单的氧库，而是一个能向各种组织输运氧的“智能机器”。它能够在肺部高氧分压下结合氧、释放出 CO_2，然后载着氧通过循环系统长距离运输，当到达代谢器官时根据需要将氧释放出来，并将组织中产生的 CO_2 带走。那么，血红蛋白具有怎样的分子结构才能行使这样复杂的功能呢？

血红蛋白由 2 个 α 亚基和 2 个 β 亚基组成，为 $\alpha_2\beta_2$ 异四聚体（heterotetramer），见图 3-29。4 个亚基间并非均等接触，α 亚基和 β 亚基之间接触面更大一些，可以看作 $\alpha\beta$ 二聚体。2 个 $\alpha\beta$ 二聚体呈二折旋转对称（two-fold symmetry）。整个分子大小为 6.4 nm×5.5 nm×5.0 nm。α 链为 141 个氨基酸残基，β 链为 146 个氨基酸残基，它们在一级结构上与肌红蛋白只有 20%左右的序列一致性，其中近端 His 和远端 His 非常保守。尽管这些同源蛋白亚基在一级结构上有很大差异，但三级结构却惊人地相似。可见，三级结构在进化上比一级结构更保守。血红蛋白多肽链的折叠、血红素结合微环境以及氧结合位点都与肌红蛋白相似，这里不做赘述。

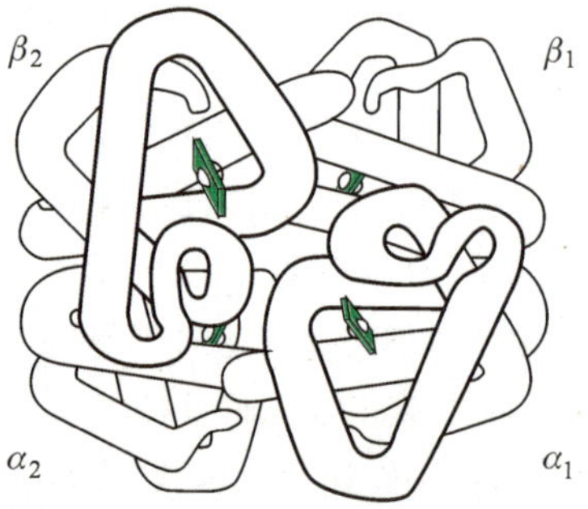

图 3-29 血红蛋白

（引自：Horton et al., Principles of Biochemistry, 2006）

和肌红蛋白一样，血红蛋白亚基可逆结合氧的能力也是通过多肽链的折叠和血红素实现的。血红蛋白有了血红素，我们的血液才呈现红色。一些小分子，如 CO、NO、H_2S，能与氧发生竞争，结合到血红蛋白（也包括肌红蛋白、细胞色素等）中的血红素第 6 个配位键上，而且亲和力远远高于氧，这就不难理解这些分子为什么对需氧生物是高毒性物质了。最近有研究证明，细胞中产生的 NO 可作为信号分子，当完成信号传递后，必须对它进行清除。氧合血红蛋白能够催化 NO 形成 NO_3^-，从而避免了 NO 积累引起的毒性。可见，血红蛋白不仅有长距离运送氧的功能，还有酶的催化作用。

二、氧合血红蛋白和脱氧血红蛋白构象不同

血红蛋白与氧结合的可逆反应如下：

$$Hb + O_2 \rightleftharpoons HbO_2$$

结合氧的血红蛋白称为氧合血红蛋白（oxyhemoglobin），去掉氧的血红蛋白称为脱氧血红蛋白（deoxyhemoglobin）。氧合能改变血红素辅基的电子状态，从而改变血液颜色。从静脉抽出的血为暗红色，而从手指采出的血呈现鲜红色，原因就在此。当血红蛋白中的 Fe^{2+} 氧化为 Fe^{3+} 后称为高铁血红蛋白（methemoglobin），此时，氧结合位点被水占有，使血红蛋白变为褐色，这就是血迹为褐色的原因。

血红蛋白是别构蛋白(allosteric protein),它在结合氧前后构象不同。主要包括两大变化:一个是血红素中 Fe^{2+} 的移动;一个是 2 个 $\alpha\beta$ 二聚体之间的滑动。脱氧时,整个分子各亚基之间被离子键约束,血红素第 6 个配位键空位。由于近端 His 的作用,Fe^{2+} 移出血红素平面 0.055 nm;远端 His 离 Fe^{2+} 太远,不能发挥协助作用。这种紧张型的构象称为 T - 态(T-form;tension)。T - 态构象对底物的亲和力比较低。当氧与血红蛋白分子中的一个亚基结合时,诱导 Fe^{2+} 移进血红素平面,这使得亚基之间的部分盐键破坏,导致每个 $\alpha\beta$ 二聚体相对于对称轴有 15°的扭动,这就驱动了整个分子各亚基从紧张态转变为松弛态(relaxed),即 R - 态(R-form)。R - 态构象对底物的亲和力高。在生物化学中,"R - 态"和"T - 态"常用来指各种别构蛋白的两种构象状态。

三、血红蛋白亚基间有协同效应

下面我们结合肌红蛋白和血红蛋白的氧结合特征,讨论血红蛋白四级结构与功能的关系。请比较二者的氧合曲线(图 3 - 30)。

曲线纵坐标为氧合度(Y),即结合的氧分子占蛋白质氧合位点的比例;横坐标为氧分压 pO_2。p_{50} 即达到最大氧饱和度一半时需要的氧分压,或称半饱和度。氧合曲线显示两种蛋白质都有氧结合能力,但结合规律不同:红细胞中的血红蛋白的氧合曲线是 S 型,而肌红蛋白氧合曲线是双曲线型。

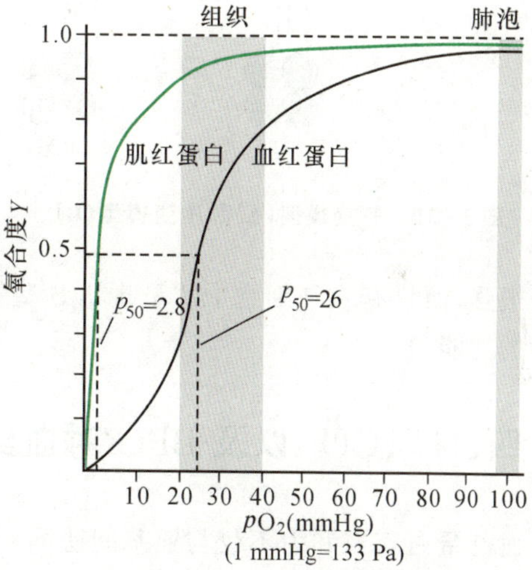

图 3 - 30 肌红蛋白(Mb)、血红蛋白(Hb)氧合曲线

从肌红蛋白的双曲线型氧合曲线可知,氧合肌红蛋白的比例随氧分压增加急剧上升;肌红蛋白 p_{50} 很低,只有 373 Pa,表明在低氧分压下肌红蛋白和氧气有较强亲和力,能在低氧环境中(肌肉细胞氧分压在 0～1 330 Pa)对氧浓度变化做出敏感反应,这完全适合肌红蛋白在肌肉中储氧、供氧作用。而血红蛋白不一样,在低氧分压时氧饱和度很低,容易卸载氧;而在一般代谢组织正常氧分压内(2.66～5.32 kPa),氧结合量几乎呈线性关系,表明在此分压范围内血红蛋白的氧合对氧浓度变化非常敏感,这适合血红蛋白在肺区(约 13.3 kPa)结合氧、通过血液系统运输氧、到边缘组织又卸载氧的功能。

血红蛋白呈 S 形曲线的氧结合特征主要源于亚基间的别构效应(allosteric effect),具体来讲是协同效应。别构效应是指多亚基蛋白(或酶)因某效应物(effectors)与之结合而导致自身构象和活性发生变化的现象。血红蛋白的 4 个亚基在结合氧时不是独立进行的,其中一个亚基与氧结合可触发其他亚基由 T - 态(紧张态)构象转变为 R - 态(松弛态)构象,从而增加血红蛋白与氧的亲和力。脱氧血红蛋白是一个紧凑的分子,4 个亚基之间有 8 个离子键存在;氧合作用时,铁原子要移动到血红素辅基的平面内,这需要分子构象发生变化,其中包括拆断部分离子键;最先结合氧的亚基需要拆断的离子键多,表现与氧的结合慢一些;最后结合氧的亚

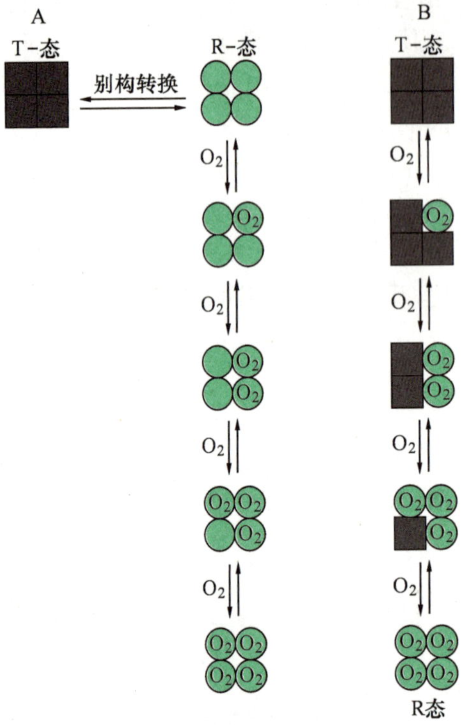

图 3-31　齐变模型(A)和序变模型(B)

基需要拆断的离子键少，便表现出与氧的高亲和，好比从一个四联邮票上按顺序撕下每一联时越来越容易一样。血红蛋白分子中亚基间的别构效应存在促进关系，因而称为协同效应。协同效应是血红蛋白呈现 S 型氧合曲线的重要原因之一。

用两种模型来解释血红蛋白亚基之间的协同机制(图 3-31)。齐变模型(concerted model)认为，在血红蛋白四级结构中，各亚基或者都是 T-态，或者都是 R-态，这两种状态为一平衡；随着 R-态血红蛋白与氧的结合，整个平衡将向 R-态方向移动(图 3-31A)。序变模型(sequential model)认为，T-态亚基与氧结合后，促使其他亚基按顺序转变为 R-态，从而提高其他亚基与氧的亲和力(图 3-31B)。

实际上，T-态血红蛋白高度不稳定，更倾向于 R-态。上述关于血红蛋白亚基之间的协同效应可以在一定程度上解释不同亚基按照氧结合先后表现出的对氧亲和力增加的现象，但无法解释为什么提纯的血红蛋白在体外氧结合能力很强，而只有在红细胞中才呈现出 S 型氧合特征曲线。可见，还有其他分子在调节着血红蛋白的功能。

四、H^+、CO_2 以及 BPG 对血红蛋白结合氧的影响

血红蛋白氧亲和力不仅与亚基间协同作用有关，还受到 H^+、CO_2 以及 2,3-BPG 的调节。

(一) 低 pH 和高浓度 CO_2 降低血红蛋白的氧亲和力

机体组织在呼吸过程中有大量 CO_2 生成，多数 CO_2 与血红蛋白氨基末端共价结合，以 Hb-NHCOO$^-$ 形式向外(肺部)运送；有些 CO_2 在碳酸酐酶作用下水合为 HCO_3^-，以 HCO_3^- 的形式直接外运。这两个过程都产生 H^+，使组织 pH 下降。1904 年，C. Bohr 发现，在生理 pH 范围内，pH 的下降和 CO_2 浓度增加会降低血红蛋白对氧的亲和力。pH 和 CO_2 对血红蛋白氧亲和力的影响称为波尔效应(Bohr effect)。简单表示如下：

$$HbO_2 + H^+ + CO_2 \underset{\text{在肺部 (pH 7.6)}}{\overset{\text{在肌肉中 (pH 7.2)}}{\rightleftharpoons}} Hb\begin{cases} H^+ \\ CO_2 \end{cases} + O_2$$

在波尔效应中，血红蛋白接受和释放 H^+ 由 β 亚基 His146 通过质子化和去质子化完成。氧合血红蛋白 His146 大多数是去质子化的，在组织中释放氧后再发生质子化。波尔效应具有

重要的生理意义。代谢旺盛的组织(如收缩的肌肉)产生高水平的 CO_2,pH 约 7.2,有利于血红蛋白释放氧,结合 CO_2;在肺部血中,pH 约 7.6,有利于血红蛋白与氧结合,卸载 CO_2。

(二)2,3-BPG 降低血红蛋白的氧亲和力

早年的研究数据显示,血红蛋白在红细胞中比在溶液中对氧的亲和力低。有人推测红细胞中可能有一种特殊物质起了抑制作用。1967 年,R. Benesch 和 R. E. Benesch 发现了这种物质,即 2,3-二磷酸甘油酸(2,3-Bisphosphoglycerate,2,3-BPG)。

2,3-BPG 由糖代谢产生,正常人血液中的 2,3-BPG 与血红蛋白等摩尔存在。在红细胞中,BPG 以 1∶1 的比例结合在脱氧血红蛋白的中央空穴,具体结合位点是由 β-链的 α-氨基、赖氨酸及组氨酸等提供的带正电基团。2,3-BPG 在血红蛋白上的结合位点不同于氧的结合位点,因此属于别构效应物(allosteric effector)。在生理条件下 2,3-BPG 带 4 个负电荷,为多阴离子化合物,它与血红蛋白的 2 个 β-链形成交联后,使血红蛋白四级结构趋向 T-态,不利于氧的结合。2,3-BPG 的结合会降低血红蛋白的氧亲和力,使 p_{50} 增加。

2,3-BPG 对血红蛋白氧亲和力的调控,使血红蛋白具有恰当的可逆结合氧的能力,不仅具有重要的生理意义,还在输血医疗过程中具有临床指导作用。胎儿的血红蛋白 F 有独特的结构组成($\alpha_2\gamma_2$),与成人血红蛋白 A($\alpha_2\beta_2$)相比,它与 2,3-BPG 的结合力明显弱,这显然有利于胎儿从母亲血液获得自身生长发育所需要的氧气。一个人从海平面到达 4 500 m 高度时,在 2 d 内红细胞中的 2,3-BPG 浓度从 4.5 mmol 增到 7.0 mmol,血红蛋白氧合能力下降,导致血红蛋白在毛细血管中释放氧能力相应提高,即在低氧环境下血红蛋白实际运载的氧气量增加了。人们很早发现,血液在储存后与氧亲和力明显增加。如果一个危重病人输入大量陈旧血液,会因氧卸载量不足造成危险。后来发现红细胞在储存过程中 2,3-BPG 下降,找到了根本原因。理论上增加 2,3-BPG 可以解决这个问题,但由于高度荷电的 2,3-BPG 不能通过细胞膜进入红细胞,实际工作中使用次黄苷保持存血的功能。次黄苷能透过红细胞膜,在红细胞中经过一系列复杂反应可以转化为 2,3-BPG。

五、镰刀形细胞贫血病的分子基础

1904 年,美国芝加哥一位医生发现一个病人不仅红细胞少,而且有许多红细胞呈现镰刀形,提出"红细胞本身的组成中某些尚未认识的变化可能是决定因素"。黑人中约有 0.4%人患镰刀形细胞贫血病(sickle-cell anemia),病人的血红蛋白在脱氧时容易形成纤维状沉淀,为遗传病,往往在 30 岁以前死亡。通常将正常的血红蛋白表示为 HbA,镰刀形细胞血红蛋白表示为 HbS(sickle-cell hemoglobin)。

对血红蛋白进行电泳分析,发现两种蛋白质在向正极移动时,HbS 比 HbA 慢,表明 HbS 带负电荷少。利用指纹图谱(fingerprint)——用特定酶将蛋白质裂解成小肽段,然后用纸电泳和纸层析将小肽段先后在二维方向上进行分离所获得的肽段斑点分布图,发现 β 亚基 N 末端的肽段出现异常,第 6 位 Glu 变成了 Val。

HbA　Val—His—Leu—Thr—Pro—Glu—Lys
HbS　Val—His—Leu—Thr—Pro—Val—Lys

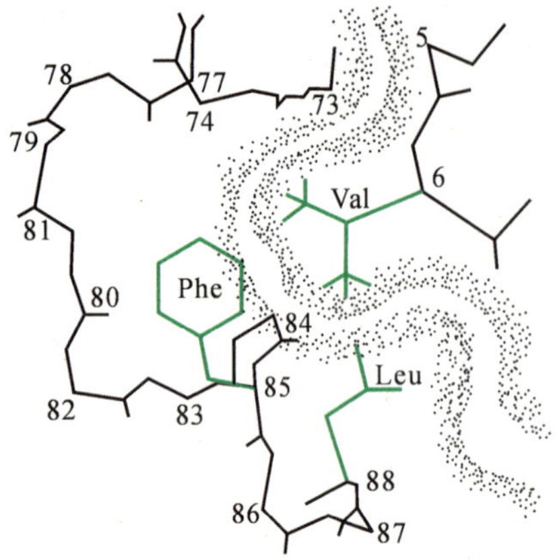

图 3-32　血红蛋白形成纤维时的粘连位点

（引自：Voet and Voet，Biochemistry，2004）

Val 的侧链是一个非极性基团，Glu 在生理条件下带负电荷，Val 对 Glu 的替代不仅导致 β 亚基电荷性质发生变化，且在 HbS 分子表面形成了一个疏水性凸起，恰好插入相邻血红蛋白分子的 β 亚基疏水凹穴中（图 3-32），从而形成刚性纤维束。血红蛋白这种高级结构的变化，致使红细胞变形成为长而薄的镰刀形而失去原有的平滑与弹性，在毛细血管处形成栓塞，造成细胞缺血受伤，引起炎症和疼痛，甚至红细胞本身碎裂溶血。镰刀形细胞贫血病的分子机理充分说明，蛋白质结构决定蛋白质功能，蛋白质一级结构的变化，有时甚至是一个氨基酸残基的改变也有可能引起蛋白质分子构象的改变，从而使蛋白质失去正常功能。

血红蛋白 β 亚基上的疏水凹穴只出现于脱氧 HbS 中，氧合 HbS 并不形成纤维聚合体。因此，通过某种药物提高病人血红蛋白对氧的亲和力，有望缓解镰刀形细胞贫血病人的病症。用氢氰酸修饰血红蛋白 N 端氨基酸，破坏 T-态亚基的盐键，可有效提高血红蛋白与氧的亲和力。但由于氢氰酸在体内具有过强的毒副作用，限制了它的临床应用。

本章讨论了蛋白质的结构层次以及蛋白质结构与功能的关系，实际上，蛋白质在生物体内具体行使功能时情况要复杂得多。比如，有些蛋白质具有 2 种以上乃至 10 多项功能，而且各种功能之间未发现有某种直接相关性，这类蛋白质称为兼职蛋白质（moonlighting protein）。兼职蛋白质由常规功能转换为兼职功能时，通常受环境因素的影响，如蛋白质在细胞内定位的改变、定位细胞类型的改变、蛋白质寡聚结构的改变以及细胞中某种因子的改变等。蛋白质的兼职作用被认为是生物体在进化过程中实现增加蛋白质功能的一种普遍策略。

参考文献

1. 朱圣庚，徐长法. 生物化学. 4 版. 北京：高等教育出版社，2016.
2. Berg J M，Tymoczko J L，Stryer L. Biochemistry. 7th ed. New York：W. H. Freeman and Company，2012.
3. Boyer R. Concepts in Biochemistry. 4th ed. Asia：John Wiley and Sons Inc，2006.
4. Moran L A，Horton H R，Scrimgeour K G，et al. Principle of Biochemistry. 4th ed. International：Pearson Education Inc（Asia），2012.
5. Stenesh J. Biochemistry. 1st ed. New York：Plenum Press，1998.
6. Nelson D L，Cox M M. Lehninger Principles of Biochemistry. 7th ed. New York：Worth Publishers，2017.
7. Voet D，Voet J G. Biochemistry. 3rd ed. John Wiley and Sons Inc，2004.

二维码 3-1
镰刀形细胞贫血病的分子基础

思考题

一、填空

1. 维持蛋白质三级结构的主要作用力包括氢键、________、________和________。
2. 相对于平行 β-折叠结构，反平行 β-折叠结构更加________。
3. 蛋白质的超二级结构是指________，它通常包括以下类型：αα、________和________。

二、单选

1. 在蛋白质二级结构 α-螺旋中，通常每________个氨基酸形成一个螺旋。

A)1　　B)3.6　　C)10　　D)5.4

2. 在多肽链主链中，下列哪一对单键能够自由旋转？

A)C_α—C 和 N—C　　B)N—C 和 N—C_α　　C)C_α—C 和 N—C_α　　D)以上都能旋转

3. 下列哪种情况导致蛋白质变性的可能性最小？

A)在蛋白质溶液中加入巯基乙醇和高浓度尿素
B)改变蛋白质溶液的盐浓度
C)通过煮沸蛋白质溶液破坏维持蛋白质结构的次级键
D)在室温条件下，在蛋白质溶液中迅速加入有机溶剂丙酮

三、问答题

1. 某未知氨基酸序列的多肽样品被分成两份，其中一份用胰蛋白酶水解获得如下肽段：Leu-Ser-Tyr-Ala-Ile-Arg 和 Asp-Gly-Met-Phe-Val-Lys；另一份样品用胰凝乳蛋白酶催化水解，产生的肽段为 Val-Lys-Leu-Ser-Tyr、Ala-Ile-Arg 和 Asp-Gly-Met-Phe。请根据以上信息推断该未知多肽的氨基酸序列。

2. 请简述甘氨酸和脯氨酸在维持蛋白质 α-螺旋结构中的作用。

3. 请分析下图，说明 pH 和 CO_2 对血红蛋白氧结合能力的影响。

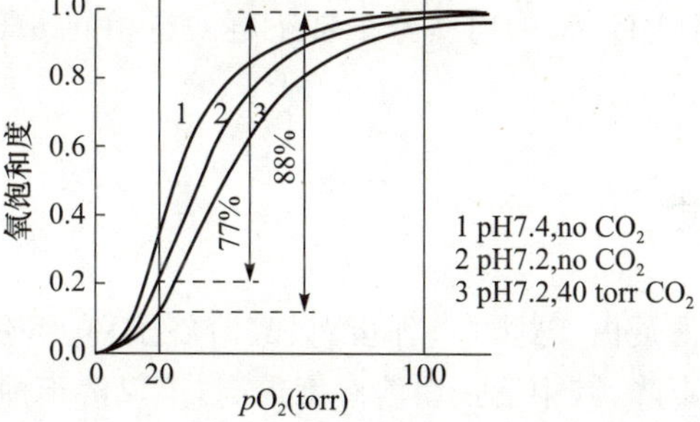

（引自 Berg et al. Biochemistry，2012）

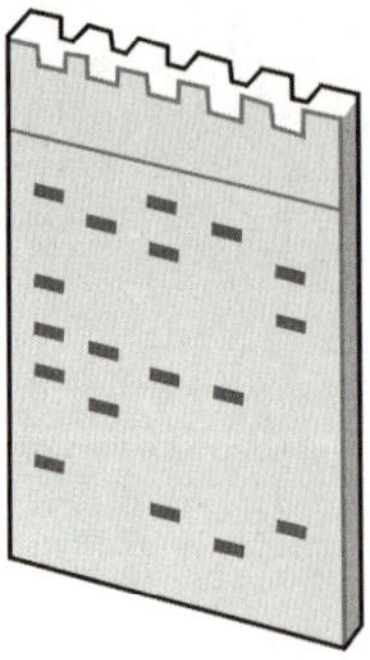

第四章

蛋白质的分离与鉴定

细胞中的蛋白质种类很多，利用蛋白质在物理、化学及生物学特性上的差异，可将目标蛋白质分离出来，用于理论研究或开发应用。实际上，要获得高纯、高活性的蛋白质并非易事，往往需要多种技术的综合运用。本章首先讨论蛋白质的性质，然后介绍蛋白质分离、鉴定的方法、原理及应用特点。

第一节　蛋白质性质

根据对蛋白质分离、鉴定需要，重点讨论蛋白质的如下理化性质。

一、蛋白质酸碱性质

蛋白质分子中有游离的末端 α - 氨基和 α - 羧基以及不同氨基酸侧链上的羧基、氨基、咪唑基、胍基、羟基、巯基等功能基团，这些基团在一定条件下可发生解离。因此，蛋白质和氨基酸一样也是两性电解质，所带电荷的性质和数量，既与分子中氨基酸残基的种类和数量有关，也与溶液的 pH 有关。溶菌酶含碱性氨基酸残基较多，pI 为 11.0；胃蛋白酶含酸性氨基酸残基较多，pI 为 1.0；酸性和碱性氨基酸比例接近的蛋白质其等电点大多为中性偏酸，pI 为 5.0～6.0。当溶液 pH 高于 pI 时，蛋白质酸性基团解离占优势，整个分子带负电；当溶液 pH 低于 pI 时，蛋白质性基团质子化占优势，蛋白质分子带正电。在相同 pH 条件下，等电点不同的蛋白质，所带电荷的性质和数目不同。

二、蛋白质溶解度

蛋白质按溶解度分为清蛋白、球蛋白、谷蛋白、醇溶谷蛋白、组蛋白、鱼精蛋白和硬蛋白 7 类。这些蛋白溶解度依次下降，其中清蛋白溶解度最高，不仅溶于稀盐、稀酸、稀碱，还溶于水；谷蛋白（即通常说的面筋）溶于稀酸、稀碱，但不溶于水；硬蛋白，如角蛋白、胶原蛋白，溶解度最差。

三、蛋白质大小和形状

蛋白质分子大小不一，相对分子质量大多在(6～1 000)×10^3 之间。有的是单亚基，有的是由多亚基组成的寡聚蛋白(oligomeric protein)，有的还以超分子复合物形式存在(supramolecular complex)。蛋白质形状也有不同，有球形、椭球形、细棒状或纤维状等。球形蛋白因表面含有较多的亲水氨基酸残基，溶解度高；纤维状蛋白不对称性高，黏度高，一般溶解度差。

四、蛋白质胶体性质

蛋白质分子直径一般为 1～100 nm，正好处于胶体颗粒大小范围，因此，蛋白质溶液属于胶体溶液。胶体溶液中的蛋白质分子具有一定的稳定性，一般不会发生聚集而形成沉淀，这是因为：①蛋白质分子表面有许多极性基团，可以吸附水分子，迫使水分子在蛋白质分子表面形成一个连续的水化层，从而阻止蛋白质分子彼此靠近形成沉淀；②在 pH 远离蛋白质 pI 的溶液中，同种蛋白质分子带有同种电荷，这会增加分子间的彼此排斥，进一步阻止蛋白质发生聚集。如果破坏了蛋白质胶体颗粒的水化层或者使蛋白质溶液处于等电点，蛋白质便会发生沉淀。

五、蛋白质免疫化学性质

蛋白质可以作为抗原(antigen)。抗原即具有免疫原性的物质，可以是蛋白质、核酸、多糖等大分子，也可以是细菌、病毒甚至人工合成物。抗原刺激脊椎动物机体后，机体的细胞免疫系统会产生专门对付抗原的抗体(antibody)。蛋白质既是引起免疫反应的主要抗原物质，又是免疫反应中产生的抗体物质。

(一)抗原

抗原具有异源性、大分子性等特点。异源性是指进入机体组织内的抗原物质是外来的，该机体不含此物质。相对分子质量大于 10^4 且具有特定结构的物质具有较强的免疫原性。蛋白质分子大多具有该属性，因此是一类主要的抗原物质。一般含有大量芳香族氨基酸尤其酪氨酸的蛋白质免疫原性较强，聚合体蛋白较简单蛋白免疫原性强。相对分子质量小于 5×10^3 的分子一般没有抗原性，如果要针对这类小分子制抗体，必须首先将其共价连接到蛋白质大分子上。这种本身无抗原性但与大分子结合后方具抗原性的物质称为半抗原(hapten)。

抗原上可能存在多个诱发产生抗体的位点，每一个位点称为抗原决定簇(antigen determinant)或表位(epitope)。抗原决定簇实际上是蛋白质分子表面上氨基酸侧链基团。具有多个决定簇的抗原认为是“多价”的，即与抗体有多个结合部位。

(二)抗体

抗体是由抗原刺激机体免疫系统后产生的能与抗原发生特异结合的糖蛋白，又称免疫球蛋白(immunoglobulin)。抗体存在于血液或体液中，是构成体液免疫的主要物质。抗体具有 3 个基本特性：①特异性。某一种抗体只能与相应的抗原发生结合。②多样性。抗原不同，产生的抗体就不同；有多个抗原决定簇的抗原产生的抗体也不相同。③不均一性。由同一个抗原决定簇产生的抗体有多种类型。人体主要有 5 类：IgA、IgD、IgE、IgG 和 IgM。此外，抗体还具有双重性，既可以作为抗体与相应抗原结合，也可以作为抗原再制备相应抗体，即常说的第二抗体，简称二抗（secondary antibody）。

IgG 是血液中免疫球蛋白的主要成分，占血清免疫球蛋白总量的 75%～80%，在抗感染过程中起重要作用。IgG 由 4 条多肽链组成，其中 2 条大的称为重链（heavy chain，H 链），2 条小的称为轻链（light chain，L 链），它们通过非共价键和 4 对二硫键连接成 150 kDa 的复合体。2 条重链在 C 端一侧彼此组合在一起形成分子的基部，中部通过 2 个链间二硫键形成铰链区，整个分子呈 Y 字形结构（图 4 - 1）。在每条多肽链的 N 端区域有 1 个可变区（variable domain），其中许多氨基酸残基为可变残基。可变结构域是抗原结合部位，抗体的特异性即来源于此。通常说 IgG 分子是二价的，即指每个 IgG 能结合 2 个抗原分子。多肽链中还存在序列保守区，且相互之间具有高度同源性，称为恒定区（constant domain）。每条轻链含有 1 个恒定区，每条重链含有 3 个恒定区。无论可变区还是恒定区，它们在形成高级结构时都独立为 1 个结构域。IgG 共有 12 个结构域。

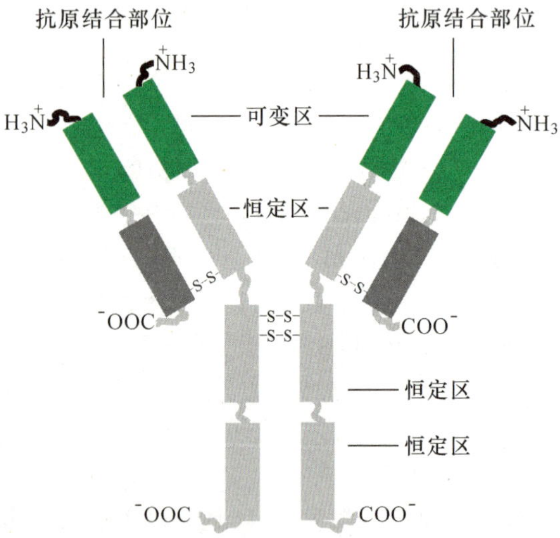

图 4 - 1　IgG 分子 Y 形结构示意图

抗原与抗体相互结合形成抗原—抗体交联晶格从而发生沉淀。在接近等价浓度（抗体上的抗原结合部位与抗原数目接近）时，抗原和抗体发生最大程度的交联。抗原—抗体互作是脊椎动物免疫防御机制中最重要的反应，也是蛋白质互作的典型代表，在现代生命科学研究中具有广泛用途。将抗体分子（通常用二抗）共价连接上荧光基团，可用来定位细胞中某种微量存在的抗原，即免疫荧光标记（immunofluorescent labeling）；将酶（如辣根过氧化物酶）共价连接于抗体上，可用来测定溶液中微量存在的抗原，即酶联免疫吸附测定（enzyme-linked immunosorbent assay，ELISA；详见本章第三节）；利用酶标抗体对电泳分离的蛋白质条带进行鉴定，即蛋白质印迹法（Western blotting；详见本章第三节）；用抗体去“垂钓”、富集混合蛋白质溶液中的某种蛋白，即免疫沉淀（immunoprecipitation）。

第二节　蛋白质分离纯化

为了研究某一蛋白质的结构与功能，需要将其从生物材料中的众多生物分子中分离出来，并达到一定纯度。习惯上将被分离的蛋白质称为目标蛋白，其他成分称为杂质。分离、纯化蛋白质需要坚持的基本原则是：在提高蛋白质纯度的同时，注意提高蛋白质产量，并尽可能保持蛋白质活性。为避免蛋白质变性或降解，整个分离纯化过程一般要求低温操作，使用缓冲液，并加入合适的蛋白酶抑制剂、含巯基试剂等。可根据蛋白质溶解度、分子大小、电荷差异以及生物学特异性对蛋白质进行分离，常见技术如下：

一、根据溶解度差异分离蛋白质

(一)等电沉淀

当溶液的 pH 等于某蛋白质等电点时，该蛋白质分子所带的净电荷为零，此时，蛋白质分子间失去了同种电荷的排斥作用，极易聚集而发生沉淀。蛋白质在等电点时溶解度最小。通过调节 pH 到某一蛋白质的等电点，可以将该蛋白分离出来。很多蛋白质的等电点相近或相同，因此，等电沉淀的蛋白质往往是一类而不是一种。等电沉淀是粗分离蛋白质的方法之一。

(二)盐溶与盐析

许多蛋白质在水中的溶解度并不高，但当往水中加入少量无机盐时，溶解度会明显增加。低浓度中性盐增加蛋白质溶解度的现象称为盐溶(salting in)。盐溶作用主要是由于蛋白质分子从溶液中吸附了与自身电荷相反的盐离子后形成了双电层，使同种蛋白质分子彼此排斥力增强，加上蛋白质分子的水化层，从而增加了蛋白质的溶解度。用含适量盐离子的缓冲液能从生物样品中提取出更多蛋白质，即此原因。

如果在蛋白质溶液中加入大量中性盐，蛋白质便会沉淀下来，这种现象即盐析(salting out)。盐析作用主要是由于大量中性盐的加入使水的活度降低，不仅原来溶液中的大部分水用于水化盐离子，而且蛋白质分子表面的水化层也被破坏，使蛋白质分子表面的疏水残基充分暴露，从而发生聚集而沉淀下来。不同蛋白质分子表面疏水基团含量不同，溶解度不同，被沉淀下来所需的中性盐浓度也就不同。蛋白质溶解度越高，沉淀所用的盐浓度越高。因此，选定某浓度中性盐，可以使目标蛋白得到初级分离。

最常用的中性盐是硫酸铵。中性盐影响蛋白质溶解度的能力是其离子强度的函数。与 KCl、NaCl 等相比，硫酸铵的优点是：二价离子，同样浓度时离子强度高，降低蛋白质溶解度更有效；溶解度大，温度系数小，在低温下(4℃)仍可以高浓度存在，这不仅能有效争夺溶液中的水以及蛋白质水化水，还满足了低温下沉淀蛋白质的需要，使蛋白质在保持活性的情况下很容易分离出来。

与等电沉淀类似，通过盐析获得的沉淀往往含有多种蛋白质，需要进一步纯化。盐析除用于蛋白质初级分离外，还可用于蛋白质浓缩。

(三)有机溶剂沉淀

与水互溶的极性有机溶剂，如甲醇、乙醇、丙酮等，在高浓度下可使蛋白质产生沉淀。极性有机溶剂比水介电常数低(20℃，丙酮为 21.4，水为 78.5)，加入大量这类试剂时，介质的介电常数发生改变，蛋白质表面水化层被破坏。大多数蛋白质在有机溶剂作用下容易变性，因此，有机溶剂沉淀法仅适用于结构比较稳定的蛋白质。低温试剂(如－20℃丙酮)有利于蛋白质活性保持。

(四)蛋白质变性沉淀

在一定温度范围内,蛋白质随温度上升,溶解度增加;当达到一定温度时,维持蛋白质高级结构的次级键将被破坏,蛋白质会发生变性。变性蛋白质多肽链伸展,疏水基团外露,容易相互聚集而沉淀。蛋白质结构不同,能够耐受的温度不同,因此,利用加热可使某些蛋白质变性沉淀,而使另一些蛋白质仍处于可溶状态。

通过变性沉淀除去蛋白质的另一种常见方法是有机酸沉淀,常见的有三氯乙酸沉淀。在酸性条件下,蛋白质分子带正电荷,很容易与有机酸的酸根负离子结合形成不溶性沉淀。在酶促反应后,加入高浓度的三氯乙酸不仅能破坏酶蛋白的分子构象,终止酶反应,而且还能使酶沉淀下来,从而方便清除。

二、根据分子大小差异分离蛋白质

(一)透析(dialysis)和超滤(ultrafiltration)

透析是根据分子大小、利用半透膜(semipermeable membrane)选择性地除去某些小分子物质的技术。常见半透膜由醋酸纤维素制成。图 4 - 2 为透析装置示意图。将蛋白质溶液装入用半透膜制作的透析袋,悬于大量透析液中,在搅拌条件下,透析袋内的小分子或离子通过半透膜扩散出去,而大分子滞留在里面。通过多次更换透析液,可除去溶液中的小分子。透析法常用于除去蛋白质溶液的盐组分。

巧用半透膜还可以实现对蛋白质的浓缩。如将蛋白质溶液装入带有半透膜的超滤装置(图 4 - 3),通过加压、减压或离心,水分子便穿过半透膜快速离开,大分子蛋白被截留浓缩。超滤膜截留分子质量范围不同,选择合适的超滤装置能将目标蛋白浓缩。超滤法操作简便,能较好地保存生物大分子的活性,回收率高。

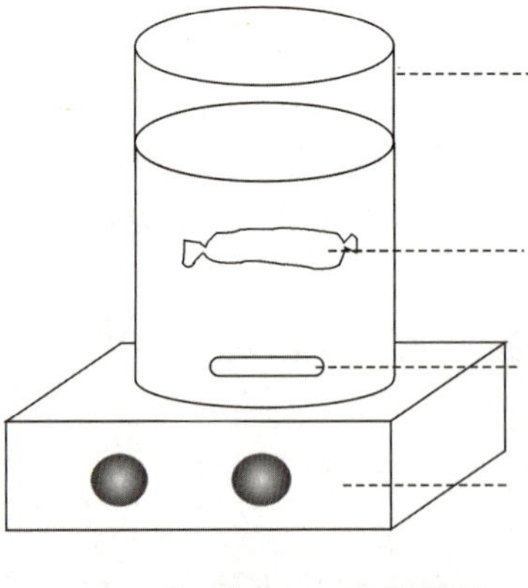

图 4 - 2　透析装置

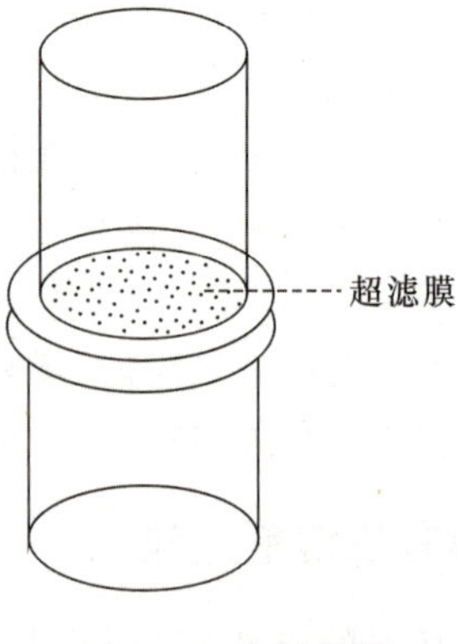

图 4 - 3　超滤装置

利用透析袋也可以实现浓缩。将装有蛋白质的透析袋埋入干燥的吸水剂(如蔗糖、聚乙二醇等)中,放置一段时间后,蛋白质溶液因水外流而浓缩。

(二)密度梯度离心

不同蛋白质颗粒在质量、密度和形状上存在差异，在一定的强离心力场中表现出不同的下沉速度——沉降速度(sedimentation velocity)。超速离心机可以在几万到几十万重力加速度(g)下工作，能够提供强离心力。蛋白质之间的超离心分离常采用的离心介质是蔗糖密度梯度(density gradient)，即在离心管中按一定操作装入蔗糖溶液，使蔗糖浓度从离心管底部到顶端渐渐降低，然后将蛋白质溶液加在梯度介质顶端进行超离心。在超离心力场中，蛋白质颗粒质量和密度越大，沉降速度越快，反之越慢。不同蛋白质颗粒各自形成"差速区带"，随超离心的进行不断下移，从而逐渐分开。上述先制备介质密度梯度，然后通过超离心使不同颗粒以不同速度往下沉降的技术称为沉降速度超离心。蔗糖密度梯度适合用于蛋白质的沉降速度超离心。

离心介质必须满足两个基本条件：一是具有化学性质稳定性，不会影响蛋白质结构和性质；二是密度和黏度合适，在一定密度梯度范围内和离心力场下，允许不同蛋白质颗粒以不同速度下沉。蔗糖密度很适合蛋白质密度梯度离心分离，此外，还有聚蔗糖(商品名称为 Ficoll)或其他合成材料。

(三)凝胶过滤层析

凝胶过滤(gel-filtration chromatography)又称为分子筛层析或排阻层析(size exclusion chromatography，SEC)，是利用固定相内一定大小的网孔对相对分子质量不同的组分的阻滞程度不同而进行蛋白质分离的层析技术。凝胶过滤层析柱的填料为不溶于水但又能高度水化的珠状碳水化合物聚合体，如交联葡聚糖(商品名称为 Sephadex)。典型的凝胶珠直径为 0.1 mm，内部为充满水的网孔。

如图 4-4 所示，将蛋白质样品加在柱床表面，当用缓冲液洗脱时，比凝胶珠网孔大的蛋白质不能进入凝胶珠内部，只从凝胶珠的间隙里通过，受到的阻滞作用小，经过的路径短，先被洗脱下来；比凝胶网孔小的蛋白质则容易进入凝胶颗粒内部，受到的阻滞作用大，经过的路径长，后被洗脱下来。

凝胶过滤层析不仅用于蛋白质的分离纯化，也常用于除去蛋白质溶液中的无机盐等小分子物质。

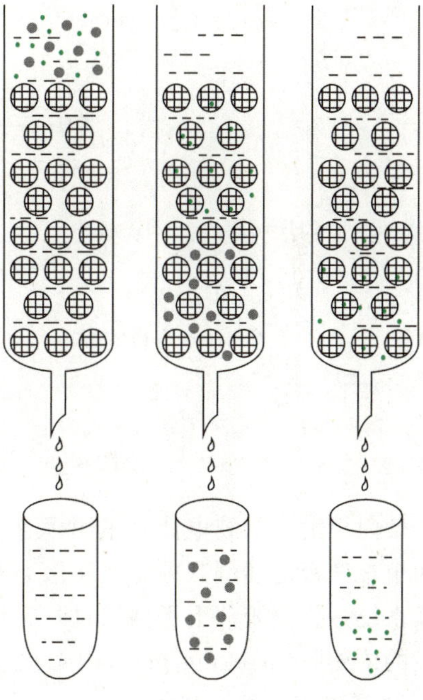

图 4-4　凝胶过滤层析示意图

三、根据电荷不同分离蛋白质

(一)电泳

在溶液中，蛋白质分子由于氨基酸残基的解离而带电荷；在电场中，蛋白质带电粒子会向与自身电荷相反的电极泳动，这便是电泳(electrophoresis)。在一定电场和电泳介质中，蛋白质的迁移速度与其分子质量、分子形状以及电荷性质有关。

电泳有多种类型：在电场中没有固体支持物、只有水溶液的称为自由界面电泳；有固体支持物的称为区带电泳。区带电泳中根据固体支持物不同，又可分为纸电泳、薄膜电泳及各种凝胶电泳。根据电泳装置不同来分，有水平板电泳、垂直板电泳、圆盘电泳及毛细管电泳等，以下重点介绍几种常用的电泳技术。

1. 聚丙烯酰胺凝胶电泳

丙烯酰胺(acrylamide)和亚甲基双丙烯酰胺(N，N-methylene-bisacrylamide，Bis)在自由基引发剂(如过硫酸铵，ammonium persulfate)和催化剂四甲基乙二胺(tetramethylethylene-diamine，TEMED)作用下能聚合交联成网状凝胶(图 4-5)，聚合反应需要无氧条件。以聚丙烯酰胺凝胶为支持介质进行电泳，即聚丙烯酰胺凝胶电泳(polyacrylamide gel electrophoresis，PAGE)。通过调节丙烯酰胺和 Bis 的浓度可以获得网孔大小不同的凝胶。丙烯酰胺浓度越高，凝胶网孔越小。

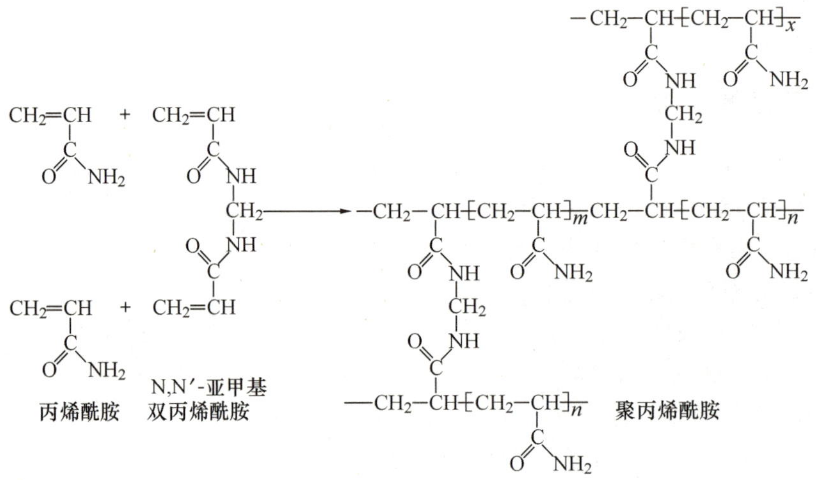

图 4-5 聚丙烯酰胺凝胶形成过程示意图

聚丙烯酰胺凝胶电泳多采用垂直板、不连续系统(图 4-6)。所谓垂直板，就是在垂直放置的两个玻璃板之间倒入丙烯酰胺液态胶，使其在空气隔离条件下尽快形成很薄的凝胶片。不连续系统是指凝胶分上下两层，两层凝胶在浓度、缓冲液 pH 和缓冲液组分上不同，上层为大孔径的浓缩胶(stacking gel)，丙烯酰胺浓度一般小于 5%；下层为小孔径的分离胶(running gel)，丙烯酰胺浓度一般大于 7%。蛋白质样品点样孔位于浓缩胶上端(图 4-6A)。外加电场后，蛋白质按照分子大小、形状和电荷特性以各自的迁移速度下行从而被分离(图 4-6B)。

不连续聚丙烯酰胺凝胶电泳对蛋白质分离效果好，主要基于 3 种物理效应：①浓缩效应。点样孔中的样品液中蛋白质分散存在，通电后，它们在大网孔浓缩胶中快速前行，当接触到分离胶后被阻滞、压缩成一薄层，从而使所有蛋白质公平地位于同一个“起跑线”上，再进入分离胶。②电荷效应。在较高 pH 下，所有蛋白质带负电，在同一电场中可向正极移动；带负电荷越多，移动速度越快。③分子筛效应。蛋白质分子越大，不对称性越高，在网状凝胶中受到的阻力越大，就越靠近凝胶上端；反之，则更靠近凝胶下端。

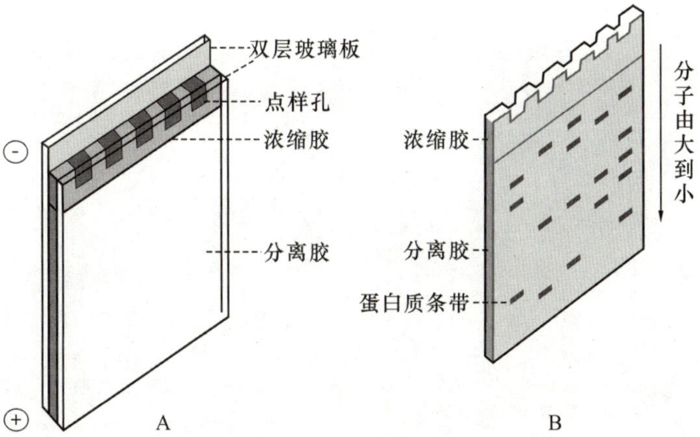

图 4-6 垂直板电泳原理示意图

A. 垂直板凝胶侧面观；B. 染色后的电泳凝胶

电泳过程中通常加入溴酚蓝试剂指示电泳前沿。溴酚蓝分子带负电，比蛋白质小，迁移速度快，总是位于蛋白质前面。当前沿指示剂接近凝胶底边时及时停止电泳，取出凝胶进行考马斯亮蓝染色（详见本章第三节），蛋白质条带便清晰显示出来。

2. 等电聚焦电泳（isoelectric focusing，IEF）

等电聚焦电泳是根据蛋白质等电点不同而分离、鉴定蛋白质的一种电泳技术。在电泳凝胶中加入两性电解质（ampholytes）（一组带有氨基和羧基、pI 分布在一定范围的低分子寡聚体混合物），施加电场后，各组分移动并停留在各自的等电点位置；等电点低的靠近阳极，等电点高的靠近阴极，由此形成一个连续 pH 梯度。蛋白质也属于两性电解质，在电场中各蛋白质分子依据电荷性质和数量在凝胶中移动，当移动到等电点区域时，便停留在那里形成很窄的区带（图 4-7）。用等电聚焦电泳既可分离蛋白质，也可进行蛋白质等电点的测定。

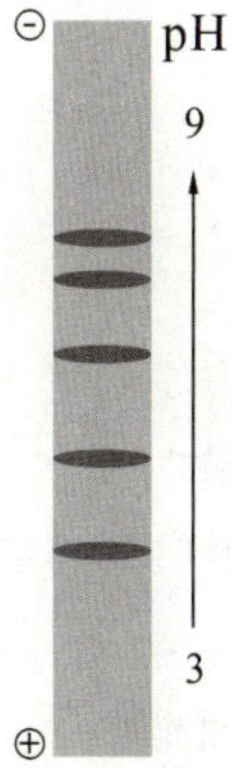

图 4-7 等电聚焦电泳示意图

3. 双向电泳（two-dimensional gel electrophoresis，2-D）

双向电泳是一种在二维方向上对同一蛋白样品先后进行两种不同性质的电泳，目的是分离高分辨率的蛋白质。最常见的双向电泳有 IEF/SDS-PAGE（SDS-PAGE 原理见下一节），即先将蛋白质样品在一维方向上进行等电聚焦凝胶电泳，使蛋白质按等电点分离成条带；然后换用 SDS-PAGE 在二维方向上电泳，使位于同一条带中的蛋白质再按分子质量展开。由此得到的电泳凝胶经银染后，所有蛋白质亚基便在一个平面上呈斑点状分布（图 4-8）。成功的双向电泳可以将 2 000～3 000 种蛋白质进行分离，是蛋白质组学（proteomics）研究中非常有用的技术。一个细胞或一种生物在特定生理或病理状态下表达的所有种类的蛋白质称为蛋白质组（proteome）。蛋白质组学就是专门研究一个细胞或一种生物所有蛋白质的新兴学科，以了解蛋白质在不同条件、不同发育时期的时空表达规律或蛋白质结构修饰变化等。通过比较 2-D 胶上蛋白质斑点的分布和强度差异，分析细胞在不同生理及病理条件下蛋白质表达的异同，对相关蛋白质进行分类、鉴定，从而获得蛋白质功能信息。已有公开化的蛋白质组学数据库（如 http://www.expasy.ch/ch2d/2d-index.html），可以查询不同生物材料的蛋白质双向电泳图谱。

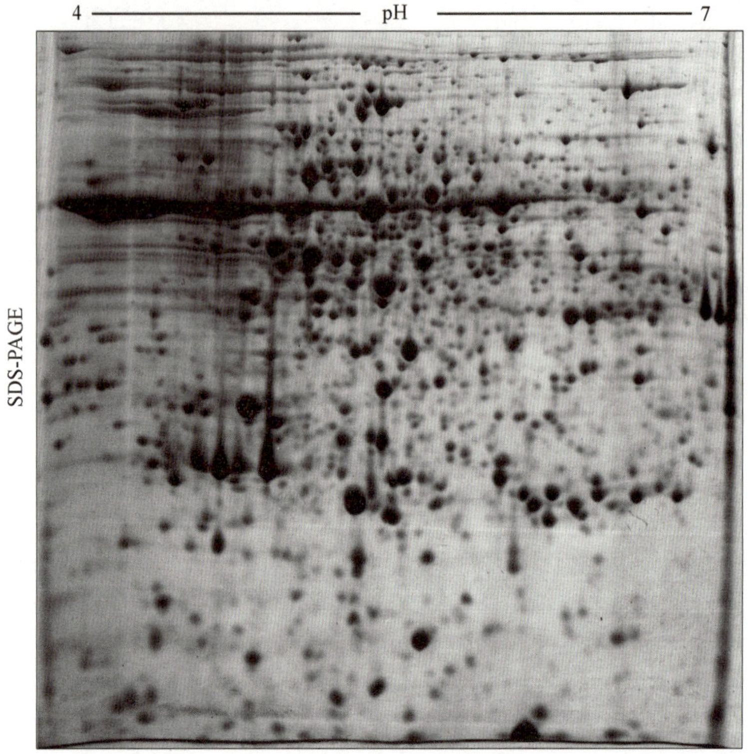

图 4-8 拟南芥叶片全蛋白双向电泳分析

（中国农业大学任东涛博士实验室馈赠）

(二)离子交换层析(ion-exchange chromatography)

蛋白质的离子交换层析和氨基酸的离子交换层析基本原理相似（见第二章），也是流动相中的离子与固定相上可解离基团的可逆交换。所不同的是层析介质。蛋白质离子交换层析介质主要由两部分组成：一部分是亲水性强且能够形成较大网孔的惰性固体支持物，如纤维素、葡聚糖及琼脂糖等；另一部分是与之共价连接的可解离基团。能解离出阳离子（如 H^+、Na^+）、可与带正电荷的蛋白质结合的层析介质称为阳离子交换剂，如羧甲基—纤维素（CM-cellulose），羧甲基琼脂糖（CM-agarose）；能解离出阴离子（如 OH^-、Cl^-）、可与带负电荷的蛋白质结合的层析介质称为阴离子交换剂，如二乙基氨基乙基—纤维素（DEAE-cellulose）（图 4-9）。

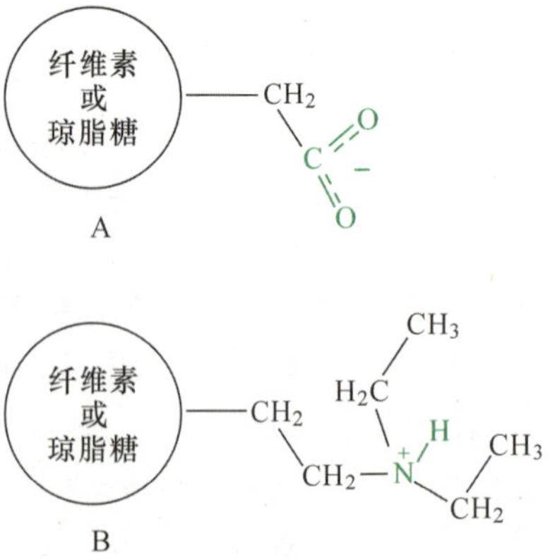

图 4-9 离子交换层析介质

A. 为阳离子交换剂；B. 为阴离子交换剂

蛋白质所带电荷的种类和数目不同，与层析介质的结合力不同。首先用大量洗脱剂洗出未结合的杂蛋白，然后逐步提高洗脱剂离子强度（或改变 pH），结合在凝胶上的蛋白质便按照结合力从弱到强的顺序依次洗脱下来。分部收集洗出液，即可获得分离的蛋白质。

四、根据蛋白质吸附特性分离蛋白质

利用层析介质表面的活性基团对流动相中不同组分吸附性能差异进行分离的方法，称为吸附层析(absorption chromatography)。当蛋白质颗粒接触到比表面积大的固体颗粒物质时，会受到表面基团的吸引而停留下来。不同蛋白质分子表面的极性及非极性氨基酸残基的数目、比例及分布不同，与固体颗粒物质的吸附作用力也就不同。选用合适的吸附剂能将蛋白质分离开来。常见的吸附层析有：

(一)羟基磷灰石层析(hydroxyapatite chromatography)

羟基磷灰石的主要成分是结晶磷酸钙[$Ca_{10}(PO_4)\cdot6(OH)_2$]。以羟基磷灰石作为吸附剂，在低浓度磷酸缓冲液及低 pH 条件下，大多数蛋白质能与羟基磷灰石结合。具体结合机制尚不完全清楚，可能是通过静电、氢键以及范德华力等综合作用实现的。通过提高洗脱剂磷酸根浓度或 pH，能把吸附力渐强的蛋白质依次洗脱下来。

(二)疏水作用层析(hydrophobic interaction chromatography)

使用带有较强疏水基团(苯基、辛基、丁基等)的吸附剂进行的层析即为疏水作用层析。常用的吸附剂有苯基琼脂糖(phenyl-sephadex)、辛基琼脂糖(octa-sephadex)等。不同蛋白质与吸附剂的疏水相互作用强弱不同，因而可以被分离。

大多数球状蛋白质的疏水性氨基酸残基包埋在分子内部，不易与疏水吸附剂结合。分离这类蛋白质时，通常先在一定条件下促使蛋白质疏水基团外露，使其与疏水吸附剂紧密结合，然后再改变洗脱条件(如加入非离子去污剂)使蛋白质被依次洗脱分离。疏水作用层析的实验条件常导致蛋白质变性，因此，此法仅适用于易复性蛋白质的分离。

五、根据生物分子特异亲和力分离蛋白质

利用生物分子与特异配基(ligand)专一、可逆结合的特性分离大分子的层析技术称为亲和层析(affinity chromatography)。首先将特异配基共价连接到惰性凝胶(如葡聚糖、琼脂糖等)颗粒上制成亲和层析介质。当蛋白质混合物流经亲和层析介质时，只有目标蛋白能与配体结合；用缓冲液洗脱除去未结合的杂蛋白，最后改变洗脱条件(如缓冲液中加入游离配体)，把目标蛋白质洗脱下来。

亲和层析快速、高效，用较少的实验步骤便可得到高纯度的目标蛋白。以抗原为配基纯化抗体，以底物为配基分离酶，以糖为配基分离凝集素，以核酸为配基分离核蛋白，以激素信号分子为配基分离受体蛋白等，都是常见的亲和层析。

近些年来，科学工作者们经常首先利用基因工程技术将待分离的蛋白质带上某种“标签”(tag)，获得融合蛋白(fusion proteins)，然后以含有相应配基的亲和层析介质进行纯化，从而获得大量目标蛋白质。如果所使用的配基是螯合在层析介质上的金属离子，那么这类亲和层析又称为金属螯合层析(metal chelating chromatography)。目前普遍使用的 Ni-亲和柱，就是用来分离组氨酸标签(His-tag)融合蛋白的金属螯合层析。

知识拓展框

基因工程生产人血清白蛋白之路

人血清白蛋白(human serum albumin)是人血浆中最丰富的一种蛋白质,在正常人血浆中的含量超过血浆蛋白质总量的50%,主要负责维持血管内外压力平衡和血浆容量,并能结合和运输一些代谢产物。人血清白蛋白临床用量非常大,仅我国每年需求量就达420 t。科学家们希望通过基因工程的方法大规模生产人血清白蛋白,避免来自血液捐献者的病毒传播风险。

1981年,美国一家生物科技公司首次克隆人血清白蛋白的cDNA序列,并将其插入到大肠杆菌基因组中,期望利用大肠杆菌表达重组人血清白蛋白。然而,该重组蛋白不能形成正确的空间结构,蛋白聚集难以溶解,因而不具备正常功能。1999年,日本科学家培育出了高效合成重组人血清白蛋白的基因工程毕氏酵母,重组蛋白在每升培养液中含量可达10 g以上,其分子结构、理化性质和生理功能均与天然蛋白一致。经过一系列临床试验,2008年在日本正式上市,成为第一个重组人血清白蛋白药物。然而,由于免疫毒性问题等原因,2010年该产品又被日本药监局撤回而退市。

中国科学家经过不懈努力克服了转基因植物中重组蛋白表达效率低、结构不正确等问题,培育出高效生产重组人血清白蛋白的转基因水稻,其中人血清白蛋白含量达到米粒总可溶性蛋白的10.58%。研究人员为了使人血清白蛋白更适合在水稻种子中合成,不仅对人血清白蛋白基因进行了改造和密码子优化,而且使用水稻种子特异启动子驱动基因表达,在根、茎、叶等水稻其他组织中检测不到重组蛋白,提高了转基因植物的安全性。研究人员进一步攻克了重组蛋白纯化难关,将重组蛋白纯度提高到99%以上,彻底解决了注射用重组蛋白杂质过敏问题。2017年,植物源重组人血清白蛋白注射液获得临床批件,成为世界上第一个进入临床试验的植物源重组人血清白蛋白产品。

He Y, Ning T, Xie T, et al. Large-scale production of functional human serum albumin from transgenic rice seeds. PNAS, 2011, 108(47): 19078-19083.

第三节　蛋白质鉴定

在蛋白质分离过程中或分离后,常常需要对蛋白质的分子质量、性质、纯度、含量、等电点以及末端氨基酸等进行鉴定。下面重点讨论蛋白质分子质量的测定以及如何利用抗原－抗体的专一性来定性蛋白质。

一、蛋白质分子质量鉴定

(一)SDS-聚丙烯酰胺凝胶电泳(SDS-PAGE)

在普通聚丙烯酰胺凝胶电泳中,蛋白质的移动速度与蛋白质所带电荷、蛋白质分子大小和分子形状有关。如果在电泳系统中加入(十二烷基硫酸钠 SDS),即进行 SDS-PAGE,那么,蛋白质的迁移速度则只与分子质量有关。这是因为:SDS 是蛋白质变性剂,它可以破坏蛋白质分子中的氢键和疏水作用,使蛋白质发生变性;在 β-巯基乙醇存在下,蛋白质二硫键断裂,多肽链充分伸展,SDS 以其烃链与蛋白质分子的侧链通过疏水相互作用结合成复合体。在一定条件下,SDS 与大多数蛋白质的结合比(质量比)为 1.4∶1,相当于每 2 分子氨基酸残基结合 1分子 SDS。SDS 与蛋白质的结合带来了两个后果:第一,由于 SDS 是阴离子,大量 SDS 分子的引入导致蛋白质分子带上大量负电荷,而使得蛋白质分子原有电荷较之可以忽略,这样就消除了不同蛋白质分子原有电荷差异;第二,蛋白质结合 SDS 后天然构象发生变化,通常转化为椭棒状,这样就消除了不同蛋白质分子在形状上的差异。因此,在 SDS 存在下,蛋白质在电场中泳动时其迁移率仅与蛋白质分子质量有关。二者关系式为:

$$\lg M = a - b\mu$$

式中,M 为分子质量,a 和 b 为常数,μ 为相对迁移率——蛋白质在凝胶中的迁移距离与指示剂前沿距离的比值。从上式可知,蛋白质分子质量的对数与蛋白质迁移率呈线性负相关。

在同一块电泳凝胶上对一组已知分子质量的标准蛋白质(molecular standard)和蛋白质样品分别进行 SDS-PAGE 分析;以标准蛋白的迁移率为横坐标、以分子质量对数为纵坐标绘制标准曲线(图 4-10);从未知蛋白质的迁移率即可求出蛋白质亚基的分子质量。

用 SDS-PAGE 分析蛋白质分子质量,灵敏度高,微量样品即可,用考马斯亮蓝染色可分析微克级蛋白质,用银染法可分析纳克级样品;SDS-PAGE 的另一个特点是它属于变性电泳,结果显示的是蛋白质亚基分子质量。

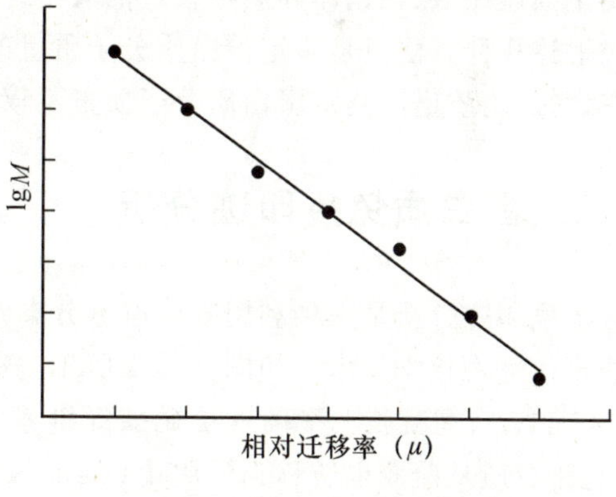

图 4-10 SDS-PAGE 分子质量测定标准曲线

(二)凝胶过滤法

凝胶过滤原理如上节所述。葡聚糖凝胶对大于凝胶网孔的分子(如蓝色葡聚糖)完全没有阻力,洗脱这类完全被排阻的大分子所需要的体积用 V_o 表示,称为外水体积(outer volume),即从样品进入柱床凝胶到该大分子被洗出层析柱所用洗脱剂体积。如果某蛋白质的洗脱体积(elution volume)用 V_e 表示,那么,该蛋白质分子质量的对数与 V_e/V_o 值的关系如下:

$$\lg M = K_1 - K_2 V_e/V_o$$

式中,K_1、K_2 为常数,可见蛋白质分子质量的对数与 V_e/V_o 值呈线性负相关。以标准蛋白的 V_e/V_o 值为横坐标、以分子质量对数为纵坐标绘制出一条直线;利用未知蛋白质的 V_e/V_o 值,可在标准曲线上查出分子质量。用凝胶过滤鉴定蛋白质分子质量时，蛋白质分子形状对结果有明显影响，凝胶过滤法仅适合球状蛋白质。与 SDS-PAGE 不同，凝胶过滤法测定的是天然蛋白质分子质量。

（三）沉降速度法

利用蛋白质沉降速度的差别不仅可以分离蛋白质，还可以分析蛋白质大小。蛋白质沉降速度与其分子大小、形状、密度有关，此外也与环境温度、溶剂密度及黏度等有关。在一定的离心条件下，每一种蛋白质分子将形成一条特定的区带，以一定速度向下沉降。每单位离心力场的沉降速度称为沉降系数(sedimentation coefficient)。为了表示方便，把 1×10^{-13} s(秒)作为一个斯维得贝格单位(Svedberg unit)，用“S”表示。人血红蛋白的沉降系数为 4.46×10^{-13} s，可表示为 4.46S。

Svedberg 方程描述了蛋白质分子质量与沉降系数的关系：

$$M=\frac{RTS}{D(1-\bar{\upsilon}\rho)}$$

式中，M 为蛋白质分子质量，R 为气体常数[8.314 J/(mol·K)]，T 为绝对温度，S 为沉降系数，D 为扩散系数，ρ 为溶剂密度，$\bar{\upsilon}$ 为蛋白质分子的微分比体积(即向无限大体积的溶剂中加入 1 g 蛋白质时溶液体积的增量；蛋白质在水中约为 0.74 cm^3/g)。由该方程可以看出，蛋白质沉降系数越大，分子质量越大。

对于比较大的多亚基蛋白质分子，常直接用沉降系数描述分子的大小。此外，沉降系数也被用于描述核酸、核糖体和病毒颗粒的大小。

上述几种方法只是鉴定蛋白质分子质量的常见方法，还有许多其他方法，如质谱法(详见第三章)。用质谱法测定蛋白质分子质量不仅灵敏度高，准确度也高。

二、蛋白质免疫印迹分析

免疫印迹分析是一种利用凝胶电泳分离和抗原—抗体特异结合原理对蛋白质进行定性分析的现代生物化学技术。如图 4-11 所示，先将蛋白质样品进行凝胶电泳分离，获得电泳胶(图 4-11A)；在凝胶上平铺一层硝酸纤维素滤膜，而后在凝胶一侧加负极，在滤膜一侧加正极，将蛋白质从凝胶电转移到滤膜上(图 4-11B)；先后加入特异性抗体和酶标二抗分别进行孵育结合(图 4-11C)；最后洗脱除去非特异结合的抗体，利用二抗上结合的标记分子(如辣根过氧化物酶)使目标蛋白条带显色(图 4-11D)。由于抗原—抗体反应的专一性和酶反应的高效性，利用免疫印迹技术可以有效鉴定出样品中某蛋白质是否存在，从而使蛋白质得到定性分析。

免疫印迹不仅用于定性蛋白质，通过比较不同组织、不同细胞的蛋白质条带的有无和粗细，还可以对不同生物材料的蛋白质进行表达分析，其灵敏度很高，检测极限可以低到皮克级蛋白质。

除免疫印迹分析外，用 ELISA 法也可以对溶液中微量存在的蛋白质样品进行定性或定量分析。ELISA 依据的是蛋白质的吸附能力和抗原—抗体特异结合原理。基本过程是：首先将某种蛋白质(抗原)溶液加到塑料点滴板孔中，使蛋白质吸附到孔壁上；然后用特异抗体(一抗)

与之结合，再用酶标二抗与一抗结合，最后进行显色。由于酶的催化具有高效性，微弱的抗原信号也能被检测出来。

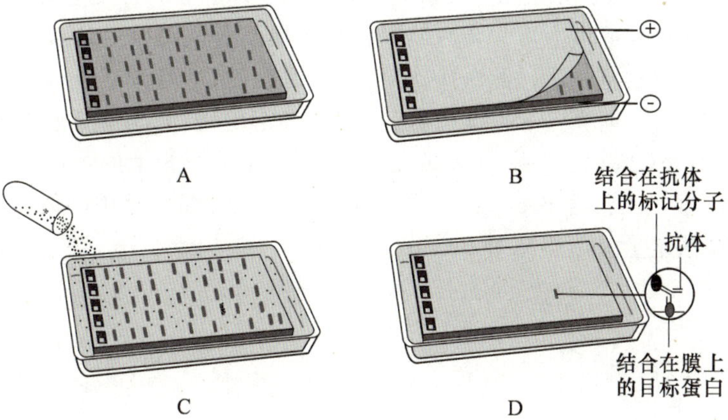

图 4-11　蛋白质免疫印迹原理

三、蛋白质定量分析

可溶性蛋白质可与许多试剂发生显色反应。在一定浓度范围内，颜色深浅与蛋白质浓度成正比，因此，利用分光光度计比色法可对蛋白质进行定量分析。常见的显色反应有：

(一)双缩脲反应

双缩脲是由两分子尿素缩合成的化合物，分子中的两个(CO—NH)在碱性溶液中能与 Cu^{2+} 反应生成红紫色络合物，称为双缩脲反应(biuret reaction)(图 4-12)。多肽和蛋白质含有两个以上肽键，因此可发生双缩脲反应。该反应稳定，操作简便，但灵敏度较低，适于测定蛋白质浓度较高的样品(1～10 mg/mL)。

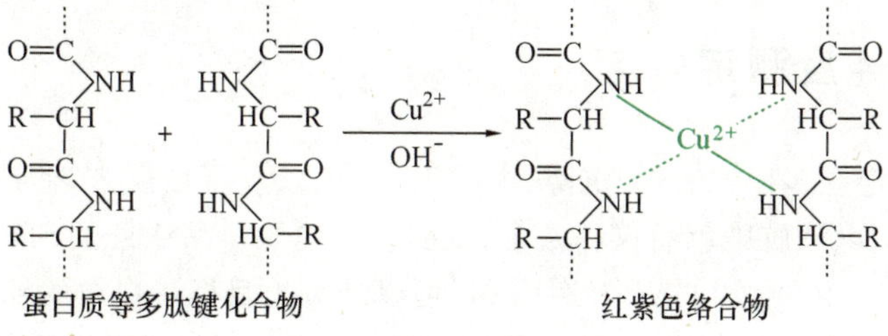

图 4-12　双缩脲反应

(二)Folin-酚反应

Folin-酚试剂法(Lorry 法)是测定可溶性蛋白的标准方法。该法是在双缩脲反应基础上再加入酚试剂(含磷钼酸及磷钨酸)进一步反应。蛋白质酪氨酸酚羟基将酚试剂还原成蓝色化合物(钼蓝和钨蓝的混合物)，因而可使反应灵敏度提高一个数量级。

(三)考马斯亮蓝结合反应

考马斯亮蓝(coomassie brilliant blue)分子含有6个苯环和2个负电荷基团(图4-13),通过范德华力、疏水作用和静电力可与蛋白质进行物理性结合。结合后的考马斯亮蓝颜色发生变化,故通过比色可定量蛋白质。此法操作简单,反应灵敏,可测微克量级蛋白质样品。有不同类型考马斯亮蓝:考马斯亮蓝R-250为三甲基甲烷衍生物;考马斯亮蓝G-250比R-250多2个甲基。由于R-250比G-250灵敏度高,常用于电泳凝胶上的蛋白质染色。在蛋白质浓度高时,R-250显色不符合Beer定律,因此常用G-250定量溶液中的蛋白质。利用考马斯亮蓝G-250结合法定量蛋白质又叫Bradfold法。

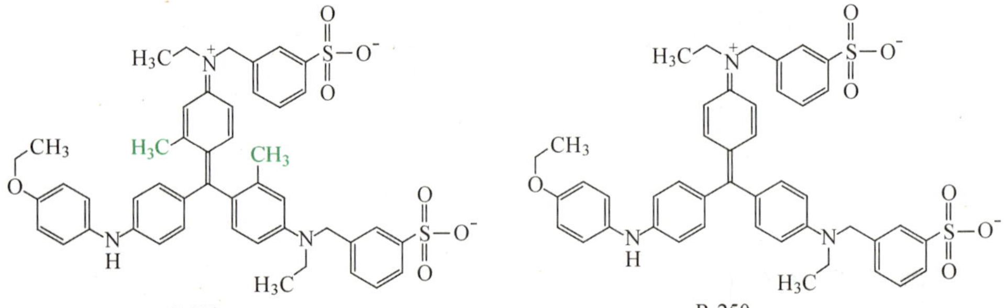

图4-13 两种考马斯亮蓝分子

除利用显色反应定量分析蛋白质外,还有两种简便易行的方法——凯氏定氮法和紫外吸收法,其原理在第二章、第三章已经介绍。在应用上,凯氏定氮法是通过测定总有机氮完成的,因此,测定值比实际蛋白质含量要高。尽管如此,由于该法简便快捷,适合成分复杂以及不溶性蛋白质的样品,常用于种子、牛奶等蛋白质含量测定。紫外吸收法是通过测定280 nm光吸收值完成的,易受其他紫外吸收物质的干扰,但由于该法测定快速,而且测定后样品不损失,故常用于蛋白质纯化过程中洗脱峰的检测。测定蛋白质含量的方法很多,新方法也不断涌现。

四、蛋白质纯度测定

蛋白质纯度鉴定有多种方法,如沉降、电泳、HPLC以及蛋白质末端分析等。最方便的方法是SDS-PAGE。电泳胶染色后仅一条带,说明该蛋白质样品达到了SDS-PAGE纯度。如果有多条带,通过对电泳凝胶扫描和软件分析,可以计算出目标蛋白质的纯度。

需要强调的是,由于SDS-PAGE是变性电泳,对于由不同亚基组成的多聚体蛋白,即便是纯样品也会出现多条带。另外,即使SDS-PAGE电泳胶上仅出现一条带,也并不意味着该样品只含一种蛋白质,如果对该条带进行二维电泳,有可能分离出多个多肽链。双向电泳能在更高水平上鉴定蛋白质纯度。

蛋白质只有在高纯度(95%以上)、天然构象一致情况下才容易结晶。因此,一个结晶纯蛋白质产品,不仅意味着纯度高,还说明活性好。在蛋白质研究中,有时特别需要获得结晶纯蛋白质。

知识拓展框

冷冻电镜技术和膜蛋白结构解析

2017 年诺贝尔化学奖颁发给了 Jacques Dubochet，Joachim Frank 和 Richard Henderson。3 人因开发冷冻电镜技术（cryo-electronmicroscopy，cryo-EM）而获奖，该技术不仅能够研究生物大分子在晶体状态和溶液状态的结构，而且能够研究复杂大分子体系和超分子体系，如核糖体、病毒、溶酶体和线粒体等，将生物化学学科带入新纪元。

1975 年，Richard Henderson 和同事用电子显微镜获得了历史上第一张膜蛋白——细菌视紫红质的三维结构图。1990 年，Henderson 再次对外发布了分辨率达到原子层面的细菌视紫红质立体图像，这一突破性成果有力证明了用电子显微镜进行生物分子成像的潜力。在 1975 到 1986 年间，Joachim Frank 研发了一种图像处理方法，可以对电子显微镜下模糊的 2D 图像进行分析和合并，从而显示出一个清晰的三维结构。Jacques Dubochet 成功实现了将蛋白样品固定在玻璃态的冰中，使得在电子显微镜的高真空环境观察接近生理状态下的蛋白结构成为可能。

冷冻电镜新技术运用在膜蛋白上的里程碑是：2013 年《Nature》报道中国科学家利用冷冻电镜以近原子分辨率 3.4A 确定的哺乳动物 TRPV1（transient receptor potential Vanilloid）膜蛋白的结构，这促使许多结构生物学专家和制药公司关注这一技术。2017 年清华大学研究人员在 Cell 发表第一个高分辨率的人源剪接体结构，也是首次在近原子分辨率的尺度上观察到酵母以外的来自高等生物剪接体的结构，进一步揭示了剪接体的组装和工作机理，为理解高等生物的 RNA 剪接过程提供了重要基础。

Liao M，Cao E，Julius D，et al. Structure of the TRPV1 ion channel determined by electron cryo-microscopy. Nature，2013，504(7478)：107-112.

Zhang X，Yan C，Hang Y，et al. An atomic structure of the human spliceosome，Cell，2017，69(5)：918-929.

参考文献

1. 朱圣庚，徐长法. 生物化学. 4 版. 北京：高等教育出版社，2016.
2. Berg J M，Tymoczko J L，Stryer L. Biochemistry. 7th ed. New York：W. H. Freeman and Company，2012.
3. Moran L A，Horton H R，Scrimgeour K G，et al. Principle of Biochemistry. 5th ed. International：Pearson Education Inc(Asia)，2012.
4. Nelson D L，Cox M M. Lehninger Principles of Biochemistry. 7th ed. New York：Worth Publishers，2017.
5. Voet D，Voet J G. Biochemistry. 3rd ed. International：John Wiley and Sons Inc，2004.

二维码 4-1 电泳技术

二维码 4-2 凝胶过滤层析

思 考 题

一、填空

1. 凝胶过滤又称为分子筛层析或者________层析，是利用凝胶颗粒中网孔对相对分子质量不同的物质阻滞程度不同而进行物质分离的层析技术。

2. 等点聚焦电泳(IEF)是根据蛋白质________不同而分离鉴定蛋白质的一种电泳技术。

3. 当溶液 pH 大于蛋白质等电点时，蛋白质带________电荷。

二、单选

1. 在进行蛋白质电泳时，加入 SDS 的作用是________。

A)能够使蛋白质着色而容易被观察到

B)能够还原蛋白质中的二硫键

C)能够使蛋白质的分离完全依赖其分子大小

D)以上全对

2. ________能够作为引起抗体产生的抗原。

A)多糖　　B)金属离子　　C)蛋白质　　D)A 和 C

3. ________能够作为确定分子质荷比的方法。

A)Edman 降解　　B)ELISA　　C)MALDI-TOF　　D)SDS-PAGE

三、问答题

1. 研究人员将分子量为 140 000 蛋白质未处理样品和经过巯基乙醇处理后样品进行 SDS-PAGE，所得结果如下图。请分析说明该蛋白质的多肽链组成，并估算蛋白质多肽链分子量。

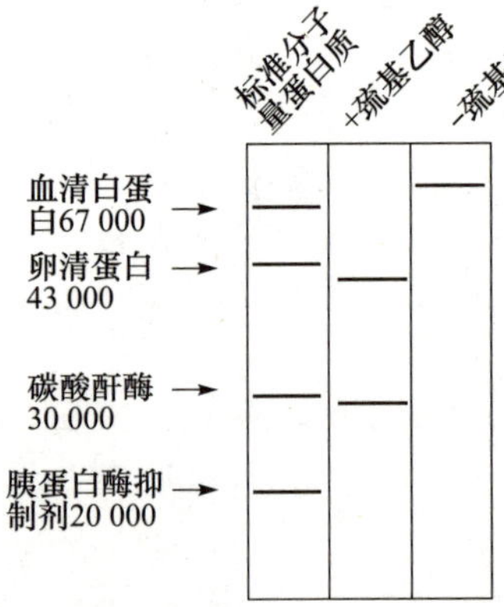

2. 简述凝胶过滤层析分离蛋白质的原理。

3. 什么是盐溶和盐析？

第五章

酶

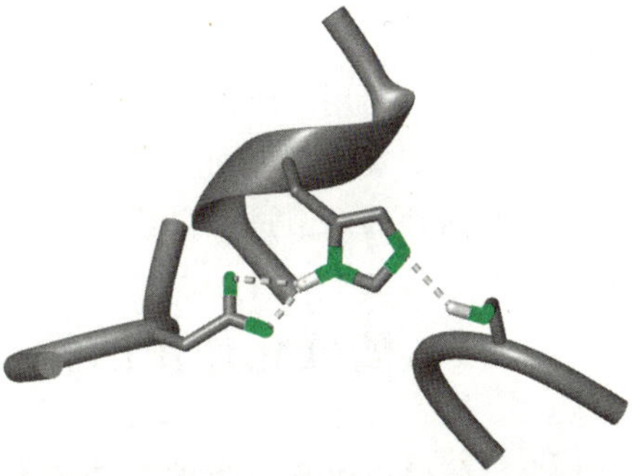

第一节 导　论

生命活动依赖于细胞一系列有序的化学反应和这些系列反应的“网络化”互动。所有的生物化学反应都离不开一类具有催化作用的生物大分子——酶(enzyme)。

人们对酶的认识起源于生产与生活实践。我国人民在远古时代就能利用酶进行酿酒、制酱、制醋等生产实践活动，但人类对酶的科学认识始于19世纪。19世纪初，人们认识到酵母能使糖发酵生成乙醇和CO_2；1857年，L. Pasteur提出乙醇发酵必须在活细胞中由酵素“ferment”催化；1878年W. Kühne提出酶“enzyme”(意指“in yeast”)的概念；1897年E. Büchner用酵母提取物完成了酒精发酵，证明发酵过程并非必须在活细胞中进行，这大大激发了人们寻找酶的热情。20世纪上半叶，酶的发现成为生物化学领域三大发现之一。E. Büchner于1907年获得诺贝尔化学奖。随着多种酶的分离与纯化，酶的作用特点、作用规律及催化机制相继得到深入研究。L. Michaelis和M. Menten在前人工作基础上，于1913年推导出米氏方程，定量描述了酶促反应动力学特征。J. Sumner于1926年第一次从刀豆中分离出脲酶并制成结晶，证明了“酶是蛋白质”，他因此获得1946年诺贝尔化学奖。目前，3 000多种酶已经获得结晶和三维结构解析，酶学理论不断深入发展。

从20世纪30年代发现酶是蛋白质之后的半个多世纪，人们一直认为所有酶都是蛋白质。20世纪80年代初，发现有些RNA分子也具有酶活性。核酶(ribozyme)的发现是生物化学和分子遗传学领域的一项重大突破(详见第八章)。本章重点讨论蛋白质类酶，它们是酶的主体，有关酶学基本理论大多来自对这类酶的研究。

随着分子生物学理论和技术的快速发展，细胞中各种微量酶的研究已成为可能。从基因入手，通过基因扩增、基因过表达可以获取大量活性酶，这大大方便了酶的深入研究。基因敲除与表型观察相结合，蛋白质工程与酶活性测定相结合，基因重组与蛋白质三维结构解析相结合，等等，这些现代生命科学技术将酶学研究推进到一个新的阶段。酶结构和功能的研究已成为当前分子生物学的重要内容之一。

对酶进行深入研究不仅有利于揭示细胞奥秘，还具有重要的应用价值。酶学理论和酶制品已经广泛用于疾病诊断、药物设计、作物育种、病虫害防治、食品加工、工业发酵、纺织印染、日用化工等各个方面。本章首先介绍酶的特征和酶促反应动力学，然后对酶催化作用的原理及酶活性的调节进行讨论。

一、酶催化作用的特点

酶是由细胞产生的一类有催化活性的生物大分子。酶所催化的反应物称为底物（substrate，S），反应后产生的物质称为产物（product，P）。酶具有一般催化剂的作用特点：能加快反应速率；不影响反应的平衡常数；反应前后自身不发生变化；催化本质是降低反应的活化能。除此以外，作为生物催化剂，酶还有自身的作用特点：

（一）催化效率高

酶催化的高效性是酶的最大特点。通常酶催化比无机催化剂快 $10^7 \sim 10^{12}$ 倍，比无催化反应效率高 $10^8 \sim 10^{20}$ 倍。绿色植物光合作用所需要的 CO_2 能快速被叶片吸收，是因为细胞中存在碳酸酐酶。该酶催化 CO_2 的水合反应：$CO_2 + H_2O \rightarrow HCO_3^- + H^+$。一个碳酸酐酶分子每秒能够催化 10^5 个 CO_2 分子水合，比非催化反应快 10^7 倍。磷酸葡萄糖变位酶催化 1 - 磷酸葡萄糖转变为 6 - 磷酸葡萄糖，反应速率比非催化反应快 10^{12} 倍。过氧化氢酶催化分解 H_2O_2 为 H_2O 和 O_2 的反应速率比无机催化剂 Fe^{3+} 快 10^{10} 倍，也就是说，用过氧化氢酶在 1 s 内催化的反应，用 Fe^{3+} 做催化剂需要 300 年才能完成。

（二）具有高度专一性

通常情况下，酶只能催化一种或一类相似的化学反应，具有高度专一性（specificity）。酶的专一性不仅表现在对底物的选择上，而且反应产物也是专一的，很少有副产品出现。DNA 聚合酶执行 DNA 模板指令非常精确，合成多核苷酸链的出错率不到百万分之一。

（三）酶活力受到严格调节

细胞的内外环境无时无刻不在发生变化，细胞必须做出适当反应。细胞除了对酶量（基因表达）进行控制外，还可以通过激活或抑制来改变酶的催化能力，及时对酶活力进行调节。细胞中存在不同系列反应，或称代谢途径（pathway）。每个系列反应由多个酶按先后顺序进行催化，前一个酶的产物是后一个酶的底物。一个系列反应中往往第一步反应速度最慢，为限速步骤（rate-limiting step）；整个系列反应的速度取决于限速步骤酶（限速酶）的活力。当终产物积累过多时，终产物便对限速酶产生反馈抑制（feedback inhibition）。酶活力调节有多种方式，详见本章第五节。

（四）反应条件温和

酶促反应能在常温、常压、中性 pH 等温和条件下进行。无机催化剂通常要求高温、高压，比如氨的合成需要几百个大气压的压力和几百度的高温，而固氮菌中的固氮酶能在正常生理条件下完成无机氮的固定。据统计，地球上每年生物固氮量约为 1.75 亿 t。

二、酶的化学本质

(一)酶的化学本质

除了少数具有催化活性的 RNA 分子(见核酶部分)外，所有的酶都以蛋白质为主要成分，主要有以下几方面依据：

(1)酶与蛋白质有类似的元素组成，酶的相对分子质量范围同其他蛋白质分子一样在$(10\sim1\ 000)\times10^3$。

(2)酶和蛋白质一样有胶体性质，不能透过半透膜，沉降速率相似。

(3)酶具有两性性质，不同 pH 条件下呈现不同的离子状态，可进行电泳分离。

(4)酶经过酸碱水解后的产物是氨基酸，并能被蛋白酶水解失活，也具有蛋白质的各种颜色反应。

(5)酶的催化活性依赖其天然构象的完整性，凡使蛋白质变性的因素(高温、X 射线、超声波及化学试剂)也会使酶失活。

由于酶的化学本质是蛋白质，蛋白质的一级结构及空间结构均为酶的催化活性所必需。因此，在酶分离、纯化过程中，应注意避开不利因素。保持酶活性是酶分离过程中应当遵循的一个重要原则。

(二)酶的辅因子

根据组成成分可将酶分为单纯蛋白质和结合蛋白质两类。仅由蛋白质组成而不含其他物质的酶为单纯蛋白类酶，主要是一些水解酶类，如蛋白酶、脲酶、淀粉酶、脂肪酶和核糖核酸酶等。而其他种类的酶如转移酶、氧化还原酶等，其催化活性物质除了蛋白质外，尚需要非蛋白质成分参加，故称为结合蛋白酶类。其中蛋白质部分称为酶蛋白(apoprotein)，非蛋白质部分称为辅因子(cofactor)，两者结合后称为“全酶”(holoenzyme)。

在全酶的催化反应中，酶蛋白与辅因子所起的作用不同。酶蛋白本身决定酶反应的专一性及高效性；辅因子有不同作用：或用于维持酶分子的活性构象，或作为电子及特殊功能基团的载体，或在酶与底物之间起连接作用，或中和离子、降低反应中的静电斥力等。酶蛋白与辅因子单独存在时均无催化活力，只有在结合状态时才表现出完全的酶活力。

酶的辅因子有 3 类：

(1)无机离子。如碳酸酐酶的 Zn^{2+}、精氨酸酶的 Mn^{2+}。

(2)金属有机化合物。如细胞色素氧化酶的铁卟啉。

(3)小分子有机化合物。如许多 B 族维生素及其衍生物。

根据与酶的结合程度，辅因子分为辅酶(coenzyme)和辅基(prosthetic group)。辅酶与酶蛋白结合疏松，可用透析等物理方法除去，如苹果酸脱氢酶的辅酶 NAD^+。去掉辅因子的酶蛋白称为脱辅酶(apoenzyme)。辅基与酶蛋白结合紧密，不能用透析方法除去，如细胞色素氧化酶的辅基铁卟啉。

酶蛋白的种类远远多于辅酶和辅基，这是因为一种酶蛋白只能专一地与一种辅酶(或辅基)结合，成为一种特异的酶，但一种辅酶(或辅基)往往能与不同的酶蛋白结合构成反应性质相似的酶，如各种转氨酶的辅酶均为磷酸吡哆醛。

(三)酶组成形式

根据酶的蛋白质组成形式，可将酶分为以下几种：

1. 单体酶(monomeric enzyme)

由一条肽链组成，如牛胰核糖核酸酶。单体酶种类比较少，一般为水解酶类，相对分子质量为(13～15)×10^3。有时，一条多肽链在形成酶的过程中因活性需要而发生了肽键断裂，但各肽段之间有共价键连接，这样的酶可以看作单体酶，如胰凝乳蛋白酶(详见本章第五节)。

2. 寡聚酶(oligomeric enzyme)

由2个以上亚基组成。亚基可以相同，也可以不同。如3-磷酸甘油醛脱氢酶由4个相同亚基组成，原核生物RNA聚合酶由5个不同亚基组成。亚基游离时无活性，聚合后才有活性。绝大多数寡聚酶含有偶数亚基，以对称形式排列。

3. 多酶体系(multienzyme system)

由2个以上功能相关的酶组成，酶成员之间分工合作，依次催化一个系列反应。在这样的反应中，前一个酶的反应产物往往是后一个酶的反应底物。在多酶体系中，有的酶以游离状态存在，只是在功能上有联系；有的还靠非共价键紧密结合在一起构成多酶复合体(multienzyme complex)。多酶复合体可以通过降低底物和产物的扩散限制，提高反应效率。如大肠杆菌脂肪酸合酶复合体由6个酶和1个酰基载体蛋白组成(详见第十二章)。

除了上述形式的酶，人们还发现有些酶在一条多肽链上同时表现出多种酶活性，这类酶称为多功能酶(multifunctional enzyme)。多功能酶往往是基因融合的产物，它可以是单体酶，也可以为寡聚酶或多酶复合体。例如分解糖原所需要的脱支酶是典型的双功能酶，既有寡聚糖转移酶功能，又有脱支酶功能(详见第十一章)。

三、酶的命名和分类

(一)酶的习惯命名

1961年以前，酶的名称都是采用习惯命名法。有的根据底物命名，如水解淀粉、蛋白质和脂肪的酶分别称为淀粉酶、蛋白酶和脂肪酶；有的根据催化反应性质命名，如转氨酶、水解酶、脱氢酶等；有的将底物和催化性质同时考虑，如乳酸脱氢酶、柠檬酸合酶等；还有的在名称中显示出酶的来源或特点，如胃蛋白酶、胰蛋白酶、碱性磷酸酯酶等。习惯命名比较简单，应用历史较长，但缺乏系统性，有时出现一酶数名或一名数酶情况。尽管如此，许多常见酶的习惯名称至今仍普遍使用。

(二)酶的系统命名

为适应酶学发展需要，避免命名重复，国际酶学委员会(Enzyme Commission, EC)于1961年制定了一套系统命名规则：一种酶用一个系统名称和一个酶分类号表示。其中，系统名称须明确表明底物及催化反应性质，多底物时底物之间以“:”隔开，若底物之一是水可略去不写(表5-1)。

表 5-1　习惯名称和系统名称的比较

习惯名称	系统名称	催化反应
转氨酶	丙氨酸：α-酮戊二酸氨基转移酶	丙氨酸＋α-酮戊二酸⇌谷氨酸＋丙酮酸
己糖激酶	ATP：己糖磷酸转移酶	ATP＋*D*-葡萄糖⇌ADP＋*D*-葡萄糖-6-磷酸

酶学委员会按照酶促反应的类型把酶分成氧化还原酶、转移酶、水解酶、裂合酶、异构酶、合成酶六大类，分别用数字 1～6 表示(表 5-2)；根据底物中被作用的基团或键的特点，将每一大类分为若干个亚类，每个亚类又分为若干个亚亚类，均用编号 1、2、3……表示。一个酶的编号由 4 个数字组成，中间以“.”隔开，前面冠以 EC。第 1 个数字表示大类，第 2 个数字表示亚类，第 3 个表示亚亚类，第 4 个数字是该酶在亚亚类中的排序。羧肽酶(EC 3.4.17.1)、胰蛋白酶(EC 3.4.21.4)和脲酶(EC 3.5.1.5)分类号的具体含义见表 5-3。如果要了解某一种酶的系统名称和分类号，可查“酶学手册”，也可访问酶学委员会网站(http://www.chem.qmul.ac.uk/iubmb/enzyme/)。

表 5-2　酶的国际系统分类

编号	种类	反应类型	反应式	举例(习惯命名)
1	氧化还原酶类	转移电子或氢原子	$AH_2+B \rightleftharpoons A+BH_2$	乳酸脱氢酶
2	转移酶类	基团转移	$AR+B \rightleftharpoons A+BR$	谷丙转氨酶
3	水解酶类	水解反应	$AB+H_2O \longrightarrow AOH+BH$	淀粉酶
4	裂合酶类	向双键引入基团或逆反应	$AB \rightleftharpoons A+B$	脱羧酶
5	异构酶类	基团在分子内部重排形成异构体	$A \rightleftharpoons B$	酮醛异构酶
6	连接酶类	通过偶联 ATP 水解发生缩合反应形成 C—C、C—S、C—O、C—N 键	$A+B+ATP \longrightarrow AB+ADP+Pi$	谷氨酰胺合成酶

表 5-3　几种水解酶的分类编号含义

名称	酶编号	分类		类型
羧肽酶 A	EC 3.4.17.1	3	第 3 大类	水解酶类
		4	第 4 亚类	作用肽键
		17	第 17 亚亚类	金属羧肽酶
		1	顺序号	1
胰蛋白酶	EC 3.4.21.4	3	第 3 大类	水解酶类
		4	第 4 亚类	作用肽键
		21	第 21 亚亚类	丝氨酸蛋白酶
		4	顺序号	4
脲酶	EC 3.5.1.5	3	第 3 大类	水解酶类
		5	第 5 亚类	作用非肽键 C—N
		1	第 1 亚亚类	内链酰胺
		5	顺序号	5

2018年8月国际生物化学与分子生物学联盟在原来六大类酶的基础上又增加了易位酶(translocase),作为第七大类酶。具体哪些酶归属于第七大类酶,未来还会不断地进行修正。

随着分子生物学研究的快速进展,有些酶的发现滞后于基因鉴定,也就是说先发现一个基因并命名,后来才证明它的产物是一种酶,学者们在论文中习惯直接将基因名称转写为酶的名称。转写时,只需要将其中的小写字母改为大写字母即可(如 Tkp 转写为 TKP)。这种名称只是暂时的,随着酶学性质和作用机制的明晰,它的系统名称和分类号将得到确定。

知识拓展框

嫩 肉 粉

木瓜蛋白酶(EC3.4.22.2)是一种来源于植物的半胱氨酸蛋白酶,属于水解酶类。该酶对精氨酸、赖氨酸、谷氨酸、组氨酸和甘氨酸羧基形成的肽键均有切割作用,具有较广的特异性,对蛋白质具有极强的水解能力。该酶发挥作用的温度范围介于10～80℃之间,最适作用温度为50℃,热稳定性很高,作用 pH 范围为3～9。

从肉质结构比较分析发现,年长的动物比年幼动物胶原蛋白数量及单个胶原分子交联度明显增多,最终导致肉质坚韧。肉质的软嫩程度常常是消费者购买肉类产品选择的依据。与软嫩的肉类烹饪相比,坚韧的肉类加工需要更长的时间。人们利用木瓜蛋白酶降解动物肌纤维蛋白或富含胶原蛋白的结缔组织以使肉质软嫩,即人工嫩化。通常在肉类加工前将木瓜蛋白酶涂抹或者抛洒到肉块的表面,然后进行烹饪。虽然该酶对天然的胶原蛋白作用活性比较小,但当烹饪温度达到或者超过50℃后,肉块中的天然胶原蛋白结构会变得松弛,便于木瓜蛋白酶水解而形成短肽,使肉质变得软嫩。对于体积比较大的肉块,也可以采取直接注射酶解液的方式。无花果蛋白酶、菠萝蛋白酶都可以起到相同的作用。

秦永宁.生物催化剂——酶催化手册.北京:化学工业出版社.2015.
权美平.张丽华.肉嫩化的生物学方法初探.农产品加工·学刊,2012,7:81-82.
Walsh G. Protein: Biochemistry and Biotechnology. 2nd ed. John Wiley and Sons Inc,2014.

第二节　酶活力测定

一、酶活力

酶活力(enzyme activity)也称酶活性,是指酶催化某一化学反应的能力。测定酶活力,就要测定酶促反应速度。酶反应速度越大,酶活力越高。

酶促反应和一般化学反应相同，其反应速度也是用单位时间内底物的消耗量或产物的生成量来表示。与底物相比，产物从无到有，浓度变化大，容易检测，所以多数情况下是测定产物的生成量。

二、酶活力测定的基本原则

图 5-1 是一个典型的酶促反应进程曲线，显示不同时间反应体系中产物积累的规律。在反应初期，产物浓度随反应进程呈正比例增加；随着时间的延长，曲线逐渐平坦，反应速率逐步下降；到一定时间，产物浓度趋向平衡。呈现此种规律的可能原因主要有 3 个：①底物减少，产物浓度增加，逆反应速率加快；②产物对酶的反馈抑制作用；③部分酶分子失活。要准确获得酶的催化活力，必须测定初速度(initial velocity)，即 v_0。从理论上来讲，v_0 是 $t_0=0$ 时的反应速度，但实际上，在最初数分钟反应时间内(t_1)，底物浓度减少一般<5%，此时产物生成量几乎与时间成正比，因此可以理解为初速度。只有初速度能反应酶的真实催化能力，测定初速度是测定酶活力需要坚持的一个重要原则。

测定酶活力还要坚持另外两个原则：一个是反应体系中的底物浓度要大大超过酶量。酶促反应速率很快，如果底物浓度不够，将限制酶活力的发挥。一般在底物转化量<5%的范围内进行。另一个原则是要在最适条件下进行酶活力测定，即适宜的反应温度、pH 和离子强度等。

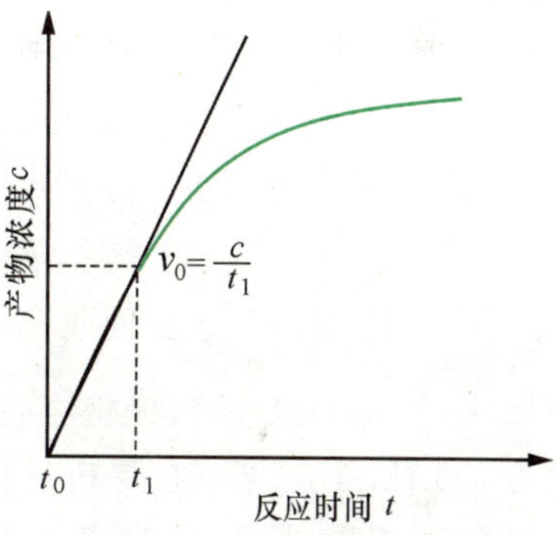

图 5-1　酶促反应进程曲线

终止酶反应有多种方法，最常用的是在反应体系中加入 10%三氯乙酸使酶失活沉淀。然后根据产物的物理或化学特性，选用合适的方法对产物浓度进行测定，如化学滴定法、分光光度法、电化学法、同位素测定法等。

三、酶活力的表示

酶活力可直接用反应速度表示，但应用最多的是酶的活力单位和酶比活。

(一)酶活力单位(activity unit，U)

1961 年，国际酶学委员会规定：一个酶活力国际单位(international unit，IU)是指在最适反应条件(温度 25℃)下，1 min 能催化 1 μmol 底物转化为产物所需的酶量。比如，1 μg 酶制剂在 1 min 催化生成 1 μmol 产物，那么，对这种酶来讲，1 μg 酶就相当于 1 IU。一般用酶活力单位数表示酶量。在购买酶制剂时主要不是要看有多少克酶，而是要看有多少酶活力单位数。

在实际工作中，为了简便，人们往往采用习惯沿用的活力单位(U)进行酶活力的相对比较，有时甚至直接用测得的物理量，如单位时间内光吸收的变化($\Delta A/\Delta t$)表示。因此，在比较酶活力单位数时，一定注意活力单位的具体定义。

(二)酶比活

酶比活(specific activity)是指每毫克酶制剂中所含的酶活力单位数(U/mg)。也可用每克或每毫升酶制剂含有的活力单位数表示(U/g 或 U/mL),或直接用"μmol/(min · mg)"表示。

通过比较同种酶、不同剂型产品的酶比活,不仅可以了解单位质量蛋白质的催化能力,还可以了解活性酶的纯度。一般来讲,酶比活愈大,表示活性酶的纯度愈高。需要强调的是,如果没有活性,一个酶制剂的蛋白质再纯也没有意义。因此,在酶的分离纯化过程中,不仅要追求酶的纯度,更要注意保持酶的活力。

四、酶活力追踪

无论是酶的基础研究还是应用性生产,常需要从各种生物材料中分离纯化酶,所用技术与蛋白质分离纯化技术相同,而且也需要经过多个步骤才能完成。所不同的是,在酶分离纯化过程中,为了获得有活力、高纯度的酶制剂,需要在经历每一次纯化步骤后追踪酶活力。一般用"总活力""纯化倍数""回收率"鉴别纯化效果,它们的具体含义是:

总活力＝U/mL×总体积

或总活力＝U/mg×总蛋白毫克数

纯化倍数＝酶制剂比活/粗提酶比活

回收率＝酶制剂总活力/粗提酶总活力

例如,一个 100 mL 的粗提酶液(蛋白质浓度为 1 mg/mL),测定比活为 1 IU/mg,此时,酶总活力为 100 IU;经过亲和柱层析进行纯化后获得 2 mL 纯品,测定酶比活为 35 IU/mL,此时酶总活力为 70 IU。那么,酶的纯化倍数为 35,酶的回收率为 70%。

如果操作正确,随着纯化步骤的进行,酶纯度不断增加,比活力也随之升高,但酶总活力一般要降低,因为操作步骤越多,酶量损失越大。如果在原始酶液中存在某种酶活性抑制因素,会出现随纯化步骤增加酶总活力升高的现象。总活力损失越少,表明酶的回收率越高。

在溶液系统中,酶完成催化反应后很难再回收利用。为了节约酶制品,一般采用微量反应系统。在现代化酶产品生产中,为了提高酶的利用效率,通常将酶与惰性载体(如纤维素、葡萄糖)共价结合或包埋在薄膜微囊中,制备成不溶性的固定化酶(immobilized enzyme)。固定化酶的主要优点是反应产物容易移走,这不仅可以提高酶的使用效率,还利于实现生产自动化,提高产品质量和产率。

第三节　酶促反应动力学

酶促反应动力学(enzyme kinetics)就是研究酶促反应速率及各种因素对酶促反应速率影响规律的科学。影响因素主要有底物浓度、pH、温度、酶浓度、抑制剂和激活剂等。研究酶促反应动力学规律,不仅有利于酶功能及酶作用机理的阐明,而且在疾病诊断与治疗、药物设计与开发、食品工业以及农业病虫害防治等方面具有重要的实际意义。

一、底物浓度对酶促反应速度的影响

（一）酶促反应速度与底物浓度的关系

对许多单底物酶促反应，酶促反应速度 v_0 与底物浓度[S]的关系如图 5-2 所示。在底物浓度较低时，反应速度随底物浓度增加呈正比升高，为一级反应；随着底物浓度继续增加，反应速度不再按正比升高，呈现混合级反应；当底物浓度增高到一定值时，反应速度达到最大值（V_{max}），此时，反应速度与底物浓度无关，为零级反应。v_0-[S]曲线为双曲线。

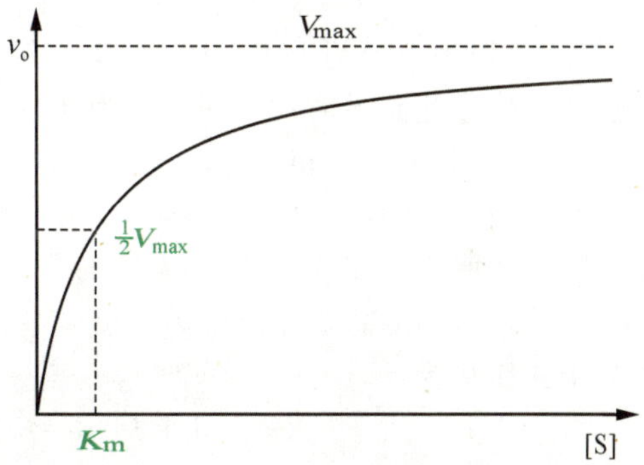

图 5-2　酶促反应初速率与底物浓度的关系曲线

反应速度随底物浓度变化呈现双曲线型，说明酶促反应具有“底物饱和效应”，这是酶促反应的一个鲜明特征。为解释底物饱和效应，V. Henri 等提出“酶—底物中间复合物”假说，认为底物转变为产物以前，先与酶（E）形成中间复合物（intermediate complex），后者再转化为产物。中间复合物假说后来得到许多实验证据的支持，如 E 和 S 能发生共沉降，ES 复合物晶体结构被解析等。

1913 年，L. Michaelis 和 M. Menten 发展了前人有关酶学理论，提出一个简单模型用于解释酶促反应动力学特征，即：

$$E+S \longleftrightarrow ES \longrightarrow E+P$$

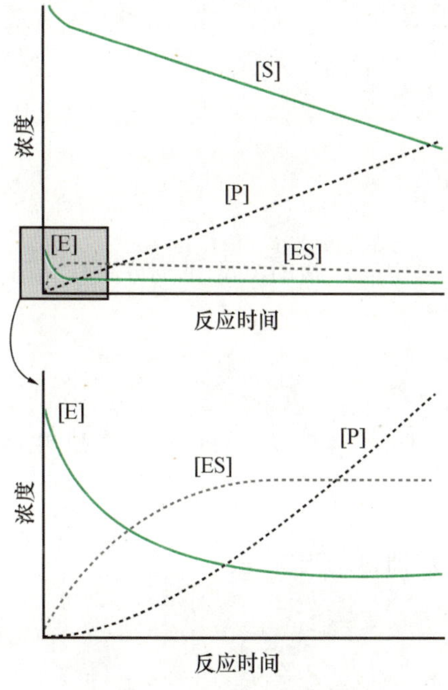

图 5-3　酶促反应稳态假说

这个模型基于多个假设，其中两个重要假设是：酶与底物的结合非常快，快速达到平衡，为可逆反应；ES 形成产物（P）是限速步骤，在测定时间内所形成产物量不可能引起明显的可逆变化。L. Michaelis 和 M. Menten 就此推导出最初的“米氏方程”，用于定量描述底物浓度与酶促反应速度的关系。为了更科学地阐述这个问题，1925 年 G. E. Briggs 和 J. B. S. Haldane 提出稳态假设（steady state assumption）（图 5-3），认为酶促反应开始后，产物浓度[P]递增，底物浓度[S]递减，但中间复合物[ES]会在极短时间内浓度达到一定值，即进入稳态，而且在之后相当一段反应时间内保持浓度不变；此时，反应系统中 ES 的形成速率和分解速率（包括解离为 E+S 和产生 E+P）接近相等。

稳态理论的提出使米氏方程得到进一步完善。为了纪念 L. Michaelis 和 M. Menten 在酶学研究领域中的贡献，修饰后的米氏方程仍称为米氏方程，即：

$$v_0=\frac{V_{max}[S]}{K_m+[S]}$$

(二)米氏方程的推导与米氏常数 K_m

在酶促反应中,E、S形成ES的正向反应速率常数设为 k_1,逆向反应速率常数设为 k_{-1},ES形成产物的速率常数为 k_2。按照化学反应规律,在给定条件下,一个反应的速率与各反应物浓度的乘积成正比,比例常数用 k 表示,即反应速率常数。反应速率常数的物理意义是反应物浓度为单位浓度时的反应速率。

$$E+S\underset{k_{-1}}{\overset{k_1}{\rightleftharpoons}}ES\xrightarrow{k_2}E+P$$

米氏方程的推导基于多个假设,其中有3个基本假设:①ES中间产物的形成是一个可逆反应,并能快速达到平衡;②ES转变为产物速率很慢,为限速步骤;③反应在稳态下进行,ES的生成速率与分解速度相等。

米氏方程具体推导过程如下:

ES形成速率为:$d[ES]/dt=k_1([E_t]-[ES])([S]-[ES])$

式中,$[E_t]$表示酶的总浓度。因为在反应系统中$[S]\gg[E]$,所以,相对于$[S]$,$[ES]$可以忽略不计,故上式简写为:

$$d[ES]/dt=k_1([E_t]-[ES])[S] \qquad (1)$$

ES分解速率为: $$-d[ES]/dt=k_{-1}[ES]+k_2[ES] \qquad (2)$$

在稳态时,$k_1([E_t]-[ES])[S]=k_{-1}[ES]+k_2[ES]$

将上式移项整理得:

$$([E_t]-[ES])[S]=\frac{k_{-1}+k_2}{k_1}[ES] \qquad (3)$$

令 $$\frac{k_{-1}+k_2}{k_1}=K_m$$

代入式(3),得: $$([E_t]-[ES])[S]=K_m[ES] \qquad (4)$$

整理得:

$$[ES]=\frac{[E_t][S]}{K_m+[S]} \qquad (5)$$

由于限速步骤的存在,整个反应的速率(v_0)与稳态时中间产物的浓度[ES]成正比,即:

$$v_0=k_2[ES] \qquad (6)$$

将式(5)代入式(6): $$v_0=k_2\frac{[E_t][S]}{K_m+[S]} \qquad (7)$$

在反应系统中,当所有酶分子都与底物结合时,$[E_t]=[ES]$,反应速度达到最大值(V_{max}),故:

$$V_{max}=k_2[E_t] \qquad (8)$$

将式(8)转写为 $k_2=V_{max}/[E_t]$,并代入式(7),整理后即得米氏方程:

$$v_0=\frac{V_{max}[S]}{K_m+[S]}$$

式中,V_{max} 为最大反应速率,是酶完全被底物饱和情况下所能达到的速率。K_m 为米氏常数

(Michaelis constant)。V_{max} 和 K_m 是两个重要的酶学常数。米氏方程定量描述了酶促反应初速率与底物浓度的关系。

从米氏方程可以看出，v_0 是底物浓度[S]的函数。当[S]≪K_m 时，分母中的[S]可以忽略，方程可改写为：$v_0=\frac{V_{max}}{K_m}[S]$，此时 v_0 与[S]成正比关系，酶促反应为一级反应；当[S]≫K_m 时，式中的 K_m 可以忽略，方程可改写为：$v_0=V_{max}$，此时 v_0 达到最大，反应速度与底物浓度无关，酶促反应为零级反应。该规律和实际测得的 v_0-[S]曲线所显示的酶促动力学特征是一致的。

从米氏方程可以推出 K_m 的物理意义：

当 $v_0=\frac{1}{2}V_{max}$ 时，代入米氏方程得　$\frac{V_{max}}{2}=\frac{V_{max}[S]}{K_m+[S]}$

上式重排得：　$K_m=[S]$

可见，K_m 的物理意义是指酶促反应达到最大速度一半时的底物浓度。K_m 的单位与底物浓度单位一致，为 mol/L(或 M)。

K_m 有多种应用：

①K_m 是鉴别酶的一个指标。在特定条件下，K_m 只与酶的性质有关，与酶的浓度无关，K_m 是酶的一个特征常数。大多数酶的 K_m 值为 10^{-6}～10^{-1}mol/L。

酶的 K_m 值如果发生变化将导致相应的生理变化。酒精过敏者喝一点酒就骤然脸红，并伴随心跳加快，这与乙醛脱氢酶的 K_m 值有关。乙醇进入体内需要在肝脏中完成代谢：首先在乙醇脱氢酶作用下生成乙醛，再由乙醛脱氢酶氧化成无害物质乙酸。大多数人有两种形式的乙醛脱氢酶，线粒体形式的 K_m 比较低，细胞质形式的 K_m 比较高。酒精过敏者的线粒体乙醛脱氢酶因发生一个氨基酸的代换而缺乏酶活性，只有细胞质乙醛脱氢酶起作用。该酶 K_m 高，需要乙醛积累到一定浓度时才有催化作用，过敏症状就是由于乙醛的大量积累引发的。

②K_m 值反应酶与底物的亲和力，K_m 值愈大，亲和力愈小。

米氏方程推导中有一个设定：$K_m=(k_{-1}+k_2)/k_1$，因为 k_1 是 ES 形成的速度常数，k_{-1} 为 ES 解离为 E 和 S 的逆向速率常数，k_2 为 ES 分解为 P 的速率常数，因此，从这个方程式可以看出，K_m 实际上反映的是 ES 的相对解离情况；如果将方程两侧取倒数，即 $1/K_m=k_1/(k_{-1}+k_2)$，可以看出，$1/K_m$ 实际上是酶的一个亲和常数，反映的是酶与底物的亲和力。$1/K_m$ 越大，表示酶与底物的亲和力越大。但对于催化多底物、多步骤反应的酶，K_m 可以看成是结合有底物、中间产物的酶的整体解离常数，即表观解离常数，在这些情况下，不宜用 K_m 表示酶与底物的亲和力。

③从 K_m 值判断酶的最适底物。如果一种酶有多种底物，K_m 值最小的底物为该酶的最适底物。例如，蔗糖酶以蔗糖或棉籽糖为底物时，K_m 值分别为 28 mmol/L 和 320 mmol/L，表明蔗糖酶与蔗糖的亲和力远大于棉籽糖，蔗糖是该酶的天然底物。

④从 K_m 值判断反应方向和代谢方向。在一个可逆反应中，酶对正向和逆向反应底物的 K_m 值不同，K_m 越小，此方向的反应越容易进行。当同一底物被多种酶催化时，K_m 值小的酶决定代谢方向，如丙酮酸可以被乳酸脱氢酶、丙酮酸脱氢酶和丙酮酸脱羧酶 3 种酶催化，分别形成乳酸、乙酰辅酶 A 和乙醛；3 种酶的 K_m 值分别为 1.7×10^{-5}、1.3×10^{-3} 和 1.0×10^{-3} mol/L。当体内丙酮酸浓度明显低于 10^{-3} mol/L 时，乳酸脱氢酶优先催化丙酮酸生成乳酸。

(三)K_m 和 V_{max} 的求法

测定 K_m 和 V_{max} 的方法有多种，最常用的是 Lineweaver-Burk 双倒数作图法。在米氏方

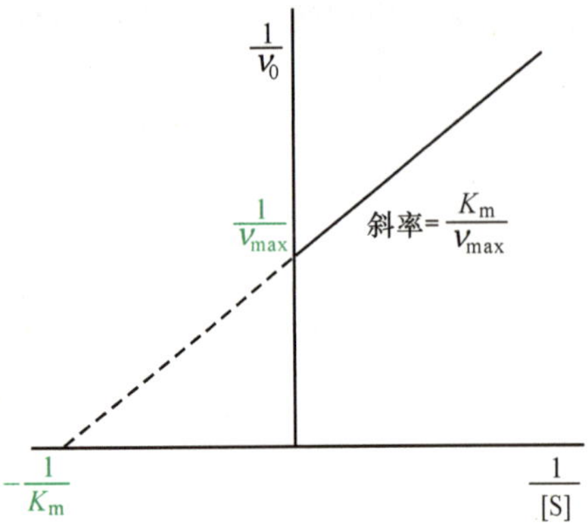

图 5-4　双倒数作图法

程两侧取倒数得：

$$\frac{1}{v_0}=\frac{K_m}{V_{max}}\frac{1}{[S]}+\frac{1}{V_{max}}$$

式中，K_m、V_{max} 均为常数，$1/v_0$ 是 $1/[S]$的函数，为线性关系。分别在不同底物浓度下测定酶促反应初速率，然后以 $1/v_0$ 为纵坐标、$1/[S]$为横坐标，即得一直线(图 5-4)。直线斜率为 K_m/V_{max}，纵轴截距为 $1/V_{max}$。将直线延长至横轴，X 值即为 $-1/K_m$。测得此处 X 值，即可求出：$K_m=-1/X$。测得纵轴截距，还可以计算出 V_{max}。

(四)其他米氏动力学参数

1. 转换数(K_{cat})

从米式方程推导式(8)可知，当[S]很高时，$V_{max}=k_2[E_t]$，V_{max} 与$[E_t]$呈线性关系，k_2 为该直线的斜率，是一级反应速度常数，或称为催化常数(K_{cat})，单位为 s^{-1}。K_{cat} 又称为酶的转换数(turnover number)，其含义是酶被底物饱和时，每秒钟每一酶分子(或每一活性部位)转化底物的分子数。

将 $V_{max}=K_{cat}[E_t]$代入米氏方程，得：

$$v_0=K_{cat}\frac{[E_t][S]}{K_m+[S]} \tag{9}$$

在底物充足时，K_{cat} 值越大，酶的催化速度越高，故可用 K_{cat} 表示酶的催化效率。碳酸酐酶的 K_{cat} 值是 $1.0\times10^6\ s^{-1}$，过氧化氢酶的 K_{cat} 值是 $4.0\times10^7\ s^{-1}$，后者的催化效率高于前者(表 5-4)。

表 5-4　几种酶的动力学参数

酶	底物	$K_{cat}(s^{-1})$	$K_m(mol\cdot L^{-1})$	$K_{cat}/K_m(mol\cdot L^{-1}\cdot s^{-1})$
乙酰胆碱酯酶	乙酰胆碱	1.4×10^4	9.0×10^{-5}	1.6×10^8
延胡索酸酶	延胡索酸	8.0×10^2	5.0×10^{-6}	1.6×10^8
	苹果酸	9.0×10^2	2.5×10^{-5}	3.6×10^7
碳酸酐酶	CO_2	1.0×10^6	1.2×10^{-2}	8.3×10^7
过氧化氢酶	H_2O_2	4.0×10^7	1.1	4.0×10^7

2. K_{cat}/K_m

在生理条件下，大多数酶促反应并非在底物饱和状态下进行，因此，单用 K_{cat} 往往不能准确反映 ES 复合物转变为产物的速率。当$[S]\ll K_m$ 时，游离酶浓度$[E_f]\approx[E_t]$，式(9)可以写成以下形式：

$$v_0=\frac{K_{cat}}{K_m}[E_f][S] \tag{10}$$

这是一个二级反应方程，反应速度不仅与[S]有关，还取决于游离酶的浓度$[E_f]$。因此，K_{cat}/K_m 为二级反应速度常数，其单位是 $M^{-1}\ s^{-1}$。K_{cat}/K_m 值有一个上限，即底物和酶结合为

第五章

ES 复合体的速率常数 k_1，而 k_1 的数值不能超过在水中扩散的速率常数($10^8 \sim 10^9$ M^{-1} s^{-1})。从表 5-4 的数据看出一些酶的 K_{cat}/K_m 值已达到或接近这个范围，表示已经基本达到最佳催化效果，它们催化一个反应必须每一时刻都与底物分子发生碰撞。

在比较不同酶的催化效率或同一个酶对不同底物的催化效率时，最有意义的参数是给出酶的 K_{cat}/K_m。因为有的酶 K_{cat} 高，但 K_m 也高；而有的酶虽然 K_{cat} 低一些，但 K_m 也低，在底物含量少时也能有效工作。碳酸酐酶和过氧化氢酶相比，前者 K_{cat}/K_m 高于后者(表 5-4)，说明碳酸酐酶催化效率更高，这和单纯比较 K_{cat} 值结论不同。就延胡索酸酶来讲，如果以苹果酸为底物，虽然 K_{cat} 值大。但是由于酶 K_m 值高，其 K_{cat}/K_m 值低于底物是延胡索酸时的 K_{cat}/K_m，所以催化效率低。K_{cat}/K_m 也称为酶的专一性常数(specificity constant)。

二、温度对酶促反应速度的影响

温度对酶反应速度具有重要影响，酶的反应速率－温度曲线为钟形(图 5-5)，钟形图顶端所对应的反应温度称为最适温度(optimum temperature)，即反应速率达到最大时的温度。温度对酶促反应的影响主要有两个方面：一方面，随着温度升高，活化底物分子数会增加，因而反应速度加快；另一方面，当温度达到一定数值后，继续升高温度会引起酶变性，导致反应速率降低。酶反应的最适温度就是这两种过程平衡的结果。在低于最适温度时，前一种效应为主；在高于最适温度时，后一效应为主。

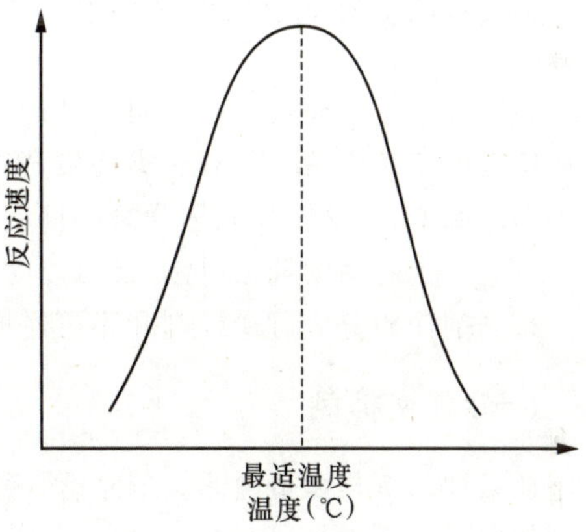

图 5-5　温度对酶促反应速度的影响

酶最适温度与底物种类、作用时间等因素有关，因此不是酶的特征物理常数。一般来说，作用时间越长的酶，最适温度越低。低温条件虽然降低了酶的活性，但能延长酶的寿命，这就是为什么酶试剂保存要求低温的原因。临床上低温麻醉就是利用低温能使酶活降低，从而减慢组织代谢速度，使机体适应因麻醉引起的氧气和营养物质的缺乏。

温血动物来源的酶最适温度一般在 35～40℃，接近体温；动物酶在 60℃会显著降低活性，到 80℃几乎完全变性失活。植物酶多在 40～50℃。微生物酶最适温度差别较大。有些耐高温的酶具有重要的应用价值，如 *Taq* DNA 聚合酶最适温度为 70℃，是当前基因克隆、分析中常用商品酶。而有些耐高温的酶反而给科学研究带来麻烦，如核糖核酸酶(RNase)在 100℃仍有活性，要想灭活该酶，必须用更强烈的手段(详见第八章)。

三、pH 对酶促反应速度的影响

酶只在一定 pH 范围内有活性。在此范围内，酶促反应速率随 pH 升高而增加，直到最大，然后开始降低，大多数酶的反应速率-pH 曲线也是类似于图 5-5 的钟形曲线。反应速率达到最大时的溶液 pH，称为酶的最适 pH(optimum pH)。pH 对酶催化活性的影响主要表现在:①影响酶分子构象的稳定性。酶是蛋白质,过酸过碱都会引起酶分子构象发生变化而失活。②影响酶分子的解离状态。酶分子上存在许多极性基团(氨基、羧基、咪唑基、巯基等),它们的解离状态容易受环境 pH 的影响。酶只有在一定解离状态时才能与底物结合,表现出活性。例如,胃蛋白酶在正离子状态下有活性,胰蛋白酶在负离子状态下有活性,而蔗糖酶在两性离子状态下才具有活性。③影响底物的解离。许多底物具有离子特性,酶只与某种解离状态的底物才形成复合物。例如,当 pH=9.0 时,精氨酸酶的底物——精氨酸能解离成正离子,而酶本身解离成负离子,此时酶活性最大。

动物酶最适 pH 一般在 6.5~8.0;植物与微生物酶多在 4.5~6.5。也有例外,如胃蛋白酶最适 pH 为 1.5,而肝精氨酸酶为 9.8,这些酶的反应速率 - pH 曲线形状不是典型的钟形,而是半钟形或其他。测定酶活力时,应选用适宜的缓冲液,以保持酶的最大活性。

和最适温度一样,最适 pH 只是酶的一个特性,不是常数。酶的最适 pH 受酶纯度、底物种类、缓冲液种类和浓度等的影响。

四、抑制剂对酶促反应速度的影响

在第四章中所介绍的蛋白质变性剂如 SDS、三氯乙酸等,它们对蛋白质的作用无选择性,能使所有酶变性失活。另有一类物质,能选择性地与酶结合,引起酶活性降低或完全失活,但并不引起酶变性,这类物质称为酶的抑制剂(inhibitor,I)。研究酶的抑制剂和抑制作用规律,不仅有利于揭示酶的催化机制,还可以为新药物、新农药的合理设计提供理论依据。

抑制剂作用分为可逆抑制和不可逆抑制两种类型。

(一)可逆抑制

如果抑制剂与酶蛋白非共价结合,通过透析或超滤可以去除抑制剂而使酶恢复活性,这种抑制作用称为可逆抑制(reversible inhibition)。根据抑制剂与酶结合关系,可逆抑制又分为以下 3 种类型:

1. 竞争性抑制(competitive inhibition)

该类抑制剂的特点是化学结构与底物结构相似,能与底物竞争酶分子上的结合位点,形成酶—抑制剂复合物(EI;其解离常数用 K_I 表示),通过减少底物与酶的结合来降低酶反应速度(图 5-6)。

在竞争性抑制剂存在下,酶的 V_{max} 不变,K_m 值增大(图 5-7)。

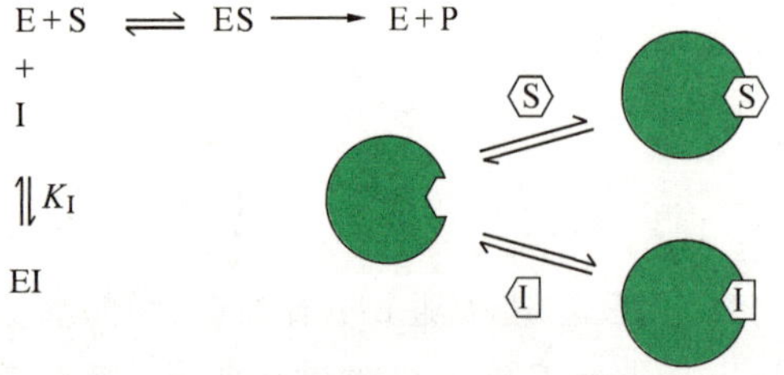

图 5-6 酶的竞争性抑制作用

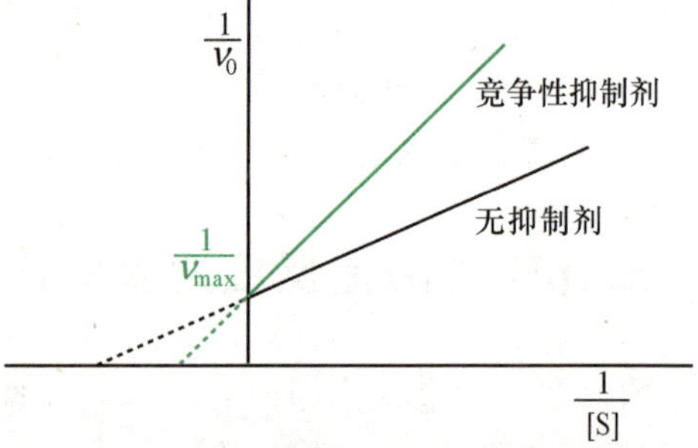

图 5-7 竞争性抑制剂存在时的双倒数曲线

对于竞争性抑制，可通过增加底物的浓度解除其作用。丙二酸对琥珀酸脱氢酶的抑制是典型的竞争性抑制；丙二酸与琥珀酸的化学结构相似，增大琥珀酸浓度可减弱或解除丙二酸的抑制作用。抗癌药物 5′-氟尿嘧啶用于遏制癌细胞增殖，其分子基础是其代谢产物氟脱氧尿苷酸的结构和脱氧尿苷酸很相似，能竞争结合胸苷酸合酶的活性位点，抑制胸苷酸的合成，干扰 DNA 复制，使细胞无法分裂。甲醇中毒容易致盲，原因是乙醇脱氢酶催化甲醇产生甲醛，眼睛对甲醛非常敏感。及时注射适量乙醇能缓解甲醇毒害，是因为乙醇能与甲醇竞争乙醇脱氢酶的底物结合位点，将反应引向另一条途径。

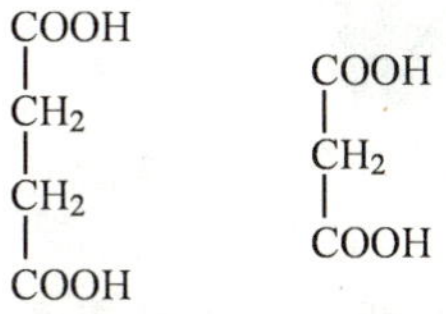

琥珀酸　　**丙二酸**

2. 非竞争性抑制(noncompetitive inhibition)

非竞争性抑制剂与酶的结合位点不同于底物，抑制剂和底物可以分别随机与酶分子结合，但最终形成的三元复合物 ESI(其解离常数用 K_I' 表示)，因不能生成产物，致使酶催化活性受到抑制(图 5-8)。

非竞争性抑制作用不能用增加底物浓度的方法来消除。例如，重金属离子(Ag^+、Hg^{2+}、Pb^{2+} 等)是巯基酶的非竞争性抑制剂，能与巯基酶的巯基结合形成硫醇盐($E—SH + Ag^+ \longrightarrow E—S—Ag^+ + H^+$)而使酶失去活性。在这种情况下，加入底物无法解除抑制，而加入适量巯基化合物如巯基乙醇或半胱氨酸非常有效。

在非竞争性抑制剂存在下，酶的 V_{max} 变小，但 K_m 值不变，这是因为抑制剂与底物结合在酶的不同部位，抑制剂不会影响底物与酶的结合(图 5-9)。

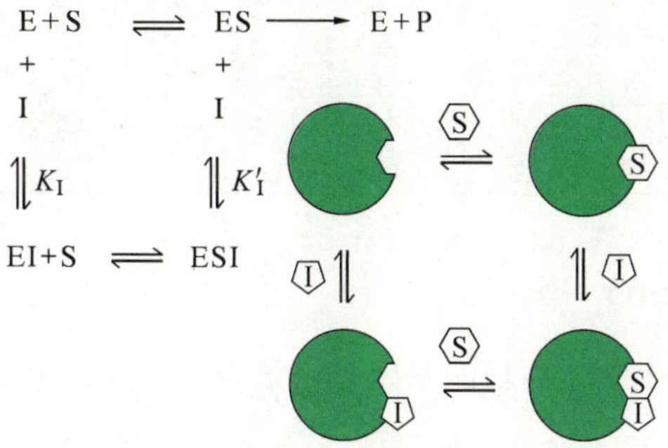

图 5-8　酶的非竞争性抑制作用

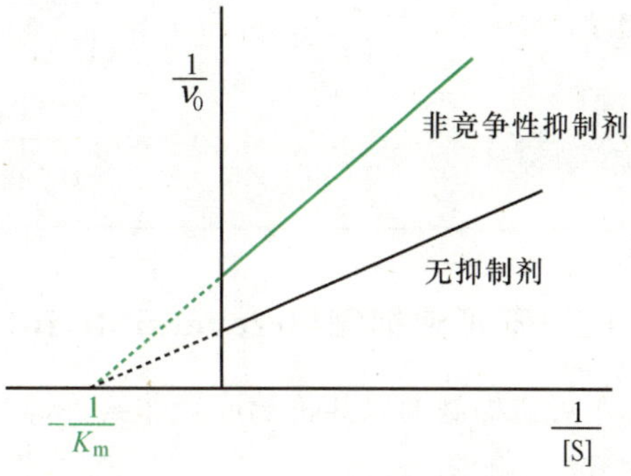

图 5-9　非竞争性抑制剂存在时的双倒数曲线

3. 反竞争性抑制(uncompetitive inhibition)

与竞争性抑制剂作用相反，反竞争性抑制剂不与酶直接结合，而是与 ES 复合物结合，由此形成的 ESI 不能转变为产物(图 5-10)。底物与酶的结合改变了酶的构象，使其更易结合抑制剂。

当反应体系中加入反竞争抑制剂时，V_{max} 减小；底物与酶的亲和力增加，K_m 值降低(图 5-11)。氰化物对芳香硫酸酯酶的抑制即属于此类抑制。反竞争性抑制作用常见于多底物反应。

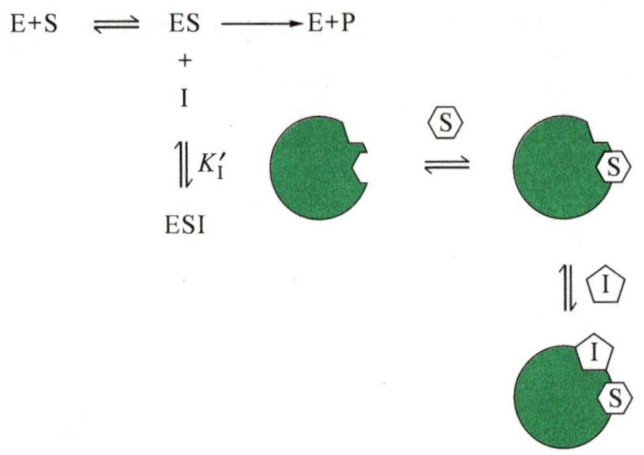

图 5-10 酶的反竞争性抑制作用

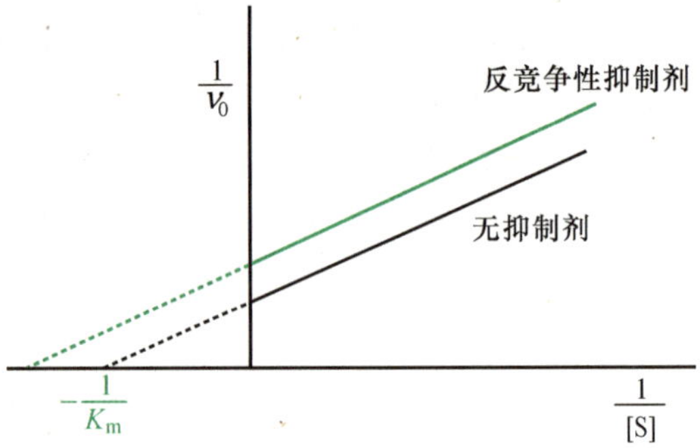

图 5-11 反竞争性抑制剂存在时的双倒数曲线

表 5-5 总结了各种抑制剂对酶的两个动力学参数 $V_{\max}$ 和 K_m 值的影响规律。在酶学研究中，有时需要判断一种物质对酶的抑制属于哪种类型，在这种情况下，只要分别测定出无抑制剂和有抑制剂时酶的 $V_{\max}$ 和 K_m 值，就可根据这两个动力学参数的变化规律做出正确判断。

表 5-5 3 种竞争性抑制作用的比较

抑制类型	方程式	$V_{\max}$	K_m
无抑制	$v_0=\dfrac{V_{\max}[S]}{K_m+[S]}$	$V_{\max}$	K_m
竞争性抑制	$v_0=\dfrac{V_{\max}[S]}{K_m\left(1+\dfrac{[I]}{K_I}\right)+[S]}$	不变	增加
非竞争性抑制	$v_0=\dfrac{V_{\max}[S]}{\left(1+\dfrac{[I]}{K_I}\right)(K_m+[S])}$	减小	不变
反竞争性抑制	$v_0=\dfrac{V_{\max}[S]}{K_m+\left(1+\dfrac{[I]}{K_I}\right)[S]}$	减小	减小

(二)不可逆抑制(irreversible inhibition)

不可逆抑制剂以共价键或者非共价键与酶活性中心的功能基团紧密结合，用透析、超滤等物理方法不能除去。

有机磷农药是常见的不可逆抑制剂。如对硫磷(1605)、敌百虫，神经毒气如二异丙基磷酸氟化物(DIFP)都属于这类，它们能与酶活性部位的 Ser—OH 共价结合。

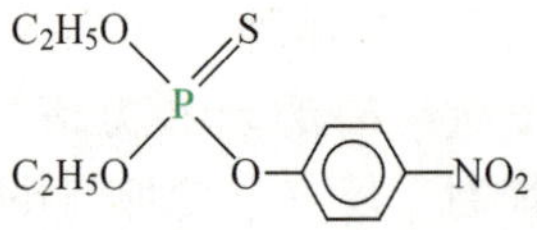

1605

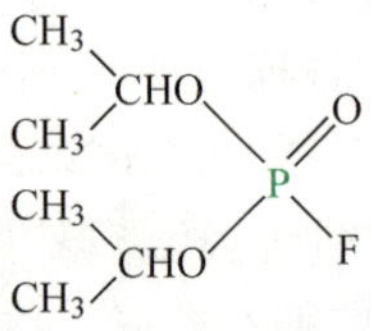

DIFP

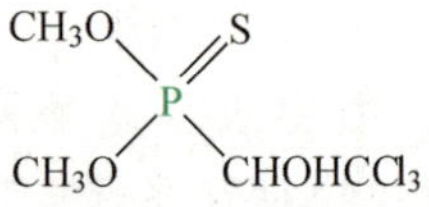

敌百虫

有机磷农药具有杀虫作用，就是因为它们能与乙酰胆碱酯酶的丝氨酸羟基共价结合，对酶产生不可逆抑制。乙酰胆碱是昆虫和脊椎动物神经递质，乙酰胆碱在完成信号传递后需要在乙酰胆碱酯酶催化下被水解为胆碱和乙酸。乙酰胆碱酯酶失活，乙酰胆碱将大量积累，这会使神经过度兴奋而引发抽搐症状而致死。这类抑制剂对植物没有毒性，所以可以作为农药。在使用农药时，要注意浓度并顺风喷洒，以免对人造成危害。

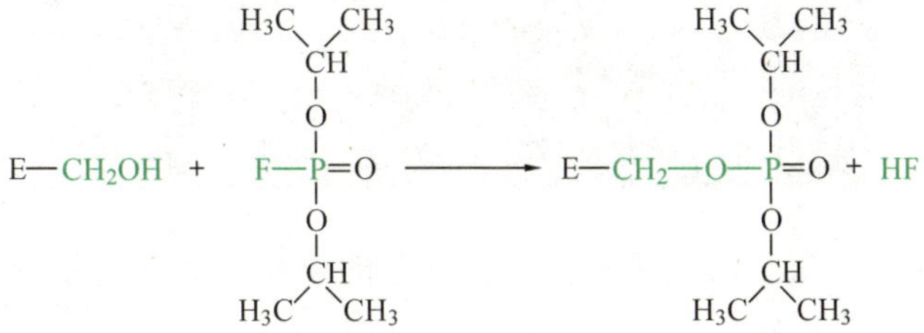

乙酰胆碱酯酶　二异丙基氟磷酸 (DIFP)　磷酸化胆碱酯酶 (失活)

青霉素之所以是广谱抗生素，就是因为它是细菌糖肽转肽酶(glycopeptide transpeptidase)或称肽基转移酶的不可逆抑制剂。细菌细胞壁物质合成过程中，需要糖肽转肽酶将底物“寡肽”转移到多糖分子上形成交联；青霉素分子结构和该寡肽非常相似，能与酶活中心发生共价结合，抑制酶活性，从而使细菌细胞壁无法形成。

知识拓展框

有机磷农药测定

随着生活水平的不断提高，人们对食品安全问题日趋关注。蔬菜和水果是人们每天必需摄取的食物种类，果蔬中农药残留量因关系到食品安全而备受人们关注。我国是农药使用大国，许多地方还在使用有机磷农药，并且用于蔬菜、水果等。虽然实验室有专门设备和试剂可用于准确检测农产品的有机磷农药残留，但不便大众使用。是否有更简单快捷的检测方式，以便老百姓随时进行果蔬有机磷农药残留的检测呢？

有机磷农药残留速测卡的出现方便了人们对果蔬农药残留的检测。检测原理是借助于有机磷对乙酰胆碱酯酶的抑制作用。测试卡分为酶片和底物片两部分：酶片上固定了乙酰胆碱酯酶，底物片上固定了 2,6-二氯靛酚乙酸酯。将样品液滴到酶片上，停留 5 min 以上，以保证有机磷农药与酶完全反应。之后将测试卡对折，使酶片与底物片正好对齐充分接触。反应几分钟后，打开测试卡。如果样品中无有机磷农药，乙酰胆碱酯酶将保留活性，可以与底物作用产生蓝色的 2,6-二氯靛酚。如果样品中存在有机磷农药，由于农药能够抑制乙酰胆碱酯酶的活性，致使酶部分、甚至完全失去活性。依据酶活性的不同，催化底物生成蓝色产物的量不同，试纸中酶片和底物片可能呈现浅蓝色，甚至无色。虽然该方法操作简单便捷，但是由于酶稳定性及酶对有机磷农药敏感性差，此方法只可用于对果蔬农药残留的初步测定。

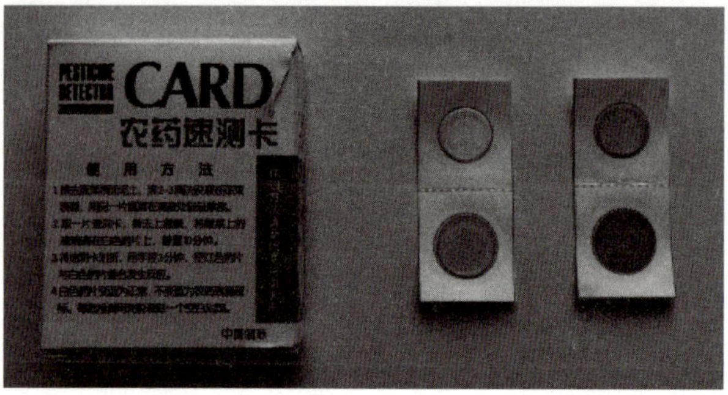

刘畅，路磊，李书谦，等. 试纸法快速检测果蔬中有机磷及氨基甲酸酯类农药残留. 中国食品学报，2012，12(6)：154-158.

五、激活剂对酶促反应速度的影响

凡能提高酶活力的物质称为激活剂(activator)。激活剂有不同类型：

(1)无机离子　常见金属离子如 K^+、Na^+、Ca^{2+}、Mg^{2+}、Zn^{2+}、Fe^{2+} 等，常见阴离子有 Cl^-、Br^-、PO_4^{3-} 等。唾液淀粉酶基础活性很低，但若在反应系统中加入少量 NaCl，酶活力会大大增加，Cl^- 是淀粉酶的激活剂。Mg^{2+} 是许多激酶和合成酶的激活剂。不同酶选择不同激活剂；有些离子间可以相互替代，有些之间产生拮抗作用，即一种离子的加入干扰另一种离子的作用；有些离子在浓度低时起激活作用，在浓度高时则起抑制作用。

(2)有机小分子　如半胱氨酸、还原型谷胱甘肽、抗坏血酸等。还原型谷胱甘肽能使酶分子中被氧化生成的二硫键再还原为巯基，因而可以提高酶的活性。巯基酶类在分离提纯过程中常因巯基氧化而降低活力，为避免这种情况发生，常在提取液中加入二硫苏糖醇(DTT)等巯基还原剂。

(3)生物大分子　生物体内存在许多蛋白质激酶(protein kinase)，其本质是蛋白质，属于生物大分子，它们可以选择性地激活一些酶。如磷酸化酶 b 激酶能激活磷酸化酶 b(详见本章第五节)，可以看作是磷酸化酶 b 的激活剂。生物大分子的激活作用在细胞信号转导中起重要作用。

第四节　酶催化机理

一、酶的催化反应发生在活性中心

酶行使催化功能时，并非整个分子与底物结合，而是发生在酶分子的一个特定区域。酶与底物直接结合并使之转变为产物的特定区域称为酶活性中心(active center)。对于不需要辅因子的酶来说，活性中心是酶分子中在三维结构上比较靠近的少数几个氨基酸残基或这些残基上某些基团，它们在一级结构上可能相距甚远，甚至位于不同肽链上，通过肽链的折叠、盘绕而在空间构象上相互靠近（图 5-12A）；对于需要辅因子的酶来说，辅酶、辅基往往就是活性中心的组成部分。

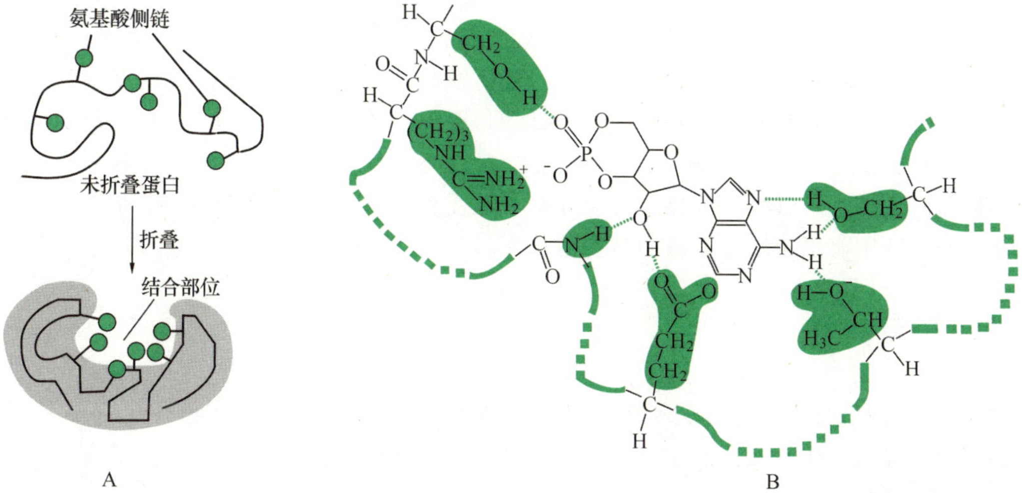

图 5-12 酶活性中心示意图

活性中心通常有两个功能部位：一个是结合部位（binding site），负责识别特定的底物并与之结合，它决定酶的底物专一性；另一个是催化部位（catalytic site），决定酶的催化效率。底物通过各类次级键与活性中心结合（图 5-12B），其敏感键在此扭曲、削弱、断裂并形成新键。有些酶的同一个部位具备上述两种功能。在酶活性中心，His、Ser、Cys、Asp、Glu 等氨基酸残基出现频率较高（表 5-6）。

表 5-6 一些酶的活性中心功能氨基酸残基

酶	总氨基酸残基数	活性中心残基（数字表示氨基酸顺序）
胰凝乳蛋白酶	241	Ser_{195}，His_{57}，Asp_{102}
溶菌酶	129	Asp_{52}，Glu_{35}
牛胰核酸酶	124	His_{12}，His_{119}，Lys_{41}
木瓜蛋白酶	212	Cys_{25}，His_{159}
枯草杆菌蛋白酶	275	His_{64}，Ser_{221}

酶活性中心主要有下列几个特征：

①酶活性中心在酶分子中只占很小一部分。有研究证明，有些酶在除去活性中心以外的大部分多肽链时仍能保持活力。尽管如此，对大多数酶来讲，非活性中心氨基酸残基对维持酶活性中心微环境都有不同程度的贡献。

②酶活性中心是一个三维实体。酶的活性中心不是一个点、一条线或一个平面，而是一个由重要氨基酸残基组成的精细三维结构。

③酶活性中心具有柔性。酶活性中心的构象并非刚性，当结合底物时，酶分子能发生构象变化。

④活性中心往往位于酶分子表面的一个凹穴（或裂缝）中。构成凹穴的基团通常是非极性

的，水分子被排出，这样的非极性微环境有利于反应的快速进行。

研究酶活性中心的方法有多种。化学修饰法(如氧化、还原、烷化、酰化等)最为常见。如果酶分子某基团被化学修饰后酶活性发生变化，这类基团就称为酶的必需基团。必需基团参与构成酶活性中心或用于维持酶分子特定构象。比如用碘乙酸修饰酶分子的半胱氨酸巯基后，如果 K_m 值改变了，表明该氨基酸残基可能位于酶的结合部位；如果 K_{cat} 降低了，则表明它可能位于酶的催化部位。除化学修饰法外，X 射线晶体衍射技术和蛋白质定点突变技术都能用于酶活性中心结构和功能的分析。研究证明，点突变 Tyr248Phe(即 248 位的酪氨酸突变为苯丙氨酸)能使羧肽酶 A 的 K_m 提高 6 倍，而 K_{cat} 不变。非必需基团的改变对酶活性影响不大，但酶的免疫性质、运输、调控及寿命等有可能受到很大影响。没有一定量非必需氨基酸的贡献，酶活性中心很难维持完整的结构与功能。

二、酶专一性

酶专一性是指酶对反应的专一性，这里包含两层意思，即酶不仅对底物有严格要求，而且产物也是特定的，这样才能保证反应的准确性，使生物体内的代谢过程按照一定的方向和顺序有条不紊地进行。

(一)酶专一性类型

1. 相对专一性(relative specificity)

酶对底物的专一性程度要求较低，能够催化一类具有相同化学键或基团的物质。相对专一性可细分为键专一性和基团专一性。键专一性(bond specificity)指酶只作用于一定的化学键，对键两侧的基团无严格要求。例如，肽酶只要求底物含有肽键，而不选择肽键两侧的氨基酸残基种类；酯酶对具有酯键的化合物都能进行催化，而对酯键两端所连接的基团种类没有限制。基团专一性(group specificity)指不仅要求底物具有一定的化学键，还对键某一侧的基团有选择性。例如 α - 葡萄糖苷酶，它所催化的 α - 1,4 - 糖苷键必须在键的一侧是 α - 葡萄糖残基，而对另一侧基团要求不严格。

2. 绝对专一性(absolute specificity)

酶只作用于一种底物。例如，脲酶(urease)只能催化尿素分解，而对尿素的其他衍生物，如 $NH_2CONHCl$ 或 $NH_2CONHCH_3$，即便它们只有一个氢原子被取代，也不能被催化水解。不仅如此，有些酶还能专一性地识别立体异构体，称为立体异构专一性(stereo specificity)。如 *L* - 乳酸脱氢酶只催化 *L* - 乳酸脱氢生成丙酮酸，对其旋光异构体 *D* - 乳酸则无作用；柠檬酸循环中的延胡索酸酶只能催化延胡索酸(反式丁烯二酸)生成 *L*-苹果酸，而不能催化马来酸(顺式丁烯二酸)生成 *D*-苹果酸(详见第十一章)。

(二)关于酶作用专一性的假说

最早对酶的专一性进行机理分析的是 E. Fischer，他于 1894 年提出了著名的“锁—钥模型”(lock and key model)，认为底物分子或底物分子的一部分像钥匙那样专一性地楔入酶的活性中心部位，也就是说底物分子进行反应的部位与酶活性中心必需基团间具有紧密的结构互补关系(图 5 - 13A)。

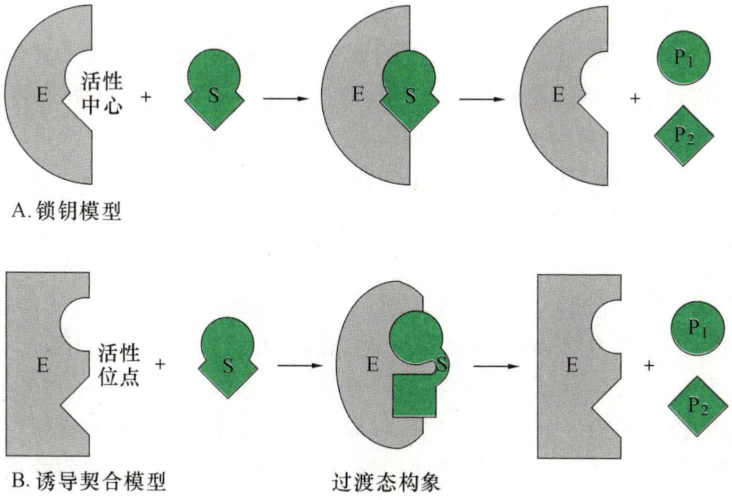

图 5-13　锁—钥模型和诱导契合模型

锁—钥匙学说虽然在一定程度上可以形象地说明酶与底物的关系，但并不能对所有的专一性现象做出很好解释。比如，许多可逆反应的底物和产物结构差别很大，酶为什么能有效催化这样的可逆反应？为揭示酶的专一性机理，曾有多个假说诞生，其中 D. Koshland 于 1958 年提出的"诱导契合"(induced-fit)学说被人们普遍接受(图 5-13B)。他认为，当酶分子与底物接近时，酶受底物诱导而发生有利于结合底物的构象变化，同时底物构象也发生改变，酶与底物互补契合，进行反应。诱导契合学说强调了酶活性中心的可塑性，能比较满意地阐述酶专一性机理。

酶与底物分子之间在多个位点上发生弱相互作用，这些相互作用是酶诱导契合理论的基础。酶与底物结合专一性主要取决于酶分子的底物结合部位的空间构象。胰凝乳蛋白酶(chymotrypsin)与底物结合位点是一个疏水凹穴，大小正好适合芳香族氨基酸残基或其他具有较大疏水侧链氨基酸(Met)残基侧链的结合；胰蛋白酶(trypsin)的底物结合部位也有一个凹穴，但底部存在一个负电荷，因此适合带有正电荷侧链氨基酸残基的插入(图 5-14)。因此，胰凝乳蛋白酶水解芳香族氨基酸或其他具有大的疏水侧链氨基酸残基羧基端肽键，而胰蛋白酶水解碱性氨基酸残基羧基端肽键。

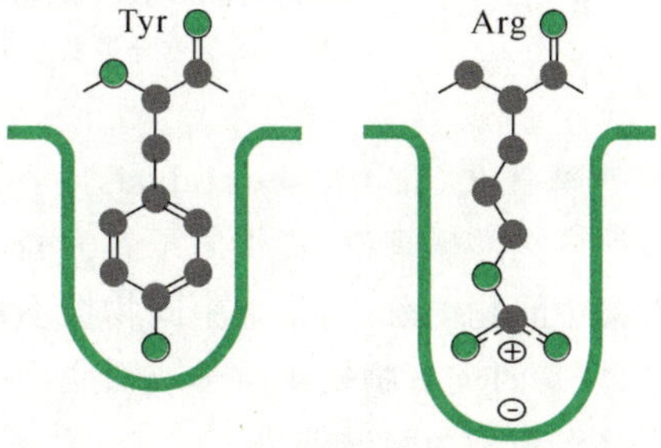

胰凝乳蛋白酶底物结合位点　胰蛋白酶底物结合位点

图 5-14　两种蛋白酶的专一性

三、酶高效催化的机制

(一)酶实现高效催化的因素

1. 邻近与定向效应(proximity and orientation)

邻近效应是指底物与酶的靠近。实验曾测得某底物在溶液中的浓度为 0.001 mol/L，而在酶活性中心的浓度高达 100 mol/L，比溶液中高出 10 万倍。除了邻近效应，酶与底物还发生特异、定向结合，使活性中心功能基团和底物分子的反应基团或敏感键处于特定的空间关系。绝大多数反应为双底物反应，两个底物被近距离、定向束缚在酶活性中心，这不仅提高了反应物的“有效浓度”，而且将分子间的反应转变为分子内反应，这显然有利于反应的快速进行。邻近与定向效应是酶实现高效催化的最重要的因素，可使反应速率提高 10^4～10^8 倍。

2. 诱导契合(induced-fit)

酶受底物诱导会发生构象变化；同时，酶的某些基团也可以使底物分子敏感键的电子云密度发生变化，产生“电子张力”(electronic strain)，底物分子变形(图 5 - 15)。这种诱导契合使酶活性中心在形状上和化学特征上与底物向产物转变的过渡态(transition state)完全互补，这非常有利于反应的快速进行。任何化学反应都要经过过渡态，即底物的激态，也就是旧键即将断裂、新键即将形成的状态。过渡态能量比底物和产物都高。过渡态中间物既不是产物，也不是底物，但它既可以形成产物，也可以逆反应回到底物。过渡态中间物与我们通常说的酶促反应的中间产物 ES 在概念上有所不同，过渡态中间物是中间产物的一个瞬间，它存在时间很短(10^{-14}～10^{-13} s)，只相当于一个键的震动时间，因而很不稳定，目前还无法将其分离出来，而中间产物 ES 是可以被分离的。

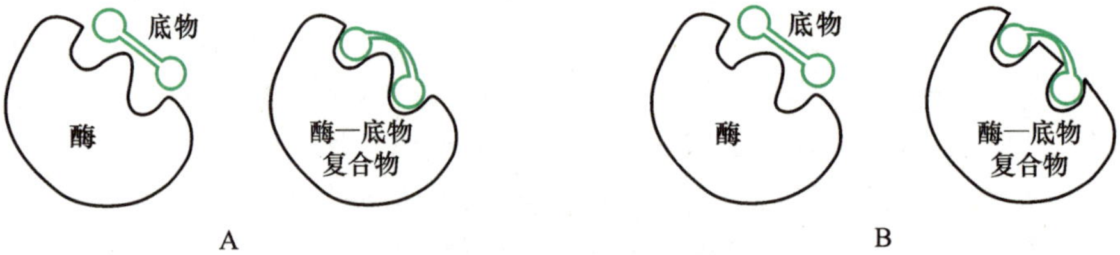

图 5 - 15　底物和酶结合时构象变化示意图

A. 底物分子发生变化；B. 底物分子和酶都发生变化

3. 酸碱催化(acid-base catalysis)

按照广义酸碱理论，提供质子者为酸，接受质子者为碱。大多生物化学反应都存在生成带电过渡态中间物的阶段，带电中间物极不稳定，易返回原来状态。酶分子的某些功能基团能作为酸或碱，瞬时向底物提供质子或从底物中抽去质子，使过渡态得到稳定，从而加速反应进行，这种催化作用称为酸碱催化。

酶活性中心的 His、Glu 和 Asp 等(表 5 - 7)在酶促反应中能有效进行酸碱催化作用。其中 His 作用尤其特殊，它的 pK_R 值为 6.0～7.0，意味着它在生理条件下，一半是酸形式，一半是碱形式，既能作为质子供体，又能作为质子受体。His 上的咪唑基供出和接受质子的速率很快，半衰期小于 0.1 ns(毫微秒，nanosecond)。酸碱催化可以使酶反应速率提高 10^2～10^5 倍。

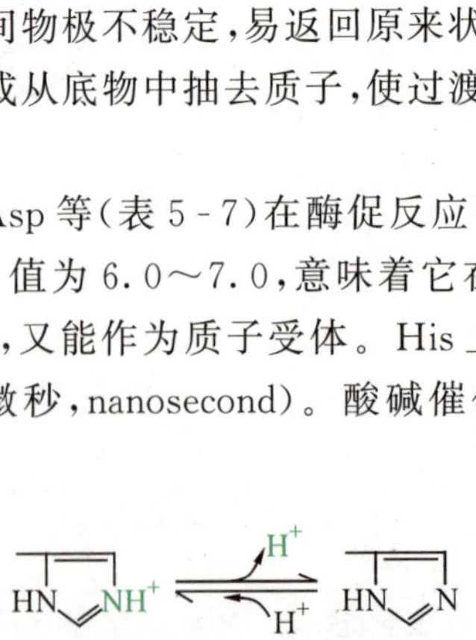

表 5-7 酶活性中心常见酸碱基团

氨基酸残基	广义酸基团(质子供体)	广义碱基团(质子受体)
Glu, Asp	—COOH	$—COO^-$
Lys, Arg	$—NH_3^+$	$—NH_2$
Cys	—SH	$—S^-$
Tyr	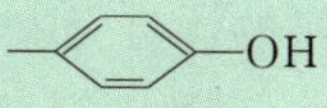	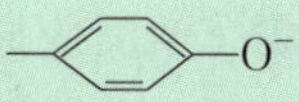
His	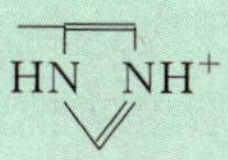	

4. 共价催化(covalent catalysis)

共价催化经历一个酶与底物形成共价中间物的过渡态,能使反应活化能大大降低,从而加速反应。共价催化有以下两种类型:

(1)亲核催化 酶分子中具有非共用电子对的亲核基团(nucleophilic group),如 His 的咪唑基,Cys 的巯基,Ser 或 Thr 的羟基。

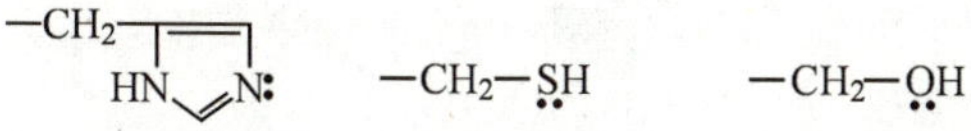

His的咪唑基 Cys的巯基 Ser或Thr的羟基

亲核基团攻击底物分子中具有部分正电性的原子,并与之作用形成共价键而产生不稳定的过渡态中间物。典型亲核反应的过渡态是一个四面体中间物(tetrahedral intermediate)。

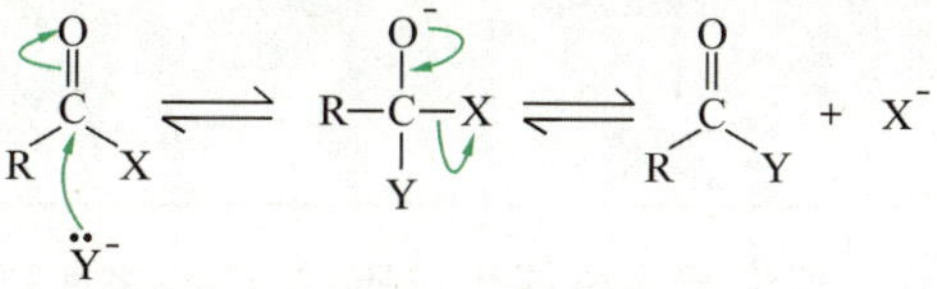

亲核攻击 过渡态中间物 产物

(2)亲电催化 酶分子的亲电基团(electrophilic group)攻击底物分子中富含电子或带负电荷的原子,形成过渡态中间物,从而加速反应。在许多酶分子中,亲电基团往往来自酶的辅因子,如磷酸吡哆醛、NH_4^+ 以及一些金属离子等。

5. 金属离子催化(metal ion catalysis)

金属离子(如 Mg^{2+})是许多酶的辅因子,它们有的对过渡态中间物起稳定作用,有的与底物结合使底物在酶活性中心的排列更适宜,有的则在氧化还原反应过程中起电子传递作用。上文刚提到的金属离子的亲电催化也是金属离子催化的一种。有 1/3 的酶在催化反应过程中涉及金属催化。

6. 酶活性中心的疏水微环境

许多酶的活性中心位于疏水凹穴中,催化基团被低介电环境所包围。水是极性分子,介电常数很高(详见第一章),它的极性和高度成键能力会干扰酶与底物之间的互作。在少水或无水的环境中,两个电荷之间的作用力显著增强,有利于酶分子催化基团和底物敏感键发生作用,电子云重排更容易发生。

以上是酶实现高效率的 6 种可能因素，需要指出的是，并不是哪一种因素可以影响所有酶的催化活性，也并非哪一种酶的催化过程一定涉及上述所有因素。不同酶高效催化的因素不同，但一般都是多元化的，是数个因素的综合作用。这些因素的作用实质是促使酶与底物形成过渡态中间物，从而加快反应速度。

（二）酶高效催化的实质是降低反应活化能

根据化学反应原理，只有那些具备足够能量、处于活化状态的分子才能发生有效碰撞、进行反应。活化分子越多，反应速度越快。底物分子变成活化分子所需要的能量称为活化能(activation energy)。提高活化分子数使反应达到活化状态的途径有：①增加底物温度；②降低反应的活化能。对于生物体来讲，显然后者实现的可能性更大。而酶比无机催化剂能更有效地降低活化能（表 5-8）。

表 5-8　酶和非酶催化反应的活化能

反应	催化剂	活化能(kJ/mol)
H_2O_2 分解	无	75.2
	胶态铂	48.9
	过氧化氢酶	<8.4
蔗糖水解	无	1 339.8
	H^+	107
	酵母转化酶	33.4～41.8
酪蛋白水解	H^+	86.1
	胰蛋白酶	50.2
乙酸乙酯水解	H^+	55.2
	胰脂酶	17.6

1946 年，Pauling 用过渡态理论阐述酶催化实质，提出酶之所以具有催化活力是因为它能特异性结合并稳定化学反应的过渡态，从而降低反应能级。

1. 中间产物形成时释放的结合能利于反应活化能的降低

从酶促反应动力学规律可知，形成中间产物 ES 是所有酶促反应都要经历的过程。

$$E+S \longleftrightarrow ES$$

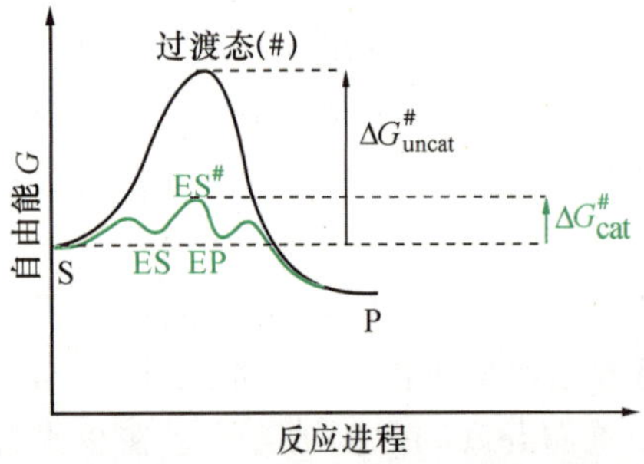

$\Delta G^{\#}_{uncat}$ 为非催化反应活化能

图 5-16　酶反应与非酶反应活化能的比较

从能量角度来看，E 和 S 的专一性结合是一个自发过程，有自由能的释放。E 和 S 之间通过弱相互作用实现诱导契合、进行紧密结合时所释放的自由能称为结合能(binding energy)。最适底物与酶能发生最大限度的互作，释放的自由能也最大。E 和 S 结合时释放的自由能被认为是反应活化能有效降低的一个重要原因。

2. 过渡态形成和稳定有利于反应活化能的降低

如图 5-16 所示，酶和底物结合为 ES，ES 转变为 EP，以及 EP 释放出产物 P，都要历经能量比较高的瞬间过渡态；其中以 $ES^{\#}$ 过渡态能量最高，是整个反应需要跨越的能障，此时，底物敏感键在酶活性中心催化基团的作用下发生旧键断裂和新键形成。可见，酶促反应为底物转化成产物提供了一条新途径，即形成中间产物，通过形成和稳定过渡态显著降低反应活化能（$\Delta G^{\#}_{cat}$）。从图 5-16 可以看出，酶促反应活化能 $\Delta G^{\#}_{cat}$ 比非酶促反应活化能 $\Delta G^{\#}_{uncat}$ 低很多。酶实现高效催化的所有 6 个因素不仅有利于酶促反应过渡态的形成，还有利于过渡态的稳定，在降低反应活化能方面起重要作用。

活化能作为反应能障，并不意味着它没有积极意义。在细胞内，生物分子必须有一定的稳定性，这对生物体的正常结构和代谢十分重要。如果没有反应能障，生物大分子将会自发反应，分解为小分子，本不该发生的反应"乱"反应，这将使生物体的严整结构和有序代谢受到破坏。反应能障的存在和酶作用的统一，使细胞适时、适地、高效反应成为可能。

3. 研究过渡态类似物具有重要意义

过渡态类似物（transition-state analog）是一类在化学结构上类似于底物过渡态的化合物，能稳定存在，能与酶活性中心贴切结合，但不形成产物。

（1）用过渡态类似物揭示酶催化机理　如果有 A、B、C 3 种人工合成过渡态类似物，其中 B 与酶的结合力最强，那么就显示它与底物过渡态更相似。

（2）过渡态类似物作为酶潜在专一性抑制剂　早在 1948 年，Pauling 就曾推测过渡态类似物应该是酶的高效抑制剂，后来的研究数据证明确实如此。脯氨酸消旋酶（proline racemase）在将 *L*-Pro 转变为 *D*-Pro 的反应过程中，历经一个平面过渡态（planar transition state）（图 5-17A）。此时，α-碳原子不再是四面体，而是带有一个负电荷，与它相连的 3 个键位于同一个平面。2-羧基吡咯的结构（图 5-17B）类似这个过渡态，它与脯氨酸消旋酶的结合力比 Pro 高 160 倍，证明是该酶的强抑制剂。

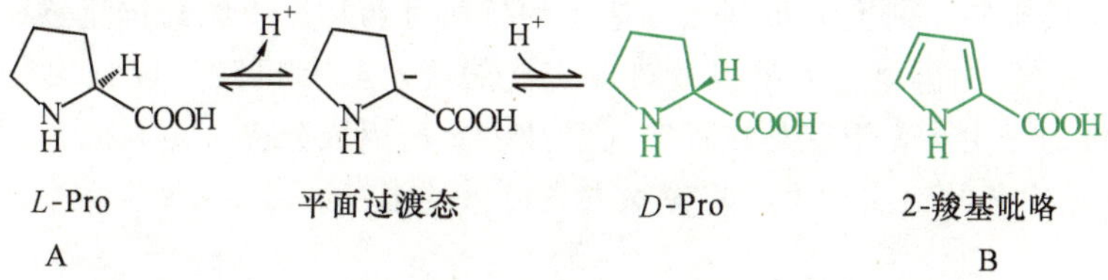

图 5-17　2-羧基吡咯是脯氨酸消旋反应过渡态的类似物

在药物设计实践中，人们常用过渡态类似物来医治某些因酶活性过高而引起的疾病。一般来说，过渡态类似物与过渡态越相似，其作为高效专一性药物的潜力就越大。

知识拓展框

唾液酸苷酶抑制剂与流感

血细胞凝集素（haemagglutinin，HA）和唾液酸苷酶（神经氨酸苷酶/神经氨酸酶，EC3.2.1.18）两种糖蛋白均分布在流感病毒的表面。

血细胞凝集素特异识别宿主细胞表面的糖链受体唾液酸(sialic acid,SA),介导流感病毒感染宿主。流感病毒对宿主细胞糖链受体的识别具有很强的特异性,例如,人流感病毒血细胞凝集素主要识别末端为唾液酸 α-(2,6)-半乳糖的糖链受体,该受体分布在人呼吸道上皮细胞表面。病毒进入宿主细胞后,利用宿主的复制系统获得自身的核酸和蛋白,最后组装成病毒颗粒。在成熟的病毒脱离宿主细胞时,由于新形成的病毒表面血细胞凝集素分子与宿主细胞表面的唾液酸以糖苷键相连,病毒无法扩散。病毒利用其表面唾液酸苷酶水解糖苷键,切断连接后成为成熟的病毒颗粒,最终脱离宿主细胞,进而不断扩散。

在病毒感染早期,对病毒扩散进行控制是治疗流感的有效方法之一。由于唾液酸苷酶具有促进病毒扩散的作用,科学家期望利用该酶的抑制剂降低或者抑制酶的活性,从而阻断病毒的扩散,以达到治疗流感的目的。达菲[Tamiflu,主要成分是磷酸奥司他韦(oseltamivir phosphate,简称磷酸 OS)]就是唾液酸苷酶的抑制剂,它与唾液酸苷酶水解唾液酸苷的过渡态类似物在结构上具有相似性,能够抑制酶的活性,是目前治疗流感的常用药物之一。

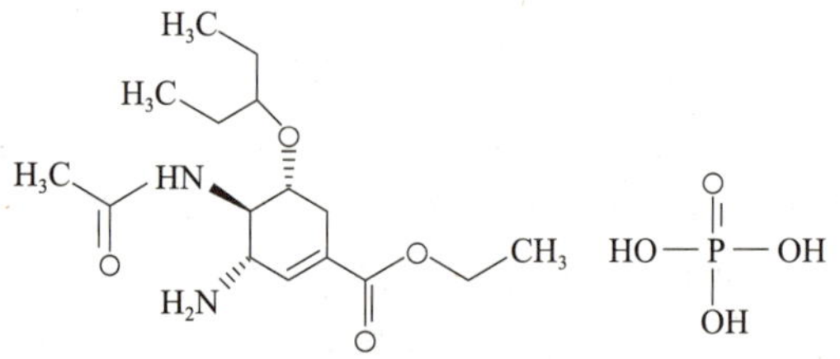

磷酸奥司他韦

随着病毒唾液酸苷酶突变而导致耐药病毒株出现以及药物的副作用,奥司他韦的使用受到了一定的限制。研究人员开始寻找新的抗病毒药物。中医药抗流感在我国有着悠久的历史,2014 年,中国研究人员报道热毒宁注射液及其有机酸类成分均有抑制流感病毒唾液酸苷酶的作用。金银花是热毒宁注射液主要药用成分提炼材料之一。研究中药的治病机制,挖掘中药的治病潜力必将带给人类巨大的福祉。

Taylor M E, Drickamer K. Introduction to glycobiology. 3rd ed. Oxford University Press,2011.

孙兰,刘艾林,王振中,等.热毒宁注射液及其组分对流感病毒神经氨酸酶的抑制作用研究.现代药物与临床,2014,29(1):27-31.

(3)过渡态类似物用于抗体酶制备　已知用抗原免疫脊椎动物可以产生特异抗体。设想,如果用过渡态类似物作为抗原,那么制备的抗体应该与过渡态类似物有专一性结合能力。如果将这类抗体置于酶反应系统中,它将与酶促反应的过渡态结合,这对于过渡态来讲是一个稳定因素,利于加速反应。这种以过渡态类似物为半抗原(见第四章)制备的抗体,不仅有一般抗体的特异性,还可与过渡态类似物有着互补的构象;当它与原酶底物结合后,可诱导底物进入过渡态构象,从而引起催化作用,故称为催化抗体(catalytic antibody)或抗体酶(abzymes)。

利用过渡态类似物制备抗体酶具有重要的应用前景。如根据可卡因水解反应过渡态类似物——磷酸单酯制备的抗体酶，和血液中催化可卡因的丁酰胆碱酯酶活性相似，能有效将可卡因水解，使其失去刺激作用，有望用于阻断可卡因上瘾，达到戒毒目的。

知识拓展框

可卡因与抗体酶

可卡因是一种小分子化合物，化学名称为苯甲基芽子碱，也被称作古柯碱，其能够跨越血脑屏障进入大脑，作用于人的中枢神经系统从而诱发奖赏效应，并致瘾。

当神经信号进入多巴胺能神经元突触前细胞后，多巴胺包裹在囊泡内释放进入了突触间隙。突触后膜上的受体与多巴胺结合，引发突触后受体细胞发生一系列的反应，进而发生信号传递。突触前膜上也存在多巴胺受体，这些受体能够对突触间隙中的多巴胺进行重吸收，负反馈调节突触前细胞多巴胺的继续释放，最终终止神经信号的传递。可卡因通过阻碍突触前细胞受体对突触间隙中多巴胺的重吸收，导致突触间隙的多巴胺浓度升高，神经信号传递延长。适量的多巴胺能给人带来强烈的奖赏感觉。但是过量的多巴胺会引发很多症状，如嗜睡、心律不齐、疲劳和烦躁不安等。由于可卡因能引发人体中枢神经系统产生兴奋，从 20 世纪 80 年代中期开始便逐步成为世界主要毒品之一。

考虑到可卡因是突触前细胞多巴胺受体拮抗剂，直接设计可卡因本身拮抗剂用于阻止其在中枢神经系统发挥作用存在很大的难度。因此，寻找或者设计某药物，使该药物在血液循环系统中直接对可卡因发挥作用，从而阻止可卡因进入大脑实施其功能的药物设计目标更可行。

抗体酶是具有酶催化活性的抗体。2002 年美国哥伦比亚大学研究组合成了可卡因一苯酰酯水解的过渡态类似物(transition state analog，TSA)磷酸单酯，以它作为半抗原免疫小鼠，并制备了杂交瘤细胞，获得了第一个抗可卡因催化抗体。该抗体具有很强的酶活性，在啮齿类动物成瘾、毒性和过量服用可卡因模型中，它能够降解可卡因生成无强化和无毒性作用的产物芽子碱甲基酯和苯甲酸，从而有效阻止了可卡因诱导的强化作用，器官功能障碍和突然死亡事件。该研究组合成了 3 种 TSA：TSA1、TSA2 和 TSA3(如下图)，并免疫小鼠获得了很多抗可卡因水解过渡态类似物的抗体。实验结果证明，TSA1 和 TSA3 是特别有效的过渡态类似物，它们免疫产生的抗体酶 MAb15A10 最有效，在 pH 8.0 时，该抗体酶的 K_m 是 220 μmol，K_{cat} 是 2.3/min。因此，MAb15A10 是一个对人类非常适合的候选药物，具有潜在的应用前景。

Deng S X，Paloma de Prada，Landry D W. Anticocaine catalytic antibodies. Journal of Immunological Methods，2002，269：299-310.

第五章

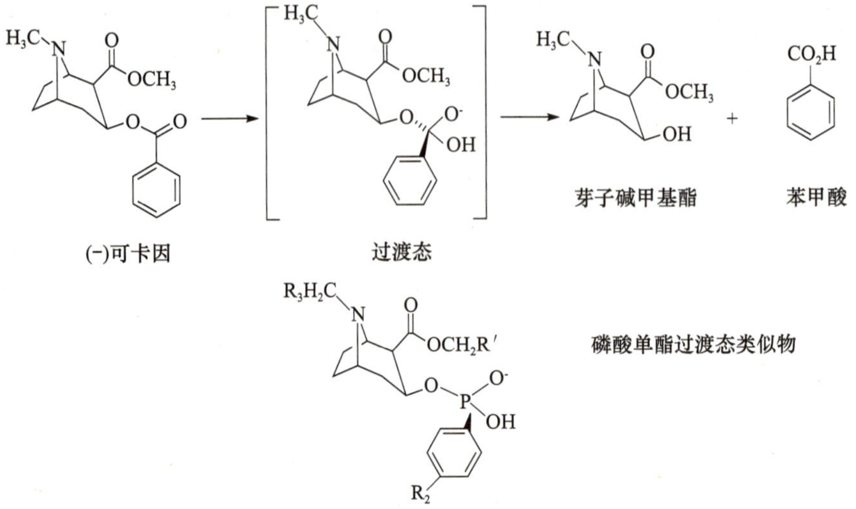

TSA1:$R^1=(CH_2)_3NHCO(CH_2)_2CONH$-carrier protein;$R^2=R^3=H$
TSA2:$R^2=(CH_2)_3NHCO(CH_2)_2CONH$-carrier protein;$R^1=R^3=H$
TSA3:$R^3=(CH_2)_3NHCO(CH_2)_2CONH$-carrier protein;$R^1=R^2=H$
Free TSA:$R^1=R^2=R^3=H$

（改编 Deng et al. Journal of immunological methods，2002）

四、几种酶的作用机理

(一)胰凝乳蛋白酶

胰凝乳蛋白酶(EC 3.4.4.5)又称为糜蛋白酶，相对分子质量为25 000，由3个多肽链通过2个二硫键连接，含有241个氨基酸残基。该酶专一作用于蛋白质中芳香族氨基酸残基(或疏水侧链比较大的氨基酸，如Met)羧基端肽键。活性中心主要由Ser_{195}、His_{57}和Asp_{102}组成，它们在三维结构中靠近(图5-18)，构成一个氢键系统(图5-19)。

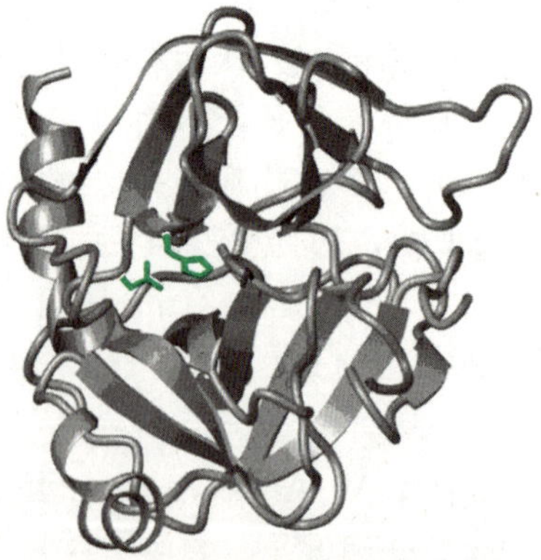

图5-18　胰凝乳蛋白酶及其活性中心

(引自：Moran et al.，Principle of Biochemistry，2012)

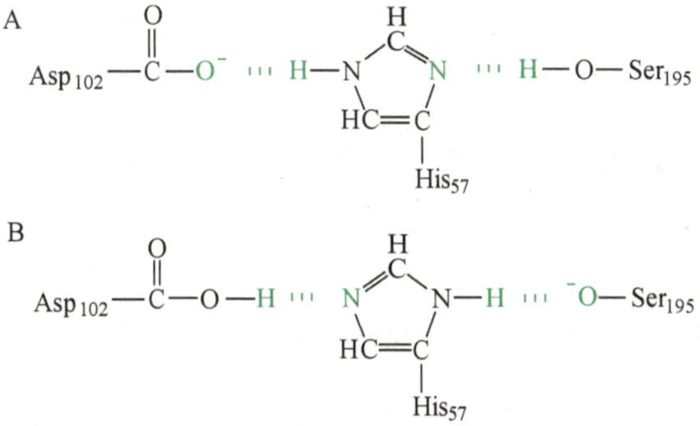

图 5-19 胰凝乳蛋白酶活性中心的氢键系统

这个氢键系统又称为电荷中继网(charge relay network)或催化三联体(catalytic triad)。在大部分情况下，Asp_{102} 的侧链羧基以离子化形式存在，Ser_{195} 羟基以非离子化形式存在(图 5-19A)，这种排列使 His_{57} 的咪唑基成为一个很方便的质子受体和质子供体(图 5-19B)，在酸碱催化中发挥作用。

胰凝乳蛋白酶进行催化反应时，首先借助活性中心的疏水凹穴选择底物的芳香族氨基酸残基与之结合，并使底物敏感键(肽键)定向于酶的催化基团 Ser_{195}，由此规定了底物的专一性。具体催化过程分 2 个阶段：

第一阶段(图 5-20，A→C)：快速酰化阶段。Ser_{195} 羟基亲核攻击肽键的羰基碳原子(A)，形成一个短暂的四面体过渡态(B)。此时，带负电荷的 Asp_{102} 对过渡态起稳定作用(图上未显示)，从而加速肽键断裂。带氨基的肽段游离，酶分子发生酰化形成“酰化酶”共价中间物(C)。上述是一个快速反应过程，高效催化的因素除了邻近及定向效应，还有酸碱催化和共价催化。

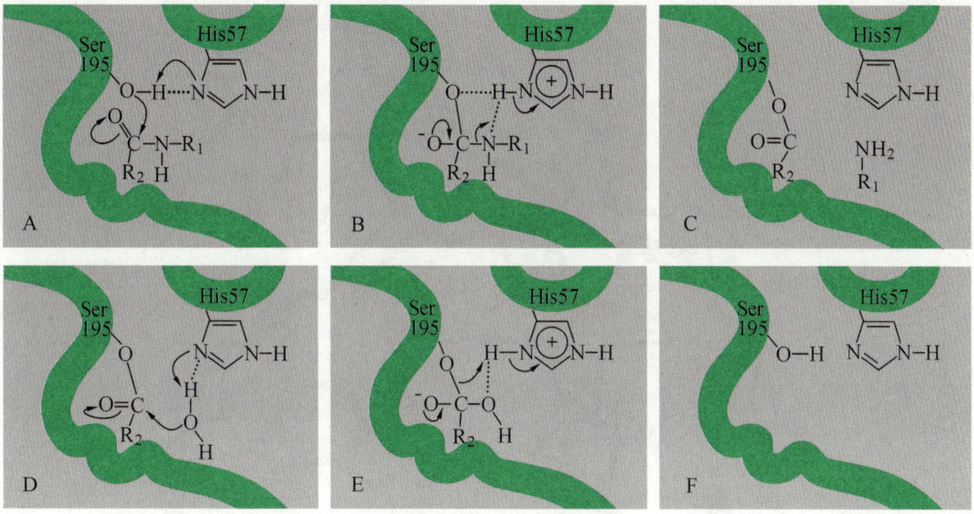

图 5-20 胰凝乳蛋白酶蛋白酶对底物的水解过程

第二阶段(图 5-20，D→F)：慢速脱酰阶段。H_2O 分子上的氧原子攻击羰基碳(D)，同时解离出的 H^+ 由 His_{57} 接纳，经过又一次带正电荷四面体中间物的形成(E)，C—O 之间断裂，带羧基的肽段游离下来(F)。至此，肽键完成一次水解，酶分子又恢复到原来状态。这个阶段反应相对较慢，主要是共价催化和酸碱催化的作用，催化速度约为非催化水解反应的 10^3 倍。

(二)溶菌酶

溶菌酶(lysozyme，EC 3.2.1.17)多存在于蛋清及动物眼泪中，能水解细菌细胞壁多糖，使细菌细胞壁破裂。被水解多糖是 N-乙酰氨基葡萄糖(NAG)和 N-乙酰氨基葡萄糖乳酸(NAM)的共聚物，NAG 与 NAM 通过 β-1,4 糖苷键交替排列。溶菌酶的最适底物为 NAG 和 NAM 交替的六糖片段，糖残基分别以 A、B、C、D、E、F 表示(图 5-21)。

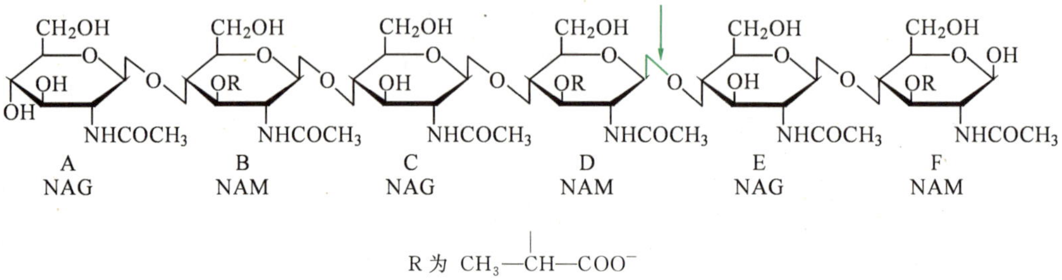

图 5-21 溶菌酶的最适底物

溶菌酶由一个多肽链组成，相对分子质量为 14 600，含 4 对二硫键。在酶分子三维结构中，大多数极性氨基酸残基分布在分子表面；非极性残基则隐藏在内部，整个酶分子中有一狭长的凹穴，六糖单位的最适底物正好与这个凹穴互补嵌合(图 5-22)。酶凹穴中的 Glu_{35} 和 Asp_{52} 是活性中心的关键氨基酸残基。

粗黑线为糖链 A-F

图 5-22 溶菌酶一底物复合物

溶菌酶对细菌细胞壁的破坏过程如图 5-23 所示：首先溶菌酶分子接触细胞壁，与 6 个暴露在外的氨基糖残基结合，*D* 糖构象发生变形，从正常的椅式（详见第七章）变为能量较高的半椅式；Glu_{35} 作为广义酸碱催化剂提供一个质子给糖苷键的氧原子，使得氧原子与 *D* 环 C_1 间的糖苷键断开，C_1 成为正碳离子（carbonium ion）；处于极性区的 Asp_{52} 其侧链羧基在通常条件下都是以离子化形式存在，故能稳定 *D* 环正碳离子，直到环境水分子的 OH^- 与正碳离子结合时为止；水中 H^+ 则与 Glu_{35} 结合，使之恢复非离子化形式。至此，一次反应完成，细胞壁被打开一个缺口。总之，溶菌酶的作用机制主要涉及 3 个高效催化因素：诱导契合、底物变形和酸碱催化。

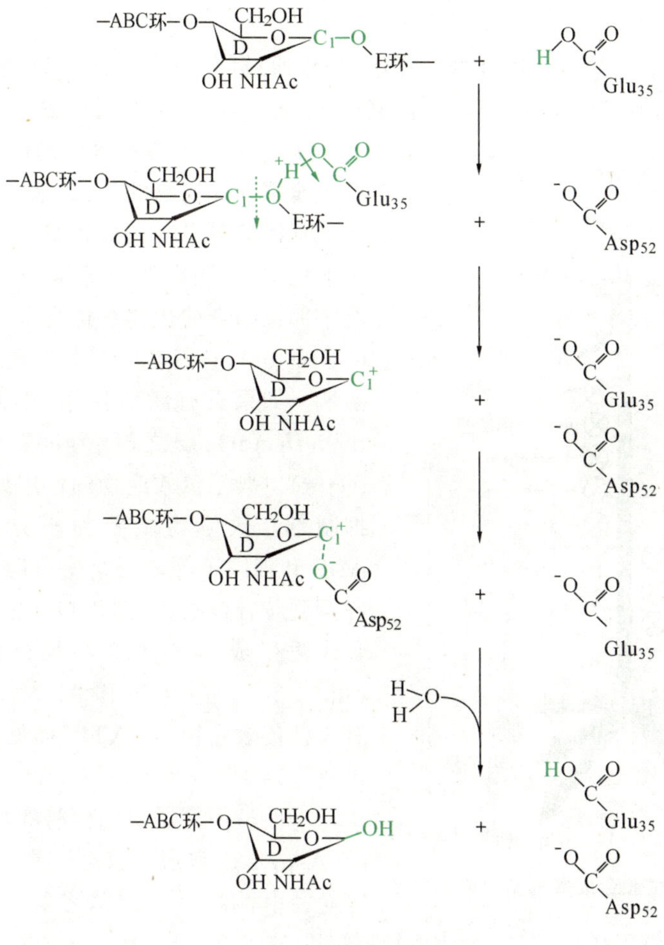

图 5-23　溶菌酶的催化过程

第五节　酶活性调节

生物新陈代谢涉及许多代谢途径（pathway），如糖原合成途径、脂肪降解途径等。每个代谢途径由多个酶参与完成，其中有的途径各反应之间按前后顺序排列为直线式，有的出现分支，有的则以循环式完成。有趣的是，众多的反应途径互不干扰，相互协调，它们能在合适的时间、地点各自按一定方向进行，随时根据内外条件的改变加以调节。代谢调节可以在多个水平发生，如在激素水平对整体或器官代谢的调节，在基因表达水平对酶量的调节，以及在酶活水平的调节(详见第十八章)。活性受到调节的酶简称为调节酶。在这里，我们重点讨论酶活性的调节，主要包括别构调节、可逆共价修饰、酶原激活、调节蛋白，此外对同工酶的作用给以简单介绍。

一、别构调节

一些代谢物与酶活性中心以外部位可逆结合，通过使酶构象发生变化来改变酶催化活性的调节方式称为别构调节(allosteric regulation)。相应的酶称为别构酶(allosteric enzyme)。别构酶常存在于代谢途径的起始步骤或分支处，可快速感知代谢物的变化，从而做出灵活调节。

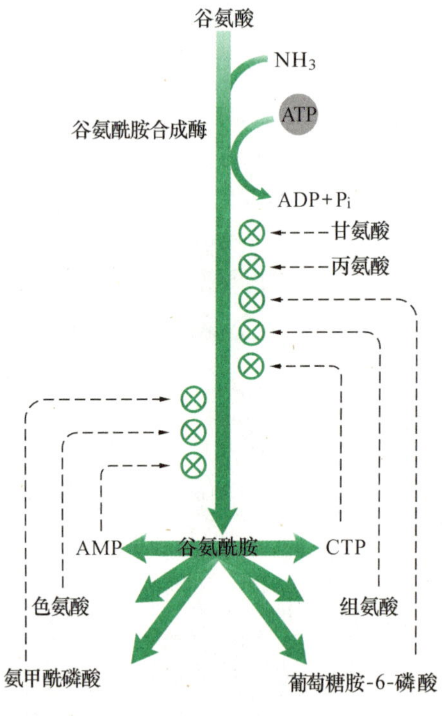

图 5-24 谷氨酰胺合成酶的负效应物

别构酶分子结构比较复杂，一般为寡聚酶，除了催化中心，还有调节部位(regulatory site)。与调节部位结合的代谢物称为别构效应物(allosteric effector)，它们与酶非共价键结合，可逆调节酶活性。如果具有激活作用，称为正效应物(positive effector)；反之，称为负效应物(negative effector)。典型负效应物的作用如同酶的非竞争性抑制剂。效应物主要为小分子代谢物、ATP、ADP 和辅因子等。一个酶可能有多种效应物，如谷氨酰胺合成酶，它催化 Glu 生成 Gln。Gln 进一步代谢生成的 6 种产物均是该酶的负效应物(图 5-24)，加上 Gly 和 Ala，谷氨酰胺合成酶共有 8 种负效应物，而 ATP(详见第十章)则是酶的正效应物。

下面举一例说明别构酶的特点。在从天冬氨酸(Asp)形成胞嘧啶核苷三磷酸(CTP)的多步反应途径中，第一个酶是天冬氨酸转氨甲酰酶(ATCase)，所催化的转氨甲酰反应是一个限速步骤(图 5-25)。

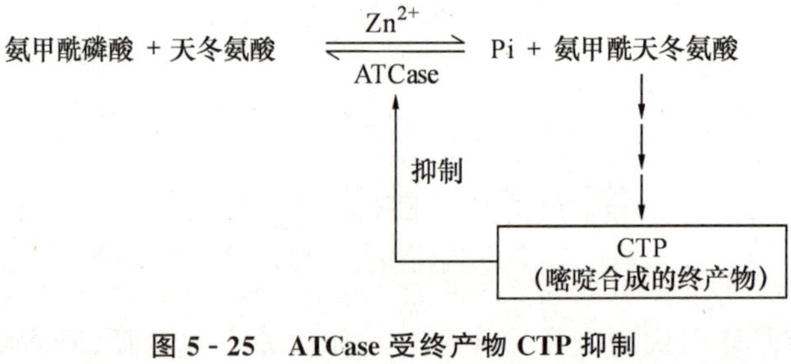

图 5-25 ATCase 受终产物 CTP 抑制

ATCase 含有 12 个亚基，由 3 个二聚体调节亚基(R)和 2 个三聚体催化亚基(C)组成。该酶活性受 ATP 激活，被 CTP 抑制。调节亚基能分别与 ATP 和 CTP 结合，产生别构效应。当用汞化物如 p-羟汞苯甲酸处理该酶时，催化亚基与调节亚基分离，ATCase 活性不再受 ATP 与 CTP 的调节(图 5-26)。

图 5-26　ATCase 的亚基组成

一个别构酶通常至少有一个底物的 v_0-[S] 曲线为 S 形，而不是双曲线。如图 5-27 所示，ATCase 的底物是 Asp 时，v_0-[S]反应动力学曲线为 S 形(黑色曲线)。ATP 是该酶的正效应物，CTP 是其负效应物。

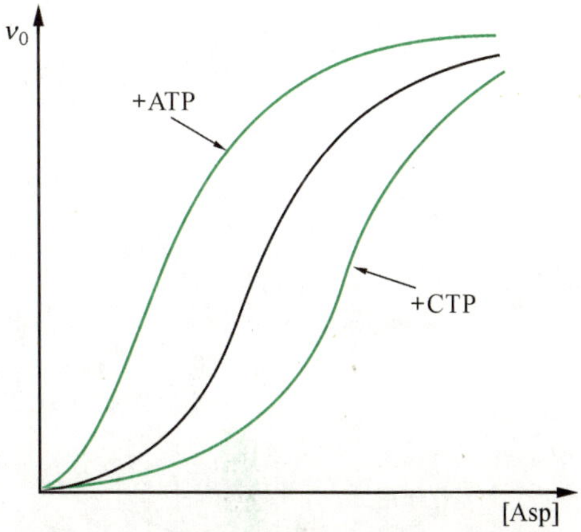

图 5-27　ATCase 的 S 形曲线及别构效应

目前，已有 2 种模型来解释别构酶的作用特点，即序变模型和齐变模型。有关内容在第三章已经介绍，这里不作赘述。别构酶的 S 形曲线源于底物结合的正协同效应。酶分子中存在多个底物结合位点，一个亚基与底物的结合能促进邻近亚基与底物的亲和力。在某一窄狭的底物浓度范围内，别构酶反应速率对底物浓度的变化非常敏感，这可以使细胞在正常代谢物浓度范围内对代谢速度行使快速调节(数秒或更短时间)。由于别构酶不完全遵循米氏动力学规律，一般用 $K_{0.5}$ 表示酶与底物的亲和关系。

别构调节的意义在于即使底物浓度发生较小变化，别构酶也可以灵敏、有效地调节酶促反应速度，以确保机体代谢正常进行。必须指出，无论是序变模型还是齐变模型，都只是考虑了最简单的情况，对于复杂的别构酶反应尚具有一定的局限性，别构酶的作用机理尚待深入了解。在这里，需要弄清楚的是别构酶的几个特点：①别构酶通常为寡聚酶，分子结构复杂，除酶活性中心外，还存在一个或多个调节部位；②效应物通过与酶分子的调节部位非共价结合而使酶活性得到可逆调节；③酶反应速率与底物浓度之间的关系不呈双曲线，而是 S 形曲线。

二、酶的可逆共价修饰

有些酶因自身某氨基酸残基发生可逆共价修饰，在活性形式和无活性形式之间发生变化，称为酶的可逆共价修饰(reversible covalent modification)。可逆共价修饰包括共价结合修饰基团和水解去掉修饰基团两个过程，需要另外一些酶催化完成。常见的共价修饰方式有：磷酸化/去磷酸化、腺苷酰化/去腺苷酰化、鸟苷酰化/去鸟苷酰化、甲基化/去甲基化、乙酰化/去乙酰化，以及二硫键的氧化/还原等。共价修饰方式和常见被修饰氨基酸残基如表 5-9 所示。

表 5-9　酶的共价修饰类型与被修饰氨基酸残基

共价修饰		接受共价修饰的氨基酸残基
磷酸化作用	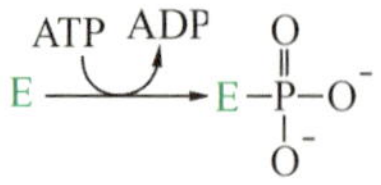	Tyr, Ser, Thr, His
腺苷酰化作用	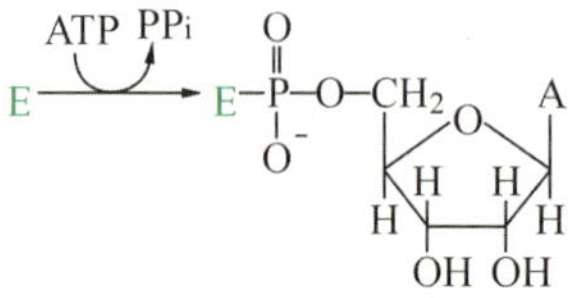	Tyr
尿苷酰化作用	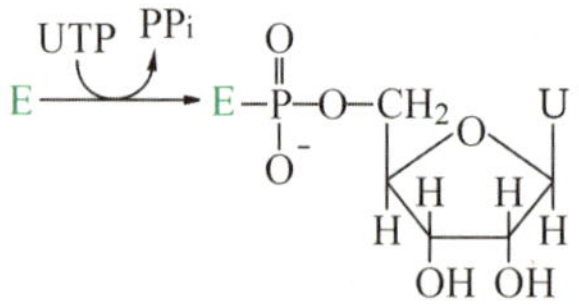	Tyr
ADP-核糖化作用	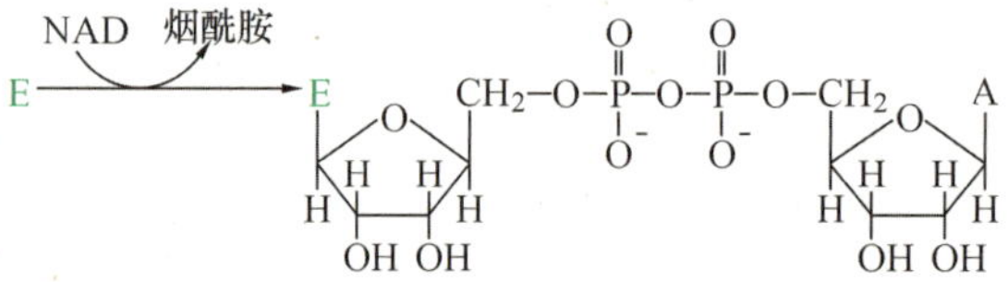	Arg, Gln, Cys
甲基化作用	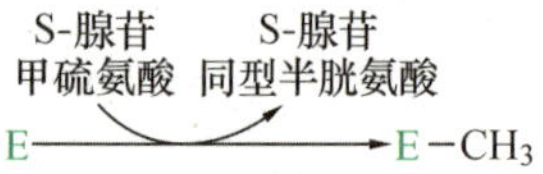	Glu

在可逆共价调节中，酶的磷酸化/去磷酸化最为常见，是细胞控制对外界信号响应的重要机制。蛋白质磷酸化反应由蛋白激酶(protein kinase)完成，去磷酸化反应则由蛋白质磷酸酶(protein phosphatase)完成。磷酸化/去磷酸化几乎涉及生物体所有的生理与病理过程，如细胞生长、发育、代谢调控、基因表达、癌变等。现代分子生物学研究发现，虽然 Ser、Thr 等是发生磷酸化的部位，但并非所有这些位点都发生磷酸化。酶的共价修饰位点具有特异性，即对邻近氨基酸顺序有要求，如蛋白激酶 G 的磷酸化位点是：—X—R—(R/K)—X—(S/T)—X—(X 代表任意氨基酸残基)。需要指出的是，对于一些酶来讲，磷酸化后可能被激活，而对于另一些酶来讲，去磷酸化后可能被激活。一个酶的激活或失活可以开启或关闭一个代谢途径，因此酶的可逆共价调节在细胞信号转导中起重要作用。

糖原磷酸化酶(phosphorylase)的调节属于可逆共价调节。糖原磷酸化酶是糖原代谢中的一个关键调节酶，催化糖原分解生成 1-磷酸葡萄糖(见第十一章)。这个酶有两种形式：活性较高的形式称为磷酸化酶 a，活性较低的形式称为磷酸化酶 b。酶分子由 $\alpha\beta\gamma\delta$ 4 个亚基组成，磷酸化修饰只发生在 $\alpha\beta$ 两个亚基上(图 5-28)。当血糖低、需要糖原降解时，磷酸化酶 b 在磷酸化酶激酶(phosphorylase kinase)作用下，两个亚基上的 Ser_{14} 羟基发生磷酸化，转变为磷酸化酶 a。在这个反应中，ATP 是磷酸基团的供体。当不需要糖原降解时，由另一个酶，即磷酸化酶磷酸酶(phosphorylase phosphatase)，催化磷酸化酶 a 脱去磷酸基团，成为无活性的磷酸化酶 b。

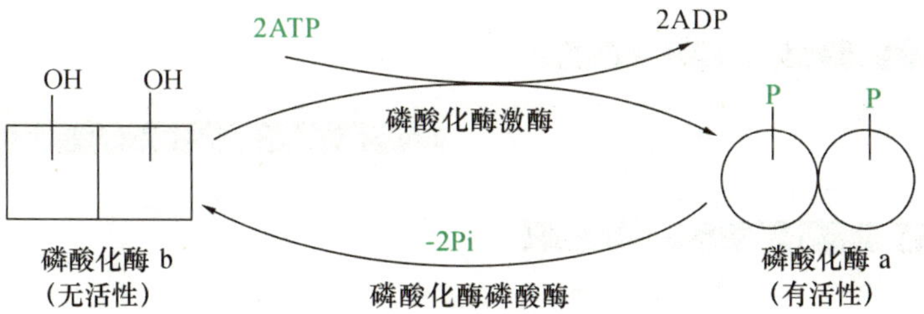

图 5-28 磷酸化酶的共价修饰与活性调节

可逆共价调节酶常接受来自激素和神经的信号指令，反应快速，调节效果明显。这类调节酶往往是另外一种酶的底物或产物，上游一个信号分子可以引发下游众多反应的发生，因此对代谢信号有放大效应。比如胰高血糖素作为胞外信号，一个激素分子通过膜蛋白受体的转导作用，可以引发细胞内腺苷酸环化酶、蛋白激酶 A、蛋白激酶、糖原磷酸化酶等一系列酶按顺序进行逐级共价修饰激活，即级联激活，最后使上百万糖原分子同时发生降解反应。酶的可逆共价修饰调节具有以下特点：①能把调节物的效应放大，是体内最经济有效的快速调节方式；②能把胞外的信号与胞内的代谢联系起来，是细胞信号转导系统的重要参与者。与别构调节相比，酶的可逆共价调节稍微滞后一些，一般在数分钟或数小时后起作用。

三、酶原激活

为防止一些酶在不合适的时间、地点进入功能状态而引起细胞损伤，细胞在从 mRNA 翻译这些酶时，首先合成无活性的前体物，然后运输、分泌到特定部位；需要发挥功能时，在酶或其他因素作用下才转化为有活性的形式。无活性的前体物称为“酶原”（zymogens 或 proenzymes），如胃蛋白酶原（pepsinogen）、胰蛋白酶原（trypsinogen）、胰凝乳蛋白酶原（chymotrypsinogen）及凝血酶原等。酶原转变成有活性的酶的过程，称为酶原激活（zymogen activity）。

不同酶原激活方式不同（图 5-29）。胰凝乳蛋白酶原多肽链由 245 个氨基酸残基组成，具有 5 对二硫键。在胰脏细胞刚合成时，胰凝乳蛋白酶原没有活性，当分泌到小肠后，在胰蛋白酶作用下，它的 Arg_{15} 和 Ile_{16} 之间断裂，形成活性高但不稳定的 π-胰凝乳蛋白酶；π-胰凝乳蛋白酶自我催化，去掉 2 个二肽（Ser_{14}-Arg_{15}，Thr_{147}-Asn_{148}），形成 3 个肽链（图 5-29A）。这 3 个肽链在进行构象折叠时，新末端氨基酸残基 Ile_{16} 与内部 Asp_{194} 发生静电作用，促使 Met_{192} 从酶分子的深层移动到酶分子表面，使第 187 及第 193 残基更加舒展，同时一个疏水性口袋产生，由此形成的 α-胰凝乳蛋白酶便具备了专一性水解蛋白质的活性。

胰蛋白酶原的激活更简单一些，它由胰腺细胞分泌进入小肠后，在 Ca^{2+} 和肠激酶（enterokinase）作用下受到激活，Lys_6-Ile_7 之间肽键断裂，在氨基末端移去一个酸性六肽：Val-$(Asp)_4$-Lys（图 5-29B），即可形成活性酶的构象。可见，酶原激活虽然方式不同，但实质一样，都是发生专一性蛋白质水解，除去阻碍形成活性构象的肽段，促使酶活性中心形成。酶原激活既涉及一级结构的变化，也涉及高级结构的变化。

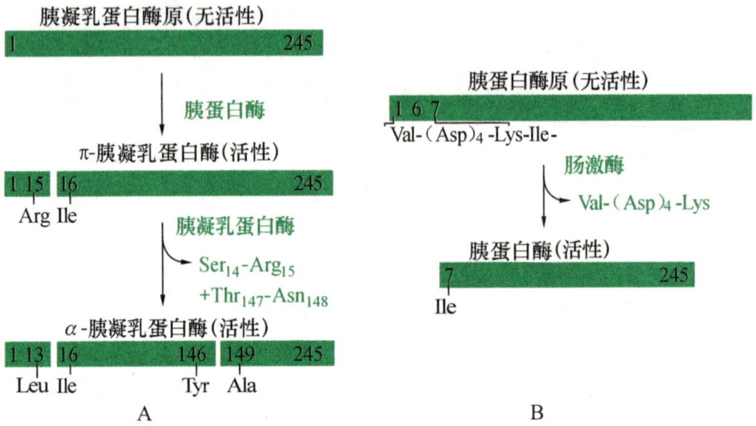

图 5-29 胰凝乳蛋白酶原和胰蛋白酶原的激活

酶原激活是生物体的一种酶活调节机制,具有重要的生物学意义。在细胞中某些酶以酶原的形式合成和储存,这一方面可以保护合成这些酶的细胞免受损伤;另一方面在机体需要这些酶时,酶原可被迅速分泌并激活,参与消化、血液凝固和生长发育等生理过程。酶原激活出现异常可导致疾病产生。出血性胰腺炎就是由于胰蛋白酶原在未进入小肠时提前被激活,使胰腺细胞蛋白质发生了自我降解,从而导致胰腺出血、肿胀。酶原激活不仅出现在消化系统,其他一些生理过程也有此类现象。蝌蚪发育为蛙时尾巴消失涉及前胶原酶(procollagenase)的激活和该酶对尾巴中胶原蛋白的水解。

酶原激活是一个不可逆过程,活性酶的失活由专一性抑制剂完成。胰脏中有丰富的胰蛋白酶抑制剂,为多肽,相对分子质量为 6×10^3,可以防止酶原在胰脏中提前活化。用胰蛋白酶抑制剂可以治疗胰腺炎。在肺部组织中存在一类 α-抗蛋白酶(α-antiproteinase),分子质量为 53 000,它能抑制弹性蛋白酶的活性,保护肺组织。如果吸烟过多,α-抗蛋白酶就会明显减少,弹性蛋白酶就会严重破坏肺组织。

四、调节蛋白

有些蛋白质通过对酶活性的直接激活或抑制来控制反应的进行,被称为调节蛋白(control protein)。如钙调蛋白(calmodulin, CaM),一个由 148 个氨基酸残基组成的单亚基蛋白,它对细胞内的 Ca^{2+} 浓度敏感,当 Ca^{2+} 水平提高时,钙调蛋白与之结合转变为活化态;活化后的钙调蛋白与靶酶结合,通过构象变化消除后者存在的自抑制结构域,从而将靶酶激活。钙调蛋白适应于调节细胞内的快速反应,不适于调节长时间的慢反应,因为细胞内 Ca^{2+} 持续增加是有害的。钙调蛋白的靶酶有多种,如 CaM 依赖性蛋白激酶、平滑肌肌球蛋白激酶等。

五、同工酶

在与代谢调节关系密切的酶中,除了调节酶外,还有一类同工酶(isozyme)。同工酶是指催化同一种化学反应,但酶结构和性质(理化性质、免疫性质、K_m 等)不同的一组酶。它们存在于生物的同一种属或同一个体的不同发育阶段,或同一发育阶段的不同组织,在细胞发育及代谢调节中起重要作用。同工酶普遍存在于动植物体及微生物中。

同工酶对器官代谢具有精细调节作用。一个典型的例子是哺乳动物的乳酸脱氢酶(lactose dehydrogenase,LD)。该酶催化丙酮酸转化为乳酸,这是碳水化合物代谢中一个关键反应(见第十一章)。用凝胶电泳分离脊椎动物各组织的 LD,发现有 5 种同工酶,它们都含有 4 个亚基,由 H、M 2 种亚基的不同组合形成(图 5-30)。

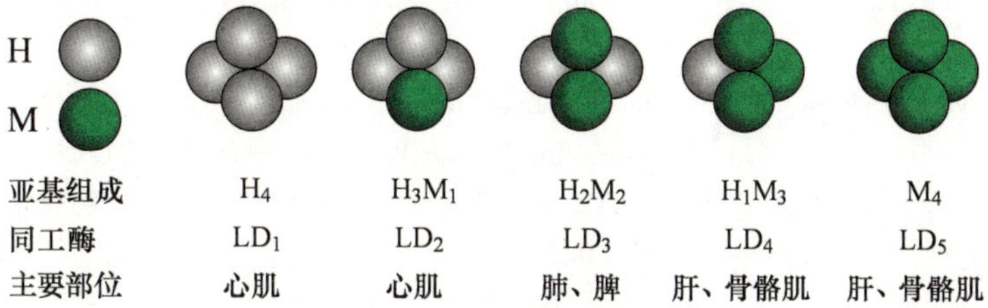

图 5-30 乳酸脱氢酶同工酶

心肌中富含 $LD_1(H_4)$,LD_1 对乳酸的 K_m 比丙酮酸低,这很适合它在那里将乳酸氧化为丙酮酸,因为心脏中氧气充足,有氧代谢旺盛,利于乳酸脱氢反应。骨骼肌富含 $LD_5(M_4)$,LD_5 对丙酮酸的 K_m 比乳酸低,这很适合它在那里将丙酮酸还原为乳酸,因为骨骼肌容易缺氧,需要将丙酮酸还原成乳酸,以维持糖酵解的正常进行(见第十一章)。由此可见,同工酶虽然做相同的"工作"(即催化同一个反应),分子结构却不相同,它们可以执行丰富多彩的生理功能以满足不同器官代谢需要。

同工酶对代谢的精细调节作用还可以天冬氨酸激酶为例说明(图 5-31)。在大肠杆菌中,天冬氨酸激酶(AK)将 ATP 的磷酸基团转移到天冬氨酸上形成磷酸天冬氨酸,该中间产物是合成 Met、Thr 和 Lys 的共同前体,分别通过 3 个分支途径完成。试想,如果细胞中的 Lys 已过剩而 Thr 还缺乏,天冬氨酸激酶是继续催化反应还是终止反应呢?显然两种情况都不适合细胞代谢需要。天冬氨酸激酶同工酶能很好地解决这个矛盾。该酶有 3 种同工酶:AKⅠ受 Thr 的专一性抑制,AKⅡ受 Met 的特异抑制,AKⅢ受 Lys 的专一性抑制。它们的分子结构和作用机理不同,三者协同作用,并与其他调节环节相互配合,这样就不会因一种产物过剩而影响其他产物的生成。可见,同工酶的精细调节可使细胞代谢更灵活自如。

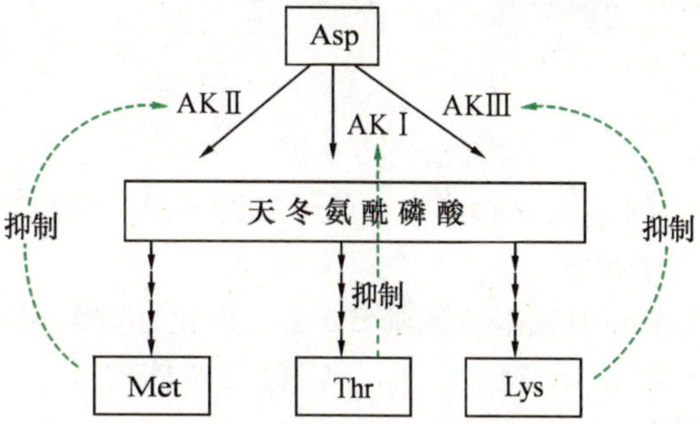

图 5-31 天冬氨酸激酶同工酶受不同产物的抑制

同工酶是在生物进化过程中适应组织分化的基因表达产物,有些在基因序列上存在差异,有些在时空表达上不同,有些则是因酶分子不同修饰造成的差异。研究同工酶不仅有利于揭示个体发育、组织分化及遗传变异中的分子事件,而且对医疗诊断、植物杂交优势组合预测等具有重要的实际意义。比如,心脏产生疾病时 LD_1、LD_2 增加,LD_3、LD_5 降低;肝硬变时 LD_1、LD_3 和 LD_5 均升高。

参考文献

1. 朱圣庚,徐长法．生物化学. 4 版. 北京:高等教育出版社,2016.
2. Berg J M,Tymoczko J L,Stryer L. Biochemistry. 7th ed. New York:W. H. Freeman and Company,2012.
3. Boyer R. Concepts in Biochemistry. 4th ed. Asia:John Wiley and Sons Inc, 2006.
4. Moran L A,Horton H R,Scrimgeour K G,et al. Principle of Biochemistry. 5th ed. International:Pearson Education Inc(Asia),2012.
5. Nelson D L,Cox M M. Lehninger Principles of Biochemistry. 7th ed. New York:Worth Publishers,2017.
6. Voet D,Voet J G. Biochemistry. 3rd ed. International:John Wiley and Sons Inc,2004.
7. 李刚,昌增益. 国际生物化学与分子生物学联盟增设第七大类酶:易位酶. 中国生物化学与分子生物学报,2018,34(12):I-II.

二维码 5-1 胰凝乳蛋白酶的作用机理

思 考 题

一、填空

1. 溶菌酶的活性中心关键氨基酸残基有________和________。

2. 国际酶学委员会将酶分为七大类,包括氧化还原酶、转移酶、__________酶、裂合酶、________酶、连接酶和易位酶。

3. 有机磷农药是乙酰胆碱酯酶的________抑制剂。

二、单选

1. 当底物饱和时,一个酶活性中心催化一分子底物形成产物所用的时间是________。

A) K_m　　B) K_{cat}　　C) $1/K_m$　　D) $1/K_{cat}$

2. 胰凝乳蛋白酶活性中心中氨基酸残基 Ser-195 催化肽键断裂主要依赖于________。

A)金属离子催化　　B)诱导契合　　C)强的亲核攻击　　D)以上都不对

3. 延胡索酸酶具有酶的________。

A)绝对专一性　　B)相对专一性　　C)几何异构专一性　　D)前手性专一性

三、问答题

1. 研究人员在对某蛋白质进行纯化时,采用了下列表格中显示的纯化策略,并获得了相应的数据。请解释酶的总活力、比活力、纯化倍数及产率,并填写表格中空缺的数据。

纯化步骤	总蛋白(mg)	总活力(U)	比活力(U/mg)	产率(%)	纯化倍数
酶粗提液	60000	300000	5	100.00	1
硫酸铵分级分离	18400	276000	15	0.92	3
离子交换柱层析	5112	230040		0.77	9
凝胶过滤层析	275	149875	545		
亲和层析	3.5		20000	0.23	4000

2. 称取 25 mg 蛋白酶配成 25 mL 蛋白酶溶液，取 2 mL 该溶液测得含蛋白氮 0.2 mg。另取 0.1 mL 该溶液测酶活力，结果每小时可以水解 1 500 μg 酪蛋白。假定定义 1 个酶活力单位为每分钟分解 1 μg 酪蛋白的酶量。请计算酶溶液的蛋白质浓度和酶的比活力。

3. 请简述酶活性中心的特点。

第六章

维生素与辅酶

维生素(vitamin)是维持生物正常生长、发育和代谢所必需的一类小分子微量有机化合物,大多需要从食物中摄取。维生素与糖、脂、蛋白质和核酸等生命物质不同,既不是细胞的构建材料,也不作为能量物质,需要量很少(mg,μg),但作用很大。

早在 6～7 世纪,我国劳动人民就懂得食用动物肝治疗夜盲症。现在知道动物肝治疗夜盲症是因其富含维生素 A。关于维生素功能的科学研究是从动物的饲养试验开始的。1906 年,英国科学家 F. G. Hopkins 发现,用含有糖、蛋白质、脂肪、矿物质的纯化饲料并不能养活实验动物,提出"vitamin"这个概念,这激发了许多科学家的兴趣,继而发现了多种维生素,成为 20 世纪上半叶生物化学领域的三大发现(另两种为激素、酶)之一。

维生素有多种,具有丰富的生理生化功能,有的直接发挥作用,有的掺入辅酶(或辅基)结构中。生物体缺乏维生素会引发代谢障碍,导致维生素缺乏症;但过量摄取维生素也会出现维生素毒性(vitamin toxicity)。注意食物营养均衡才能保障机体的正常生命活动。

维生素分子结构差异很大,不宜就分子特点分类,一般按溶解性将其分为水溶性和脂溶性两大类。水溶性维生素包括 B 族维生素、维生素 C 和生物素等,脂溶性维生素包括维生素 A、维生素 D、维生素 E、维生素 K 等。

第一节　水溶性维生素

在水溶性维生素中,B 族维生素不仅种类繁多,而且多构成辅酶或辅基,在脱氢、脱羧、羧化、转氨、基团转移等一系列生物化学反应中起重要作用。

一、焦磷酸硫胺素和维生素 B_1

维生素 B_1 化学名称为硫胺素(thiamine),是由一个含氨基的嘧啶环和一个噻唑环构成的化合物。在机体中,硫胺素经硫胺素激酶催化,转变为焦磷酸硫胺素(thiamine pyrophosphate,TPP)(图 6-1)。

TPP 中的噻唑环 C_2 失去 H^+ 形成负碳离子,它是很好的亲核基团。TPP 是脱羧酶(如丙酮酸脱羧酶)的辅酶,协助进行共价催化,在维持正常糖代谢中发挥重要作用。

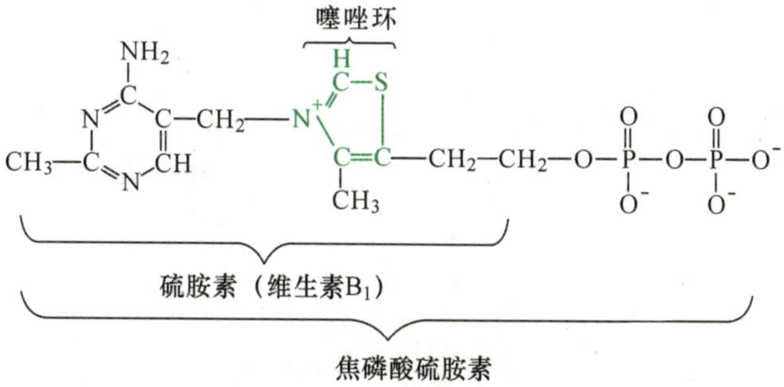

图 6-1　焦磷酸硫胺素

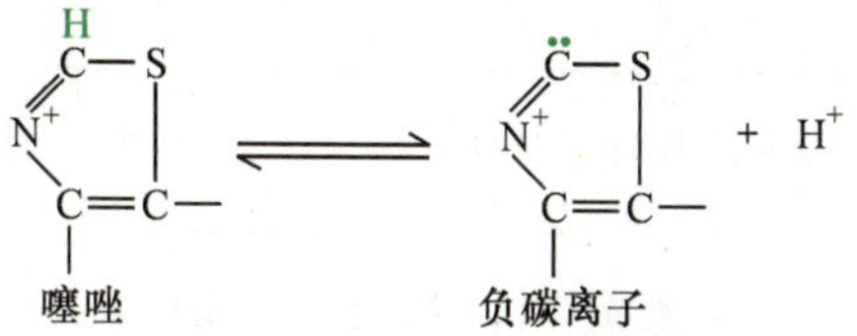

若机体缺乏维生素 B_1，糖代谢受阻，丙酮酸、乳酸就会在组织中积累，从而影响心血管和神经组织的正常功能，导致通常所说的脚气病（不同于真菌引起的“脚气”——脚癣），出现多发性神经炎、皮肤麻木、心力衰竭、下肢水肿等症状。此外，维生素 B_1 还有抑制胆碱酯酶活性的作用，这种抑制有利于维持正常的消化腺分泌和胃肠道蠕动，缺乏维生素 B_1 引起食欲不振、消化不良的原因就在此。

维生素 B_1 在谷物种子外皮中富含，酵母以及瘦肉中含量也很高。维生素 B_1 在酸性条件下耐一定高温。摄食粗粮有利于补充维生素 B_1，烹饪时加醋有利于保持食物中维生素 B_1 的活性。

二、FMN、FAD 和维生素 B_2

维生素 B_2 化学名称为核黄素（riboflavin），是 7，8 -二甲基异咯嗪与一分子核糖醇构成的黄色物质。活性部位是异咯嗪环 N_1 和 N_5 之间的两个双键。

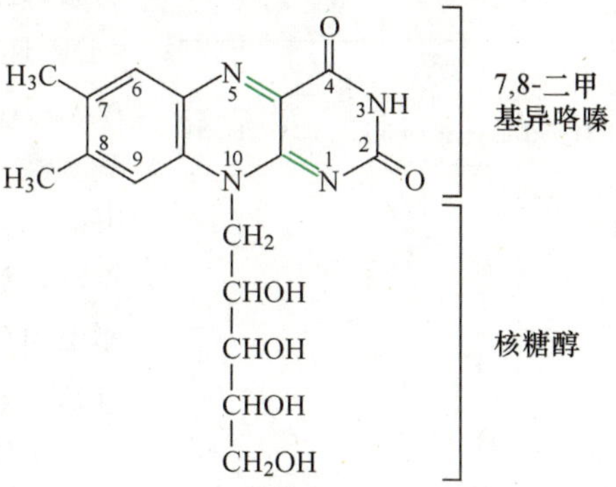

核黄素

机体内，核黄素主要以 2 种形式存在：黄素单核苷酸（flavin mononucleotide，FMN）和黄素腺嘌呤二核苷酸（flavin adenine dinucleotide，FAD）。FMN、FAD 为氧化型，接收 2 个氢原子（$2H^+$，2e）后转变为还原型 $FMNH_2$ 和 $FADH_2$（图 6-2）。

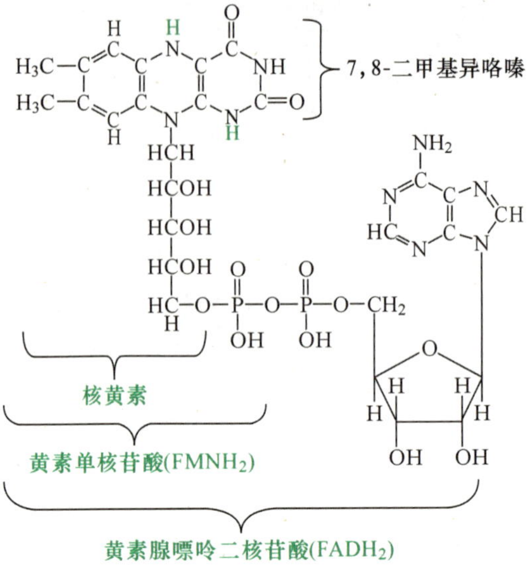

图 6-2　FMN、FAD 与维生素 B_2 的关系

FMN、FAD 常作为脱氢酶(如 NADH 脱氢酶、琥珀酸脱氢酶)的辅基,通过氧化态与还原态的互变参与氧化还原反应,促进糖、脂肪等物质代谢。缺乏维生素 B_2,机体代谢强度降低,表现为口角炎、舌炎等症状。

维生素 B_2 广泛存在,蛋黄、乳类、大豆含量丰富。维生素 B_2 耐一定高温,但易被光分解,因此,维生素 B_2 通常在棕色瓶子中保存。

三、辅酶 A 和维生素 B_5

维生素 B_5 又名泛酸(pantothenic acid),广泛存在于生物体,由 β-丙氨酸与 α,γ-二羟-β,β-二甲基丁酸缩合而成。

泛酸的 γ-羟基发生磷酸化,另一端的羧基与巯基乙胺以酰胺键相连,形成磷酸泛酰巯基乙胺;之后通过磷酸基团与 3′,5′-ADP 连接形成辅酶 A(coenzyme A,CoA)(图 6-3)。CoA 是典型的酰基载体,活性基团是巯基。CoA 可以和羧酸的羧基形成硫酯(thioester),如乙酰 CoA、脂酰 CoA 等重要中间代谢物。硫酯碳带有部分正电荷,羰基氧具有部分负电荷,使邻近α-碳原子上的氢原子趋向于解离出一个质子,而使 α-碳原子也带负电荷,因此硫酯键非常活跃,属于高能键(详见第十章)。缺乏维生素 B_5 易掉毛发、脱皮。

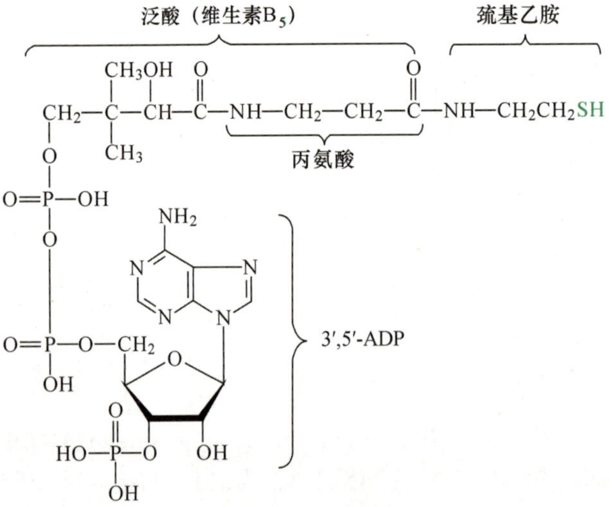

图 6-3　辅酶 A

维生素 B_5 广泛存在于各类食物中，花生、豌豆、蜂王浆中富含，动物肠道细菌也可以合成，一般不会缺乏。

四、NAD^+、$NADP^+$ 和维生素 B_3

维生素 B_3 又称维生素 PP，包括烟酸（尼克酸）和烟酰胺（尼克酰胺）两种，二者均为吡啶衍生物，主要以酰胺形式存在，结构如下：

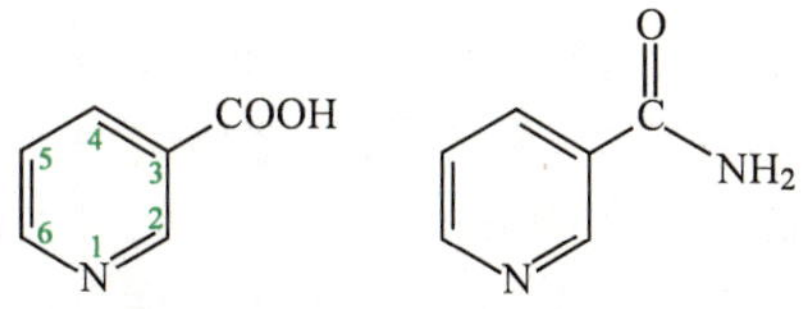

烟酸　　烟酰胺

在体内，烟酰胺转变成辅酶Ⅰ（CoⅠ）和辅酶Ⅱ（CoⅡ）发挥作用。CoⅠ即烟酰胺腺嘌呤二核苷酸（nicotinamide adenine dinucleotide，NAD），CoⅡ是烟酰胺腺嘌呤二核苷酸磷酸（nicotinamide adenine dinucleotide phosphate，NADP）。因烟酰胺吡啶环上氮原子与核糖共价连接后带正电荷，因此，在书写这两个辅酶时分别表示为 NAD^+ 和 $NADP^+$（图 6 - 4）。

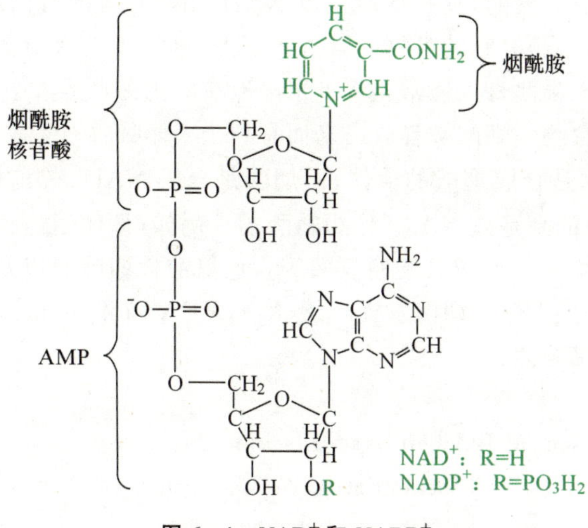

图 6 - 4　NAD^+ 和 $NADP^+$

NAD^+ 和 $NADP^+$ 为氧化形式，可接受氢负离子（：H^-），即 1 个质子和 2 个电子，转变为还原形式的 NADH 和 NADPH。CoⅠ和 CoⅡ通过氧化型和还原型的改变传递氢负离子，作为脱氢酶的辅酶发挥作用。缺乏维生素 B_3 易患皮炎、呆傻、糙皮病等。

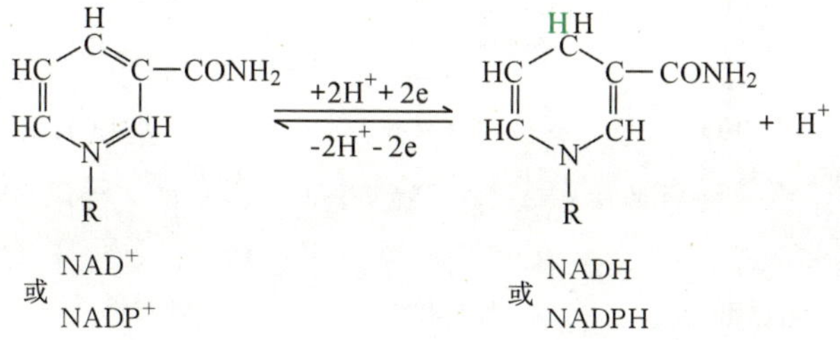

维生素 B_3 普遍存在于食物中，以豆类、肉产品富含，而且对酸、碱和热稳定，因此，一般不会缺乏。

知识拓展框

烟酸与糙皮病

维生素缺乏会引发各种疾病。例如，烟酸（niacin，尼克酸）缺乏会引发糙皮病（pellagra）。尽管一百年前糙皮病非常流行，但是现代社会随着人们生活水平的不断提高，很少有人患此病了，只有营养不良和长期酗酒的人得此类疾病才比较普遍；那些患有小肠疾病，色氨酸吸收障碍的哈特纳普病（Hartnup）以及神经性厌食症的患者也会得糙皮病。

18 世纪早期，糙皮病最先发生在那些以种植和食用玉米为生导致的严重缺乏烟酸的欧洲农民身上。糙皮病的典型症状是皮肤有红疹，腹泻及神经性问题，诸如抑郁或者记忆衰退等。起初，人们认为是玉米感染了病毒，进而人食用玉米受到感染而导致的糙皮病发生。然而在 20 世纪初，营养学家提出以玉米为主食的饮食方式导致某种维生素缺乏是引发糙皮病的主要原因。随后，生物化学专家表明这种体内缺乏的维生素就是烟酸。实际上，玉米籽粒中是含有烟酸的，只是烟酸是以 NAD^+/NADH 的蛋白结合状态存在，这种结合形式减少了人体小肠对它的吸收。但与欧洲人不同，以玉米为主食的墨西哥人就很少患糙皮病，原因在于墨西哥人通常先将玉米浸泡在氧化钙水溶液中，在后续进一步的加工过程中，由于加热食物使烟酸被释放出来而有利于人体吸收。

色氨酸代谢产物是合成烟酸的前体，而烟酸是合成 NAD^+ 的前体。在生物体内，许多催化氧化还原反应的酶是以 NAD^+ 作为辅酶的。例如：糖代谢途径中丙酮酸脱氢酶复合体、异柠檬酸脱氢酶和 α-酮戊二酸脱氢酶等。色氨酸代谢障碍以及各种导致烟酸摄入缺乏等情况都将阻碍上述糖代谢酶发挥功能，影响 TCA 循环，降低 ATP 的生成，进而引发腹泻、皮炎以及痴呆等症状。

Peter R. Netter's Essential Biochemistry. Elsevier，2018.
Miesfeld R L，McEvoy M M. Biochemistry. W. W. Norton & Company Inc，2017.

五、转氨酶的辅酶——磷酸吡哆醛是维生素 B_6 的衍生物

维生素 B_6 属于吡啶衍生物，包括 3 个成员——吡哆醇、吡哆醛和吡哆胺，它们在体内可以相互转化。

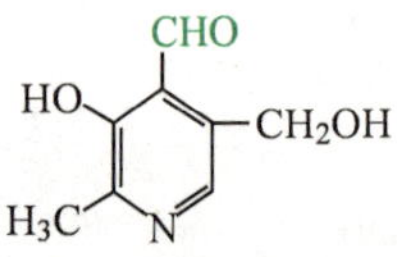

吡哆醛

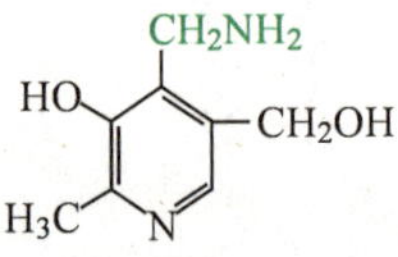

吡哆胺

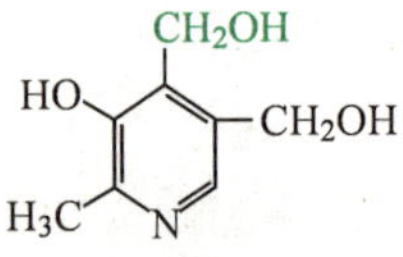

吡哆醇

维生素 B_6 经磷酸化作用转变为相应的磷酸酯——磷酸吡哆醛(pyridoxal phosphate, PLP)和磷酸吡哆胺(pyridoxamine phosphate, PMP)等，这些磷酸酯形式之间也可以相互转变。磷酸吡哆醛、磷酸吡哆胺主要在氨基酸代谢中作为转氨酶的辅酶，作用是转移氨基(详见第十三章)。如在转氨酶催化下，磷酸吡哆醛作为氨基的载体参与氨基酸和 α - 酮酸的转氨作用；磷酸吡哆胺在逆反应中作为氨基的供体使 α - 酮酸转变为相应的 α - 氨基酸。若缺乏维生素 B_6，蛋白质代谢将出现紊乱。

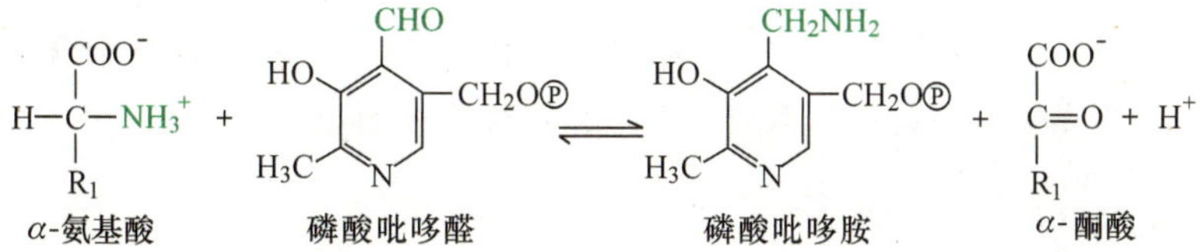

维生素 B_6 广泛存在于动、植物，如肝、蛋黄、肉、鱼中，尤其谷皮中含量丰富。肠道细菌也能合成维生素 B_6，一般不会缺乏。

六、生物素

生物素(biotin)即维生素 B_7(图 6-5)，又称维生素 H，其结构为带有戊酸侧链的噻吩环与一分子脲所结合的骈环，活性位点在 N_1 上。

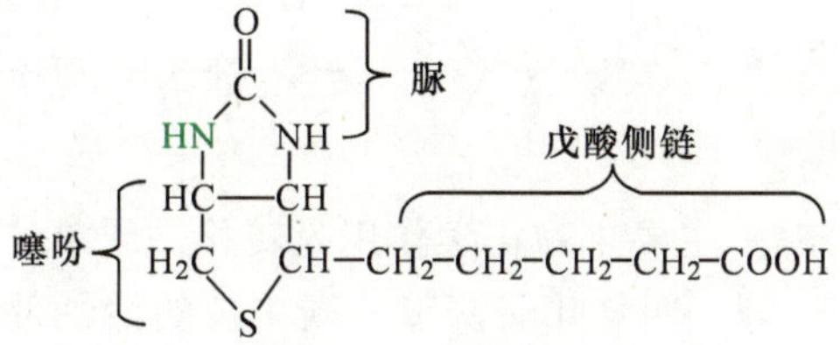

图 6 - 5 生物素

生物素是多种羧化酶的辅基，作为活化的羧基载体参与羧化反应，其羧基与酶蛋白中赖氨酸残基的 ε - 氨基以酰胺键相连。反应时，CO_2 首先与脲环上的活性位点氮原子结合，然后再转给适当的受体(如丙酮酸)以完成羧化反应(图 6 - 6)。若缺乏生物素，导致毛发脱落，皮肤容易发炎。

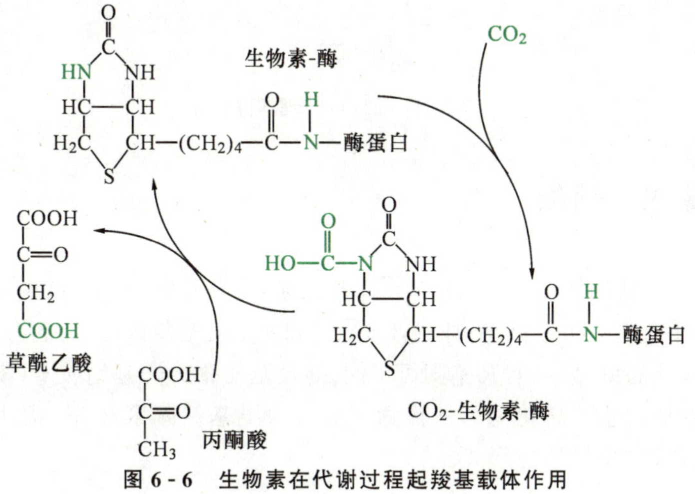

图 6 - 6 生物素在代谢过程起羧基载体作用

生物素广泛分布于动、植物，人体肠道细菌也可合成，一般不会缺乏。人们常将生物素与某蛋白质共价连接使之“生物素化”，然后利用抗生物素蛋白(avidin)与生物素专一结合的特性，用酶标-avidin对目标蛋白进行追踪鉴定。生食大量鸡蛋会引起生物素缺乏，这是因为生鸡蛋清富含抗生物素蛋白，它们与生物素结合使后者丧失活性。

七、四氢叶酸是维生素 B_{11} 的衍生物

叶酸(folic acid)又称维生素 B_{11}，广泛存在于生物界，因为在植物绿叶中含量丰富而得名。叶酸分子由 6 - 甲基蝶呤、对氨基苯甲酸与 *L* - 谷氨酸连接而成。

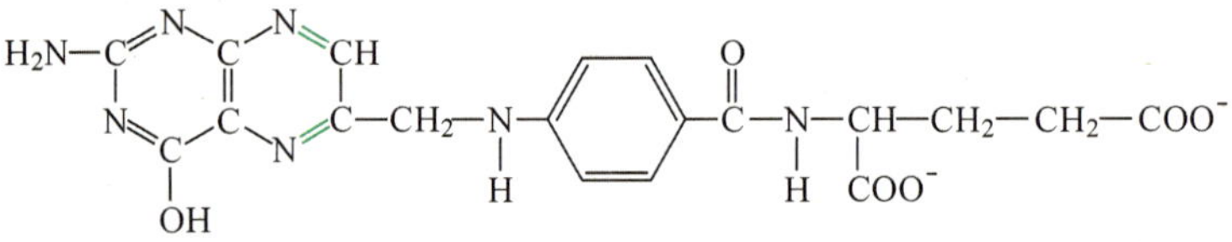

叶酸加氢后的还原产物——5，6，7，8 - 四氢叶酸(tetrahydrofolate，THF)是叶酸的活性形式，分子结构如下：

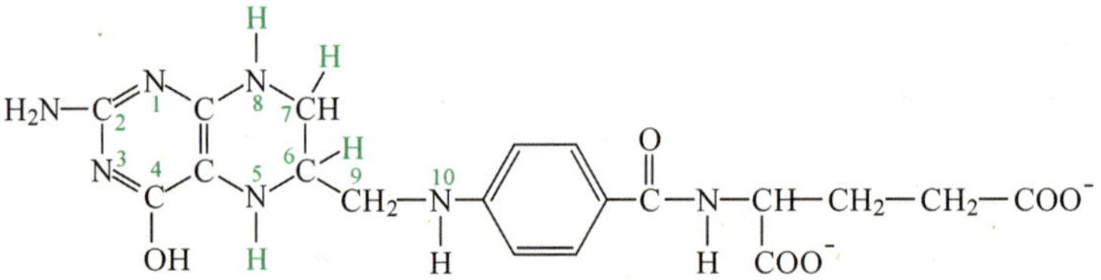

四氢叶酸是转移酶的辅酶，主要生物化学作用是转移一碳单位(one-carbon unit)，如甲基($—CH_3$)、亚甲基($—CH_2—$)等。四氢叶酸携带一碳单位的活性部位是 N^5，N^{10}。N^5，N^{10}- 亚甲基四氢叶酸作为亚甲基的载体参与甘氨酸转变成丝氨酸等反应(详见第十三章)。

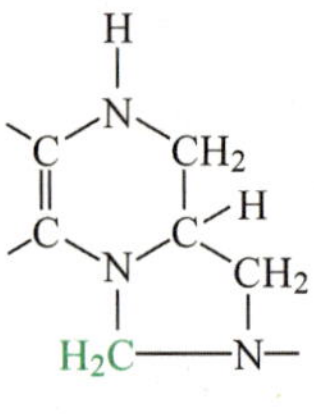

N^5，N^{10} - 亚甲基四氢叶酸

八、维生素 B_{12} 辅酶

维生素 B_{12} 又称钴胺素(cobalamin)，分子结构复杂，含有咕啉环(corrin ring)。咕啉环很像血红素的卟啉环，但中心是一个三价 Co 原子，Co 除了和 4 个吡咯氮配位外，还有 2 个配位键：一个是二甲基苯并咪唑基的氮；另一个 R 基则可不同，为羟基时称为羟基钴胺素(图 6 - 7)。

维生素 B_{12} 在体内主要转化为两种辅酶形式——甲基钴胺素和 5′ - 脱氧腺苷钴胺素，后者是维生素 B_{12} 辅酶的主要活性形式。

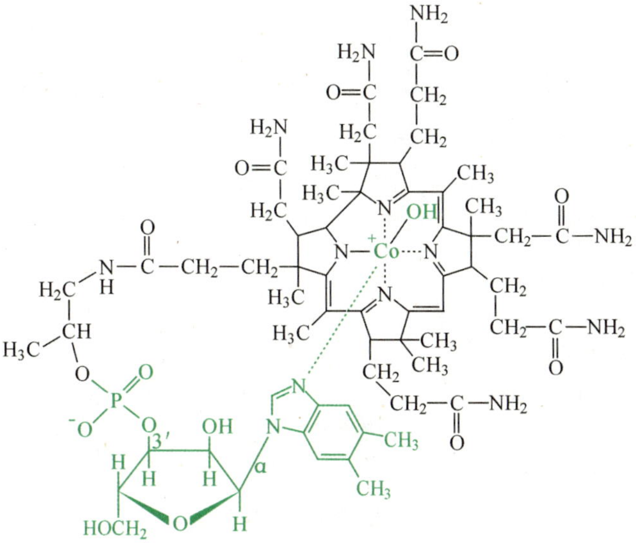

图 6-7　维生素 B_{12}

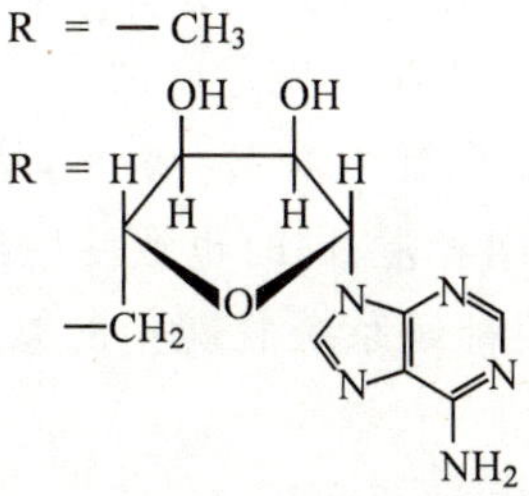

甲基钴胺素

5′-脱氧腺苷钴胺素

维生素 B_{12} 辅酶参与分子内基团重排、转甲基等十多种生物化学反应。如甲基钴胺素在高半胱氨酸转变为甲硫氨酸的过程中起甲基转移作用；5′-脱氧腺苷钴胺素是多种变位酶的辅酶（详见第十二章），将一个碳原子上的—H 或—R 基团转移到邻近碳原子上，所催化反应简示如下：

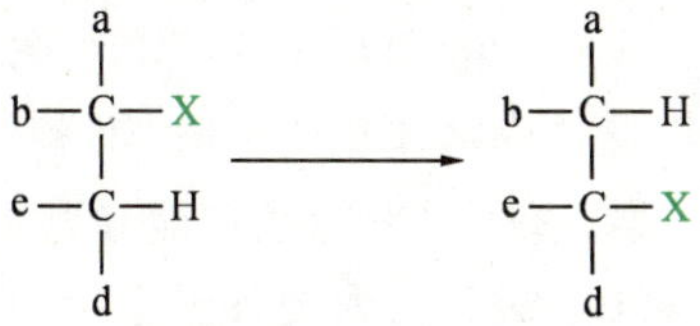

维生素 B_{12} 参与 DNA 合成，对红细胞成熟很重要。缺乏维生素 B_{12}，易患恶性贫血病。肉、蛋、鱼、奶等都富含维生素 B_{12}，人体肠道细菌也可合成，一般不会缺乏。

知识拓展框

人体维生素 B_{12} 吸收和利用

人体主要通过摄食动物组织获得维生素B_{12}。在胃蛋白酶和胃酸的作用，维生素B_{12}

从食物中游离出来。胃黏膜细胞能够产生糖蛋白内因子(intrinsic factor),该蛋白与维生素 B_{12} 结合,以复合物的形式进入回肠。在回肠中,维生素 B_{12} 与内因子分离被吸收进入血液,与血液中特殊的血清蛋白一运钴胺素蛋白(transcobalamin,TC)结合形成复合物维生素 B_{12}—TC 进行运输。当复合物与靶细胞膜上特定受体识别结合,则被细胞摄取。维生素 B_{12}—TC 进入细胞后 TC 部分可被溶酶体消化,继而游离出维生素 B_{12},进一步参与细胞内各类生化反应。

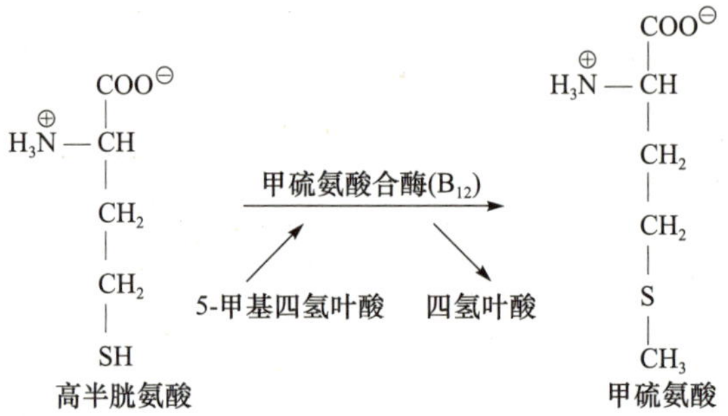

维生素 B_{12} 是甲硫氨酸合酶的辅酶,接受来自 5-甲基四氢叶酸的甲基,继而转给高半胱氨酸生成甲硫氨酸,同时完成四氢叶酸的再生。四氢叶酸是一碳单位的载体,在氨基酸代谢和核苷酸代谢中发挥重要的作用。如果维生素 B_{12} 缺乏,将可能导致四氢叶酸再生受阻,继而导致与四氢叶酸相关物质的代谢异常;同时也致使甲硫氨酸和 S—腺苷甲硫氨酸水平降低,影响磷脂酰胆碱的合成,致使神经系统脱髓鞘的修复不能正常进行,进而导致神经方面的疾病。

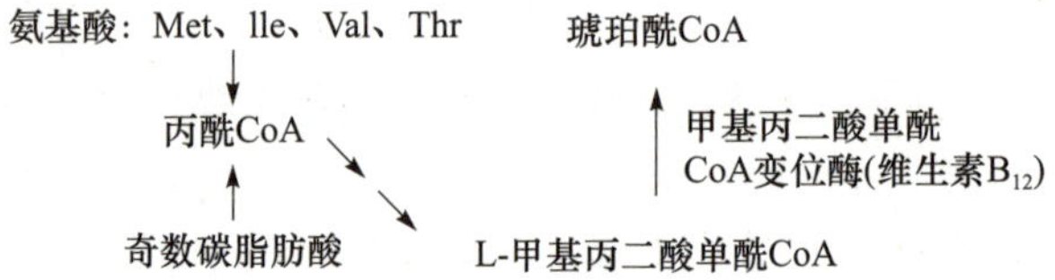

奇数碳脂肪酸降解,蛋白质氨基酸 Met、Ile、Val 和 Thr 降解均产生丙酰 CoA,后者在酶作用下进一步代谢生成 *L*-甲基丙二酸单酰 CoA,该代谢产物在甲基丙二酸单酰 CoA 变位酶(辅酶是维生素 B_{12})催化下生成琥珀酰 CoA。如果人体缺乏维生素 B_{12} 将导致血清中甲基丙二酸单酰 CoA 的积累,进而引发神经功能异常。

2014 年有研究报道,维生素 B_{12} 缺乏与人类神经系统、血液系统和代谢等疾病密切相关,如与认知功能障碍相关的阿尔茨海默病、血管性痴呆、恶性贫血、高半胱氨酸血症和甲基丙二酸尿症等。通常情况下,人体是不缺乏维生素 B_{12} 的。但是一些特殊的人群,包括完全的素食者、先天性维生素 B_{12} 吸收障碍人群、患有某些疾病导致维生素 B_{12} 吸收障碍人群、孕妇以及长期服用二甲双胍导致血清中维生素 B_{12} 水平下降的人群,维生素 B_{12} 缺乏现象是普遍存在的。2018 年,有报道认为,维生素 B_{12} 缺乏在老年人中的发生率越来越高,进而引发了老年人多种疾病的产生,提出检测老年人血清中的维生素 B_{12} 含量非常有必要,并指出探索维生素 B_{12} 在特定疾病中的补充时间、剂量以及维生素 B_{12} 与其他系统疾病的关系对人类健康很重要。

拖伊(Toy C E)等.生物化学案例 53 例.3 版.北京:北京大学医学出版社,2015.

冯晓婷.维生素 B_{12} 缺乏与相关疾病的关系.中国实用神经疾病杂志,2014,17(1):96-99.

白姗姗,王冰心,张佳佳,等.维生素 B_{12} 缺乏在老年人中的研究进展.World Latest Medicine Information(Electronic Version),2018,18(6):68-69.

九、硫辛酸

在生物化学反应中,还有一些重要的辅酶、辅基,虽然并不属于维生素,但对于某些细菌和原生动物来讲,是生长必需因子,如硫辛酸(lipoic acid)。硫辛酸是一种含 2 个硫的八碳酸,有氧化型和还原型(二氢硫辛酸)2 种形式,2 种形式之间通过接受和失去 2 个氢原子相互转化。

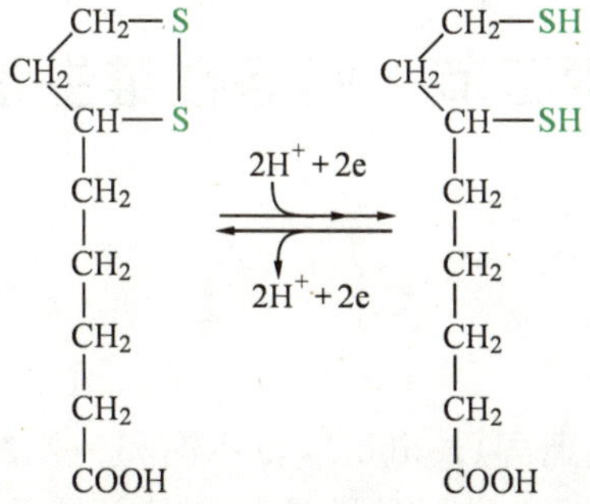

二氢硫辛酸的羧基和酶蛋白赖氨酸的 ε - 氨基以酰胺键结合,作为脱氢酶的辅基传递氢和电子,或作为酰基载体发挥作用。

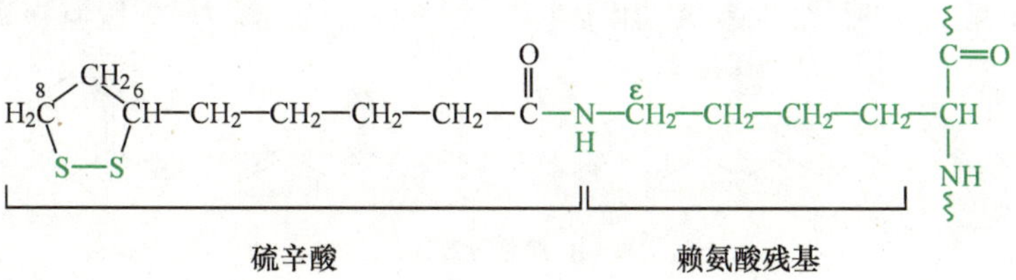

十、维生素 C

维生素 C 又名抗坏血酸(ascorbic acid),是一个含 6 个碳原子的酸性多羟基化合物,有不对称碳原子,自然界存在的具有生理活性的是 *L* - 维生素 C。维生素 C 有还原和氧化 2 种形式,二者之间可以发生相互转变。

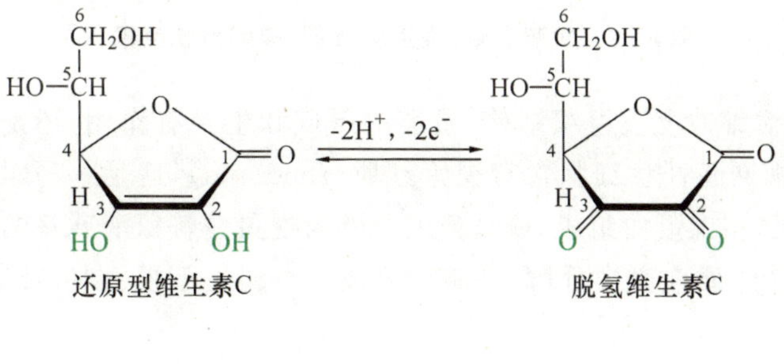

在还原型维生素 C 中，C_2 位和 C_3 之间有一个双键，2 个烯醇式羟基极易解离出 H^+ 和电子，氧化成酮式即脱氢维生素 C。因此，维生素 C 是生物体一种强还原剂，其生化功能是作为氢的供体或受体，通过参与氧化还原反应起作用。维生素 C 有多种生理作用，如保持巯基酶、谷胱甘肽的活性，使机体处于良好状态；保持血红蛋白血红素辅基中铁原子的还原状态，使食物中难以吸收的 Fe^{3+} 还原为易于吸收的 Fe^{2+}；恢复因参与捕获自由基而造成的活性维生素 E 的降低等。不仅如此，维生素 C 还参与羟基化反应，在胶原蛋白合成、胆固醇代谢、芳香族氨基酸代谢以及机体免疫反应等方面具有重要作用。

缺乏维生素 C 易引发坏血病，其症状为创伤溃疡不易愈合，骨骼和牙齿易于折断或脱落，毛细血管通透性增大，皮下、黏膜易出血等。维生素 C 广泛存在于生物体，但少数脊椎动物如人和其他灵长类、豚鼠等除外，这些生物必须从食物中摄取。

第二节　脂溶性维生素

一、维生素 A

维生素 A 的化学名称是视黄醇（retinol），为不饱和一元醇，基本结构单位是异戊二烯。维生素 A 主要来自动物食品，在肝、乳制品及蛋黄中富含，鱼肝油中含量尤其丰富。胡萝卜、绿叶蔬菜等所含的 β - 胡萝卜素在动物小肠内可以转化为维生素 A。1 分子 β - 胡萝卜素经酶氧化裂解产生 2 分子维生素 A，因此，β - 胡萝卜素又称为维生素 A 原（图 6-8）。维生素 A 有维生素 A_1、维生素 A_2 2 种，维生素 A_2 比维生素 A_1 多一个双键，为 3 - 脱氢视黄醇。

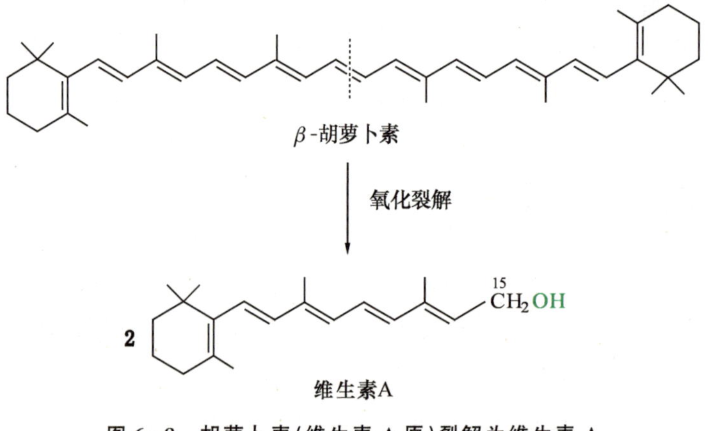

图 6 - 8　胡萝卜素（维生素 A 原）裂解为维生素 A

维生素 A 不仅对维持上皮组织结构、骨骼的形成和生长有作用，还是构成视觉细胞感光物质的成分。眼球视网膜杆状细胞含有视紫红质（rhodopin），这是一种对弱光敏感的缀合蛋白，由 11 - 顺 - 视黄醛和视蛋白组成，视黄醛的醛基与视蛋白赖氨酸残基的 ε - 氨基以 Schiff 碱形式共价结合。视紫红质在光中分解，在暗中合成。在弱光下视物时，视紫红质中的 11 - 顺 -

视黄醛感光，发生异构化反应转变为全-反-视黄醛。视黄醛是视黄醇的氧化产物，缺乏视黄醇，视紫红质不能保持正常浓度，视网膜感受弱光发生障碍，因而引发夜盲症。

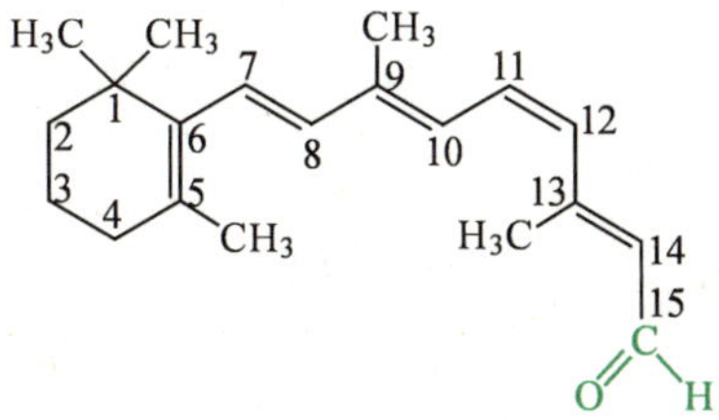

11-顺-视黄醛

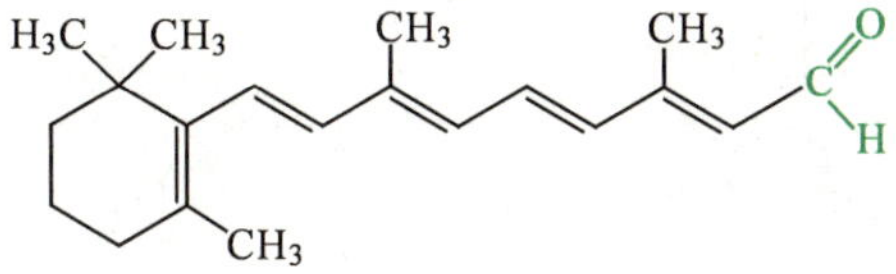

全-反-视黄醛

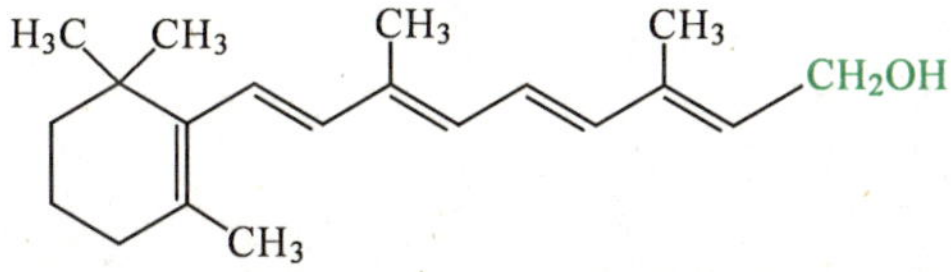

全-反-视黄醇

二、维生素 D

维生素 D 是类固醇衍生物，具有抗佝偻病的作用。维生素 D 有多种，其中以维生素 D_2 和维生素 D_3 最为重要；二者结构相似，维生素 D_2 比维生素 D_3 仅多一个甲基和一个双键。

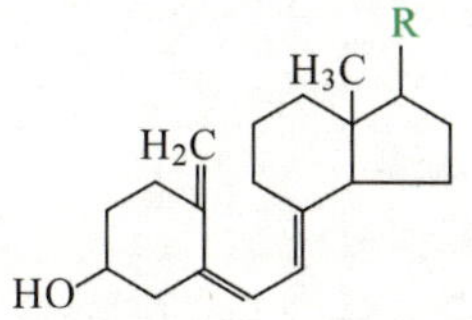

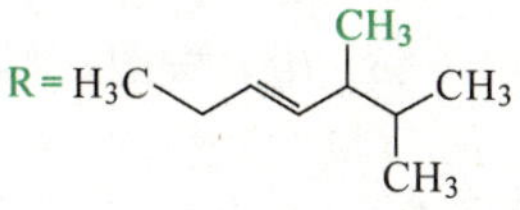

时，为维生素D_2

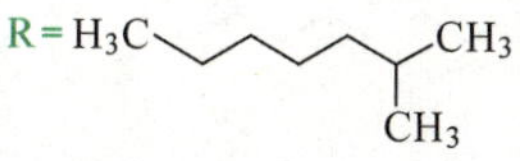

时，为维生素D_3

在人和动物皮肤中，7-脱氢胆固醇经紫外线照射可形成前维生素 D_3（pre-vitamin D_3），再转变为维生素 D_3（图 6-9）。植物性食物中所含的麦角固醇经紫外线照射后可转变为维生素 D_2。

维生素 D_3 的化学名称为胆钙化醇，在体内的活性形式是 1,25-二羟胆钙化醇，主要功能是调节钙、磷代谢，维持血钙和血磷正常浓度，促使新骨形成和钙化。缺乏维生素 D，骨骼发育不良，小儿易患佝偻病，成人易患软骨病。维生素 D 在肝、鱼、蛋黄、奶油中含量丰富，海产鱼肝油尤其丰富。补充维生素 D 的同时补钙效果更好。

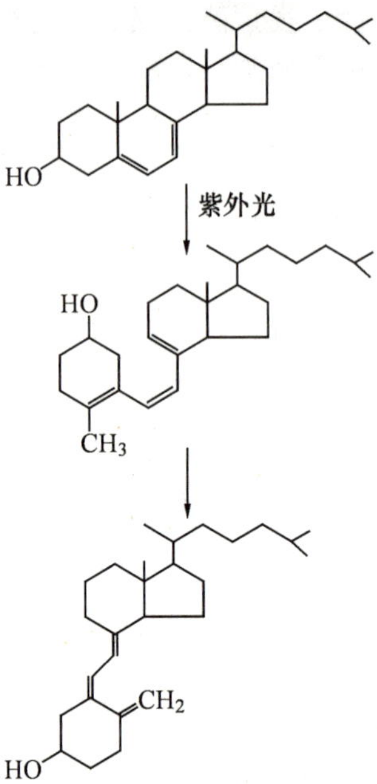

7-脱氢胆固醇

前维生素D_3

维生素D_3

图 6-9 7-脱氢胆固醇在紫外线照射下产生维生素 D_3

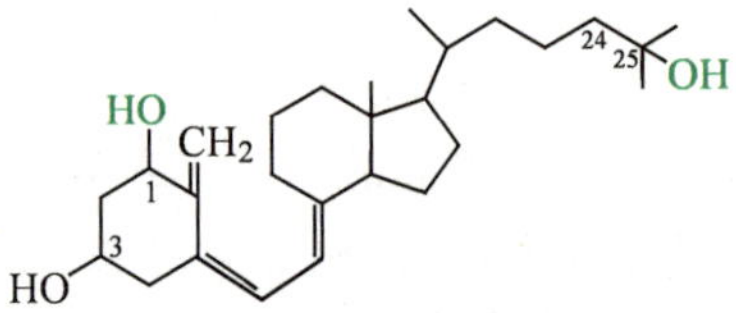

1,25-二羟胆钙化醇

三、维生素 E

维生素 E 又称生育酚(tocopherol),活性基团为酚基。维生素 E 有 8 种,因苯环上的甲基数目、位置等有所不同,分别表示为 α-、β-、γ-、δ-生育酚等。维生素 E 结构简式如下:

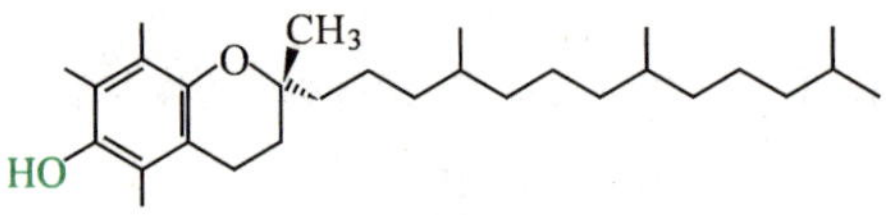

维生素E

维生素 E 极易氧化而保护其他物质不被氧化,是动物和人体中最重要的抗氧化剂和自由基清除剂。机体在正常代谢时不断产生自由基,处于逆境下时产生的更多,如羟自由基($OH^{\cdot}$)、超氧阴离子自由基($O_2^{\cdot-}$)、过氧化物自由基($ROO^{\cdot}$)等,它们有攻击细胞膜不饱和脂肪酸双键而引发过氧化反应(详见第九章)的破坏性。维生素 E 之所以能捕捉自由基,是因为它的酚基极易释放出一个氢原子($H^{\cdot}$),氢原子与自由基结合成非自由基产物;而生育酚自由基则可两两结合成醌式结构,从而使细胞膜免于过氧化反应而保持正常结构和功能。此外,维生素 E 还有保护巯基酶、抗衰老、防肿瘤等作用，与生殖也有一定关系。缺乏维生素 E 容易造成习惯性流产、肌肉萎缩等。

维生素 E 分布广泛，多存在于植物产品中，尤其麦胚油、玉米油、花生油等，豆类和蔬菜中的含量也较丰富，一般不易缺乏。

四、维生素 K

维生素 K 又称凝血维生素，含有萘醌结构。

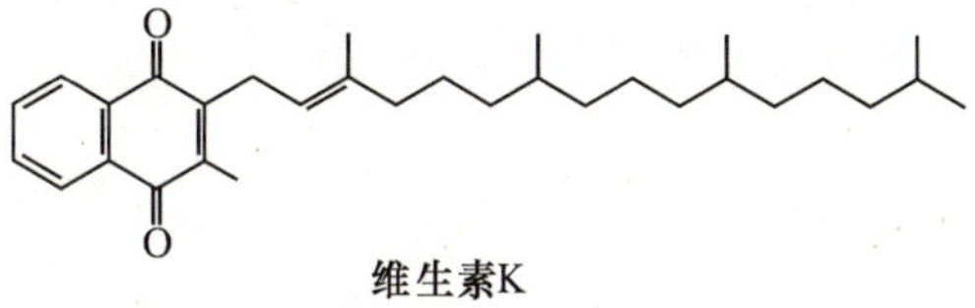

维生素K

维生素 K 的主要功能是参与凝血因子合成。如凝血酶原在生物合成后加工时，谷氨酰羧化酶需要以维生素 K 作为辅酶，催化凝血酶原分子特定谷氨酸残基在 γ - 碳位发生羧基化，使 γ - 碳上带有 2 个羧基。

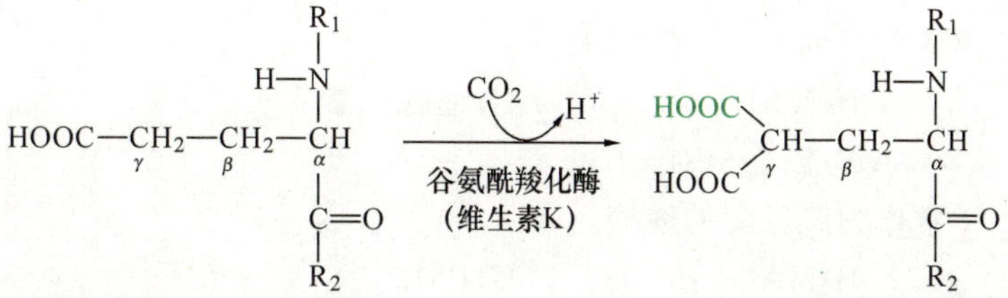

缺乏维生素 K 时，凝血时间延长，甚至引起皮下、肌肉以及胃肠道出血。一般情况下，人体不会缺乏维生素 K，因为绿色蔬菜、肝、鱼等食物中富含维生素 K，另外，哺乳动物肠道内大肠杆菌、乳酸菌也能合成供机体利用。在因病使用抗生素后，适当喝酸奶有利健康。

可见，无论水溶性维生素，还是脂溶性维生素，它们对维持生物正常生长、发育都很重要。有些维生素，如维生素 B_1、维生素 B_2 和维生素 B_5 等有一定耐高温能力，在正常蒸煮温度下一般还能保持活性，但大多数维生素在烹制过程中易遭破坏，因此，常食新鲜蔬菜，合理搭配食谱，讲究科学烹饪，有利于机体的健康。

参考文献

1. 朱圣庚，徐长法．生物化学. 4 版. 北京：高等教育出版社，2016.
2. Berg J M，Tymoczko J L，Stryer L. Biochemistry. 7th ed. New York：W. H. Freeman and Company，2012.
3. Moran L A，Horton H R，Scrimgeour K G，et al. Principle of Biochemistry. 5th ed. International：Pearson Education Inc(Asia)，2012.
4. Nelson D L，Cox M M. Lehninger Principles of Biochemistry. 7th ed. New York：Worth Publishers，2017.

思 考 题

一、填空

1. PLP 是维生素________的活性形式，是________酶的辅酶。

2. 由于维生素 C 缺乏，胶原蛋白中脯氨酸的________过程无法进行，最终阻碍了胶原蛋白的合成。

3. 缺乏维生素________将导致人体产生骨软化症和佝偻病。

二、单选

1. NAD^+ 和 $NADP^+$ 依赖的脱氢酶能够从底物上转移____________到 NAD^+ 和 $NADP^+$ 的 C—4 上而完成酶促反应。

A)1 个电子　　B)2 个电子　　C)1 个电子和 1 个质子

D)2 个电子和 1 个质子　　E)1 个电子和 2 个质子

2. 脂酰基转移反应与下列________相关。

A)CoA　　B)NAD^+　　C)细胞色素 c

D)FAD　　E)以上全对

3. 下列________常作为脱氢酶的辅酶。

A)CoA　　B)NAD^+　　C)PMP

D)FAD　　E)B 和 D

三、问答题

1. 简述维生素 B_1 的功能，并查阅资料说明中国居民膳食维生素日推荐量。

2. 硫辛酸是维生素吗？它的功能是什么？

第七章

糖　　类

糖类物质是含多羟基的醛类或酮类化合物。这类物质主要是由碳、氢、氧所组成，分子通式为 $C_m(H_2O)_n$，其中氢与氧的比例为 2∶1，与水的组成相同，习惯上称为碳水化合物（carbohydrates）。

糖类在生物体内起着很重要的作用，概括起来有以下几个方面：①作为生物体的结构成分。植物根、茎、叶中的纤维素、半纤维素和果胶物质是构成细胞壁的主要成分，细菌细胞壁的结构多糖属于杂多糖的肽聚糖，昆虫和甲壳类的外骨骼存在糖类物质——壳多糖。②作为生物体的主要能源物质。生物体内作为贮存能源的多糖有淀粉和糖原等，在生物体内通过降解和生物氧化释放出能量，供生命活动的需要。③在生物体内转变为其他物质。有些糖是重要的中间代谢物，为合成其他生物分子如氨基酸、核苷酸、脂肪酸等提供碳骨架。④作为细胞识别的信息分子。

近十多年来对糖蛋白中糖链的结构和功能有了更深入的了解，发现它们在酶催化、激素控制、免疫防护与调节、细胞识别、血液凝固、细胞黏附、细胞间反应等方面具有广泛作用。因此，糖蛋白也是现代生物化学研究热门课题之一。

糖类广泛存在于生物体中。按干重计，糖类占植物体组分的 85%～90%，细菌为 10%～30%，动物<2%。

根据水解后产生单糖残基的多少可将糖类作如下分类：

单糖（monosaccharides）：是一类最简单的多羟基醛或多羟基酮，不能再进行水解。根据其所含的碳原子数，单糖又可分为丙糖、丁糖、戊糖、己糖、庚糖等。依其带有的基团，又可分为醛糖和酮糖。

寡糖（oligosaccharides）：是由 2～10 个单糖分子聚合而成的糖，如二糖、三糖、四糖等。

多糖（polysaccharides）：由多分子单糖及其衍生物所组成，依其组成又可分为两类：①同多糖。由相同单糖结合而成，如戊聚糖、淀粉、纤维素等。②杂多糖。由一种以上单糖或其衍生物所组成，如半纤维素、黏多糖等。

第一节　单　　糖

本节首先以葡萄糖为例，讨论一些关于单糖结构的基本概念，然后介绍常见单糖种类、单糖衍生物及单糖性质。

一、葡萄糖

(一)葡萄糖(glucose)的链状结构

葡萄糖是一个含有 6 个碳原子的醛糖,其中 4 个为手性碳原子(图 7-1)。在生物化学中,为了简化单糖的命名,单糖的构型习惯上采用 *D*-、*L*-表示法,手性依据单糖分子中离羰基碳最远的手性碳原子(葡萄糖依据第 5 个碳原子)构型是否与 *D*-甘油醛中手性碳上的羟基位置一致来确定。若一致,则为 *D*-构型,反之,则为 *L*-构型。*D*-葡萄糖和 *L*-葡萄糖互为立体异构体,且为镜像结构。

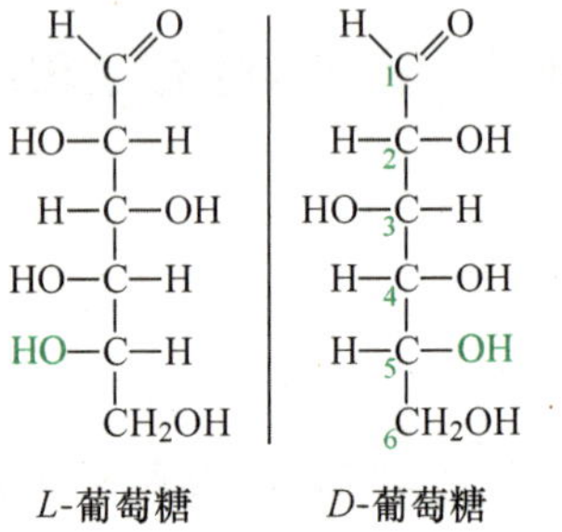

图 7-1 *L*-葡萄糖与 *D*-葡萄糖的 Fisher 投影式

(二)葡萄糖的环状结构

在水溶液中,含有 4 个以上碳原子的单糖主要以环状结构存在,因为环状结构在能量上更稳定。环化的化学基础是醛基与醇基反应生成半缩醛。对于葡萄糖来说,六元环结构比五元环结构更稳定。葡萄糖链状结构中的 C_1 醛基与 C_5 羟基反应,生成分子内半缩醛(intramolecular hemiacetal)(图 7-2),由此形成的六元环与吡喃环相似,故又称为吡喃糖(pyranose)。葡萄糖的第 C_5 羟基亲核攻击羰基碳,如果反应发生在环下方就是 α-异头体(anomer),

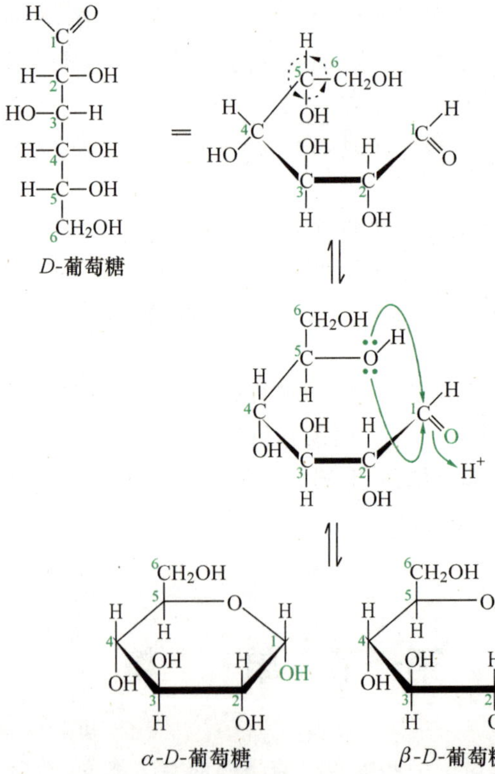

图 7-2 环状葡萄糖的形成及其 Haworth 结构式

如果发生在上方就是β-异头体。单糖的α-异头体和β-异头体可以通过链状结构相互转化，最后达到一个动态平衡，导致溶液的旋光率发生改变。

环状葡萄糖的吡喃环C_1上有一个半缩醛羟基，该基团赋予葡萄糖还原性。氧环上的碳原子顺序按顺时针排列时，半缩醛羟基在氧环平面之下为α-型，在氧环平面之上为β-型。也可按半缩醛羟基与C_5羟甲基的相对位置判断，如果二者位于吡喃环的同侧就为β-型，如果分位于环的两侧则为α-型。同一分子的α-型和β-型互为异头体。

（三）葡萄糖的构象

吡喃糖的六元环不是平面的，呈现各种构象。葡萄糖的构象有多种，最典型的有两种：一种像椅子称为椅式（chair form）构象；一种像小船称为船式（boat form）构象。椅式构象中，与环相连的各基团（或原子）在空间上更伸展，障碍更少，因而比船式构象更稳定，是葡萄糖的优势构象。

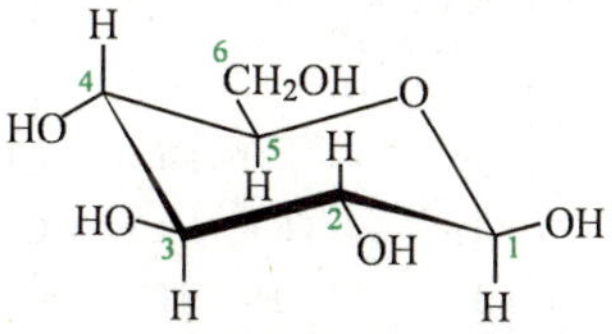

椅式构象

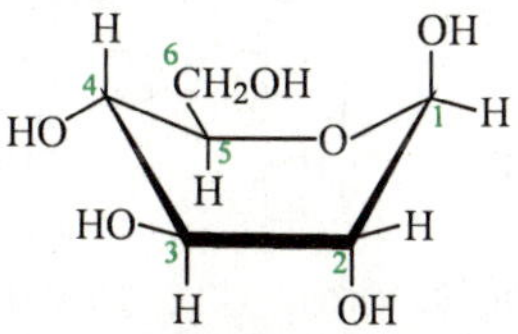

船式构象

二、单糖的种类

单糖都是由甘油醛及二羟丙酮派生的，分别形成醛糖和酮糖。由于糖的构型有*D*-构型与*L*-构型，因此又有*D*-醛糖和*L*-醛糖、*D*-酮糖和*L*-酮糖之分。

单糖还可根据碳原子数分为三碳糖、四碳糖、五碳糖、六碳糖（或丙糖、丁糖、戊糖、己糖、庚糖）等。碳原子数相同的单糖之间互为立体异构体（stereoisomers）。异构体数量$=2^n$（n为不对称碳原子数）。链状己醛糖有4个不对称碳原子，因此有16种可能的立体异构体，其中8个为*D*系，8个为*L*系。互为镜像结构的两个分子称为一对对映体（enantiomers），如*L*-葡萄糖和*D*-葡萄糖互为对映体。分子质量、分子结构式相同、仅有一个手性碳原子构型相反的两个分子称为差向异构体（epimers），如*D*-葡萄糖和*D*-甘露糖互为差向异构体。链状单糖成环后，多出一个不对称碳原子，因而立体异构体数多一倍。

三、常见单糖

1. 丙糖

D-甘油醛和二羟丙酮结构见图7-3和图7-4。其磷酸酯——3-磷酸甘油醛和磷酸二羟丙酮是糖酵解中的重要中间物。二羟丙酮无光学活性。甘油醛是具有光学活性的最简单的单糖，常被用作确定生物分子*D*型或*L*构型的标准物。

2. 丁糖

D-赤藓糖和*D*-赤藓酮糖是丁糖的代表，常见于藻类、地衣等低等植物中。*D*-赤藓糖的4-磷酸酯是磷酸戊糖途径（详见第十一章）和光合作用Calvin循环中的重要中间物。*D*-赤藓酮糖是联系*D*系酮糖立体化学的重要一员。

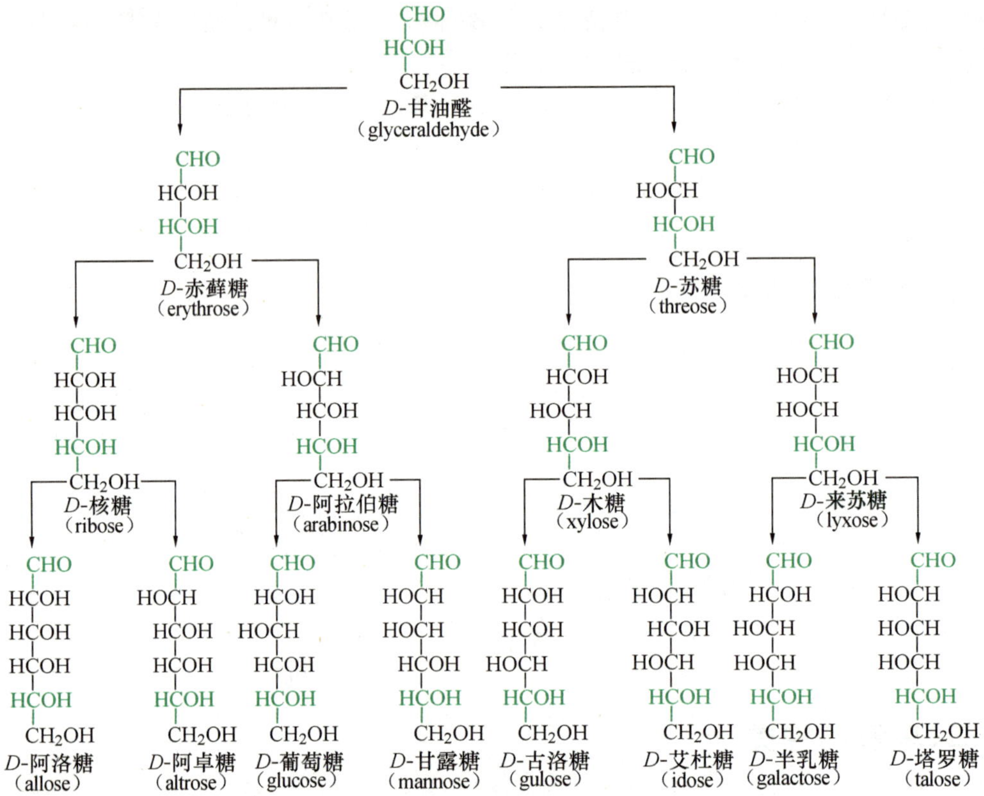

图 7-3 D 系醛糖

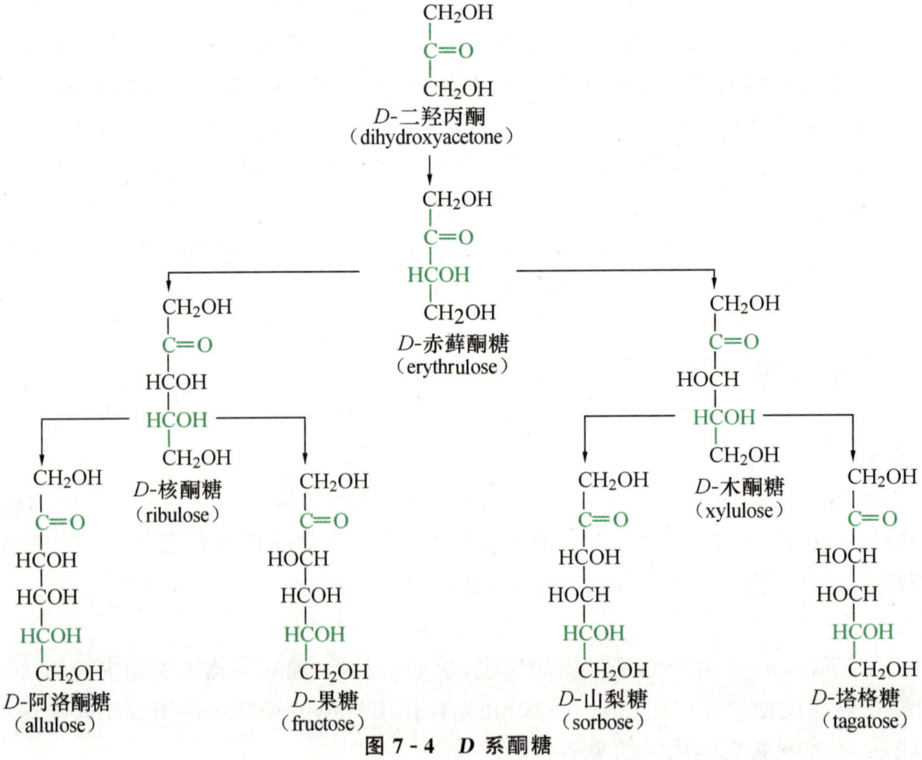

图 7-4 D 系酮糖

3. 戊糖

高等植物中有6种重要的戊糖，即 *D*-核糖、*D*-2-脱氧核糖、*D*-核酮糖、*D*-木酮糖、木糖及 *L*-阿拉伯糖。其中一些的环状结构式为：

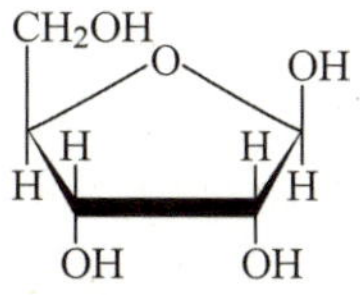

β-*D*-呋喃-核糖

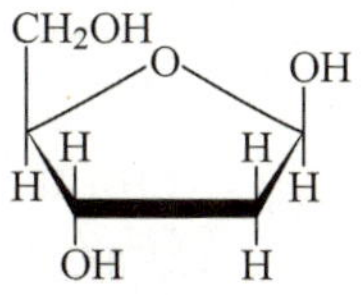

2-脱氧-*β*-*D*-呋喃-核糖

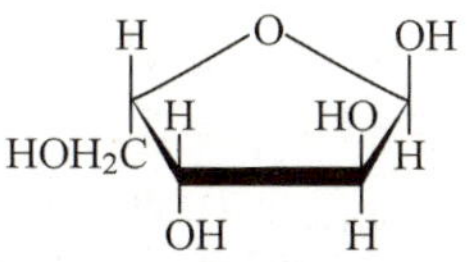

α-*L*-呋喃-阿拉伯糖

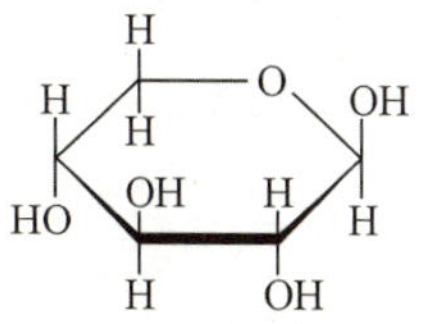

β-吡喃-*D*-木糖

D-核糖普遍存在于细胞中，其中在细胞质中含量最多。核糖是构成核糖核酸(RNA)的主要成分。如果 *D*-核糖在 C_2 上被还原，则形成2-脱氧-*D*-核糖(*D*-2-deoxyribose)。脱氧核糖是脱氧核糖核酸(DNA)的主要成分。

D-核酮糖和 *D*-木酮糖是磷酸戊糖途径和光合作用 Calvin 循环中的重要中间物。

L-阿拉伯糖在植物中分布很广，是黏质、树胶、果胶质与半纤维素的组成成分，在植物体内以结合态存在。

D-木糖是植物黏质、树胶及半纤维素的组成成分，也以结合态存在于植物体内。

4. 己糖

高等植物中重要的己醛糖有 *D*-葡萄糖、*D*-甘露糖、*D*-半乳糖；重要的己酮糖有 *D*-果糖和 *D*-山梨糖。

葡萄糖是植物界分布最广、数量最多的一种单糖，多以 *D*-式存在。葡萄糖在植物的种子、果实中以游离状态存在，它也是许多多糖的组成成分，如蔗糖是由 *D*-葡萄糖与 *D*-果糖结合而成的，淀粉及纤维素都是由 *D*-葡萄糖聚合而成的。我们通常说的血糖，即指动物血液中葡萄糖的浓度。

果糖也是自然界中广泛存在的一种单糖。存在于植物的蜜腺、水果及蜂蜜中，是单糖中最甜的糖类。果糖有六元环和五元环两种形式，因五元环结构像呋喃环，又称为呋喃糖(furanose)。果糖在游离状态时为 *β*-*D*-吡喃果糖，结合态时为 *β*-*D*-呋喃果糖。

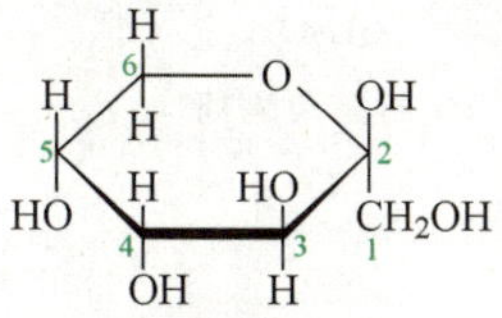

β-*D*-吡喃果糖

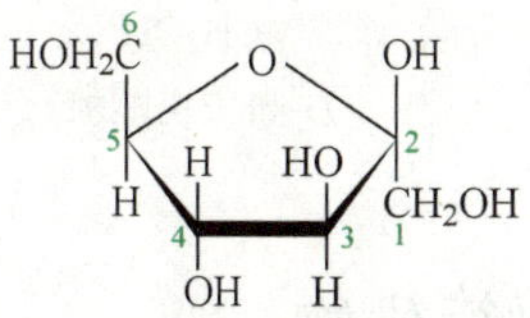

β-*D*-呋喃果糖

甘露糖(mannose)在植物体内以聚合态存在，如甘露聚糖。它是植物黏质与半纤维的组成成分。花生皮、椰子皮、树胶中含有较多的甘露糖。甘露糖的还原产物——甘露糖醇是柿霜的主要成分。

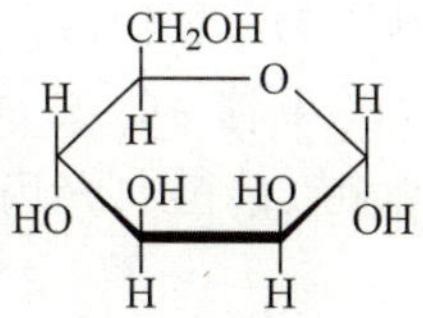

D-甘露糖

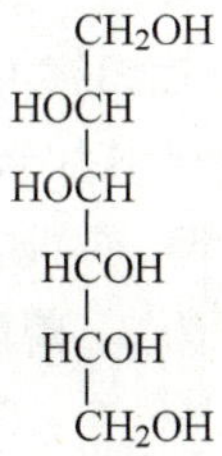

D-甘露糖醇

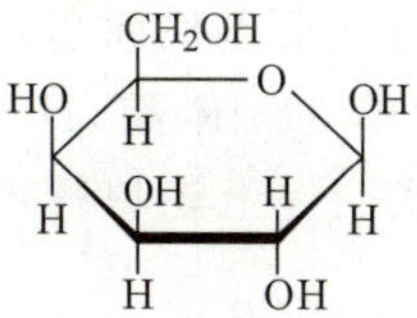

D-半乳糖

半乳糖在自然界中很少游离存在，主要以结合状态存在。乳糖、蜜二糖、棉籽糖、琼脂、果胶等都含有半乳糖。哺乳母亲将葡萄糖变成半乳糖，在乳腺中形成乳糖。

山梨糖又称清凉茶糖，存在于细菌发酵过的山梨汁中，是合成维生素 C 的中间产物，在制造维生素 C 的工艺中占有重要的地位。桃、李、苹果、樱桃等果实中含有山梨糖的还原产物——山梨糖醇。

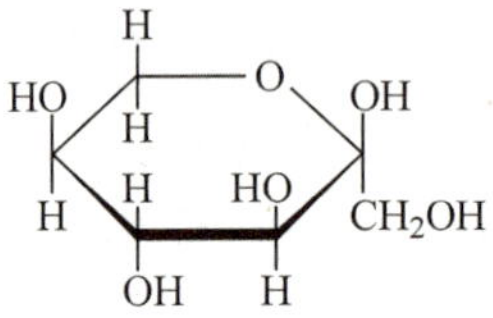
D-山梨糖

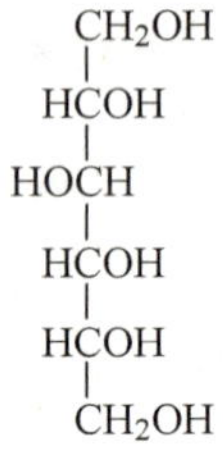
D-山梨糖醇

5. 庚糖

庚糖虽然在自然界分布较少，但在高等植物中存在。最重要的有 *D*-景天庚酮糖及 *D*-甘露庚酮糖。前者存在于景天科及其他肉质植物的叶子中，故名景天庚酮糖，以游离状态存在。该糖是光合作用和磷酸戊糖途径的中间产物（详见第十一章），在碳循环中占有重要地位。*D*-甘露庚酮糖存在于樟梨果实中，也以游离状态存在。它们的链状结构如下：

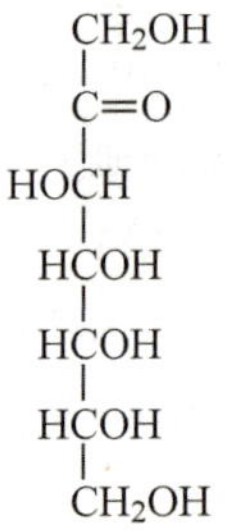
D-景天庚酮糖

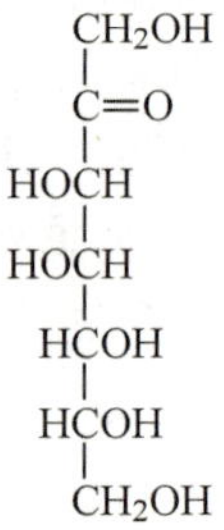
D-甘露庚酮糖

四、单糖的重要衍生物

（一）单糖磷酸酯

单糖磷酸酯（sugar phosphate ester）或称磷酸化单糖（phosphorylated sugar），广泛存在于各种细胞中，它们是很多代谢途径的主要参加者。例如 *D*-甘油醛-3-磷酸、*D*-二羟丙酮磷酸、*D*-葡萄糖-1-磷酸、*D*-葡萄糖-6-磷酸、*D*-果糖-6-磷酸和 *D*-果糖-1,6-二磷酸等参与糖代谢。上述单糖可简称为3-磷酸甘油醛、磷酸二羟丙酮和1-磷酸葡萄糖等。

几种常见的单糖磷酸酯结构如下：

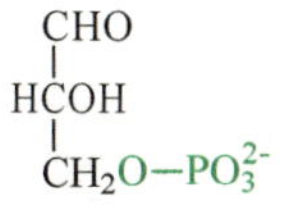

D-甘油醛-3-磷酸

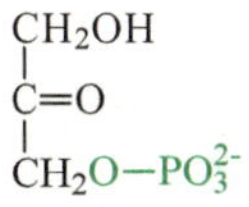

D-二羟丙酮-磷酸

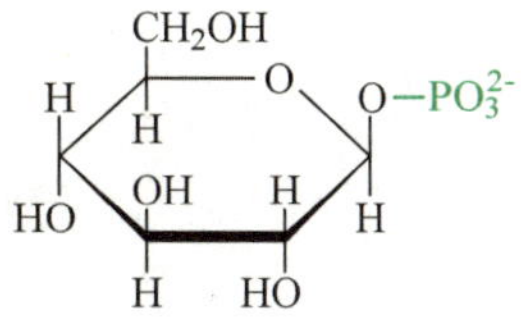

β-*D*-葡萄糖-1-磷酸

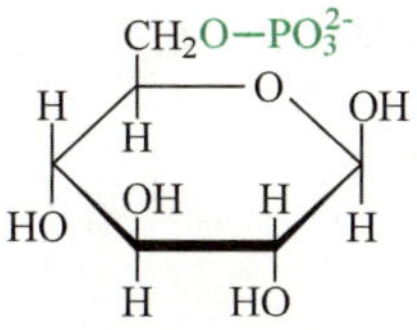

β-*D*-葡萄糖-6-磷酸

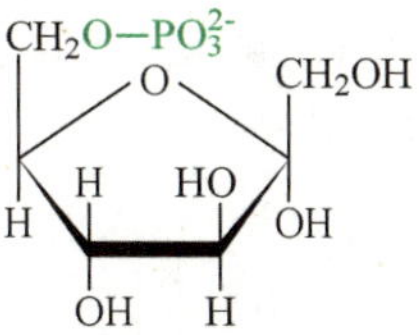

α-*D*-果糖-6-磷酸

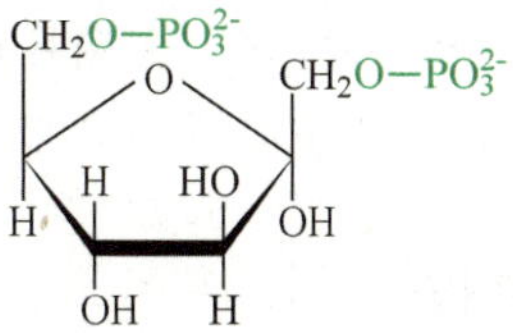

α-*D*-果糖-1,6-二磷酸

(二)其他单糖衍生物

(1)脱氧糖(deoxysugar) 是指分子中的一个或多个羟基被氢原子取代的单糖。它们广泛地分布在植物、细菌和动物中。一个重要的脱氧戊糖——2-脱氧核糖已在前面述及。由于电子显微镜的应用及近代细胞壁化学的研究,自然界中又发现有两种其他的脱氧糖类:一种是*L*-鼠李糖(*L*-rhamnose),是很多糖苷和多糖的组成成分,以游离状态存在于毒葛(poison ivy)的花和叶中;另一种是*L*-岩藻糖,是海藻细胞壁、西黄芪胶(gum tragacanth)和某些动物多糖(如血型物质)的水解产物之一。

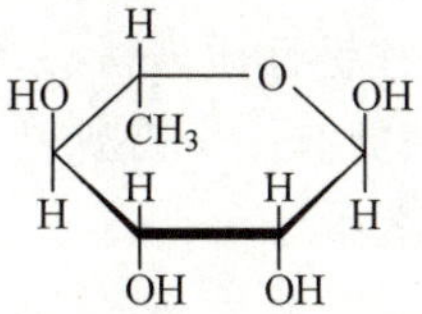

α-*L*-鼠李糖(6-脱氧-*L*-甘露糖)

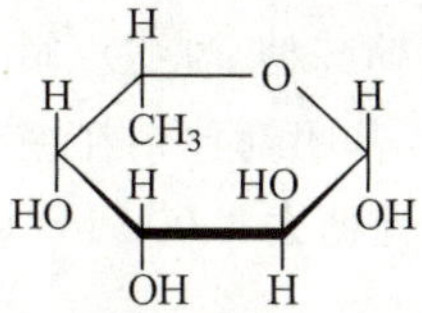

β-*L*-岩藻糖(6-脱氧-*L*-半乳糖)

(2)糖醛酸(uronic acid) 由单糖的伯醇基氧化而得,含有羧基。常见有葡萄糖醛酸(glucuronic acid)和半乳糖醛酸等。葡萄糖醛酸能与钙、铁等离子形成可溶性盐,葡萄糖酸钙常用于治疗缺钙症和过敏性疾病。半乳糖醛酸存在于果胶中。

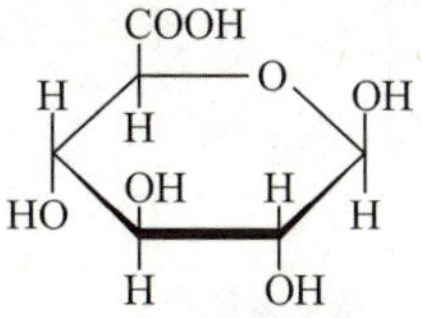

β-*D*-葡萄糖醛酸

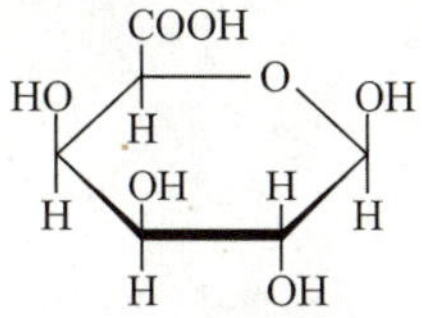

β-*D*-半乳糖醛酸

(3)糖胺(glycosamine) 又称氨基糖,即糖分子中的一个羟基为氨基所代替。自然界中存在的糖胺都是己糖胺,主要有葡萄糖胺和半乳糖胺。葡萄糖胺(glucosamine)参与构成动物连接组织,也是甲壳质(几丁质)的主要成分。半乳糖胺参与构成软骨、腱和血管等。

第二节 寡　糖

寡糖是由 2～10 个单糖分子聚合而成的糖。自然界中存在着大量的寡糖，早在 1962 年就已经发现了 584 种之多。寡糖在植物体内具有贮藏、运输、适应环境变化、抗寒、抗冻、调节酶活性等功能。寡糖中以双糖分布最为普遍，意义也较大。

一、双糖

双糖(disaccharides)是由两个相同或不同的单糖分子缩合而成的。双糖可以认为是一种糖苷，其中的配基是另外一个单糖分子。在自然界中，有些双糖(蔗糖、乳糖)以游离状态存在，大多则以结合形式存在。蔗糖在碳水化合物中是最重要的双糖，而麦芽糖和纤维二糖在植物中也很重要，它们是两个重要的多糖——淀粉和纤维素的基本结构单位。

(一)蔗糖(sucrose)

蔗糖在植物界分布最广泛，并且在植物的生理功能上也最重要。蔗糖不仅是主要的光合作用产物，而且也是碳水化合物的一种储藏形式(如甘蔗茎中含有大量蔗糖)。在植物体中碳水化合物也以蔗糖形式进行运输。此外，我们日常食用的糖也是蔗糖。它可以大量地从甘蔗或甜菜中得到，在各种水果中也含有较多。

蔗糖是 *α* - *D* - 吡喃葡萄糖 - *β* - *D* - 呋喃果糖苷，连键性质为：$\alpha(1\rightarrow2)\beta$ 糖苷键。它不是还原糖，因为 2 个还原性的基团都包括在糖苷键中。蔗糖有一个特殊性质，就是极易被酸水解，其水解速度比麦芽糖或乳糖大 1 000 倍(详见第十一章)。

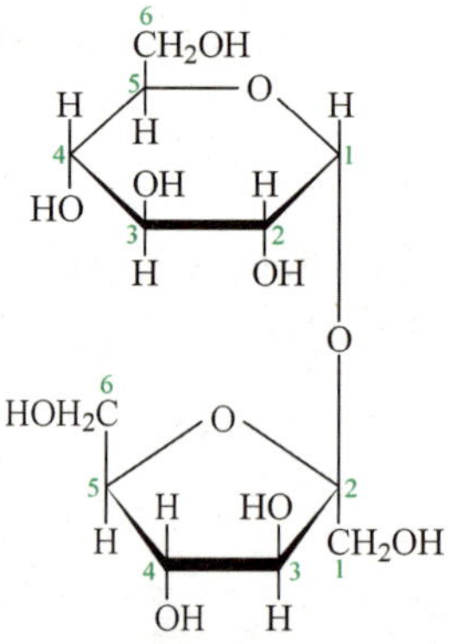

蔗糖 [1-*α*-*D*-吡喃葡萄糖-*β*-*D*-呋喃果糖苷]

(二)麦芽糖(maltose)

麦芽糖大量存在于发芽的谷粒，特别是麦芽中。淀粉在淀粉酶作用下水解可以产生麦芽糖。用大麦淀粉酶水解淀粉，可以得到产率为 80%的麦芽糖。

麦芽糖是由 2 分子 α-D-葡萄糖以 α(1→4)糖苷键连接成的二糖。麦芽糖因为具有半缩醛羟基,因而是还原糖。

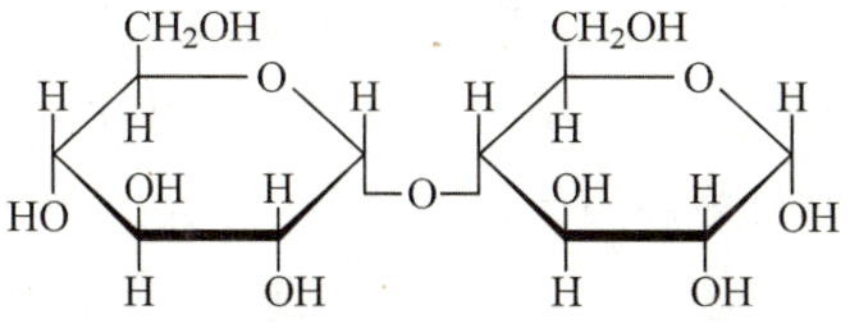

麦芽糖[α-D-葡萄糖-(1→4)-α-D-葡萄糖苷]

(三)乳糖(lactose)

乳糖主要存在于哺乳动物的乳汁中(牛奶中含乳糖 4%～7%)。高等植物花粉管及微生物中也含有少量乳糖。乳糖是由 β-D-半乳糖分子和 α-D-葡萄糖以 β(1→4)糖苷键连接缩合而成的,乳糖是还原糖。分子结构如下:

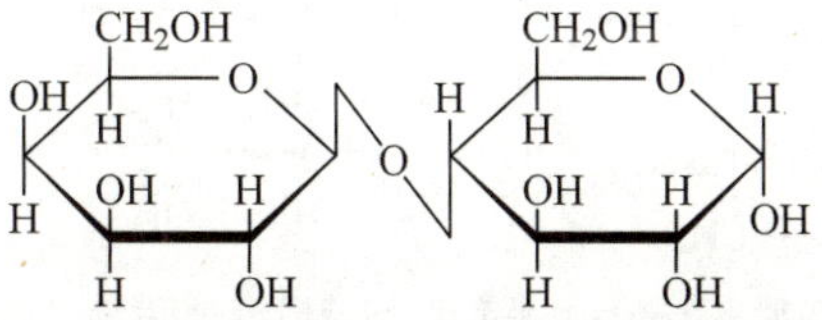

乳糖[β-D-吡喃半乳糖-(1→4)-α-D-吡喃葡萄糖苷]

乳糖是最"麻烦"的二糖,因为有些人缺少乳糖酶,喝牛奶后因不能水解乳糖而出现急性腹泻(详见第十一章)。

(四)纤维二糖(cellobiose)

纤维素经过小心水解可以得到纤维二糖,它是由 2 个 β-D-葡萄糖通过 β-(1→4)糖苷键缩合而成的还原性糖。与麦芽糖不同,它是 β-葡萄糖苷。

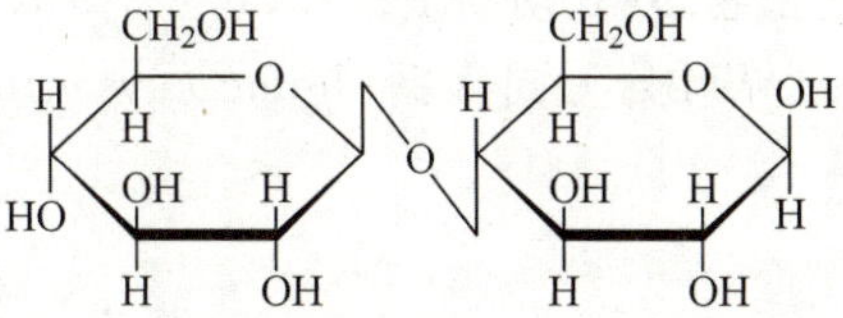

纤维二糖[β-D-吡喃葡萄糖-(1→4)-β-D-吡喃葡萄糖苷]

上述 4 种双糖中,除蔗糖外,其他 3 种双糖的右侧一个糖单位都含有半缩醛羟基,称为还原性末端(reducing end);另一端相应称为非还原性末端(non-reducing end)。

二、三糖

自然界中广泛存在的三糖(trisaccharides)仅有棉子糖(raffinose),由 α-D-葡萄糖、β-D-果糖及 α-D-半乳糖组成,半乳糖与葡萄糖之间以 α(1→6)糖苷键相连,葡萄糖和果糖之间以 α(1→2)β 糖苷键连接。棉子糖主要存在于棉籽、甜菜及大豆中。在蔗糖酶作用下,由棉子糖中分解出果糖而留下蜜二糖;在 α-半乳糖苷酶作用下,由棉子糖中分解出半乳糖而留下蔗糖。棉子糖的分子结构如下:

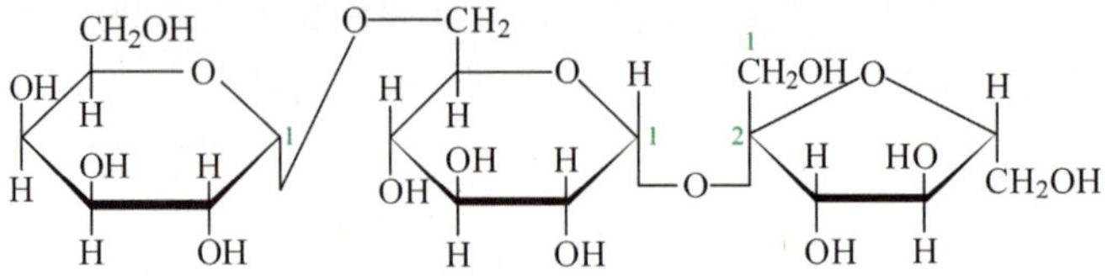

棉子糖 [α-D-半乳糖 (1→6) α-葡萄糖 (1→2) β-D-果糖]

三、四糖

水苏糖(stachyose)是目前研究得比较清楚的四糖(tetrose),存在于大豆、豌豆、洋扁豆和羽扇豆种子内,由 2 分子半乳糖、1 分子 α - 葡萄糖及 1 分子 β - 果糖组成。分子结构如下:

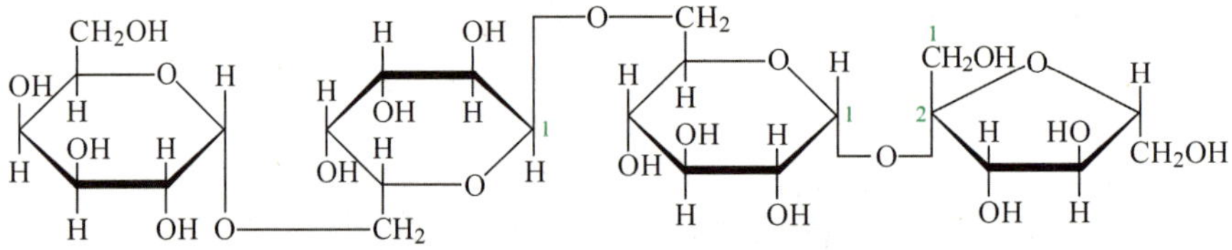

水苏糖 [α-D-葡萄糖 (1→6) α-半乳糖 (1→6) α-半乳糖 (1→2) β-D-果糖]

第三节 多 糖

多糖是由许多单糖分子缩合而成的分子结构很复杂的碳水化合物,在植物体中占有很大部分。根据来源不同可以分为植物多糖、动物多糖和微生物多糖。根据功能不同可分为贮存多糖和结构多糖。根据组成差异可分为同多糖(homopolysaccharides)和杂多糖(heteropolysaccharides)。

一、同多糖

这类糖水解后产生单一形式的单糖。水解后产生葡萄糖的同多糖有淀粉、糖原和纤维素,在自然界中存在最为广泛。水解后产生果糖的有菊糖。

(一)淀粉(starch)

淀粉几乎存在于所有绿色植物的多数组织中,禾谷类和豆科种子、马铃薯块茎和甘薯块根中富含。淀粉作为植物中最重要的贮藏同多糖,是人类粮食及动物饲料的重要来源。在植物体中,淀粉以淀粉粒状态存在,形状为球形、卵形,随植物种类不同而不同。即使是同种作物,淀粉含量也因品种、气候、土壤等条件变化而有所不同。

用热水溶解淀粉时,可溶的一部分为直链淀粉;另一部分不能溶解的为支链淀粉。

1. 直链淀粉(amylose)

直链淀粉溶于热水，遇碘液呈紫蓝色，在波长 620～680 nm 间呈最大光吸收。相对分子质量为 10 000～50 000。直链淀粉是由 α - 葡萄糖通过 1,4 - 糖苷键联结组成的一条长而不分支的链，每个直链淀粉分子只含有一个还原性末端和一个非还原性末端。当它被淀粉酶水解时，便产生大量的麦芽糖，所以直链淀粉是由许多重复的麦芽糖单位组成的。直链淀粉分子结构如下：

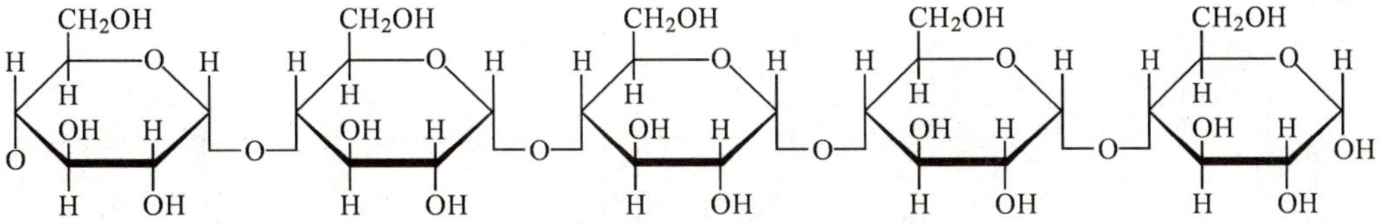

直链淀粉

直链淀粉分子中的糖环采取椅式构象，相邻糖环在空间上呈一定角度存在(图 7 - 5A)，因而所形成的高级结构是螺旋状的(图 7 - 5B)。6 个葡萄糖残基形成一个螺旋，螺距为 0.8 nm，直径为 1.4 nm。在碘染色时，碘插入到淀粉的螺旋结构形成淀粉 - 碘络合物，螺旋长度为 36 个葡萄糖残基以上时产生特征紫蓝色。因此，通常直链淀粉遇碘呈紫蓝色。

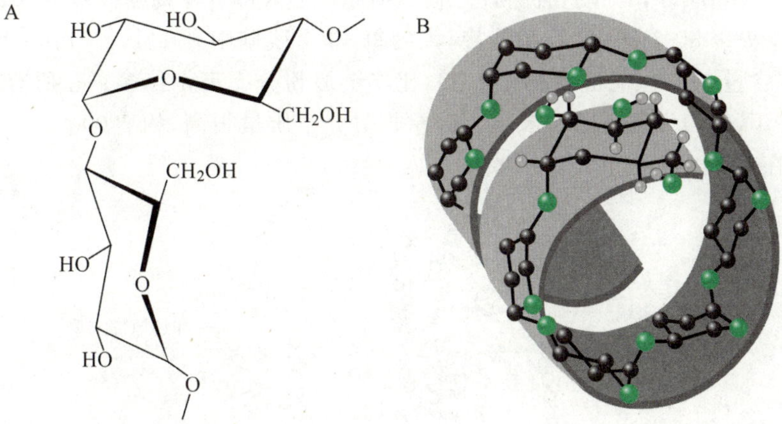

α(1→4)连接的葡萄糖单位

图 7 - 5 直链淀粉的螺旋结构

2. 支链淀粉(amylopectin)

支链淀粉是含有支链的淀粉形式，葡萄糖残基在 300～6 000。除了支链连接点为 α - 1,6 - 糖苷键外，其他连键均为 α - 1,4 - 糖苷键。一般平均 25 个残基出现一个分支，每个分支含 15～25 个葡萄糖残基。分支上还可以出现新的分支。正因为支链淀粉的分支长度不能满足 36 个葡萄糖残基，在用 I_2 显色时形成的是短串淀粉 - 碘络合物，吸收更短波长光，因此呈紫红色。

一般淀粉都含有直链淀粉和支链淀粉。在不同植物中，直链淀粉和支链淀粉所占的比例不同。即使是同一作物不同品种，二者的比例也不同，如糯玉米中几乎不含直链淀粉，全为支链淀粉。

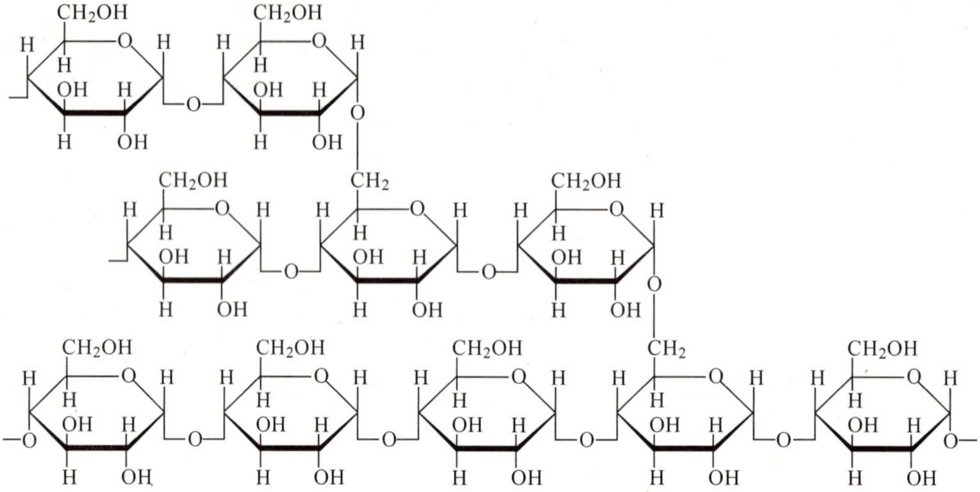

支链淀粉

(二)糖原(glycogen)

糖原是动物细胞葡萄糖的储存形式,是代谢和剧烈运动最易动用的葡萄糖贮库,以颗粒形式存在于肝脏、骨骼肌等,有“动物淀粉”之称。糖原中的大部分葡萄糖残基是以 α-1,4-糖苷键连接的,分支处以 α-1,6-糖苷键连接,大约每 10 个残基中有 1 个 α-1,6-糖苷键(图 7-6)。糖原端基含量占 9%(支链淀粉约 4%),比支链淀粉分支高 1 倍多。在所有端基中,仅一个具有还原性,其他均为非还原性末端。糖原相对分子质量很高,约 5 000 000。糖原与碘作用显棕红色,在 430～490 nm 下光吸收最大。

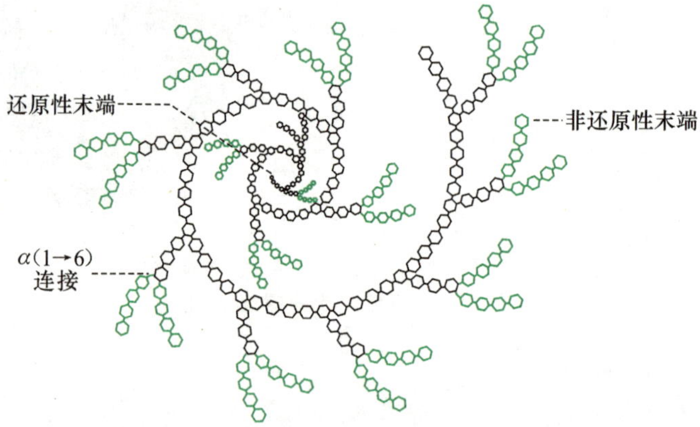

图 7-6　糖原的分子结构示意图

(三)菊糖(inulin)

菊糖是多聚果糖,菊糖中的果糖一律以 D-呋喃糖的形式存在。菊科植物如菊芋、大丽花的根部,蒲公英、橡胶草等都含有菊糖,代替了一般植物的淀粉,因而也称为菊粉。菊糖分子中含有约 30 个 1,2-糖苷键连接的果糖残基。菊糖分子中除含果糖外,还含有葡萄糖。葡萄糖可出现在链端，也可以出现在链中。

菊糖不溶于冷水而溶于热水，因此，可以用热水提取，然后在低温（如 0℃）下沉淀出来。菊糖具有还原性。淀粉酶不能水解菊糖，因此人和动物不能消化它。蔗糖酶可以以极慢的速度水解菊糖。真菌如青霉菌、酵母及蜗牛中含有菊糖酶，可以使菊糖水解。

（四）纤维素（cellulose）

纤维素是自然界最丰富的有机化合物，是植物中最广泛的骨架同多糖，植物细胞壁和木材差不多有一半是由纤维素组成的。棉花是较纯的纤维素，它含纤维素高于 90%。通常纤维素、半纤维素及木质素总是同时存在于植物细胞壁中。

植物纤维素不是均一的一种物质，粗纤维可以分为 α - 纤维素、β - 纤维素和 γ - 纤维素 3 种。α - 纤维素不溶于 17.5%NaOH，它不是纯粹的纤维素，因为在其中含有其他聚糖（如甘露聚糖）；β - 纤维素溶于 17.5% NaOH，加酸中和后沉淀出来；γ - 纤维素溶于碱而加酸不沉淀。这种差别大概是由于纤维素结构单位的结合程度和形状的不同。

纤维素不溶于水，相对分子质量在 50 000～400 000，每分子纤维素含有 300～2 500 个葡萄糖残基。葡萄糖分子以 β-1,4-糖苷键连接而成。在酸的作用下完全水解纤维素的产物是β-葡萄糖，部分水解时产生纤维二糖，说明纤维二糖是构成纤维素的基本单位。水解充分甲基化的纤维素则产生大量的 2,3,6-三甲氧基葡萄糖，表明纤维素的分子没有分支。其分子结构如下：

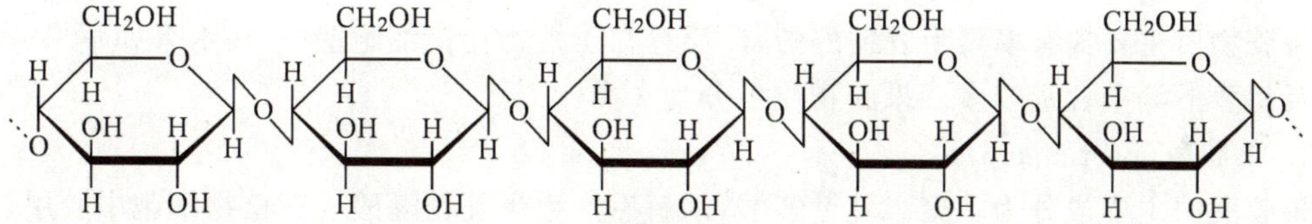

纤维素

纤维素分子内存在大量氢键，呈伸展状。许多伸展的纤维素分子之间侧向靠氢键可以形成片层结构（图 7-7），许多片层结构纵向紧密垛叠在一起形成微晶，由众多微晶再形成电镜下可以观察到的微纤丝。可见，以微纤丝为主形成的细胞壁机械性能强、抗张力强，原因就在此。

除反刍动物外，其他动物消化腺都不含纤维素酶，不能水解纤维素，所以纤维素对人及动物都无营养价值，但有利于刺激肠胃蠕动，吸附食物，帮助消化。某些微生物、藻类及各种昆虫，特别是反刍动物瘤胃中的细菌含有纤维素酶，能消化纤维素。近年来已筛选出富含纤维素酶的微生物，它们能将纤维素水解成纤维二糖和葡萄糖等。

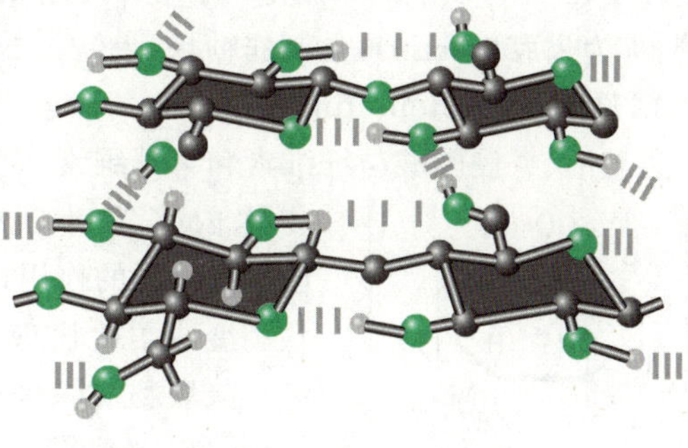

图 7-7　纤维素片层结构

（五）甲壳质（chitin）

甲壳质亦称几丁质或壳多糖，是自然界中第二大类多糖。它是一种由 N-乙酰葡萄糖胺以 β-1,4-糖苷键相联结的同聚物（homopolymer），是甲壳类的介壳（如虾、蟹）及昆虫类外骨骼的结构成分。

二、杂多糖

水解后产生多于一种形式的单糖或单糖衍生物的叫杂多糖。常见的有：

(一)半纤维素(hemicellulose)

半纤维素大量存在于植物木质化部分，包括很多高分子的多糖，可以用稀碱溶液提取。用稀酸水解，则产生己糖和戊糖，因此它们是多缩己糖（如多缩半乳糖和多缩甘露糖）和多缩戊糖（如多缩木糖和多缩阿拉伯糖）的混合物。

多缩戊糖及多缩己糖都是以 β-1,4-糖苷键相连接的。多缩木糖的分子结构如下：

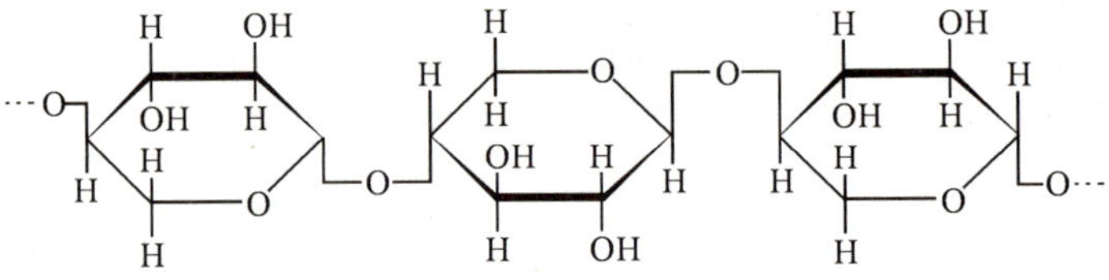

多缩木糖

(二)果胶物质(pectic substances)

果胶物质主要含有多聚半乳糖醛酸，广泛存在于植物初生细胞壁中，在水果如苹果、橘皮、柚皮及胡萝卜等中含量较多。果胶物质可分为3类：

1. 果胶酸(pectic acid)

果胶酸的主要成分为多聚半乳糖醛酸，水解后产生半乳糖醛酸。在植物细胞中胶层，果胶酸常以钙盐和镁盐存在，是细胞与细胞之间的黏合物。某些微生物（如白菜软腐病菌）能分泌分解果胶酸盐的酶，使细胞与细胞松开。植物器官的脱落也是由于中胶层中果胶酸的分解。

2. 果胶酯酸(pectinic acid)

果胶酸常呈不同程度的甲酯化。一般将酯化程度大于5%的称为果胶酯酸，为水溶性。酯化程度在45%以下的果胶酯酸在饱和糖溶液中及在酸性条件下（pH为3.1～3.5）可形成凝胶，称为果胶(pectin)，是制作糖果、果酱等的重要物质。

3. 原果胶(protopectin)

果胶酸、果胶酯酸与纤维素和半纤维素结合成的水不溶性物质，称为原果胶。原果胶受植物体内多聚半乳糖醛酸酶(polygalacturonase)也称果胶酶(pectinase)的作用，可转为水溶性果胶。水果在成熟过程中由硬质状态变成柔软状态，即此原因。

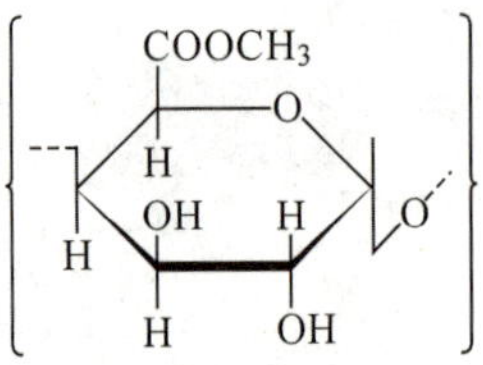

果胶酯酸（部分酯化）

果胶物质除含多聚半乳糖醛酸外，还含少量糖类，如 L-阿拉伯糖、D-半乳糖、L-鼠李糖、D-木糖、D-葡萄糖等。

(三)琼脂(agar)

琼脂又叫洋菜，是从红色墨角藻(red-seaweed)提取的异多糖混合物，主要由琼脂糖(agarose)和琼脂胶(agaropectin)组成。琼脂糖由 β-D-吡喃半乳糖和3,6脱水 α-D-吡喃半乳糖交替连接而成，分子不带电荷，为中性物质；琼脂胶是琼脂糖羟基被硫酸基、羧基等取代的强酸性多糖。由于琼脂吸水性强，加热融化后在室温下能快速成凝胶状，且不被微生物利用，常用作微生物培养基的支持物或食品添加剂。将琼脂反复洗涤除去琼脂胶，进一步加工制成的细珠状琼脂糖凝胶可用作分离生物大分子的柱填料或电泳介质。

(四)糖胺聚糖(glycosaminoglycan)

糖胺聚糖是含氨基糖或氨基糖衍生物的高分子质量杂多糖，相对分子质量可达 5×10^{6}。糖胺聚糖因含有酸性基团而带负电荷，亲水性很强，能形成透明的高黏度水合凝胶，过去又叫黏多糖。主要存在于动物细胞的细胞衣(cell coat)中，起润滑和黏合作用。常见有：

(1)透明质酸(hyaluronan)　是由 *D*-葡萄糖醛酸与 N-乙酰-*D*-葡萄糖胺单位交替组成的杂多糖，存在于眼睛的玻璃体、角膜、细胞间质、关节液中，可溶于水，呈黏稠溶液，它有助于阻滞入侵的微生物及毒性物质的扩散。

(2)硫酸皮肤素(dermatan sulfate)　是由艾杜糖醛酸和 N-乙酰氨基半乳糖单位交替组成的杂多糖，存在于皮肤、血管壁和心瓣膜中，增加这些组织的韧性。

(3)肝素(heparin)　分子中含有 *D*-葡萄糖醛酸和 *D*-葡萄糖胺-2,6-二硫酸。肝素有抗凝血活性，对凝血过程的多个环节都有抑制作用，此外还有降脂作用。

(4)硫酸软骨素(chondroitin sulfate)　是软骨素的硫酸酯，为软骨、腱及骨骼的主要成分。

(5)硫酸角质素(keratan sulfate)　其二糖单位由半乳糖与6-磷酸乙酰氨基葡萄糖形成，在天然情况下，许多硫酸角质长链与一条多肽链结合，构成蛋白多糖，在软骨、角膜等中存在。

上述几种糖胺聚糖的重复单位如图7-8所示：

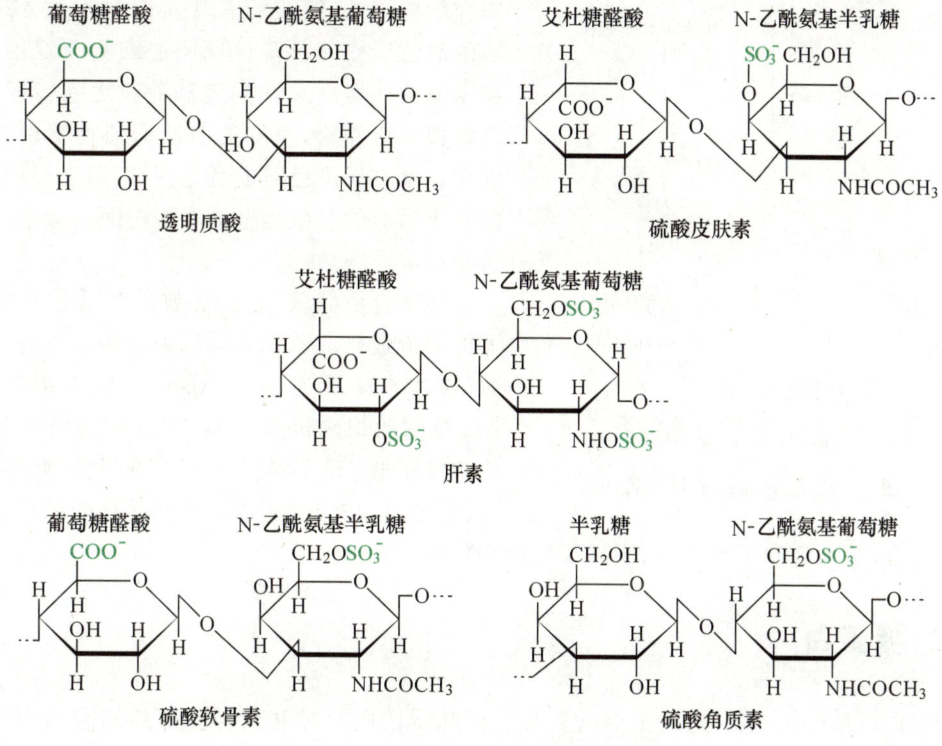

图7-8　常见糖胺聚糖的二糖重复单位

第四节 结合糖

一、肽聚糖

肽聚糖(peptidoglycan)是多糖与小肽共价连接形成的结合多糖,存在于细菌细胞壁中。多糖链的重复单位是由NAG和NAM以β-1,4糖苷键形成的二糖(见第五章)。N-乙酰氨基葡萄糖乳酸C_3位的羟基与乳酸的α-羟基以醚键连接,乳酸的羧基以酰胺键与四肽相连(图7-9)。四肽由L-丙氨酸、D-异谷氨酸、L-赖氨酸、D-丙氨酸组成,其中D-异谷氨酸是指谷氨酸的γ-羧基而非α-羧基参与肽键形成。

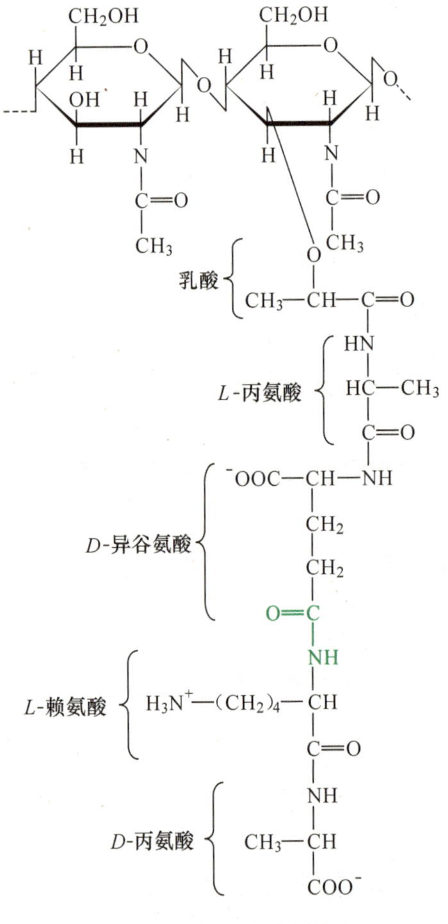

图7-9 肽聚糖的重复单位

肽聚糖分子为一线性的多糖链,相邻肽聚糖的四肽通过一个五甘氨酸相互桥联,五甘氨酸的连接具有特异性,一端为赖氨酸残基,另一端为丙氨酸(图7-10)。由此形成的巨大刚性生物分子罩在细胞膜外,使细菌呈现一定形状,耐受来自环境的渗透压变化。革兰氏阴性细菌有双层膜,一层薄薄的肽聚糖夹在内膜和外膜之间;革兰氏阳性细菌没有外膜,厚厚的肽聚糖细胞壁裹在细胞外面。革兰氏染色时前者呈阴性,后者呈阳性,原因在于后者的肽聚糖壁能在短时间内大量吸附紫色颜料。

生物合成肽聚糖时,需要肽基转移酶完成四肽的共价连接。肽基转移酶的原始底物是一个五肽(四肽末端再连一个Ala),五肽末端的Ala-Ala是酶的识别位点,Ala-Ala和青霉素分子结构非常相似。青霉素之所以能选择性抑制细菌生长、繁殖,就是因为它能与肽基转移酶的活性位点不可逆结合,从而抑制了酶活性,干扰了肽聚糖的合成。

二、糖蛋白

糖蛋白(glycoprotein)是由1个或多个寡糖和蛋白质通过共价键相连的结合蛋白。糖蛋白分子中一般以蛋白质为主,糖链作为辅基。糖含量因糖蛋白种类而异,为1%~60%。

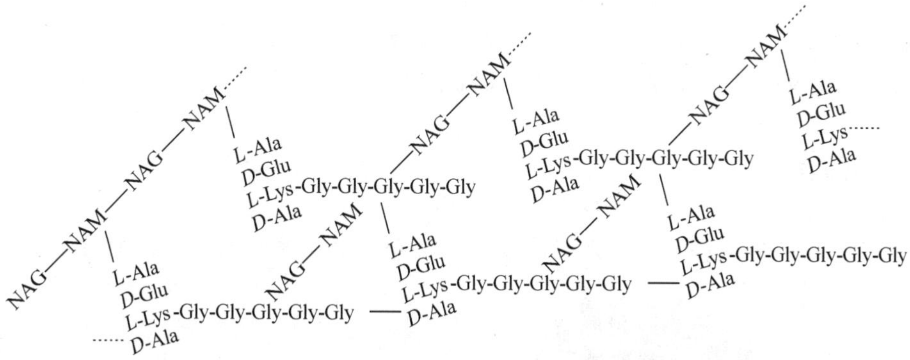

图 7-10 肽聚糖结构的一部分(乳糖已略去)

寡糖链与多肽链(蛋白质)中的氨基酸以多种形式共价连接,构成糖蛋白的糖—肽键(glycopeptide linkage),糖肽键主要有两种类型:

①以丝氨酸、苏氨酸和羟赖氨酸的羟基为连接点,形成 O-糖苷键型(图 7-11)。

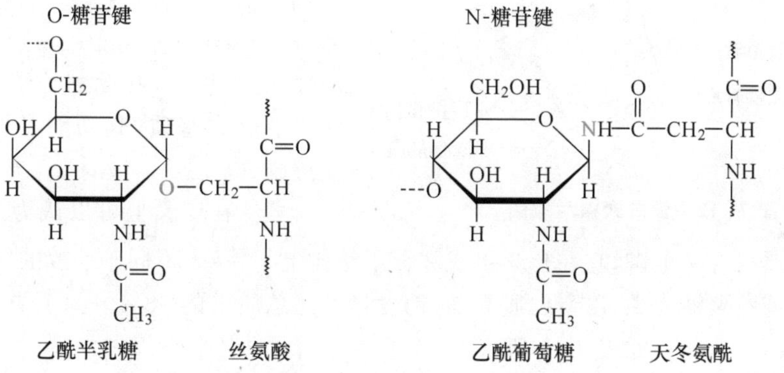

图 7-11 糖蛋白的 O-糖苷键和 N-糖苷键

②以天冬酰胺的酰胺基、N-末端氨基酸 α-氨基以及赖氨酸或精氨酸 ω-氨基为连接点,形成 N-糖苷键型(图 7-11)。

糖蛋白的多样性除了蛋白质多肽链的贡献外,还来自糖链。糖链可因单糖数目、单糖顺序、单糖种类、单糖之间的连接位置(C_2,C_3,C_4,C_6)以及糖苷键构型(α,β)不同而呈现多样性,因而糖蛋白分子上的糖链承载着丰富的结构信息。

糖蛋白是存在于自然界所有生物中的一组复杂多变的大分子物质,分布于细胞内外液、细胞表面、交联组织和结缔组织等,如免疫球蛋白、血型物质、植物血凝素等。大多数糖蛋白从细胞中分泌出来,结合到细胞膜外表面,多肽链上的寡糖像"天线"一样用来识别和接收信号;真核细胞蛋白质在内质网中运输、加工,蛋白质寡糖链的修饰(或称糖基化)由糖基转移酶完成,寡糖修饰常作为蛋白质筛选进入特定细胞器的标记(marker)。

除了作为蛋白质分泌和筛选标记外,寡糖链还会改变蛋白质的理化性质,如大小、形状、溶解度、电荷以及稳定性等,从而影响蛋白质的分泌速度、折叠速度、免疫原性等。已经有少数糖蛋白的寡糖链功能得到鉴定,归纳起来有:①影响糖蛋白的分泌和稳定性;②参与新生肽链的折叠;③影响寡聚蛋白亚基的缔合;④参与细胞识别和分子识别等。如抗体 IgG 含有 3 条寡糖链，它们可以识别并结合、破坏外来抗原。研究证明，如果抗体分子上的糖链去掉一个半乳糖，就会变成“自身抗原”。机体免疫系统会将这类“自身抗原”识别为“异己”，并产生针对性抗体，从而引发自身免疫病，如类风湿性关节炎、红斑狼疮等。

三、蛋白聚糖

蛋白聚糖(proteoglycan)是由许多糖胺聚糖以O-糖甘键形式结合到蛋白质多肽链上形成的高分子质量物质，为多聚阴离子化合物。如图7-12所示，众多(多达上百条)长长的硫酸角质链以大约40 nm的间隔结合在核心蛋白(core protein)上形成蛋白聚糖，众多这样的蛋白聚糖亚基借助小分子连接蛋白还可以再结合到一条长长的透明质酸分子(二糖单位可重复50 000次)上，形成更巨大的蛋白聚糖聚集体(proteoglycan aggrecan)。蛋白聚糖吸水性强，弹性好，在动物的结缔组织细胞外间质中形成基质，其功能是作为润滑剂和支持成分。

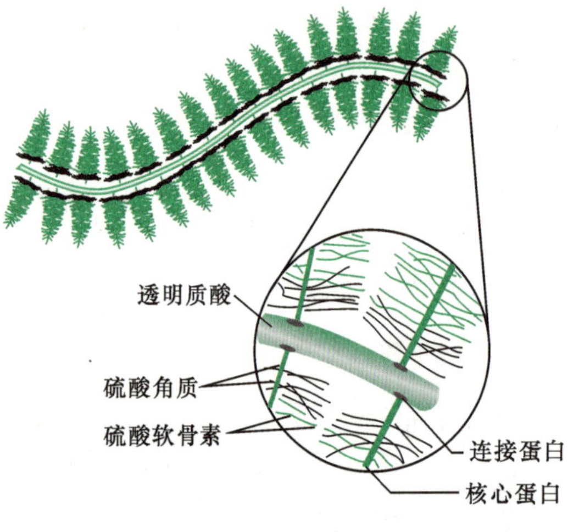

图7-12 蛋白聚糖示意图

虽然在广义上可以认为蛋白聚糖是一类糖蛋白，但严格意义上讲，它在化学组成和分子结构上很特殊，不同于一般的糖蛋白：它分子质量巨大，以糖胺聚糖为主，以蛋白质为辅，糖含量可达总质量的98%。为了更好地区分糖蛋白和蛋白聚糖，二者比较如表7-1所示。

表7-1 蛋白聚糖与糖蛋白的区别

区别	蛋白聚糖	糖蛋白
糖链含量	大大多于蛋白质部分	一般少于蛋白质部分
糖链组成	主要为糖醛酸、N-乙酰氨基己糖	不含糖醛酸，常含N-乙酰氨基己糖、甘露糖、半乳糖，末端为唾液酸及岩藻糖
糖基排列	二糖单位连成大分子长链	多为分支寡糖链，有时仅为二糖或三糖链
糖肽连接方式	多为O-糖苷键连接，有时可非共价键结合	O-糖苷键或N-糖苷键连接
分布	主要分布在细胞外各种结缔组织基质中	分布广泛，细胞内外皆有
生理功能	以维持各种结缔组织功能为主	广泛

四、糖脂

糖脂是糖通过半缩醛羟基以糖苷键与脂质连接而成的复合物。脂部分多为鞘氨醇或甘油。如果是鞘氨醇，则构成鞘糖脂（glycosphingolipid）；如果是甘油，则构成甘油糖脂（glyceroglycolipid）（详见第九章）。

知识拓展框

糖基转移酶、ABO血型与输血

ABO血型是依据红细胞表面含有的糖蛋白和糖脂上寡糖链差异进行分类的血型系统。典型的人类红细胞表面大约有 2×10^6 个ABO糖链缀合物（寡糖链），75%和25%分别连接在红细胞表面的蛋白上和脂类分子上。如果连接在红细胞表面蛋白质或者脂质上的寡糖链是由半乳糖、N-乙酰葡萄糖胺、半乳糖、岩藻糖4个单糖依次相连组成，则形成所谓的O抗原或者也被称为H抗原。如果寡糖链是在原O抗原寡糖链上再多连接一个N-乙酰半乳糖胺到与岩藻糖相连的半乳糖上，则形成A抗原；如果寡糖链在原O抗原寡糖链上再多连接一个半乳糖到连接岩藻糖的半乳糖上，则形成B抗原。

人类红细胞表面的A抗原和B抗原是如何形成的呢？糖基转移酶在红细胞表面寡糖链形成过程中起到了非常重要的作用。目前，已鉴定到的人类糖基转移酶编码基因有250个以上，占人类编码蛋白基因的1%。人类糖基转移酶主要在内质网和高尔基体上发挥作用。α-1,3-N-乙酰半乳糖胺转移酶（α-1,3-N-acetylgalactosaminyltransferase，GTA），催化N-乙酰半乳糖胺与O抗原寡糖链中与岩藻糖相连的半乳糖之间形成共价连接的反应，最终产生A抗原。α-1,3-半乳糖转移酶（α-1,3-N-galactosyltransferase，GTB），催化半乳糖转移到O抗原寡糖链与岩藻糖相连的半乳糖上，形成B抗原。根据人类个体糖基转移酶的表达情况，不难发现只表达GTA的个体，红细胞表面含有A抗原，表现为A型血；只表达GTB的个体，含有B抗原，则表现为B型血；如果两个酶都表达，则此个体同时含有A和B两种抗原，表现为AB型血。反之，如果两个酶都不表达，则为O型血。

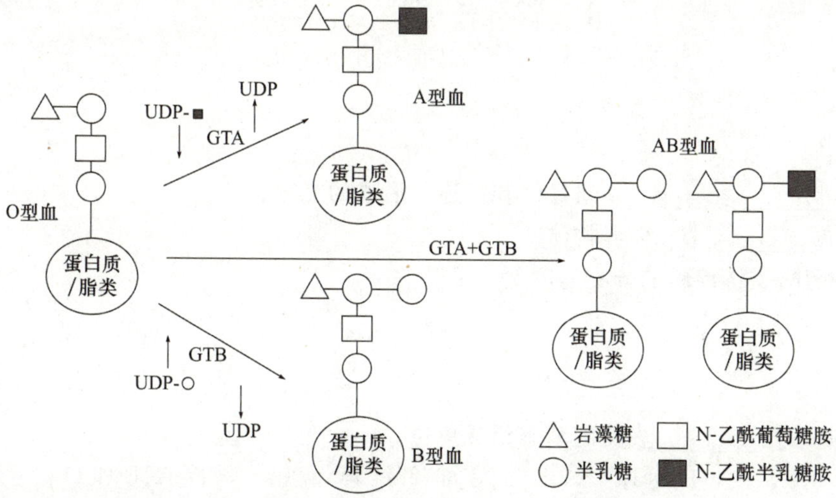

（改编 Roger L. Miesfeld and Megan M. McEvoy Biochemistry，2017）

当人体失血过多，需要补充血量时，输血是重要的抢救和治疗措施。大家都知道“AB型血是万能受血者，O型血是万能供血者”的说法。这样的说法科学吗？根据上述分析，可以发现AB型血的个体，其红细胞携带A和B抗原，血液的血清中没有任何抗A和B抗原的抗体，所以AB型血个体的血清可以作为供体输入任何血型个体，同时可以接受任何血型个体的红细胞，而不是全血。O型血，由于其红细胞没有A和B抗原，血清含有抗A和B的两种抗体，所以其血清只能提供给O型血，而红细胞能够提供给任何血型的个体，同时可以接受任何血型个体的血清。

项目	A型血	B型血	AB型血	O型血
糖基转移酶	GTA	GTB	GTA和GTB	—
红细胞抗原	A	B	A和B	—
血清中抗体	抗B抗体	抗A抗体	—	抗A和B两种抗体
红细胞受体	A和O	B和O	A、B、AB和O	O
血清受体	A和AB	B和AB	AB	A、B、AB和O

Miesfeld R L，McEvoy M M. Biochemistry. 1st ed. W. W. Norton & Company Inc，2017

参考文献

1. 朱圣庚，徐长法. 生物化学. 4版. 北京：高等教育出版社，2016.
2. 郑集，陈均辉 . 普通生物化学. 4版. 北京：高等教育出版社，2007.
3. Berg J M，Tymoczko J L，Stryer L. Biochemistry. 7th ed. New York：W. H. Freeman and Company，2012.
4. Boyer R. Concepts in Biochemistry. 4th ed. Asia：John Wiley and Sons Inc，2006.
5. Moran L A，Horton H R，Scrimgeour K G，et al. Principle of Biochemistry. 5th ed. International：Pearson Education Inc(Asia)，2012.

思考题

一、填空

1. 蔗糖是________和________通过糖苷键连接形成的二糖。
2. 核糖具有________个立体异构体。
3. 与糖原相比，支链淀粉的分支密度更________。

二、单选

1. 葡萄糖是下列________多糖的基本组成单位。

A)淀粉　　B)糖原　　C)纤维素　　D)A、B和C

2. 下列________与二羟丙酮互为异构体。

A)甘油醛　　B)核糖　　C)葡萄糖　　D)以上均不对

3. 糖蛋白上的糖基通常是和蛋白质中的________残基相连。

A) Ser、Thr 和 Asn　　B) Ala、Phe 和 Asp　　C) Asp　　D) Trp

三、问答题

1. 请简述支链淀粉、糖原以及几丁质的结构特征。
2. 线性和环式 *D*-葡萄糖具有相同数目的立体异构体吗？请说出理由。
3. 请完成下列表格。

糖类	单糖名称	糖苷键	是否还原性糖
蔗糖			
乳糖			
麦芽二糖			
纤维二糖			

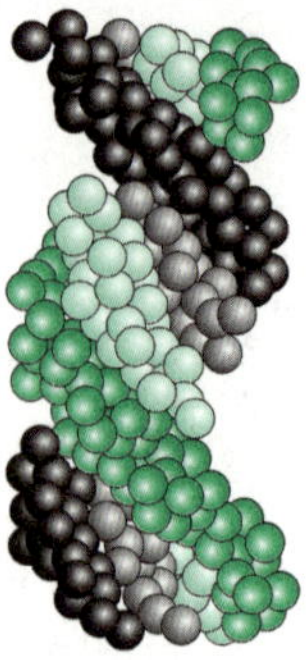

第八章

核酸化学

仅仅在几百年前，人们对遗传物质还一无所知。1869 年，瑞士青年 F. Miescher 在跟随导师 F. Hoppe-Seyler 进行论文工作研究期间，从脓细胞的细胞核中分离出一种富含磷的酸性物质，命名为核素(nuclein)；之后又从核素中分离出更纯的酸性高含磷化合物（即现在已知的 DNA）和蛋白质部分。F. Miescher 被公认为细胞核化学的奠基人和 DNA 的发现者。

1889 年，R. Altman 从多种材料中制备出不含蛋白质的核酸，最先提出“nucleic acid”这个名词。之后许多年，虽然有科学家推测核酸可作为遗传物质，但当时的学者们仍然将寻找遗传物质的希望寄托在蛋白质身上。到 20 世纪初，核酸的核糖、脱氧核糖和碱基被先后鉴定。根据核酸中戊糖的类型将核酸分为核糖核酸（ribonucleic acid，RNA）和脱氧核糖核酸（deoxyribonucleic acid，DNA）。它们不仅化学组成不同，而且在细胞中的分布不同。在真核细胞（eukaryotic cell）中，DNA 主要（约 98%）存在于细胞核内，组成染色体结构，少量存在于线粒体和叶绿体中；而 RNA 则主要（约 90%）存在于细胞质中，少量于线粒体、叶绿体和核仁中。在原核细胞（prokaryotic cell）中，DNA 存在于拟核及质粒（plasmid）中。病毒仅含一种核酸，RNA 或 DNA。

1944 年，O. Avery 通过著名的肺炎球菌转化实验首次证明了 DNA 是遗传物质。随着现代生物化学的发展和学科间的交叉研究，J. Watson 和 F. Crick 在 1953 年提出了 DNA 双螺旋学说。该学说不仅阐明了 DNA 的分子结构，还从分子水平阐明了遗传信息储存、传递的机理，从而奠定了现代分子生物学的基础。从 20 世纪 70 年代出现 DNA 重组技术，到 20 世纪 80 年代掀起 RNA 研究高潮，从 20 世纪 90 年代进入基因组分析，再到今天的后基因组时代，所有研究都渗透着有关核酸化学的基础理论知识。

本章重点讨论核酸的结构特点、理化性质以及常见核酸研究技术原理及应用。

第一节　核　苷　酸

一、核苷酸的组成与种类

核苷酸(nucleotide)是核酸的组成单位。核苷酸由 3 种成分组成：含氮碱基(nitrogenous base)、

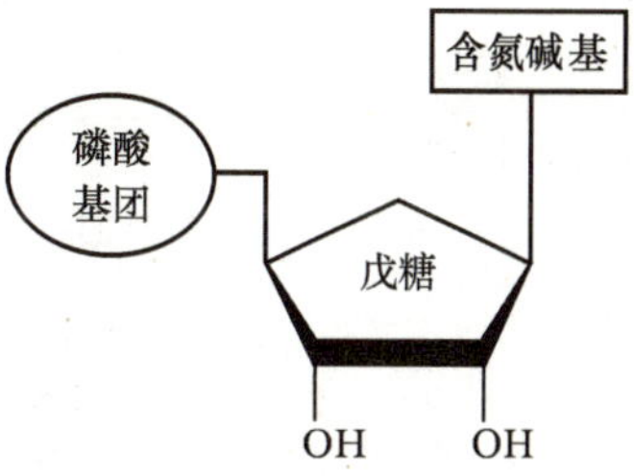

图 8-1　核苷酸的基本结构

戊糖(pentose)和磷酸(phosphate)。碱基和戊糖的结合产物称核苷(nucleoside)。核苷酸是核苷的磷酸酯(图 8-1)。

(一)组成核苷酸的两类含氮碱基

核苷酸中的含氮碱基是嘧啶(pyrimidine,Py)和嘌呤(purine,Pu)的衍生物,简称碱基。核酸中含量较多的碱基包括 3 种嘧啶:胞嘧啶(cytosine,C)、尿嘧啶(uracil,U)和胸腺嘧啶(thymine,T),以及两种嘌呤:腺嘌呤(adenine,A)和鸟嘌呤(guanine,G)。DNA 和 RNA 中所含的碱基主要有 4 种,DNA 为 A、T、C、G,RNA 为 A、U、C、G。几种常见碱基的结构式如图 8-2 所示。

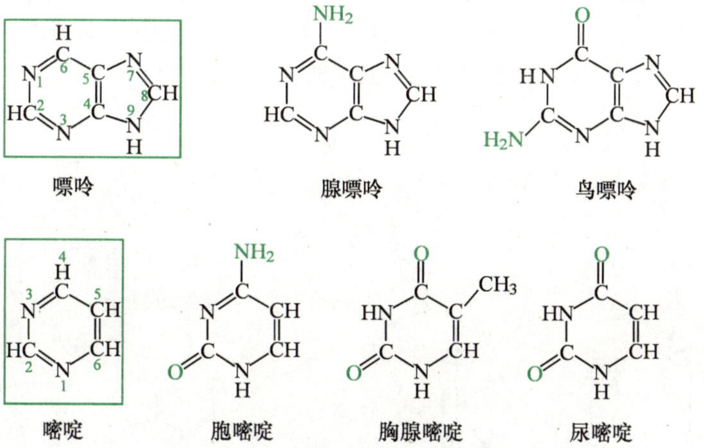

图 8-2　常见的嘌呤碱基和嘧啶碱基

除了上述碱基外,还有一些含量较少的碱基,称为稀有碱基(minor bases)。稀有碱基种类很多,但大部分为 5 种主要碱基的衍生物,因此又称修饰碱基(modified bases)。如假尿嘧啶、次黄嘌呤、二氢尿嘧啶等(见下文稀有核苷)。

(二)核苷是通过核苷键将戊糖和碱基连接而成

按碱基类型分为嘌呤核苷和嘧啶核苷。核苷的戊糖碳原子标号加撇"′",碱基原子标号不加,以示区别。碱基与戊糖通过 β-糖苷键连接:嘧啶核苷中糖环 C'_1 与嘧啶碱 N_1 相连;嘌呤核苷中糖环 C'_1 与嘌呤碱 N_9 相连(图 8-3)。

核苷的糖苷键能自由旋转,因而核苷构象有同向(syn)和反向(anti)之分。同向核苷表示嘌呤的六元环(或嘧啶 C_2 上的基团)朝向糖环一侧;反向核苷则表示远离糖环一侧。由于空间障碍,核苷多呈反向构象。syn-腺苷和 anti-腺苷如图 8-4 所示。

核酸中的稀有成分大部分是以稀有核苷的形式被分离鉴定的,如次黄嘌呤核苷(inosine)、假尿嘧啶(ψ)核苷、7-甲基鸟嘌呤(m^7G)核苷、4-硫尿嘧啶(s^4U)核苷(图 8-5)以及二氢尿嘧啶核苷(DHU)等。在表示稀有核苷时,碱基的修饰成分写在被修饰碱基的左方,核糖上的修饰成分写在碱基的右方,如 mA 表示腺苷酸的碱基被甲基化,而 Am 表示腺苷

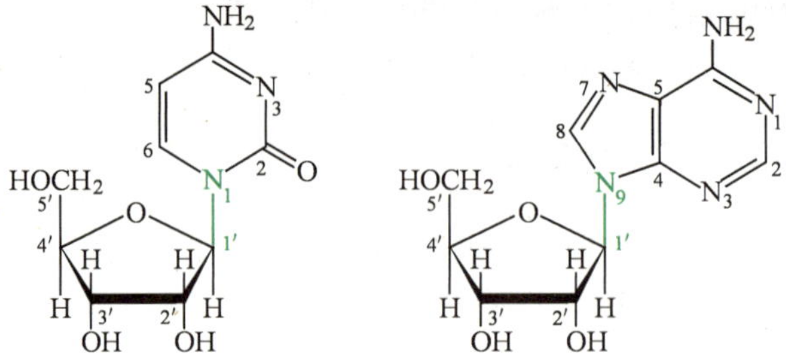

嘧啶核苷中的β-N_1-糖苷键　　嘌呤核苷中的β-N_9-糖苷键

图 8-3　核苷中的 β-糖苷键

酸的核糖被甲基化；修饰基团的数量写在修饰基团符号的右下角，修饰基团的位置写在修饰基团符号的右上角，如 m_2^6A 表示 N_6，N_6-二甲基腺苷。在核酸中除戊糖外，还有葡萄糖、甘露糖、半乳糖等己糖，它们与碱基的侧链连接，也是碱基的修饰成分。

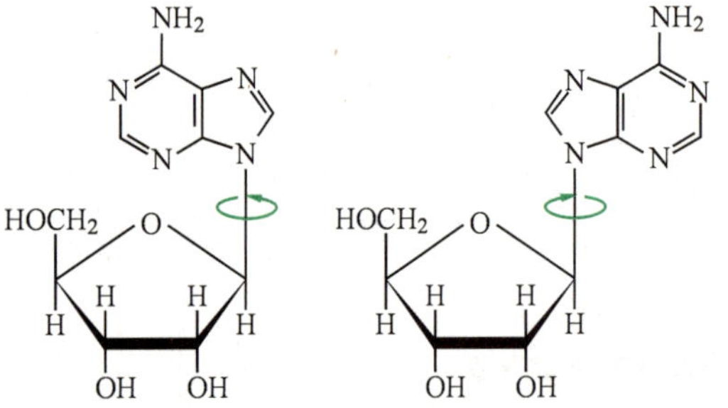

syn-腺苷　　anti-腺苷

图 8-4　syn-腺苷、anti-腺苷

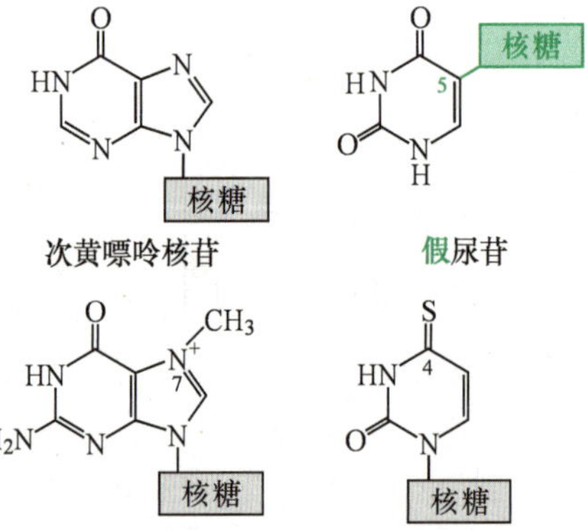

次黄嘌呤核苷　　假尿苷　　7-甲基鸟苷　　4-硫尿嘧啶核苷

图 8-5　几种稀有核苷的结构

(三)核苷酸

核苷酸是核苷中戊糖的羟基被磷酸酯化所形成的化合物。核酸构件分子为 5′-单核苷酸，其中组成 DNA 的是：dAMP、dTMP、dCMP、dGMP；组成 RNA 的是 AMP、TMP、CMP、GMP(图 8-6)。

核苷酸中核糖有 3 个自由羟基，可分别与磷酸成酯生成 2′，3′ 和 5′-核苷酸，其中 5′-核苷酸是构成核酸的基本单元。核苷酸的磷酸还可以环化形成环磷酸核苷酸。脱氧核糖只有 2 个自由羟基，相应的脱氧核苷酸为 3′-或 5′-脱氧核苷酸。

二、核苷酸及其衍生物的其他功能

核苷酸除了作为核酸分子组成单位外，还有很多重要功能。

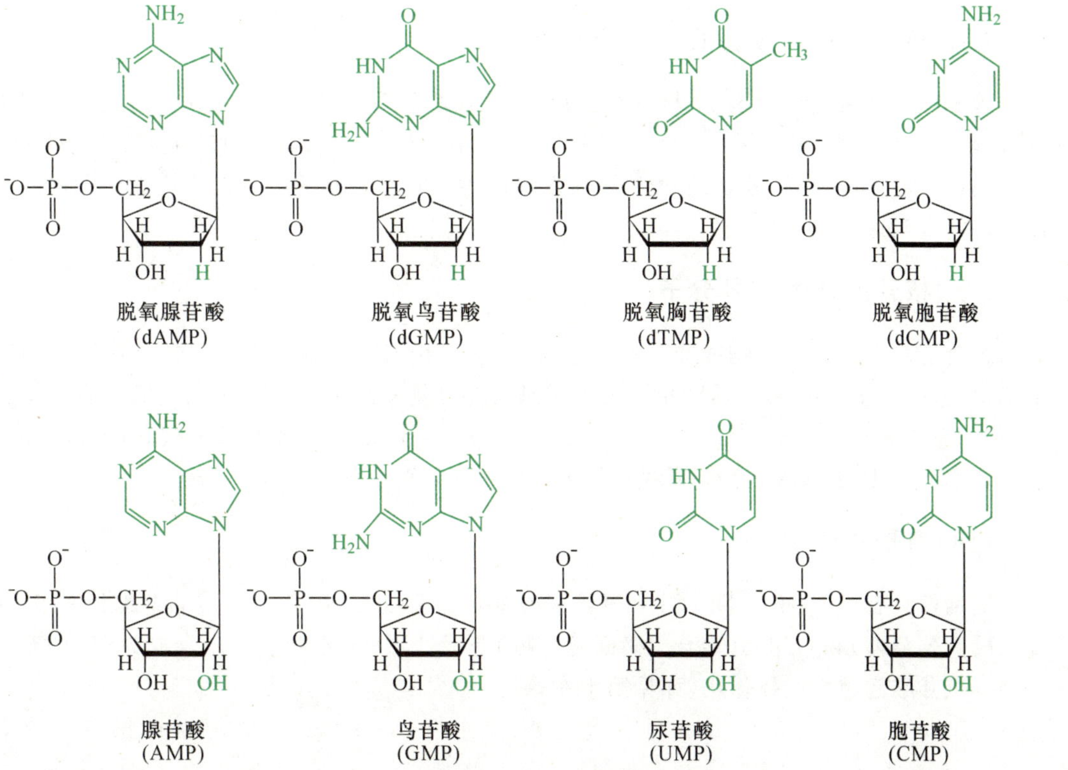

图 8-6 脱氧核糖核苷酸和核糖核苷酸

(一)许多核苷酸是高能分子

核苷酸中可以是 1、2 或 3 个磷酸基共价连接在核糖 5′-羟基上，分别称为某核苷单磷酸(NMP)、某核苷二磷酸(NDP)和某核苷三磷酸(NTP)，其中 NTP、NDP 为高能分子。AMP、ADP 和 ATP 的结构如图 8-7 所示。当 β-和 γ-磷酸基团水解时可释放出大量能量。ATP 是生物能量代谢中的通用载体(详见第十章)。GTP 是推动许多特定生物学过程的能量供体。

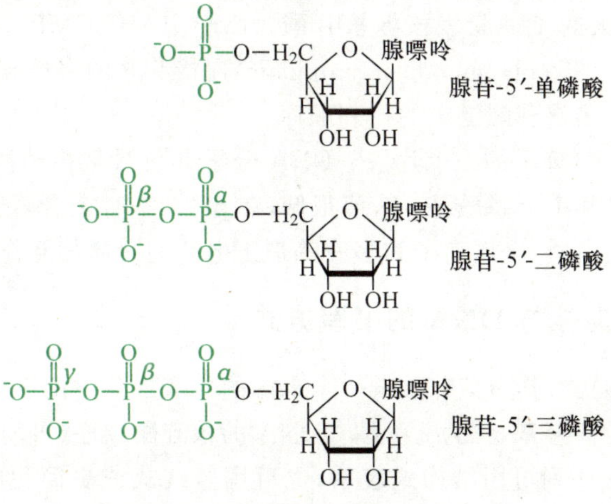

图 8-7 3 种核苷酸(AMP、ADP、ATP)

(二)核苷酸是许多酶的辅因子的成分

腺苷酸是 3 种重要辅因子(烟酰胺核苷酸、黄素腺嘌呤二核苷酸和 CoA)的组分。如果将腺苷酸从这些辅因子中除去,将会导致酶活性急剧降低。例如,从乙酰乙酰 CoA 中除去 3′-磷酸 ADP,将使 β-酮脂酰 CoA 转移酶活性降低 10^6 倍。辅因子中的腺苷与酶和底物的结合以及稳定酶与底物复合体有关。

(三)核苷酸作为信号分子

细胞能从外界感受生物或非生物信号,胞外信号和细胞表面受体互作常导致细胞内产生第二信使(second messengers),并依次产生细胞内的适应性变化。最常见的第二信使是腺苷 3′, 5′-环单磷酸(adenosine 3′, 5′-cycle monophosphate),简称环腺苷酸(cyclic AMP 或 cAMP)。cAMP 和 cGMP 都是常见的重要信号分子(详见第九章)。

(四)糖基载体

葡萄糖只有与 UDP、ADP、GDP 等核苷酸结合为 UDPG(尿苷二磷酸葡萄糖)、ADPG(腺苷二磷酸葡萄糖)和 GDPG(鸟苷二磷酸葡萄糖)等活性形式,才能进一步合成为蔗糖、寡糖和多糖。核苷酸起单糖载体作用(详见第十一章)。

第二节 DNA 结构

一、DNA 的一级结构

(一)核苷酸之间通过 3′,5′-磷酸二酯键连接

DNA 是由数量庞大的 4 种脱氧核糖核苷酸(AMP、TMP、CMP、GMP)按一定顺序通过 3′, 5′-磷酸二酯键(3′, 5′-phosphodiester linkage)连接起来的多核苷酸链。DNA 一级结构是指脱氧核糖核苷酸在多核苷酸链上的排列顺序。

图 8-8 显示了 DNA 分子的一个片段。DNA 分子共价骨架由磷酸、戊糖交替排列组成,碱基作为侧链连接在骨架上。磷酸基 p*K* 值很低,在 pH 7.0 时完全离子化而带负电荷。大量负电荷有利于核酸与蛋白质、金属离子和多胺等带正电荷的物质相互作用。

(二)DNA 的方向性与 DNA 的书写方式

DNA 分子具有方向性,其多核苷酸链一个末端的单磷酸酯键位于戊糖 5′ 碳原子上,称为 5′-端;另一端为 3′-游离羟基,称为 3′-端。DNA 的核苷酸顺序(可简称为碱基顺序)一般按 5′→3′方向书写;核苷酸序列可用结构式表示,也可用竖线式或更简化的短线式、字母式表示(图 8-9)。

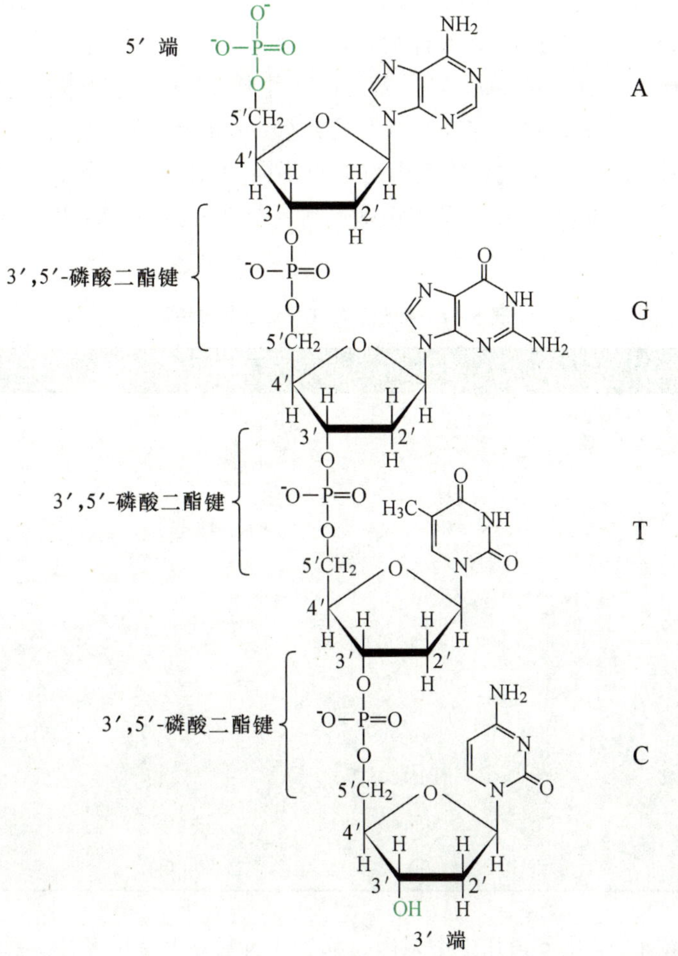

图 8-8　DNA 分子共价结构

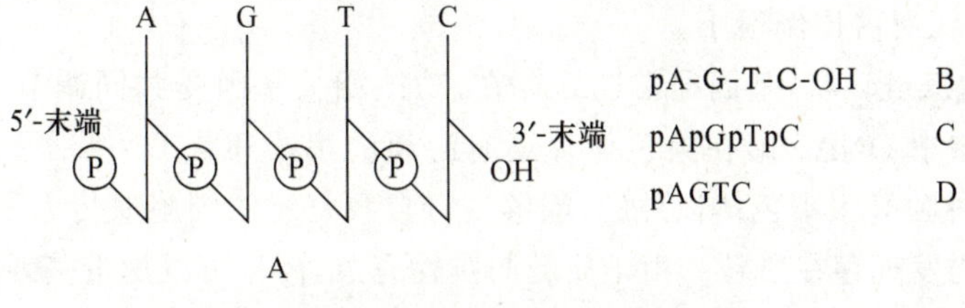

图 8-9　核苷酸链简单书写方式

A. 竖线式；B. 短线式；C 和 D. 字母式

(三)基因存在于 DNA 分子上

基因(gene)是指在染色体上占有一定位置的最小遗传单位。基因实际上是 DNA 分子的一个片段，它携带着编码活性产物(蛋白质、RNA)的信息，能通过复制将遗传信息由亲代传递给子代。一条 DNA 分子上存在数量不等的基因；它们之间可能是连续存在的，也可能是间隔或重叠的；同一个基因可能由连续核苷酸序列组成，也可能因插入多个不编码产物的核苷酸序列而断裂，其中参与编码产物的DNA序列称为外显子(exon)，而基因中不编码产物的插入序列称为内含子(intron)(详见第十六章)。基因以何种形式存在，与生物物种有关。

一种生物或细胞的遗传物质综合称为基因组(genome)。研究基因组结构与功能的科学称为基因组学(genomics)。不同生物基因组大小不同，基因特征不同。原核生物和病毒的基因组只是单条DNA分子，真核细胞基因组则包括多条染色体DNA，如果蝇为4对染色体，人为23对(表8-1)。

表8-1 某些生物DNA分子的特征

来源	总长度(kb)	外形长度(μm)	结构
病毒			
SV40	5.1	1.7	双链环状
噬菌体fd	6.4	2.0	单链环状
λ噬菌体	48.6	17	双链线形
原核细胞			
大肠杆菌	4 000	1 360	双链环状
真核细胞			
酵母	13 500	4 600	17对染色体
果蝇	165 000	56 000	4对染色体
人类	2 900 000	990 000	23对染色体
肺鱼	102 000 000	34 700 000	19对染色体

病毒基因组较小，仅几个到几十个基因。病毒DNA分子基因紧凑，常呈重叠状态(overlapping)，即一段核苷酸序列能参与编码两种或两种以上的产物，这增加了病毒基因组遗传信息的总量。病毒DNA有单链和双链之分，有线形和环状之分。病毒DNA分子大部分用来编码蛋白质，非编码区所占比例很小。

细菌DNA为双链环状，基因通常连续存在，功能相关基因受共同调节；基因组中重复序列很少。除了拟核中DNA外，在染色体外还有游离的小的环状DNA分子，称为质粒(plasmid)。质粒是一种独立于染色体以外的、能够进行自我复制的细胞遗传因子，不属于基因组。原核和真核生物均发现存在质粒。由于质粒与抗性有关，而且可以携带基因在物种间转移，因此成为现代分子生物学技术中基因分离、克隆和转移的主要工具。

真核细胞基因组DNA以染色体形式存在。最简单的真核细胞酵母所含的DNA是大肠杆菌的4倍，果蝇是25倍，而人和哺乳动物的DNA是大肠杆菌的600多倍。很多植物和两栖类有更多的DNA。人每个细胞的DNA的螺旋总长度约2 m，很显然，DNA必须进行复杂的组织和包装才能容纳于细胞中。真核生物基因组中的调控序列和重复序列所占比例很大，基因是断裂的，一个基因通常包括数个外显子和数个内含子。除了核DNA外，真核细胞中还有线粒体DNA，光合细胞还有叶绿体DNA。这类DNA分子较小，为双链环状，能复制。

二、DNA 双螺旋结构

核酸中部分核苷酸或全部核苷酸组成规则、稳定的结构称为核酸的二级结构(secondary structure)。DNA 分子的二级结构即 DNA 双螺旋结构(DNA double helix)。DNA 双螺旋结构模型是 Watson 和 Crick 于 1953 年依据前人的实验结果提出来的，主要基于两个依据：

第一个依据是不同生物 DNA 的碱基组成规律。E. Chargaff 等发现不同物种生物的 DNA 碱基组成是不同的，同一生物不同组织 DNA 的组成是一样的；在一个生物中 DNA 的碱基组成并不随年龄、营养状况和环境变化而改变；在所有 DNA 中，不论是何种生物，碱基摩尔含量存在一定关系：[A]=[T]，[G]=[C]，嘌呤碱和嘧啶碱相同([A]+[G]=[T]+[C])。这种当量关系叫查尔加夫定律(Chargaff rule)，也叫碱基当量定律。第二个依据来自 X 射线衍射对 DNA 纤维的研究，首先是 W. T. Astbury 等提出，后来 R. Franklin 和 M. Wilkins 等获得了更精美的 DNA 纤维 X 射线衍射图。这些衍射图显示 DNA 分子可能具有螺旋结构。

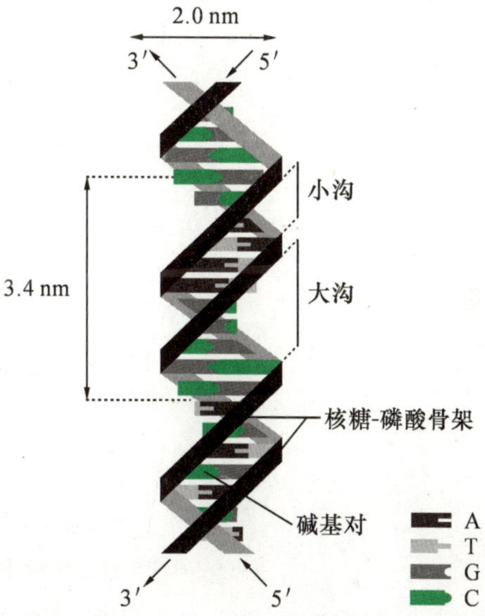

图 8-10 DNA 分子双螺旋结构模型

由 Watson-Crick 所提出的 DNA 双螺旋结构模型(图 8-10)的基本要点如下：

①DNA 是由两条反向平行的多核苷酸链绕同一"中心轴"旋转形成的右手双螺旋。其中一条链的走向为 5′磷酸基团→3′羟基方向；另一条链的走向为 3′羟基→5′磷酸基团方向。

②两条由磷酸和脱氧核糖形成的主链骨架(backbone)位于双螺旋外侧，碱基位于双螺旋内侧。碱基平面与纵轴接近垂直，糖环平面与纵轴接近平行。

③两条链靠彼此碱基之间的氢键结合在一起，碱基按互补原则进行特异的碱基配对(base pairing, bp)。A 和 T 之间通过 2 个氢键进行配对(A═T)，C 和 G 通过 3 个氢键进行配对(C≡G)。碱基之间的这种特异配对关系叫作碱基互补(base complementary)或碱基配对原则(base-pairing rule)，也称为 Watson-Crick 配对(图 8-11)。通过碱基互补，DNA 双螺旋中一条链实际上是另一条链的互补链(complementary strand)。

④双螺旋平均直径为 2.0 nm，螺距为 3.4 nm；每圈螺旋含有 10 bp(实际上为 10.4 bp)，相邻两个碱基上下间隔 0.34 nm，夹角为 36°。

⑤遗传信息储存在碱基顺序中，碱基在一条链上的排列顺序不受限制。

⑥沿螺旋轴方向观察，双螺旋的表面有两条凹槽：一个宽而深，称为大沟(major groove)；另一个窄而浅称为小沟(minor groove)。碱基侧面的功能基团朝向大沟，有利于 DNA 遗传信息传递和表达时功能蛋白质与 DNA 的特异识别。

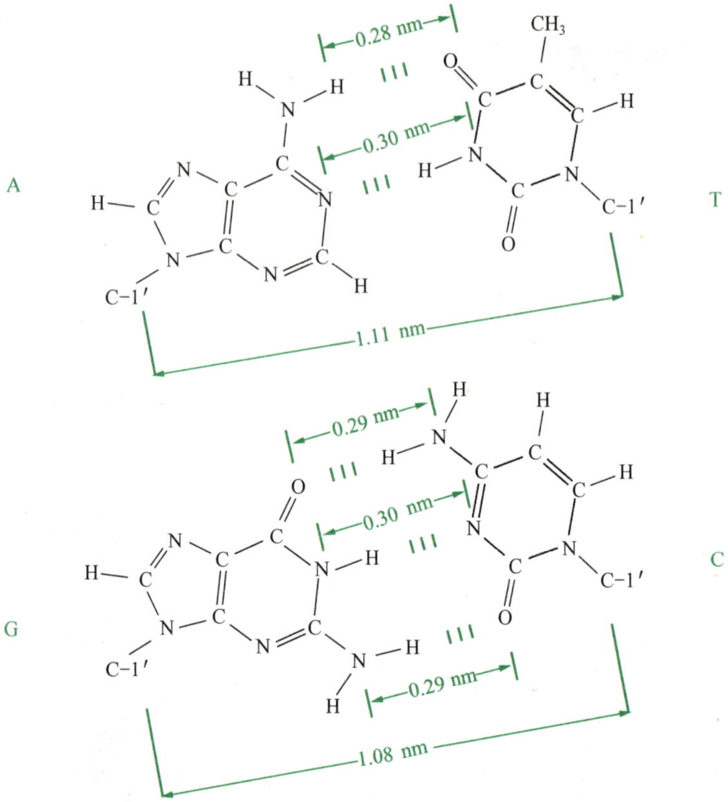

图 8-11　DNA 中互补碱基 A—T、C—G 间配对

DNA 双螺旋模型第一次呈现了遗传信息的储存方式（碱基顺序）以及 DNA 复制的分子机理（碱基互补），揭示了生物遗传的内在规律，为分子遗传学、分子生物学的研究拉开了序幕。

决定 DNA 双螺旋稳定的因素除了碱基对之间的氢键外，还有疏水相互作用、范德华力和离子键。在 DNA 双螺旋中，相邻碱基平面之间通过疏水作用和范德华力相互平行垛叠在一起，便产生了一种疏水性堆积作用，合称为碱基堆积力（base-stacking interaction）。碱基堆积力是稳定 DNA 双螺旋结构最重要的因素。核酸分子中带负电荷的磷酸基团通过与其他富含阳离子的分子互作，对稳定双螺旋也有一定作用。如原核细胞 DNA 常常与多胺（如精胺、亚精胺）结合，真核细胞染色体 DNA 则与组蛋白结合，这些物质具有碱性，带有丰富的正电荷。

三、DNA 螺旋构象具有多样性

自 Watson-Crick 提出 DNA 双螺旋模型后，其他结构形式的 DNA 螺旋相继被发现，显示 DNA 螺旋结构具有多样性。DNA 分子是一个高度缠绕的分子，磷酸-核糖骨架中键的转动和热力学波动（thermal fluctuation）使 DNA 发生弯曲、伸缩，甚至双链溶解，从而形成不同的构象形式。

DNA 螺旋结构的多样性与 DNA 存在环境有关，如相对湿度、盐浓度、离子种类等。典型的双螺旋结构模型是依据 DNA 钠盐纤维（在相对湿度为 92%条件下获得）所做的结构分析，又叫 B-型 DNA，细胞中绝大多数 DNA 为 B-型。在相对湿度为 75%时，DNA 双螺旋结构发生可逆构象变化，形成 A-DNA；A-DNA 比 B-DNA 粗短一些，大沟变深，小沟变浅，但仍为右手螺旋（表 8-2，图 8-12）。在相对湿度为 66%时获得的 DNA 称为 C-DNA，也为右手螺旋结构，其物理参数介于 A-DNA 和 B-DNA 之间。

表 8-2　DNA 二级结构的类型及参数

结构参数	A-DNA	B-DNA	C-DNA	Z-DNA
结晶条件	75%相对湿度	92%相对湿度	66%相对湿度	—
	钠盐	钠盐	锂盐	—
螺旋方向	右手	右手	右手	左手
螺旋直径(nm)	2.55	2.37	—	1.84
碱基轴升(nm)	0.23	0.34	0.33	0.38
螺距(nm)	2.53	3.54	3.10	4.56
碱基倾角(°)	19	1	6	9
每圈碱基对数(bp)	11	10.4	9.3	12

DNA 螺旋结构的多样性与 DNA 序列有关。1979 年 A. Rich 和王连君等用 X 射线衍射技术对人工合成 DNA 片段——d(CpGpCpGpCpGp)单晶结构研究时还发现了另一种构象的双螺旋，因其骨架脱氧核糖-磷酸呈之字形(zigzag)从一端伸向另一端，故称 Z-DNA。Z-DNA 为左手螺旋，形状比 B-DNA 细长而伸展（图 8-12）。Z-DNA 也存在于细胞 DNA 中，但比例很小。

DNA 分子除了均匀双螺旋外，局部还存在一些变异结构。例如，当一股链中有多聚腺苷酸(polyadenylic acid，polyA)组成时，DNA 双螺旋会产生弯曲，六聚腺苷酸可产生大约 18°的弯曲。在真核细胞 DNA 中普遍存在反向重复序列(inverted repetition sequence)，正向和反向拼读都一样，类似于字母顺序“ROTATOR”。反向重复序列中，有的在两条链中以二重对称形式存在，叫回文结构(palindrome)；有的存在于 DNA 一条链上，叫镜像重复(mirror repeat)（图 8-13）。在 DNA 分子中，重复序列长度可能是几个碱基对，也可能是数千个碱基对。有些回文结构易形成发夹(hairpin)结构和十字形结构(cruciform)（图 8-14）。

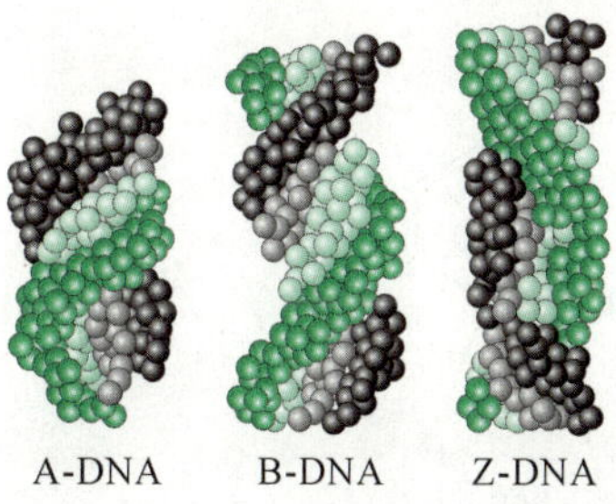

图 8-12　A、B、Z-DNA 螺旋结构模型

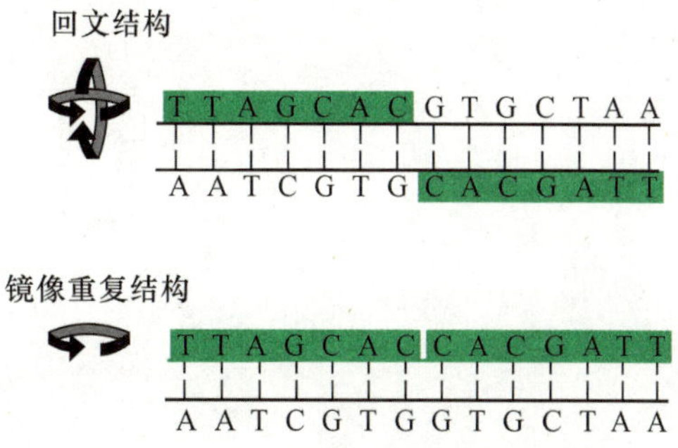

图 8-13　DNA 回文结构及镜像重复

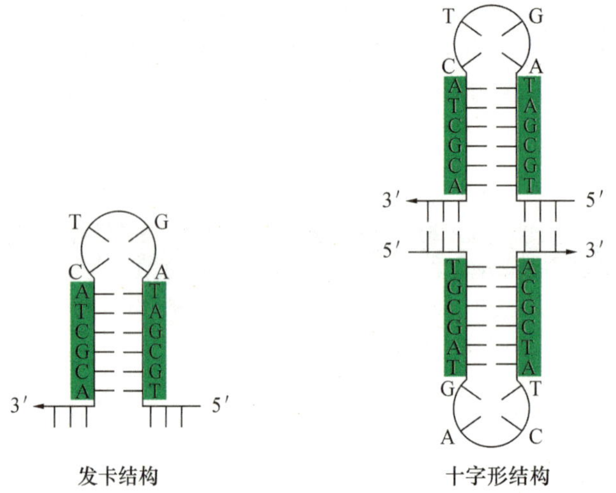

图 8-14　DNA 发卡结构和十字形结构

人们在研究 DNA 双螺旋的同时，不断发现 DNA 三螺旋（triple helix）的存在。当 DNA 的一段多聚嘧啶核苷酸或多聚嘌呤核苷酸成镜像重复时，便回折产生铰链 DNA（hinged-DNA，H-DNA）（图 8-15A）。三螺旋的其中 2 条链由同型多聚核苷酸——多聚嘌呤核苷酸

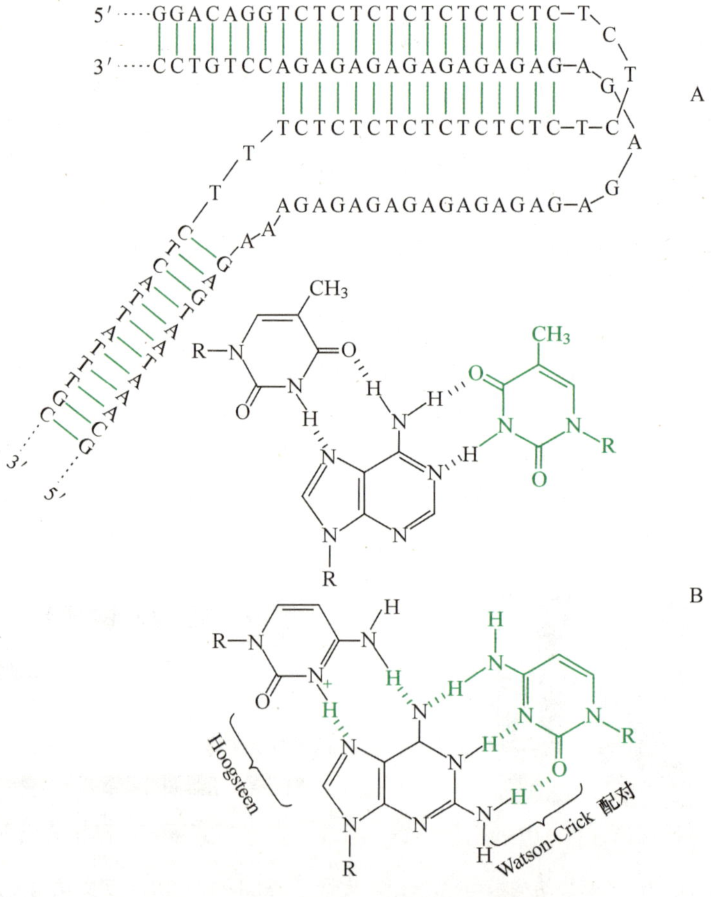

图 8-15　H-DNA 与 Hoogsteen 碱基配对

(AGAGAGAG)和多聚嘧啶核苷酸(TCTCTCTC)以反向平行形成双螺旋,碱基之间以 Watson-Crick 方式配对;第 3 条链多聚嘧啶核苷酸进行配对时有些特殊,胞嘧啶需质子化,以作为与嘌呤碱 N_7 结合的氢键供体,此时的C—G 之间只有 2 个氢键(图 8-15B)。由于 K. Hoogsteen 是最早(1963)对 DNA 三螺旋进行分析的科学家,因而人们把这种出现在 DNA 三螺旋中的特殊碱基配对称为 Hoogsteen 配对。三螺旋可以来自 DNA 分子内,也可以来自分子间。已发现许多基因的调控区、染色质的重组部位存在三螺旋结构,该领域的研究对于认识基因的结构、复制、转录、调控和重组机制有着重要意义。除三螺旋外,DNA 分子富含鸟嘌呤的区段还能形成四股螺旋。研究表明,端粒末端 G-四股螺旋 DNA 可以抑制端粒酶活性,进而抑制癌细胞的生长和大量繁殖。

四、DNA 超螺旋

无论线形 DNA,还是环形 DNA,它们既可处于松弛状态,也可发生进一步卷曲或折叠,形成更致密的高级结构,如超螺旋(superhelix)或称超卷曲(supercoil)、扭结、连环等(图 8-16)。下面重点讨论超螺旋构象。

超螺旋是由 DNA 双螺旋轴进一步卷曲所形成的一种 DNA 高级结构或称三级结构。超螺旋程度越高,分子密度越大。DNA 以超螺旋形式存在不仅有助于 DNA 分子在细胞内的包装,也是 DNA 实现复制、转录、重组等功能所需要的。

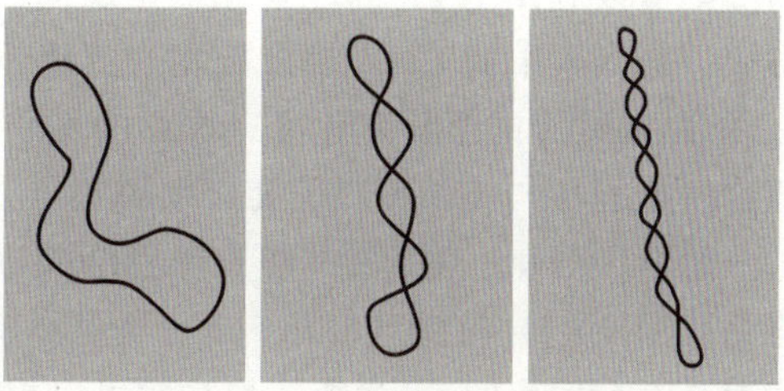

图 8-16　环状 DNA 与超螺旋

应用拓扑学(topology)知识可以加深对 DNA 分子超螺旋构象的理解。拓扑学是数学的一个分支,是研究空间关系的一门科学。按照拓扑学理论,任何一个双螺旋都有一种特性,即在松弛状态下能量最低;当顺原有的螺旋方向拧紧双螺旋或逆原有螺旋方向松动双螺旋时,就会使双螺旋产生额外的张力;如果双螺旋末端是自由的,那么这种额外的张力会通过双螺旋体的转动得到释放,从而保持原有结构状态;如果双螺旋的末端是固定的或者双螺旋为环状,那么,额外的张力因不能及时释放会引发螺旋轴的扭曲,通过拓扑结构的变化使张力达到平衡。双螺旋在发生拓扑结构变化时遵循一个规律,可用下式表示:

$$L = T + W$$

式中,T 为盘绕数(twisting number),表示双螺旋中两条链之间的环绕数,也就是双螺旋数;W 为缠绕数(writhing number),表示双螺旋轴发生扭曲形成的超螺旋数;L 为连接数(linking number),指超螺旋水平中一条链绕另一条链 360°所形成的交叉数,是双螺旋数和超螺旋数之和。T 和 W 不一定是整数,但 L 一定为整数。

对于一个盘绕数为 10 的线形右手双螺旋体,当一端自由存在且为放松状态时,没有超螺旋,$L=T=10$,即 $10=10+0$。此时无论拧紧还是拧松螺旋的另一端,只要双螺旋体不发生断裂,L 值总是不变。

当该右手双螺旋体的一端固定(图 8-17),在另一端拧紧 2 圈时,双螺旋体为了平衡额外的张力,就会形成 2 个左手超螺旋,此时:$12=10+2$。从式中可以看出,拧紧双螺旋会形成正

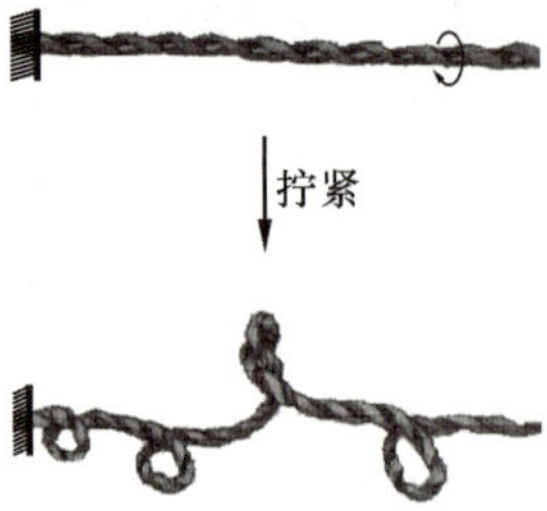

图 8-17 右手双螺旋拧紧时形成左手正超螺旋

超螺旋。此时，螺旋体本质并未改变，只是进入另一个拓扑状态。相反，当一端固定，在另一端拧松 2 圈时，右手双螺旋体为了平衡额外的张力，就会形成 2 个右手超螺旋，即 8＝10－2。从式中可以看出，拧松双螺旋会形成负超螺旋。此时，螺旋体本质也未改变，而是进入一个新的拓扑状态。

可见，在一定条件下，同一个双螺旋体可以表现出不同拓扑状态，具有不同 L 值。换句话说，从 L 值可以了解一个双螺旋体的拓扑状态。

约半个世纪前环状双链 DNA 的发现使生物学和数学中的拓扑学自然联姻，从而诞生了 DNA 拓扑学。人们认识到，无论环状 DNA，还是线形 DNA，同一条 DNA 分子可以不同拓扑状态存在。L 值不同的同种 DNA 分子互为拓扑异构体(topoisomers)。DNA 拓扑异构体之间的转变靠拓扑异构酶(topoisomerases)完成。拓扑异构酶有两种类型：Ⅰ型拓扑异构酶能够瞬时切开 DNA 两条链中的一条链，使这条链绕着未切开的链旋转，再将断裂末端重新连接起来，通过增加 L 值，去除负超螺旋而得到松弛超螺旋；Ⅱ型拓扑异构酶则可以利用 ATP 的能量使双链瞬间断开，待末端旋转后连接，通过减少 L 值，引入负超螺旋。自然界中的 DNA 超螺旋均为负超螺旋(negative supercoil)。

DNA 双螺旋的拓扑变化具有重要的生物学意义。DNA 在进行复制、转录或基因重组时需要许多分子参与，DNA 双螺旋必须解旋以方便分子间互作。按照拓扑学规律(即没有酶参与)，一段右手 DNA 双螺旋的解旋必然会引起其他部位超螺旋的形成；越来越多超螺旋的积累容易使 DNA 链“打结”(knotting)，这显然不利于该部位基因的活动。实际上，在细胞中这种情况是不会发生的，因为拓扑异构酶可以根据需要适时改变 DNA 的拓扑状态。DNA 的正常拓扑变化如果被干扰，细胞功能就会受到限制。环丙氟沙星(ciprofloxacin)能作为抗生素使用，就是因为它能抑制原核生物Ⅱ型拓扑异构酶的活性。

此外，DNA 形成超螺旋等高级构象还有助于 DNA 抵抗高温等干扰和 DNA 的包装。

五、DNA 的包装

无论病毒、细菌，还是真核细胞，其 DNA 都是与蛋白质结合在一起组装成一定的复合体形式。

一个病毒颗粒就是一个大的核酸 - 蛋白质复合体。不同病毒，大小不同，形状各异，侵染性和宿主也不同，但核酸都是被蛋白质包裹着，这层蛋白质外壳称为衣壳(capsid)。有的还有糖蛋白和脂蛋白组成的被膜(envelope)。核酸决定病毒的侵染性，蛋白质决定宿主专一性。最新研究证明，病毒核酸的组装滞后于衣壳组装，也就是说，先有蛋白质衣壳，然后核酸分子才被挤压进去，这个过程由特殊蛋白作为强有力的“分子马达”来完成。

细菌没有典型的细胞核，它的 DNA 与蛋白质以及少量 RNA 紧缩成致密的拟核(nucleoid)，约占细胞体积的 1/3。DNA 分子依靠 RNA - 碱性蛋白质核心形成许多突环，平均一个突环含 40 bp。人们对拟核结构的了解还不够深入。

下面重点讨论真核细胞核 DNA 的组装：

真核细胞 DNA 分子很长，在细胞内呈有序压缩状态存在。在细胞分裂间期，DNA 分子和蛋白质一起形成染色质(chromatin)分散在核内。其中常染色质的 DNA 压缩比为 1 000～2 000,相对比较伸展,是基因活跃表达区域;异染色质压缩程度高很多,对碱性染料着色较深,其 DNA 大多不转录产物。染色质的蛋白质以组蛋白为主,共有 5 种类型:H1、H2A、H2B、H3 和 H4,它们有一个共性,都富含碱性氨基酸(表 8-3)。

表 8-3 组蛋白的组成

组蛋白种类	相对分子质量	氨基酸碱基数	碱性氨基酸的含量(%)	
			Lys	Arg
H1	21 130	223	28.5	1.3
H2A	13 960	129	10.9	8.3
H2B	13 774	125	18.0	8.4
H3	15 273	135	8.6	13.3
H4	11 236	102	10.8	13.7

在电镜下,染色质为串珠状结构(图 8-18),珠状物称为核小体(nucleosomes)。核小体是真核生物染色质的重复结构单位,由 DNA 盘绕组蛋白核心而成。组蛋白核心为八聚体,含有各两个拷贝的 H2A、H2B、H3 和 H4。盘绕组蛋白核心的 DNA 大约有 200 bp,其中 146 bp 以左手超螺旋形式在组蛋白核心外部盘绕 1.75 圈,其余部分用作两个核小体之间的连接 DNA,长度约 54 bp。组蛋白 H1 结合在组蛋白核心外侧 DNA 双链的进出口端,犹如一个搭扣将 DNA 链固定在组蛋白八聚体上。

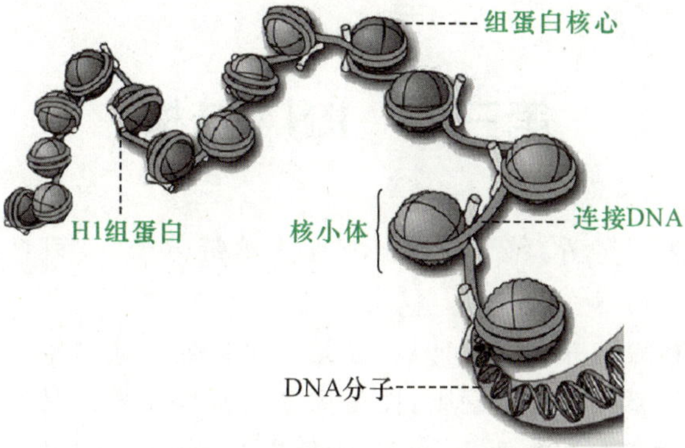

图 8-18 染色质核小体示意图

从双螺旋 DNA 到核小体,DNA 长度被压缩了 7 倍。在细胞进行分裂时,DNA 还要进一步组装成染色体(图 8-19)。首先由直径为 11 nm 的核小体链盘绕成直径为 30 nm 螺线管(solenoid),即通常所说的染色质纤丝,每圈含 6 个核小体,这使 DNA 再压缩约 100 倍;染色质纤丝以突环形式固定在由 RNA 和蛋白质(非组蛋白)组成的"核骨架"(nuclear scaffold)上,每 6 个突环一组,并且进一步盘绕成直径为 700 nm 的螺旋状染色单体,最后形成直径为 1 400 nm 的染色体。从双链 DNA 到染色体,长度压缩上万倍。染色体组装的详细过程和分子机制还存在许多未知。

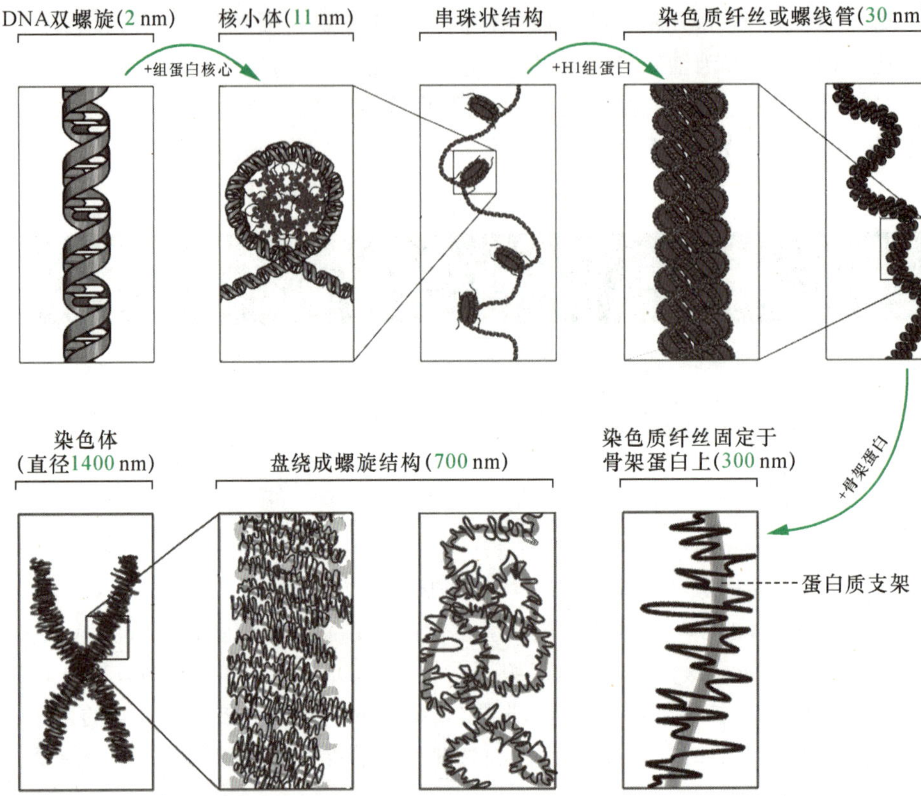

图 8-19 从 DNA 到染色体

第三节 RNA 结构

除少数病毒 RNA 为双链外，绝大多数 RNA 为单链分子，连键性质和 DNA 一样，都是 3′，5′-磷酸二酯键。

单链 RNA 的多核苷酸链并非随意伸展，而是通过折叠形成特定的高级结构。RNA 的二级结构不像双螺旋 DNA 那样简单又规则，而是像蛋白质那样复杂又独特。RNA 二级结构的结构元件包括：单链、双螺旋区、突起(bulge)、内环(internal loop)和发夹结构等(图 8-20)。

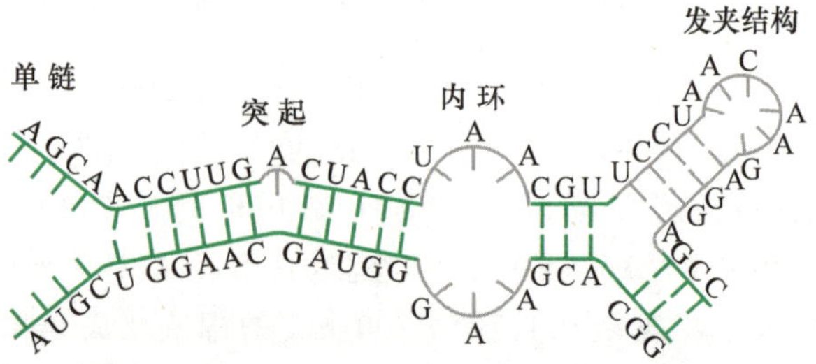

图 8-20 RNA 分子的二级结构元件

RNA 的局部双螺旋一般为 A - DNA 结构。氢键和碱基堆积力在稳定 RNA 二级结构中起主要作用。除标准的 Watson-Crick 碱基配对的氢键外，还存在非标准配对形成的氢键。

细胞中有 3 种重要的 RNA 与蛋白质合成有关：信使 RNA（messenger ribonucleic acid，mRNA）、转运 RNA（transfer ribonucleic acid，tRNA）和核糖体 RNA（ribosome ribonucleic acid，rRNA）。它们具有特定的结构和功能，下面分别给予介绍。

一、tRNA

tRNA 约占细胞 RNA 总量的 15%，它的主要作用是将氨基酸转运到核糖体的相应位置，用于蛋白质的合成。细胞内 tRNA 的种类很多，每一种氨基酸都有一种或一种以上与其相应的 tRNA。tRNA 的分子较小，一般由 73～93 个核苷酸(nucleotide，nt)组成，平均沉降系数为 4S，其碱基组成中含有较多的稀有碱基。tRNA 的 3′ 末端通常为—CCA 序列，5′ 末端多为 pG，也有 pC。

tRNA 的二级结构都呈三叶草形(图 8 - 21)，其中双螺旋区构成叶柄，突环区构成三叶草的 3 片小叶，三叶草型结构由氨基酸臂、二氢尿嘧啶环、反密码环、额外环、假尿嘧啶核苷 - 胸腺嘧啶核糖核苷环(TψC 环)5 个部分组成。

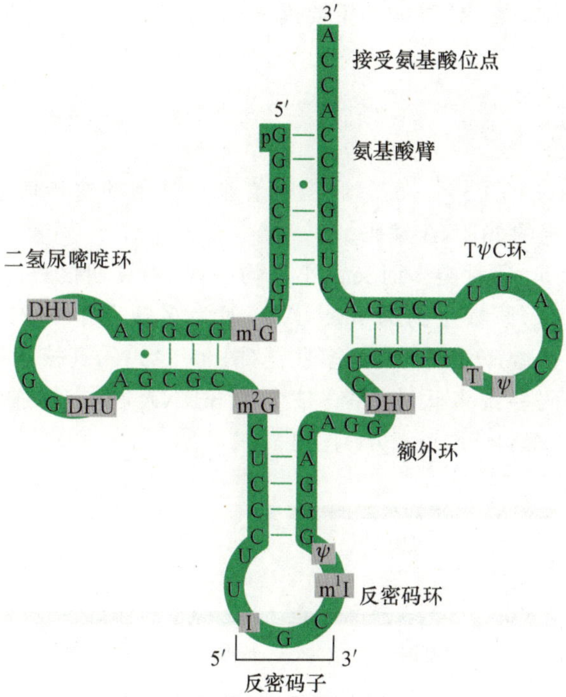

图 8 - 21 tRNA 三叶草形二级结构模型

氨基酸臂(amino acid arm)包含 7 对碱基，3′ 末端为—CCA—OH 结构，其羟基与氨基酸形成共价键，因而是携带氨基酸的位点。

二氢尿嘧啶环(dihydrouridine loop)由 8～12 个核苷酸组成，因其具有二氢尿嘧啶(DHU)而得名。通过由 3～4 bp 组成的双螺旋区(也称二氢尿嘧啶臂)与 tRNA 的其余部分

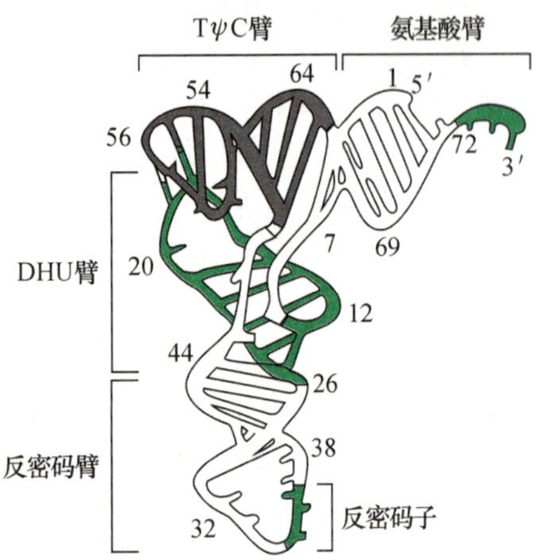

图 8-22 酵母苯丙氨酸 tRNA 的三级结构

相连。

反密码环(anticodon loop)包含 7 nt,其中 3 个碱基构成反密码子,与 mRNA 上的密码子识别配对。反密码环通过 5 bp 的反密码臂与 tRNA 的其余部分相连。

额外环(extra loop)也称可变环,由 3～18 nt 组成。不同 tRNA 额外环差别很大。

TψC 环由 7 nt 组成,通过 5 bp 的 TψC 臂与 tRNA 的其余部分相连,因绝大多数 tRNA 在此环中含有 TψC 而得名。

在二级结构的基础上,tRNA 进一步折叠成三级结构。X 射线衍射分析表明,tRNA 具有大致相同的三级结构,形状像一个倒写的"L"(图 8-22)。氨基酸臂与 TψC 臂形成一个连续的双螺旋区,构成字母 L 下面的一横。而二氢尿嘧啶臂与它相垂直,二氢尿嘧啶臂与反密码臂及反密码环共同构成字母 L 的一竖。反密码臂经额外环与二氢尿嘧啶臂相邻。此外,二氢尿嘧啶环中与 TψC 环及额外环的某些碱基形成额外的碱基对,这些碱基对是维持 tRNA 三级结构的重要因素。

二、mRNA

mRNA 占细胞总 RNA 的 3%～5%,它携带着来自基因的遗传信息,是合成蛋白质的模板。每种多肽都由其特定的 mRNA 编码。

mRNA 分子的特点是:①种类多而又大小不均一;②半衰期很短,实际含量很低,占细胞 RNA 总量的 3%～5%;③原核生物的 mRNA 一般为多顺反子 mRNA(polycistronic mRNA),即一条 mRNA 可以翻译多条不同的多肽链(图 8-23);④真核生物的 mRNA 多为单顺反子,一条 mRNA 只编码一条多肽链;⑤真核生物 mRNA 在 5′ 端通常有一个"帽子"结构(图 8-24),在 3′ 端有多聚腺苷酸(polyA)尾巴。

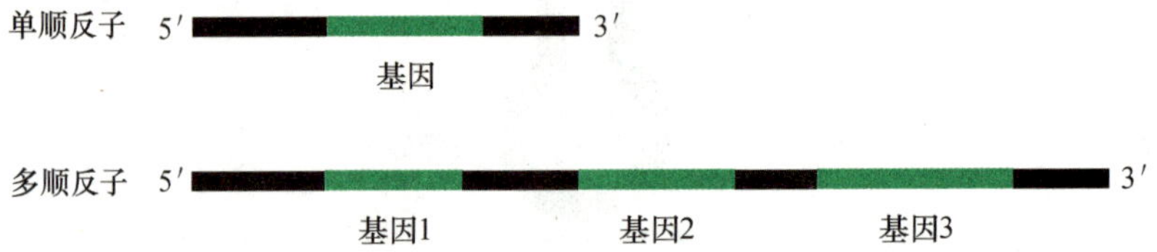

图 8-23 单顺反子和多顺反子 mRNA

真核生物 mRNA 5′ 端帽子是一个特殊结构,它由 7-甲基化鸟苷酸经焦磷酸与另一个核苷酸 5′端相连,形成 5′,5′-三磷酸连接键(5′,5′-triphosphate linkage)。帽子结构通常有 3 种类型,分别称为 O 型($m^7G^{5'}ppp^{5'}Np$)、Ⅰ型($m^7G^{5'}ppp^{5'}NmpNp$)和Ⅱ型($m^7G^{5'}ppp^{5'}NmpNmpNp$)。上述几个缩写符号中,N 指某一个碱基;O 型是指 mRNA 5′端核苷酸的核糖未甲基化;Ⅰ型是指末端一个核苷酸的核糖甲基化(详见第十六章);Ⅱ型是指末端两个核苷酸的核

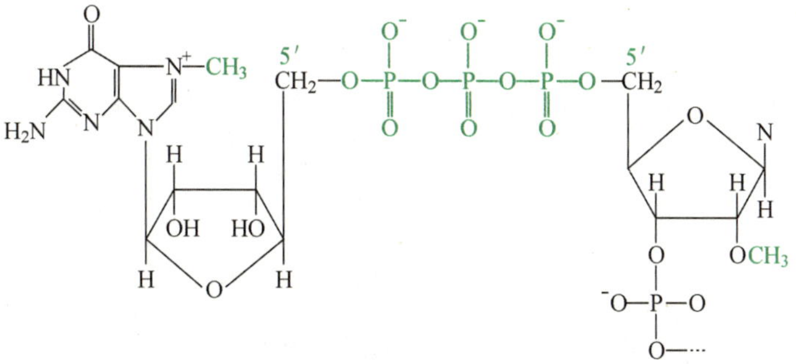

图 8-24 真核 mRNA 5′端的Ⅰ型帽子结构

糖均甲基化。帽子结构有抗 5′-核酸外切酶的降解作用;在蛋白质合成过程中,它有助于核糖体对 mRNA 的识别和结合,使翻译得以正确起始。

3′端的 polyA 尾巴是在转录后经 polyA 聚合酶(polyA polymerase)作用添加上的,一般含有 20～250 个腺苷酸。polyA 聚合酶专一性地作用于 mRNA,不能作用于 rRNA 和 tRNA。polyA 尾巴可能与 mRNA 从细胞核到细胞质的运输有关,还可能与 mRNA 的寿命有关。通常,新合成 mRNA 的 polyA 尾巴较长,而衰老 mRNA 的 polyA 尾巴则较短。

三、rRNA

(一)rRNA 和蛋白质一起组成核糖体

rRNA 占细胞 RNA 总量的 80%左右。rRNA 分子大小通常用沉降系数表示,有不同种类。原核生物核糖体 rRNA 有 3 类:5S rRNA、16S rRNA、23S rRNA。真核生物核糖体 rRNA 有 4 类:5S rRNA、5.8S rRNA、18S rRNA、28S rRNA。原核和真核核糖体 rRNA 差异很大,但它们都存在甲基化现象。大肠杆菌 16S rRNA 有 10 个甲基化核苷酸,23S rRNA 有 20 个甲基化核苷酸,这些甲基化部位多在 A 或 G 上。真核哺乳动物的 18S rRNA 和 28S rRNA 分别有 43 和 74 个甲基化位点。

rRNA 的二级结构含有不同数量的螺旋区、单链和茎环(stem-loop)结构等。rRNA 分别与多种蛋白质一起构成"RNA-蛋白质"复合体,即核糖体(ribosome)——蛋白质生物合成的场所(详见第十七章)。

(二)rRNA 的功能

过去一直认为 rRNA 只是构成核糖体的"衣架",生物合成蛋白质的主角是核糖体中的蛋白质,自从发现 23S rRNA 能作为"核酶"催化肽键形成,rRNA 在核糖体中的作用越来越受到关注。

核酶是具有酶催化作用的 RNA 分子。20 世纪 80 年代,T. Cech 等在研究四膜虫 rRNA 前体成熟过程时首先发现了核酶。在鸟苷酸(G)和 Mg^{2+} 存在下,rRNA 前体能够进行自我剪接(self-splicing),切除一个 414 nt 内含子,拼接外显子为成熟的 26S rRNA;414 nt 的内含子继续发生自我剪接和开环处理,最后形成含有 395 nt 的线状 L19 RNA(图 8-25)。进一步研究发现 L19 RNA 在体外能同时催化五聚胞嘧啶(C_5)的延伸和裂解,具有核糖核酸酶(RNase)和 RNA 聚合酶(RNA polymerase)双重作用。上述事实充分证明有些 RNA 分子具有酶的催化作用。

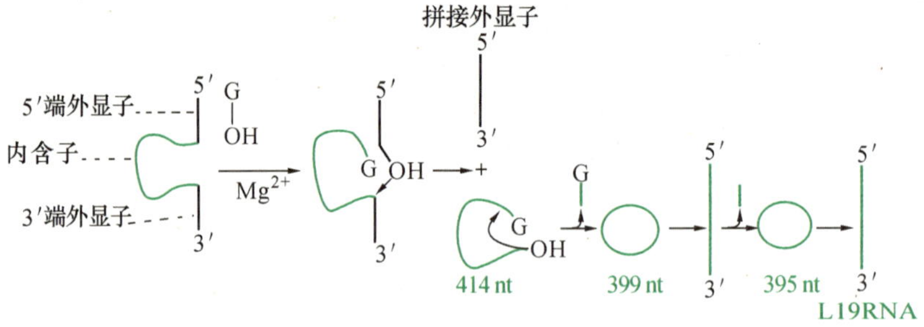

图 8-25 四膜虫 rRNA 前体的自我剪接

核酶的发现具有重要的科学意义:①拓展了酶的概念,改变了“酶一定是蛋白质”的传统观念;②揭示了内含子自我剪接的奥秘,促进了 RNA 加工机理的研究;③为生命起源和分子进化提供了新的依据。生物学家们一直争论的一个问题是:自然界先有核酸还是先有蛋白质?核酶的发现使人们更相信原始生命的最初形式是 RNA,之后才出现蛋白质。RNA 既可以作为遗传信息,又有催化活性,更有条件先于其他大分子出现在地球上。研究核酶不仅具有理论意义,还有实际意义。核酶分子小,容易人工合成,有望设计生产出专一、高效的核酶,作为研究 RNA 结构的工具酶,或作为药物用于阻断细胞有害基因的表达、病毒感染或肿瘤生长等。

目前已发现上千种核酶,大小从十几个到数百个核苷酸不等,催化特点与蛋白质类酶相似,也具有高效性、专一性等。核酶能催化多种反应,包括 RNA 磷酸二酯键的水解和形成、DNA 水解、酰胺键水解等。20 世纪 90 年代初 H F. Noller 等发现大肠杆菌 23 S rRNA 能作为“核酶”催化肽键形成,使 rRNA 在核糖体中的主体作用越来越突显出来。

总之,RNA 功能具有多样性。不仅参与蛋白质合成——mRNA 是蛋白质合成的模板,tRNA 是氨基酸的专一性转运机器,rRNA 构成核糖体并参与肽键合成,有的还参与 RNA 加工与修饰作用;有的直接作为遗传物质,如 RNA 病毒的基因组;有的作为“引物”参与 DNA 复制(见第十五章);还有一类特殊的小分子 RNA(small RNA, smRNA)近些年来引起人们的关注,它们的分子大小在 300 nt 左右或更小,不仅参与基因表达,还参与细胞功能调节,统称为小分子 RNA。最近发现一些长度为 20～24 nt 的微小 RNA(microRNA, miRNA),如反义 RNA(antisense RNA)、小分子干扰 RNA(small interfering RNA, siRNA)等,它们通常由某 mRNA 茎环状结构衍生而来,通过与目标 mRNA 分子的某段序列进行碱基配对引导其断裂、翻译抑制或染色质修饰。小分子 RNA 在细胞生长发育中起非常重要的调节作用,现已成为现代分子生物学中一个新的研究领域。

第四节 核酸的性质

一、核酸的水解

(一)酸水解

核酸中的糖苷键和 3′,5′-磷酸二酯键均能被酸水解,糖苷键比磷酸酯键的酸水解更容易。嘌呤碱和嘧啶碱相比，前者形成的糖苷键更容易发生水解。DNA 在 pH 3.0 溶液中可选择性脱去嘌呤，产生脱嘌呤核酸(apurinic acid)。

(二)碱水解

RNA 的磷酸酯键易被稀碱(0.1 mol/L NaOH)水解，生成 3′-核苷酸和 2′-核苷酸的混合物。RNA 对碱的敏感源于核糖 2′羟基。溶液中的 OH^- 攻击 2′羟基，移走一个 H^+；具有负电性的羟基氧攻击磷酯基团上的磷并与之共价结合，引起酯键水解；由此形成的 2′,3′-环磷酸酯，进一步水解产生 3′-核苷酸和 2′-核苷酸的混合物(图 8-26)。

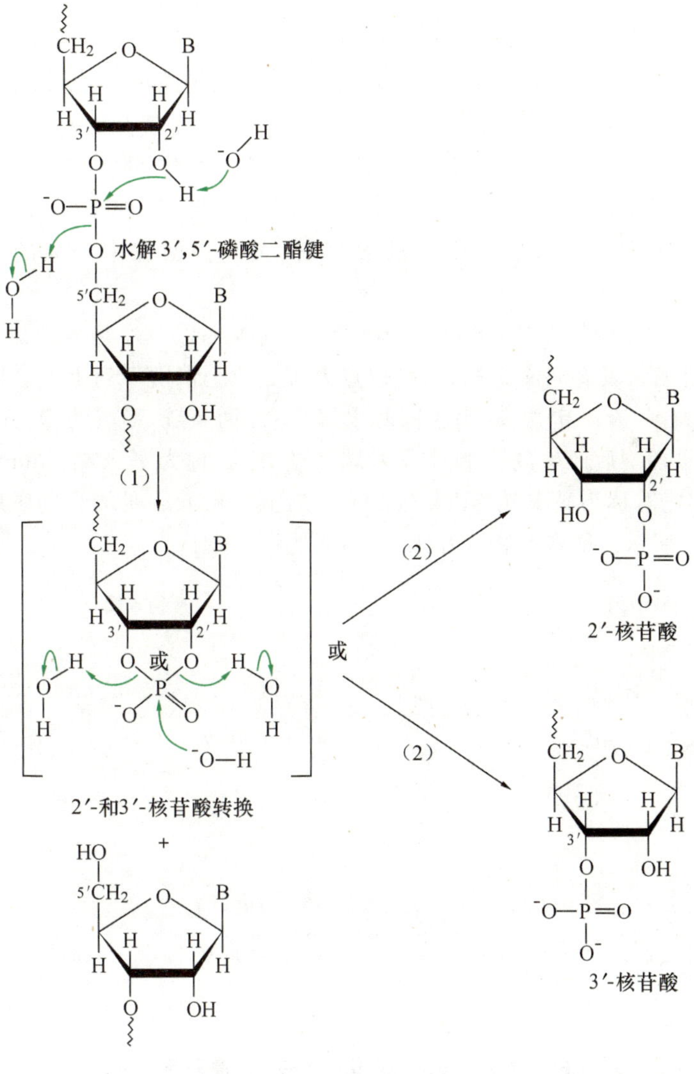

图 8-26　RNA 的碱水解

DNA 的脱氧核糖在 2′位无羟基，故对碱稳定。DNA 的稳定性保证了它作为遗传信息载体的基本功能。

（三）酶水解

生物体内存在多种核酸水解酶，催化水解多聚核苷酸链中的磷酸二酯键。根据作用底物，核酸水解酶分为以 DNA 为底物的 DNA 酶（DNase）和以 RNA 为底物的 RNA 酶（RNase）；根据作用方式分为核酸外切酶（exonuclease）和核酸内切酶（endonuclease）。核酸外切酶是从多聚核苷酸链的一端（3′端或 5′端）开始，逐个水解切除核苷酸；而核酸内切酶是从多聚核苷酸链中间开始，在某个位点切断磷酸二酯键。例如，牛胰 RNase A 是一个底物为 RNA 的核酸内切酶，能从 5′到 3′方向水解 RNA 序列中嘧啶核苷酸的 5′-磷酸酯键，催化反应主要由酶活性中心的 2 个 His 和 1 个 Lys 完成，而酶与底物的选择性结合是通过酶分子上的一个大小适合嘧啶碱的凹穴实现的。

在核酸酶中，最受到关注的是限制性内切酶（restriction endonuclease），最早是在研究细菌对入侵噬菌体的限制和修饰时发现的。限制性内切酶能识别并水解外源双链 DNA，像细菌细胞的“卫士”一样，抵御外源 DNA 的入侵。已经发现几百种限制性内切酶，最常见的如 *Eco*RⅠ。书写限制性内切酶名称时，规定第一个字母为大写斜体，代表细菌属名；后面的两个小写斜体字母来自细菌种名的头两个字母；第四个字母为大写正体，表示菌株（有些无第四个字母）；最后一个罗马数字，代表同一菌株中分离的不同限制性内切酶的编号。

限制性内切酶的作用特点是：①专用于降解异源 DNA；②具有特异的识别序列，识别序列一般长 4～8dp，且通常具有回文结构，切割位点大多数位于识别序列上。③性质比较稳定，催化反应通常需要 Mg^{2+} 及一定盐离子；④同时水解 DNA 两条链，形成的 DNA 片段有平末端和黏末端两种。如果切割后产生的限制片段末端是整齐的，称为平末端（blunt end）；如果带有单链寡核苷酸“尾巴”，称为黏末端（sticky end）。*Eco*RⅠ和 *Hae*Ⅲ的识别序列、切割位点及末端情况如图 8-27 所示。前者产物为黏末端，后者为平末端。

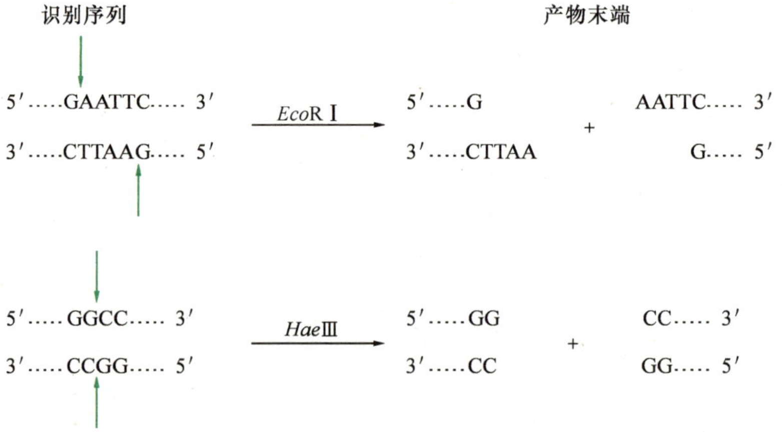

图 8-27 *Eco*RⅠ和 *Hae*Ⅲ的识别序列与切点

限制性内切酶已成为基因工程研究中最重要的工具酶，目前广为应用的有几百种，主要用途有：①对基因进行精细操作，如 DNA 的定点切割；②遗传突变分析，如突变种的鉴定；③个体 DNA 指纹分析，如血缘关系的诊断、犯罪嫌疑人的判定以及考古学研究等。

二、核酸的酸碱性质

核酸既含磷酸基，又有含氮碱基，能进行酸碱解离，因而有酸碱两性性质和等电点。

由于核酸分子中的磷酸是一个中等强度的酸，而碱基呈现弱碱性，所以核酸的等电点比较低。DNA 的 pI 值为 4～4.5，RNA 的 pI 值为 2.0～2.5。RNA 的等电点比 DNA 低的原因是 RNA 分子中核糖基 2′-OH 通过氢键促进了磷酸基上质子的解离。

三、核酸的紫外吸收

嘌呤环和嘧啶环具有共轭双键，使碱基、核苷、核苷酸和核酸在 240～290 nm 的紫外波段有强烈吸收峰，最大吸收值在 260 nm 附近(图 8-28)；对于同浓度 DNA 分子，如果为单链，其光吸收值会明显增加，这主要是由碱基充分外露引起的。

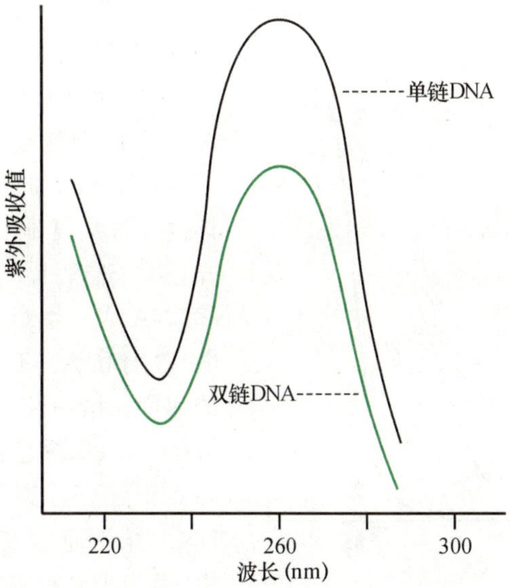

图 8-28 单链 DNA 和双链 DNA 的紫外吸收峰

用紫外分光光度法可以对分离的 DNA 样品进行纯度鉴定和浓度估算。读出样品在 260 nm 和 280 nm 下的吸光值，从 A_{260}/A_{280} 的比值可判断样品的纯度。比较纯的 DNA，A_{260}/A_{280} 一般为 1.8～2.2。蛋白质或酚类物质在 280 nm 有很强的吸收，核酸样品含有这些物质时，A_{260}/A_{280} 将明显降低。大多数情况下人们对核酸的准确浓度并不在意，只要了解大概浓度即可，习惯上通过测定 A_{260} 值来快速估算核酸纯样品溶液的浓度。估算依据是：$A_{260}=1$，相当于 50 μg/mL 双螺旋 DNA，或 38 μg/mL 单链 DNA(或 40 μg/mL 单链 RNA)，或 33 μg/mL 单链寡核苷酸。

在早期核酸研究中，人们常使用显色剂定量核酸，如用地衣酚定量 RNA，用二苯胺定量 DNA，甚至通过定磷法测定核酸含量。随着科研条件的改善，紫外法已经成为主要的核酸定量方法。

四、核酸的变性与复性

(一)变性

天然核酸在某些物理、化学因素(如过酸、过碱、过热、变性剂等)作用下,双螺旋区会因氢键断裂变成单链,紫外吸收升高,黏度下降,生物活性丧失。这种现象称为核酸的变性。核酸变性时,碱基间的氢键和碱基堆积力受到破坏,但没有共价键的断裂。核酸变性后紫外吸收增加的现象称为增色效应(hyperchromic effect)。下面重点讨论热变性,即由温度升高而引起的变性。

DNA 热变性具有爆发式特点。在缓慢加热的开始一段时间,DNA 双螺旋保持不变,当温度升高到一定值后,DNA 分子会在很窄的温度范围内突然发生变性(图 8-29)。DNA 热变性时双螺旋破坏一半时所需要的温度称为 DNA 熔解温度(melting temperature, T_m)。每种 DNA 有特定的 T_m 值,天然 DNA 的 T_m 值一般在 70~85℃之间。影响 T_m 值的因素有:①DNA 的碱基组成。C+G 含量越高,T_m 值越高,因为 C≡G 对有 3 个氢键,变性时比 A=T 对分离开需要较多的能量。相比之下,富含 A/T 的序列双链更容易打开。在体内 DNA 复制或转录时需要 DNA 链分开,这个过程也是从高含量 A、T 处开始的。②DNA 均一性(homogeneity)。均一性是指 C—G 对和 A—T 对在 DNA 分子中均匀分布的程度。均一性越高,突发热变性的范围越窄(图 8-29,绿色曲线)。③介质中离子种类和离子强度。离子强度高,核酸 T_m 也高。DNA 样品通常储存在 1 mol/L NaCl 溶液中,就是为了提高核酸的稳定性。

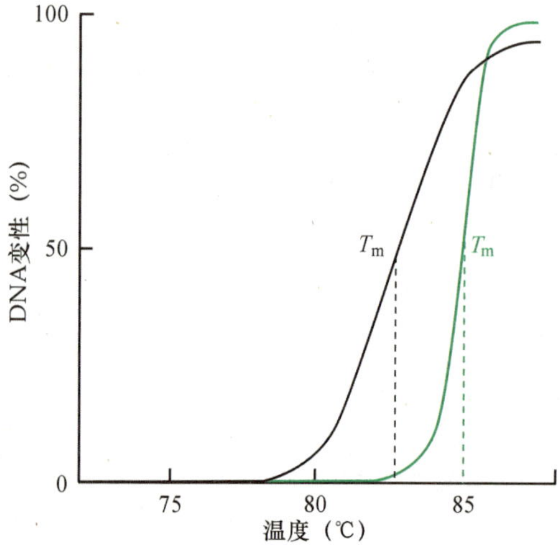

图 8-29 DNA 的热变性

在固定的 pH 和离子强度下,通过测定 DNA 的 T_m 可以估计它的碱基组成。相反,如果知道了某种 DNA 的 C+G 含量,也可以推测其 T_m 值。例如,在 0.15 mol/L NaCl 和 0.15 mol/L 柠檬酸钠(pH 7.0)溶液中变性温度可用经验公式 $T_m=68.3+0.41(G+C)\%$来计算。

(二)复性

在适当条件下,变性 DNA 两条核苷酸链靠氢键配对能重新形成双螺旋,同时物理、化学及生物学活性得到恢复,这个过程称为核酸复性。

核酸复性反应的速度与外界因素有关,也与核酸长度以及核苷酸的复杂程度有关。比如,热变性的 DNA 在冰水中迅速冷却时,两条链并不会重新缔合,而是继续保持分开状态;只有当缓慢冷却即退火(anneal)时,才能形成双螺旋。复性有两个过程:第一个过程是两条链相互辨认,先形成一个短的双螺旋片段,这个过程比较缓慢;第二个过程是两条链通过连续配对,拉链式地快速形成双链。

RNA 因为具有部分双螺旋,故也有 T_m 值。一般 RNA 双螺旋比 DNA 双螺旋稳定。在中性 pH 条件下,双螺旋 RNA 的 T_m 值比相似的 DNA 分子高出 20℃左右。单链核酸复性形成双螺旋后因碱基堆积使其紫外吸收降低,这种效应称为减色效应(hypochromic effect)。

五、核酸的诱变与甲基化

紫外辐射、放射性元素以及电离辐射等能引起核酸糖环的断开、碱基的破坏乃至核酸共价骨架的断裂,最终引起 DNA 的化学结构变化。例如在紫外光照射下,DNA 的两个相邻的胸腺嘧啶碱基之间可形成嘧啶二聚体(详见第十五章)。长期暴露在不良辐射环境容易引发核酸突变。

DNA 也能被细胞内、外的某些化学成分所损伤。如亚硝酸能促进碱基脱氨。又如,氧化剂如超氧阴离子(O_2^-)、羟自由基(OH·)和过氧化氢(H_2O_2)等在浓度过高时对细胞产生毒性,其中一个作用就是诱发 DNA 碱基氧化。细胞通过某些"免疫"反应(如维生素 E 的抗氧化反应)在一定程度上能消除这些氧化剂,但有些氧化剂能避开细胞的这类"免疫系统",从而造成 DNA 损伤或引起生物膜和蛋白质分子的结构破坏(详见第九章)。

在细胞中,DNA 的碱基能发生酶促甲基化(methylation)。甲基化并非随机发生,只限于某些生理状态下的某些碱基序列中。在真核细胞中,大约 5%的胞嘧啶甲基化形成 5-甲基胞嘧啶,大部分甲基化发生在 CpG 序列内。已知的 DNA 甲基化酶的甲基供体是 S-腺苷甲硫氨酸。甲基化能影响 DNA 的构象和 DNA 的行为(复制、重组、转录等),还会影响生物的遗传性状。DNA 甲基化的功能和分子机制是新兴研究领域——表观遗传学(epigenetics)的重要研究内容。

第五节 核酸的分离与鉴定

一、核酸分离的一般原则

核酸的分离比蛋白质容易,但有一点是共同的,就是要防止过酸、过碱、高温等,以避免引起目标分子的变性、降解。除此以外,鉴于 DNA 和 RNA 的特殊性,在二者分离中又有特殊的关注点。

(一)DNA 分离

在核酸研究早期,人们都是先分离核蛋白,再获得 DNA。核蛋白易溶于高盐溶液(如 1 mol/L NaCl),不溶于生理盐溶液(0.14 mol/L NaCl);用浓盐溶液提取细胞内含物,再将溶液稀释至 0.14 mol/L,DNA 纤维便沉淀下来;用玻璃棒缠绕即可获得纯核蛋白,用蛋白质变性剂除去蛋白质便得到 DNA。这种方法虽然快,但分离物多为 DNA 片段,不便于进一步研究。

现在多用苯酚一氯仿抽提技术。就是先破碎细胞，用合适的缓冲液提取DNA，再用苯酚一氯仿混合液进行抽提。苯酚是很强的蛋白质变性剂，氯仿是不溶于水的有机溶剂。细胞提取液经苯酚—氯仿抽提、离心后，形成两相溶液，DNA溶于上层水相，变性蛋白质位于两相之间。对水相中的DNA用含盐的2倍体积乙醇在低温下处理，即可使DNA沉淀出来，用乙醇或乙醚洗涤沉淀，即得一定纯度DNA。

为了避免DNA水解为小片段，通常在提取液中加入EDTA，因为它可以螯合掉Mg^{2+}，而Mg^{2+}是DNase的辅因子；同时加入蛋白质变性剂SDS和蛋白酶K（一种抗高温的广谱蛋白酶），使蛋白质变性、DNase降解失活。另外，线形DNA分子具有高度不对称性，黏度大，很容易引起机械损伤，因此，在分离DNA时，应避免对DNA分子给予过多的剪切力（如过度搅拌）。总之，提取DNA的一个基本原则是尽量保持DNA的完整性。

（二）RNA分离

RNA分离难度较大，主要因为RNA本身不稳定，而RNase不仅性质稳定，而且无处不在，不需要辅因子即可催化RNA水解。分离RNA的关键在于尽可能抑制环境中RNase的活性。通常的做法是：①对所有玻璃器皿进行高温烘烤，对塑料用具进行高压灭菌，不能灭菌的要用0.1%焦碳酸二乙酯（diethyl pyrocarbonate，DEPC）处理，DEPC是一类活泼的烷基化试剂，能使蛋白质乙基化，破坏RNase的活性；②在提取液中加入蛋白质强变性剂（如异硫氰酸胍）；③在提取液中加入RNase抑制剂。小量制备RNA时常用“异硫氰酸胍一苯酚一氯仿”溶液抽提，这类溶液不仅有助于破坏细胞膜，同时可以变性、沉淀蛋白质，包括RNase。

无论DNA还是RNA，初步分离后还需要进行进一步分离、分析。常见研究技术有密度梯度超离心、电泳、核酸分子杂交、柱层析等。

二、核酸密度梯度超离心

第四章曾介绍过“沉降速度”密度梯度超离心，该技术也适合于某些核酸的分离、分析，但由于核酸在大小、形状和密度上具有独特性，更常用“沉降平衡”超离心。所谓沉降平衡，就是先制备一种均匀介质溶液，并将核酸样品与之混合一起进行超离心；随着介质在超离心过程中形成自下而上的密度梯度，核酸分子通过上浮或下沉形成一定条带，稳定存在于等密度介质中，并达到一个“平衡”。不同核酸分子大小、形状、密度不同，条带位置不同，因而得以分离。

核酸沉降平衡超离心最常用的梯度介质是氯化铯（CsCl）。一般蛋白质密度<1.33 g/cm^3，而核酸密度高得多，DNA约1.71 g/cm^3，RNA约1.89 g/cm^3。环形DNA和线形核酸还有一个特征，就是浮力密度很大，也就是说，只有在很高的密度溶液中才能产生浮力，表现出在离心介质中的上浮。相对于蔗糖，氯化铯溶解度大，可制成高密度梯度溶液；铯相对原子质量很大，超离心后易在离心管中自下而上形成由高到低的连续密度梯度（1.80～1.55 g/cm^3）；黏度小，易扩散，允许大分子核酸穿过。通过氯化铯梯度沉降平衡超离心，蛋白质便漂浮在离心管的最上层，RNA沉淀在底部，DNA位于中间（图8-30）。通过密度梯度超离心可以

将 DNA、RNA 和蛋白质分开。

介质中通常加入核酸荧光染料溴化乙锭(ethidium bromide，EB)。EB 为一扁平的小分子芳香环化合物，在紫外光照射下可发出红橙色(590 nm)荧光；EB 能够嵌入双链 DNA 中，在碱基对之间的疏水环境中产生的荧光强度大大增强，比游离在溶液中的 EB 增加上百倍，因此在紫外光照射下可清晰显现出核酸区带。将注射针头刺入离心管，收集相应区带的 DNA，用异戊醇除去 DNA 中的 EB，然后透析除去 CsCl，再用苯酚抽提 1～2 次，即可用乙醇将 DNA 沉淀出来。这样获得的 DNA 具有很高的纯度，可供 DNA 重组、测序之用。EB 具有致癌作用，在使用时不要直接接触皮肤，有关废物要特别处理。

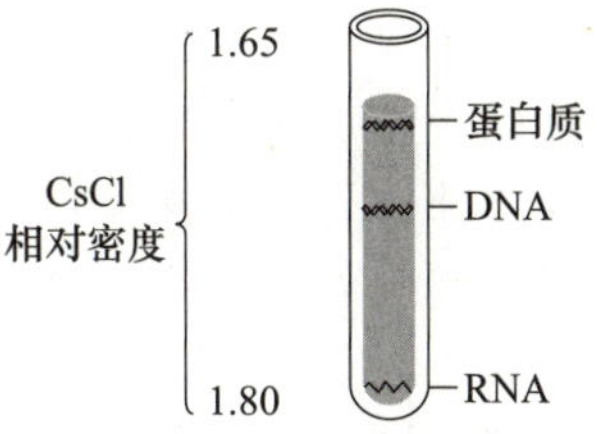

图 8-30　DNA 密度梯度离心

三、核酸电泳

核酸分子 pI 值比较低，在中性或偏碱性条件下磷酸基团将发生解离，分子带大量负电荷，在电场中可以向正极移动。核酸分子在电泳中的迁移速度与环境有关，也与自身状态有关。具体来讲，核酸的迁移速度与电场强度、电泳凝胶浓度、核酸大小、分子构象等因素有关。电场强度越大，核酸分子迁移越快；凝胶的浓度越大，核酸分子迁移速度越小。在相同电泳条件下，核酸分子越小，迁移速度越快。构象不同的同种核酸分子迁移速度不同：超螺旋 DNA＞线状 DNA＞环状 DNA。因此，电泳凝胶自下而上(自正极到负极)被分离的核酸是：超螺旋 DNA→线形 DNA→环状 DNA。

核酸电泳常用凝胶为琼脂糖。琼脂糖凝胶电泳采用水平板方式，而不是像聚丙烯酰胺凝胶电泳那样采用垂直板方式，这是因为琼脂糖水溶液加热溶化后在室温下可以快速形成具有大量微孔的凝胶，不需要特殊反应条件；琼脂糖平板凝胶制备简单、快捷，成本低。琼脂糖凝胶的孔径通常取决于琼脂糖浓度，0.3%～2.0%的浓度时适合分离 0.1～20 kb 的 DNA 分子以及大分子的 RNA(如 rRNA)。

垂直板聚丙烯酰胺凝胶电泳也用于核酸分析，但仅适合 1 kb 以下的核酸片段。聚丙烯酰胺凝胶电泳精确度高，只差一个核苷酸也能区分出来，因此常用于 DNA 测序。丙烯酰胺为化学制品，不易受生物污染，尤其适合 RNA 电泳。核酸电泳指示剂和蛋白质电泳相同，也是溴酚蓝。电泳完毕后，用含 EB 的水溶液(0.5 μg/mL)对电泳胶进行染色(或事先将 EB 加入凝胶中)，被分离的核酸条带便在紫外照射下清晰显示出来。

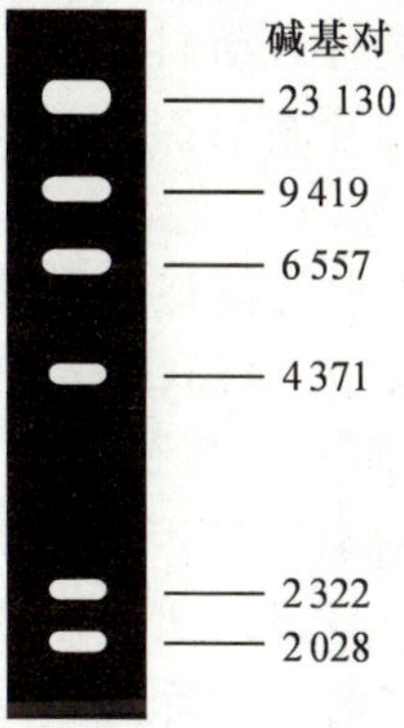

图 8-31　DNA 标准物(λDNA/*Hin*dⅢ)琼脂糖电泳示意图

利用电泳不仅可以分离核酸，如果有已知含量的核酸标准物(DNA marker)作对照，还可以根据核酸条带的荧光强度对微量核酸样品进行定量，1 ng DNA 即可检出，十分灵敏。如果用已知碱基对数的 DNA 标准物(如 λDNA/*Hin*dⅢ)做参考(图 8-31)，可以测得核酸长度(bp)。

当核酸长度超过 20 kb 时，很难用常规核酸电泳进行有效分离，一般采用脉冲电场凝胶电泳(pulsed field gel electrophoresis)。脉冲电场凝胶电泳装置的特殊性在于它有多对电极,电泳时可以使电场方向不断改变,通过迫使DNA分子在凝胶中不断调整泳动方向提高分离效果。DNA分子越长,需要调整方向的时间越多,因而DNA大分子之间可以得到有效分离。

四、核酸分子杂交

两条来源不同但有核苷酸互补关系的DNA单链分子之间或DNA单链分子与RNA分子之间,在去掉变性条件后,互补的区段能够复性形成双链DNA分子或DNA/RNA异质双链分子。这一过程称为核酸的分子杂交(hybridization)。例如,将人和鼠的双链DNA分别加热变性成单链,然后混合、在65℃温育数小时,大部分单链分子将按照碱基配对原则互补成双链DNA,其中除了鼠DNA分子之间、人DNA分子之间形成的双链外,还有鼠DNA与人DNA形成的杂交分子(hydrid molecule)。核酸序列相似性越高,形成的杂交分子越多,表明DNA分子的亲缘关系越近。

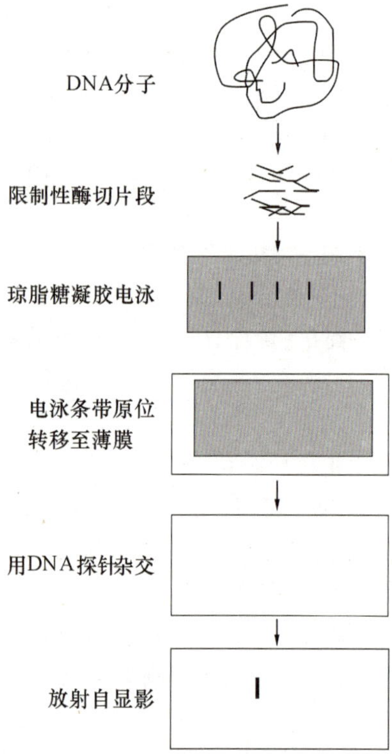

图8-32 DNA印迹技术

利用核酸杂交原理可以对一个DNA样品是否存在某段碱基序列进行鉴定。DNA印迹技术(Southern blotting)是一种最典型的核酸杂交技术。该技术由英国分子生物学家E. M. Southern于1975年建立,其基本原理是利用核酸分子杂交来检测DNA是否存在某段碱基序列。由于在检测过程中涉及将DNA条带从电泳凝胶向滤膜的转印,故称为"Southern blotting"。其基本实验过程(图8-32)是:首先利用限制性内切酶将DNA分子进行酶切,对DNA片段进行琼脂糖凝胶电泳分离,然后对凝胶上的双链DNA条带进行变性并原位转印到滤膜上,接着用探针(一种带有放射性标记的单链已知核酸序列)与滤膜上的DNA条带进行杂交反应,最后进行放射自显影。如有条带出现,就表明DNA样品中存在与探针相同的DNA序列。

DNA印迹技术建立之后,人们将类似的实验策略用于对RNA样品检测,并称之为"Northern blotting"(RNA印迹)。RNA印迹是一种将变性RNA转移到滤膜上,利用分子杂交原理研究基因表达规律的分析技术。用相似的实验策略将蛋白质电泳条带转印到滤膜上再用抗体进行杂交的技术称为"Western blotting"(蛋白质免疫印迹,详见第四章)。这些印迹技术的一个共同点就是进行转膜(硝酸纤维素膜或尼龙膜),并在滤膜上进行杂交反应。之所以这样做,是因为滤膜虽然像纸一样薄,但有一定机械强度,更重要的是能将核酸(或蛋白质)分子稳定吸附在表面,这不仅便于小体系、高效杂交反应,而且便于非特异结合探针(或抗体)的清洗,从而有利于降低杂交背景,提高杂交信号。

核酸杂交在现代分子生物学和分子遗传学研究中得到广泛应用。DNA 印迹技术通常用于：①鉴定不同物种间是否存在同源基因；②检测某基因在基因组中的拷贝数；③检测转基因细胞中外源基因是否整合到细胞基因组 DNA 中，等等。RNA 印迹通常用于生物各器官某基因的时空表达分析。

五、核酸柱层析

比较常见的核酸柱层析填料是羟基磷灰石。磷灰石的化学成分是碱性磷酸钙。蛋白质、DNA 和 RNA 通过与钙离子的吸附结合上去。不同物质与羟基磷灰石的结合能力有区别，双链 DNA 和蛋白质与羟基磷灰石的结合力更强，当核酸、蛋白质混合物流经羟基磷灰石填料时，DNA 和蛋白质结合在上面，洗脱出来的是单链核酸。因此，用此法可以除去样品中的 DNA 和蛋白质。

对于 DNA 样品来讲，如果在层析过程中逐步改变柱床温度，还可以按照 DNA 的碱基组成将不同 DNA 进行分离。DNA 的 C+G 含量不同，需要解链的温度就不同；C+G 含量低的随着温度的升高先出现解链，因而先被洗脱出来。

在第四章蛋白质分离鉴定一章中曾经介绍过蛋白质的亲和层析。核酸的亲和层析是根据碱基互补原理进行的。将一段已知单链核酸序列作为配体共价结合到某种层析填料（如琼脂糖）上，就可以用来分离与配体有特异结合的核酸。如果配体为 oligo（dT），那么，带有 poly（A）的真核细胞 mRNA 就会与亲和柱特异结合而被分离。

六、DNA 序列测定

自从人们认识到遗传信息储存在 DNA 碱基序列中后，就开始对核酸的碱基顺序产生了极大的兴趣。测定 DNA 的碱基顺序对深入揭示遗传现象和遗传规律以及有目的地改造遗传密码具有重要的理论和实际意义。在 20 世纪 70 年代前，想要知道哪怕只含 10 个核苷酸的核酸序列都很困难，1977 年两个新的技术使较长的 DNA 序列分析成为现实。一个是 A. Maxam 和 W. Gilbert 创立的化学法，另一个是 F. Sanger 创立的双脱氧链终止法。由于对核酸测序技术的贡献，Gilbert 和 Sanger 获得 1980 年诺贝尔化学奖。

化学法又称为链断裂法（chain fragmentation），其基本原理是：首先用放射性同位素（^{32}P）标记 DNA 一条链的 5′末端，然后用针对 4 种碱基的特异性试剂分别对 DNA 进行不完全降解，产生 4 套大小不等的放射性片段；对 4 套片段进行聚丙烯酰胺凝胶电泳分离和放射性自显影，最后根据电泳图谱从下而上读出核苷酸序列。如图 8 - 33 所示，对 ^{32}P - AGTGACGTCG 进行不完全降解所产生的放射性核酸条带数和长度是：针对 G 位点切割的有 4 个，长度分别为 1、3、6 和 9 个；针对 C 位点的有 2 个，长度分别为 5 和 8；针对 A 位点的有 1 个，长度为 4；针对 T 位点的有 2 个，长度为 2 和 7。综合 4 个电泳条带自下而上读出核苷酸序列，即为 5′ - XGTGACGTCG - 3′（图 8 - 33）。

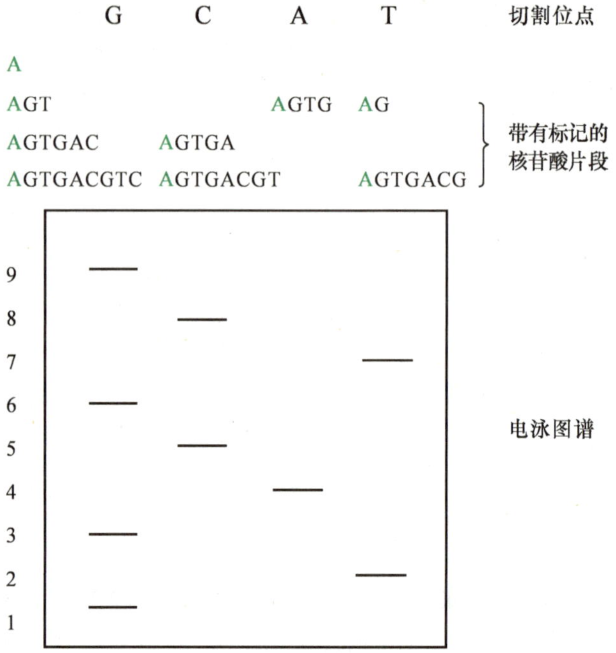

红色显示放射性标记；左侧数字表示核苷酸残基数

图 8 - 33 DNA 化学法测序原理

双脱氧链终止法是使用更普遍的 DNA 测序法。其原理是基于以 DNA 模板指导下的 DNA 聚合反应和 2′，3′ - 双脱氧核苷酸（ddNTP）的应用。基本过程如图 8 - 34 所示，分 4 个试管反应；每一管中加入被测的 DNA 作为模板（如 3′ - ATAGCTGCAGTGA - 5′），并加入 4 种不同核苷酸（dNTPs：dATP、dGTP、dCTP、dTTP）、放射性标记引物（如已知顺序 5′ - TAT）；在每一管中再分别加入一种 ddNTP；最后加入 DNA 聚合酶进行聚合反应。ddNTP 缺乏 3′ - OH 末端，在多核苷酸链合成过程中一旦掺入将使链的延长终止。由于 dNTP 和 ddNTP 的掺入几率不同，就形成不同长度的放射性 DNA 片段。对 4 组样品同时进行电泳分离和放射自显影，从电泳图谱自下而上读出序列：5′ - CGACGTCACT - 3′，即为被测 DNA 分子的互补顺序，由此推出原模板 DNA 顺序为：3′ - ATAGCTGCAGTGA - 5′。

在 DNA 序列分析中最激动人心的是 20 世纪末全球合作完成的人类基因组计划，3 000 亿个碱基对序列被测定。在人类基因组计划实施中曾有多项技术改进，如使用荧光标记物代替放射性标记物来标记终端碱基，以毛细管电泳取代传统的平板凝胶电泳等。近些年来，DNA 测序技术不断革新，开始使用一种新的策略——循环芯片测序法（cyclic-array sequencing），即将测序模板以极高的密度、定点固定在基片上制成“基因芯片”，然后重复进行基于 DNA 聚合酶的反应和荧光序列读取。

基因芯片（gene chip）又称 DNA 芯片或 DNA 微阵列（DNA microarray），是以硅、玻璃等材料作基片，通过微加工技术以点阵方式高密度固定上 DNA 寡核苷酸探针。由此制作的芯片在 1 cm^2 中可达数百万个反应点。被检样品经荧光、生物素、同位素等方法标记后与探针阵列进行杂交，通过检测杂交信号即可实现对样品的鉴定。基因芯片技术已经广泛用于 DNA 测序、基因型（genotype）分析、基因突变分析以及药物筛选等。如果以 mRNA 为材料，还可以获得基因表达谱（gene expression pattern）。

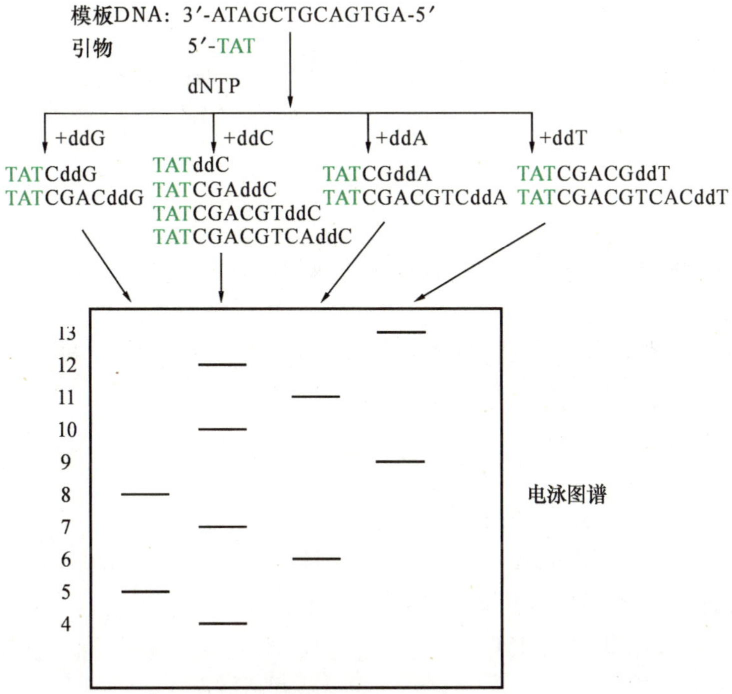

红色表示放射性标记引物

图 8 - 34 DNA 双脱氧法测序原理

相比较而言，传统 Sanger 测序法适用于对 kb 至 Mb 长度的 DNA 片段进行小规模准确测序（1Mb＝10^6 bp）；新一代测序法虽然在测序长度和准确率上不如传统法，但速度快、高通量、费用低，因而适于大规模测序项目的实施，这将有助于人们迎接个人基因组时代的到来。2007 年，DNA 双螺旋模型的提出者之一——J. Watson 的个人基因组序列登录到了 GenBank 数据库中，这是第一次使用非 Sanger 测序法获得的人类个体基因组序列。个人基因组序列信息被用于指导疾病诊断和个体化治疗已经不是神话。

参考文献

1. 朱圣庚，徐长法. 生物化学. 4 版. 北京：高等教育出版社，2016.
2. 郑集，陈均辉. 普通生物化学. 4 版. 北京：高等教育出版社，2007.
3. 张恒. 生物化学与分子生物学. 郑州：郑州大学出版社，2007.
4. 王希成. 生物化学. 2 版. 北京：清华大学出版社，2005.
5. 徐有成. 超螺旋之异见. 生命的化学，2009，29(5)：625 - 629.
6. Berg J M，Tymoczko J L，Stryer L. Biochemistry. 7th ed. New York：W. H. Freeman and Company，2012.
7. Moran L A，Horton H R，Scrimgeour K G，et al. Principle of Biochemistry. 5th ed. International：Pearson Education Inc(Asia)，2012.
8. Rao V B，Feiss M. The bacteriophage DNA packaging motor. Annu. Rev. Genet，2008，42：647 - 681.

二维码 8-1
DNA 分子结构

思 考 题

一、填空

1. 核酸是核苷酸通过____________键连接形成的多聚物。
2. dTTP 是________。
3. 维持 DNA 双螺旋结构稳定的主要因素包括________、________和________。

二、单选

1. 下列________组蛋白不是核小体核心颗粒的蛋白组分。

A) H1　　B) H2A　　C) H3　　D) H4

2. 依据 Chargaff 规则，DNA 中核苷酸的组成符合________。

A) (G+C)%+(A+T)%=100%　　B) A=T

C) G=C　　D) 以上都对

3. 体外实验发现，随着温度的增加，B-DNA 在________。

A) 260nm 光吸收会增加　　B) 260nm 光吸收会减少

C) 260nm 光吸收不变　　D) 260nm 光吸收发生无规律变化

三、问答题

1. 人类基因组 DNA 大约包含 3×10^9 个核苷酸对，请估算完全伸展的 DNA 大约有多长呢？

2. 请分析在稀碱条件下 DNA 和 RNA 哪一类更稳定？

3. 下图是用双脱氧法测定某 DNA 序列的电泳图，请写出这个被测 DNA 序列，并简述双脱氧核糖核苷三磷酸 ddNTP 的用途。

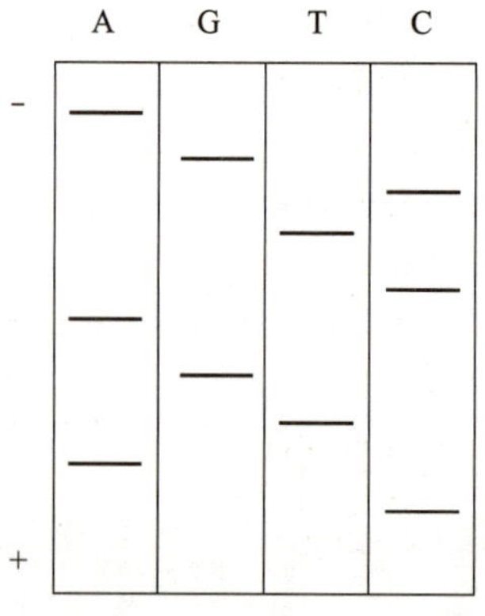

第九章

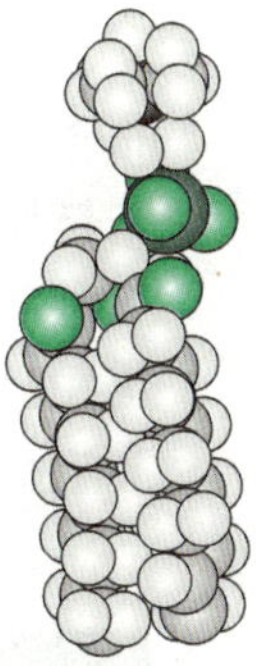

脂类和生物膜

脂类(lipids),又称脂质,是一类不溶于水而易溶于非极性有机溶剂的生物有机分子。它们在化学结构上差异较大,共同特征是以长链或稠环脂肪烃分子为母体。按生物功能可将脂类分为 3 类:①储存脂类(storage lipid)储存着大量代谢能量,如三酰甘油。1 g 三酰甘油彻底氧化后可产生 37 kJ 能量,而同质量的蛋白质或糖只产生 17 kJ,这不仅因为三酰甘油含结合水少,更因为它处于高还原状态。②结构脂类(structural lipid) 参与组成细胞结构,是构成生物膜的重要成分,如磷脂、糖脂等。③活性脂类(active lipid)具有专一生物活性,如脂溶性维生素、性激素、肌醇磷酸信号分子等。有些脂类在不同生物体中表现出不同功能,如蜡(wax),存在于机体表面时主要起防护作用,存在于海洋浮游生物体内时为代谢燃料。

本章首先介绍生物体内常见的脂类,然后讨论生物膜的结构与功能。

第一节　生物体内常见脂类

根据化学结构和组成,脂类可分为简单脂、复合脂和衍生脂。①简单脂是脂肪酸与醇形成的酯。②复合脂除含有脂肪酸和醇外,还含有共价结合的其他非脂成分,如磷脂、糖脂等。③衍生脂由前两种脂衍生而来,包括脂肪酸、萜类、类固醇等。此外,脂类还可与其他大分子结合形成复合物,如脂蛋白和脂多糖等。

一、简单脂

简单脂包括脂酰甘油(acyl glycerol)和蜡(wax)。

脂酰甘油是由脂肪酸(fatty acids,FA) 和甘油(glycerol)组成的一类化合物。

(一)脂肪酸

脂肪酸是由碳、氢、氧组成的一类有机羧酸,含有 1 个脂肪烃基和 1 个末端羧基。在体内脂肪酸很少游离存在。

1. 脂肪酸的种类与结构

自然界存在的脂肪酸绝大多数是含偶数碳原子的直链一元酸。碳原子数目一般在 4～26。

根据碳链的长度，脂肪酸可分为短链脂肪酸（碳原子数<6）、中链脂肪酸（碳原子数 6～12）、长链脂肪酸（碳原子数>12）3 类。常见的食物脂肪酸多为长链脂肪酸（表 9-1），它们有习惯名称和系统名称。按照系统命名原则，羧基碳被指定为 C-1，其余的碳依次编号。在通俗命名中，脂肪酸羧基后的第一个碳原子为 α 碳原子，之后依次以 β、γ 等表示，离羧基最远的碳原子定为 ω。ω 是希腊字母表中的最后一个。

表 9-1 常见天然脂肪酸

习惯名	系统名	简写法	分子式
饱和脂肪酸			
月桂酸 (lauric acid)	*n*-十二烷酸	12∶0	$CH_3(CH_2)_{10}COOH$
豆蔻酸 (myristic acid)	*n*-十四烷酸	14∶0	$CH_3(CH_2)_{12}COOH$
软脂酸 (palmitic acid)	*n*-十六烷酸	16∶0	$CH_3(CH_2)_{14}COOH$
硬脂酸 (stearic acid)	*n*-十八烷酸	18∶0	$CH_3(CH_2)_{16}COOH$
花生酸 (arachidic acid)	*n*-二十烷酸	20∶0	$CH_3(CH_2)_{18}COOH$
不饱和脂肪酸			
棕榈油酸 (palmitoleic acid)	9-十六碳烯酸	$16:1\Delta^{9}$	$CH_3(CH_2)_5CH=CH(CH_2)_7COOH$
油酸 (oleic acid)	9-十八碳烯酸	$18:1\Delta^{9}$	$CH_3(CH_2)_7CH=CH(CH_2)_7COOH$
亚油酸 (linoleic acid)	9,12-十八碳二烯酸	$18:2\Delta^{9,12}$	$CH_3(CH_2)_4CH=CHCH_2CH=CH(CH_2)_7COOH$
亚麻酸 (linolenic acid)	9,12,15-十八碳三烯酸	$18:3\Delta^{9,12,15}$	$CH_3CH_2CH=CHCH_2CH=CHCH_2CH=CH(CH_2)_7COOH$
花生四烯酸 (arachidonic acid)	5,8,11,14-二十碳四烯酸	$20:4\Delta^{5,8,11,14}$	$CH_3(CH_2)_4(CH=CHCH_2)_3CH=CH(CH_2)_3COOH$
桐油酸(tungic acid)	9,11,13-十八碳三烯酸	$18:3\Delta^{9,11,13}$	$CH_3(CH_2)_3CH=CHCH=CHCH=CH(CH_2)_7COOH$
含羟基脂肪酸			
脑羟脂酸 (cerebronic acid)	α-羟二十四碳烷酸		$CH_3(CH_2)_{21}CHOHCOOH$
蓖麻油酸(ricinoleic acid)	12-羟十八碳-9-烯酸		$CH_3(CH_2)_5CHOHCH_2CH=CH(CH_2)_7COOH$
α-羟二十四烯酸 (hydroxynervonic acid)	α-羟二十四碳-15-烯酸		$CH_3(CH_2)_7CH=CH(CH_2)_{12}CHOHCOOH$

根据双键数目不同将脂肪酸分为饱和脂肪酸（saturated FA，SFA）和不饱和脂肪酸（unsaturated FA，UFA）两类。不饱和脂肪酸中有单不饱和、多不饱和之分。单不饱和脂肪酸（monounsaturated FA，MUFA）的双键位置一般在 $C_9—C_{10}$ 之间，多不饱和脂肪酸（polyunsaturated FA, PUFA）双键位于 C_9 及其后面，双键之间的碳链中常常含有一个亚甲基，即… $CH_2—CH=CH—CH_2—CH=CH—CH_2$…，双键的排列多数为非共轭结构。不饱和脂肪酸因有顺（*cis*）、反（*trans*）异构体，分别以“*c*”和“*t*”加以标注。天然不饱和脂肪酸多为顺式异构体，常将“*c*”省略。

第九章

脂肪酸结构的简写法是先写出碳原子数目，然后写出双键数目，之间用冒号隔开，最后表出双键位置。如软脂酸用“16∶0”表示，表明含16个碳原子，无双键；油酸用18∶1Δ^{9}表示，表明含18个碳原子，1个双键，双键在第9～10位碳原子之间。

自然界存在的脂肪酸有40多种，以软脂酸（棕榈酸）分布最广，其次是硬脂酸，这二者都是饱和脂肪酸。动物和细菌以饱和脂肪酸为主，植物不饱和脂肪酸含量高。亚油酸（18∶2$\Delta^{9,12}$）和α-亚麻酸（18∶3$\Delta^{9,12,15}$）分别含有2个和3个双键，为多不饱和脂肪酸。哺乳动物细胞不能在C_9后向脂肪酸引入双键，因此，亚油酸和α-亚麻酸是必需脂肪酸（essential fatty acid），需要靠植物性食物摄入。若从ω-碳端数起，亚麻酸和亚油酸的第一个双键分别位于C_3、C_4之间和C_6、C_7之间，故分别俗称为ω-3、ω-6脂肪酸。必需脂肪酸在人体内进一步转化为各种具有重要功能的多不饱和脂肪酸。多不饱和脂肪酸对视网膜和神经组织发育有影响，婴幼儿食品中尤其应注意满足。鱼油（fish oil）能改善视力、防止炎症和防治心血管病，深受人们欢迎，就是因为它富含人体需要的必需脂肪酸，包括ω-3脂肪酸。最近研究证明，大脑中缺少ω-3脂肪酸，还会引起记忆力丧失。

饱和脂肪酸与不饱和脂肪酸的空间构象不同，前者的烃链是垂直的，后者在双键处存在一个30°刚性弯曲（图9-1）。顺式脂肪酸经催化剂作用能转化为反式，如油酸（18∶1Δ^{9c}）在亚硝酸存在下加热生成反油酸（18∶1Δ^{9t}）。人造反式脂肪酸是食品中的不良物质，有致病嫌疑。

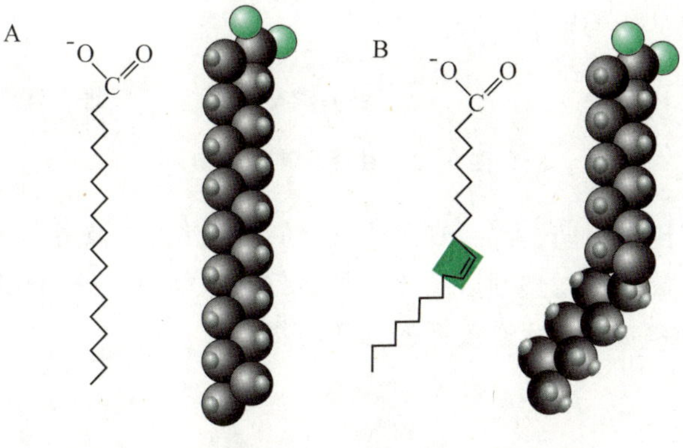

图9-1　硬脂酸(A)和油酸(B)空间结构模型

2. 脂肪酸的性质

脂肪酸由极性羧基和非极性烃基组成，既有亲水性又有疏水性，为两亲化合物。脂肪酸的烃基长度对其溶解度有影响，随碳链加长溶解度减小。碳链长度相同时，有无不饱和键对溶解度不造成影响。饱和脂肪酸的熔点与分子质量有关，分子质量愈大，熔点愈高；不饱和脂肪酸的双键愈多，熔点愈低。另外，反式脂肪酸比顺式脂肪酸熔点高。

脂肪酸在近紫外区有特征光吸收峰。饱和脂肪酸和非共轭酸（双键之间有亚甲基相隔）在220 nm以下有吸收峰；共轭酸（两个双键之间只有单键，没有亚甲基）中的二烯酸在230 nm附近、三烯酸在260～270 nm附近、四烯酸在290～315 nm附近各显示出吸收峰。据此可对脂肪酸进行定性、定量及结构研究。此外。红外吸收光谱也可用于研究脂肪酸，利用它可以区分有无双键存在，双键是反式还是顺式，以及有无过氧基团等。

和其他羧酸一样，脂肪酸也能进行酯化反应、酸碱反应以及被还原为脂肪醇。不饱和脂肪酸还可以进行加成反应，其中氢化作用(hydrogenation)更为多见。

(二)甘油

1779 年，瑞典药剂师 K. W. Scheele 在进行橄榄油与一氧化铅反应时，偶然发现一种具有甜味的油状物质，取名为甘油。甘油化学名称为丙三醇，为无色、透明、无臭的黏稠状液体，相对密度 1.261 g/cm^3，比水密度大；可与水混溶，有极大的吸湿性，不溶于苯、氯仿、四氯化碳等有机溶剂。

甘油分子本身无不对称碳原子，如果它的 3 个羟基发生不同程度酯化，中间碳原子就成为不对称原子，因而有 *D* - 构型和 *L* - 构型之分。由于甘油是前手性分子(prochiral molecule)，即其衍生物有可能为手性分子，为统一甘油衍生物名称，1967 年国际理论和应用化学联合会及国际生物化学联合会(IUPAC - IUB)规定：甘油分子中 3 个碳原子依次指定为 1、2、3 碳位(相应于 α、β 和 α')，第 2 碳位羟基写在左边，上为 1 碳位，下为 3 碳位。生物化学中，常采用这种立体专一编号(stereospecific numbering，sn)，或称 sn - 系统，如 sn - 甘油 - 1 - 磷酸、sn - 甘油 - 3 - 磷酸(图 9 - 2)。

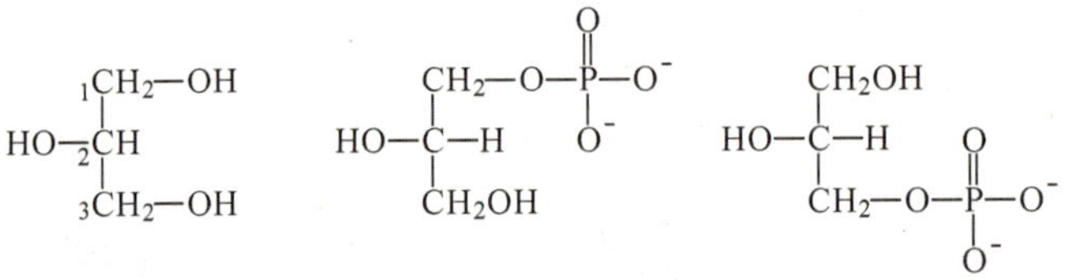

甘油　　sn-甘油-1-磷酸　　sn-甘油-3-磷酸

图 9 - 2　甘油及其衍生物

甘油用途广泛，可用于医药、食品、日用化学、纺织、造纸、油漆等行业，如用作飞机和汽车液化染料的抗冻剂，玻璃纸的增塑剂以及化妆品、皮革、烟草、纺织品的吸湿剂等。甘油和硝酸的反应产物三硝酸甘油酯，是治疗心绞痛的急救药物。

(三)三酰甘油

三酰甘油是三分子脂肪酸和一分子甘油脱水缩合形成的酯。根据甘油中羟基的酯化程度，将脂酰甘油分为一脂酰甘油、二脂酰甘油、三脂酰甘油(triacylglycerol，TAG)，统称油脂。自然界存在的多为三脂酰甘油。三脂酰甘油简称三酰甘油，又称为中性脂 (neutral lipids)。三酰甘油是脂肪酸的储存和运输形式，化学结构通式如图 9 - 3 所示，R_1、R_2、R_3 分别代表脂肪酸的烃基。若 3 个脂肪酸相同，则为简单三酰甘油，命名时称三某脂酰甘油，如三硬脂酰甘油。若 3 个脂肪酸不同，则称为混合三脂酰甘油，命名时以 α、β 和 α' 分别表示不同脂肪酸的位置。如 α - 软脂酸 - β - 油酸 - α' - 硬脂酰甘油。人体脂肪一般为混合三酰甘油，所含的脂肪酸主要是软脂酸和油酸。

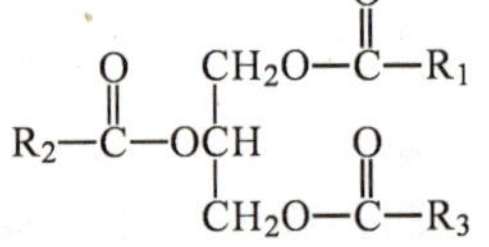

图 9 - 3　三酰甘油结构通式

1. 三酰甘油的物理性质

三酰甘油一般无色、无臭、无味，呈中性液体或固体，比重小于 1。三脂酰甘油是液态，还是固态，取决于它的饱和度和环境温度。植物及水产动物油脂含不饱和脂肪酸多，在室温下为液态，俗称油（oil）；陆生动物油脂含大量饱和脂肪酸，室温下为固态，俗称脂（lipid）。

三酰甘油难溶于水，易溶于乙醚、石油醚、苯、氯仿及热乙醇等有机溶剂。天然油脂（特别是植物油）因溶有维生素及色素呈现轻微颜色和气味。短链脂肪酸组成的三酰甘油略溶于水。当有乳化剂如肥皂或胆汁酸盐存在时，三酰甘油能和水形成乳状液。

油脂还是生物体内的重要溶剂，它能溶解脂溶性维生素、香精、固醇和某些激素等，便于这些物质的运输和吸收。

2. 三酰甘油的化学性质

（1）水解与皂化　三酰甘油能被酸、碱、蒸汽及脂酶所水解，产物为甘油及各种脂肪酸。如果水解作用在碱性（NaOH 或 KOH）条件下进行，则得到甘油和脂肪酸的盐类，即通常所说的肥皂。油脂的碱水解作用称为皂化作用（saponification）（图 9-4）。

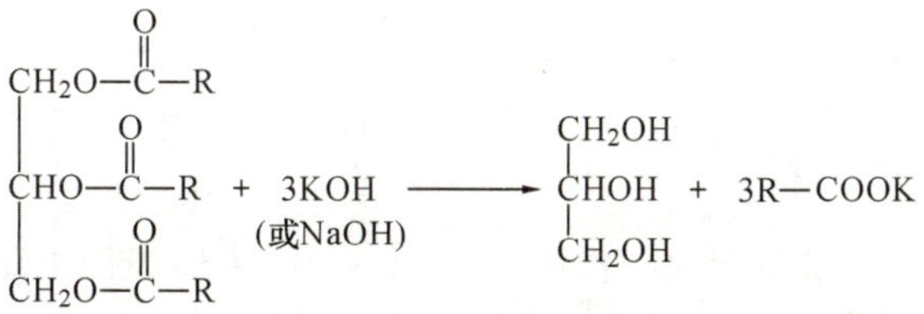

图 9-4　三酰甘油皂化反应

普通用的肥皂是钠或钾肥皂，它们易溶于水。如果在硬水中洗涤物品，肥皂功效会减低，因为硬水含有很多钙、镁离子，与脂肪酸结合后不溶于水。皂化 1 g 油脂所需的氢氧化钾的毫克数称为皂化值。根据皂化值可推算三酰甘油中脂肪酸平均相对分子质量。皂化值越高，表示它含小分子脂肪酸越多。

（2）自动氧化与酸败　天然油脂在室温下长期暴露在空气中，会发生自动氧化（auto-oxidation），产生游离脂肪酸，脂肪酸再断裂为碳氢链，并产生醛、酮等挥发性小分子。酸败程度通常用“酸值”表示，即中和 1 g 游离脂肪酸所需的氢氧化钾毫克数。酸值越低，表示油脂的储存品质越好。油脂中存在的少量重金属会加速自动氧化，因此，在加工时常用螯合剂（如柠檬酸）处理。加入维生素 E 等物质也能有效延缓酸败。

不饱和脂肪酸的过氧化物在空气中还可以形成胶状复杂化合物，这个性质被用于工业生产。例如，桐油含桐油酸[$CH_3(CH_2)_3CH{=}CH-CH{=}CH-CH{=}CH-(CH_2)_7COOH$]达 79%，将桐油涂在木制家具上，暴露在空气中，可形成一层坚硬而有韧性的固体薄膜，起到防雨防腐作用。

（3）氢化与卤化　在高温、高压和金属镍催化下，油脂分子的双键发生氢化作用，结果使液态油变成半固态脂。将植物油制作成人造黄油基于此原理。氢化可有效防止油脂的酸败，便于储存和运输。氢化油，也被叫作“植物奶油”“植物黄油”。目前，在面包、奶酪、人造奶油、蛋糕和饼干等食品焙烤领域广泛使用。油脂的部分氢化作用会使双键发生异构化，由顺式变为反式构型。富含反式脂肪酸的食品有致病嫌疑。

溴、碘同样可在双键处发生加成反应，产生饱和的卤化脂，这种作用称为卤化作用。把 100 g 油脂类所能吸收的碘克数称为碘值。用碘值可表示油脂的不饱和度。碘值越大，表示油脂中不饱和脂肪酸含量越高。

(4)过氧化作用　氧对生命必不可少，但高浓度氧(氧分压大于 0.6×10^2 kPa)会造成氧中毒，原因是容易转变成活性氧自由基，如 $O_2^{\cdot -}$ 等。细胞膜因富含氧，易发生活性氧自由基攻击不饱和脂肪酸的过氧化作用。不饱和脂肪酸亚甲基上的氢原子比较活泼，容易被自由基夺走，而产生脂质自由基(L˙)，在有氧条件下进而形成脂质过氧自由基(LOO˙)；该自由基又去攻击另一个分子，这样不断循环，便造成脂质链的不断延长，不饱和脂肪酸不断减少，从而影响细胞膜的结构和功能。过氧化反应产物还可以引起蛋白质分子的交联，这不仅使膜蛋白质丧失功能，如果沉积在血管内壁，还容易引发血管硬化。老年斑的主要成分——脂褐素就是过氧化产生的脂质、蛋白质聚合物。避免高氧、辐射、化学污染以及不良精神因素，有助于减少不饱和脂肪酸的过氧化反应。维生素 E、维生素 C 有助于清除自由基。

(四)蜡

蜡是长链脂肪酸(14～16 个碳)和长链一元醇(16～30 个碳)形成的酯，通常为混合物。蜡分子极性头部所占比例很小，长长的非极性烃链使其完全不溶于水，在室温下呈固态。

对于大多数生物来讲，蜡是起保护作用的，如植物叶、果实表面上的蜡有防止寄生生物侵袭和防止细胞水蒸发的作用，水禽羽毛表面的蜡有防水作用，动物皮肤、昆虫外骨骼上的蜡有润滑、防水等作用。蜂蜡是蜂巢的主要建筑材料，其防水性和具备的硬度非常适合蜂类生存。蜂蜡是日常生活中常用的润滑剂，羊毛蜡则是化妆品的添加成分，巴西棕榈蜡可制成地板蜡、鞋油、汽车蜡使用。

有些海洋生物如抹香鲸在头部储存大量蜡，属于储存脂类，其功能是作为代谢燃料。

二、磷脂类

磷脂(phospholipids)是含磷酸的脂类，是构成生物膜的重要成分。根据分子中所含醇的不同，分为甘油磷脂及鞘氨醇磷脂两类。

(一)甘油磷脂

甘油磷脂(phosphoglycerides)是由磷脂酸与含羟基化合物(如胆碱、乙醇胺、丝氨酸等)组成的磷脂酰化合物，结构通式如图 9-5 所示。式中 R_1、R_2 表示不同脂酰基，X 表示含羟基化合物，常见甘油磷脂及 X 基团见表 9-2。

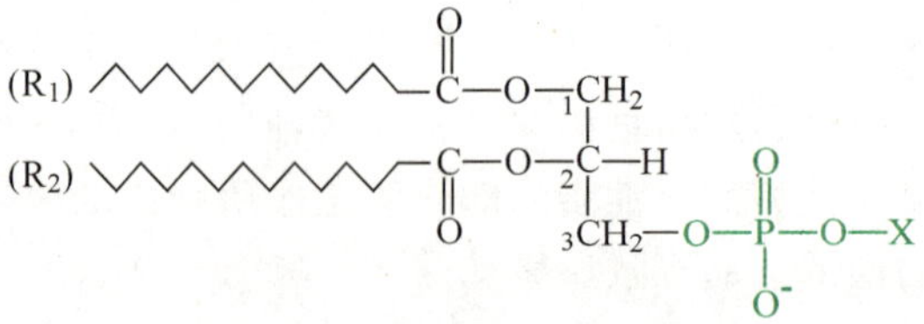

图 9-5　甘油磷脂分子结构通式

表 9-2　常见甘油磷脂

X 基团的前体（HO—X）	—O—X 结构式	甘油磷脂名称
水	$-O-H$	磷脂酸
胆碱	$-O-CH_2CH_2\overset{+}{N}(CH_3)_3$	磷脂酰胆碱（卵磷脂）
乙醇胺	$-O-CH_2CH_2\overset{+}{N}H_3$	磷脂酰乙醇胺（脑磷脂）
丝氨酸	$-O-CH_2-CH(\overset{+}{N}H_3)COO^-$	磷脂酰丝氨酸
甘油	$-O-CH_2CH(OH)-CH_2OH$	磷脂酰甘油
磷脂酰甘油	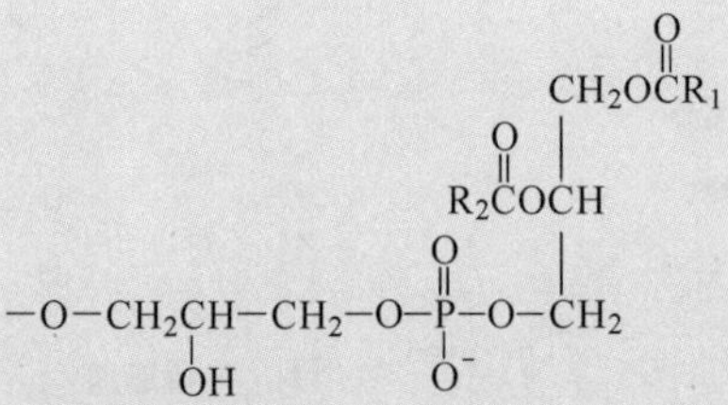	二磷脂酰甘油（心磷脂）
肌醇	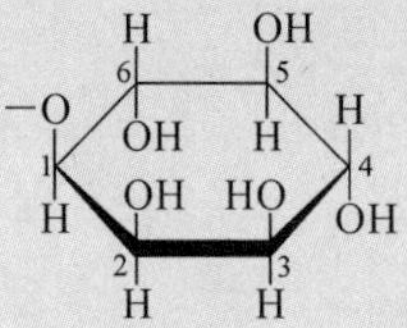	磷脂酰肌醇

（1）磷脂酰胆碱（phosphatidyl cholines，PC）　俗称卵磷脂（lecithin），在蛋黄和大豆中富含，X 基团为胆碱，是代谢中的一种甲基供体。自然界中存在的多为 *L*-*α*-磷脂酰胆碱，1 碳位通常是饱和脂肪酸，2 碳位通常是不饱和脂肪酸。在 pH 7.0 时，磷脂酰胆碱易解离形成兼性离子形式，磷酰胆碱部分为极性亲水端，脂肪酸碳氢链为非极性疏水端。磷脂酰胆碱是生物膜的主要脂类成分。

（2）磷脂酰乙醇胺（phosphatidyl ethanolamines，PE）　俗称脑磷脂（cephalin），X 基团为乙醇胺。脑组织富含，心脏、肝脏及其他组织也有。在 pH 7.0，磷脂酰乙醇胺也为兼性离子形式，是生物膜的重要组成成分。

（3）磷脂酰丝氨酸（phosphatidyl serines，PS）　常见于血小板膜中，当组织受损血小板被激活时，它与其他凝血因子一起促使凝血酶原活化。

（4）磷脂酰甘油（phosphatidyl glycerols）和心磷脂（cardiolipin）　当 X 基团为甘油时，即磷脂酰甘油，磷脂酰甘油在细菌细胞壁中含量丰富。心磷脂即二磷脂酰甘油，由 2 分子磷脂酸与 1 分子甘油共价结合而成，因最先在心肌线粒体膜中发现，称为心磷脂。磷脂酰甘油是心磷脂的 X 部分。

(5)磷脂酰肌醇(phosphatidyl inositols,PI) 由磷脂酸与肌醇结合而成,分子中磷酸基团与肌醇的 1 碳位羟基以酯键相连,广泛存在于动植物中。

甘油磷脂分子中的酯键和磷酸二酯键都能被磷脂酶(phospholipase)专一性水解(图 9-6A),磷脂酶 A_1 和 A_2 分别水解酯键,切除 *sn*-1 和 *sn*-2 位的脂肪酸;磷脂酶 C 和磷脂酶 D 则水解磷酸二酯键的不同部位。甘油磷脂经磷脂酶 A_1 和 A_2 作用后剩余的部分具有很强的表面活性剂作用,大量存在于血液时会使红细胞膜溶解而引起溶血。响尾蛇和眼镜蛇的蛇毒含有磷脂酶 A_2。磷脂酰肌醇不仅构成生物膜,还可以产生信号分子,参与细胞钙信号途径。磷脂酰肌醇的羟基发生磷酸化,生成不同形式的磷脂酰肌醇磷酸,如磷脂酰肌醇-4,5-二磷酸(phosphatidyl inositol-4,5-bisphosphate,PIP_2);PIP_2 被磷脂酶 C 水解,将产生肌醇三磷酸(IP_3)和甘油二酯(图 9-6B)。IP_3 和 DG 均为信号分子,IP_3 水溶性好,进入细胞质,促使肌浆网或内质网释放 Ca^{2+};甘油二酯留在膜上,在 Ca^{2+} 存在下参与蛋白质磷酸化反应。

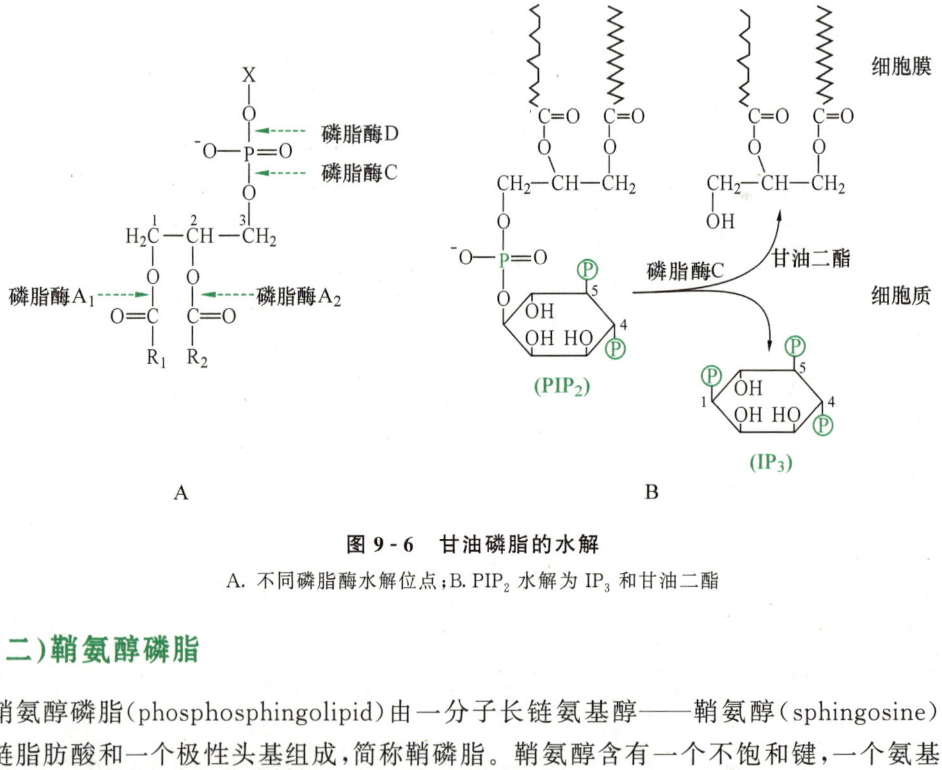

图 9-6 甘油磷脂的水解

A. 不同磷脂酶水解位点;B. PIP_2 水解为 IP_3 和甘油二酯

(二)鞘氨醇磷脂

鞘氨醇磷脂(phosphosphingolipid)由一分子长链氨基醇——鞘氨醇(sphingosine)、一分子长链脂肪酸和一个极性头基组成,简称鞘磷脂。鞘氨醇含有一个不饱和键,一个氨基,其氨基以酰胺键与长链脂肪酸的羧基相连形成神经酰胺(ceramides),神经酰胺的 1 位羟基与磷酸胆碱或磷酸乙醇胺相连,即为鞘磷脂。可见,鞘磷脂的主体结构是神经酰胺(图 9-7)。

虽然鞘磷脂因 R 基不同有多种类型,但其结构特点和磷脂酰胆碱、磷脂酰乙醇胺相似,在 pH 7.0 时也是兼性离子。鞘磷脂存在于动物细胞的质膜,髓鞘中含量较高,通过包围某些神经轴突而起绝缘作用。

无论甘油磷脂,还是鞘磷脂,它们在结构上有一个共同特点,就是既有亲水头部,又有疏水尾部,为双亲分子(amphipathic molecule)(图 9-8)。

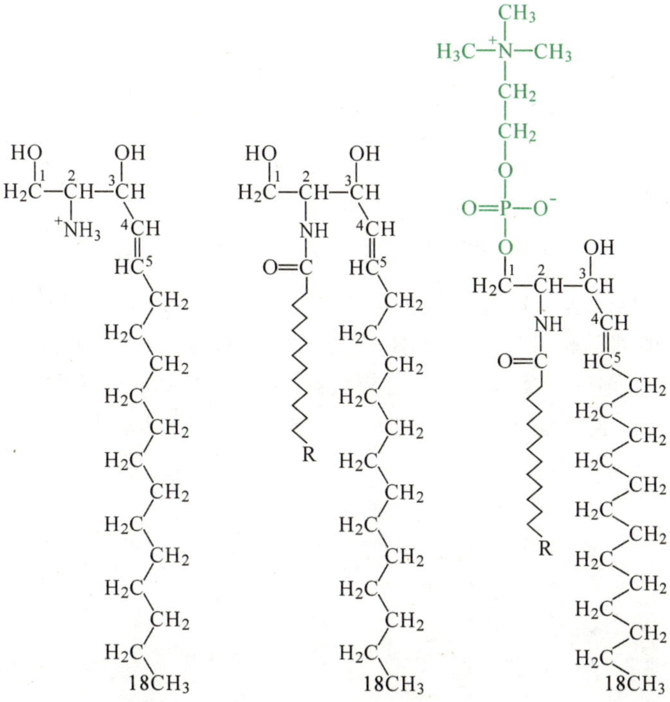

图 9-7　鞘氨醇、神经酰胺和鞘磷脂

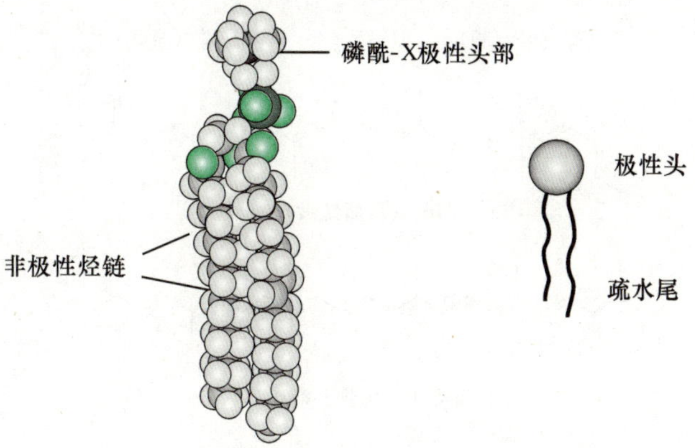

图 9-8　磷脂分子的双亲结构

三、萜类与类固醇

(一)萜类

萜类是异戊二烯的衍生物,为非皂化脂,呈线状或环状。异戊二烯在构成萜时,有头尾相连及尾尾相连。多数线状萜类的双键呈反式排布。

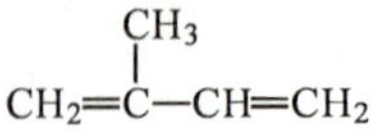

异戊二烯

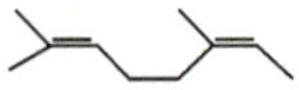

头尾相接

尾尾相接

萜分类的主要依据是所含异戊二烯的数目。由 2 分子异戊二烯构成的称单萜，由 3 个构成的称倍半萜，4 个的称二萜，以此类推（图 9 - 9）。萜类具有多种结构，无法进行系统命名，一直沿用习惯名称，如视黄醛（二萜）、鲨烯（三萜）、β - 胡萝卜素和番茄红素（四萜）等。脂类维生素 A、维生素 E、维生素 K 均属于萜类衍生物。天然橡胶属于多萜衍生物。植物中许多萜类物质具有特殊气味，如薄荷醇、樟脑等。

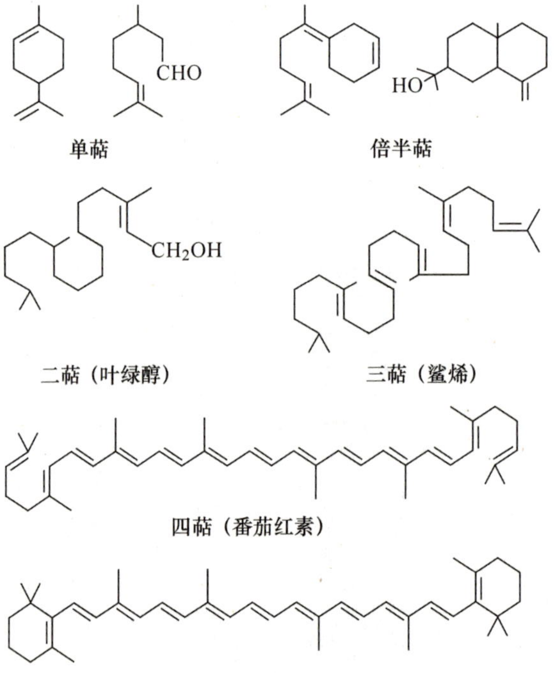

图 9 - 9　常见萜类

（二）类固醇

类固醇（steroid）又称为甾体，是环戊烷多氢菲的羟基衍生物，属于非皂化脂。环戊烷多氢菲由 3 个六元环（A、B、C）和 1 个五元环（D）稠合而成。环戊烷多氢菲带有 2 个甲基（C_{18}，C_{19}）时称为甾核（图 9 - 10）。甾核是类固醇的母体。甾核因双键、羟基以及侧链等不同，有许多种类固醇分子，通常分为固醇及固醇衍生物两大类。

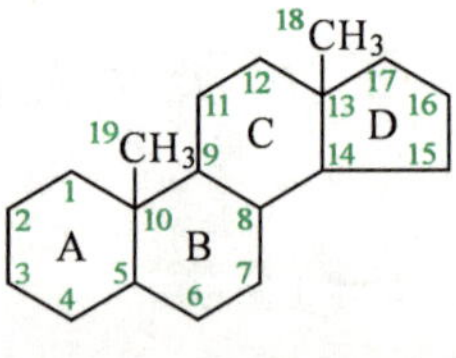

图 9 - 10　甾核

1. 固醇

固醇(sterols)是甾核的一元醇衍生物,在甾核 3 位有 1 个羟基,在 17 位有 1 个含 8～10 个碳原子的分支烃链。固醇在生物界分布甚广,有动物固醇、植物固醇及酵母固醇。在细胞中,固醇既可游离存在,又可与脂肪酸结合成固醇酯。各种固醇物质的差别在于 B 环中双键的数目、位置及 C_{17} 位上的侧链结构。

(1)动物固醇　有多种,如胆固醇(cholesterol)和 7 - 脱氢胆固醇(详见第六章)等。

最为人们关注的胆固醇约占脑固体物质的 17%,占质膜脂类成分的 20%以上。哺乳动物能自行合成胆固醇,也能吸收食物中的胆固醇。卵黄富含胆固醇,可达 2 000 mg/100 g。

胆固醇分子共有 27 个碳,C_{17} 位上连接 1 个 8 碳烃链,C_5、C_6 之间有 1 个双键(图 9 - 11)。

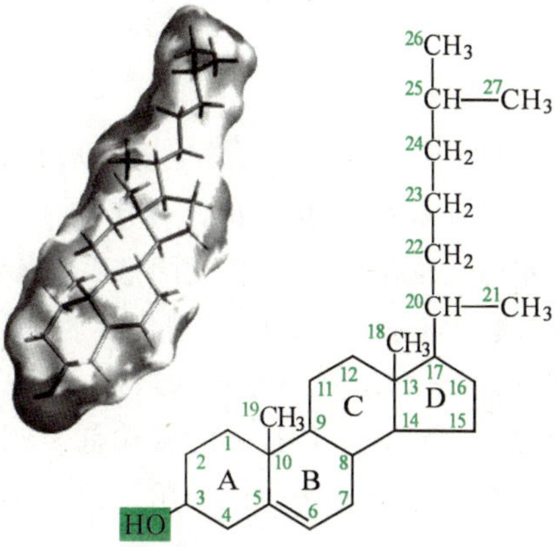

图 9 - 11　胆固醇

C_3 上的羟基是极性头部,4 个环和碳氢链共同组成疏水尾部。在体内,胆固醇多与脂肪酸结合成胆固醇酯(cholesterol ester)得以保存。

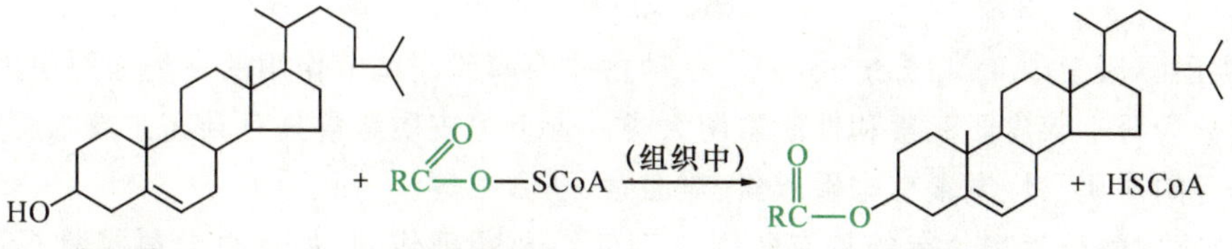

胆固醇　　脂酰辅酶A　　胆固醇酯

胆固醇酯与磷脂或脂蛋白的复合物是胆固醇在血液中的运输形式。胆固醇容易以脂肪沉积的形式聚集在血管壁上,这些斑块被认为是心血管病的原因之一。因此,许多人尤其肥胖症患者限制进食胆固醇高的食物。尽管如此,胆固醇的生物化学作用不容忽视,它不仅作为生物膜组分调节生物膜流动性(见下一节),还是固醇激素和胆酸盐的前体。

(2)植物固醇　如豆固醇和菜油固醇。它们是植物细胞的重要成分,很少被人消化吸收。不仅如此,植物固醇还能抑制人对胆固醇的吸收。

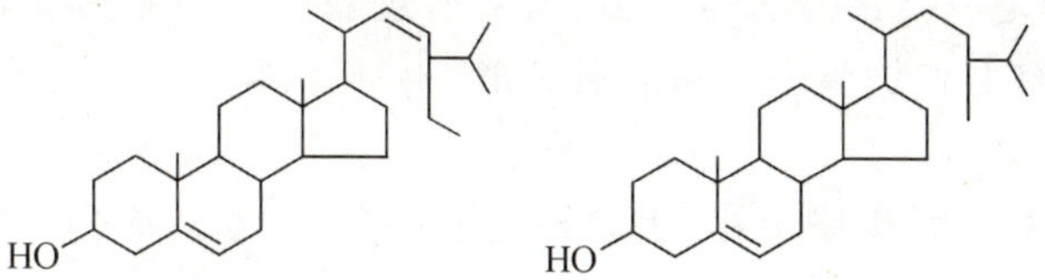

豆固醇　　菜油固醇

(3)酵母固醇　以麦角固醇(ergosterol)最多,广泛存在于酵母和麦角菌中。其结构比胆固醇多 2 个双键,分别在 C_7、C_8 间和支链上 C_{22}、C_{23} 间。麦角固醇经紫外线照射可转化为维生素 D_2,所以麦角固醇又称维生素 D_2 原。

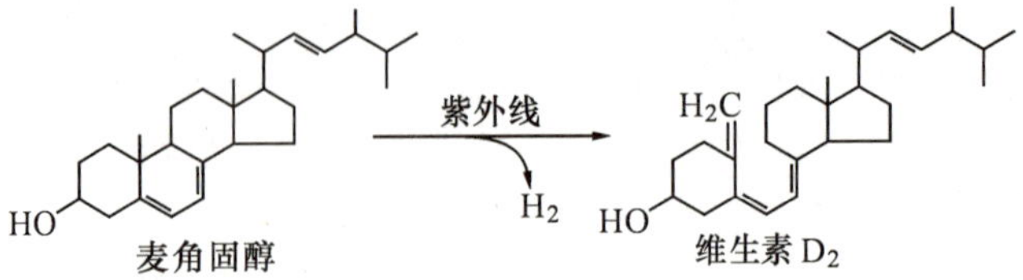

麦角固醇　　维生素 D_2

2. 固醇衍生物

胆汁酸、固醇激素、维生素 D_2、维生素 D_3 等都属于固醇衍生物。

(1)胆汁酸(bile acids)　存在于胆汁，是肝脏细胞对胆固醇的代谢产物。人胆汁酸有 3 种：胆酸(cholic acid)、脱氧胆酸(deoxycholic acid)和鹅脱氧胆酸(chenodeoxycholic acid)，它们都属于固醇酸。其中胆酸含有 3 个羟基和 1 个羧基，该羧基能以酰胺键与甘氨酸或牛磺酸($H_2NCH_2CH_2SO_3^-$)的氨基结合，分别生成甘氨胆酸和牛磺胆酸，称为胆汁盐。胆汁盐具有亲水和疏水两面性，是很好的乳化剂，在肠道中能促进油脂和脂溶性维生素的消化吸收。在实验室中，脱氧胆酸常作为试剂用于提高膜蛋白的可溶性或增加细胞膜的透性。

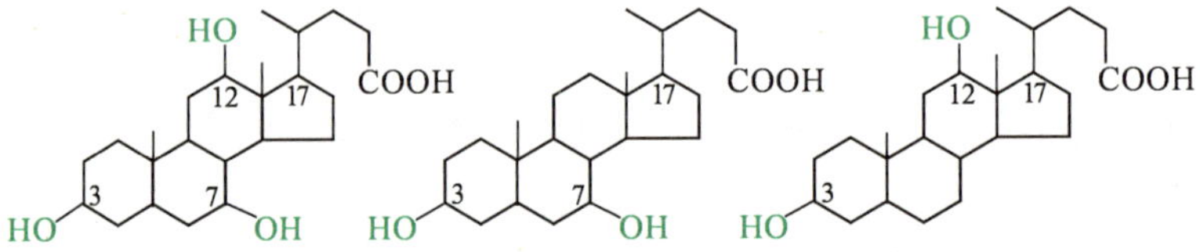

胆酸　　鹅脱氧胆酸　　脱氧胆酸

(2)类固醇激素(steroid hormone)　是动物体内起代谢调节作用的一类固醇衍生物，根据来源不同分为肾上腺皮质激素和性激素两大类。肾上腺皮质激素具有升高血糖浓度和促进肾脏保钠排钾的作用。性激素有雄性激素、雌激素、孕激素等。

(3)植物固醇衍生物　有的具有较强生理活性及药理作用，如从百合科植物提取的强心苷，由固醇与葡萄糖、鼠李糖等组成，能降低心率，增加心肌收缩强度，常用于治疗心率失常等疾病。

四、结合脂类

(一)糖脂

糖脂(glycolipid)是一类含糖的结合脂，糖基通过糖苷键与脂质相连。糖脂分为鞘糖脂(glycosphingolipids)和甘油糖脂(glycerol glycolipids)两大类。

1. 鞘糖脂

鞘糖脂的母体结构和鞘磷脂一样，也是神经酰胺，不含甘油成分。鞘糖脂有中性和酸性之分。

中性鞘糖脂的糖基通常为单糖、双糖、三糖或寡糖。第一个发现的鞘糖脂为半乳糖神经酰胺，因发现于人脑又名脑苷脂(cerebroside)。脑苷脂是哺乳动物组织中存在的最简单的鞘糖脂，由鞘氨醇、脂肪酸和 *D*-半乳糖(或其他单糖及单糖衍生物)组成。脂肪酸与鞘氨醇的氨基以酰胺键相连，鞘氨醇 C_1 上的 OH 基与 *D*-半乳糖 C_1 上的 β-OH 基结合成 β-糖苷键(图 9-12)。

酸性鞘糖脂的寡糖链中含有酸性的硫酸化糖基或唾液酸，其中唾液酸鞘糖脂因广泛存在于神经末梢，与神经冲动传递有关，又名神经节苷脂(ganglioside)。神经节苷脂以寡糖链作为极性头基，分子中含有一个(图 9 - 13)或多个唾液酸(sia)。

鞘糖脂是构成细胞膜结构的成分之一，它的极性糖基像“天线”一样露在细胞表面，在细胞识别中起重要作用。

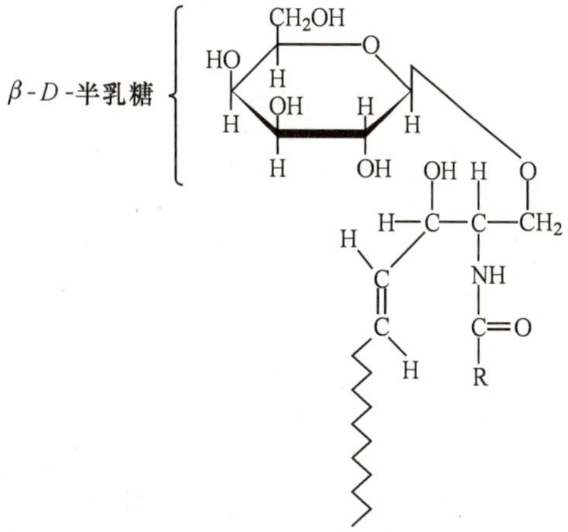

图 9 - 12　脑苷脂的化学结构

2. 甘油糖脂

甘油糖脂的结构与甘油磷脂相似，由二酰甘油与己糖通过糖苷键结合而成。己糖主要为半乳糖、甘露糖或脱氧葡萄糖。有的含 1 分子己糖，有的含 2 分子己糖。常见有单半乳糖基二酰甘油和二半乳糖基二酰甘油(图 9 - 14)。

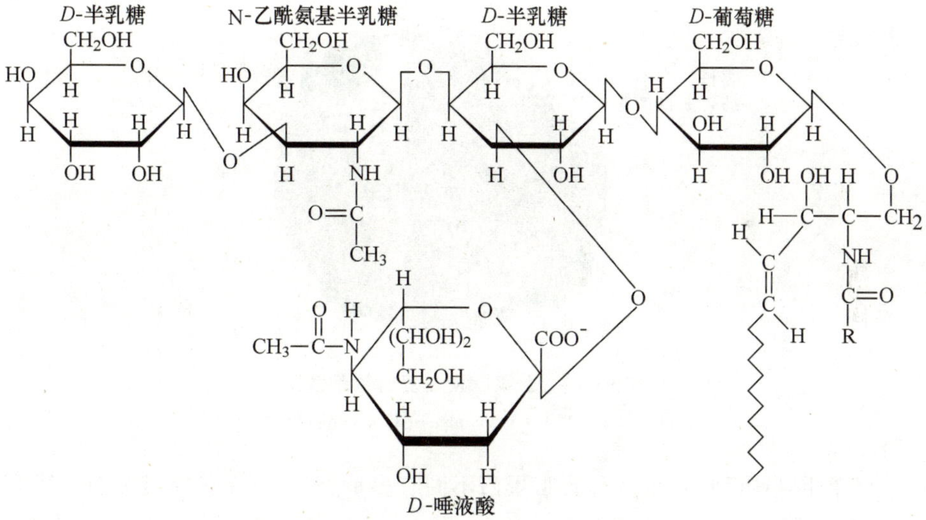

图 9 - 13　酸性鞘糖脂的化学结构

(二)脂蛋白

脂蛋白(lipoprotein)是脂质与蛋白质以非共价键结合的复合体。脂蛋白种类繁多，有的存在于生物膜结构中，有的以脂蛋白复合体形式存在于水相中，如血浆脂蛋白。

在血浆中，脂质分子如三酰甘油、磷脂和胆固醇等都是以脂蛋白复合体形式转运。各种脂蛋白复合体的结构基本相似(图 9 - 15)，都含有一个由三酰甘油或胆固醇酯组成的中性脂核。在核的周围是一层载脂蛋白、磷脂和胆固醇，取向为极性部分暴露在表面。载脂蛋白有许多种，它们在一级结构上的共性是都富含疏水氨基酸残基。载脂蛋白还被称为脱脂蛋白(apolipoprotein)，其中有两个大的疏水蛋白单体，(ApoB - 100 和 ApoB - 48)。除结合、转运脂质外，不同的载脂蛋白还具有不同功能，如参与脂蛋白受体的识别等。

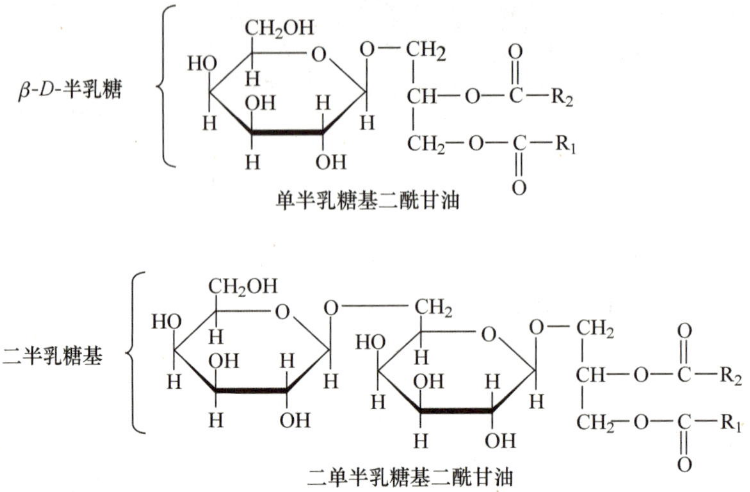

图 9-14　甘油糖脂的化学结构

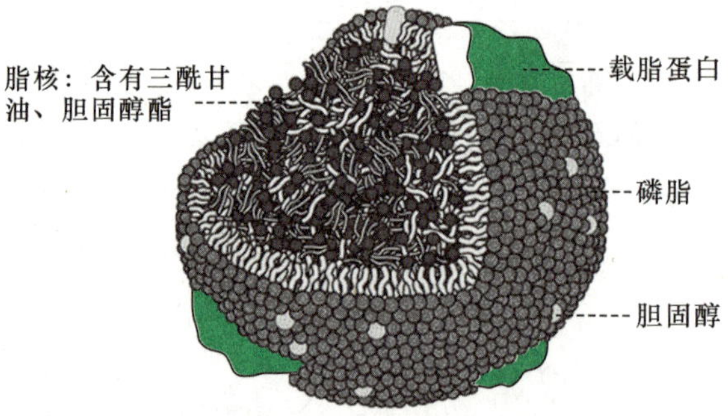

图 9-15　血浆脂蛋白复合体示意图

(引自:Moran et al., Principles of Biochemistry, 2012)

血浆脂蛋白因脂质种类、数量及载脂蛋白不同有多种类型,通常按密度划分。大多数蛋白质密度为 1.3～1.4 g/cm^3,脂质密度为 0.8～0.9 g /cm^3,因此,脂蛋白中蛋白质含量越多,密度越大。用密度梯度超离心可将脂蛋白分为:乳糜微粒(chylomicron, CM)、极低密度脂蛋白(very low density lipoprotein, VLDL)、中间密度脂蛋白(intermediate density lipoprotein, IDL)、低密度脂蛋白(low density lipoprotein, LDL)和高密度脂蛋白(high density lipoprotein, HDL)。不同类型脂蛋白含有的载脂蛋白有所不同,如 ApoB-100 紧密结合在 VLDL 外层,而 ApoB-48 仅存在于乳糜微粒中。各脂蛋白的功用和代谢特点见第十二章。

在血液中,脂肪酸除了与三酰甘油、胆固醇一起形成复合物外,还可被血清清蛋白(serum albumin)结合而直接运输。清蛋白是一个可溶性单体蛋白质,构成血清近一半的蛋白质。通过长距离运输,清蛋白把脂肪酸带到肝脏及需能量的组织(心肌、骨骼肌等)。清蛋白不仅可以增加脂肪酸的溶解度,同时也可以阻止脂肪酸的"去污剂"作用。人的清蛋白三维结构已经解析,二级结构主要为 α-螺旋,清蛋白分子上有 7 个脂肪酸结合位点,靠碱性氨基酸残基与脂肪酸羧基互作。

第二节　生物膜结构

所有细胞表面都存在一层厚度为 6～10 nm 的质膜(plasma membrane)。真核细胞还含有丰富的内膜系统，即各类细胞器膜。细胞质膜和内膜系统统称为生物膜(biological membranes)。生物膜结构奇特而又精致，是生物膜执行各种功能的基础。

一、生物膜的化学组成

生物膜主要由蛋白质和脂质组成，此外尚含有少量糖类及水。蛋白质约占 60%，脂类约占 40%。二者的比值与膜功能有关。膜功能越复杂，蛋白质含量及种类越多。作为能量转换场所，线粒体内膜含有 30～40 种蛋白质，约占生物膜干重的 75%；髓鞘功能较简单，主要起绝缘作用，仅含 3 种蛋白质，约占 18%；细菌质膜担负着物质转运、能量转化以及核酸合成等功能，所含蛋白质比例也很高(表 9-3)。

表 9-3　生物膜的化学组成

生物膜	蛋白质(%)	脂质(%)	蛋白质/脂质
髓鞘(myelin)	18	79	0.23
人红细胞质膜	49	43	1.1
大鼠肝细胞膜	46	54	0.85
内质网系膜	67	33	2.0
线粒体外膜	52	48	1.1
线粒体内膜	76	24	3.2
菠菜叶绿体片层膜	70	30	2.3
革兰氏阳性菌质膜	75	25	3.0

(一)膜脂

膜脂主要包括磷脂、糖脂和胆固醇，以磷脂含量最高，占总膜脂的 55%～75%。磷脂中以甘油磷脂为主，包括磷脂酰胆碱、磷脂酰乙醇胺、磷脂酰甘油、磷脂酰肌醇、心磷脂以及磷脂酰丝氨酸等，以前二者比例最高。糖脂含量约占膜脂总量的 5%，糖基种类因细胞膜而异。胆固醇以游离状态存在于膜中，一般动物细胞膜胆固醇含量高于植物细胞膜，质膜胆固醇含量高于内膜系统。

(二)膜蛋白

膜蛋白是膜生物学功能的主要体现者，细胞 20%～25%的蛋白质参与了膜结构。目前已知的膜蛋白有酶、膜受体、转运蛋白、抗原等。根据蛋白质与膜脂相互作用的方式及其在膜中的定位，将膜蛋白分为外在蛋白（peripheral protein）和内在蛋白（integral protein）。

1. 外在蛋白

外在蛋白（extrinsic protein）也称外周蛋白，通常占膜蛋白的20%～30%，多为水溶性，分布于膜外表面。它们通过极性氨基酸残基以次级键与膜脂的极性头部结合（图9-16）。这种结合不太紧密，可在不破坏膜结构的情况下，利用温和方法，如改变介质的离子强度或pH等将外周蛋白分离。线粒体内膜上的细胞色素c、己糖磷酸激酶等均属此类蛋白。

2. 内在蛋白

内在蛋白也称整合蛋白，通常占膜蛋白总量的70%～80%。它们通过非极性氨基酸残基与膜脂分子的疏水部分相互作用，不同程度地插入或贯穿于脂双分子层中（图9-16）。内在蛋白跨膜部分的二级结构多为α-螺旋（图9-17），也有的以β-折叠为主。

在体外溶液中，内在蛋白的周围常结合一层或几层脂类分子，它们的存在有利于维持内在蛋白的构象和活性。如肌浆网膜的Ca^{2+}-ATP酶，至少需要30个磷脂分子才表现出完整的活性。有的膜蛋白对膜脂还有专一性要求，例如，线粒体内膜的β-羟丁酸脱氢酶需要卵磷脂才有活性，若用鞘磷脂代替，酶活性将下降一半。内在蛋白的分离难度较大，需要使用非离子去污剂（如Triton X-100）或超声波处理。

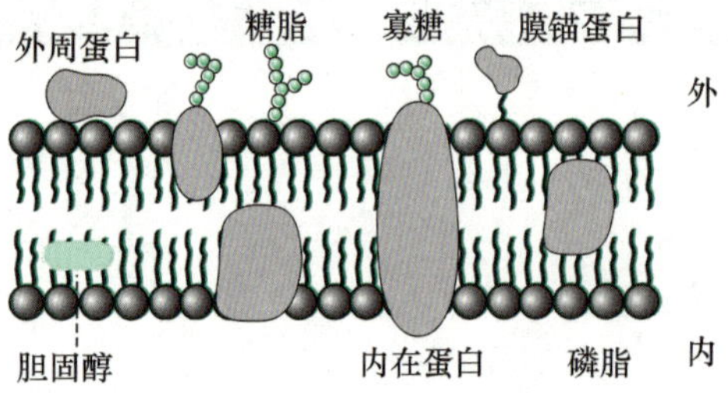

图9-16 生物膜结构的模式图

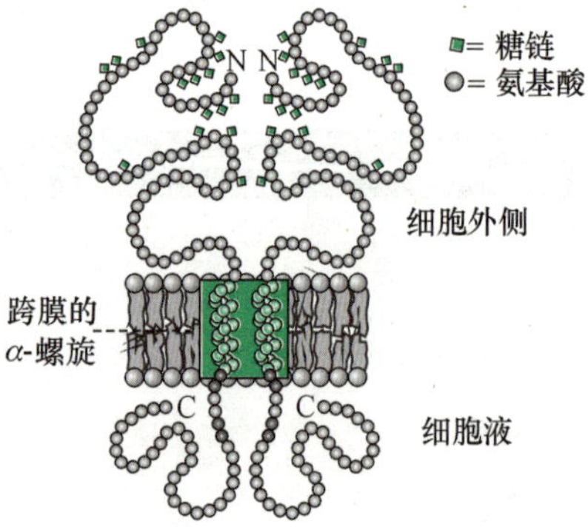

图9-17 一种膜内在蛋白示意图

近年来发现一些非常特殊的膜蛋白，它们存在于膜外表面，但却与某些脂质（如糖基磷脂酰肌醇）共价结合连到膜脂上，形成"蛋白质—糖—脂质"复合物，这类蛋白称为膜锚蛋白（anchor membrane protein）（图9-16）。膜锚蛋白因存在锚链而具有更大的活动度，易在膜上成簇，在细胞识别和信号跨膜转导中发挥作用。分离膜锚蛋白需要利用专一性的水解酶，如磷脂酶。膜锚蛋白通常划分为膜内在蛋白。

二、生物膜结构

（一）脂双层

1925年，E. Gorter与F. Grendel用丙酮抽提红细胞膜的脂质，巧妙地铺成单分子层，测定出红细胞膜的表面积，发现实测面积为估算面积的两倍，因而提出生物膜结构是膜脂分子以尾对尾排列成的脂双层（lipid bilayer）形式（图9-18）。

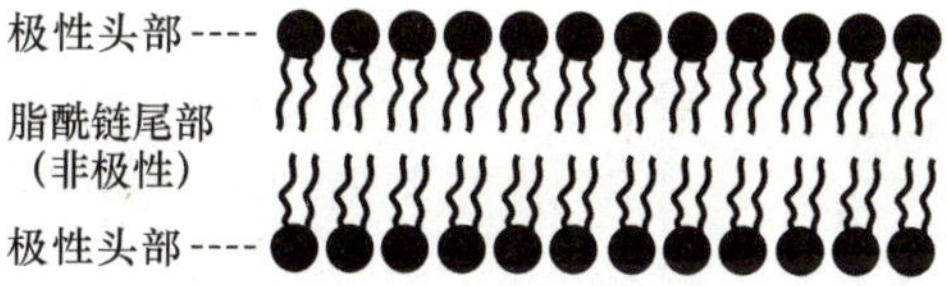

图 9-18　脂双层示意图

迄今为止，脂双层理论仍然被广泛接受。具有双亲性特征的膜脂分子是脂双层结构的分子基础。在水环境中，膜脂分子的亲水头部通过氢键与水分子相互作用而向着水相，疏水尾部依赖疏水力的作用而相互聚拢，自动组装成双分子层。脂双层有以下特点：脂双层的形成是一个快速的自组装(self-assembly)过程，疏水力是主要的驱动力；脂双层结构是厚度为 5～6 nm 的非共价协同结构(cooperative structure)；脂双层是一个自我封闭 (self-sealing)的连续系统，破损后可自我修复；脂双层对离子和大多数极性分子高度不透。

(二)生物膜具有流动性和不对称性

生物膜是由膜脂和膜蛋白定向排列、高度组织化的大分子装配体，属于超分子复合体。流动性和不对称性是生物膜的主要结构特征，也是膜行使生物功能的基础。

1. 膜脂的流动性

磷脂分子在膜内可作侧向扩散(lateral diffusion)、旋转扩散(rotational diffusion)、翻转扩散(flip-flop diffusion)等多种形式运动(图 9-19)。侧向扩散和旋转扩散比较快，而翻转扩散很慢，需要克服脂双层中部疏水区对其极性头部的排挤作用。最新研究证明，细胞存在一类沉浮酶(flippase and floppase)，可以利用 ATP 的能量将磷脂分子从脂双层的一侧移动到另一侧。

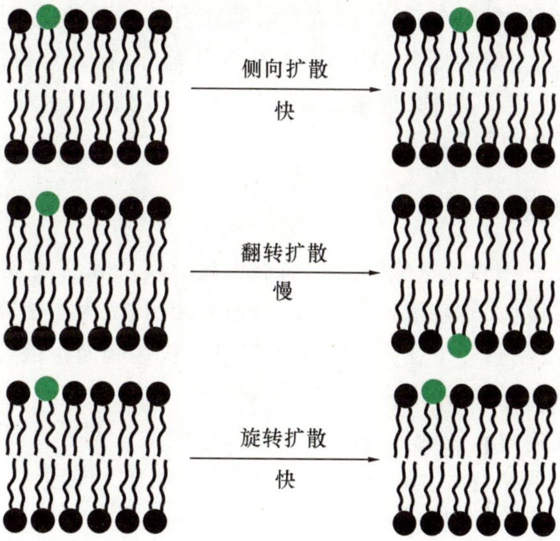

图 9-19　生物膜中的磷脂运动

2. 膜蛋白的流动性

膜蛋白具有流动性的最典型证据来自 1970 年 L. D. Frye 和 M. Edidin 的细胞融合实验(图 9-20)。以人细胞和鼠细胞为材料，用带有不同荧光基团的抗体分别对两种细胞表面的特异抗原蛋白进行免疫荧光标记，然后在合适条件下进行细胞融合。在融合初期，可看到杂合细胞的两半分别呈现不同颜色荧光；当保温一定时间后，两种颜色的荧光点均匀分布于杂合细胞的表面，由此证明膜蛋白在脂双层中可以运动。

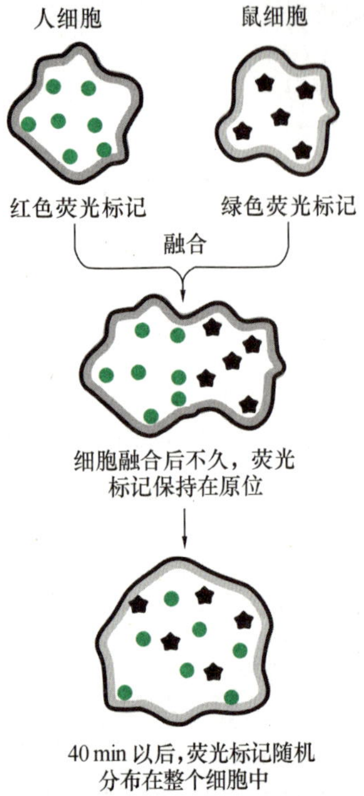

图 9-20 用细胞融合法证明膜蛋白流动性

证明膜蛋白流动性的一个更快速的方法是荧光漂白恢复(fluorescence photobleaching recovery)技术。技术要点是：将活细胞的某种膜蛋白进行荧光标记，荧光显微镜下观察可见整个细胞呈现均匀荧光；然后用一定强度的激光对细胞某一点进行连续照射，使照射点的荧光发生不可逆的淬灭，呈现一个黑点；光漂白后的细胞在合适条件下放置一定时间，再进行荧光显微观察，可见整个细胞又呈现均匀荧光。即可证明膜蛋白在生物膜上发生了移动。

3. 生物膜的不对称性

膜脂和膜蛋白在脂双层两侧的分布具有不对称性。如磷脂酰胆碱和鞘磷脂多分布在膜的外层，而磷脂酰乙醇胺、磷脂酰丝氨酸和磷脂酰肌醇多分布在膜的内层。磷脂酰乙醇胺和磷脂酰丝氨酸的头部基团均带负电，致使生物膜内侧的负电荷大于外侧。膜蛋白分布的不对称主要体现在 3 个方面：①内在蛋白在脂双层中的镶嵌具有方向性，即使整个蛋白贯穿膜全层，两侧氨基酸顺序也是不同的；②外在蛋白的分布不对称，如 Mg^{2+}-ATP 酶、磷酸二酯酶等均分布在膜的外表面，而腺苷酸环化酶分布在膜内表面；③糖蛋白与糖脂的糖基分布不对称，通常暴露于膜外。生物膜的不对称性保证了膜在执行功能时按一定方向进行。

(三)流动镶嵌模型

1972 年，S. J. Singer 和 G. L. Nicolson 基于脂双层模型和有关膜蛋白流动性的报道，提出了生物膜的流动镶嵌模型(fluid mosaic model；图 9-21)，认为生物膜是一种流动的、嵌有各种蛋白质的脂双层结构；膜脂分子在脂双层中可以自由快速侧向扩散，蛋白质犹如一座座冰山(icebergs)漂移在流动脂质的“海洋”中。

流动镶嵌模型是迄今为止最受关注的生物膜结构模型。其要点是：①生物膜是由脂质和蛋白质分子按二维排列的流体；②脂双层有双重作用，既作为膜蛋白的溶剂，又是渗透屏障(permeability barrier)；③有的膜蛋白结合于脂双层表面，有的镶嵌在脂双层中，有的横跨脂双层，它们与膜脂分子之间存在相互作用；④各种膜组分在脂双层上的分布是不对称的，糖基总是分布于膜外表面(图 9-21)。

继流动镶嵌模型之后，M. K. Jain 和 H. B. White 于 1977 年又提出板块模型(plate-model)，认为生物膜是由分子组成、结构、大小、流动性不同的板块组成的，各组分存在一定的结构和功能联系。该模型强调了生物膜结构和功能的局域化特点。1997 年，K. Simons 和 E. Ikonen

从生物膜中分离到一种不溶于去污剂、富含糖脂的复合物，主要由鞘脂和胆固醇组成，提出这种复合物能作为"功能筏"(functional rafts)在脂双层中运动，是连接蛋白质的平台。膜结构理论还在发展中。现代研究发现，许多膜蛋白透过脂双层与膜内侧的细胞骨架相连接，这类膜蛋白的运动受细胞骨架的制约和牵动。细胞骨架主体结构是微丝、微管，它们具有动态特点，在细胞运动、物质运输、信号转导等重要生命过程中发挥作用。膜蛋白和细胞骨架蛋白的互作是细胞生物学中一个崭新的研究领域。

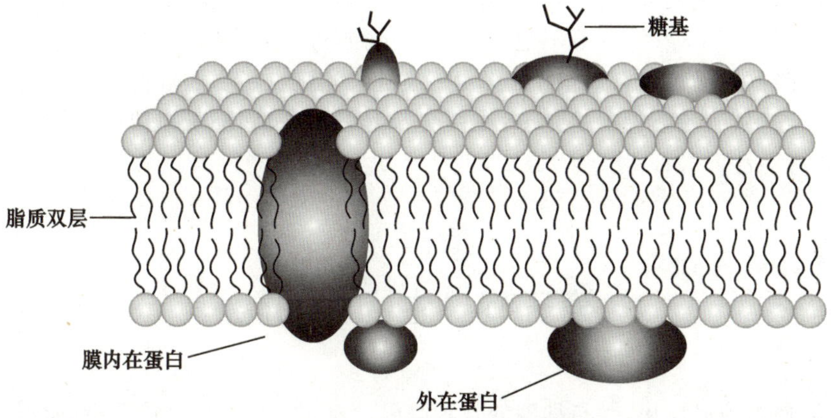

图 9 - 21　生物膜的流动镶嵌模型

(四)影响生物膜流动性的重要因素

膜脂分子流动性影响膜蛋白的构象与功能。流动性降低时，内在膜蛋白更多地暴露于膜外；反之，则更多地深入脂双层中。

生物膜流动性受环境温度的影响(图 9 - 22)。低温下，磷脂分子由于脂酰链的相互靠近形成有序的刚性状态，称为凝胶态(gel phase)；随着温度的升高，脂酰链因运动加强而排列疏松，脂双层呈现相对无序状态，称为液晶态(liquid crystalline phase)。两种状态的转变温度称为相变温度(T_c)。当 $T<T_c$ 时为凝胶态；当 $T>T_c$ 时为液晶态。

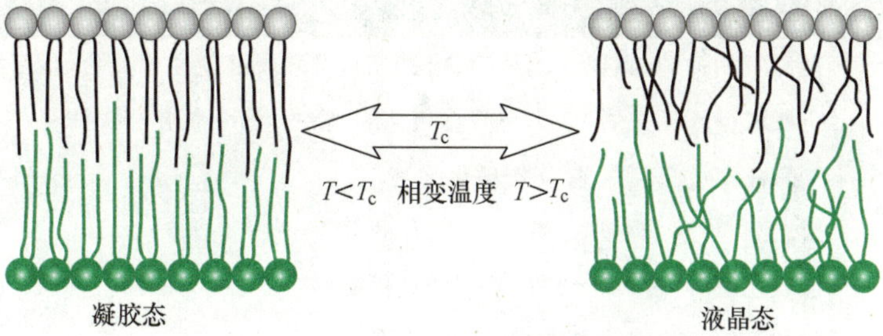

图 9 - 22　膜脂流动性受温度影响

不同来源的生物膜，膜脂组成不同，相变温度也不同。由于生物膜组成上的复杂性，实际上，从凝胶态向液晶态的转变是慢慢发生的。在正常环境温度下(10～40℃)，生物膜的相变可局部发生。

生物膜流动性受磷脂分子脂酰链饱和度和长度的影响。不饱和度越高，相变温度越低，流动性越好，这是因为顺式双键的存在干扰了分子间的整齐排列。相反，饱和度越高，相变温度也越高，流动性越差，这是因为饱和脂酰链伸展更充分，它们之间更容易借助范德华力相互靠近而形成有序、紧密的晶状体列阵。脂酰链越长，越容易通过疏水力相互聚合成稳定的晶胶态。植物及变温动物的细胞膜不饱和度高，因此，即使在较低的温度下，也能保持细胞膜的流动性。

生物膜流动性可被调节。在不同生存条件下生物体能够对膜流动性进行自我调节，以保证膜功能。主要有两个途径：调节不饱和/饱和脂酰链的比例；增加胆固醇在生物膜中的比例。胆固醇对生物膜的流动性具有双重调节作用。在相变温度以上，胆固醇的存在可以降低膜的流动性和通透性，从而使膜趋于晶胶态；在相变温度以下，胆固醇可以降低磷脂分子的有序排列，增强膜的流动性。

第三节　生物膜功能

生物膜能使细胞局域化，参与细胞的各种膜融合活动，在细胞物质运输、能量转换和信息传递中起重要作用。

一、生物膜作为渗透屏障使细胞局域化

生物膜是一种具有高度选择性的渗透屏障。质膜使细胞具有一定的边界，将原生质与环境分开；内膜系统形成各种细胞器，使细胞内含物在空间上和功能上实现局域化。

生物膜的渗透屏障作用具有重要的生理意义：①保持细胞形态，并维持细胞内一定的 pH 和内含物，为生理活动提供适宜环境；②选择性地摄取细胞代谢底物，排出和分泌代谢产物和废物；③使不同代谢途径的酶定位于特定区域(表 9-4)，为代谢途径的高效进行和适时调节提供条件。

表 9-4　一些酶在细胞中的定位

细胞定位	酶
细胞质	糖酵解相关酶，糖原合成和分解相关酶，磷酸戊糖途径相关酶，脂肪酸合成酶系等
线粒体	三羧酸循环相关酶，氧化磷酸化相关酶，脂肪酸 β-氧化相关酶等
质膜	Na^+，K^+-ATP 酶，腺苷酸环化酶等
溶酶体	蛋白酶，脂酶，磷酸酶，磷脂酶，糖苷酶等
过氧化物酶体	过氧化氢酶，过氧化物酶，氨基酸氧化酶等
细胞核	DNA 聚合酶，RNA 聚合酶等，核酶等

二、膜融合与膜泡运输

膜融合(membrane fusion)是一个重要的生物现象。许多生物学过程如精卵结合、高尔基

囊泡的分泌、细胞分裂后细胞膜的形成、植物细胞小液泡的融合、病毒侵染、胞吞、胞泌等，都涉及膜融合过程。

许多大分子化合物或颗粒性物质不能通过质膜，真核细胞在跨膜转运这些物质时，将其包裹在膜泡内，通过膜融合完成转运。膜泡运输按照转运方向分为内吞作用(endocytosis)和外排作用(exocytosis)。发生内吞作用时，被吞入细胞的物质逐步被质膜的一小部分包围，膜先发生凹陷，接着从膜上出芽形成一个包含有被吞入大分子的胞内小泡。根据被吞物质的大小、物理状态及是否需要细胞表面的特异性受体分成 3 类：吞噬作用、胞饮作用和受体介导的胞吞作用。吞噬和胞饮现象属于非特异性的内吞作用。这里重点讨论受体介导的胞吞作用(receptor-mediated endocytosis)。

受体介导的内吞作用具有高度选择性，能浓缩胞外低浓度的特定大分子，使摄取效率大大增加。有 50 种以上的蛋白质，包括激素、生长因子等都是通过这种方式进入细胞的。研究比较深入的受体介导胞吞过程是哺乳动物细胞对低密度脂蛋白(LDL)颗粒的摄取。如图 9 - 23 所示，LDL 与质膜上的 LDL 受体蛋白(receptor；R)特异结合，诱导质膜内陷，连同 LDL 颗粒和受体一起进入细胞质内，借助膜融合形成有被囊泡(coated vesicle)，并进一步转变为内吞体(endosome)；在位于膜上的 H^+- ATP 酶的作用下，质子被泵入内吞小体，在 pH 达到 5～6 的酸性条件时，受体与 LDL 的颗粒解离，并分隔到两个小囊泡中。含受体的小泡返回到质膜参与再循环，含 LDL 的小泡与溶酶体(lysosome)融合，被水解酶分解为游离的胆固醇和氨基酸，继续进行代谢。如果细胞质膜上的 LDL 受体发生异常突变，失去正常功能，将有大量 LDL 滞留在血液中，这会导致与高血脂有关的多种疾病。

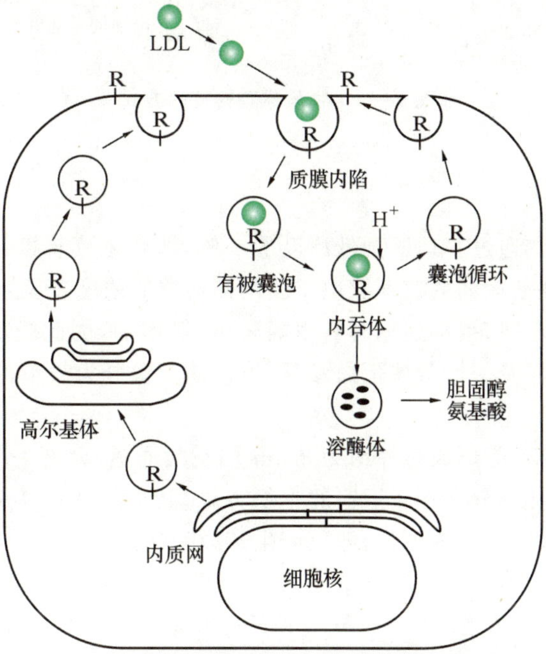

图 9 - 23　膜受体介导的低密度脂蛋白转运

从图 9 - 23 还可以看出，新合成的 LDL 受体蛋白在从内质网到高尔基体，最后掺入细胞膜结构的过程中，也有多次膜融合过程。需要提及的是，膜融合不是一个自发进行的简单过程，它不仅需要能量，而且需要众多特异蛋白质参与，如细胞内吞作用中，在质膜内侧有肌动蛋白微丝的收缩。又如，在胞吐过程中，转运囊泡不能自发与质膜融合，只有除去膜表面的水分子，使两者之间的距离靠近到 1.5 nm 之内时才能发生融合。虽然膜融合的分子机理尚不十分清楚，但膜融合的应用已经非常广泛，通过细胞融合，可以实现不同物种间遗传物质的有效交换和新物种的培育。

三、小分子穿膜运输

除了通过膜融合实现大分子物质的跨膜运输外，生物体内还存在着各类小分子和离子的穿膜运输(transmembrane transport)。穿膜运输有不同方式(图 9-24)：如果一种分子单独地穿过膜，从膜一侧转运到另一侧，称为单向运输(uniport)；如果一种物质的穿膜运输伴随有另一种物质的转运，称为协同运输(cotransport)。协同运输中，方向相同的称为同向运输(symport)，方向相反的称为反向运输(antiport)。根据转运过程是否需要额外消耗能量，穿膜运输分为被动运输(passive transport)和主动运输(active transport)。

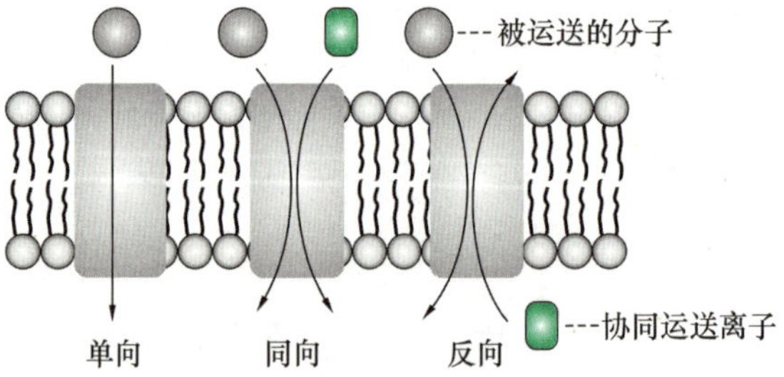

图 9-24　物质穿膜转运的方式

(一)被动运输

物质从高浓度的一侧通过膜运输到低浓度的一侧，即顺浓度梯度的方向进行穿膜运输的过程，称为被动运输。被动运输的速度取决于膜两侧溶质的浓度差及溶质分子的大小、电荷性质等。根据热力学第二定律，被动运输时自由能减少，熵增加，因此是一个不需要供应能量的自发过程。根据是否需要专一性载体蛋白参与，将被动运输分为简单扩散和协助扩散。

1. 简单扩散

膜脂具有可塑性运动，能形成直径约为 8 nm 的瞬间通道，允许一些物质穿膜扩散。简单扩散是许多脂溶性或极性小分子穿膜运输的主要方式，其主要特点是不与膜组分发生任何反应，只要物质在膜两侧保持一定浓度差，即可产生扩散运输。

2. 协助扩散

协助扩散是借助膜载体蛋白(carrier protein)或通道蛋白(channel protein)实现穿膜扩散。

载体蛋白又称为载体、通透酶或转运器等，它能和特定溶质结合，通过自身构象变化或移动，协助溶质顺浓度梯度穿膜运输(图 9-25A)。能转运离子的载体称为离子载体(ionophore)。脂溶性抗生素——缬氨霉素是一种典型的 K^+ 离子载体，其环肽内部为电负性，能将

K^+包裹起来形成复合物(详见第三章);通过在膜中来回穿梭运动,协助 K^+跨膜扩散,破坏细胞质膜电化学梯度。缬氨霉素与 K^+的亲和力比 Na^+高上千倍,其原因是 Na^+的助溶化作用比 K^+高,缬氨霉素需要更高代价才能把 Na^+拉离开水。

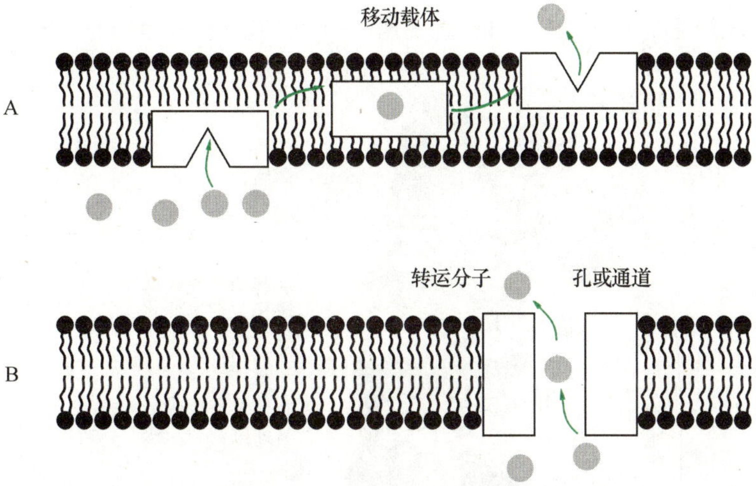

图 9-25　协助扩散的可能机制

通道蛋白自身形成亲水性孔道(图 9-25B)。其中有些允许适当大小和带电荷的溶质直接通过,对被运输物质选择性较差。如大肠杆菌外膜或线粒体外膜上的孔道蛋白(porin),形成直径 1 nm 的孔道,它对相对分子质量在 600 以下的亲水性分子是通透的。有的通道蛋白则对被运输物质具有高度选择性,在识别出被运输物时瞬间打开,让物质通过。如人红细胞膜上的葡萄糖转运酶。

总之,被动运输的主要特点是:顺浓度梯度进行;不需要额外提供能量;运输速率既依赖于跨膜物质浓度差,又与物质分子大小、电荷、脂溶性有关。

(二)主动运输

主动运输的特点是:①具有方向性,能逆浓度梯度进行;②具有专一性,即被转运物质是特定的;③需要专一性转运蛋白,运输速度呈现饱和现象;④需要提供能量,能量形式为 ATP 或跨膜离子梯度。依赖于 ATP 的运输为一级运输(primary transport),依赖于离子梯度的运输为二级运输(secondary transport)。下面举例说明:

1. 钠钾泵的主动运输

生物细胞内外存在离子梯度差。在动物细胞中,细胞内高 K^+低 Na^+,而外环境中相反。丹麦科学家 Jens Christian Skou(J. C. Skou)于 1957 年发现细胞膜上有一种酶,需要在 Na^+和 K^+同时存在时才能水解 ATP,命名为 Na^+,K^+-ATP 酶(Na^+,K^+-ATPase)。研究证明它是一个钠钾泵(Na^+,K^+-pump),能借助水解 ATP 向胞外运输 Na^+,向胞内运输 K^+,用以维持细胞膜内、外的 Na^+、K^+浓度差异。

Na^+,K^+-ATP 酶为异四聚体跨膜蛋白($\alpha_2\beta_2$),其中 β 亚基是糖蛋白,功能尚不清楚;α 亚基是催化亚基,在面向细胞质一侧有 Na^+和 ATP 结合位点,而向细胞外一侧有 K^+结合位点。

Na^+,K^+-ATP 酶每水解 1 分子 ATP,泵出 3 Na^+,泵入 2 K^+。构象变化假说认为,离子转运时,首先 3 个 Na^+ 与脱磷酸化形式的酶结合,然后酶水解 ATP 发生磷酸化反应;磷酸化后的酶构象发生变化,对 Na^+ 亲和力降低,3 个钠离子释放到胞外;位于胞外的 2 个 K^+ 结合到孔穴中,诱导 Na^+,K^+-ATP 酶去磷酸化,恢复到原来的构象,同时把 K^+ 运进膜内(图 9-26)。磷酸化/去磷酸化引起酶构象变化是 Na^+,K^+-ATP 酶实现 Na^+、K^+ 双向协同运输的分子机制。

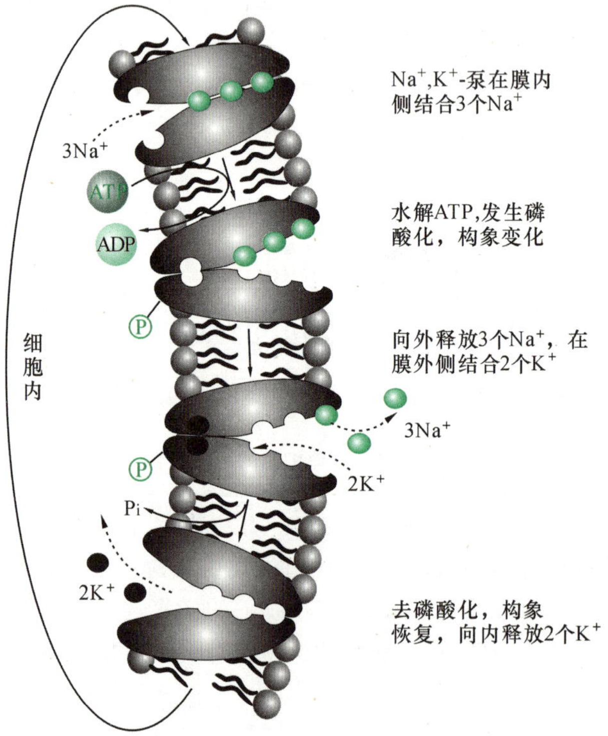

图 9-26 Na^+,K^+-ATP 酶的作用机理

Na^+,K^+-ATP 酶的主动运输具有重要的生理意义。Na^+、K^+ 的跨膜电化学梯度不仅维持细胞膜电位,使细胞处于可兴奋状态,还能调节细胞体积,并驱动某些细胞中糖或氨基酸的主动运输。如果该酶活性被抑制,细胞活动将受到严重伤害。非洲有一种灌木种子含有丰富的固醇衍生物——乌苯苷,性质剧毒,曾作为"箭毒"用于涉猎动物,这种物质是 Na^+,K^+-ATP 酶的专一性抑制剂。

知识拓展框

乌本苷、Na^+-K^+ ATP 酶与心脏病

生物膜转运蛋白控制着细胞的稳态。生物膜转运蛋白主要分为两类:被动运输和主动运输转运体,其中主动运输转运体又包括一级主动运输和次级主动运输两类。P 型转运体(P-type ATPase)和 ABC 转运体(ATP binding cassette transporter) 是主要的两类

一级主动运输转运体，它们是通过直接水解 ATP 来驱动转运体蛋白质构象发生变化，进而实现物质转运，Na^+-K^+ ATP 酶就是 P 型转运体。Na^+-K^+ ATP 酶有 E_1 和 E_2 两种构象状态，如图所示。E_1 状态是面向细胞内开放的状态，释放 K^+，接受 Na^+；E_2 状态是面向细胞外开放，释放 Na^+，接受 K^+。E_1 和 E_2 两种构象状态的变化是通过水解 ATP 实现的。

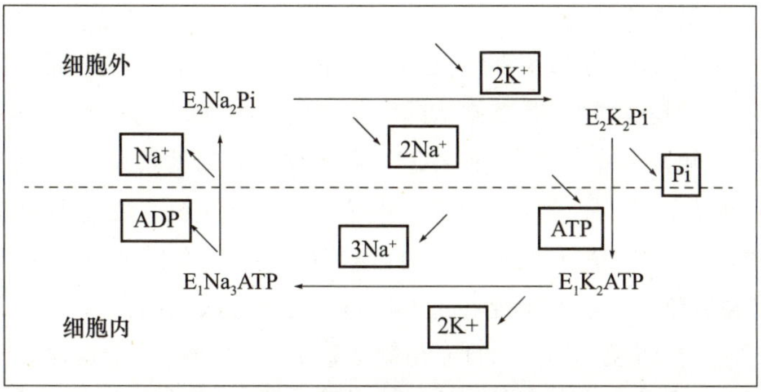

乌本苷(ouabain)是一种毒药，是在攀缘植物夹竹桃垂丝金龙藤(*Strophanthus preussii*)种子中被发现的。非洲部落的人们用含有乌本苷的植物提取物涂抹箭头，用于捕获猎物。乌本苷具有抑制 Na^+-K^+ ATP 酶活性的作用，它能够结合 E_2 状态的 Na^+-K^+ ATP 酶，致使 Na^+-K^+ ATP 酶不能发生构象转变，从而无法实现其功能。这种抑制作用主要表现在肌肉细胞，特别是心肌细胞，结果心肌细胞中 Na^+ 积累，进而影响了心肌细胞膜上 Ca^{2+}-Na^+ 交换的离子泵，导致心肌细胞中 Ca^{2+} 浓度升高，心肌强烈收缩。在医学上，低剂量的乌本苷作为强心剂被用于心衰病人的治疗。

早在 1875 年，研究者就描述了一种玄参科的植物(*Digitalis purpurea*)——毛地黄(别名洋地黄)的药用价值。目前，人们从干燥的毛地黄叶片中提取到洋地黄毒苷(digitoxin)，它与乌本苷有着相同的抑制 Na^+-K^+ ATP 酶的作用，也是常用的治疗心衰的强心剂药物。

Miesfeld R L, McEvoy M M. Biochemistry. 1st ed. W. W. Norton & Company Inc, 2017.
Garret R H, Grisham C M. 6th ed. Cengage Learning, 2016.

2. 糖和氨基酸的主动运输

许多糖和氨基酸的主动运输属于二级运输，依赖于金属离子或 H^+ 梯度储存的能量。大肠杆菌细胞膜有一种半乳糖苷透性酶(galactoside permease)，能利用 H^+ 梯度同向运输乳糖；每运输 1 分子乳糖进入细胞，同时伴随 1 个 H^+ 的同向协同运输。小肠或肾细胞对葡萄糖的运输和红细胞不同，葡萄糖需要通过专一性运输载体并伴随 Na^+ 一起运输到细胞内，既属于协同运输，又是主动运输，且为二级运输。如果细胞外的 Na^+ 浓度明显减少，葡萄糖的运输也就减慢或停止。实际上，进入细胞中的 Na^+ 通过 Na^+，K^+- ATP 酶又可回到细胞外，继续维持其跨膜梯度，从而使葡萄糖不断运输进入细胞。

知识拓展框

SGLT 主动运输葡萄糖

哺乳动物细胞主要是通过同向转运的钠依赖葡萄糖转运体（sodium dependent glucose transporter，SGLTs）和单向转运的葡萄糖转运体（faciliated glucose transporter，GLUTs）进行跨膜葡萄糖转运以满足细胞的需要。截止到 2015 年，有关人体 SGLT 蛋白家族已经鉴定到 6 个同工异型体。其中 $SGLT_1$ 分布在小肠、心脏、肺和肝脏等多种组织中，而 $SGLT_2$ 主要分布在肾脏中。如图所示，在哺乳动物小肠腔刷状橼细胞中面向小肠腔一侧分布着 $SGLT_1$，而远离小肠腔面向毛细血管一侧则分布着 Na^+-K^+ ATP 酶和单向葡萄糖转运体 $GLUT_2$。在 Na^+-K^+ ATP 酶的作用下，细胞内的 Na^+ 被运离细胞，进而形成细胞内 Na^+ 浓度小于细胞外的情况，在 Na^+ 顺着浓度梯度经 $SGLT_1$ 进入细胞的同时，葡萄糖逆着浓度梯度也经 $SGLT_1$ 被运入细胞内，随后细胞内的葡萄糖顺着浓度梯度经过 $GLUT_2$ 被动进入毛细血管。经 $SGLT_1$ 的葡萄糖运输属于次级主动运输，而经 $GLUT_2$ 的葡萄糖运输属于协助的被动运输。$SGLT_1$ 不仅负责小肠中葡萄糖的吸收，而且还分布在肾脏的近曲小管 3 段区域，负责近端小管上皮细胞中葡萄糖的重吸收。$SGLT_2$ 主要分布在肾脏，在近曲小管 1 和 2 段负责葡萄糖的重吸收。

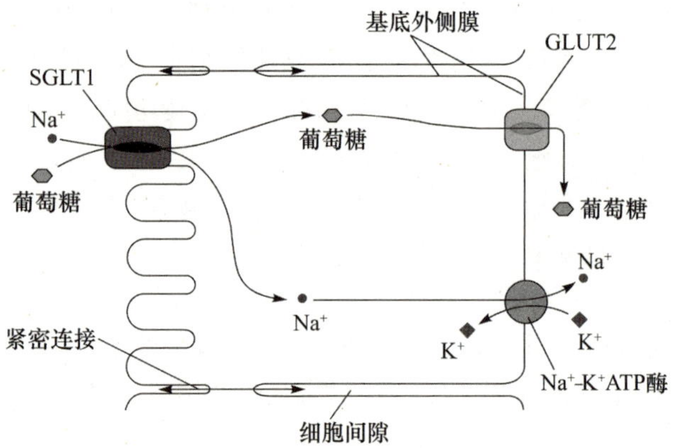

目前，全世界糖尿病患者多达 3.5 亿，其中Ⅱ型糖尿患者中 80% 的死亡病例都与心脏病相关。研究发现，与其他治疗糖尿病的药物相比，$SGLT_2$ 抑制剂，恩格列净（empagliflozin）不仅具有降低肾脏对葡萄糖的重吸收而达到降低血糖的作用，而且具有保护心脏的效果，显著降低了Ⅱ型糖尿病患者死于心脏病的风险。

Lahnwong S, Chattipakorn S C, Chattipakorn N. Potential mechanisms responsible for cardioprotective effects of sodium-glucose co-transporter 2 inhibitors. Cardiovasc Diabetol, 2018, 17: 101-117.

Poulsen S B, Fenton R A, Rieg T. Sodium-glucose cotransport. Curr Opin Nephrol Hypertens, 2015, 24(5): 463-469.

Wright E M, Lood D F, Hirayama B A. Biology of human sodium glucose transporters. Physiol Rev, 2011, 91: 733-794.

3. ATP/ADP 交换体

在真核细胞线粒体内膜上，有一类专门用于转运 ATP 和 ADP 的“交换体”(exchanger)，它是一种跨膜蛋白，以二聚体形式存在，能借助跨内膜的质子梯度反向协同运输 ATP 和 ADP (图 9-27)。两态门控-孔道理论(two-state gated-pore mechanism)认为，每个 ATP/ADP 交换体只含有一个核苷酸结合位点，它能分别针对 ATP 和 ADP 进行孔道开关；当它面向内膜外表面时，对 ADP 具有高亲和力，而面向内膜内侧时，对 ATP 具有高亲和力。换句话说，交换体通过构象交替变化使核苷酸结合位点处于两种不同状态，从而实现 ATP 和 ADP 的交换。

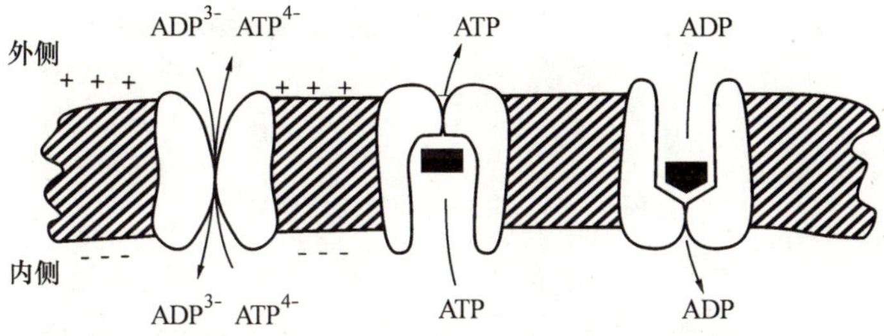

图 9-27 ATP/ADP 交换体的双向协同运输

四、生物膜参与能量转换

生物体内经常发生不同能量形式的转换。如神经传导过程中将化学能转变为动作电位，肌肉收缩将化学能变为机械能，光合作用将光能变为化学能等等，都是在生物膜上进行的。

真核细胞线粒体内膜上存在着一系列酶复合体，它们将从代谢底物脱下的氢和电子进行逐级传递，将释放的自由能暂时转变为跨线粒体内膜的质子梯度，最后再由另一种膜蛋白复合体将这种电化学势转变为 ATP 形式(详见第十章)。

五、胞外信号的跨膜转导

生物膜能借助专一性信号受体蛋白(signal receptor)将胞外刺激信号传递到胞内。膜受体可能是酶，也可能是通道蛋白。通常将胞外信号称为第一信使(first messenger)，如激素、光、温、机械损伤等。信号跨膜转导的基本过程是：首先第一信使与膜受体蛋白结合，引发相关酶的活性改变或通道开关，由此产生的变化借助信号传递体(transducer)到达效应酶(effector enzyme)，被激活的效应酶催化相关反应，产生胞内第二信使(second messenger)，第二信使将信号向下继续传递，最后引发细胞质或细胞核中相应效应体活性改变，使细胞做出适时反应(图 9-28)。常见第二信使有环腺苷酸(cAMP)、三磷酸肌醇(IP_3)、甘油二酯(DG)、花生四烯酸和 Ca^{2+} 等，常见的信号传递体是 G 蛋白。

G 蛋白是鸟苷酸结合蛋白(Guanine nucleotide-binding proteins)，广泛存在于各种细胞膜上，在膜受体与胞内效应体之间起信号传递作用。G 蛋白是异聚体膜蛋白，由 α、β 和 γ 3 种亚基组成，其中 β 和 γ 亚基通常紧密结合成 $\beta\gamma$ 二聚体。不同 G 蛋白的 α 亚基不同，上面有 GTP 和 GDP 结合位点。G 蛋白依赖自身的活性变化实现跨膜信号转导。以与 GDP 结合的三聚体为非活化状态，GTP 与 α 亚基结合会导致 $\beta\gamma$ 二聚体脱落，使 α 亚基转变成活化状态(图 9-29)。

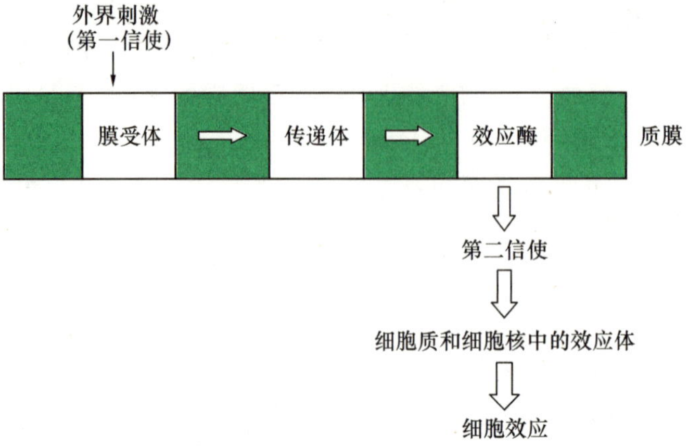

图 9-28　胞外信号的跨膜转导

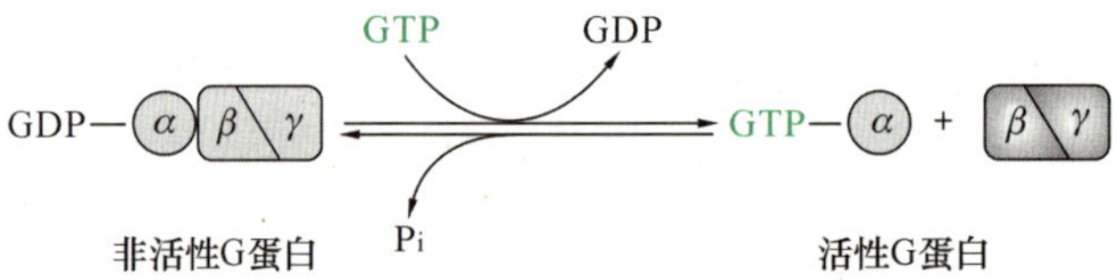

图 9-29　G 蛋白的活化

G 蛋白有激活和抑制两种亚型：激活型表示为 Gs，抑制型表示为 Gi；相应的 α 亚基分别以 α_s 和 α_i 表示(图 9-30)。不同信号激活 G 蛋白不同亚型，从而改变腺苷酸环化酶活性，严格调节细胞内 cAMP 浓度。下面我们简单介绍两种信号途径：

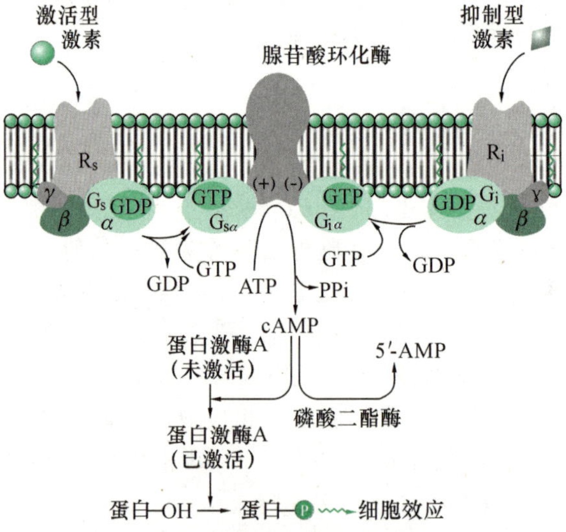

图 9-30　腺苷酸环化酶信号途径

1. 腺苷酸环化酶信号途径

如图 9-30 所示，当激活型的激素分子(如肾上腺素)与膜受体蛋白结合后，G 蛋白的 GDP 被 GTP 替代而被激活；它与下游的腺苷酸环化酶(adenylate cyclase)作用使后者转变为活化状态，腺苷酸环化酶水解 ATP，形成 cAMP；cAMP 激活蛋白激酶 A（protein kinase A，PKA）；活化后的 PKA 继续触发下游的效应体使细胞做出反应。

PKA 的非活性形式是一个四聚体，含有 2 个相同的调节亚基（R）和 2 个相同的催化亚基（C）。当 4 分子 cAMP 结合到 2 个调节亚基时，此四聚体解离成 2 部分，即结合有 cAMP 的调节亚基二聚体和具有催化活性的 2 个分离的催化亚基（图 9-31）。接着催化亚基使胞内多种蛋白发生磷酸化而被激活，从而引起一系列生理效应。胞外肾上腺素作用于肌细胞膜受体蛋白、导致糖原分解的过程就属于这一类。PKA 使"磷酸化酶 b 激酶"（phosphorylase b kinase）发生磷酸化共价修饰而被激活，磷酸化酶 b 激酶又使无活性的"糖原磷酸化酶 b"发生磷酸化成为有活性的"糖原磷酸化酶 a"（详见第五章）。

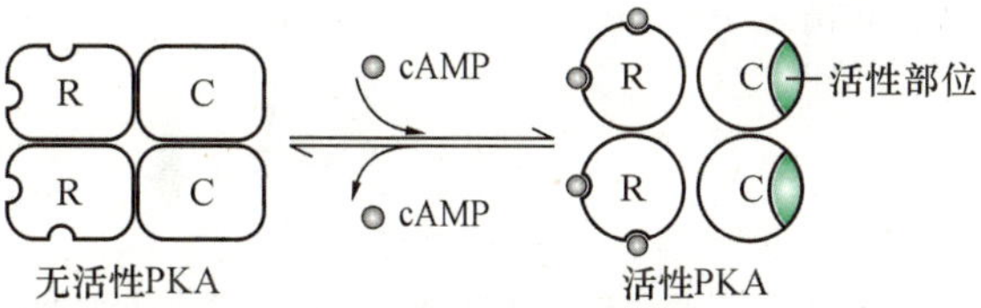

图 9-31　cAMP 激活蛋白激酶 A（PKA）

上述信号传递过程涉及许多酶，这些酶的反应产物往往又是酶，这使得少数激素分子的胞外原始信号在本身并未过膜的情况下，经由一系列酶的逐级传递，在细胞内被极大地放大。这种酶促"级联放大"效应（见第五章）是酶共价调节和跨膜信号转导途径的重要特征。

信号途径有"开"，也有"关"。需要信号途径关闭时，腺苷酸环化酶活性便被抑制，这个过程由抑制型激素借助相关受体和 G 蛋白完成；另一方面，当 cAMP 作为第二信使完成任务后，自身将被 cAMP 磷酸二酯酶水解。咖啡因、茶碱是 cAMP 磷酸二酯酶的抑制剂，喝咖啡或茶过多会抑制 cAMP 的水解，延长激素的刺激效应。

2. 乙酰胆碱受体通道

乙酰胆碱受体主要位于神经元细胞膜上。神经元靠"突触"接头与下一个神经元连接，突触前细胞与突触后细胞之间有一个 50 nm 的突触间隙（图 9-32）。乙酰胆碱受体（acetylcholine receptor）位于突触后神经细胞膜上，它是一个由 4 种亚基（$\alpha_2\beta\gamma\sigma$）组成的跨膜阳离子通道蛋白（$Mr \approx 250\ 000$），有开、关 2 种状态。打开状态时，允许 Na^+、K^+ 扩散，速度达每毫秒 20 000 个离子。

在生理状况下，神经细胞膜处于极化状态，外正内负，膜电势约 −75 mV；细胞内高[K^+]、低[Na^+]。当神经冲动以动作电位形式到达突触前细胞时，发动突触前细胞膜上的钙离子通道打开，Ca^{2+} 内流进入细胞，促使突触小泡与质膜发生融合，通过胞泌作用将内含物乙酰胆碱释放到突触间隙；乙酰胆碱通过扩散与突触后细胞膜上的乙酰胆碱受体结合，使后者构象发生变化，离子通道打开，大量 Na^+ 内流进入突触后细胞，使突触后细胞膜去极化，从而引起一个新的动作电位。整个过程非常快，约 1 ms 就能完成。如果乙酰胆碱受体出问题，将因神经肌肉传导不完全而致病。重症肌无力之所以是一种自体免疫病，就是因为病人血清中含有对抗乙酰胆碱受体的抗体。

在另一个神经冲动到达前，突触间隙中的乙酰胆碱需要在乙酰胆碱酯酶作用下立即降解：

$$\text{乙酰胆碱} + H_2O \longrightarrow \text{乙酸} + \text{胆碱} + H^+$$

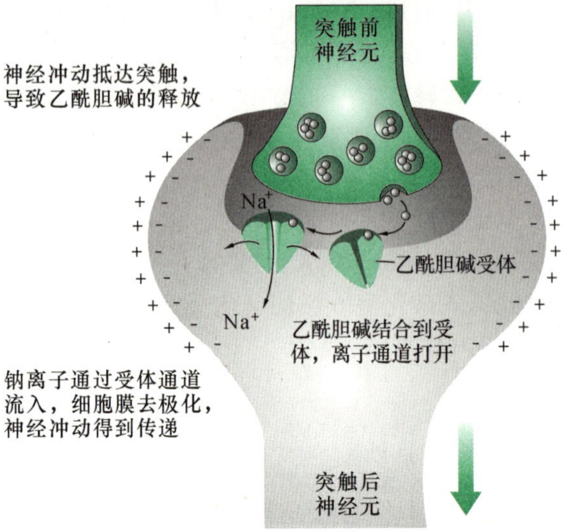

图 9-32 乙酰胆碱受体在神经冲动传递中的作用

上述反应的水解产物胆碱和乙酸返回突触前细胞，再由乙酰胆碱转移酶催化合成乙酰胆碱。至此，一个完整的信号传递途径完成。有机氟磷酸盐（如 DIPF）能阻断神经冲动传递，迅速使机体功能瘫痪而死亡，就是因为它是乙酰胆碱酯酶的不可逆抑制剂（详见第五章），能引起乙酰胆碱酯酶失活，造成大量乙酰胆碱滞留在突触间隙，使乙酰胆碱受体持续处于激活状态，这样神经会发生紊乱，使体力极度消耗。农业上常用的一些有机磷杀虫剂和化学战中的神经毒气能引起呼吸麻痹而致死，作用机制就在此。

生物体中存在着多条信号途径，它们之间相互交叉形成“网络”关系。跨膜信号转导研究是当前生命科学中的一个热门领域。

参考文献

1. 朱圣庚，徐长法．生物化学．4 版．北京：高等教育出版社，2016．
2. Berg J M, Tymoczko J L, Stryer L. Biochemistry. 7th ed. New York: W. H. Freeman and Company, 2012.
3. Boyer R. Concepts in Biochemistry. 4th ed. Asia: John Wiley and Sons Inc, 2006.
4. Moran L A, Horton H R, Scrimgeour K G, et al. Principle of Biochemistry 5th ed. International: Pearson Education Inc (Asia), 2012.
5. Itoh H, Takahashi A, Adachi K, et al. Mechanically driven ATP synthesis by F1-ATPase. Nature, 2008, 427:465-468.

二维码 9-1 生物膜钠钾泵

思考题

一、填空

1. 生物膜上的蛋白质通常分成外在蛋白、________和________ 3 种类型。
2. 主动运输分为________和________。
3. 生物膜的流动性受到磷脂分子脂酰基的________和________的影响。

二、单选：

1. 狭义的卵磷脂是指________。
A)磷脂酰乙醇胺　B)磷脂酰肌醇　C)磷脂酰胆碱　D)磷脂酸
2. 下列________是多不饱和脂肪酸。
A)软脂酸　B)硬脂酸　C)油酸　D)花生四烯酸
3. 胆固醇对生物膜流动性的调节是________。
A)在相变温度下增加膜的流动性　B)在相变温度以上，减小膜的流动性
C)增加膜的流动性，与相变温度无关　D)A 和 B

三、问答题

1. 请解释什么是 ω-3 脂肪酸，人体为何需要通过饮食获得这些脂肪酸？
2. 简述 G 蛋白在跨膜信号转导过程中的作用。
3. 简述小分子物质跨膜运输的类型及特点。

第十章

生物能学与生物氧化

生命体每时每刻都需要能量，所有生命体都是“能量转换器”。光能营养生物(phototrophs)通过光合作用将太阳能转化为化学能，用于支持细胞活动；化能营养生物(chemotrophs)从外源食物汲取能量。细胞最方便利用的能量形式是 ATP。通过食物氧化获取能量的过程分为 3 个阶段(图 10-1)：第一阶段，食物的大分子分解为有机小分子，如淀粉水解为葡萄糖，蛋白质水解为氨基酸，脂肪水解为脂肪酸和甘油。这一阶段无 ATP 生成。第二阶段，小分子降解为代谢关键物质(如乙酰 CoA)，同时产生少量 ATP。第三阶段，由柠檬酸循环和氧化磷酸化组成，是燃料分子氧化作用的最后共同途径。乙酰 CoA 将乙酰基带入柠檬酸循环中，氧化分解出 CO_2，生成高还原力物质 NADH 和 $FADH_2$；当电子从这些高还原力物质逐级经线粒体电子载体传递给 O_2 时，发生氧化磷酸化，产生大量 ATP。由食物降解产生的 ATP 主要来自第三阶段。

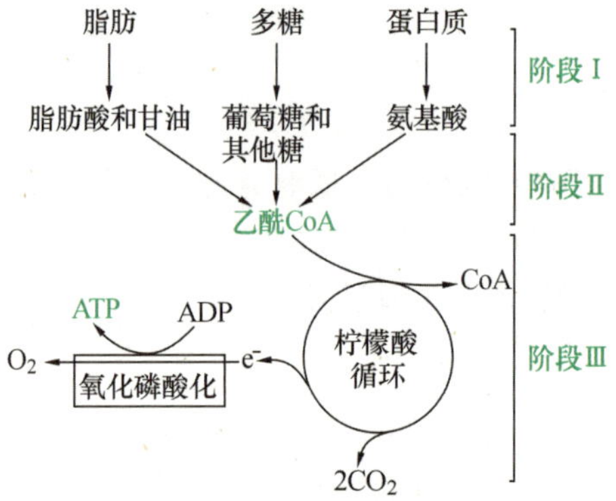

图 10-1　化能营养生物获取能量的 3 个阶段

有机物在生物体内经氧化分解出 CO_2 和 H_2O，同时产生能量的过程称为生物氧化(biological oxidation)，其实质是需氧细胞在呼吸作用中发生的一系列氧化—还原反应。生物氧化具有一般氧化—还原反应的共同特征，主要表现在被氧化的物质总是失去电子，而被还原的物质总是得到电子，并且伴随能量的释放。虽然生物氧化与普通化学氧化(如燃烧)反应产物一样，释放能量相同，但二者在过程上有根本区别：①生物氧化是在正常体温、生理 pH、有水的温和条件下进行的，不需要剧烈条件；②生物氧化是代谢物在一系列酶的作用下，逐步氧化，分次释放能量，而不是以爆发式进行；③生物氧化释放的能量主要用于 ATP 合成，而非光和热。

要深入理解生物氧化，需要我们利用现代物理学、化学和生物化学的基本理论来描述生物的能量形式及其转换机制。本章首先介绍生物能学(bioenergetics)原理，然后讨论线粒体电子传递链组成和氧化磷酸化机理。

第一节　生物能学原理

自然界中能量的表现形式有多种，热和功是其中的两种主要形式。热是由于温差而产生的能量传递形式，总是伴随着质点的无序运动；做功过程则伴随着质点的定向有序运动。生命体与环境有物质交换，又有能量交换；细胞无时无刻不在进行着物质代谢和能量交换。生命体的能量交换服从热力学第一定律，即“能量守恒”定律。细胞能通过生物氧化将有机化学物质中的化学能转变为细胞做“功”，如肌肉收缩时的机械功，物质跨膜运输的渗透功，大分子合成以及萤火虫发光等。

根据热力学第二定律，在隔离体系中，一个过程只有当其体系和周围环境的熵值总和增加时(总熵变 $\Delta S>0$)才能自发进行。用熵作为衡量一个生物化学过程是否能够自发进行是困难的，因为除了环境熵无法获取外，化学反应熵也不易测量，而用“自由能变化”作为衡量指标，可以排除这个困难。

一、自由能变化是一个反应能否自发反应的根据

自由能(free energy)是体系的一种状态函数，指自发反应过程中用以做功的那部分能量。自由能的概念是物理化学家 J. W. Gibbs 于 1878 年提出的，因而又称为吉布斯自由能，用符号“G”表示。

在反应 $A \rightleftharpoons B$ 中，产物 B 和反应物 A 的自由能之差(G_B-G_A)即该反应的自由能变化“ΔG”。ΔG 取决于物质的始态和终态，与过程无关，与反应速率也无关。

热力学规定：在标准状况下(25℃，1 个大气压，1 mol/L)的自由能称为标准自由能，用符号“$G^{\ominus}$”表示。在标准状况下，如果一个反应的 $\Delta G^{\ominus}$ 为负值，表明为放能反应，可以自发进行；反之，则不能。

生物化学反应多数在 pH 为 7.0 的环境中进行，其标准自由能变化用“$\Delta G^{\ominus\prime}$”表示。

对于生物化学反应：$A+B \rightleftharpoons C+D$，其自由能变化与产物、反应物浓度的关系式如下：

$$\Delta G=\Delta G^{\ominus\prime}+RT\ \ln\frac{[C][D]}{[A][B]} \tag{1}$$

式中，R 为气体常数[8.315 J/(mol·K)]，T 为绝对温度(298 K)；[A]、[B]、[C]、[D]为反应物和产物的摩尔浓度。

由式(1)可知，一个反应的自由能变化由两部分组成：一部分是 $\Delta G^{\ominus\prime}$，为固定数值；另一部分是可变值，与温度、反应物和产物浓度有关。如果给定一个温度，并给出反应物、产物的瞬时浓度，即可计算出 ΔG。

在非标准状况下，即使一个反应的 $\Delta G^{\ominus\prime}$ 为正值，只要 $\Delta G<0$，反应也能自发进行。因此，自由能变化是一个反应能否自发反应的根据。

二、从标准氧化还原电势差计算标准自由能变化

那么，如何获得一个反应的 $\Delta G^{\ominus\prime}$ 呢？最方便的方法是测定反应的标准氧化还原电势。

氧化还原反应是一类重要的生物化学反应类型，其基本原理与化学电池相似，即某种物质失去电子的同时伴随另一物质接受电子，氧化反应与还原反应总是偶联发生。物质得到或失去电子的趋势，称为氧化还原电势(oxidation-reduction potentials)，用"E "表示，单位是伏特(V)。

在标准条件(25℃，1 个大气压，1 mol/L)下测定的氧化还原电势，即标准氧化还原电势(standard oxidation reduction potentials)，用"$E^{\ominus}$"表示。$E^{\ominus}$值越小，电负性越大，提供电子的倾向越大，还原能力越强；相反，接受电子的倾向越大，氧化能力越强。在氧化还原反应过程中，电子总是从$E^{\ominus}$值较小的低电位物质转移到$E^{\ominus}$值较大的高电位物质，即从电子供体流向电子受体。标准氧化还原电势差 $\Delta E^{\ominus}=E^{\ominus}_{电子受体}-E^{\ominus}_{电子供体}$。

$\Delta G^{\ominus}$与$\Delta E^{\ominus}$存在如下关系：

$$\Delta G^{\ominus}=-nF\Delta E^{\ominus}$$

式中，n 为每摩尔反应物转移电子的摩尔数，F 为法拉第常数[96.54 kJ/(V·mol)]。

生物化学反应多数是在 pH 7.0 的环境中进行，其标准氧化还原电位用"$\Delta E^{\ominus\prime}$"表示。因此，$\Delta G^{\ominus\prime}=-nF\Delta E^{\ominus\prime}$。

只要测定出氧化还原对的 $\Delta E^{\ominus\prime}$，即可计算出 $\Delta G^{\ominus\prime}$。表 10 - 1 是生物化学中常见氧化还原对的 $E^{\ominus\prime}$。

表 10 - 1　一些氧化还原体系的标准氧化还原电位

还原剂	氧化剂	n	$E^{\ominus\prime}$ (V)
琥珀酸$+CO_2$	α - 酮戊二酸	2	−0.67
乙醛	乙酸	2	−0.60
铁氧还蛋白(还原态)	铁氧还蛋白(氧化态)	1	−0.43
H_2	$2H^+$	2	−0.42
$NADH+H^+$	NAD^+	2	−0.32
$NADPH+H^+$	$NADP^+$	2	−0.32
硫辛酸(还原态)	硫辛酸(氧化态)	2	−0.29
乙醇	乙醛	2	−0.20
乳酸	丙酮酸	2	−0.19
琥珀酸	延胡索酸	2	0.03
细胞色素 b(Fe^{2+})	细胞色素 b(Fe^{3+})	1	0.07
抗坏血酸	脱氢抗坏血酸	2	0.06
泛醌(还原态)	泛醌(氧化态)	2	0.04
细胞色素 C(Fe^{2+})	细胞色素 C(Fe^{3+})	1	0.24
H_2O	$1/2O_2+2H^+$	2	0.82
谷胱甘肽(还原态)	谷胱甘肽(氧化态)	2	−0.23

从表 10 - 1 可知：$NAD^+/NADH+H^+$ 的 $E^{\ominus\prime}=-0.32$ V

O_2/H_2O 的 $E^{\ominus\prime}=+0.82$ V

当一对电子从 NADH 传递到 O_2 时，氧化还原反应为：

$$NADH + H^+ + 1/2O_2 \longrightarrow NAD^+ + H_2O$$

对于这个反应，它的 $\Delta E^{\ominus\prime}$ 和 $\Delta G^{\ominus\prime}$ 分别为：

$$\Delta E^{\ominus\prime} = E^{\ominus\prime}_{(电子受体)} - E^{\ominus\prime}_{(电子供体)} = 0.82 - (-0.32) = 1.14\ (V)$$

$$则，\Delta G^{\ominus\prime} = -nF\Delta E^{\ominus\prime} = -2 \times 96.54 \times 1.14 = -220(kJ/mol)$$

可见，NADH 的电子传递给 O_2 是一个释放大量自由能的反应。

三、从反应商和平衡常数计算自由能变化

当反应 $A+B \rightleftharpoons C+D$ 达到平衡时，由产物和反应物浓度可计算平衡常数"K_{eq}"：

$$K_{eq} = \frac{[C][D]}{[A][B]}$$

K_{eq} 是一个给定反应达到平衡时的反应商"Q"，是反应的特征常数。如果将反应温度也作为变量，那么，根据化学反应等温方程：

$$\Delta G\ (T) = \Delta G^{\ominus\prime}(T) + RT\ \ln Q \qquad (2)$$

式中，$\Delta G\ (T)$ 和 $\Delta G^{\ominus\prime}(T)$ 分别表示 T 温度下反应的自由能变化和标准自由能变化。在反应达平衡时，$\Delta G\ (T)=0$

即 $\Delta G^{\ominus\prime}(T) = -RT\ \ln Q$

如果用 $K^{\ominus}$ 表示 T 温度下的反应商，即 $Q=K^{\ominus}$。那么，

$$\Delta G^{\ominus\prime}(T) = -RT\ln K^{\ominus} \qquad (3)$$

将式(3)代入式(2)，可得任意状态下的 Gibbs 自由能变化：

$$\begin{aligned}\Delta G\ (T) &= \Delta G^{\ominus\prime}(T) + RT\ln Q \\ &= -RT\ \ln K^{\ominus} + RT\ln Q\end{aligned}$$

整理得：$\Delta G\ (T) = RT\ln \dfrac{Q}{K^{\ominus}}$

从该公式可知，在非标准状况下，只要测定出一个反应的 $K^{\ominus}$，即可计算出在任意反应物浓度、产物浓度下的自由能变化。

当 $Q>K^{\ominus}$ 时，$\Delta G(T)>0$，反应逆向自发；
当 $Q<K^{\ominus}$ 时，$\Delta G(T)<0$，反应正向自发；
当 $Q=K^{\ominus}$ 时，$\Delta G(T)=0$，反应处于平衡状态。

总之，自由能变化 ΔG 是一个反应在非标准状况下能否自发反应的根据。

四、在热力学上不能自发进行的反应可以被有利反应所推动

一个重要的热力学事实是，对于一个多步骤反应，其总自由能变化等于各个步骤自由能变化的总和。如在 A→B→C→D 这个系列反应中，整个反应途径标准自由能变化是：

$$\Delta G^{\ominus\prime}_{D\text{-}A} = \Delta G^{\ominus\prime}_{B\text{-}A} + \Delta G^{\ominus\prime}_{C\text{-}B} + \Delta G^{\ominus\prime}_{D\text{-}C}$$

需要注意的是：在标准状况下，如果 $\Delta G^{\ominus\prime}_{D-A}$ 为负值，即使序列反应中的某一步反应自由能变化是正值，整个系列反应也能自发进行。另外，有些 $\Delta G^{\ominus\prime}$ 为正值的生物化学反应，当偶联有另一个释放大量自由能的反应时，也能自发进行。如 ATP 在水解时，能释放出大量自由能；ATP 是生物系统中一种典型的能量偶联剂，它能改变与它相偶联的那个反应的平衡常数，推动反应的进行。

五、高能磷酸化合物

（一）高能磷酸化合物

生物体内有许多磷酸化合物，其中有些在磷酸基团水解时能释放出 25 kJ/mol 以上自由能，这类化合物被称为高能磷酸化合物（high energy phosphate compound）。它们分子中的高能键（high energy bond）常用"～"表示。需要指出的是，这里的"高能键"与物理化学上的"键能"含义不同。键能是指断裂一个化学键需要的能量，键能越高，该键越稳定；而"高能键"是指发生水解反应或基团转移时能释放大量自由能的化学键，$\Delta G^{\ominus\prime}$ 负值越高，该键就愈不稳定。

除了高能磷酸化合物外，还有其他类型的高能化合物。

（二）高能化合物类型

根据高能键的类别，高能化合物分为以下几种类型（图 10 - 2）：

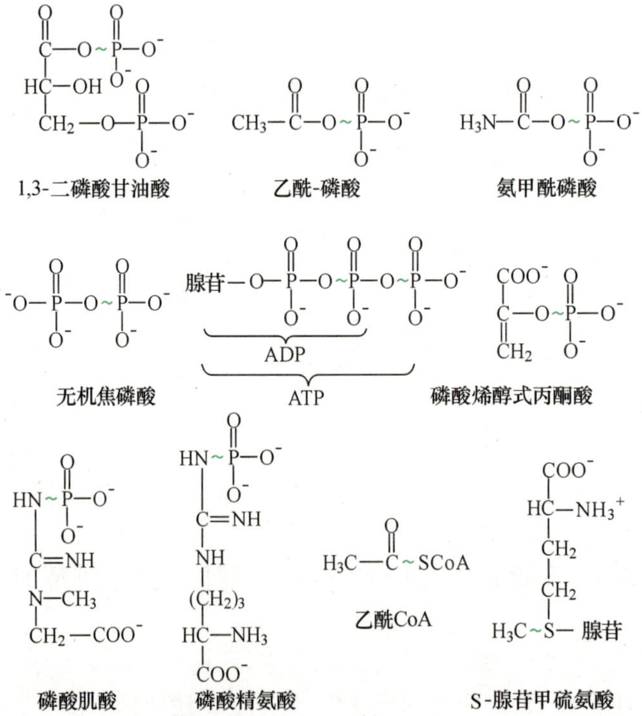

图 10 - 2　常见高能化合物

1. 磷氧键型

(1)酰基磷酸化合物 例如,1,3-二磷酸甘油酸、乙酰磷酸、氨甲酰磷酸。

(2)焦磷酸化合物 例如,ATP、ADP等。

(3)烯醇式磷酸化合物 例如,磷酸烯醇式丙酮酸。

2. 氮磷键型

例如,磷酸肌酸、磷酸精氨酸。

3. 硫酯键型

例如,乙酰CoA。

4. 甲硫键型

例如,S-腺苷甲硫氨酸。

以上高能化合物中,磷氧键型和氮磷键型属于高能磷酸化合物,它们占绝大多数。值得强调的是,并非所有含磷酸基团的化合物都属于高能磷酸化合物。1-磷酸葡萄糖、6-磷酸葡萄糖和AMP的磷酸基团在水解时释放的能量均小于25 kJ/mol。表10-2中列出几种常见化合物磷酸基团转移的$\Delta G^{\ominus\prime}$,以及相应的转移势能。$\Delta G^{\ominus\prime}$和磷酸基团转移势能绝对值相等,符号相反。$\Delta G^{\ominus\prime}$负值越高,磷酸基团转移势能就越大。

表10-2 一些磷酸化合物水解的标准自由能变化

化合物	$\Delta G^{\ominus\prime}$(kJ/mol)	磷酸基团转移势能(kJ/mol)
磷酸烯醇式丙酮酸	−61.9	62.9
1,3-二磷酸甘油酸	−49.3	49.3
ATP→AMP+PPi	−45.6	45.6
磷酸肌酸	−43.1	43.1
乙酰磷酸	−43.1	43.1
磷酸精氨酸	−32.2	32.2
ATP→ADP+Pi	−30.5	30.5
ADP→AMP+Pi	−32.8	32.8
AMP→腺苷+Pi	−14.2	14.2
1-磷酸葡萄糖	−20.9	20.9
6-磷酸葡萄糖	−13.8	13.8
3-磷酸甘油	−9.2	9.2

从表10-2可以看出,ATP水解有以下两种形式,释放自由能有所不同。

$$ATP + H_2O = ADP + Pi \quad \Delta G^{\ominus\prime} = -30.5\ kJ/mol$$

$$ATP + H_2O = AMP + PPi \quad \Delta G^{\ominus\prime} = -45.6\ kJ/mol$$

在这两种水解方式中,以第一种更常见。焦磷酸(PPi)水解释放的能量在20 kJ/mol左右,一般不被细胞利用,因此,ATP直接水解为AMP时,实际上消耗了两个高能键。

六、ATP是生物系统中自由能的“通用货币”

在高能磷酸化合物中，ATP的作用非常突出，被喻为生物系统自由能“通用货币”。

（一）ATP的结构特性

ATP(adenosine 5′-triphosphate)简称腺三磷，是一种非常特殊的核苷酸，由腺嘌呤、核糖及三磷酸单位组成。3个磷酸基团依次称为α、β、γ磷酸基团。β和γ磷酸基团水解时各释放出30.5 kJ/mol的能量，而α磷酸基团水解时释放出14.2 kJ/mol能量，所以ATP中含有2个高能键。在生理环境下，ATP带有4个负电荷，与Mg^{2+}形成复合物参与反应。“$MgATP^{2-}$”是ATP的活化形式。

ATP水解时能释放大量自由能，主要取决于ATP及其水解产物ADP和Pi的结构。在pH 7.0时，ATP的P═O键中氧原子带有部分负电荷(δ^-)，而磷原子带部分正电荷(δ^+)，这样在酸酐键的磷原子之间就产生了静电排斥，也就是说在ATP分子内产生了键张力。ATP分子必须含有足够内能以克服这种静电排斥作用。当高能键水解时，维持磷酸酐键张力所需要的大量内能便被释放出来。其他磷酸化合物，如6-磷酸葡萄糖，虽然P═O键也具有极性，但它没有带δ^+的邻近磷原子，磷酯键比较稳定，故水解时自由能变化较小。ADP和Pi比ATP具有较大的共振稳定(resonance stabilization)作用，这也是ATP水解释放大量能量的重要因素之一。

（二）ATP是即时性能量供体

ATP的主要作用是作为即时性能量供体，而非自由能贮存者。在细胞中，ATP不断形成，又不断消耗，周转速度非常快，合成后不到1 min即被消耗掉。ATP水解生成ADP和Pi，同时释放出大量自由能用于细胞运动、大分子合成、主动运输、生物荧光等细胞做功过程；生命体再利用代谢物氧化释放的能量使ADP和Pi生成ATP。ATP-ADP循环(ATP-ADP cycle)是生物体系中能量交换的基本模式。据计算，人在休息状态时24 h内可消耗40 kg ATP。

（三）ATP在酶促磷酸基团转移中起“中转站”作用

细胞在代谢过程中，经常涉及磷酸基团的转移。各种磷酸化合物的磷酸基团转移势能不同，在标准状况下，磷酸转移势能和标准自由能变化数值相等，但用正值表示(表10-2)。细胞在进行酶促磷酸基团转移时，要求磷酸基团供体比磷酸基团受体的磷酸基团转移势能高。在表10-2列出的化合物中，ATP的磷酸基团转移势能居中。从理论上讲，转移势能高的化合物能将磷酸基团转移给势能低的受体分子，但在实际反应中，磷酸基团的转移往往需要ATP作为“中转站”或称“共同中间体”(common intermediate)(图10-3)。例如，糖酵解途径生成的高能中间产物1,3-二磷酸甘油酸和磷酸烯醇式丙酮酸，在细胞内经过特殊激酶的作用，先将磷酸基团和自由能转移给ADP生成ATP；再由ATP将磷酸基团和自由能传递给葡萄糖生成6-磷酸葡萄糖，或传递给甘油生成3-磷酸甘油，使这些代谢物被活化而进入下一步代谢(详见第十一章)。

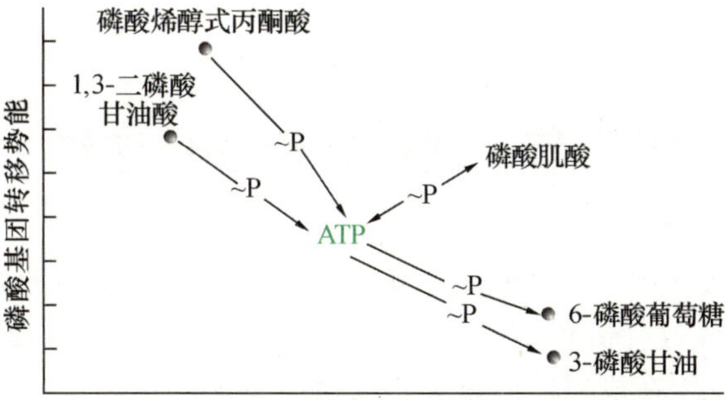

图 10-3 ATP 在酶促磷酸基团转移中的“中转站”作用

在图 10-3 中还可以看出，高能磷酸基团能在磷酸肌酸和 ATP 之间双向流动。人在剧烈运动时，肌肉消耗 ATP 多达 6 mmol/(L·kg·s)，而此刻 ATP 最大合成速度约 1 mmol/(L·kg·s)。为了维持这些组织的快速反应和 ATP 的动态平衡，机体必须有一种可利用的高能磷酸贮能物质。以高能磷酸形式贮存能量的物质称为磷酸原(phosphagens)。脊椎动物的磷酸原是磷酸肌酸。当 ATP 浓度较高时，肌酸通过酶的作用直接接受 ATP 的高能磷酸基团形成磷酸肌酸；当 ATP 浓度低时，磷酸肌酸又将高能磷酸基团转移给 ADP，生成 ATP。磷酸肌酸通过这唯一的途径转移磷酸基团，是 ATP 高能磷酸基团的贮存库。无脊椎动物的磷酸原是磷酸精氨酸，其作用与磷酸肌酸相似。

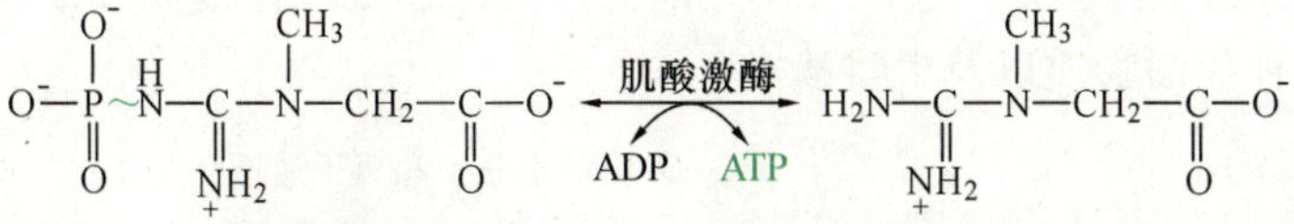

磷酸肌酸　　肌酸

此外，ATP 还能将磷酸基团转移给其他的核苷二磷酸(如 dTDP)，生成相应的核苷三磷酸(如 dTTP)，这些核苷三磷酸在物质代谢和核酸生物大分子合成中发挥重要作用。

(四)能荷与 ATP 动态

细胞内存在 3 种腺苷酸——AMP、ADP 和 ATP，合称为腺苷酸库(adenylate pool)。为了能对细胞能量状态有一个量度，D E. Atkinson 于 1968 年提出能荷(energy charge)概念，其定义是：

$$\text{能荷}=\frac{[\text{ATP}]+0.5[\text{ADP}]}{[\text{ATP}]+[\text{ADP}]+[\text{AMP}]}$$

从理论上讲，能荷数值在 0～1.0。当细胞中游离腺苷酸全为 AMP 时，能荷为 0；全为 ATP 时，能荷为 1.0。但根据实际测定，大多数细胞的能荷变化为 0.8～0.95，处于一个很窄的范围，这说明细胞对 ATP 的利用和生成存在严格的自我调节。在生命活动过程中，ATP 总是处于不断消耗、又不断补充的动态平衡。大量 ATP 存在时，抑制 ATP 生成；当 ATP 消耗加速、ADP 大量存在时，促进 ATP 合成。细胞中 ADP 的水平(浓度)对 ATP 合成速度起着重要调控作用。ADP 和 ATP 是许多代谢途径的别构效应物(详见第十一章)。

第二节　线粒体电子传递链

糖、脂肪、蛋白质等分子通过各自降解途径所形成的高还原力物质(如 NADH 和 $FADH_2$)上的电子需要经过严格顺序传递,逐步释放出自由能,然后用于 ATP 合成。在真核细胞中,这种电子传递发生在线粒体内膜上。代谢物脱下的氢经过一系列按一定顺序排列的氢传递体和电子传递体的传递,最后传递给分子氧并生成水,这种氢和电子的传递体系,称为电子传递链(electron transfer chain)或呼吸链(respiratory chain)。原核生物没有线粒体,电子传递发生在质膜上。

一、线粒体

线粒体(mitochondria)是真核细胞的一类重要细胞器,呈棒状、卵状、球状等多种外形,长约 2 μm,直径约 0.5 μm。线粒体有双层膜(图 10-4),外膜上有孔蛋白,对小分子(小于 5 kDa)和离子具有通透性;内膜对大部分极性分子和包括 H^+ 在内的离子不通透,内膜向内高度折叠成"嵴"(cristae),上面除了分布着电子传递链酶复合体外,还排列着电镜下可以看到的颗粒状物(F_oF_1-ATP 合酶)。内膜和外膜之间为膜间隙。线粒体基质(matrix)中包含 DNA、RNA、核糖体、各种代谢物质以及大量酶类。

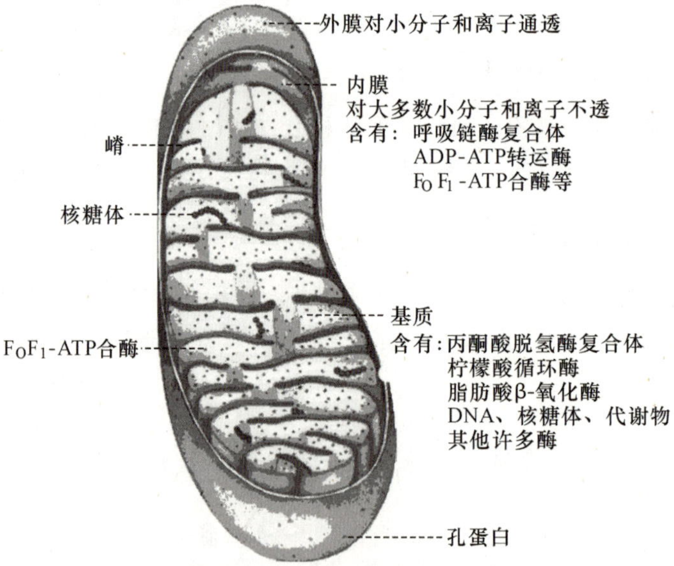

图 10-4　线粒体结构示意图

二、电子传递链

电子传递链包括镶嵌在线粒体内膜上的 4 个酶复合体、1 个 CoQ 和 1 个细胞色素 c(Cyt c)(图 10-5)。

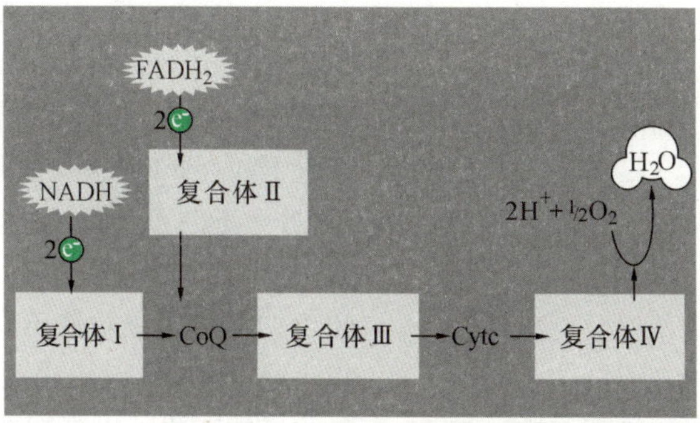

图 10-5 电子传递链简图

酶复合体结构复杂，下面分别介绍它们的结构特点和生化作用。

(一)复合体Ⅰ

复合体Ⅰ，又称 NADH-CoQ 还原酶(NADH-Q reductase)，整个分子呈 L 形，其中一个臂镶嵌在线粒体内膜上，另一个臂伸入线粒体基质中(图 10-6)。有研究发现，如果复合体Ⅰ发生突变，会引发线粒体疾病，甚至致盲。

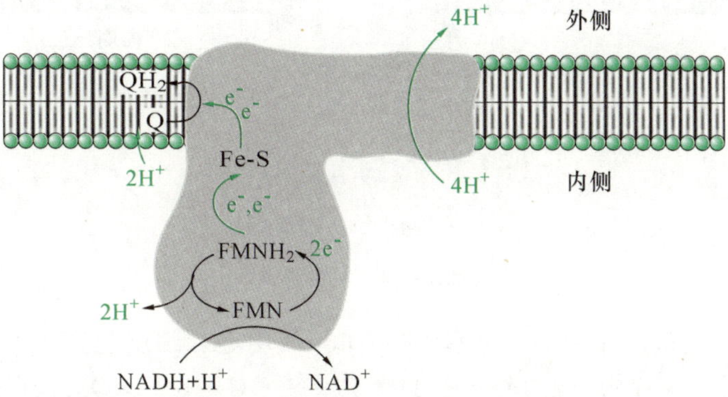

图 10-6 复合体Ⅰ及其电子载体

复合体Ⅰ成分非常复杂，含有 40 多条多肽链、1 个黄素辅基(FMN)、7 个铁硫中心(Fe-S)，其中起电子传递作用的组分是 FMN 和铁硫中心。复合体Ⅰ既属于黄素蛋白，又属于铁硫蛋白。铁硫蛋白是含铁的电子载体蛋白，分子中的铁原子不是以血红素形式存在，而是与无机硫原子或蛋白质半胱氨酸残基上的硫原子相连。铁硫中心又称为铁硫聚簇(Fe-S cluster)，表示为“Fe-S”。铁硫中心有多种类型：2 铁 2 硫(2Fe-2S)和 4 铁 4 硫(4Fe-4S)等。图 10-7 为 2Fe-2S 示意图。

铁原子通过自身化合价的变化(Fe^{3+}/Fe^{2+})传递电子，是重要的电子载体。所有铁硫蛋白在 400～460 nm 有光吸收峰。当蛋白质处于还原态时，光吸收降低 50%，因此通过检测光吸收变化可以确定其氧化还原状态。FMN 在传递电子的同时还传递氢原子，既是电子载体，又是递氢体。

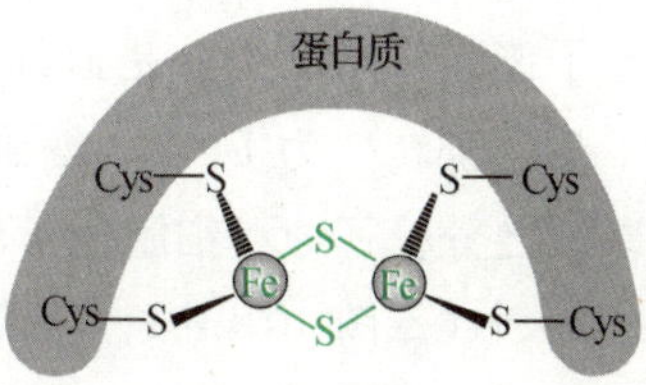

图 10-7 2Fe-2S 铁硫中心示意图

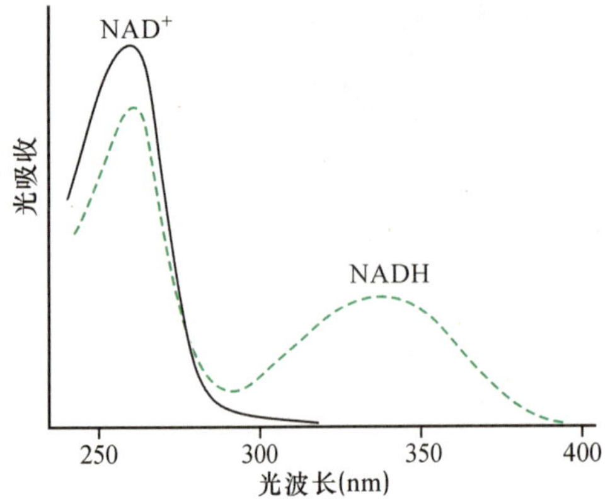

图 10-8　NADH 吸收峰

复合体Ⅰ有两个重要作用：①将电子从 NADH(CoⅠ)传递给 CoQ。复合体Ⅰ朝向线粒体基质的一侧与 NADH 瞬间结合，接受 2 个电子，经过 FMN 和 Fe-S 中心传递给 CoQ，即：NADH→FMN→ Fe-S→ CoQ；②作为“质子泵”，将 4 个 H^+ 从线粒体内膜内侧“泵”到膜间隙。NADH 和 NAD^+ 的光吸收峰不同，NADH 在 340 nm 有吸收峰，而 NAD^+ 无吸收峰(图 10-8)。根据光吸收峰的变化可以判断 CoⅠ的氧化还原状态。

(二)复合体Ⅱ

复合体Ⅱ，即琥珀酸-CoQ 还原酶(succinate-Q reductase)，能将电子从琥珀酸传递给 CoQ。它含有 4 个蛋白质亚基、1 个 FAD、3 个 Fe-S 中心(图 10-9)，既属于黄素蛋白，又属于铁硫蛋白。

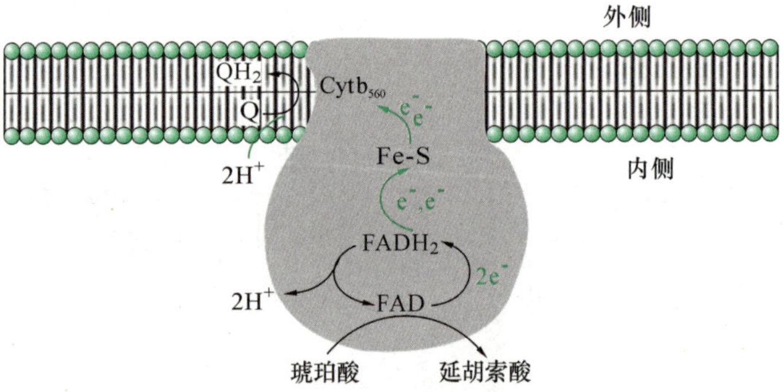

图 10-9　复合体Ⅱ

复合体Ⅱ起电子传递作用的组分是 FAD、Fe-S 中心和细胞色素 b_{560}(cytochrome b_{560}；Cyt b_{560})。电子传递顺序为：琥珀酸→FAD→ Fe-S→ Cyt b→CoQ。值得注意的是，复合体Ⅰ和复合体Ⅱ在电子传递过程中不存在前后关系，它们分别从 NADH 和琥珀酸接受电子，传递给 CoQ。换句话说，进入线粒体呼吸链的电子有两个来源：NADH 和 $FADH_2$。

细胞色素是一类含有血红素辅基的电子传递蛋白的总称，具有颜色，广泛存在于细胞中。细胞色素起电子传递作用的组分是血红素中的铁原子，Fe^{3+} 接受 1 个电子转变为 Fe^{2+}。细胞色素因而有氧化型和还原型之分。还原型细胞色素的吸收光谱显示有 α、β、γ 3 个吸收峰(图 10-10)。根据最大吸收波长(α 吸收峰波长)将细胞色素分为 a、b、c 3 类：Cyt a 为 600 nm，Cyt b 为 560 nm，Cyt c 为 550 nm。同一类中出现多

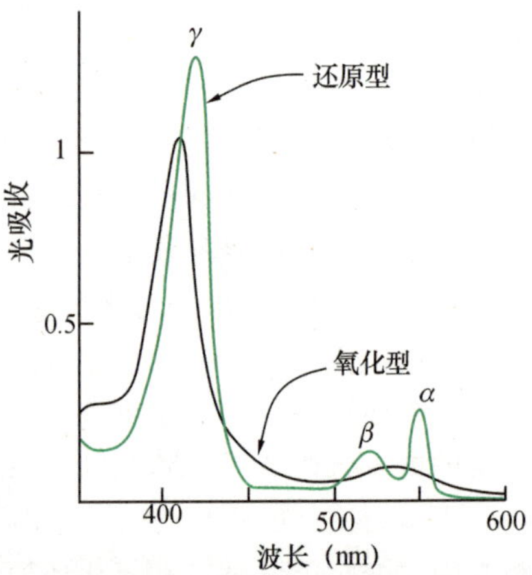

图 10-10　Cyt c 的吸收光谱

个亚类时，用数字下标表示（如 a_3）或直接注明波长（如 b_{560}）。

细胞色素类在可见光区的光吸收能力源于辅基中的 Fe 原子，而特征吸收峰的差异在于辅基的氧化还原状态、辅基类型以及辅基与多肽链的连接方式。细胞色素 *a* 类的辅基是 A 型血红素，上面有一个聚异戊烯长链和一个甲酰基；A 型血红素与多肽链以非共价键结合。细胞色素 b 类的辅基是铁—原卟啉Ⅸ，和血红蛋白中的血红素辅基相同，为 B 型血红素，它与多肽链非共价结合。细胞色素 c 的辅基也是铁—原卟啉Ⅸ，但它与多肽链的 2 个 Cys 残基以硫醚键共价结合（图 10 - 11）。

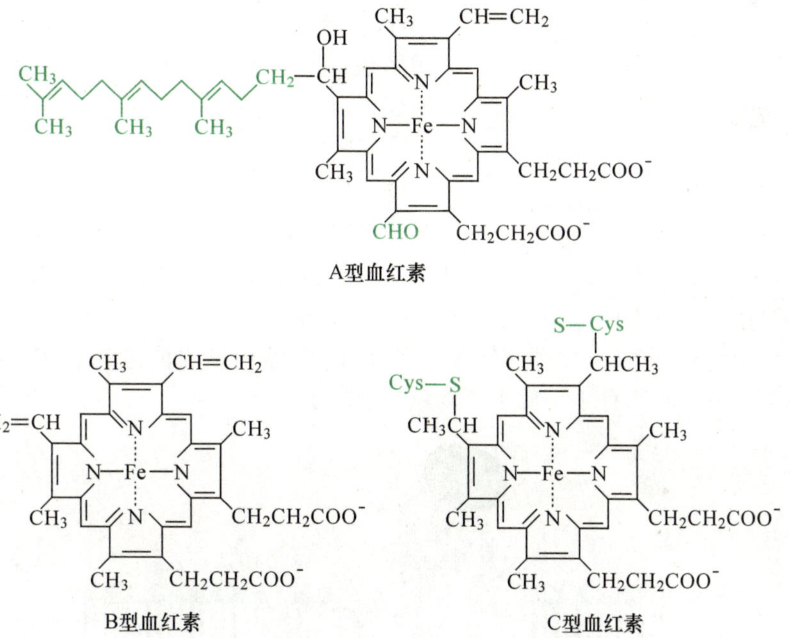

图 10 - 11　3 类细胞色素的血红素辅基结构

（三）CoQ（coenzyme Q）

CoQ 属于醌类（quinone），简称 Q，广泛存在于生物系统，因而称为泛醌（ubiquinone，UQ）。CoQ 侧链的长度因线粒体的来源而有所不同。在动物组织中，泛醌侧链含 10 个类异戊二烯，即 CoQ_{10}。CoQ 结构通式如下：

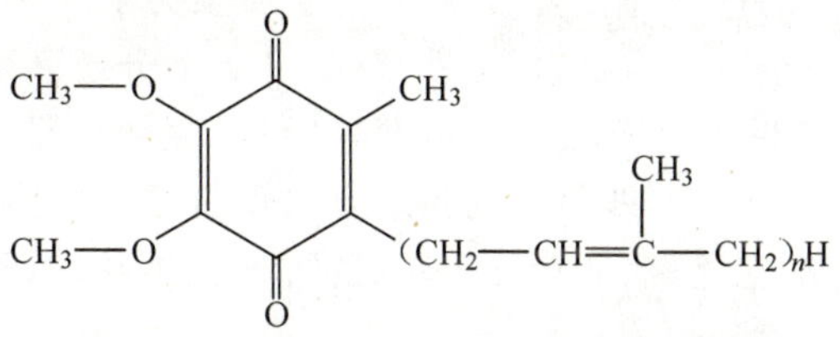

氧化型 CoQ 当得到 2 个电子和 2 个质子时，转变为还原型 CoQ（$CoQH_2$）。CoQ 在呼吸链中既是双电子传递体，又是氢传递体（图 10 - 12）。CoQ 为小分子，呈脂溶性，可以在线粒体内膜脂双层中自由扩散，是一个非常活跃的流动电子载体（mobile electron carriers），也是线

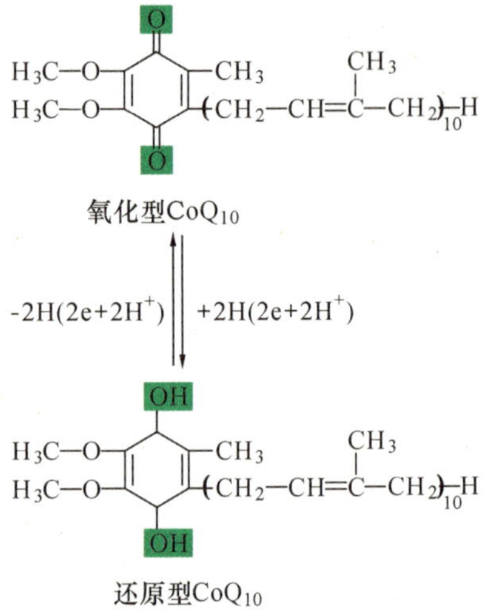

图 10-12 辅酶 Q_{10} 的递氢作用

粒体电子传递链中唯一的非蛋白组分。CoQ 从复合体Ⅰ或复合体Ⅱ接受电子，然后传递给复合体Ⅲ。氧化型的 CoQ 在 $A_{270-290}$ 有特征吸收峰，还原后特征峰消失。

(四)复合体Ⅲ

复合体Ⅲ，即 CoQ-Cyt c 还原酶(CoQ-cytochrome c reducatase)，能将电子从 $CoQH_2$ 传递给 Cyt c。该酶复合体含有 20 多个蛋白质亚基，起电子传递作用的是 Cyt b_{560}(b_L)和 Cyt b_{562}(b_H)、1 个 Cyt c_1 和 1 个铁硫蛋白(含 2Fe-2S)。Cyt c_1 和铁硫蛋白凸出在线粒体膜间隙中。

复合体Ⅲ从 2 分子 QH_2 同时接受两对电子：一对电子经过 Cyt b_L 和 Cyt b_H，传递给氧化型的 CoQ，形成一个 Q 循环；另一对电子经过 Fe-S 和 Cyt c_1 传递给 Cyt c(图 10-13)，整个过程可以简单表示为：$CoQH_2$→(Cyt b)Fe-S→Cyt c_1→Cyt c。复合体Ⅲ是一个“质子泵”，每传递一对电子，向线粒体膜间隙“泵”出 4 个质子。复合体Ⅲ 以 Q 循环形式传递电子，使得每对电子从复合体Ⅲ传递到 Cyt c 时能有 4 个质子得到跨膜运输。

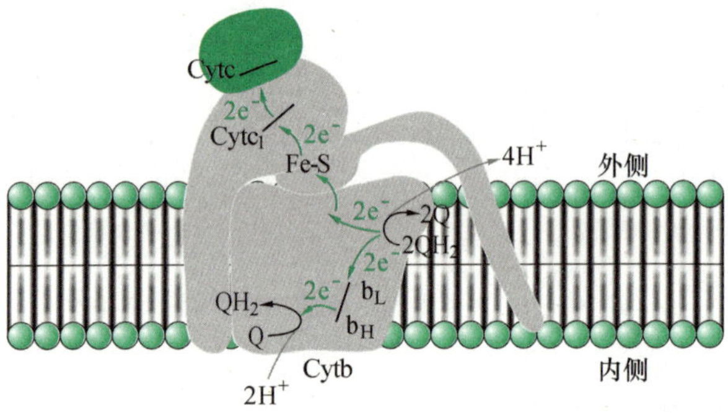

图 10-13 复合体Ⅲ

(五)Cyt c

Cyt c 是线粒体内膜上的一个外在蛋白，相对分子质量为 13 000，为单一多肽链，含有 104 个氨基酸残基。Cyt c 存在于所有生物，保守性很强。Cyt c 分子三维结构中靠近血红素的一侧存在一个 Lys 簇，生理条件下带有大量正电荷，它可与复合体Ⅲ凸出在膜间隙中的 Cyt c_1 部分互作，从而接受电子。Cyt c 与线粒体内膜结合比较弱，是唯一能溶于水的细胞色素，也是唯一处于线粒体膜间隙的细胞色素。Cyt c 比较灵活，能发生移动，从而将电子从复合体Ⅲ传递到复合体Ⅳ。

(六)复合体Ⅳ(细胞色素 c 氧化酶，cytochrome c oxidase)

复合体Ⅳ是线粒体电子链中最后一个酶复合体，称为末端氧化酶(terminal oxidase)。它含有 13 个蛋白质亚基，其中起电子传递作用的是 Cyt a 和 Cyt a_3；另外含有一个铜中心 Cu_A（2 Cu）和一个铜原子（Cu_B），它们通过自身化合价的变化（Cu^{2+}/Cu^{+}）传递电子。

复合体Ⅳ的一个重要作用是将电子从 Cyt c 传递给 O_2。还原型 Cyt c 的电子首先经过 Cu_A 到 Cyt a，再经过 Cyt a_3 和 Cu_B，最后传递给分子氧。O_2 作为最终电子受体接受 2 个电子，被还原成水（图 10 - 14）。此过程可简化为：Cyt c→Cyt a a_3 (Cu^{2+})→O_2。复合体Ⅳ另一个作用是作为“质子泵”，每传递一对电子，向膜间隙泵出 2 个质子。

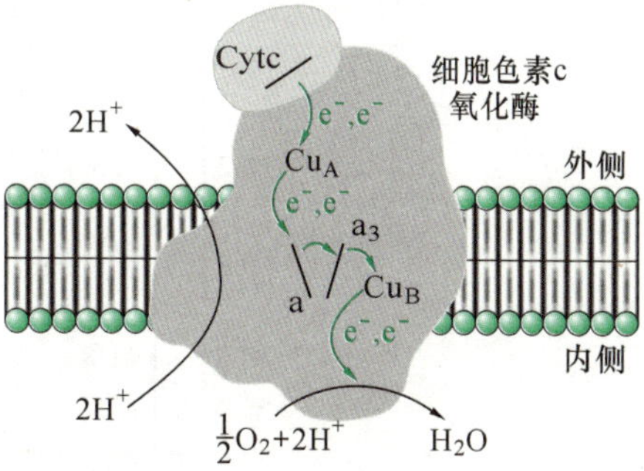

图 10 - 14　复合体Ⅳ

根据线粒体电子传递链各组分的组成及作用整理电子传递链如图 10 - 15 所示。可以清楚地看到一对电子从 NADH 传递到分子氧可以将 10 个质子从线粒体内膜内侧泵到内膜外侧，从 $FADH_2$ 传递到分子氧则只泵出 6 个质子。

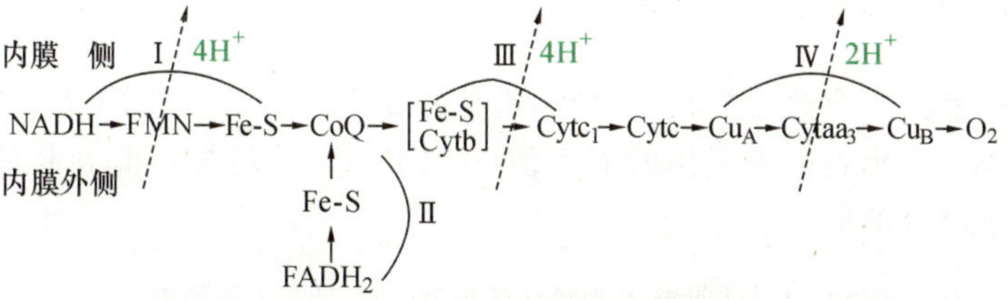

图 10 - 15　线粒体电子传递链

为了突出递氢体和电子载体的可循环性，电子传递链用图 10 - 16 表示：

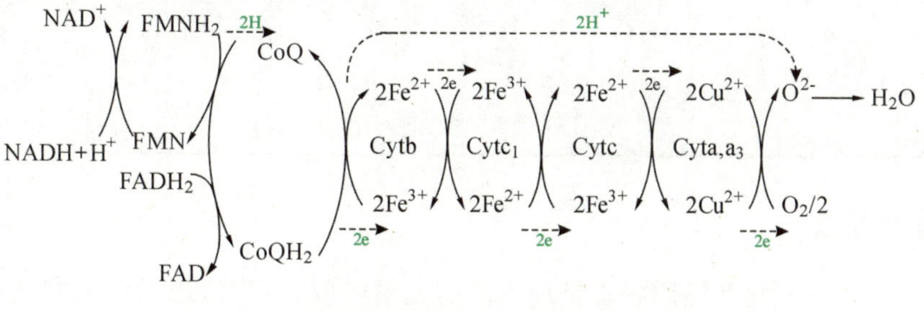

图 10 - 16　电子传递链的电子传递组分和递氢过程

值得强调的是，正是由于众多电子载体的参与和电子的逐级传递，才使得反应自由能呈现逐步释放的特点，其中有 3 个较大的自由能下降：从 NADH 到 CoQ；从 Cyt b 到 Cyt c；从 Cyt a 到分子氧（图 10 - 17）。

三、电子传递链顺序的测定

确定线粒体电子传递链的顺序是一项艰难的工作，花费了科学家们几十年的时间，所用的方法主要有：

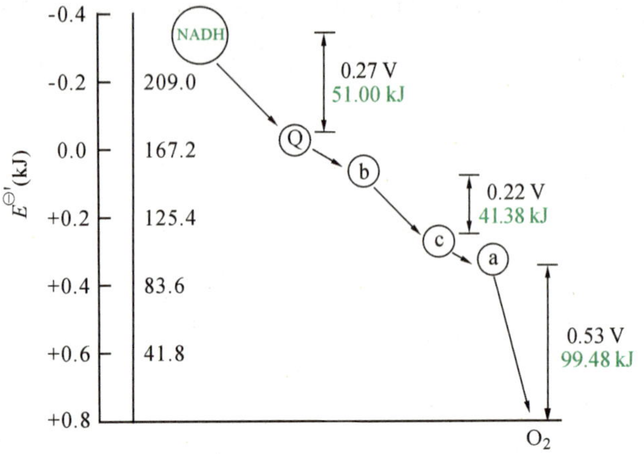

图 10 - 17　呼吸链中电子传递时的自由能降

(一)测定电子传递体的 $E^{\ominus}{}'$值

线粒体电子传递是一个热力学自发过程，电子总是从 $E^{\ominus}{}'$值小的电子载体流向 $E^{\ominus}{}'$值大的电子载体。分别测定出各电子载体的 $E^{\ominus}{}'$值（表 10 - 3），然后按从低到高的顺序排列，即可推测电子传递链各组分的顺序。

表 10 - 3　呼吸链中各氧化还原对的标准氧化还原电位　　V

氧化还原对	$E^{\ominus}{}'$	氧化还原对	$E^{\ominus}{}'$
NAD^+ / $NADH+H^+$	−0.32	$Cytc_1$ Fe^{3+} / Fe^{2+}	0.22
FMN / $FMNH_2$	−0.22	Cytc Fe^{3+} / Fe^{2+}	0.24
FAD / $FADH_2$	−0.22	Cyta Fe^{3+} / Fe^{2+}	0.29
Cytb Fe^{3+} / Fe^{2+}	0.07	$Cyta_3$ Cu^{2+} / Cu^+	0.55
Q / QH_2	0.04	1/2 O_2 / H_2O	0.82

(二)差异光谱

各种电子载体在氧化和还原状态呈现不同的光谱吸收特征峰，通过检测特征峰的变化可以推测电子传递链中各组分的顺序。例如，在线粒体悬液中加入 NADH 或苹果酸（可产生 NADH），在无氧条件下记录各还原态细胞色素出现光谱特征峰的先后顺序，然后加入 O_2，再记录这些特征峰的消失顺序，由此可以判断这些细胞色素分子在电子传递链中的顺序。在这个反应系统中，最先出现还原态特征峰的应该是 Cyt b，而最先消失还原态特征峰的应该是 Cyt a a_3。

(三)利用专一性电子传递抑制剂

有些物质能专一性阻断电子传递链，这些物质称为电子传递抑制剂，常见有：

1. 安密妥(amytal)、鱼藤酮(rotenone)

这是一类植物毒素，对鱼、昆虫毒性很强，专一性抑制复合体Ⅰ的酶活性。

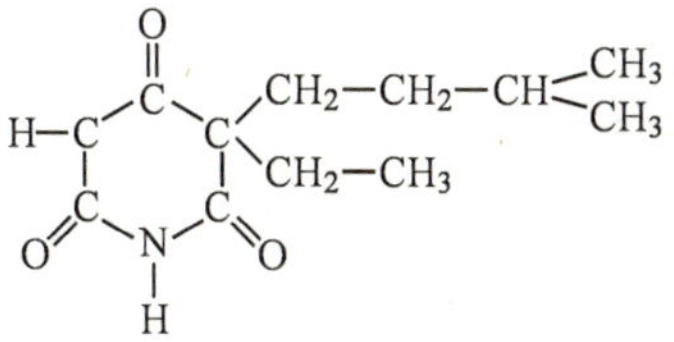

安密妥

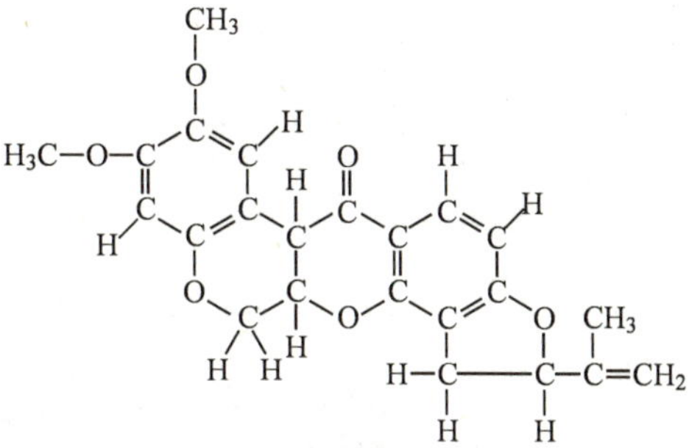

鱼藤酮

2. 抗霉素 A (antimycin A)

这是一种从灰色链球菌分离出来的抗菌素,专一性抑制复合体Ⅲ的酶活性。

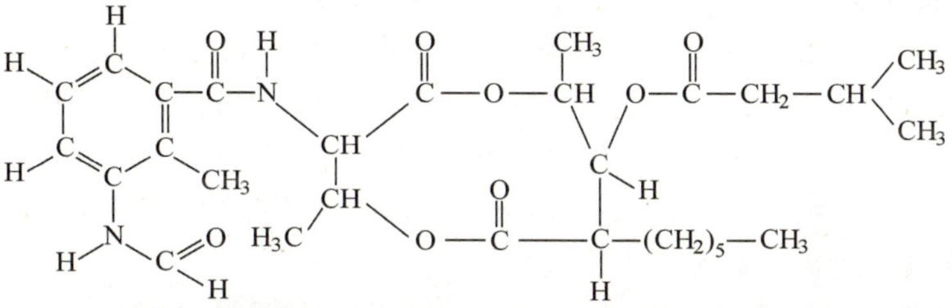

抗霉素A

3. 氰化物、硫化氢、叠氮化物、CO

专一性抑制复合体Ⅳ酶活性。利用抑制剂选择性地阻断电子传递链中某个传递步骤,结合各组分的氧化—还原态的测定,即可确定电子传递体之间的顺序关系。因为当氧存在时,处在抑制部位以前的电子传递体均为还原态,抑制部位以后的均为氧化态。

知识拓展框

人类复合体Ⅰ和线粒体疾病

线粒体是细胞内产生能量的细胞器。人类线粒体复合物Ⅰ是活性氧的主要来源,它的功能障碍与线粒体疾病、帕金森病和衰老有关。2016 年,《Nature》发表了澳大利亚学者的研究成果,研究人员发现人类复合物Ⅰ包含 45 个亚基,与细菌相比,有 14 个核心亚基(core subunits)是一致的,这些亚基对酶的功能至关重要。然而人类复合物Ⅰ的组成多出额外的 31 个亚基,这些附属亚基(accessory subunits)的作用和必要性尚不清楚。

利用 CRISPR/Cas9 技术,研究人员创建了针对每一种附属亚基的基因编辑细胞。结果发现,人类拥有的额外蛋白质组件可能使复合物Ⅰ比细菌中的更加稳定。具体而言,有 25 个亚基是功能复合物装配所必需的,1 个亚基对细胞的生存能力至关重要。此外,失去每一个亚基都会影响同一个结构模块中其他亚基的稳定性。研究人员还发现,2 个新基因(ATP5SL 和 DMAC1)与复合物Ⅰ的构建相关,任何一个发生突变都会破坏复合物Ⅰ和线粒体的功能。这 2 个基因可以加到基因筛查的范围中,帮助更多的患者实现更早的诊断。这是线粒体疾病研究领域的重要进步,有望改善疾病的诊断和治疗。

Stroud D A, Surgenor E E, Formosa L E, et al. Accessory subunits are integral for assembly and function of human mitochondrial complex Ⅰ. Nature, 2016, 538(7623): 123-126.

第三节 氧化磷酸化作用

伴随线粒体生物氧化作用而发生的使 ADP 磷酸化生成 ATP 的过程，称为氧化磷酸化(oxidative phosphorylation)。氧化磷酸化是好氧生物 ATP 的主要来源。1 分子葡萄糖彻底氧化为 CO_2 和 H_2O 能生成 38 个 ATP 分子(详见第十一章)。通过磷酸化合成 ATP 有多种途径，除氧化磷酸化外，还有光合磷酸化(photophosphorylation)和底物水平磷酸化(substrate level phosphorylation)。光合磷酸化是绿色植物在光合电子传递过程中由 ADP 和 Pi 生成 ATP 的过程。底物水平磷酸化是因代谢底物分子内部能量重新分配而形成 ATP 的过程(详见糖代谢)。本章只讨论氧化磷酸化。

氧化磷酸化对机体非常重要。神经系统和心脏这类器官高度依赖氧化磷酸化的有效进行，如果线粒体有关基因突变，不仅能量转化效率降低，细胞内活性氧也会增加，这会导致包括肿瘤在内的许多疾病发生。

一、氧化磷酸化的储能效率

生命体在氧化磷酸化过程中的能量储存效率很高。为了估算一对电子经过电子传递链生成 ATP 的分子数，S. Ochoa 于 1940 年研究了氧消耗和 ATP 合成的定量关系，提出 P/O 比(P/O ratio)概念。所谓 P/O 比，就是还原一个氧原子所产生的 ATP 分子数。现代研究证实，1 分子 NADH 可以生成 2.5 分子 ATP，1 分子 $FADH_2$ 可以生成 1.5 分子 ATP。在代谢能量计算中，为了方便，习惯上分别按“3”和“2”计算。

以 NADH 为电子供体时的氧化磷酸化全方程式如下：

$$NADH + H^+ + 3ADP + 3Pi + 1/2O_2 \longrightarrow NAD^+ + 4H_2O + 3ATP$$

该反应分为放能反应和吸能反应：

$$NADH + H^+ + 1/2O_2 \longrightarrow NAD^+ + H_2O \quad \text{(放能反应)}$$

$$\Delta G^{\ominus\prime} = -nF\Delta E^{\ominus\prime} = -2 \times 96.54 \times 1.14 = -220.1(kJ/mol)$$

$$3ADP + 3Pi \rightarrow 3\ H_2O + 3ATP \quad \text{(吸能反应)}$$

$$\Delta G^{\ominus\prime} = 3 \times 30.5 = 91.5(kJ/mol)$$

由此可见，3 个 ATP 分子的形成大约截获了电子传递所释放自由能的 42%。

以 $FADH_2$ 为电子供体时，氧化磷酸化全方程式为：

$$FADH_2 + 2ADP + 2Pi + 1/2O_2 \longrightarrow FAD + 3H_2O + 2ATP$$

第十章

其中放能反应的 $\Delta G^{\ominus\prime}=-181.6$ kJ/mol，用于 ATP 合成的 $\Delta G^{\ominus\prime}=61.0$ kJ/mol，贮能效率约为 33.7%。

二、氧化磷酸化和电子传递相偶联

氧化磷酸化和电子传递链存在紧密偶联(coupling)关系。氧化磷酸化依赖于电子传递链的正常进行，反过来又影响电子传递链的电子传递速度。

(一)氧化磷酸化依赖电子传递链

在一个含有完整线粒体的反应系统中，先后加入 ADP 和 Pi、琥珀酸(succinate)，测定氧消耗速度(电子传递速度)和 ATP 合成(氧化磷酸化)量，结果如图 10-18 所示。

氧消耗曲线显示，电子传递速度并不随 ADP 和 Pi 的加入发生明显变化；而是随琥珀酸的加入大幅度增加。当在反应系统中加入电子传递链抑制剂 CN^- 后，电子传递被完全抑制。有趣的是，ATP 合成曲线和氧消耗曲线一致，说明氧化磷酸化必须以电子传递为前提。

(二)氧化磷酸化影响电子传递

从图 10-19 的 ATP 合成曲线看出，在同样的反应系统中若先加入电子供体——琥珀酸，氧化磷酸化还是无法进行；只有在加入 ADP 和 Pi 后才能正常合成 ATP。同样有趣的是，如果加入氧化磷酸化抑制剂——寡霉素(oligomycin)，氧消耗速度也同时降低，这说明氧化磷酸化的正常进行对电子传递速度有重要影响。

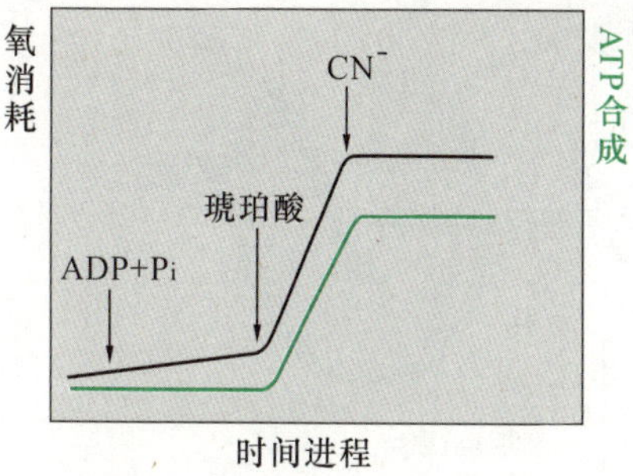

黑线代表氧消耗，绿线代表 ATP 合成

图 10-18　氧化磷酸化依赖电子传递链

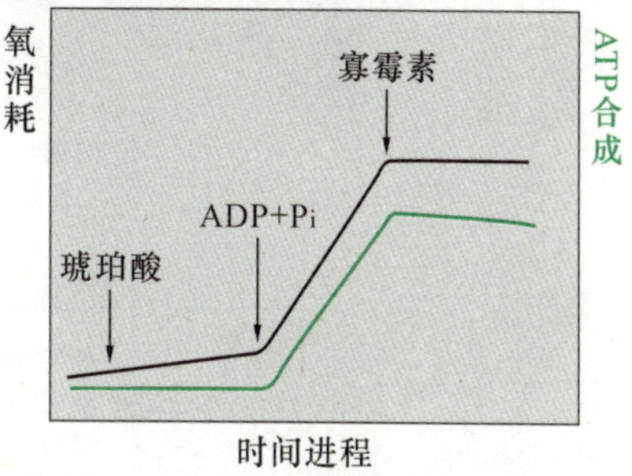

黑线代表氧消耗，绿线代表 ATP 合成

图 10-19　电子传递受氧化磷酸化的影响

三、氧化磷酸化的能量偶联机理

电子传递和氧化磷酸化的偶联本质是什么？为了阐明二者的能量偶联机理，科学家们曾经提出 3 种假说：

(一)化学偶联假说 (chemical coupling hypothesis)

1953 年，E. Slater 提出化学偶联假说，认为电子传递和氧化磷酸化的偶联是通过一系列化学反应先形成一个高能共价中间物，再由这个中间物将能量传递给 ADP 生成 ATP。遗憾的是迄今为止人们尚未找到相关的高能中间物。

(二)构象偶联假说(conformation coupling hypothesis)

1964年,P D. Boyer提出构象偶联假说,认为电子载体蛋白质有两种构象状态——低能构象和高能构象;电子传递释放的能量使蛋白质从低能构象转变为高能构象,高能构象中的能量再推动ADP磷酸化形成ATP。由于构象的直接测定非常困难,这个假说一直缺乏实验证据。

(三)化学渗透假说(chemiosmotic hypothesis)

1961年,英国生物化学家P. Mitchell提出了化学渗透假说,因为有许多证据支持,被大家普遍接受。Mitchell因此获得1978年诺贝尔化学奖。该假说认为:电子传递的结果是导致H^+从线粒体内膜基质"泵"到内膜外的膜间隙中,形成一个跨内膜的电化学梯度,包括H^+梯度(ΔpH)和电势梯度(Δψ)。这种电化学梯度是H^+返回膜内的一种动力,称为质子动力(proton-motive force)。质子动力驱动了ATP的合成(图10-20)。

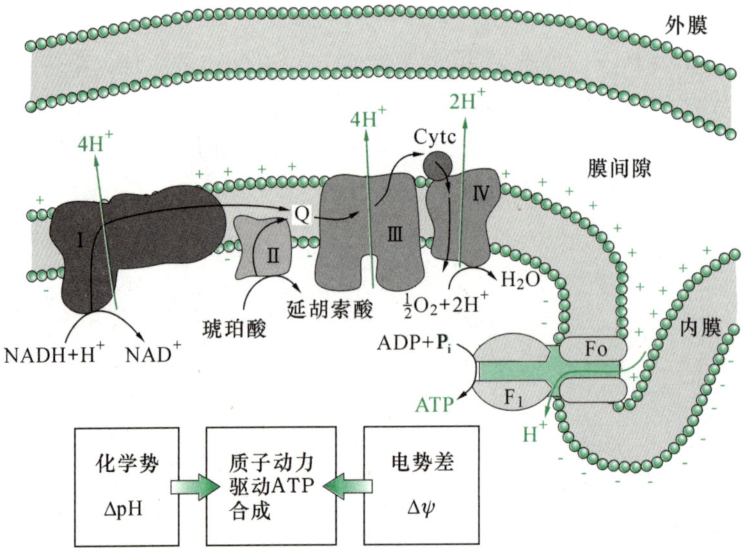

图10-20 化学渗透理论示意图

化学渗透假说得到许多实验证据的支持:①氧化磷酸化作用只有在完整的线粒体中才能进行;②线粒体内膜对H^+、OH^-、K^+、Cl^-等离子具有不通透性;③电子传递链能将H^+排到线粒体内膜外,而ATP的形成又伴随着H^+向膜内的转移运动;④破坏跨膜H^+梯度必然抑制氧化磷酸化的进行等。

四、氧化磷酸化的解偶联

电子传递链与氧化磷酸化的偶联关系可被解偶联剂(uncoupler)解除。2,4-二硝基苯酚(2,4-dinitrophenol,DNP)是一种典型的解偶联剂,它属于酸性芳香族化合物,通过在生物膜中自由运动，携带质子跨膜扩散，从而消除跨线粒体内膜的质子梯度。此时，虽然 ATP 无法合成，但电子传递照常进行。在体内如果发生不可控制的解偶联作用，代谢“燃料”会大量消耗。因而，DNP 可用作杀虫剂和木材防腐剂，但作为减肥剂使用危害极大，早在 1938 年国际上就已下发禁令。

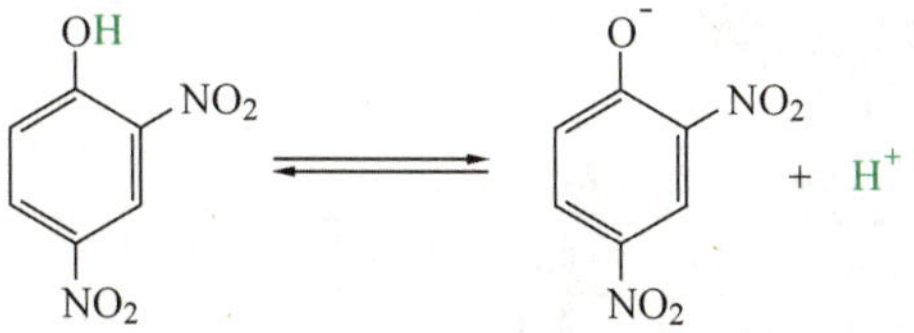

2,4-二硝基苯酚

在正常生理条件下的解偶联作用具有重要的生物学意义。冬眠动物和适应寒冷的哺乳动物借助解偶联作用维持体温。婴儿刚出生时颈背部常有大片褐色斑块，实际是褐色脂肪，在这类组织细胞中含有大量线粒体，能通过解偶联作用产生热量，保持婴儿体温；起偶联作用的关键蛋白质是位于线粒体内膜上的一种解偶联蛋白(uncoupling protein)或称产热素(thermogenin)，它是一个通道蛋白，能允许膜间隙中的质子流回线粒体内部，造成“质子漏”。产热素的通道在通常情况下被 GDP 分子“塞”住而呈关闭状态，当受冷刺激或感应某激素信号时，GDP 脱离，通道打开，质子内流，自由能以热形式释放。

五、ATP 合成机理

(一)F_oF_1-ATP 合酶是能量偶联因子

化学渗透理论阐述的是电子传递链和氧化磷酸化的能量偶联关系，并没有解决“F_oF_1-ATP 合酶如何利用质子动力催化 ATP 合成”的问题。当人们用电子显微镜观察线粒体内膜时，发现了许多哑铃状复合体。E. Racker 及其同事做了一个出色的体外重组实验(图 10-21)：用超声波处理线粒体，使线粒体内膜外翻形成亚线粒体囊泡 (submitochondrial vesicle)；然后用胰蛋白酶(或脲)处理亚线粒体，分离出缺乏球体的膜囊泡和可溶性蛋白。体外实验证明，膜囊泡能进行电子传递，但不能催化 ATP 合成；可溶性蛋白具有 ATP 酶(ATPase)活性，能催化 ATP 水解，但不能进行电子传递。当将这两部分重组成亚线粒体囊泡后，又恢复 ATP 合成能力。这个重组实验证明内膜中含有电子传递链组分，而内膜上的球状结构则含有能量偶联因子。这种偶联因子后来得到鉴定，命名为 F_oF_1-ATP 合酶(F_oF_1-ATP synthase)，又称为复合体Ⅴ。

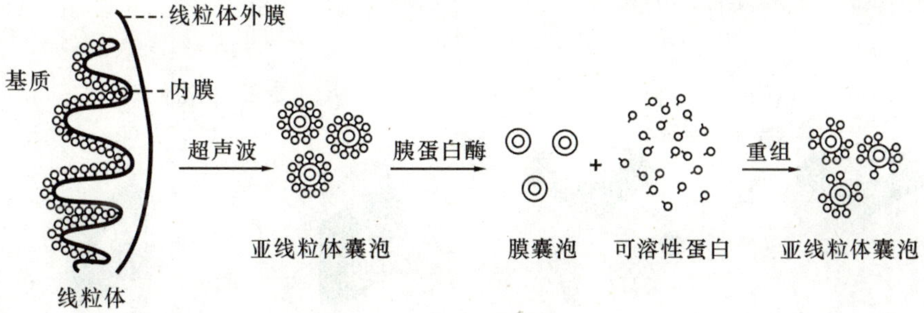

图 10-21 亚线粒体囊泡制备示意图

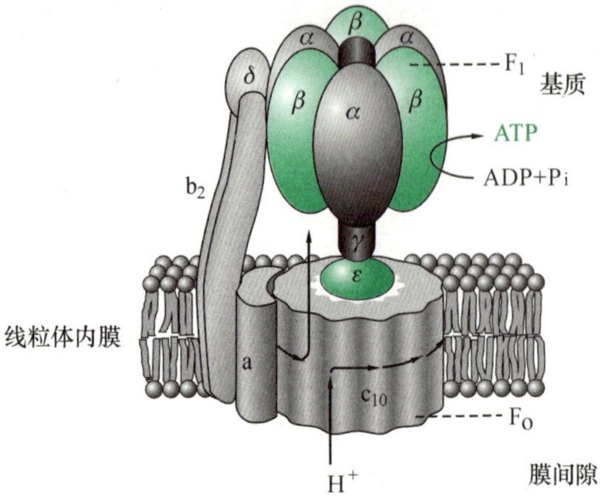

图 10 - 22　F_oF_1- ATP 合酶

F_oF_1- ATP 合酶为膜蛋白复合体，整个分子分为 F_1 和 F_o 两部分（图 10 - 22）：F_1 组成复合体的球状、亲水性头部，面向线粒体基质，含有 5 种亚基：3 个 α 亚基和 3 个 β 亚基相间排列成一个六角形结构域，3 个 β 亚基上分别有 ATP 合成位点；γ 亚基位于六角形结构的中间；δ 和 ε 亚基处于 α/β 亚基和 γ 亚基之间，二者位置可以互变并通过互变来改变酶复合体的结构，使之处于合成或水解 ATP 的功能状态。例如，当 ε 亚基靠近 β 亚基时，水解 ATP 的活性受到抑制。

F_o 为膜蛋白复合体的基部，整个嵌入线粒体内膜。人们在研究中发现，酶复合体的基部对寡霉素敏感（oligomycin-sensitive conferring protein），“F_o”中的“O”即来源于此英文字头。寡霉素是一种有毒的抗真菌剂，能专一性抑制 F_oF_1- ATP 合酶的活性，是典型的氧化磷酸化抑制剂。F_o 由疏水蛋白亚基 a、b、c 等组合而成（ab_2c_{10}），其中 c 亚基数随物种差异变化很大，一般在 9～12 个。F_o 组成跨膜质子通道，当质子从内膜外侧回流到线粒体基质时，驱使 F_1 的 β 亚基合成 ATP。

在这里需要进一步解释的是，合酶（synthase）不同于合成酶（synthetase）。合成酶是一种连接酶，所催化的反应需要依赖 ATP 水解提供能量。合酶除了能催化合成方向的反应外，在一定条件下还能催化逆反应。F_oF_1- ATP 合酶就是这样的一类酶，它的基本功能是合成 ATP，但在早期研究中发现其 F_1 部分在体外单独存在时催化的是逆反应，即 ATP 的水解，故 F_1 部分又称为 F_1- ATP 酶（F_1- ATPase）。最新研究发现，当生物受到胁迫时，线粒体跨膜质子梯度将被破坏，这时 F_oF_1- ATP 合酶需要启动 ATP 水解功能，将膜内 H^+ 运至膜外，来修复质子梯度。

（二）旋转催化机制

为揭示 F_oF_1- ATP 合酶的作用机理，P D. Boyer 早在 1979 年就提出“旋转催化”机制（rotational catalytic mechanism）（图 10 - 23），认为 F_1 的 3 个 β 亚基上的活性部位分别处于不同构象状态：开放态（open，O）时无核苷酸结合，松弛态（loose，L）时结合 ADP 和 Pi，并合成 ATP；当发生质子内流时，松弛态转变为紧张态（tight，T），ATP 被释放下来。构象变化的实质是质子内流推动了酶复合体的旋转。

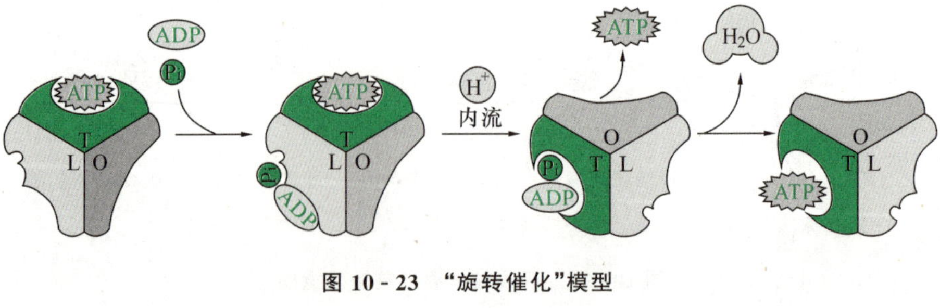

图 10 - 23　“旋转催化”模型

旋转催化机制得到两个重要证据的支持。1997 年，H. Noji 等通过巧妙设计，借助连接在 γ 亚基上的被荧光标记的肌动蛋白丝，在显微镜下直接观察到 F_1-ATP 酶水解 ATP 时能做旋转运动（图 10-24）。F_1-ATP 酶每旋转 120°，大约做功 80 pNnm，这个数值与生理条件下 ATP 水解释放出的自由能非常接近，因此 F_1-ATP 酶被认为是自然界能量转换效率最高的分子马达（molecular motor）。

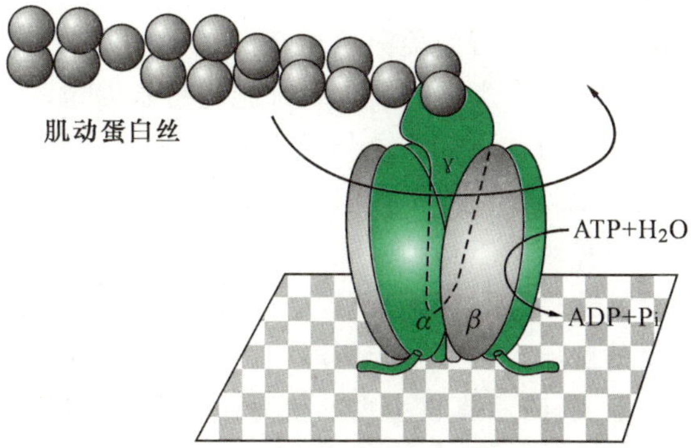

图 10-24　ATP 驱动 F_1-ATP 酶旋转

2004 年，H. Itoh 等将 F_oF_1-ATP 合酶的 γ 亚基连接到一个磁珠，通过施加电磁力使磁珠定向旋转，发现有 ATP 合成，证明在生物系统中，机械力可以转化为化学合成，"分子旋转"能影响蛋白质机器的催化反应，充分证明了 Boyer 的旋转催化机制。目前人们普遍相信，由于 F_oF_1-ATP 合酶的 3 个 β 亚基与 $\gamma\varepsilon$ 亚基为不对称接触，当质子通过 F_oF_1-ATP 合酶的质子通道、内流进入线粒体时，F_o 可能因质子化而发生构象改变，积累足够的扭矩力，推动 $\gamma\varepsilon$ 相对于 $\alpha_3\beta_3$ 做旋转运动，促使 F_1 的 β 亚基处于不同构象状态，3 个 β 亚基轮流合成 ATP。在这个过程中，ATP 的释放是限速步骤，质子动力的作用就是促进 ATP 从酶分子上释放下来。

六、氧化磷酸化的调节

在生物体内，氧化磷酸化过程受细胞对 ATP 需求的调节。细胞呼吸强度越大，ATP 消耗越多，ADP 水平越高，线粒体电子传递和氧化磷酸化速率也就越快。在运动着的肌肉细胞中，ADP 浓度明显升高，氧化磷酸化速度明显增加，以满足肌肉对 ATP 的需要。ADP 是氧化磷酸化过程中磷原子的受体（acceptor），氧化磷酸化速率受 ADP 水平调节的现象称为呼吸控制（respiratory control）或受体控制（acceptor control）。对线粒体进行体外研究证实，ADP 水平在氧化磷酸化调节中占有重要位置。在反应系统中加入 ADP，线粒体氧消耗会骤然增加（图 10-19）；当所有 ADP 消耗殆尽，氧消耗又恢复到原初值。

ADP 水平不仅直接影响电子传递速率，还影响生成 NADH 和 $FADH_2$ 的代谢途径（详见第十一章）。只有在 ADP 含量高、需要合成 ATP 的情况下，电子才能从代谢燃料分子（fuel molecules）传递给 NAD^+ 或 FAD，生成 NADH/$FADH_2$。

知识拓展框

无线粒体的真核生物

线粒体是真核生物的重要细胞器，然而 2016 年《Current Biology》杂志上的一项研究揭示了首个没有线粒体的真核生物，表明了真核生物生命进化分支比预想的要复杂得多。

研究人员对来自南美洲栗鼠消化道的类单鞭滴虫属(*Monocercomonoides*)生物材料进行研究。通过对类单鞭滴虫属细胞进行基因组测序,结果发现这种生物缺乏所有标志性的线粒体蛋白。研究人员分析认为,可能是生活环境导致了单鞭滴虫属无线粒体存在。南美洲栗鼠肠道营养丰富但氧稀缺,而氧又是线粒体供能的必需因素,因而肠道里的类单鞭滴虫属更倾向于在细胞质中利用酶来分解食物和提供能量。至关重要的是,线粒体铁硫簇组装途径几乎存于所有真核细胞中,而在类单鞭滴虫属中,这条途径被从细菌基因转移获得的胞质硫动员系统所取代。这项研究成果对真核生命树中线粒体进化的理解有着重要的意义,暗示真核生物的生命比课本上所说的更为灵活。

Karnkowska A,Vacek V,Zubacova Z,et al. A eukaryote without a mitochondrial organelle. Current biology,2016,26(10):1274-1284.

七、线粒体穿梭系统

线粒体因内膜屏障作用不允许 NADH 进入线粒体,而电子传递链复合体Ⅰ与 NADH 发生互作的部位位于线粒体基质一侧,因此,糖酵解(在细胞质中进行,详见糖代谢)产生的 NADH 必须通过穿梭系统(shuttle system)才能使其还原力进入呼吸链。

(一)磷酸甘油穿梭(glycerol phosphate shuttle)

细胞质中有 3 - 磷酸甘油脱氢酶(glycerol 3-phosphate dehydrogenase;辅酶为 NAD^+),能将 NADH 的还原力传递给磷酸二羟丙酮,生成 3 - 磷酸甘油。

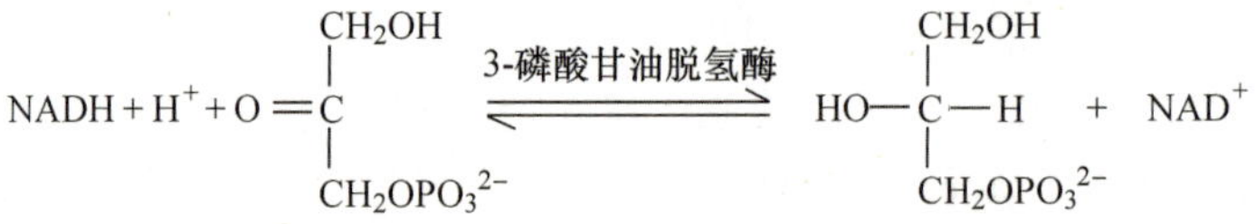

磷酸二羟丙酮　　　　3-磷酸甘油

线粒体内膜也存在 3 - 磷酸甘油脱氢酶(辅基是 FAD),但是以更复杂的酶复合体形式存在。磷酸甘油穿梭过程如图 10 - 25 所示:NADH 在细胞质 3 - 磷酸甘油脱氢酶的催化下,将氢和电子转移给磷酸二羟丙酮,生成 3 - 磷酸甘油;3 - 磷酸甘油借助线粒体内膜上的 3 - 磷酸甘油脱氢酶复合体,将氢和电子转移给 FAD,生成磷酸二羟丙酮和 $FADH_2$。$FADH_2$ 之后可直接进入电子传递链,彻底氧化产生 ATP。可见,经过磷酸甘油穿梭,1 分子细胞质 NADH 可以转化成 1 分子 $FADH_2$。

(二)苹果酸—天冬氨酸穿梭(malate-aspartate shuttle)

线粒体内膜上存在二羧酸转运酶和谷氨酸—天冬氨酸转运酶,前者允许苹果酸、α - 酮戊二酸穿过,后者允许谷氨酸、天冬氨酸穿过。借助这两个转运酶以及细胞质、线粒体中的苹果酸脱氢酶、谷氨酸—天冬氨酸转氨酶,NADH 的还原力可以从细胞质转移到线粒体中,即所谓"苹果酸—天冬氨酸"穿梭。

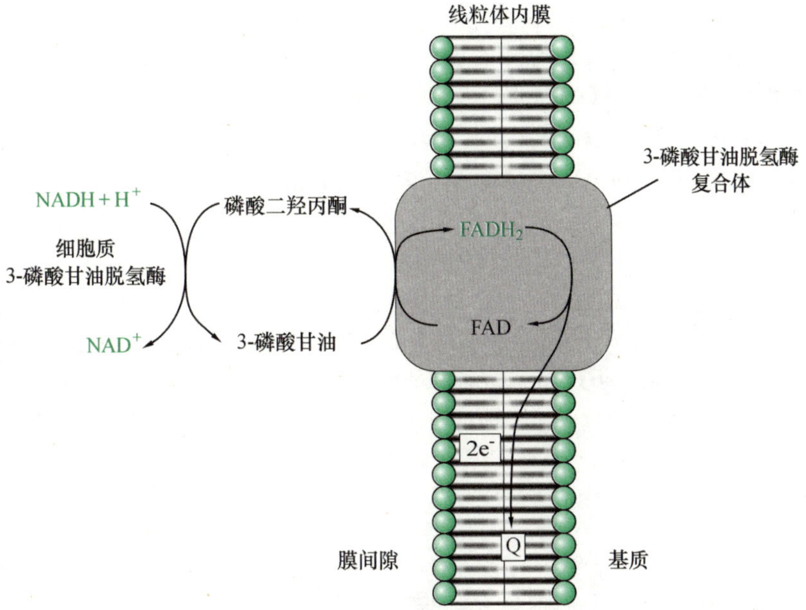

图 10-25 磷酸甘油穿梭

苹果酸—天冬氨酸穿梭具体过程如图 10-26 所示。在细胞质中，苹果酸脱氢酶将 NADH 的还原力转移给草酰乙酸生成苹果酸，苹果酸在二羧酸转运酶协助下进入线粒体；在线粒体苹果酸脱氢酶催化下，使苹果酸脱氢生成草酰乙酸，同时生成 NADH；NADH 直接进入线粒体电子传递链。上述反应产生的草酰乙酸不能穿过线粒体内膜，回到细胞质，在谷氨酸—天冬氨酸转氨酶作用下转化为天冬氨酸，谷氨酸脱氨形成 α-酮戊二酸；天冬氨酸和 α-酮戊二酸借助相应的转运酶回到细胞质；再通过细胞质谷氨酸—天冬氨酸转氨酶作用，生成草酰乙酸和

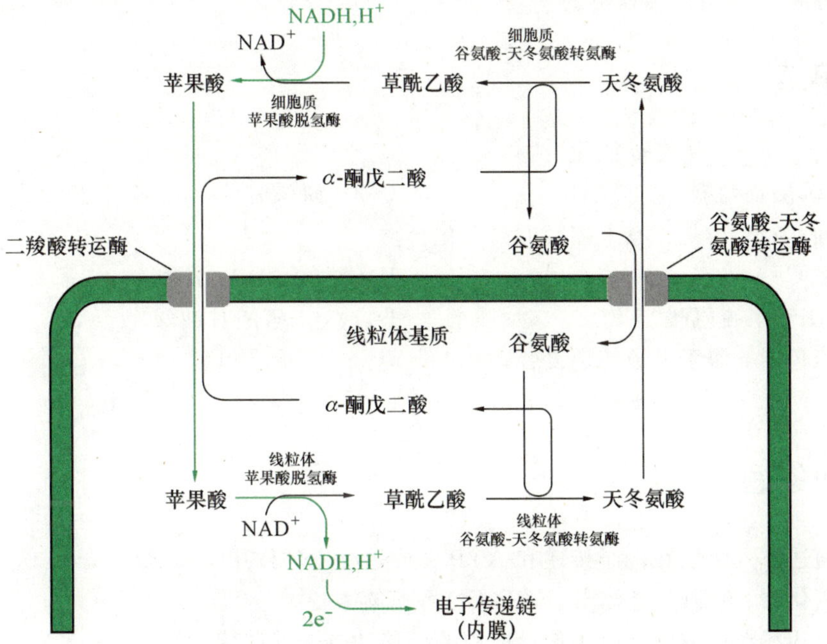

图 10-26 苹果酸—天冬氨酸穿梭

α-酮戊二酸。至此完成一个循环。苹果酸—天冬氨酸穿梭过程极易逆转，只有当细胞质 NADH/NAD^+ 比值高于线粒体内时才能进行；另外，细胞质中的 1 分子 NADH 经过穿梭，在线粒体内仍然生成 1 分子 NADH。

不同组织细胞中的穿梭途径存在差异。如在昆虫翼肌中磷酸甘油穿梭特别显著，而在动物肝脏和心脏细胞中，苹果酸—天冬氨酸穿梭系统更为活跃。

参考文献

1. 朱圣庚，徐长法. 生物化学. 4 版. 北京：高等教育出版社，2016.
2. Berg J M，Tymoczko J L，Stryer L. Biochemistry. 7th ed. New York：W. H. Freeman and Company，2012.
3. Boyer R. Concepts in Biochemistry. 4th ed. Asia：John Wiley and Sons，Inc，2006.
4. Moran L A，Horton H R，Scrimgeour K G，et al. Principle of Biochemistry. 5th ed. International：Pearson Education Inc(Asia)，2012.
5. Itoh H，Takahashi A，Adachi K，et al. Mechanically driven ATP synthesis by F1-ATPase. Nature，2008，427：465 - 468.

思 考 题

二维码 10-1
电子传递链

一、填空

1. 线粒体内膜上，电子传递复合物 Ⅰ、________和________具有质子泵的功能。

2. 依据化学渗透假说，驱动 ATP 合成的动力是氢质子的________梯度和________梯度 。

3. 抗霉素 A 是电子传递链的________。

二、单选

1. 下列________不是高能化合物。

A)6—磷酸葡萄糖　B)ADP　C)3—磷酸甘油　D)A 和 C

2. 下列________是含有甲硫键的高能化合物。

A)乙酰 CoA　B)磷酸烯醇式丙酮酸

C)S—腺苷甲硫氨酸　D)1，3-二磷酸甘油酸

3. 细胞色素 a 属于电子传递复合物________。

A)Ⅰ　B)Ⅱ　C)Ⅲ　D)Ⅳ

三、问答题

1. 请简述下列物质在电子传递和 ATP 合成过程中的作用。
   叠氮化物、鱼藤酮、苍术苷、DNP、CO 和寡霉素
2. 请简述线粒体内膜上电子传递链中的可移动电子载体特性及功能。
3. 为什么 ATP 合酶催化的 ATP 生成需要完整的线粒体内膜？

第十一章

糖　代　谢

糖代谢是生物体广泛存在的最基本代谢。生命活动所需的能量主要由糖分解代谢提供，糖代谢过程产生的中间产物可为氨基酸、核苷酸、脂肪、类固醇等的合成提供碳原子或碳骨架。

糖代谢包括糖的分解代谢和合成代谢。糖种类繁多，为了突出它们共同经历的一些分解代谢途径，本章从葡萄糖入手，重点介绍糖酵解、柠檬酸循环以及磷酸戊糖途径，最后简单介绍多糖和寡糖的酶促降解与合成。

第一节　糖　酵　解

糖酵解是一切生物体中普遍存在的葡萄糖降解途径。通过糖酵解，葡萄糖降解为丙酮酸，同时伴随少量 ATP 生成。糖酵解过程是最早被阐明的代谢途径，因 G. Embden 和 O. Meyerhof 贡献最大，故糖酵解过程又称为 Embden-Meyerhof 途径。

一、糖酵解反应历程

糖酵解在细胞质中进行，具体反应共 10 步，可分为 3 个阶段：己糖的磷酸化、磷酸己糖的裂解、ATP 和丙酮酸的生成。每一阶段包含若干反应。

(一) 己糖的磷酸化

葡萄糖经过两次磷酸化反应生成 1,6-二磷酸果糖，为裂解成 2 分子磷酸丙糖做准备。这一阶段共消耗 2 分子 ATP，为耗能活化阶段，涉及 3 步反应：

(1) 葡萄糖的磷酸化　葡萄糖被己糖激酶磷酸化生成 6-磷酸葡萄糖（简写成 G-6-P 或者 6-P-G），是一个不可逆反应，ATP 为磷酸基团供体，葡萄糖为磷酸基团受体。

葡萄糖　　　　6-磷酸葡萄糖

磷酸基团的转移是生物化学中的一个基本反应。能够在 ATP 和任何一种底物之间催化转移磷酸基团作用的酶称为激酶(kinase),激酶都需要 Mg^{2+} 作为激活因子。己糖激酶能将磷酸基团从 ATP 转移到各种六碳糖。

(2)6-磷酸果糖的生成　磷酸己糖异构酶催化 6-磷酸葡萄糖异构化生成 6-磷酸果糖(简写成 F-6-P 或者 6-P-F)。这是磷酸己糖的异构化反应,为可逆反应。

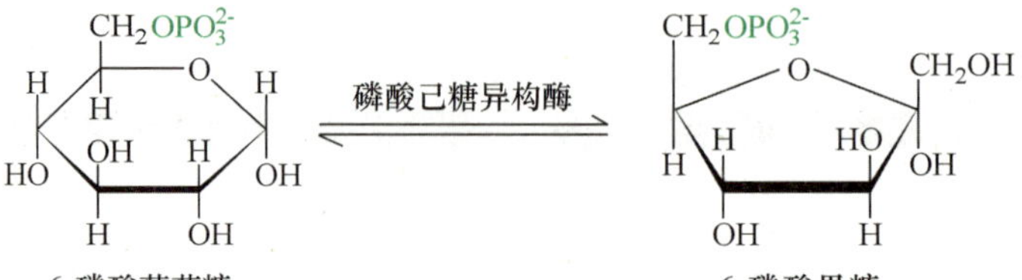

(3)1,6-二磷酸果糖的生成　由磷酸果糖激酶催化 6-磷酸果糖再次磷酸化,生成 1,6-二磷酸果糖,为不可逆反应。

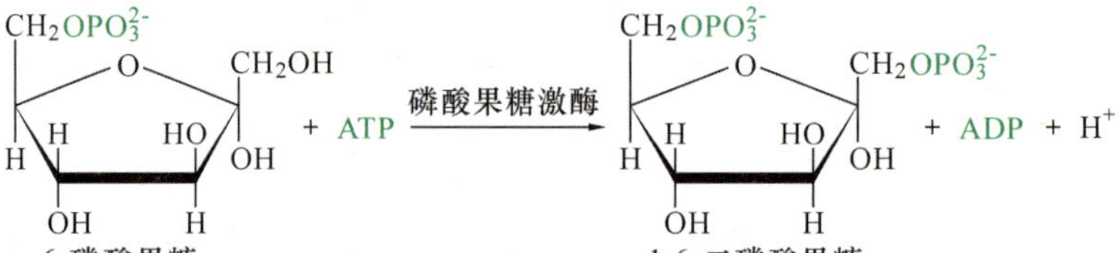

(二)磷酸己糖的裂解

这一阶段反应包括 1,6-二磷酸果糖裂解为 2 分子不同类型的磷酸丙糖,以及磷酸丙糖之间的相互转化。

(4)1,6-二磷酸果糖的裂解　由醛缩酶催化 1,6-二磷酸果糖裂解成 2 分子磷酸丙糖,即 3-磷酸甘油醛和磷酸二羟丙酮。

该反应的 $\Delta G^{\ominus\prime}=+24.0$ kJ/mol,从能量学上不利于裂解反应,但由于 3-磷酸甘油醛位于糖酵解途径的主线上,在下一阶段的反应中不断被氧化消耗,因而驱动反应向裂解方向进行。

(5)磷酸丙糖的同分异构化　磷酸丙糖异构酶催化磷酸二羟丙酮异构化,生成 3-磷酸甘油醛。

(三)3-磷酸甘油醛生成丙酮酸

在此阶段有一步氧化反应和两步产能反应，3-磷酸甘油醛最终生成丙酮酸，并释放能量。

(6)3-磷酸甘油醛氧化为1，3-二磷酸甘油酸　3-磷酸甘油醛的氧化是酵解中唯一一次遇到的氧化反应。由3-磷酸甘油醛脱氢酶催化完成，反应中同时涉及脱氢和磷酸化。脱氢为放能反应($\Delta G^{\ominus\prime}=-43.11$ kJ/mol)，磷酸化为吸能反应($\Delta G^{\ominus\prime}=+49.38$ kJ/mol)，吸收的能量使羧基磷酸化而贮于高能混合酸酐键(羧酸—磷酸)中，生成高能磷酸化合物1，3-二磷酸甘油酸。反应中脱下的氢由NAD^+接受，形成NADH。该酶活性中心有半胱氨酸残基，为巯基酶，可被碘乙酸不可逆抑制(详见第五章)。

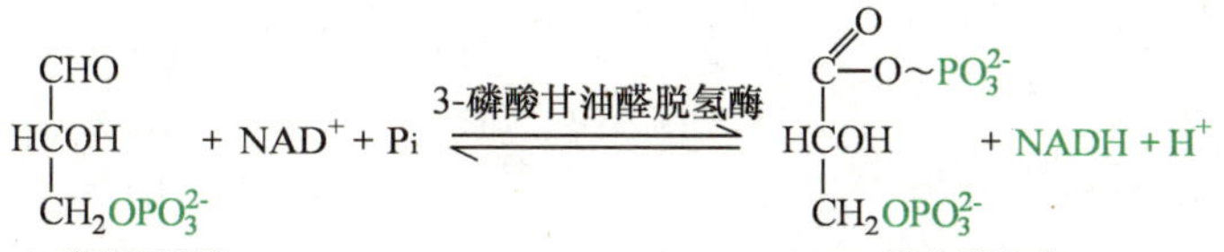

3-磷酸甘油醛　　1,3-二磷酸甘油酸

(7)3-磷酸甘油酸和ATP的生成　磷酸甘油酸激酶催化1，3-二磷酸甘油酸分子中C_1上具高能键的磷酸基团转移到ADP上，生成3-磷酸甘油酸和ATP。这是糖酵解中首次通过底物直接氧化形成的ATP，这种ATP生成方式称为底物水平磷酸化。

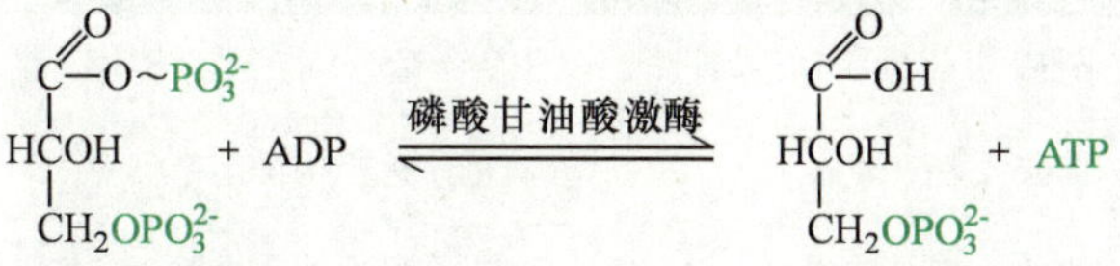

1,3-二磷酸甘油酸　　3-磷酸甘油酸

体外研究证明，在第(6)步反应中，外加砷酸盐(AsO_4^{3-})可与PO_4^{3-}竞争，形成1-砷酸-3-磷酸甘油酸，该产物很易自发水解成3-磷酸甘油酸而无ATP的形成。砷酸盐能使上述反应的氧化作用与磷酸化作用解偶联，而不影响糖酵解的继续进行，原因即在此。

(8)3-磷酸甘油酸异构为2-磷酸甘油酸　磷酸甘油酸变位酶催化3-磷酸甘油酸C_3上的磷酸基团转移到分子内的C_2原子上，生成2-磷酸甘油酸：

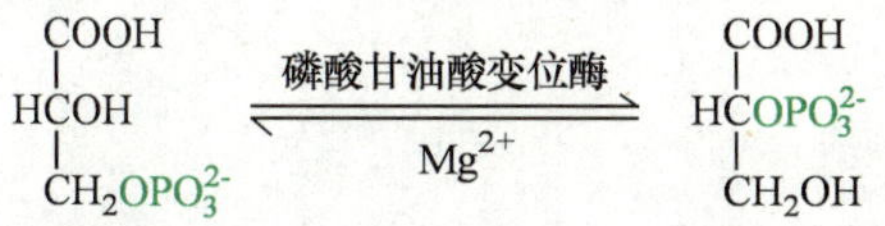

3-磷酸甘油酸　　2-磷酸甘油酸

(9)磷酸烯醇式丙酮酸(PEP)的生成　烯醇化酶催化2-磷酸甘油酸脱去1分子水，生成磷酸烯醇式丙酮酸：

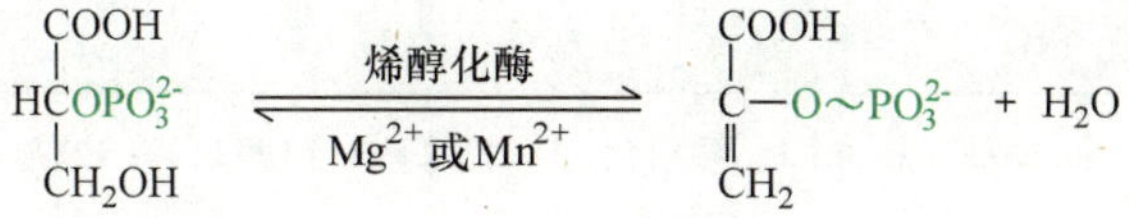

2-磷酸甘油酸　　磷酸烯醇式丙酮酸

这是一个分子内脱水形成双键的反应。在脱水过程中发生了歧化反应，第 2 个碳原子被氧化，第 3 个碳原子被还原，这使得分子内能量重新分配，生成高能磷酸化合物——磷酸烯醇式丙酮酸。反应需 Mg^{2+} 或 Mn^{2+}。由于 F^- 能与 Mg^{2+} 形成络合物并结合在酶上，因此氟化物能抑制烯醇化酶的活性。

(10)丙酮酸和 ATP 的生成　丙酮酸激酶催化 PEP 上的磷酸基团转移至 ADP 生成 ATP，同时 PEP 形成烯醇式丙酮酸。后者极不稳定，很易自发转变为丙酮酸。丙酮酸激酶催化的反应是糖酵解中第二个底物水平磷酸化反应，反应不可逆，需 K^+、Mg^{2+} 或 Mn^{2+} 参加。至此，糖酵解反应途径全部完成。

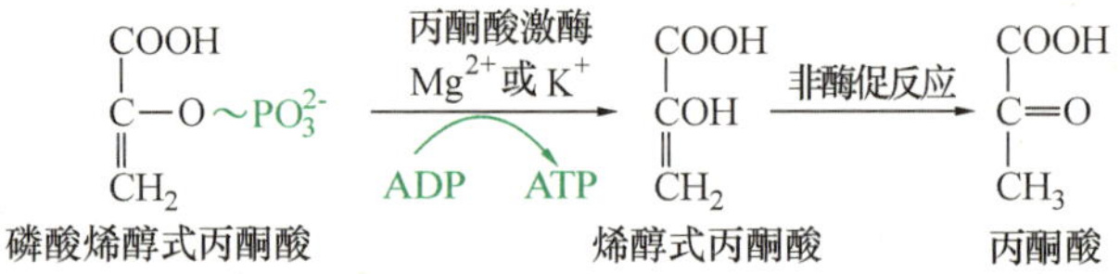

糖酵解的整个反应历程如表 11-1 和图 11-1(左侧图)所示。

表 11-1　糖酵解的反应

步骤	反　应	酶	反应类型	$\Delta G^{\ominus\prime}$ (kJ/mol)	ΔG (kJ/mol)
1	葡萄糖＋ATP → 6-磷酸葡萄糖	己糖激酶	A	−16.70	−33.49
2	6-磷酸葡萄糖⇌6-磷酸果糖	磷酸己糖异构酶	C	＋1.67	−2.5
3	6-磷酸果糖＋ATP→1,6-二磷酸果糖＋ADP	磷酸果糖激酶	A	−14.20	−22.20
4	1,6-二磷酸果糖⇌磷酸二羟丙酮＋3-磷酸甘油醛	醛缩酶	E	＋23.90	−1.3
5	3-磷酸甘油醛⇌磷酸二羟丙酮	磷酸丙糖异构酶	C	＋7.5	＋2.50
6	3-磷酸甘油醛＋Pi＋NAD^+⇌1,3-二磷酸甘油酸＋NADH＋H^+	3-磷酸甘油醛脱氢酶	F	＋6.30	−1.7
7	1,3-二磷酸甘油酸＋ADP⇌3-磷酸甘油酸＋ATP	磷酸甘油酸激酶	A	−18.80	＋1.3
8	3-磷酸甘油酸⇌2-磷酸甘油酸	磷酸甘油酸变位酶	B	＋4.60	＋0.80
9	2-磷酸甘油酸⇌磷酸烯醇式丙酮酸＋H_2O	烯醇化酶	D	＋1.67	−3.30
10	磷酸烯醇式丙酮酸＋ADP＋H^+→丙酮酸＋ATP	丙酮酸激酶	A	−31.40	−16.70

反应类型：A. 磷酰基转移；B. 磷酰基移位；C. 异构化；D. 脱水；E. 醛醇裂解；F. 与氧化作用偶联的磷酸化作用。

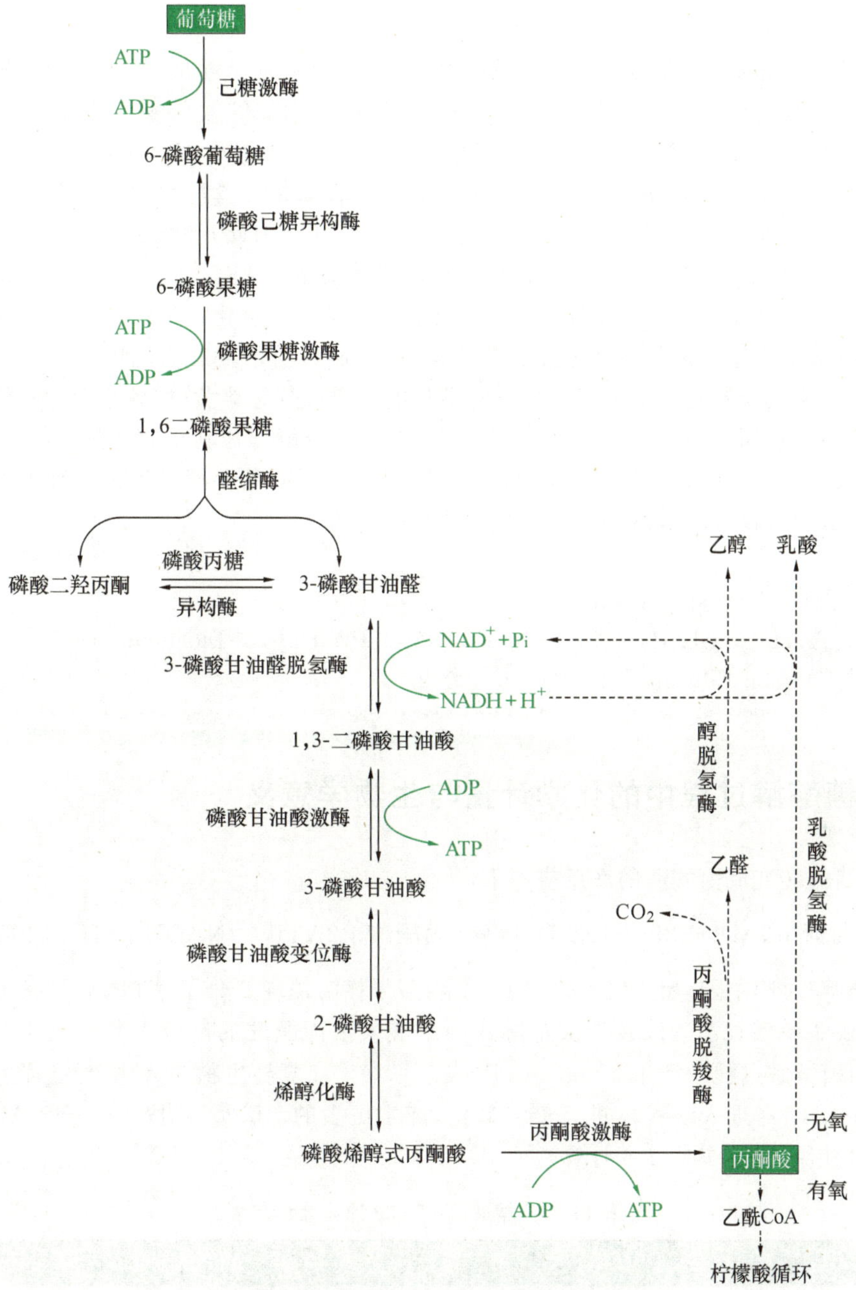

图 11-1　糖酵解途径(实箭头)及丙酮酸的去路(虚箭头)

知识拓展框

砷酸与亚砷酸中毒

砷中毒主要是由砷化合物引起,不同砷化合物造成中毒的机理不同。这里主要介绍砷酸盐(arsenate)与亚砷酸盐(arsenite)中毒的机理。

由于砷酸根离子(AsO_4^{3-})与磷酸根(PO_4^{3-})离子在结构上相似,因而在糖酵解途径中的第6步反应(从3-磷酸甘油醛到1,3-二磷酸甘油酸)中能够取代磷酸根离子,与3-磷酸甘油醛反应生成1-砷酸-3-磷酸甘油酸,进一步自发反应水解生成3-磷酸甘油酸,反应过程中不产生ATP。而正常糖酵解第6步反应产生的1,3-二磷酸甘油酸会在磷酸甘油酸激酶的催化下形成3-磷酸甘油酸,并产生1分子ATP。因此,砷酸根离子取代磷酸根离子导致糖酵解途径ATP的净生成量为0,造成机体能量缺乏。

亚砷酸根离子(AsO_2^-)的毒性比砷酸根离子更强。三氧化二砷,即砒霜,就属于亚砷酸。亚砷酸根离子通过与硫辛酰胺的巯基结合,抑制以硫辛酰胺为辅因子的一些酶的活性,导致代谢反应不能正常进行。牛黄解毒片的主要成分是雄黄(四硫化四砷),雄黄本身有毒性,如果长期使用,会造成人体中毒。此外,在牛黄解毒片制作的过程中,雄黄遇热也有可能被氧化成三氧化二砷,也就是砒霜。所以在使用剂量上需要控制。砒霜虽是剧毒物,但适量的砒霜可用来治疗急性早幼粒细胞白血病。

Chen Z,Chen S. Poisoning the devil. Cell,2017,168(4):556-560.
Moran L A,Horton H R,Scrimgeour K G,et al. Principle of Biochemistry. 5th ed. International:Pearson Education Inc (Asia),2012.

二、糖酵解过程中的化学计量与生物学意义

从葡萄糖转变成丙酮酸的净反应如下:

$$葡萄糖 + 2ADP + 2Pi + 2NAD^+ \longrightarrow 2\,丙酮酸 + 2ATP + 2NADH + 2H^+ + 2H_2O$$

在糖酵解过程中,起始阶段形成1,6-二磷酸果糖时消耗2分子ATP,后续在1,3-二磷酸甘油酸生成3-磷酸甘油酸以及磷酸烯醇式丙酮酸生成丙酮酸的反应中各形成1分子ATP。因此,葡萄糖酵解过程净产生2分子ATP(表11-2)。在真核生物中,糖酵解过程生成的2分子$NADH+H^+$需进入线粒体进行最终氧化,产生更多的ATP。若按1分子NADH生成3分子ATP计算(有些书按2.5计算)。

表11-2 糖酵解中ATP的消耗和产生

反应	ATP的变化
葡萄糖 → 6-磷酸葡萄糖	−1
6-磷酸果糖 → 1,6-二磷酸果糖	−1
2×1,3-二磷酸甘油酸 → 2×3-磷酸甘油酸	+2
2×磷酸烯醇式丙酮酸 → 2×丙酮酸	+2
葡萄糖 → 2×丙酮酸净产生	+2

糖酵解具有重要的生物学意义。①糖酵解在生物体中普遍存在,它在有氧及无氧条件下都能进行,是葡萄糖进行有氧或无氧分解的共同代谢途径。②通过糖酵解,生物体获得生命活动所需的部分能量。对于厌氧生物或供氧不足的组织来说,糖酵解是糖分解的主要形式,也是

获得能量的主要方式。③糖酵解形成的许多中间产物，可作为合成其他物质的原料。如磷酸二羟丙酮可转变为甘油，丙酮酸可转变为丙氨酸，它们分别是脂肪和蛋白质合成的原料，这样就使糖酵解与蛋白质和脂类合成代谢途径联系起来。另外，在糖酵解途径中虽然有三步反应不可逆，但其余反应均可逆，这为在特定生理条件下葡萄糖的合成（糖异生作用）提供了基本途径（详见本章第五节）。

三、丙酮酸在无氧条件下的去路

糖酵解的终产物——丙酮酸的去路关键取决于氧的有无（图 11 - 1，右侧图）。在有氧条件下，丙酮酸先氧化脱羧生成乙酰 CoA，再经柠檬酸循环（详见下文）和电子传递链彻底氧化成 CO_2 和 H_2O，并产生大量 ATP；在无氧条件下，丙酮酸不能进一步氧化，而是还原为乙醇或乳酸，此过程只有很少一部分能量得到释放。

（一）生成乙醇

在大多数微生物中，丙酮酸经丙酮酸脱羧酶（辅酶为 TPP）催化脱羧生成乙醛，乙醛继续在醇脱氢酶的催化下，被 NADH 还原生成乙醇。

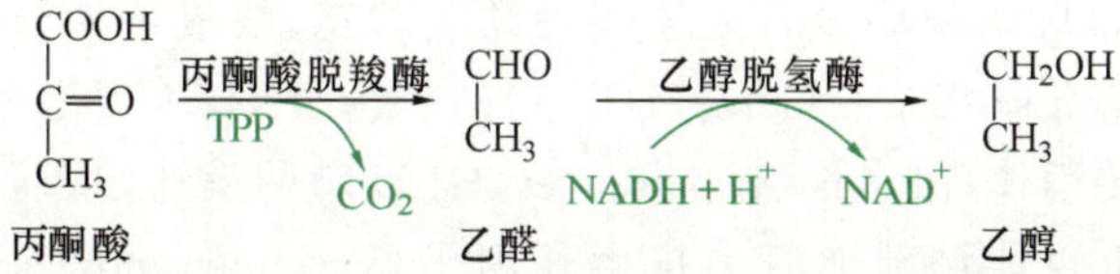

上述由葡萄糖转化为乙醇的过程称为乙醇发酵（或酒精发酵），净反应为：

$$葡萄糖 + 2Pi + 2ADP + 2H^+ \rightarrow 2\ 乙醇 + 2CO_2 + 2ATP + 2H_2O$$

需要注意的是，虽然在乙醛还原为乙醇时需要 NADH 提供还原力，并有 NAD^+ 的生成，但在总反应式中没有反映出来，原因是糖酵解第六步反应中，3-磷酸甘油醛氧化时恰好要消耗掉 1 分子 NAD^+，生成 1 分子 NADH。

乙醇发酵也存在于真菌和缺氧的植物器官中。例如，甘薯长期淹水、供氧不足时，块根便进行无氧呼吸、产生乙醇。涝害后地下薯块发育受阻、产生酒味就是这个原因。在人类生活中，乙醇发酵被用于酿酒和制作面包等。动物体内不存在丙酮酸脱羧酶。

（二）生成乳酸

许多微生物可以进行乳酸发酵。在无氧条件下葡萄糖先转化成丙酮酸，丙酮酸在乳酸脱氢酶催化下接受 NADH 上的氢，被还原成乳酸。

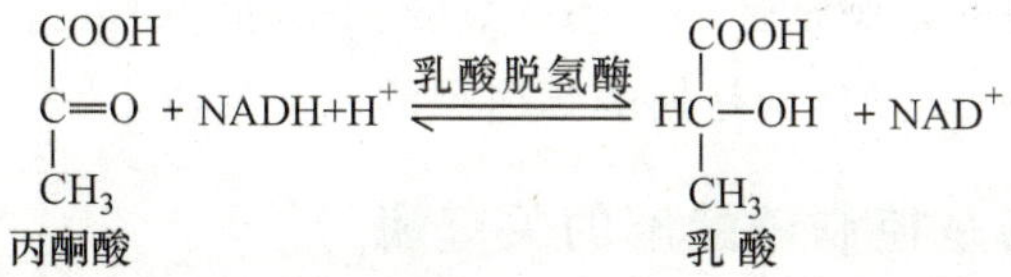

乳酸发酵的净反应为：

$$葡萄糖 + 2Pi + 2ADP + 2H^+ \rightarrow 2\ 乳酸 + 2ATP + 2H_2O$$

和乙醇发酵一样，乳酸发酵总反应中也看不到 NADH，但都有 NADH 的参与和 NAD^+ 的再生。NAD^+ 的再生是维持无氧条件下糖酵解所必需的。

不仅微生物厌氧发酵能将丙酮酸转变为乳酸，动植物体在缺氧时也可进行乳酸发酵。比如剧烈活动的肌肉细胞极易产生乳酸。如果细胞缺氧时间过长，产生的乳酸过多，可造成代谢性酸中毒，因为乳酸的 $pK=3.8$，在生理 pH 范围内大多处于解离状态，这会严重影响血液的酸碱度。在生活实践中，乳酸发酵常用于生产奶酪、酸奶、食用泡菜及青贮饲料等。泡菜腌制的实质是乳酸杆菌高密度繁殖，产生大量乳酸，大大降低环境 pH，从而可以有效抑制其他细菌的活动，使泡菜长期保存而不腐烂。

知识拓展框

糖酵解与肿瘤

肿瘤细胞处于失控的增殖分裂状态，能量需求旺盛。但是肿瘤细胞不是通过线粒体内经典的三羧酸循环和氧化磷酸化产生能量，即使在有氧的条件下，它们也主要通过糖酵解这条能量获取较快的途径代谢以获取能量，这种现象被称为“瓦伯格效应(Warburg effect)”。

过快的生长使得肿瘤细胞经常处于一种缺氧状态，缺氧条件诱导了缺氧诱导因子(hypoxia-inducible transcription factor，HIF-1)的表达。HIF-1 是一种转录因子，它促进了细胞膜上葡萄糖转运体(glucose transporter，GLUT)的表达，从而导致更多的葡萄糖进入细胞内。HIF-1 也能调节血管内皮生长因子(vascular endothelial growth factor，VEGF)的表达，促进肿瘤细胞组织中血管的生长，为肿瘤组织提供丰富的血液和营养。此外，HIF-1 上调糖酵解路径多种酶的表达，糖酵解代谢增强为细胞快速生长提供所需能量，保证肿瘤细胞可以快速分裂和增殖。一些抗癌药物就是通过抑制糖酵解代谢途径中的酶活性来抑制肿瘤生长的。

Eales K L，Hollinshead K E R，Tennant D A. Hypoxia and metabolic adaptation of cancer cells. Oncogenesis，2016，5：e190.
Nelson D L，Cox M M. Lehninger Principles of Biochemistry. 7th ed. W. H. Freeman and Company，2017.

四、糖酵解途径的调控

葡萄糖转化为丙酮酸的速率是受到严格调节的。糖酵解中，己糖激酶、磷酸果糖激酶和丙酮酸激酶催化的反应是不可逆的，均是糖酵解途径的调节部位。

(一)磷酸果糖激酶是控制糖酵解的关键酶

磷酸果糖激酶是糖酵解途径中最重要的调控部位，糖酵解速度主要取决于该酶活性。

①ATP 是磷酸果糖激酶的底物，同时又是该酶的抑制剂。磷酸果糖激酶为四聚体，受

ATP 的别构抑制。当 ATP 浓度高时，ATP 与酶的调节部位结合，引起酶构象改变，降低 6-磷酸果糖与酶的亲和力。ATP 对此酶的抑制可以被 AMP 逆转。当 ATP/AMP 比值低时，磷酸果糖激酶的活性增高，糖酵解被促进。ATP 可以通过自身浓度变化来影响磷酸果糖激酶的活性，从而实现对糖酵解的调控，这是磷酸果糖激酶的一个调节特性。该酶的另一个调节特性是当 pH 明显下降时酶活性被抑制。H^+ 抑制磷酸果糖激酶活性、降低糖酵解速度，这有利于避免因乳酸过量所引起的血液 pH 急剧下降。

②柠檬酸对磷酸果糖激酶有抑制作用。糖酵解过程不仅产生 ATP，同时也为生物合成补充碳骨架，因此，磷酸果糖激酶应该受到来自构造单元充裕或缺乏的信号的调节。柠檬酸是丙酮酸代谢产物进入柠檬酸循环的第一个中间产物，高水平的柠檬酸意味着生物合成前体是足量的，过多的葡萄糖不应该再降解。柠檬酸对磷酸果糖激酶有抑制作用，其抑制作用是通过加强 ATP 对磷酸果糖激酶的抑制来实现的。当细胞既需要能量又需要合成原料时，即 ATP/AMP 的比值和柠檬酸的水平都低时，磷酸果糖激酶活性最高；当细胞只需要能量或碳架二者之一时，该酶活性中等；当二者都充裕时，该酶几乎完全失活。

③2,6 - 二磷酸果糖（F-2,6-BP）是磷酸果糖激酶的激活剂。1980 年，H G. Hers 和 E V. Schaftingen 发现磷酸果糖激酶的另一个调节物——F-2,6-BP，它作为别构激活剂可以增加磷酸果糖激酶与 6-磷酸果糖的亲和力，并能降低 ATP 的抑制作用。

（二）己糖激酶参与糖酵解速率的调节

己糖激酶催化糖酵解的第一个不可逆反应受其产物 6-磷酸葡萄糖的反馈抑制。从糖酵解反应途径不难看出，如果磷酸果糖激酶活性不活跃，也会引起己糖激酶活性的抑制，因为 6-磷酸果糖的积累必然使可逆反应向生成 6-磷酸葡萄糖的方向进行。

（三）丙酮酸激酶对糖酵解的调节作用

丙酮酸激酶催化的是糖酵解的第三个不可逆反应，也是最后一步反应，它控制着产物丙酮酸的外流。丙酮酸处在代谢中心位置上，既能被进一步氧化产生能量，又能用作生物合成的构件单元，因此丙酮酸激酶也是一个重要的调节部位，它的活性调节是通过磷酸化和去磷酸化修饰实现的。丙酮酸激酶有多种调节物：①受 1,6-二磷酸果糖的激活。如果 1,6-二磷酸果糖来源丰富，丙酮酸激酶便发生去磷酸化而处于活性形式，使糖酵解顺利进行。②受 ATP 的抑制。如果由于糖代谢造成能荷过高、血液中的葡萄糖水平降低，肝脏中丙酮酸激酶就发生磷酸化而处于非活性形式，这有利于降低糖酵解速率，从而起到维持血液中葡萄糖浓度的作用。③受丙氨酸抑制。细胞中丙氨酸浓度增加意味着其前体丙酮酸浓度过量，因此丙氨酸的抑制作用有利于维持糖代谢的动态平衡。

总之，糖酵解能根据细胞代谢需要协调进行，不是一种酶或一种因素起调节作用，而是有多种酶、多种因素参与。

五、糖酵解的其他底物

葡萄糖不是糖酵解的唯一底物，其他物质如半乳糖、果糖、甘油、甘露糖等通过转变也可成为糖酵解的底物或中间产物。从图 11 - 2 可以看出，这些物质虽历经不同反应，但都有一个共同特点，就是通常都要先被磷酸化，然后才进入糖酵解途径。

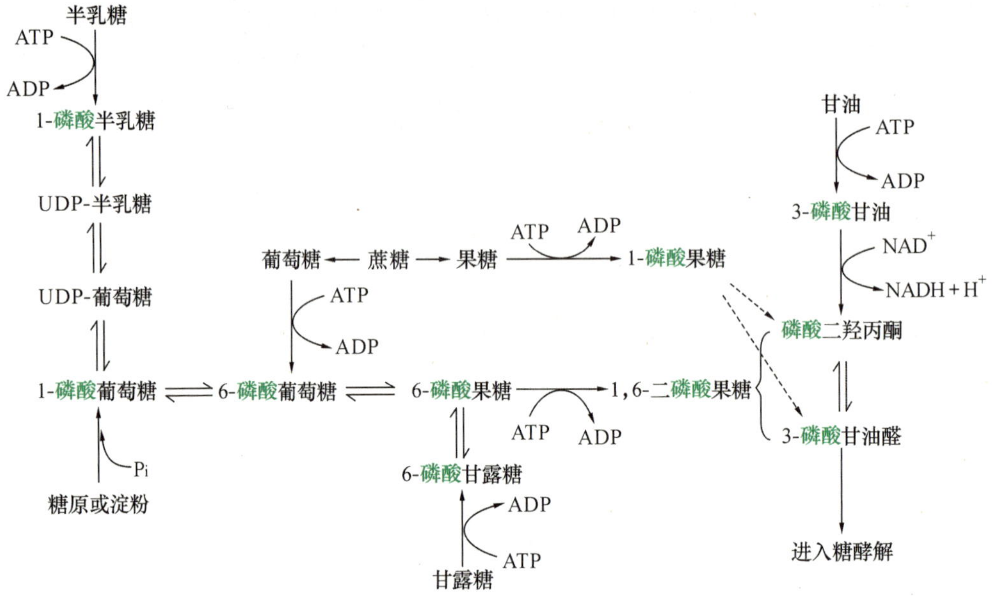

图 11-2　其他底物进入糖酵解

知识拓展框

半乳糖血症

半乳糖通过数步反应进入糖酵解途径进而代谢。首先半乳糖在半乳糖激酶的催化下形成1-磷酸半乳糖，它与UDP-葡萄糖在1-磷酸半乳糖尿苷酰转移酶的催化下形成UDP-半乳糖，后者在差向异构酶的催化下形成UDP-葡萄糖，进而由UDP-葡萄糖焦磷酸化酶催化形成1-磷酸葡萄糖。磷酸葡萄糖变位酶催化1-磷酸葡萄糖转化为6-磷酸葡萄糖，进入糖酵解途径。

半乳糖血症(galactosemia)是一种常染色体遗传的先天性代谢疾病，患者体内由于缺乏半乳糖代谢的相关酶类，例如，1-磷酸半乳糖尿苷酰转移酶，因而发生半乳糖代谢障碍，致使血液中半乳糖积累，进而造成眼睛晶状体内半乳糖含量升高。半乳糖在醛糖还原酶(aldose reductase)的催化下形成半乳糖醇(galactitol)，造成晶状体浑浊，引起白内障。如果儿童患上半乳糖血症，还会出现神经性耳聋、生长迟缓和智力发育障碍等症状。

Demirbas D, Coelho A I. Rubio-Gozalbo M E, et al, Hereditary galactosemia. Metabolism, 2018, 83: 188-196.
Moran L A, Horton H R, Scrimgeour K G, et al. Principle of Biochemistry. 5th ed. International: Pearson Education Inc (Asia), 2012.

第二节　柠檬酸循环

大部分生物的糖降解代谢是在有氧条件下进行的。糖的有氧降解是丙酮酸在有氧条件下的彻底氧化分解，这个过程在线粒体中进行，反应分为两个阶段：丙酮酸氧化为乙酰 CoA；乙酰 CoA 的乙酰基经过柠檬酸循环被彻底氧化为 CO_2 和 H_2O，同时释放出大量能量。

一、由丙酮酸形成乙酰 CoA

丙酮酸氧化脱羧形成乙酰 CoA 的反应是连接糖酵解和柠檬酸循环的纽带，由丙酮酸脱氢酶复合体(pyruvate dehydrogenase complex)催化：

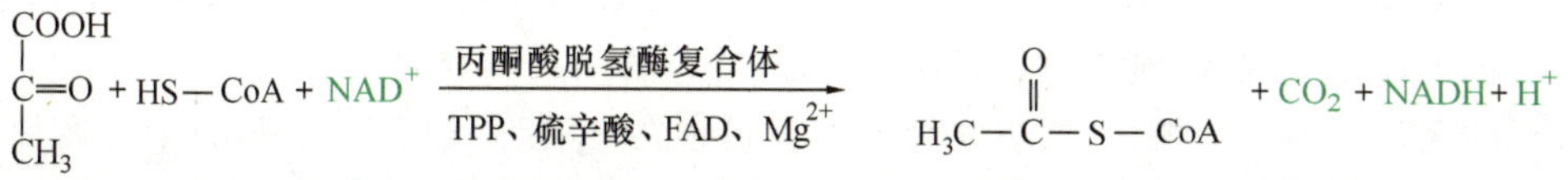

丙酮酸脱氢酶复合体位于线粒体内膜上，由 3 种酶组成：丙酮酸脱氢酶(E_1)、二氢硫辛酰乙酰转移酶(E_2)和二氢硫辛酰脱氢酶(E_3)，辅因子包括焦磷酸硫胺素(TPP)、硫辛酸、FAD、NAD^+、CoA 和 Mg^{2+} 6 种。

丙酮酸氧化脱羧反应分 5 步进行(图 11-3)：

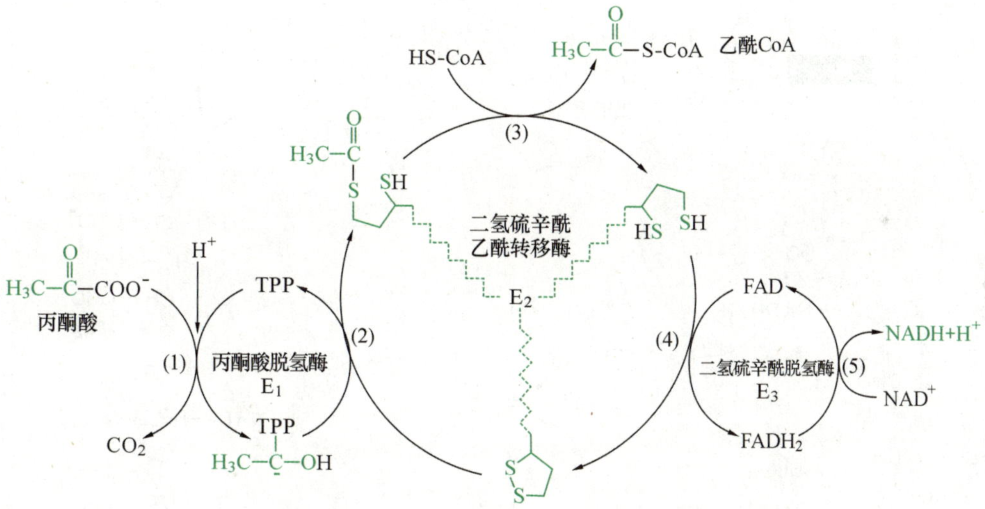

图 11-3　丙酮酸脱氢酶复合体催化的反应

①由丙酮酸脱氢酶(E_1)催化，使丙酮酸脱羧产生 CO_2，羟乙基与 TPP 结合；羟乙基被转移到硫辛酰胺的同时发生脱氢，硫辛酰胺的二硫键打开，形成乙酰硫辛酰胺；

②由二氢硫辛酰乙酰转移酶(E_2)催化，乙酰硫辛酰胺的乙酰基转移到 CoA 的巯基上，形成乙酰 CoA 和二氢硫辛酰胺；

③在二氢硫辛酰脱氢酶(E_3)的作用下，二氢硫辛酰脱氢，而 FAD 被还原；

④$FADH_2$ 将一对氢交给 NAD^+，形成 $NADH+H^+$。

总之，丙酮酸经过氧化脱羧，生成 1 分子 CO_2、1 分子乙酰 CoA 和 1 分子 $NADH+H^+$。

丙酮酸脱氢酶复合体是连接糖酵解和三羧酸循环的重要酶，当丙酮酸脱氢酶复合体缺陷时，会导致严重的疾病。例如，当丙酮酸脱氢酶复合体 E_1 组分缺陷时，造成先天性乳酸中毒，伴随神经退行性变、肌肉痉挛等症状，可造成新生儿死亡。这是由于酶组分缺陷时，丙酮酸不能转变为乙酰 CoA，而是在乳酸脱氢酶的催化下产生大量的乳酸。我们的大脑依靠三羧酸循环提供能量，并且对酸中毒非常敏感，因此丙酮酸脱氢酶复合体缺陷对大脑会造成严重的影响。

二、柠檬酸循环历程

乙酰 CoA 的进一步降解是通过一个代谢循环进行的，反应第一步涉及柠檬酸的合成，故称为柠檬酸循环（citric acid cycle）。因柠檬酸含有 3 个羧基，又称为三羧酸循环（tricarboxylic acid cycle，TCA 循环）。柠檬酸循环的揭示是生物化学领域中一项经典性成就，为了纪念英国生物化学家 H. Krebs 在该领域的贡献，柠檬酸循环也称 Krebs 循环。

柠檬酸循环途径在动植物、微生物细胞中普遍存在，不仅是糖分解代谢的主要途径，也是脂肪、蛋白质分解代谢的最终途径，因为脂肪水解产物脂肪酸以及蛋白质水解产物氨基酸通过相关降解代谢可以生成柠檬酸循环的中间产物。

柠檬酸循环细分为 10 步反应（图 11-4），由 8 种酶催化完成，反应性质涉及裂合、异构、脱氢、脱羧、加水等。

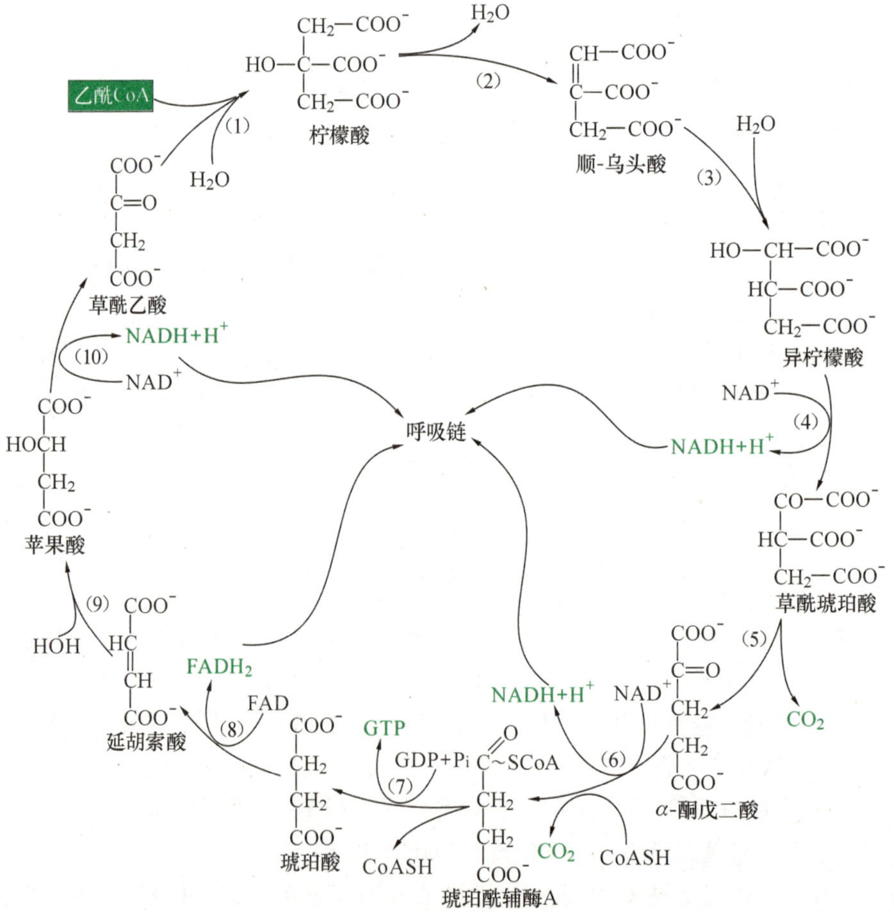

(1)柠檬酸合酶；(2)、(3)顺乌头酸酶；(4)、(5)异柠檬酸脱氢酶；(6)α-酮戊二酸脱氢酶复合体；(7)琥珀酰 CoA 合成酶；(8)琥珀酸脱氢酶；(9)延胡索酸酶；(10)苹果酸脱氢酶

图 11-4 柠檬酸循环

(一)乙酰 CoA 与草酰乙酸缩合形成柠檬酸(第 1 步反应)

柠檬酸循环以草酰乙酸(四碳单位)和乙酰 CoA(二碳单位)的加入为起点。二者经柠檬酸合酶(citrate synthase)催化,先缩合成柠檬酰辅酶 A,随后其高能硫酯键水解形成六碳单位的柠檬酸,并释放出大量能量($\Delta G^{\ominus\prime}=-32.2$ kJ/mol),使反应不可逆。

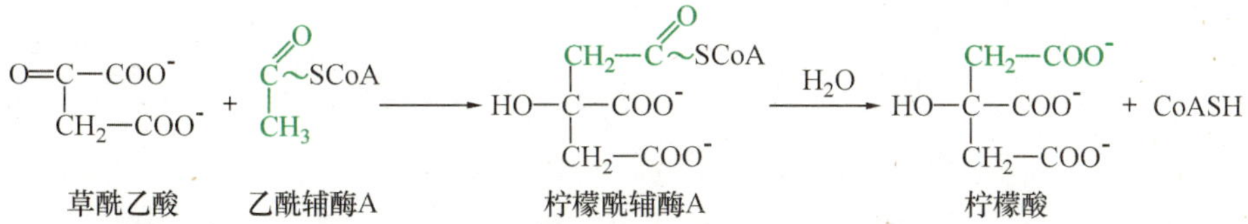

(二)柠檬酸异构化形成异柠檬酸(第 2、3 步反应)

柠檬酸必须异构化成异柠檬酸(isocitric acid),才能使六碳单位进行氧化脱羧。柠檬酸的异构化过程是先脱水成顺乌头酸(cis-aconitate),然后再水合成异柠檬酸,其结果是 H 和 OH 位置发生交换。催化这两步反应的酶是顺乌头酸酶(aconitase)。

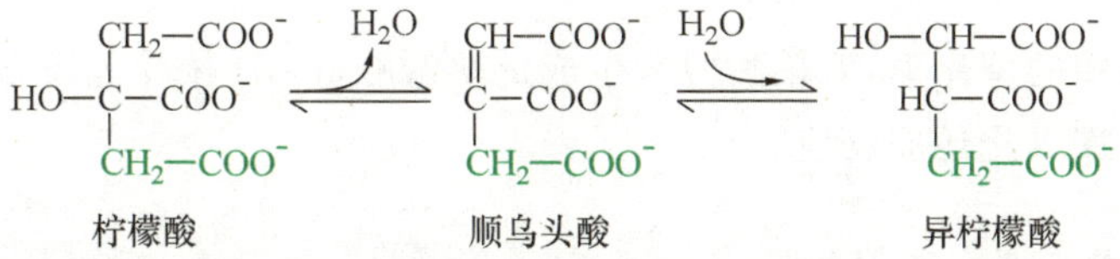

(三)异柠檬酸氧化脱羧形成 α - 酮戊二酸(第 4、5 步反应)

在异柠檬酸脱氢酶的催化下,异柠檬酸脱下 2 个 H,由此生成的草酰琥珀酸是一个不稳定的 α - 酮酸,与酶结合即脱羧形成 α - 酮戊二酸。这是柠檬酸循环中的第一次脱氢、脱羧反应,产生第一个 CO_2 和 NADH。

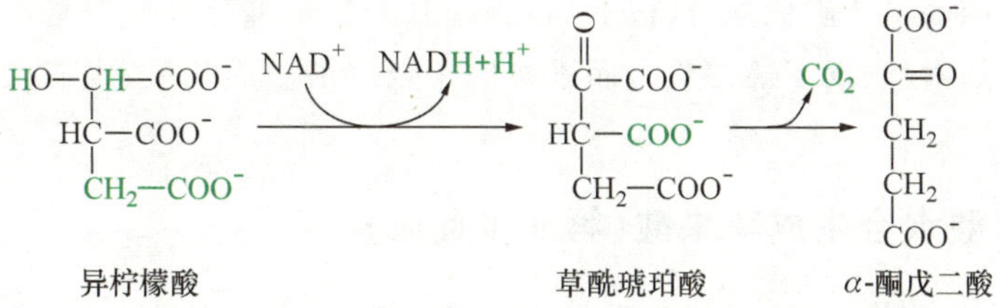

(四)α - 酮戊二酸氧化脱羧形成琥珀酰 CoA(第 6 步反应)

这是柠檬酸循环中第 2 个氧化脱羧反应,由 α - 酮戊二酸脱氢酶复合体催化,它与前文提到的丙酮酸脱氢酶复合体的结构组成和催化机制相似,并同样受产物 NADH、琥珀酰 CoA 及 ATP、GTP 的反馈抑制,但不受磷酸化调节。

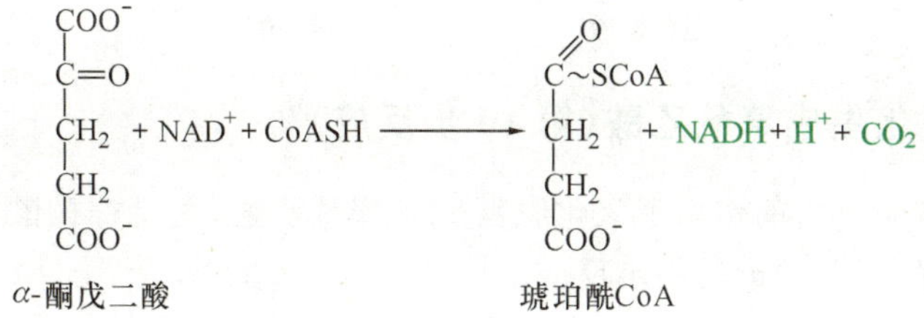

(五)由琥珀酰 CoA 产生高能磷酸键(第 7 步反应)

琥珀酰 CoA 的硫酯键是高能键,水解时的 $\Delta G^{\ominus\prime}$约为-33.5 kJ/mol,主要用于形成 GTP(植物和细菌中为 ATP)。

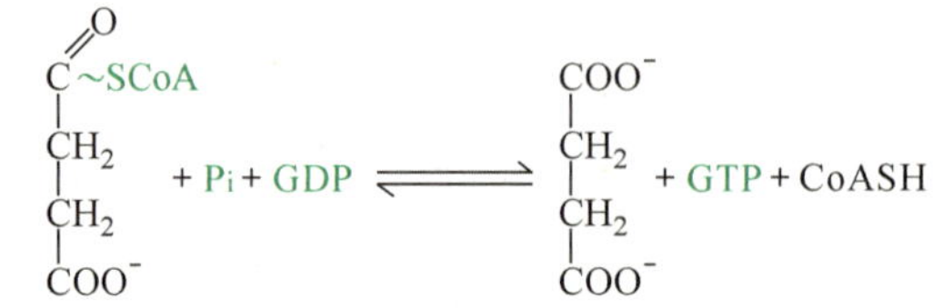

琥珀酰CoA　　琥珀酸

该反应是在琥珀酸-CoA 合成酶的催化下进行的,是柠檬酸循环中唯一的一步在底物水平发生磷酸化产生高能磷酸键的反应。反应是可逆的,琥珀酸 - CoA 合成酶的命名源于其对逆向催化的功能。

(六)琥珀酸脱氢形成延胡索酸(第 8 步反应)

在琥珀酸脱氢酶的催化下,琥珀酸脱氢生成延胡索酸,FAD 接受氢还原为 $FADH_2$。这是柠檬酸循环中第 3 次氧化还原反应。

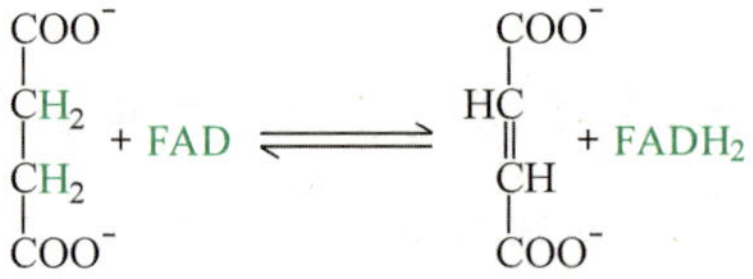

琥珀酸　　延胡索酸

在真核生物细胞中,琥珀酸脱氢酶与线粒体牢固结合在一起,是电子传递链复合体Ⅱ——琥珀酸-CoQ 还原酶的一个组成部分,以 FAD 为辅基。该酶催化的反应具有高度的立体专一性,反应产物为延胡索酸(反丁烯二酸),而不是顺丁烯二酸。丙二酸、戊二酸等是该酶的竞争性抑制剂。

(七)延胡索酸水合生成苹果酸(第 9 步反应)

在延胡索酸水合酶作用下,延胡索酸发生水合反应,H^+ 和 OH^+ 加在延胡索酸双键上形成 *L*-苹果酸。延胡索酸水合酶也有延胡索酸酶之称。

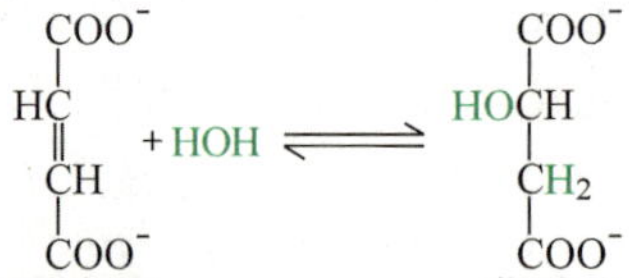

延胡索酸　　苹果酸

(八)苹果酸氧化生成草酰乙酸(第 10 步反应)

苹果酸在苹果酸脱氢酶的作用下氧化脱氢生成草酰乙酸,这是柠檬酸循环的第 4 次氧化还原反应,也是柠檬酸循环的最后一步反应。

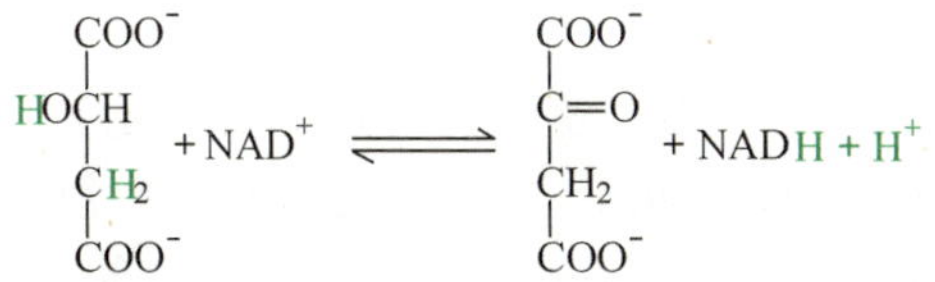

苹果酸　　　　草酰乙酸

至此，草酰乙酸再生，柠檬酸循环完成。

三、柠檬酸循环的化学计量和特点

柠檬酸循环总反应式如下：

$$乙酰\ CoA + 3NAD^+ + FAD + GDP + Pi + 2H_2O \longrightarrow 2CO_2 + 3NADH + 3H^+ + FADH_2 + GTP + CoASH$$

从总反应式和图 11-4 可以看出，柠檬酸循环有以下特点：

①乙酰 CoA 以 2 个碳原子形式进入循环，以 CO_2 的形式离开循环，相当于乙酰 CoA 的两个碳原子被氧化成 CO_2。

②柠檬酸循环中共有 4 个脱氢步骤，生成 3 分子 $NADH+H^+$ 和 1 分子 $FADH_2$。

③由琥珀酰 CoA 形成琥珀酸时，发生底物水平磷酸化反应生成 GTP(植物中为 ATP)。

④在循环中消耗 2 分子水：1 分子用于合成柠檬酸，另 1 分子用于延胡索酸加水。

⑤分子氧不直接参加柠檬酸循环，但 NAD^+ 和 FAD 再生需要氧气，因此，柠檬酸循环是严格需氧的。

柠檬酸循环产生的 3 个 NADH 和 1 个 $FADH_2$ 进入线粒体呼吸链将产生 11 个 ATP 分子，加上底物水平磷酸化产生的 1 分子 GTP(相当于 ATP)，可见，由 1 分子乙酰 CoA 彻底氧化可产生 12 分子 ATP。如果从丙酮酸开始计算，还要加上 1 个 NADH 形成的 3 个 ATP 分子，总计 15 个。如果从葡萄糖开始计算，1 分子葡萄糖彻底氧化分解为 CO_2 和 H_2O 共可产生 38 个 ATP 分子。

在标准条件下，1 mol 葡萄糖燃烧释放的热量为 2 870 kJ，而 1 mol ATP 储存的能量为 30.5 kJ，因此，葡萄糖有氧分解的能量利用率为：$30.5 \times 38/2\ 870 \times 100\% = 40.4\%$，其他 60% 左右的能量将以热的形式放出。

值得强调的是，真核生物糖酵解产生的 2 个 NADH 存在于细胞质，需要经过穿梭系统进入线粒体(详见第十章)。经不同穿梭系统最终产生的 ATP 量有差别。

四、柠檬酸循环的调控

柠檬酸循环有多步反应是可逆的，但由于柠檬酸的合成、α-酮戊二酸的合成以及 α-酮戊二酸氧化脱羧 3 步反应不可逆，故整个循环只能单向进行。柠檬酸循环作为生物大分子共同分解代谢途径受到严格调节。

乙酰 CoA 是柠檬酸循环的直接底物，因此对乙酰 CoA 生成速度的调节是一个重要环节。在丙酮酸脱氢酶复合体中，只有丙酮酸脱氢酶的调节是受到磷酸化和脱磷酸的共价修饰调节的。丙酮酸脱氢酶非磷酸化状态是活性形式，磷酸化后失活；而二氢硫辛酰乙酰转移酶和二氢硫辛酰脱氢酶则分别受到其产物乙酰 CoA 和 NADH 的抑制。

除了丙酮酸脱氢酶复合体的调节作用外，在柠檬酸循环中还存在3个重要调节部位：柠檬酸合酶、异柠檬酸脱氢酶和α-酮戊二酸脱氢酶，它们均受高浓度底物（如乙酰CoA、草酰乙酸）的激活，受高浓度产物（如NADH、ATP）的抑制。除了相关底物和产物作为调节物外，Ca^{2+}也是柠檬酸循环中一个重要的调节物，它能激活异柠檬酸脱氢酶、α-酮戊二酸脱氢酶以及丙酮酸脱氢酶复合体。Ca^{2+}是一个常见的第二信使，它可以触发许多反应，使细胞对ATP需求增加。

五、柠檬酸循环的生物学意义

柠檬酸循环普遍存在于生物界，与糖酵解相连构成糖的有氧分解途径。从能量代谢角度看，柠檬酸循环是生物利用有机物氧化获得能量的最有效方式。如前所述，1分子乙酰CoA可以产生12分子ATP。从物质代谢角度看，柠檬酸循环不仅是糖分解代谢的最终途径，还是脂类和氨基酸等彻底氧化分解的共同途径，也是糖、脂肪酸和氨基酸相互转化的枢纽。柠檬酸循环的一些中间物如草酰乙酸、α-酮戊二酸、琥珀酰CoA、延胡索酸等与氨基酸代谢相连（详见第十三章），柠檬酸通过转移乙酰CoA为合成脂肪酸、胆固醇提供原料（详见第十二章），琥珀酸、延胡索酸、草酰乙酸可以通过糖异生合成葡萄糖（见本章第五节）。

六、柠檬酸循环的回补反应

既然柠檬酸循环的许多中间产物是合成氨基酸、糖、脂肪等的原料，那么当这些中间产物被抽走用以合成反应时，是否会造成柠檬酸循环的终止呢？答案是否定的，因为生物体会通过回补反应（anaplerotic reaction）产生草酰乙酸，以保证柠檬酸循环的正常进行。下面介绍几种常见的回补反应。

（一）丙酮酸的羧化

这个反应由线粒体丙酮酸羧化酶催化，是动物中最重要的回补反应。丙酮酸羧化酶催化丙酮酸生成草酰乙酸，需要生物素作辅酶。

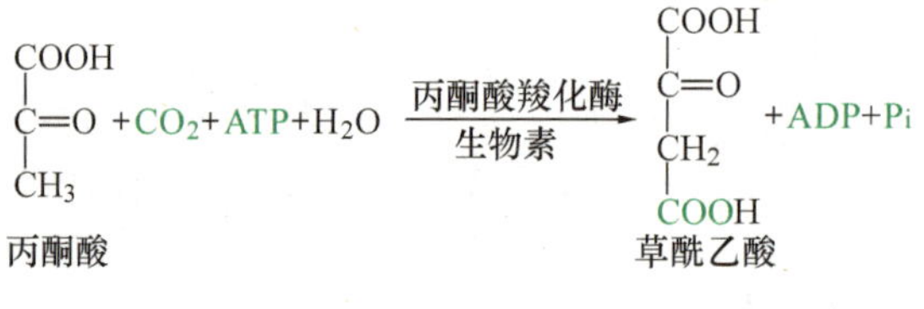

（二）磷酸烯醇式丙酮酸的羧化

磷酸烯醇式丙酮酸在磷酸烯醇式丙酮酸羧激酶催化下形成草酰乙酸，在肌肉和心脏中存在这个反应。

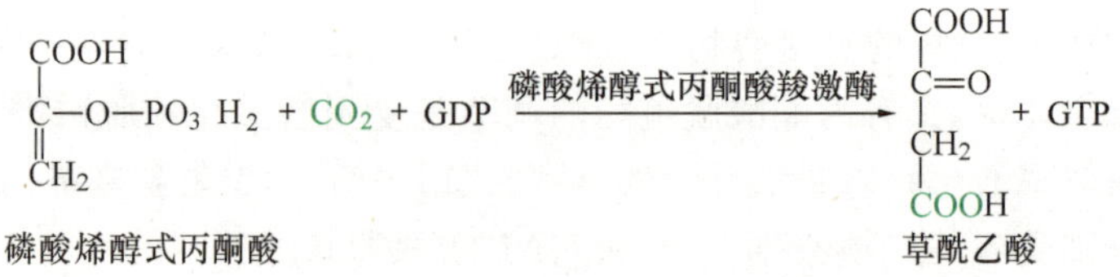

(三)由氨基酸形成草酰乙酸

谷氨酸和天冬氨酸经过转氨基作用,可形成草酰乙酸和 α - 酮戊二酸(详见第十三章)。

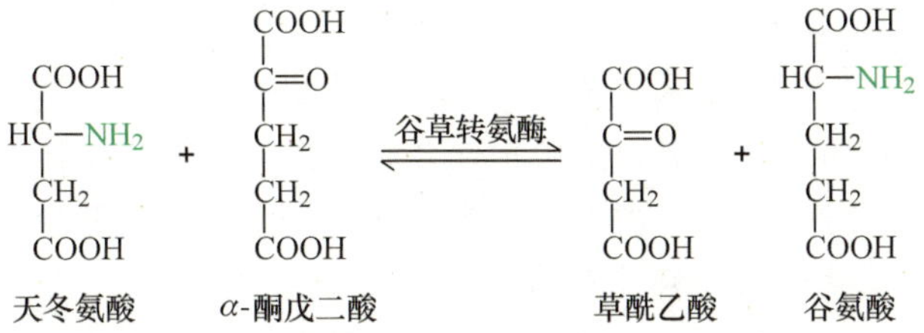

七、乙醛酸途径

乙醛酸途径(glyoxylate pathway),又称乙醛酸循环(glyoxylate cycle),是柠檬酸循环的一个旁路(图 11 - 5),涉及两个反应:第一,在异柠檬酸裂解酶催化下,异柠檬酸裂解为二碳分子乙醛酸和四碳分子琥珀酸;第二,在苹果酸合酶作用下,乙醛酸与乙酰 CoA 合成苹果酸。从图 11 - 5 上可以看出,乙醛酸途径能将乙酰 CoA 的碳原子转化为苹果酸和琥珀酸,而不是像柠檬酸循环那样生成 CO_2。

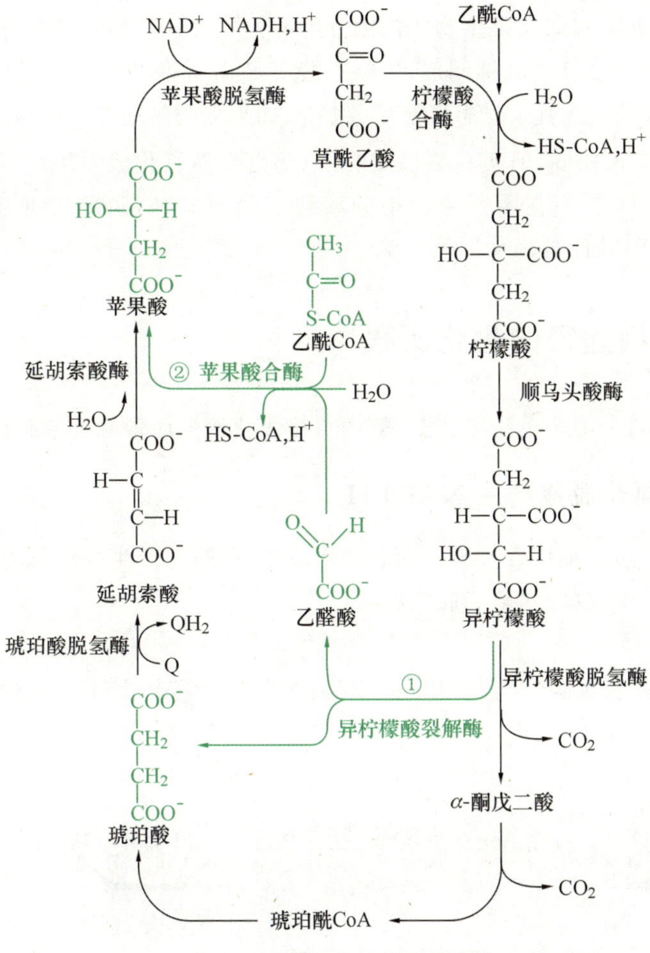

图 11 - 5　乙醛酸循环是柠檬酸循环的旁路

由于苹果酸、琥珀酸通过柠檬酸循环转化为草酰乙酸，而草酰乙酸可沿糖异生途径生成葡萄糖，因此，乙醛酸循环实现了从乙酰 CoA 到糖的转变。换句话说，乙醛酸途径为脂肪酸降解产生的乙酰-CoA 的分解代谢提供了一条新的代谢途径，它借助形成四碳化合物（苹果酸、琥珀酸）将乙酰 CoA 转化为葡萄糖。

乙醛酸途径最早在细菌中发现，后来证实其他生物也有。有了乙醛酸途径，细胞便可以从乙酰 CoA 的各种前体物质合成所需要的碳水化合物。如一些细菌能利用乙酸合成乙酰 CoA，进而通过乙醛酸途径合成糖类，故一些微生物能在乙酸环境中生长繁殖。在油料种子植物中，乙醛酸途径尤其活跃，它将种子储存脂（三酰甘油）降解产生乙酰 CoA（详见第十二章），从而满足种子萌发对糖的需求。植物的乙醛酸循环在乙醛酸体（glyoxysome）中进行。乙醛酸体是一种特化的过氧化物酶体（peroxisome），动物中没有。

第三节　磷酸戊糖途径

糖的无氧酵解和有氧氧化是生物体内糖分解的主要途径，但并非唯一途径，这由以下实验证明：在组织匀浆中添加糖酵解抑制剂，如碘乙酸或氟化物等，仍有一定量的葡萄糖被氧化成 CO_2 和水；用同位素 ^{14}C 分别标记葡萄糖 C_1 和 C_6，如果糖酵解是唯一代谢途径，则 $^{14}C_1$ 和 $^{14}C_6$ 生成 $^{14}CO_2$ 的速度应该相同，但实验结果表明，$^{14}C_1$ 更容易氧化成 $^{14}CO_2$。20 世纪 50 年代，随着酶分离技术的进步，人们在酶反应物中分离到 5-磷酸核糖，磷酸戊糖途径（pentose phosphate pathway，PPP）从此被揭示。

一、磷酸戊糖途径的生化历程

磷酸戊糖途径可分为两个阶段：葡萄糖的直接氧化脱羧阶段和非氧化的分子重排阶段。

（一）葡萄糖氧化脱羧产生 NADPH

该阶段的特点是：葡萄糖直接脱氢和脱羧形成五碳糖，并产生高还原力物质 NADPH。此阶段包括 3 步反应，即脱氢、水解和脱氢脱羧反应。

1. 脱氢反应

6-磷酸葡萄糖在脱氢酶（以 $NADP^+$ 为辅酶）作用下脱氢生成 6-磷酸葡萄糖酸内酯。

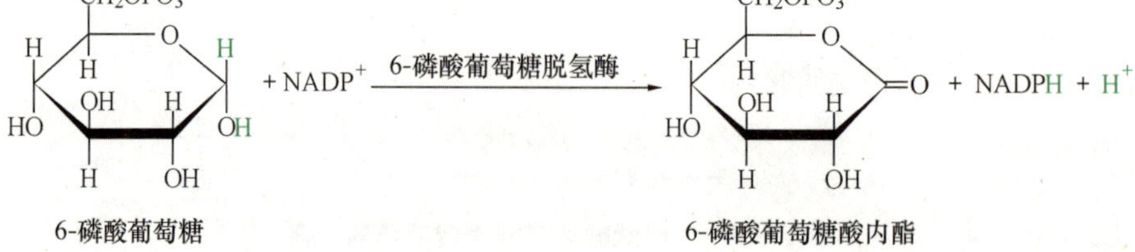

2. 水解反应

6-磷酸葡萄糖酸内酯不稳定，在相关内酯酶的催化下水解产生 6-磷酸葡萄糖酸。

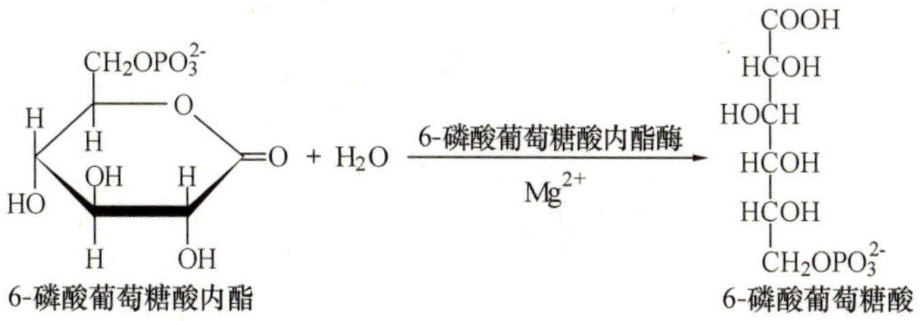

3. 脱氢脱羧反应

6-磷酸葡萄糖酸由 6-磷酸葡萄糖酸脱氢酶催化，氧化脱羧生成 5-磷酸核酮糖，$NADP^+$ 再次作为氢的受体。

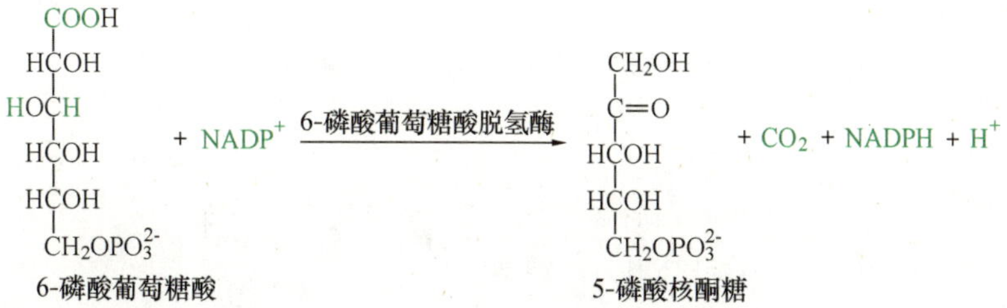

(二)非氧化的分子重组阶段

经过异构化、转酮酶和转醛酶反应，使糖分子重新组合。

1. 异构化反应

5-磷酸核酮糖通过异构化形成 5-磷酸核糖；5-磷酸核酮糖差向异构化形成 5-磷酸木酮糖。

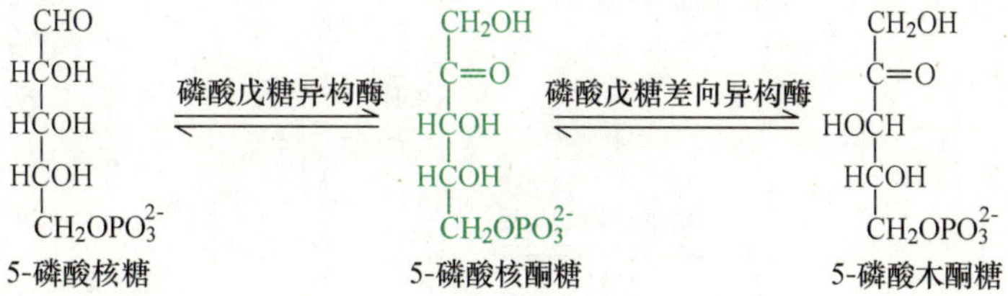

2. 转酮醇反应

转酮酶(transketolase)催化磷酸酮糖上的二碳单位——羟乙酰基转移到磷酸醛糖的第 1 碳原子上，形成 3-磷酸甘油醛和 7-磷酸景天庚酮糖。

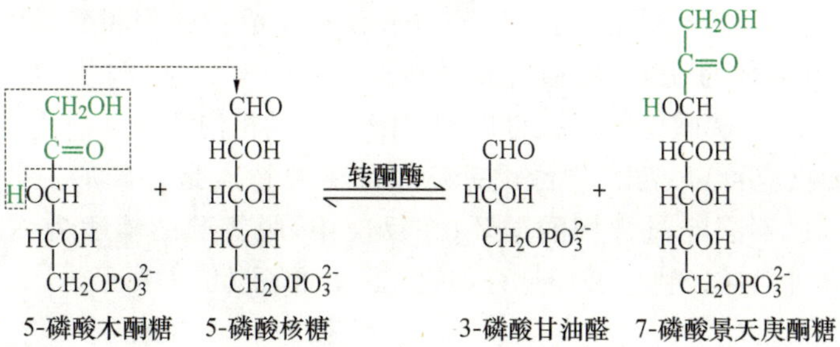

3. 转醛醇反应

转醛酶(transaldolase)催化7-磷酸景天庚酮糖上的二羟丙酮基团转移至3-磷酸甘油醛，生成4-磷酸赤藓糖和6-磷酸果糖。

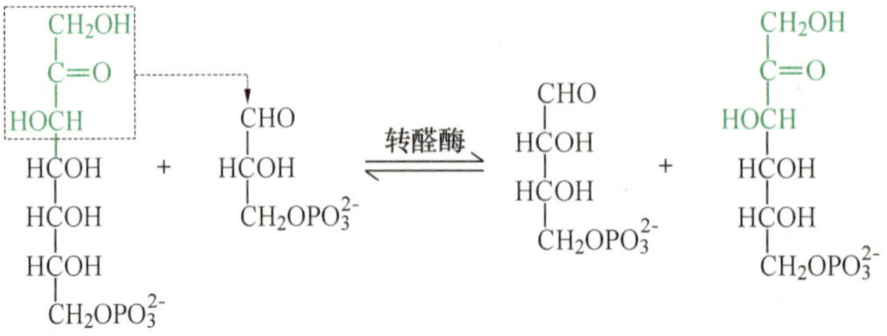

7-磷酸景天庚酮糖　3-磷酸甘油醛　4-磷酸赤藓糖　6-磷酸果糖

4. 转酮醇反应

四碳糖和五碳糖经转酮酶作用转移二碳单位，形成三碳糖和六碳糖。

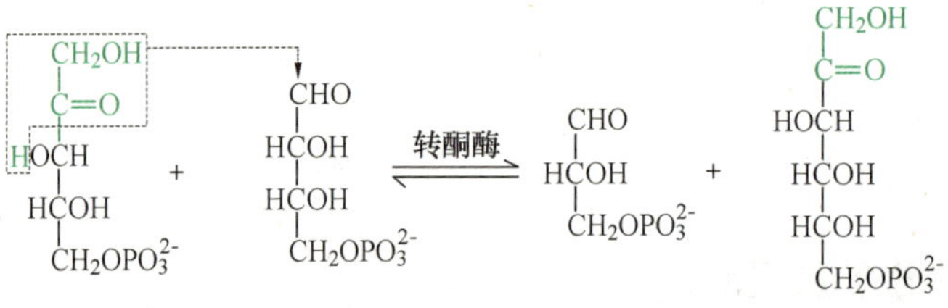

5-磷酸木酮糖　4-磷酸赤藓糖　3-磷酸甘油醛　6-磷酸果糖

5. 异构化反应

6-磷酸果糖经异构化形成6-磷酸葡萄糖。

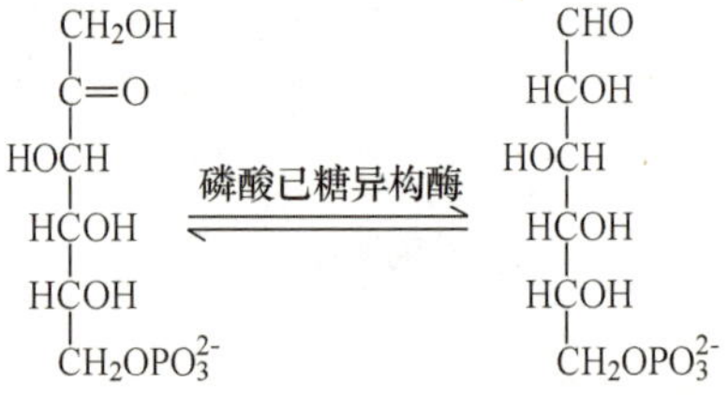

6-磷酸果糖　6-磷酸葡萄糖

在此阶段，转酮酶和转醛酶发挥了重要作用。转酮酶转移一个二碳单位，而转醛酶转移一个三碳单位，其规律是：醛+酮$\rightleftharpoons$酮+醛，即醛与酮反应，生成新的酮和醛，供给二碳或三碳单位的糖总是酮糖，而其受体总是醛糖；通过多种转换，即：$C_5+C_5\rightleftharpoons C_3+C_7$，$C_7+C_3\rightleftharpoons C_4+C_6$，$C_5+C_4\rightleftharpoons C_3+C_6$，磷酸戊糖途径可以和糖酵解途径相沟通。

从以上两个阶段的反应可以看出，磷酸戊糖途径的主要特点是6-磷酸葡萄糖直接脱氢、脱羧，不必经过糖酵解，也不必经过柠檬酸循环；在反应中，脱氢酶的辅酶为$NADP^+$而不是NAD^+，无ATP的产生与消耗。整个循环过程如表11-3和图11-6所示。

表 11-3 磷酸戊糖途径反应

反应阶段	反应	酶
氧化脱羧阶段	6-磷酸葡萄糖＋$NADP^+$ ⟶ 6-磷酸葡萄糖酸内酯＋NADPH＋H^+	6-磷酸葡萄糖脱氢酶
	6-磷酸葡萄糖酸内酯＋H_2O ⟶ 6-磷酸葡萄糖酸	6-磷酸葡萄糖酸内酯酶
	6-磷酸葡萄糖酸＋$NADP^+$ ⟶ 5-磷酸核酮糖＋CO_2＋NADPH＋H^+	6-磷酸葡萄糖酸脱氢酶
非氧化重排阶段	5-磷酸核酮糖 ⇌ 5-磷酸核糖	磷酸戊糖异构酶
	5-磷酸核酮糖 ⇌ 5-磷酸木酮糖	磷酸戊糖差向异构酶
	5-磷酸木酮糖＋5-磷酸核糖 ⇌ 3-磷酸甘油醛＋7-磷酸景天庚酮糖	转酮酶
	7-磷酸景天庚酮糖＋3-磷酸甘油醛 ⇌ 4-磷酸赤藓糖＋6-磷酸果糖	转醛酶
	5-磷酸木酮糖＋4-磷酸赤藓糖 ⇌ 3-磷酸甘油醛＋6-磷酸果糖	转酮酶

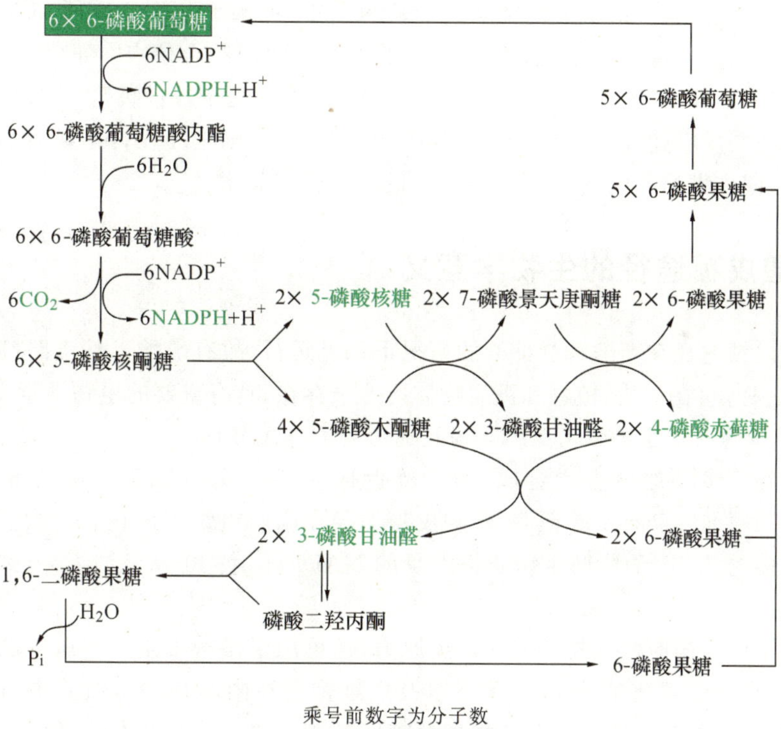

图 11-6 磷酸戊糖途径

二、磷酸戊糖途径的化学计量

磷酸戊糖途径若以 6 分子 6-磷酸葡萄糖开始（图 11-6），在氧化阶段经 2 次脱氢氧化及脱羧后，放出 6 分子 CO_2 生成 6 分子 5-磷酸核酮糖；在非氧化阶段反应中，6 分子 5-磷酸核酮糖（共有 5×6＝30 个碳原子）经 C_3、C_4、C_5、C_7 等糖中间代谢物，最后转化成 5 分子 6-磷酸葡萄糖（亦含 6×5＝30 个碳原子）。这表明，经 6 次循环，1 分子 6-磷酸葡萄糖被分解而产生 6 分子 CO_2。其反应可写成：

氧化阶段：

$$6\times 6\text{-磷酸葡萄糖}+12NADP^{+}+6H_2O \longrightarrow 6\times 5\text{-磷酸核酮糖}+6CO_2+12NADPH+12H^{+}$$

非氧化重排阶段：

$$6\times 5\text{-磷酸核酮糖}+H_2O \longrightarrow 5\times 6\text{-磷酸葡萄糖}+H_3PO_4$$

总反应式为：

$$6\text{-磷酸葡萄糖}+12\,\boxed{NADP^{+}}+7H_2O \longrightarrow 6CO_2+12\,\boxed{NADPH}+12H^{+}+H_3PO_4$$

三、磷酸戊糖途径的调节物是 $NADP^{+}$

磷酸戊糖途径的第一个反应，即 6-磷酸葡萄糖的脱氢，是一个不可逆过程，在生理条件下，这个反应是限速步骤。最重要的调节因子是 $NADP^{+}$ 的水平。$NADP^{+}$ 是 6-磷酸葡萄糖氧化为 6-磷酸葡萄糖酸内酯的电子受体，与 NADPH 竞争酶的结合位点。正常情况下，细胞质中 $NADP^{+}$ 与 NADPH 的比值很低（比 NAD^{+}/NADH 低好几个数量级），$NADP^{+}$ 的水平稍微增加便会激活磷酸戊糖途径，这保证了 NADPH 的产生。NADPH 在许多物质的生物合成中作为还原剂，磷酸戊糖途径的调动与 NADPH 的利用密切关联。

四、磷酸戊糖途径的生物学意义

由于磷酸戊糖途径在糖酵解受抑制的情况下仍能运行，故有磷酸己糖支路（hexose phosphate shunt）之称，它在动物、植物和微生物体内普遍存在，具有重要的生物学意义。

1. 磷酸戊糖途径的主要作用是产生高还原力物质 NADPH

细胞内存在许多还原性生物合成，如长链脂肪酸、类固醇和四氢叶酸的合成等都需要 NADPH 作为还原剂。已有实验证明，磷酸戊糖途径在脂肪组织中比在肌肉中活跃得多。肌肉运动需要更多的 ATP，而脂肪组织要将大量的 NADPH 消耗于从乙酰 CoA 到脂肪酸的还原性生物合成。

NADPH 不仅为还原性生物合成提供还原力，还可用于维持细胞中谷胱甘肽处于还原状态，维持血红蛋白血红素辅基的 Fe^{2+} 状态以及血红蛋白在内的某些蛋白质中巯基的还原状态，防止膜质发生过氧化反应等。6-磷酸葡萄糖脱氢酶是磷酸戊糖途径的关键酶。人类有一种由于 6-磷酸葡萄糖-脱氢酶缺陷引发的遗传性疾病——蚕豆病。患者食用新鲜蚕豆后发生急性溶血性疾病。这是由于新鲜蚕豆是很强的氧化剂，蚕豆代谢过程中对谷胱甘肽需求量增高，但患者由于体内 6-磷酸葡萄糖脱氢酶基因突变，体内 6-磷酸葡萄糖脱氢酶活性低，不能产生充足的 NADPH 用于维持谷胱甘肽的还原性，巯基的氧化导致蛋白质变性，从而形成不溶性团块黏附于红细胞膜，膜蛋白氧化导致红细胞破坏，引发溶血性贫血。我国是本病的高发区之一，主要分布在长江以南各地区，海南、广东、广西等省（自治区）的患病率较高。又因为蚕豆病是伴 X 染色体隐性遗传病，因此男性的发病率高于女性。

2. 磷酸戊糖途径为核苷酸等生物合成提供原料

磷酸戊糖途径的中间产物，如 5-磷酸核糖，不仅是核苷酸合成的原料，而且还是 ATP、

CoA、NAD^+、FAD 等的组成部分。磷酸戊糖途径的另一中间产物 4-磷酸赤藓糖经转化可生成芳香族氨基酸，与蛋白质的代谢相连。磷酸戊糖途径在整个代谢过程中没有氧的参与，但可使葡萄糖降解，这在种子萌发的初期作用很大。植物染病或受伤时，磷酸戊糖途径增强。

3. 磷酸戊糖途径与糖的其他代谢途径相联系

3-磷酸甘油醛处于糖分解代谢的枢纽点位置，如果磷酸戊糖途径受阻，葡萄糖等可经 3-磷酸甘油醛通过糖酵解进行代谢；若糖酵解途径不能进行，葡萄糖等则可由 3-磷酸甘油醛进入磷酸戊糖途径。另外，磷酸戊糖途径产生的三碳糖、五碳糖、七碳糖等都是光合作用的中间产物，因而和卡尔文循环发生联系。糖代谢途径的多样性和内在关联性，有助于生物做出适应性代谢调节。

第四节　双糖和多糖的酶促降解

一、双糖的酶促降解

(一)蔗糖的水解

蔗糖是在植物界中分布最广的双糖，它不仅是主要的光合产物，也是碳水化合物运输的主要形式。蔗糖的水解主要通过两种酶：

(1)蔗糖酶(sucrase)　催化蔗糖水解为葡萄糖和果糖。

$$\text{蔗糖} + H_2O \longrightarrow \text{葡萄糖} + \text{果糖}$$

$$[\alpha]_D^{20} = +66.5^\circ \quad [\alpha]_D^{20} = -20.4^\circ$$

蔗糖为右旋糖，水解后形成的葡萄糖和果糖混合液使旋光度发生改变，为左旋 20.4°，故蔗糖酶又称为转化酶(invertase)。以上反应是不可逆的，蔗糖酶将蔗糖水解为葡萄糖和果糖时，糖苷键断裂的自由能变化为 $\Delta G^{\ominus\prime} = -27.6$ kJ/mol，接近于 UDPG 水解的 $\Delta G^{\ominus\prime}$(−31.8 kJ/mol)和 ATP 水解的 $\Delta G^{\ominus\prime}$(−30.5 kJ/mol)。

(2)蔗糖合酶(sucrose synthase)　催化蔗糖与 UDP 反应生成果糖和尿苷二磷酸葡萄糖(UDPG)，为可逆反应。

$$\text{蔗糖} + \text{UDP} \rightleftharpoons \text{UDPG} + \text{果糖}$$

(二)麦芽糖的水解

麦芽糖由麦芽糖酶(maltase)水解生成葡萄糖。在植物体内，麦芽糖酶常与淀粉酶同时存在。

$$\text{麦芽糖} + H_2O \xrightarrow{\text{麦芽糖酶}} 2\ \text{葡萄糖}$$

(三)乳糖的水解

乳糖是存在于哺乳动物乳汁中的双糖，乳糖由 β-半乳糖苷酶(galactosidase)催化水解生成 D-葡萄糖和 D-半乳糖。

$$乳糖 + H_2O \xrightleftharpoons{\beta\text{-半乳糖苷酶}} 葡萄糖 + 半乳糖$$

乳糖酶结合在小肠内的黏膜细胞中，能够水解牛奶中乳糖产生半乳糖和葡萄糖。缺乏乳糖酶的成年人喝牛奶后表现为腹胀、恶心、痉挛、疼痛和腹泻，就是因为乳糖不能被吸收而积累在小肠腔中，由于渗透作用使液体大量流入小肠。乳糖酶的缺乏似乎是通过一种常染色体隐性的途径遗传的，通常在青春期表现出来。

二、多糖的酶促降解

(一)糖原的磷酸解

糖原主要储存于肌肉和肝脏。肌糖原用于提供运动所需要的能量，而肝糖原起维持血糖水平的作用。比起脂肪来，糖原作为动物不可缺少的储能物质有两个优势：一是容易动员；二是在无氧条件下也能降解产能。

糖原磷酸化酶是糖原降解的限速酶，存在糖原磷酸化酶 a(活化态)和糖原磷酸化酶 b(失活态)两种形式，酶活性受磷酸化/去磷酸化共价调节(详见第五章)。糖原磷酸化酶的共价调节受机体激素水平的调节。如胰高血糖素(glucagon)促进肝脏糖原降解。胰高血糖素是肽类激素，由 29 个氨基酸残基组成。肾上腺素(epinephrine)促进肌糖原降解。肾上腺素和去甲肾上腺素(norepinephrine)结构相似，都是酪氨酸的衍生物(详见第十三章)。

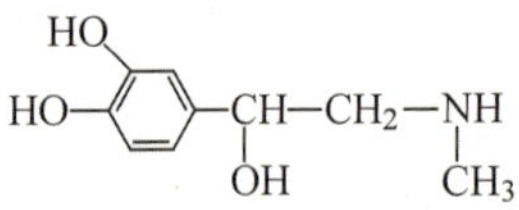

肾上腺素

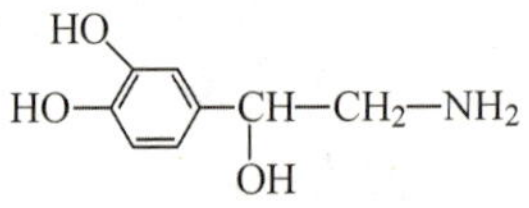

去甲肾上腺素

激素作为信号引起糖原降解途径的激活涉及受体介导的信号跨膜转导，以及从 G-蛋白激活→腺苷酸环化酶激活→蛋白激酶 A 激活→糖原磷酸化酶激酶激活→糖原磷酸化酶共价调节的级联反应(详见第九章)。

糖原的降解方式采用磷酸解。如图 11-7 所示，在磷酸参与下，糖原磷酸化酶 a 从糖原(n)非还原端进攻 α-1,4-糖苷键，通过磷酸解作用脱下 1 分子葡萄糖，生成 1-磷酸葡萄糖(简写成 G-1-P)和缩短的糖原分子(n-1)。到分支点前 4 个葡萄糖残基处糖原磷酸化酶就无法发挥催化作用了，由此形成一个具有许多短分支的多糖分子，称为极限糊精(limit dextrin)；极限糊精的进一步降解由糖原脱支酶(glycogen debranching enzyme)催化。糖原脱支酶是典型的双功能酶，既有寡聚糖转移酶功能，又有脱支酶功能。该酶首先发挥转移酶作用，切下分支点上的麦芽三糖，将它转移到另一链的非还原性末端，以 α-1,4 糖苷键连接；而后，脱支酶水解与糖链以 α-1,6 糖苷键相连的残留的 1 个葡萄糖残基，消除分支。被延长的寡糖直链继续由糖原磷酸化酶 a 完成磷酸解。

1-磷酸葡萄糖在磷酸葡萄糖变位酶(phosphoglucomutase)的催化下转变为 6-磷酸葡萄糖。6-磷酸葡萄糖在葡萄糖磷酸酯酶(葡萄糖 6-磷酸酶，glucose 6-phosphatase)的催化下转变为葡萄糖，葡萄糖磷酸酯酶存在于肝脏、肾脏、小肠的内质网膜上(endoplasmic reticulum, ER)。肌肉中没有葡萄糖磷酸酯酶，因此肌肉中的 6-磷酸葡萄糖可进入糖酵解途径为肌肉供能，而不能产生葡萄糖用于维持血糖平衡。

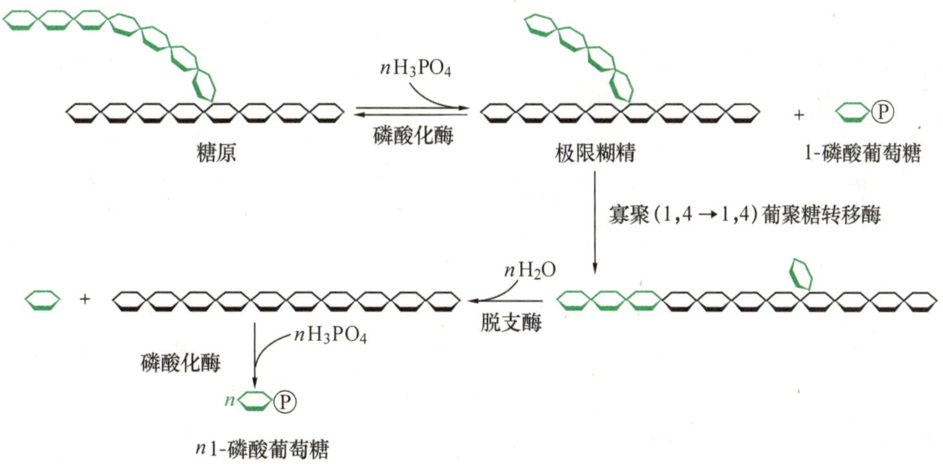

图 11-7　糖原降解过程

糖原磷酸解的产物是 1-磷酸葡萄糖(G-1-P),而不是葡萄糖,这在能量代谢中具有积极意义。从糖酵解途径可知,葡萄糖要进入降解途径必须先消耗 1 分子 ATP,转变为 6-磷酸葡萄糖(G-6-P),而 G-1-P 在磷酸葡萄糖变位酶作用下不需要提供能量即可转变为 G-6-P,迅速进入糖酵解途径;肌肉细胞不存在葡萄糖-6-磷酸酶,而且在生理条件下,G-1-P 因含磷酸基团而呈解离状态,不易扩散出细胞,因此,糖原磷酸解有利于糖原就近向肌肉提供能量。糖原磷酸化酶除了受磷酸化/去磷酸化可逆共价修饰外,肌糖原和肝糖原的降解还因功用不同而存在其他调节方式。肌糖原的降解速度受细胞能量需求的影响,AMP 是糖原磷酸化酶 b 的别构激活剂,而 ATP 和 G-6-P 是糖原磷酸化酶 a 的别构抑制剂。当肌肉运动时,ATP 和 G-6-P 浓度下降,AMP 浓度上升,磷酸化酶处于活性状态,促使糖原降解;当肌肉静息时,ATP 和 G-6-P 浓度高,糖原磷酸化酶处于无活性状态,不发生明显的糖原降解。在肝脏细胞中,糖原磷酸化酶受葡萄糖抑制。葡萄糖水平高时,糖原降解停止;血糖水平低时,糖原开始降解,这正与肝糖原在维持血糖恒定中的作用相适应。

当参与糖原合成和分解代谢的酶出现缺陷时可引起糖原贮积症(glycogen storage disease, GSD)。它是一种由于肝脏、肌肉等组织中糖原代谢相关酶的缺陷,使糖原不能正常分解或合成,在组织中沉积结构和数量异常糖原的一组遗传性疾病。由于酶的缺陷不同,糖原贮积症又分为多种类型。糖原贮积症Ⅲ型又称为科里(Cori)病,是由于脱支酶缺陷引起的,病人体内糖原结构异常,并伴随空腹低血糖的症状。

(二)淀粉的酶促降解

淀粉是高等植物的贮存多糖,是人类粮食及动物饲料的重要来源。植物种子萌发和生长所需的能源主要靠自身的淀粉分解提供。人类及动物在代谢中所需的能量主要由食物中的糖类(淀粉)供给。

淀粉在酶的作用下,通过水解和磷酸解两种途径降解,降解的产物也因此而异。

1. 淀粉的水解

在植物中参与淀粉水解的酶有 α-淀粉酶(α-amylase)、β-淀粉酶(β-amylase)、脱支酶(debranching enzyme)和麦芽糖酶。

(1) α - 淀粉酶　为淀粉内切酶，其作用方式是在淀粉分子内部随机切断 α - 1,4 糖苷键。如果底物是直链淀粉，生成葡萄糖和麦芽糖的混合物；如果底物是支链淀粉，则水解产物中除上述产物外，还有含有 α - 1,6 糖苷键的糊精。

(2)β -淀粉酶　为淀粉外切酶，水解 α - 1,4 糖苷键，作用于多糖的非还原端而生成麦芽糖。当β -淀粉酶作用于直链淀粉时，能生成定量的麦芽糖；当底物为支链淀粉或糖原时，产物为麦芽糖和极限糊精，后者是β -淀粉酶不能再分解的支链淀粉残余(图 11 - 8)。

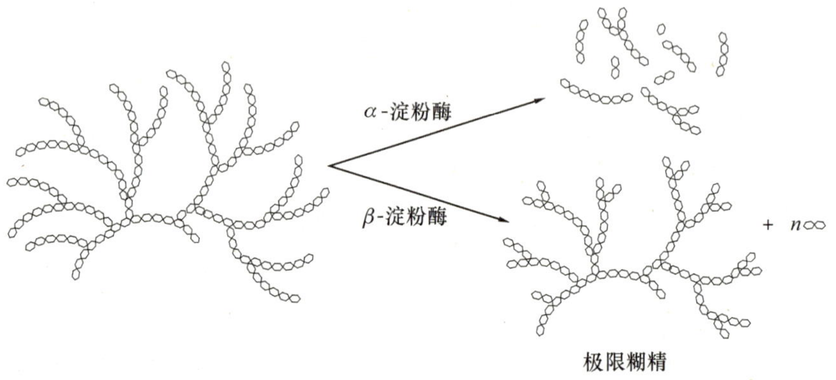

图 11 - 8　α、β -淀粉酶水解支链淀粉

α - 淀粉酶在植物各器官中广泛发挥作用，但种子例外。只有在种子萌发时 α - 淀粉酶才被诱导合成；β -淀粉酶存在于休眠种子或大豆种子及块茎、块根等器官中。两种淀粉酶的特性不同，α - 淀粉酶耐高温、不耐酸，在 70℃时 15 min 仍不失活，pH 3.3 时即失去活性。β -淀粉酶恰好相反，70℃下酶蛋白很易变性失活，但在 pH 3.3 时仍保持活性。根据上述性质，通过调节温度或 pH，可将两种混合酶的其中一种失活而测定另一种酶的活性。淀粉酶也存在于动物和微生物中，如动物的唾液、胰液中含有淀粉酶。

(3)脱支酶(又称 R 酶)　是专一水解 α - 1,6 糖苷键的酶。支链淀粉经淀粉酶水解产生的极限糊精，由脱支酶水解 α - 1,6 糖苷键连接的葡萄糖，再在 α - 淀粉酶和 β -淀粉酶作用下彻底水解。

2. 淀粉的磷酸解

在磷酸的参与下，淀粉磷酸化酶(amylophosphorylase)催化淀粉分子非还原末端 α(1→4)糖苷键发生断裂，将葡萄糖残基转移给磷酸，生成 1-磷酸葡萄糖；新产生的非还原末端继续进行磷酸解。淀粉磷酸化酶广泛存在于高等植物的叶片及绝大多数贮藏器官中。

$$淀粉 + n\,H_3PO_4 \xrightarrow{淀粉磷酸化酶} n\ 1\text{-}磷酸葡萄糖$$

(三)纤维素及果胶物质的降解

天然纤维素可被无机酸水解成葡萄糖。草食动物胃肠道中的细菌能分泌纤维素酶(cellulase)，将食入的纤维素降解或纤维二糖，最后分解为葡萄糖。此外，自然界中也存在能分解纤维素的细菌(如青霉菌、枯草杆菌等)以及某些真菌(如蘑菇)，它们能合成、分泌纤维素酶，可利用草类和木材中的纤维素作为碳源，木耳、香菇等食用菌的栽培材料常用木料，原因即在此。植物和绝大多数动物因不含纤维素酶而不能降解纤维素。

纤维素降解反应如下：

$$\text{纤维素}\xrightarrow{\text{纤维素酶}} n\ \text{纤维二糖}\xrightarrow{\text{纤维二糖酶}} n\ \beta\text{-葡萄糖}$$

植物体内果胶物质的分解是通过水解酶和裂解酶的作用，使多聚半乳糖醛酸的 α - 1，4 糖苷键断裂。

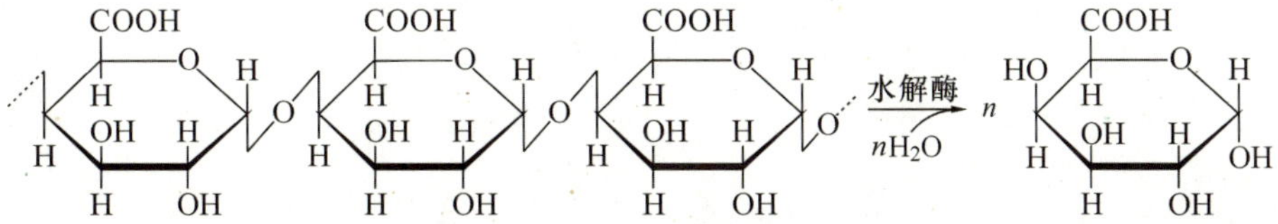

微生物体内也由裂解酶作用使多聚半乳糖醛酸 α - 1，4 糖苷键断裂。以上两种酶分解的产物是单体、二聚体、三聚体或三者的混合物。

果胶酶和果胶酯酶常存在于致病的细菌和真菌中，细菌利用这些酶分解植物细胞壁以入侵细胞内。高等植物体内可合成和分泌分解果胶质的多种酶类，果胶质被分解后导致细胞间相互分离，是引起植物器官（花、果实、种子和叶片等）脱落及果实软化的直接原因。

第五节　糖的生物合成

绿色植物和光合细菌通过光合作用将 CO_2 和 H_2O 转变为糖类。光合作用是糖生物合成的最基本途径，分为两个阶段：①光合色素吸收光能经光合电子传递链生成同化力——NADPH+H^+ 和 ATP；②利用同化力通过卡尔文循环将 CO_2 和 H_2O 合成糖。有关反应机制在植物生理教材中有详细阐述，本节着重介绍生物体存在的将非糖物质转变为糖的途径——葡萄糖异生作用，并简单介绍单糖进一步合成寡糖和多糖的基本反应。

一、葡萄糖异生作用

葡萄糖异生（gluconeogenesis）作用是指由非糖物质合成葡萄糖的过程，简称糖异生。非糖物质包括丙酮酸、乳酸、丙酸、甘油以及某些氨基酸等。

糖异生作用普遍存在于生物界。有些微生物在单纯的乙酸、乳酸环境中也能生存，油料作物种子在萌发过程中能将储存的脂肪和蛋白质转化为糖等，其生化过程都涉及糖异生作用。对于高等动物，糖异生作用更为重要，因为许多重要组织细胞如脑、红细胞、眼晶状体等主要利用葡萄糖提供能量。通常情况下，机体通过糖原代谢维持血糖一定水平，满足组织细胞对葡萄糖的需求。在处于饥饿或葡萄糖供应不足时，机体必须由非糖物质转化为葡萄糖提供急用。

（一）丙酮酸转变为葡萄糖

丙酮酸转变为葡萄糖是糖异生的中心途径，所经历的反应绝大部分是糖酵解反应的逆过程（图 11 - 9），但存在关键区别。

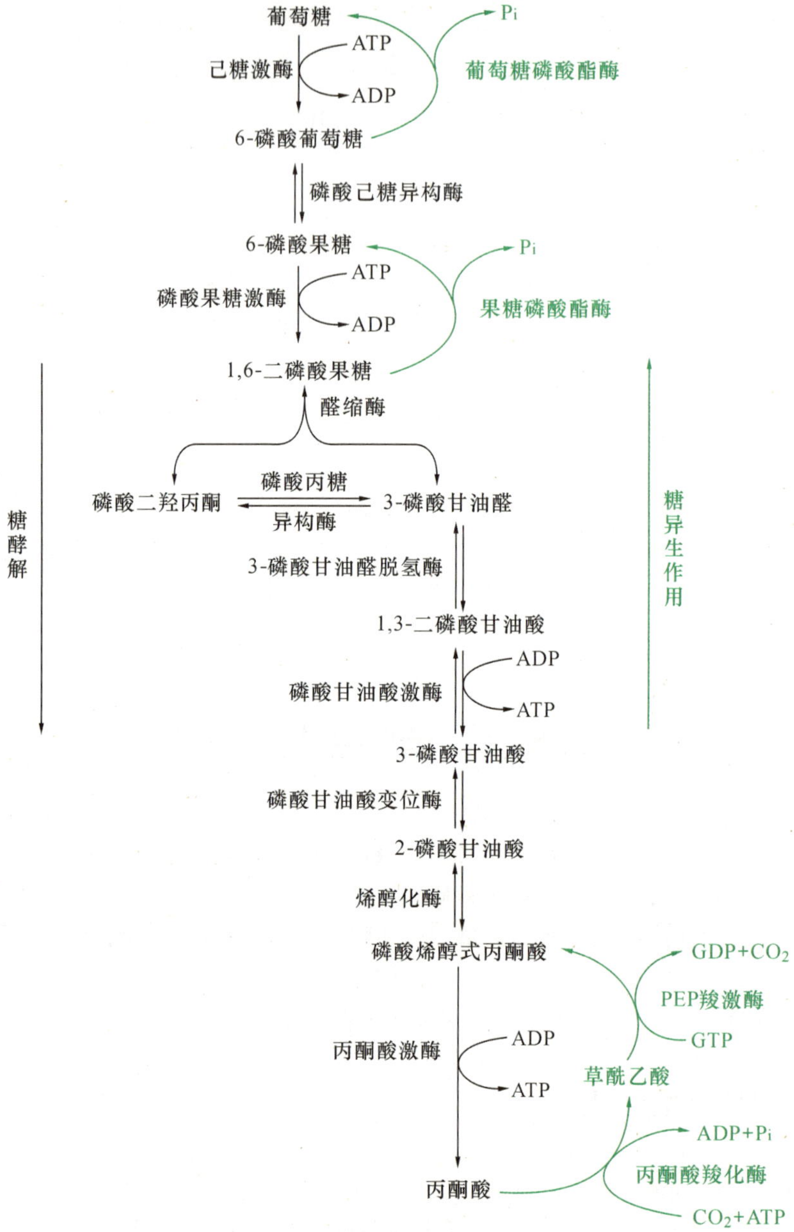

图 11-9　糖酵解与糖异生作用比较

在糖酵解中，由己糖激酶、磷酸果糖激酶和丙酮酸激酶催化的反应是不可逆的，糖异生作用需要绕过这 3 个不可逆过程：

①由丙酮酸生成磷酸烯醇式丙酮酸。首先，丙酮酸羧化酶催化丙酮酸羧化生成草酰乙酸：

$$\begin{array}{l}COOH\\ |\\ C{=}O\\ |\\ CH_3\end{array} + CO_2 + ATP + H_2O \xrightleftharpoons[\text{生物素}\atop \text{乙酰CoA，}Mg^{2+}]{\text{丙酮酸羧化酶}} \begin{array}{l}COOH\\ |\\ C{=}O\\ |\\ CH_2\\ |\\ COOH\end{array} + ADP + P_i$$

丙酮酸羧化酶是一个生物素蛋白，需乙酰 CoA 和 Mg^{2+} 激活，受 ADP 的抑制。反应需要 ATP 的水解来推动。该酶定位于线粒体，丙酮酸经运载系统进入线粒体后羧化成草酰乙酸，再转变为苹果酸，才能进入细胞质。

$$草酰乙酸+NADH+H^{+}\xrightleftharpoons{苹果酸脱氢酶}苹果酸+NAD^{+}$$

在细胞质中，苹果酸需经胞质中的苹果酸脱氢酶转变成草酰乙酸，然后才能进一步转变成磷酸烯醇式丙酮酸：

$$草酰乙酸+GTP\xrightleftharpoons[Mg^{2+}]{PEP 羧激酶}磷酸烯醇式丙酮酸+GDP+CO_2$$

反应由磷酸烯醇式丙酮酸羧激酶催化，需要 GTP。从能量角度看，在上述两步反应中，分别需要 1 分子 ATP 和 1 分子 GTP。若以 2 分子丙酮酸合成 1 分子葡萄糖计算，需要消耗 6 个额外的高能键。正是由于丙酮酸羧化酶和磷酸烯醇式丙酮酸羧激酶的作用以及这些能量的补充，才使得糖酵解中生成丙酮酸的不可逆反应发生逆转。

②1,6-二磷酸果糖转化成 6-磷酸果糖，反应由果糖磷酸酯酶（果糖 1,6-二磷酸酶 Fructose 1,6-bisphosphatase）催化。

$$1,6\text{-}二磷酸果糖+H_2O\longrightarrow 6\text{-}磷酸果糖+Pi$$

果糖磷酸酯酶是别构酶，受 AMP、2,6-二磷酸果糖别构抑制，但受 ATP、柠檬酸别构激活。

③6-磷酸葡萄糖转化成葡萄糖，由葡萄糖磷酸酯酶（葡萄糖 6-磷酸酶，Glucose 6-phosphatase）催化。

$$6\text{-}磷酸葡萄糖+H_2O\longrightarrow 葡萄糖+Pi$$

经过上述 3 个逆转反应和糖酵解的其他反应，2 分子丙酮酸便可异生为 1 分子葡萄糖。

（二）乳酸转变为葡萄糖

在刚进行剧烈活动的肌肉细胞中，糖酵解作用因瞬间加强，大量消耗 NAD^{+}，生成 NADH。此时，有氧呼吸链再生 NAD^{+} 的速度无法满足糖酵解继续进行。为了及时补充 NAD^{+}，糖酵解产物——丙酮酸便在乳酸脱氢酶作用下转变为乳酸。为了避免乳酸大量积累造成伤害，机体通过柯立氏循环（Cori cycle）将乳酸转变为葡萄糖。柯立氏循环如图 11-10 所示：在肌肉细胞，葡萄糖经糖酵解生成丙酮酸，丙酮酸转变为乳酸；乳酸扩散进入血液，随血流进入肝脏；在肝细胞内，乳酸先转变为丙酮酸，丙酮酸再通过糖异生途径转变为葡萄糖；葡萄糖再回到血液中，随血流供应肌肉（或脑）对葡萄糖的需要。至此，完成一个循环。

（三）糖异生和糖酵解的相互协调

从反应物上来讲，糖异生是糖酵解的相反过程，二者的相互制约与协调显得非常重要。

糖异生和糖酵解相互制约和协调关系是通过相同调节物的相反效应来实现的。如 AMP 对糖酵解途径的磷酸果糖激酶有激活作用，对糖异生途径的果糖磷酸酯酶便有抑制作用；ATP、柠檬酸对磷酸果糖激酶有抑制作用，对果糖磷酸酯酶便有激活作用。总之，当 ATP/ADP 比值高时，糖酵解途径关闭，糖异生打开；当 ATP/ADP 比值低时，糖酵解途径打开，而糖异生活性降低。

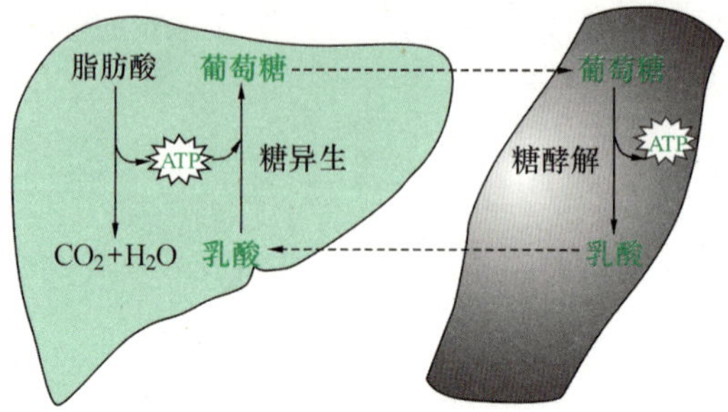

图 11-10 柯立氏循环

另外，F-2,6-BP 在协调糖酵解和糖异生作用中具有特殊的作用。糖异生和糖酵解受进食和激素水平的影响，这种影响与一种物质即 2,6-二磷酸果糖(F-2,6-BP)有关。在大量进食含糖食品后，血液中胰岛素水平升高，F-2,6-BP 随之升高。F-2,6-BP 是磷酸果糖激酶的激活剂，因而糖酵解加速进行；F-2,6-BP 又是果糖磷酸酯酶的抑制剂，使糖异生途径受到抑制。在饥饿时，机体血糖含量下降，刺激血液中胰高血糖素升高，使 F-2,6-BP 合成受到抑制，糖酵解便随之被制约。

二、蔗糖和多糖的生物合成

(一)单糖的活化形式是糖核苷酸

葡萄糖只有转变为活化形式，才能合成寡糖和多糖。尿苷二磷酸葡萄糖(UDPG)、腺苷二磷酸葡萄糖(ADPG)和鸟苷二磷酸葡萄糖(GDPG)都是葡萄糖的活化形式，它们分别在寡糖和多糖的生物合成中作为葡萄糖的供体。可通过下式合成：

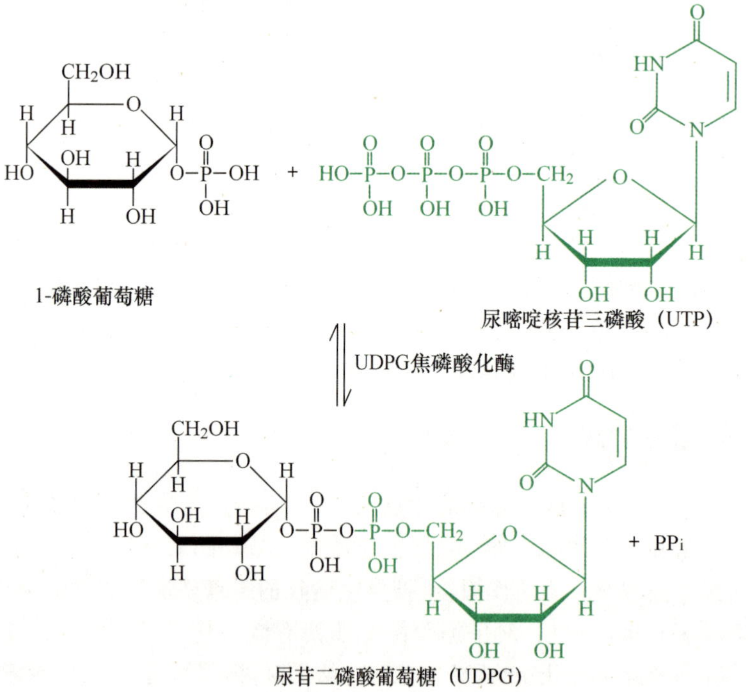

此反应 $\Delta G^{\ominus\prime}$ 接近零，本为可逆反应，但由于焦磷酸极易被焦磷酸酶水解成磷酸，从而使反应向合成 UDPG 方向进行。可见，核苷三磷酸在反应中产生焦磷酸，有利于推动生物合成反应。ADPG（或 GDPG）也是以类似的反应生成的，催化的酶是 ADPG（或 GDPG）焦磷酸化酶。

（二）蔗糖合成的两个途径

1. 蔗糖合酶

蔗糖合酶（sucrose synthase）能利用 UDPG 作为葡萄糖供体与果糖合成蔗糖。反应如下：

$$\text{UDPG}+\text{果糖}\longrightarrow\text{UDP}+\text{蔗糖}$$

该酶还可利用 ADPG、GDPG 等作为葡萄糖供体，此类反应主要存在于植物的非绿色组织（如贮藏器官）。

2. 磷酸蔗糖合酶

磷酸蔗糖合酶（sucrose phosphate synthase）在光合组织中很丰富，它使 UDPG 的葡萄糖转移到 6-磷酸果糖上，形成磷酸蔗糖：

$$\text{UDPG}+\text{6-磷酸果糖}\longrightarrow\text{6-磷酸蔗糖}+\text{UDP}$$

在磷酸蔗糖磷酸酶（sucrose phosphate phosphatase）的催化下，磷酸蔗糖水解生成蔗糖。

$$\text{6-磷酸蔗糖}+H_2O\longrightarrow\text{蔗糖}+\text{Pi}$$

相对于蔗糖合酶，由于磷酸蔗糖合酶存在量大，催化平衡常数高，所以一般认为途径 2 是植物合成蔗糖的主要途径（图 11－11）。途径 1 的功能主要是起蔗糖分解的作用。

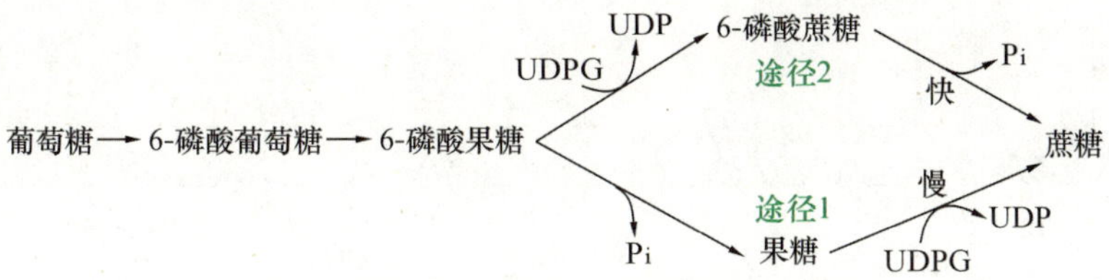

图 11－11　蔗糖合成的两条途径

（三）糖原的合成

动物经小肠摄取的葡萄糖，随血液进入各种细胞，可在己糖激酶作用下转变为 G-6-P。G-6-P 根据机体需求或走向糖酵解，或用于合成糖原。G-6-P 不能直接合成糖原，需要经磷酸葡萄糖变位酶先转化为 G-1-P。

G-1-P 带负电荷的磷酸基团向 UTP 的 α-磷酸基团进攻，G-1-P 的磷酸基团取代 UTP 的 β 和 γ 磷酸基团，与 UTP 的 α-磷酸基团相连，形成 UDP-葡萄糖（UDPG）。UTP 脱下的焦磷酸基团很快水解成无机磷酸分子。G-1-P 与 UTP 形成 UDPG 的反应自由能变化接近零，也就是近乎平衡的可逆反应。但是由于焦磷酸的水解释放能量，使反应向着形成 UDPG 的方向进行。UDPG 是糖原合成中葡萄糖的活性供体。

糖原合酶随后催化 UDPG 中葡萄糖分子的第一位碳原子与体内已有的糖原分子（n）的非还原末端葡萄糖残基的第四位碳原子上的羟基形成 α-1，4-糖苷键，糖原延长 1 个葡萄糖残基（$n+1$）。糖原合酶不能催化 2 个游离的葡萄糖分子相连，只能将葡萄糖残基加到已经有 4 个以上葡萄糖残基的糖链上。通常情况下，以细胞内储备的糖原作为引物。如果体内糖原已经耗竭，一种称为糖原引物(glycogenin)的蛋白质可接受 UDPG 中的葡萄糖残基。糖原引物是一种双功能酶，它具有糖基转移酶和链延长的活性。首先，糖原引物催化 UDPG 中的葡萄糖残基与自身特定的酪氨酸侧链羟基相连，在糖原引物上加上第 1 分子葡萄糖残基。随后，糖原引物继续催化链延长，UDPG 提供 7 分子葡萄糖残基。之后由糖原合酶继续催化链的延长。

糖原合酶只能催化链的延长。分支的形成由糖原分支酶(glycogen branching enzyme)完成。糖原分支酶有两个作用：在直链上断开 α-1，4 糖苷键；形成以 α-1，6 糖苷键相连的分支。该酶作用非常严格，要求被断裂的直链在 11 个葡萄糖残基以上，断裂位点靠近非还原性末端，将 6～7 个葡萄糖残基转移形成新的分支点，而且新的分支点必须离开其他分支点至少有 4 个葡萄糖残基的距离，如图 11-12 所示。糖原多分支增加了非还原性末端数，这不仅有利于糖原溶解，而且大大增加了其分解和合成的效率，因为无论用于糖原磷酸解的糖原磷酸化酶，还是用于糖原合成的糖原合酶，它们的催化作用都是从糖链的非还原性末端开始的。

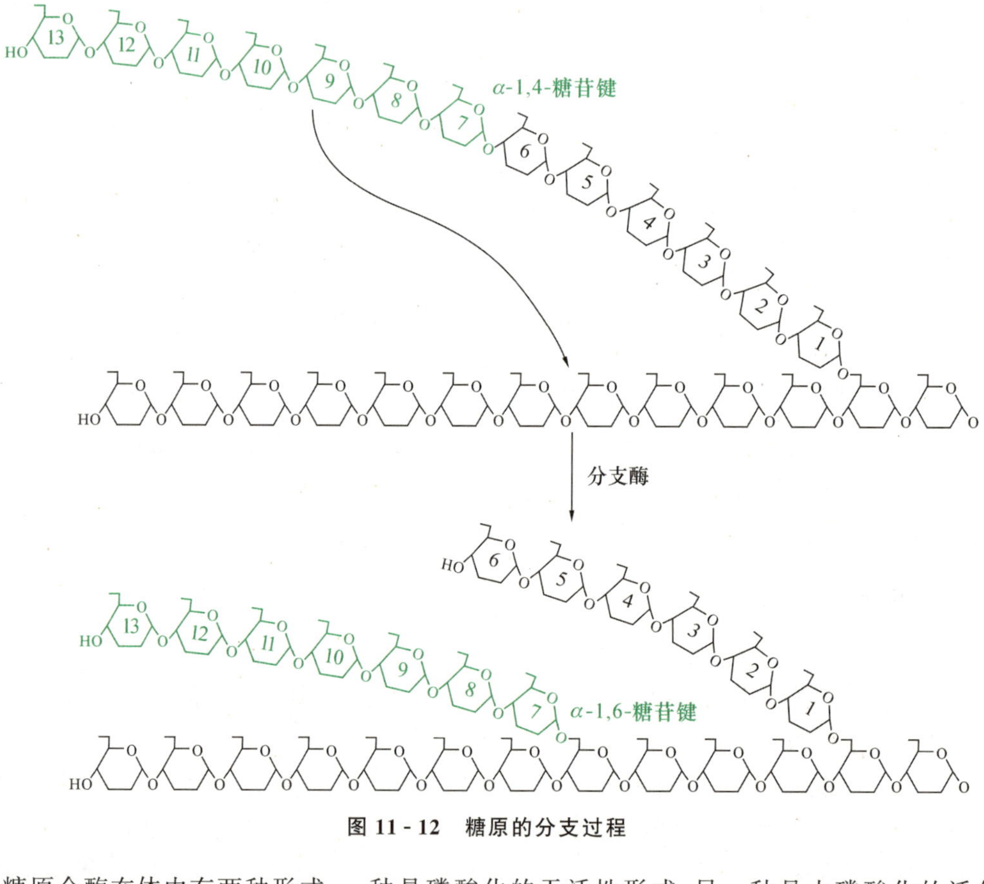

图 11 - 12　糖原的分支过程

糖原合酶在体内有两种形式：一种是磷酸化的无活性形式；另一种是去磷酸化的活化形式。胰岛素是促进糖原合成的主要激素。胰岛素的分泌受血糖影响，血糖高时，胰岛素分泌增多。胰岛素通过对糖原合酶的去磷酸化使糖原合酶活化，促进糖原合成；同时使磷酸化酶激酶和磷酸化酶 a 去磷酸化失去活性，抑制糖原降解。

(四)淀粉的合成

淀粉和糖原虽然在结构上复杂程度不同，但它们的基本反应是相似的：直链的增长是在原有直链上逐步增加葡萄糖残基;支链的增多是把直链的一部分拆下来装配成侧链。

光合作用旺盛时,叶绿体可直接合成和累积淀粉;非光合组织也可利用葡萄糖合成或通过蔗糖转化成淀粉。

1. 直链淀粉的合成

通过 3 种酶进行:

(1)淀粉磷酸化酶　此酶广泛存在于动物、植物、酵母和某些细菌,催化下列反应:

$$1\text{-磷酸葡萄糖}+\text{引物}_{nG} \rightleftharpoons \text{淀粉}_{(n+1)G}+Pi \qquad (n\geqslant 3)$$

反应需要引物,葡萄糖加在引物链的 C_4 非还原末端羟基上,释放出无机磷。植物细胞中无机磷浓度较高,磷酸化酶的主要作用是催化淀粉的水解。

(2)*D*-酶　*D*-酶是一种糖苷转移酶,作用于 α-1,4 糖苷键上,它能将一个麦芽多糖的残余片段转移到葡萄糖、麦芽糖或其他 α-1,4 键的多糖上,形成淀粉合成所需要的"引物"(图 11-13)。

图 11-13　*D*-酶的作用

(3)淀粉合酶(starch synthase)　是淀粉合成的主要酶类。主要以 ADPG 作为葡萄糖基供体,也可以用 UDPG,但 ADPG 合成反应快 10 倍。

$$ADPG+\text{引物}_{nG} \longrightarrow \text{淀粉}_{(n+1)G}+ADP$$

(4)蔗糖转化为淀粉　光合组织合成的糖转化成蔗糖,运输到非光合组织,在那里蔗糖再转化为淀粉。

2. 支链淀粉的合成

支链淀粉除含有 α-1,4 糖苷键外,还有 α-1,6 糖苷键。因此,支链淀粉是在淀粉合酶和 1,4-α-葡聚糖分支酶(原称 Q 酶)共同作用下生成的。淀粉合酶催化葡萄糖以 α-1,4 糖苷键结合,1,4-α-葡聚糖分支酶可从直链淀粉的非还原端拆开一个低聚糖片段(A),并将其转移到毗邻的直链片段(B)的某残基上,以 α-1,6 糖苷键与之相连,即形成一个分支(图 11-14)。

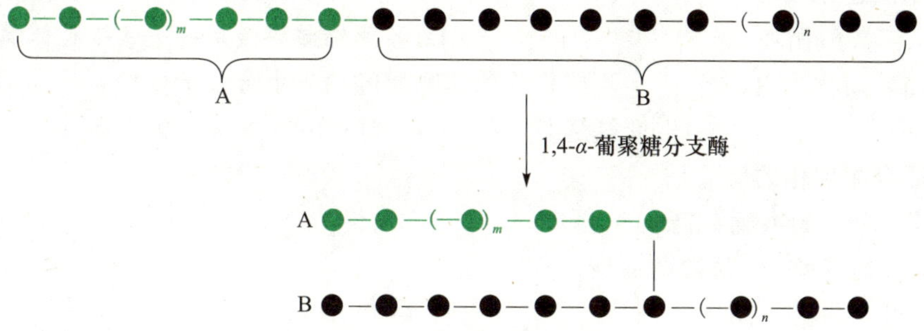

图 11-14　支链淀粉的合成

(五)纤维素的合成

纤维素的合成和蔗糖、淀粉一样都是以糖核苷酸作为葡萄糖的供体,不同植物有不同糖基供体。豌豆、绿豆、玉米、茄子等植物以 GDPG 作为糖基供体，棉花以 UDPG 为供体。细菌只能利用 UDPG 合成纤维素。催化 β-1,4 糖苷键形成的酶为纤维素合酶，同时需要一段由 β-1,4 糖苷键连接的葡聚糖作为“引物”。合成反应以下式表示：

$$\text{NDPG}+(\text{葡萄糖})_n \longrightarrow \text{NDP}+(\text{葡萄糖})_{n+1}$$

参考文献

1. 郭蔼光. 基础生物化学. 北京：高等教育出版社，2002.
2. 朱圣庚，徐长法. 生物化学. 4 版. 北京：高等教育出版社，2016.
3. 郑集，陈均辉. 普通生物化学. 4 版. 北京：高等教育出版社，2007.
4. Moran L A, Horton H R, Scrimgeour K G, et al. Principle of Biochemistry. 5th ed. International: Pearson Education Inc (Asia), 2012.
5. Nelson D L, Cox M M. Lehninger Principles of Biochemistry. 7th ed. New York: Worth Publishers, 2017.

思 考 题

一、填空

1. TCA 循环中大多数酶位于________，只有________位于线粒体内膜。

2. 磷酸戊糖途径的主要生理意义是产生____________参与生物分子的还原合成，还生成________参与 DNA 和 RNA 的合成。

3. 糖原合成的关键酶是________，糖原分解的关键酶是________。合成糖原时，葡萄糖的直接供体分子是________，糖原分解的初始产物是________。

二、单选

1. 无氧情况下，糖酵解途径生成的 $\text{NADH}+\text{H}^+$ 的去路是________。

A) 丙酮酸还原成乳酸　　B) 3-磷酸甘油酸还原为 3-磷酸甘油醛

C) 进入三羧酸循环　　D) 经苹果酸穿梭系统进入线粒体氧化

2. 在哺乳动物体内，________不能作为前体物质经糖异生合成葡萄糖。

A) 甘油　　B) 生糖氨基酸　　C) 乙酰-CoA　　D) 乳酸

3. 糖原合酶催化的反应是________。

A) 葡萄糖→6-磷酸葡萄糖

B) 6-磷酸葡萄糖→1-磷酸葡萄糖

C) 1-磷酸葡萄糖→UDPG

D) UDPG + 糖原$_{(n)}$→UDP+糖原$_{(n+1)}$

三、问答题

1. 请写出丙酮酸脱氢酶复合体的组分以及它所催化的反应。此反应是在机体什么部位进行的？如果在反应体系中加入亚砷酸盐，对反应有何影响？机体是如何调节丙酮酸脱氢酶复合体活性的？

2. 糖酵解和糖异生是体内生理功能相反的两条途径，机体是如何调节这两条代谢途径的？

3. 为什么说6-磷酸葡萄糖是糖代谢途径重要的交叉点？

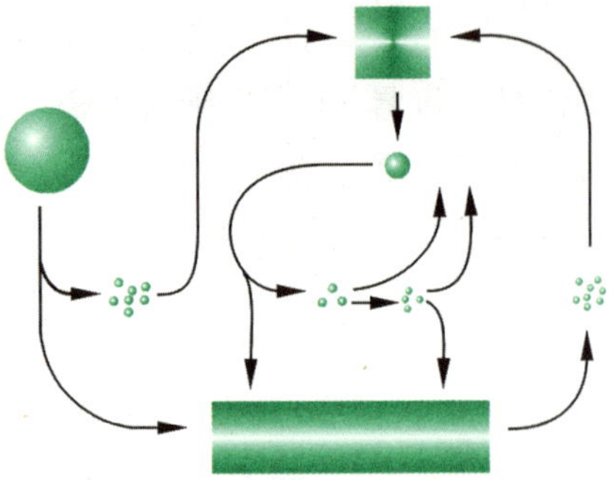

第十二章

脂 质 代 谢

生物体含有多种脂质，其中三酰甘油是脂肪酸的储存形式。本章将重点讨论脂肪酸的氧化分解和生物合成，简单介绍甘油磷脂的合成以及胆固醇的代谢。

第一节　脂 肪 降 解

一、哺乳动物脂肪的吸收、动员与转运

哺乳动物进食的脂质以三酰甘油为主，另有少量磷脂和胆固醇等。外源脂质的消化主要在小肠中进行，反应需要在脂－水界面上进行。这是因为脂肪酶（lipase，简称脂酶，如三酰甘油酯酶）为水溶性蛋白，而脂质不溶于水，脂－水界面有利于提高三酰甘油酯键的催化效率。由肝脏合成、分泌到小肠的胆汁酸能将三酰甘油等脂质乳化，形成混合微团，这大大增加了脂－水界面。在辅脂酶（colipase）的协助下，三酰甘油脂酶和底物结合，催化三酰甘油在 C_1、C_3 位发生水解，生成游离脂肪酸和 2-单酰甘油。胆汁酸在食物脂肪吸收过程中起重要作用。

胆汁乳化微团协助三酰甘油水解，所形成的产物——脂肪酸和 2-单酰甘油被吸收进入小肠黏膜细胞。完成任务后的胆汁酸大部分通过小肠下半部分吸收，回到肝脏再循环利用。在每餐的消化过程中，胆汁酸的这种“肠－肝循环”要发生多次。在小肠细胞中，被吸收的脂肪酸和 2-单酰甘油重新形成三酰甘油，然后和胆固醇、载脂蛋白组装成乳糜微粒，这不仅增加了脂质的可溶性，还消除了脂肪酸的“去污剂”作用，使细胞免受伤害。乳糜微粒将三酰甘油和胆固醇经血液运输，在外周组织脱脂；脂质在脂肪组织储存起来，或到肌肉组织等进行氧化分解。

乳糜微粒颗粒大，反光性强，在大量摄食脂肪后血浆往往呈现暂时浑浊，即此原因。由于乳糜微粒的脱脂过程很快，半衰期 4～5 min，因此浑浊现象会在数小时后澄清。脱脂后的乳糜微粒进入肝脏被吸收利用（图 12 - 1）。

在外源性脂肪摄入不足、机体处于饥饿状况时，就要动员内源性脂肪。三酰甘油、胆固醇和胆固醇酯因不溶于水，不能在血液中自由运输，需要在肝脏中形成极低密度脂蛋白（very-low-density lipoprotein，VLDL）。VLDL 的功能是将肝脏合成的内源性三酰甘油和胆固醇运

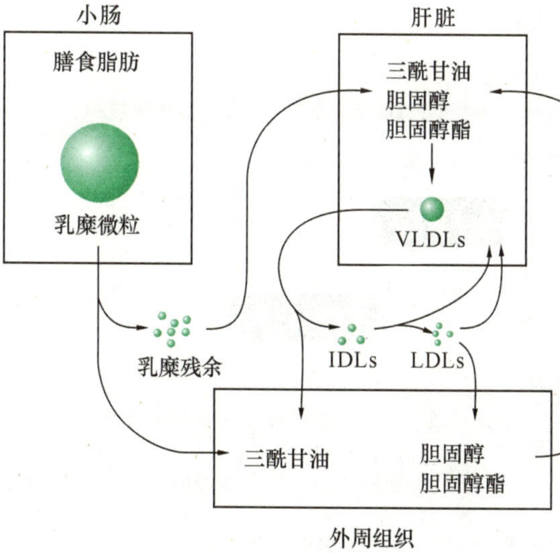

图 12-1　脂肪吸收与动员

输到脂肪、骨骼肌、心肌等边缘组织。在微血管中，VLDL 由脂蛋白脂酶水解脱脂，三酰甘油被水解，释放出脂肪酸被细胞利用，VLDL 则转变为中密度脂蛋白(intermediate-density lipoprotein，IDL)，进而转变低密度脂蛋白(low-density lipoprotein，LDL)(图 12-1)。

LDL 富含胆固醇和胆固醇酯，主要功能是作为胆固醇的运输载体，将胆固醇分送到不能合成它的器官中去。当血浆中的 LDL 与组织细胞表面的 LDL 受体结合后，通过胞吞作用进入细胞内，所形成的内吞胞与溶酶体融合(详见第九章)，在各种水解酶作用下发生降解。蛋白质水解为氨基酸；胆固醇被释放出来用于构成细胞膜，或转变为激素、维生素等固醇类活性物质。当细胞中游离胆固醇含量高时，会阻止细胞继续从血浆中摄入胆固醇，所以，血浆 LDL 含量高，标志着机体"坏"胆固醇多。LDL 是人类衡量体内胆固醇含量高低的重要指标。

高密度脂蛋白(high-density lipoprotein，HDL)因含有大量蛋白质(可达 50%)而呈现高密度，是机体胆固醇的"清扫机"，主要作用是将外周组织中衰老细胞膜上以及血浆中的胆固醇运回肝脏进行代谢。在肝细胞中，胆固醇被用于合成胆汁酸或经消化道排出体外。血浆 HDL 水平与心血管疾病呈负相关，被视为"好"的血脂指标。血浆中 LDL 高(＞3.12 mmol/L)、HDL 低(＜1.00 mmol/L)是动脉粥样硬化和冠心病的危险因素。

有趣的是，脂肪细胞中脂肪动员与机体激素水平有关。对激素敏感的脂肪酶受肾上腺素、去甲肾上腺素、胰高血糖素的激活调节(但受胰岛素抑制)。激素通过跨膜信号转导系统使脂肪组织的 cAMP 含量升高，蛋白激酶 A 激活，脂肪酶发生磷酸化修饰进入活性状态，用于水解三酰甘油(图 12-2)。三酰甘油逐步水解为游离脂肪酸，最终进入氧化降解途径产生能量。三酰甘油脂酶是脂肪降解代谢的关键调节酶。

二、脂肪酸的分解代谢

三酰甘油经脂酶水解产生的甘油，可在甘油激酶催化下先生成 α-磷酸甘油，再经磷酸甘油脱氢酶催化形成磷酸二羟丙酮，然后进入糖代谢或其他代谢途径。下面重点讨论脂肪酸的分解代谢。

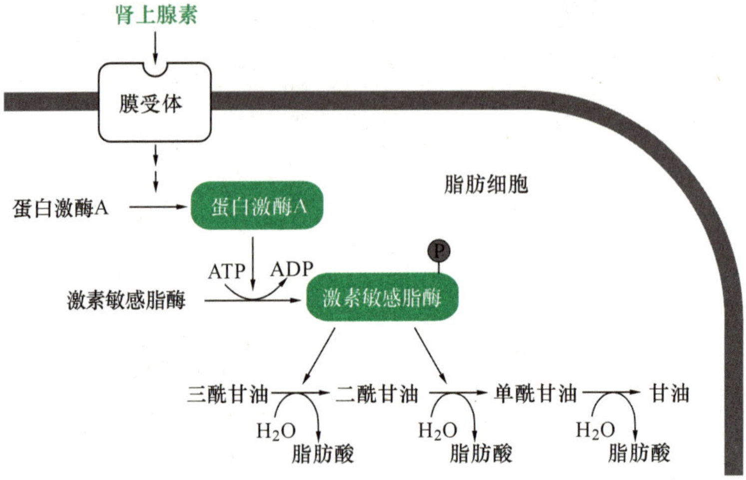

图 12-2 脂肪细胞中三酰甘油的降解

脂肪酸在机体的许多组织细胞内都可以进行氧化分解，以肝和肌肉细胞最为活跃。在真核细胞中，脂肪酸的氧化分解主要在线粒体基质中进行。细胞质中的脂肪酸在氧化分解以前，首先需要进行活化，并转入线粒体基质，然后在一系列酶的催化下降解生成乙酰 CoA，同时产生高还原力物质。乙酰 CoA 再进入柠檬酸循环彻底氧化成 CO_2 和 H_2O。

(一)脂肪酸的活化

脂肪酸在脂酰 CoA 合成酶(acyl-CoA synthetase)催化下，通过一个依赖于 ATP 的酰化反应生成脂酰 CoA。脂酰 CoA 为高能化合物。

$$R-C(=O)O^- + ATP + HS-CoA \xrightarrow{\text{脂酰-CoA合成酶}} R-C(=O)-S-CoA + AMP + PPi$$

脂酰 CoA 合成酶又称硫激酶Ⅰ(thiokinase Ⅰ)，存在于线粒体外膜，因此严格说来，脂肪酸的活化是在线粒体外膜上进行的。反应生成的 PPi 能迅速被焦磷酸酶水解，因此整个反应是不可逆的。脂肪酸活化实际消耗了 2 个高能键。

(二)脂酰 CoA 向线粒体的转运

在胞浆中合成的脂酰 CoA 必须进入线粒体基质中才能被氧化。长链脂酰 CoA 分子不能直接跨过线粒体内膜，需要借助肉碱穿梭系统(carnitine shuttle system)进行转运。肉碱为极性小分子，在胞浆中，它的羟基在肉碱脂酰转移酶(carnitine acyltransferase)催化下与脂酰 CoA 的酰基以酯键相连，此反应可逆。

肉碱脂酰转移酶有Ⅰ、Ⅱ两种异型体：Ⅰ型位于线粒体内膜外侧；Ⅱ型位于线粒体内膜内侧。具体转运过程为：①在线粒体内膜外侧，肉碱脂酰转移酶Ⅰ催化生成脂酰肉碱，同时将 CoA 释放到细胞质中；②脂酰肉碱通过线粒体内膜上的脂酰肉碱移位酶(carnitine acyltranslocase)运至线粒体内膜内侧；③肉碱脂酰转移酶Ⅱ催化逆向反应，产生的肉碱经脂酰肉碱移位酶协助返回线粒体内膜外侧，重新形成的脂酰 CoA 留在线粒体内(图 12-3)。

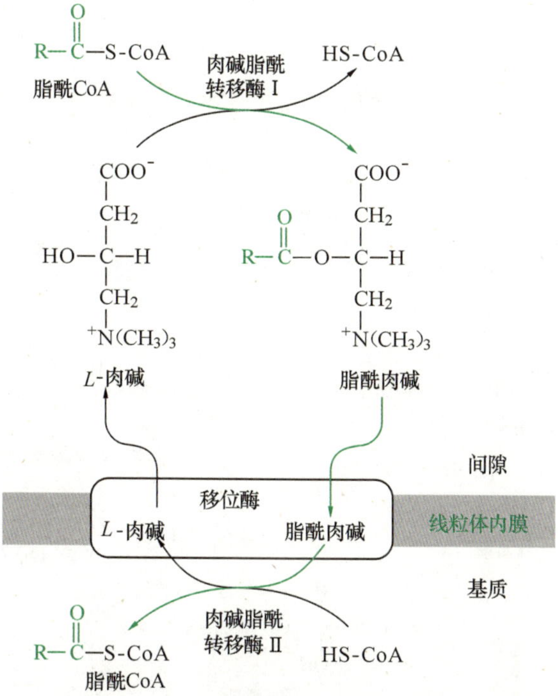

图 12-3 脂酰 CoA 向线粒体基质转移的肉碱穿梭系统

脂肪酸从胞液向线粒体的转运是细胞控制脂肪酸分解代谢的关键调控步骤。肉碱脂酰转移酶Ⅰ是脂酰 CoA 进入线粒体的关键酶，其活性受丙二酸单酰 CoA 的抑制。丙二酸单酰 CoA 是脂肪酸合成的二碳单位直接供体，它同时兼有对肉碱脂酰转移酶Ⅰ的抑制作用，显示了它对脂肪酸分解代谢和合成代谢的协同调节作用。

肉碱可从饮食中获取，肉类是肉碱的主要来源。肝脏和肾脏也可利用赖氨酸和甲硫氨酸合成肉碱。因此正常人可通过食物及自身合成达到对肉碱的需求，不需要额外补充肉碱。但如果肉碱合成减少、素食者或营养不良等造成的摄入不足或因怀孕、感染等情况下肉碱需求增加时，可能会造成肉碱缺乏病，这会导致组织利用长链脂肪酸的能力下降，体内能量产生受限，需要额外补充肉碱保持机体代谢平衡。

因为左旋肉碱是脂肪酸从细胞质向线粒体的转运载体，因此市场上也出现了一些以左旋肉碱为主要成分的减肥药。但是需要注意的是：肉碱只是提高了脂肪酸的转运，而不是真正的消耗，因此需要结合运动将脂肪酸彻底氧化代谢，才能真正实现减少脂肪的目的。

（三）脂肪酸的 β-氧化作用

活化脂肪酸进入线粒体后进行氧化分解，主要方式是 β-氧化作用（β-oxidation）。β 氧化作用是指在一系列酶的作用下，脂肪酸的 β-碳原子发生氧化，使碳链在 α-碳原子和 β-碳原子之间断裂，产生二碳单位（乙酰 CoA）和比原来少两个碳原子的脂肪酸的过程。反应分 4 步（图 12-4）：

（1）氧化　脂酰 CoA 经脂酰 CoA 脱氢酶的催化，在 α 和 β 2 个碳原子之间脱去 2 个 H，形成一个带有反式双键的 Δ^2-反-烯脂酰 CoA；FAD 接受 H 形成 $FADH_2$。

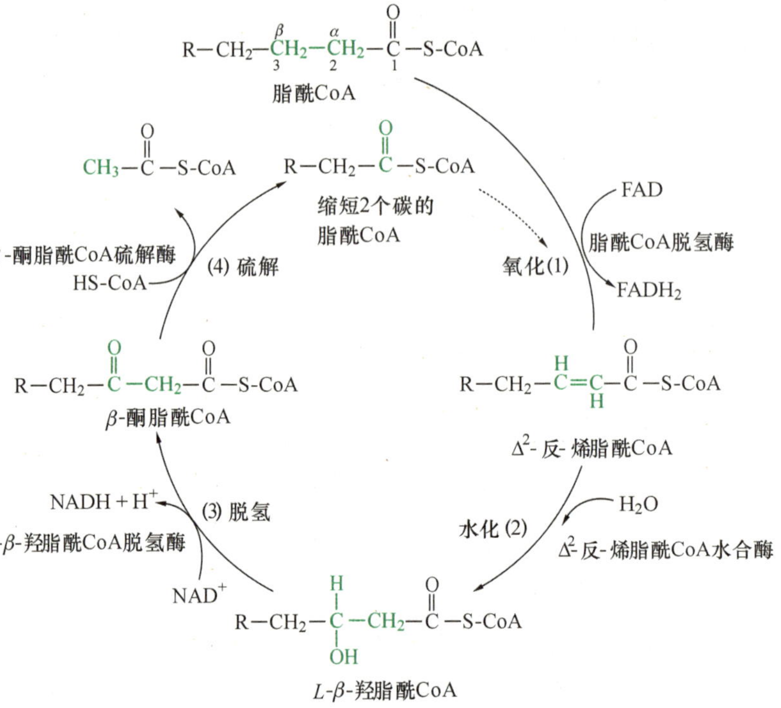

图 12-4 脂肪酸的 β-氧化作用

(2)水化 Δ^2-反-烯脂酰 CoA 经过烯脂酰 CoA 水合酶的催化，在反式双键处进行立体专一性加水，生成 *L*-*β*-羟脂酰 CoA。

(3)脱氢 *L*-*β*-羟脂酰 CoA 经 *L*-*β*-羟脂酰 CoA 脱氢酶的催化，从 *β* 碳原子以及 *β* 碳原子上连接的羟基脱去 2 个 H 生成 *β*-酮脂酰 CoA，辅酶 NAD^+ 接受氢原子还原为 NADH。

(4)硫解 在 CoA 参与下，通过硫解反应在 *α* 碳原子和 *β* 碳原子之间发生断裂，生成 1 分子乙酰 CoA 和少 2 个碳原子的脂酰 CoA。催化该反应的酶是脂酰 CoA 硫解酶。

缩短了 2 个碳原子的脂酰 CoA 继续重复以上 4 步反应。每循环 1 次，均生成 1 分子乙酰 CoA 和比原来少 2 个碳原子的脂酰 CoA，同时生成高还原力物质——1 分子 $FADH_2$ 和 1 分子 NADH。如此循环，直至脂肪酸完全降解为乙酰 CoA。

脂肪酸氧化的功能是产生大量能量。从软脂酸（16∶0）氧化反应可知，1 分子软脂酰-CoA 经 7 次 *β*-氧化，最后生成 8 分子乙酰 CoA、7 分子 $FADH_2$ 和 7 分子 NADH。

$$\text{软脂酰 CoA} + 7FAD + 7NAD^+ + 7H_2O + 7CoA \longrightarrow 8\text{乙酰 CoA} + 7FADH_2 + 7NADH + 7H^+$$

7 分子 $FADH_2$ 和 7 分子 NADH 进入呼吸链将产生 35 分子 ATP；8 分子乙酰 CoA 通过柠檬酸循环和呼吸链将产生 96 分子 ATP；考虑到软脂酸在活化时消耗的 2 个高能键，那么，1 分子软脂酸彻底氧化将产生 129 分子 ATP。

(四)脂肪酸的 *α*-氧化和 *ω*-氧化

脂肪酸的氧化分解还存在 2 种次要方式：

1. α - 氧化

在 α - 氧化系统中，脂肪酸的 α 碳原子在单加氧酶的催化下氧化生成 α - 羟脂酸。羟基中的氧来自分子氧。羟脂酸可转变为酮酸，然后氧化脱羧转变为少 1 个碳原子的脂肪酸。

α - 氧化作用对支链脂肪酸、奇数碳原子脂肪酸或极长脂肪酸的降解有重要作用。哺乳动物在将绿色蔬菜的叶绿醇进行氧化时，其中有一步植烷酸（含有分支的脂肪酸）降解反应就属于 α - 氧化作用。患有 Refsum 氏遗传病的人，因缺乏 α - 氧化酶反应系统不能降解植烷酸。植烷酸在血液、脑中积累会导致外周神经炎型运动失调、色素性视网膜炎等。

2. ω-氧化

ω-氧化是脂肪酸在远离羧基的末端碳原子（ω-碳）发生氧化，加上一个羟基，生成 ω-羟脂酸；羟基继续氧化，脂肪酸转变为 α，ω-二羧酸。

在动物体内，短链脂肪酸（12 个碳以下）的氧化降解采用 ω-氧化。α，ω-二羧酸在降解代谢中具有优势，其分子两端可同时进行 β-氧化，这有利于加速脂肪酸的降解。

（五）奇数碳脂肪酸的氧化

微生物和其他一些生物含有奇数碳脂肪酸，它们的氧化作用和偶数碳脂肪酸基本相同，只是在最后一轮 β-氧化反应后生成的是丙酰 CoA，而不是乙酰 CoA。在哺乳动物中，丙酰 CoA 转化为琥珀酰 CoA，催化这种转化需要 3 种酶：丙酰 CoA 羧化酶、甲基丙二酸单酰 CoA 消旋酶和甲基丙二酸单酰 CoA 变位酶，中间产物是甲基丙二酸单酰 CoA。具体反应如图 12 - 5 所示。

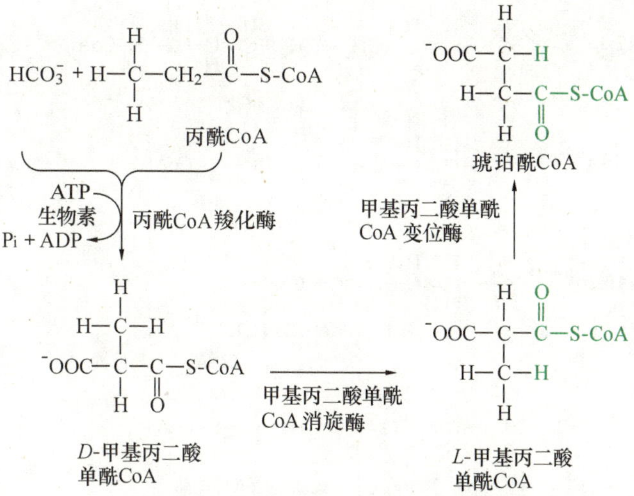

图 12 - 5 丙酰 CoA 转化为琥珀酰 CoA

从上述反应可知，由甲基丙二酸单酰 CoA 变位酶催化 L-甲基丙二酸单酰 CoA 的碳骨架重组，生成琥珀酰 CoA。琥珀酰 CoA 可进入柠檬酸循环进行彻底代谢。如果人体缺失甲基丙二酸单酰 CoA 变位酶，在大量食入奇数碳脂肪酸食品后，将造成甲基丙二酸单酰 CoA 积累，引发血液酸中毒（acidosis）。食用过多缬氨酸、苏氨酸、异亮氨酸和甲硫氨酸也会产生类似后果，因为这些氨基酸能降解、转化为丙酰 CoA（详见第十三章）。此外，因为维生素 B_{12} 是丙二酸单酰 CoA 变位酶的辅酶，因此缺乏维生素 B_{12} 也会造成奇数碳脂肪酸代谢障碍，引起代谢性酸中毒。

(六)不饱和脂肪酸的氧化

不饱和脂肪酸的降解和饱和脂肪酸基本相似,但因其含有双键且多为顺式,需要在双键处发生一个特殊反应,因此除 β-氧化的全部酶外,还需 2 个酶:烯脂酰 CoA 异构酶和 2,4-二烯脂酰 CoA 还原酶。

图 12-6 为亚油酸(18∶2,$\Delta^{9c,12c}$)的氧化降解。当活化为亚油酰 CoA、经肉碱转运系统进入线粒体后,先进行三轮 β-氧化,切掉 3 个二碳单位,生成带有 2 个顺式双键的十二碳烯脂酰 CoA(12∶2,$\Delta^{3c,6c}$);在烯脂酰 CoA 异构酶催化下转变为 Δ^2-反,Δ^6-顺十二碳烯脂酰 CoA(12∶2,$\Delta^{2t,6c}$),接着进行一轮 β-氧化,释放出 1 分子乙酰 CoA,形成 Δ^4-顺十碳烯脂酰 CoA(10∶1,Δ^{4c});该中间产物在脂酰 CoA 脱氢酶作用下生成 Δ^2-反,Δ^4-顺十碳烯脂酰 CoA(10∶2,$\Delta^{2t,4c}$);之后在 2,4-二烯脂酰 CoA 还原酶作用下(还原剂为 NADPH)还原为 Δ^3-反烯脂酰 CoA(10∶1,Δ^{3t}),再一次由烯脂酰 CoA 异构酶催化,转变为 Δ^2-反烯脂酰 CoA(10∶1,Δ^{2t}),随后继续 β-氧化,直至完全降解。

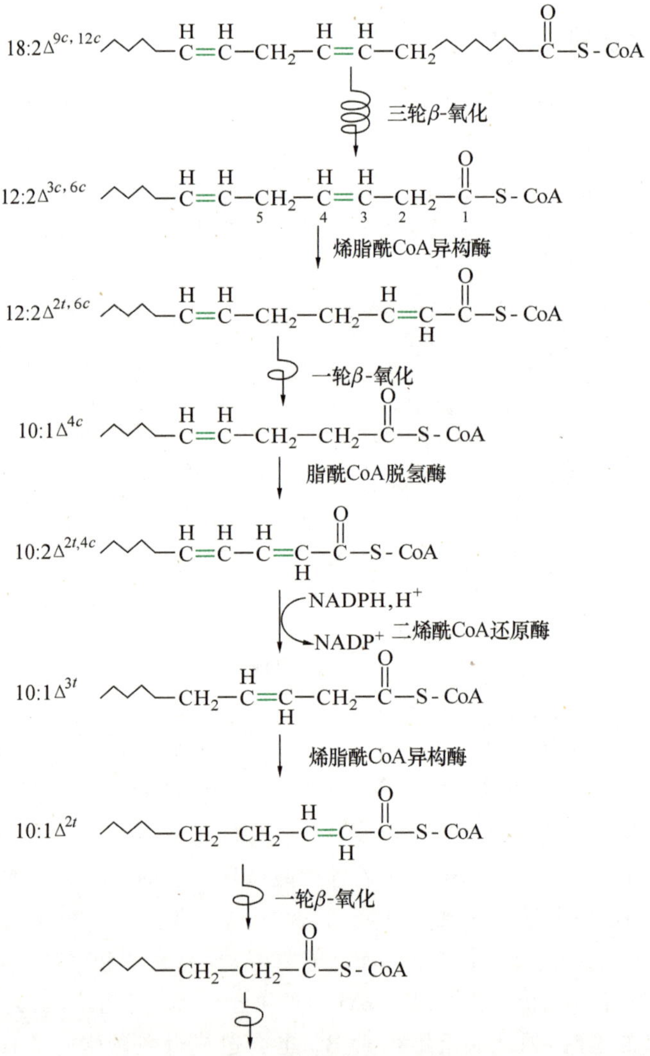

图 12-6 亚油酰 CoA 的氧化

第十二章

需要注意的是，不饱和脂肪酸由于含双键，发生氧化降解时脱氢机会少，而且还原酶参加的反应还要消耗 NADPH，因此降解所得的 ATP 数目要比同碳原子数的饱和脂肪酸少。

知识拓展框

脂肪酸碳源

在丛枝菌和植物共生中，脂肪酸是植物传递给真菌的主要碳源。

丛枝菌根真菌(*Arbuscular mycorrhizal*，AM)促进植物摄取矿物质并从植物中获取有机营养物。一直以来，有机营养物被认为主要以糖的形式提供。2017 年，*Science* 杂志同时在线发表了英国团队和中国团队的研究论文，两篇文章均证明脂肪酸是植物转运给共生真菌的主要碳源，这对传统理论认为糖是植物提供给共生真菌的主要碳源的观点提出了挑战。

英国团队的研究结果表明，植物与丛枝菌形成有益的联系，促进土壤养分的获取，作为回报，真菌从植物中吸收有机碳。转录因子 RAM1(required for arbuscular mycorrhization 1)对这一共生关系至关重要，它对于诱导一种脂质生物合成途径是必需的，并且足以在适应真菌的植物细胞中表达。脂质从植物转移到菌根真菌中，这种脂质输出需要甘油-3-磷酸酰基转移酶 RAM2，这是 RAM1 的直接靶标。中国团队进一步证明了脂肪酸的转运依赖于 RAM 和 ABC 转运蛋白(ATP binding cassette transporter)。研究还表明，植物脂肪酸可以转运到病原真菌 *Golovinomyces cichoracerum* 中，并且转运的脂肪酸是病原真菌定植所必需的。该研究揭示互利共生菌根和致病真菌均利用植物合成的脂肪酸来进行宿主侵染。

Jiang Y，Wang W，Xie Q，et al. Plants transfer lipids to sustain colonization by mutualistic mycorrhizal and parasitic fungi. Science，2017，356(6343)：1172-1175.

Luginbuehl L H，Menard G N，Kurup S，et al. Fatty acids in arbuscular mycorrhizal fungi are synthesized by the host plant. Science，2017，356(6343)：1175-1178.

第二节 酮体代谢

脂肪酸 β-氧化所生成的乙酰 CoA 主要进入柠檬酸循环彻底降解，有些则转变为乙酰乙酸、β-羟丁酸和丙酮，这 3 类物质统称为酮体(ketone body)。脂肪酸转变成酮体后便具有了水溶性，换句话说，酮体是脂肪酸的水溶性等价物，是乙酰单位的可转运形式。

在正常生理条件下，糖代谢和脂类代谢处于平衡状态，血液中的酮体含量很低(0.3～5 mg/100 mL)。如果脂肪分解占优势，如机体因长期饥饿严重缺糖或患严重糖尿病糖不能被利用时，肝脏将动用脂肪产生大量乙酰 CoA。此时，草酰乙酸因被用于异生成葡萄糖，减少了与乙酰 CoA 缩合进入柠檬酸循环的量，于是乙酰 CoA 量增加，走向酮体合成途径。

一、酮体在肝脏中合成

在哺乳动物中，酮体在肝脏线粒体中合成，合成原料是乙酰 CoA。

如图 12-7 所示，首先，2 分子乙酰 CoA 缩合形成乙酰乙酰 CoA，反应由乙酰乙酰 CoA 硫解酶(acetoacetyl-CoA thiolase)催化。然后另 1 分子乙酰 CoA 加到乙酰乙酰 CoA 上形成 3-羟基-3 甲基-戊二酰 CoA(HMG-CoA)，反应由 HMG-CoA 合酶催化。继续在裂解酶催化下发生裂解反应，生成乙酰乙酸和 1 分子乙酰 CoA。乙酰乙酸在 β-羟丁酸脱氢酶(辅酶为 NADH)催化下还原为 β-羟丁酸；在乙酰乙酸脱羧酶催化下转化为丙酮。

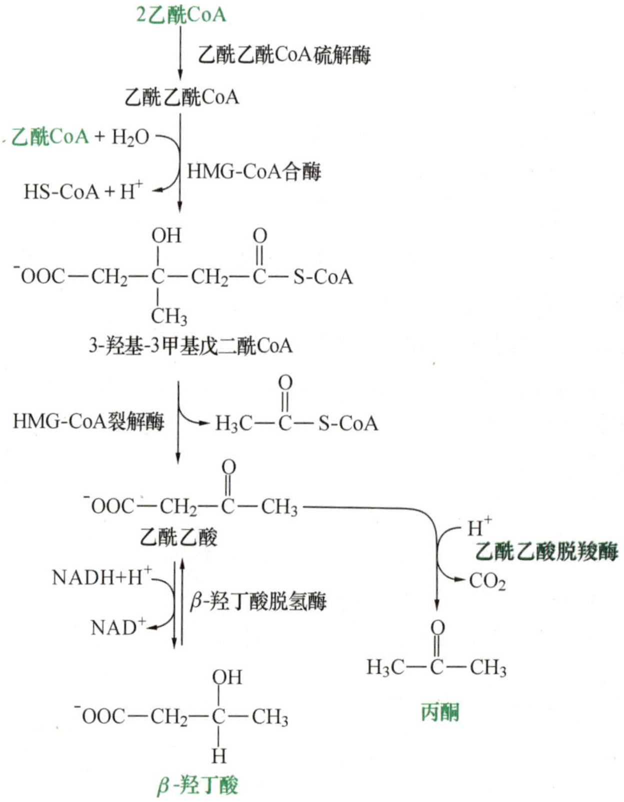

图 12-7 酮体的生成

二、酮体在线粒体中氧化分解

酮体是重要的燃料分子，它随血液运送到心肌、骨骼肌、肾和大脑等肝外组织，满足这些组织对能量的需要。大脑和心肌可以直接利用乙酰乙酸、β-羟丁酸供能。研究证实，在长期饥饿时，大脑对能量需求绝大多数来自乙酰乙酸和 β-羟基乙酸，可见酮体的生成在脂肪作为主要能源时具有重要的生理意义。

在线粒体中，β-羟丁酸和乙酰乙酸可转变为乙酰 CoA 经柠檬酸循环进行代谢。酮体作为燃料物质被降解利用时需要多步反应，由多个酶参与，如乙酰乙酸和琥珀酰 CoA 在琥珀酰

CoA 转移酶催化下活化为乙酰乙酰 CoA，然后在硫解酶作用下裂解为 2 分子乙酰 CoA 再进入柠檬酸循环(图 12 - 8)。

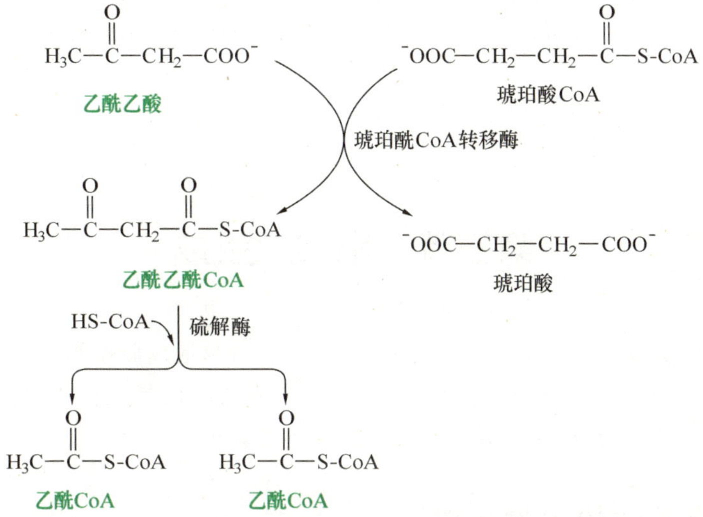

图 12 - 8 乙酰乙酸转变为乙酰 CoA

如果酮体的降解代谢出现故障将导致酮病(ketosis)。血液中酮体浓度超标，尿液和呼气中散发着浓重的丙酮味。由于酮体中乙酰乙酸、β -羟基丁酸具有酸性，大量积累会引起体液酸碱平衡失调，导致酸中毒，不及时调整将导致死亡。

知识拓展框

糖尿病酮症酸中毒

糖尿病酮症酸中毒(diabetic ketoacidosis)是由于体内缺乏胰岛素而引起的急性代谢并发症，常见于Ⅰ型糖尿病。表现为血糖异常升高，血中酮体含量增高，尿中出现酮体，呼吸带有烂水果味，并伴有食欲减退、恶心、呕吐等症状。

为什么糖尿患者体内酮体含量会异常升高呢？虽然Ⅰ型糖尿患者血液中葡萄糖含量很高，但因为胰腺 β 细胞受损，胰岛素分泌不足，导致血液中的葡萄糖不能进入细胞进行代谢。细胞内通过糖异生途径合成葡萄糖，脂肪酸 β-氧化途径加强来提供能量，乙酰 CoA 含量升高。但因为细胞内的草酰乙酸通过糖异生途径去合成葡萄糖，不能与脂肪酸分解产生的乙酰 CoA 结合进入三羧酸循环，乙酰 CoA 进入酮体合成路径，酮体合成大大提高，最终导致血液中酮体含量异常升高。

酮体含量升高会导致代谢性酸中毒(代谢性酸中毒是最常见的一种酸碱平衡紊乱，是由于细胞外液 H^+ 增加或 HCO_3^- 降低造成的)。这是因为酮体中的乙酰乙酸和 β-羟丁酸是较强的酸性物质，pK_a 较低，在血液中解离出 H^+，H^+ 与体内的 HCO_3^- 结合(血浆中 HCO_3^- 的量称为碱储，HCO_3^- 缓冲能力强，是维持血浆酸碱平衡最重要的物质)，导致代谢性酸中毒。同时葡萄糖和酮体随尿排泄导致机体脱水，水、电解质代谢紊乱，严重时可导致死亡。

Cameron F J, Wherrett D K. Care of diabetes in children and adolescents: controversies, changes, and consensus. Lancet, 2015, 385: 2096-2106.
Nelson D L, Cox M M. Lehninger Principles of Biochemistry. 7th ed. W. H. Freeman and Company, 2017.

第三节 脂肪合成

动物超量进食以糖为主的高热量物质时，会将多余的能量以脂肪形式储存起来。肝脏和脂肪组织是合成脂肪的主要场所。在细胞中，脂肪合成的部位是细胞质，合成的主要产物是 C_{16} 脂肪酸。更长脂肪酸的合成主要在线粒体或光面内质网中进行。

一、饱和脂肪酸的生物合成

生物体内的脂肪酸多种多样，但在以乙酰 CoA 为原料合成脂肪酸时，都是首先生成 16 碳的饱和脂肪酸，这个过程称为脂肪酸的从头合成(*de novo*)。脂肪酸合成的原料乙酰 CoA 是存在于线粒体内，它不能直接穿过线粒体内膜，需要经过柠檬酸—丙酮酸穿梭进入胞液。

(一) 乙酰 CoA 通过柠檬酸—丙酮酸穿梭进入胞液

在 ATP 供能情况下，线粒体中的乙酰 CoA 先和草酰乙酸经柠檬酸合酶催化、缩合成柠檬酸，后者经线粒体内膜上的相应载体协助进入胞液，然后由柠檬酸裂解酶催化生成乙酰 CoA；同时生成的草酰乙酸不能直接返回线粒体，需经苹果酸脱氢酶催化还原为苹果酸，再由苹果酸酶催化氧化脱羧成丙酮酸，才能返回线粒体；在线粒体中，丙酮酸在羧化酶作用下转化成草酰乙酸，至此完成一次穿梭(图 12-9)。

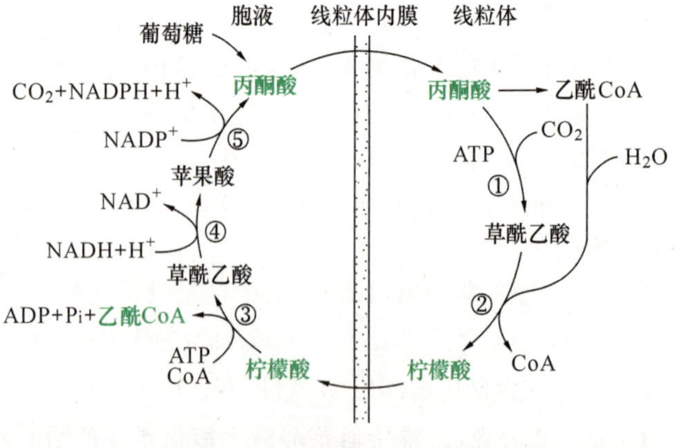

①丙酮酸羧化酶；②柠檬酸合酶；③柠檬酸裂解酶；④苹果酸脱氢酶；⑤苹果酸酶

图 12-9 柠檬酸—丙酮酸穿梭

值得强调的是，每经柠檬酸—丙酮酸循环一次，要消耗 2 分子 ATP；1 分子 NADH 转变为 1 分子 NADPH，NADPH 是脂肪酸合成的还原力，它和乙酰 CoA 是脂肪酸合成所必需的。

（二）丙二酸单酰 CoA 的生成

乙酰 CoA 作为原料合成脂肪酸时，丙二酸单酰 CoA 作为起始物。在乙酰 CoA 羧化酶（acetyl-CoA carboxylase）的催化下，乙酰 CoA 羧化生成丙二酸单酰 CoA（图 12 - 10）。反应不可逆，与 ATP 水解相偶联。

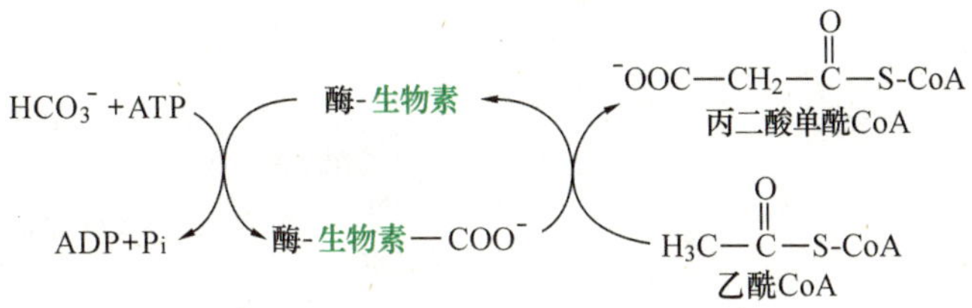

图 12 - 10　乙酰 CoA 羧化为丙二酸单酰 CoA

乙酰 CoA 羧化酶是脂肪酸合成的限速酶，含有生物素辅基。该酶有 3 个亚基：生物素羧基载体蛋白（biotin carboxyl-carrier protein，BCCP）、生物素羧化酶和转羧基酶，其中 BCCP 上连接有生物素。乙酰 CoA 羧化酶受多重调节：①激素调节：胰高血糖素、肾上腺素和去甲肾上腺素启动 cAMP 的增加，激活信号途径中有关蛋白激酶，使乙酰 CoA 羧化酶发生磷酸化而失活，因而抑制脂肪酸合成；胰岛素则促进去磷酸化作用，激活乙酰 CoA 羧化酶，加速脂肪酸合成。②别构调节：乙酰 CoA 羧化酶为别构酶，柠檬酸作为别构激活剂促使该酶的低活性亚基单体聚集形成活性高的多聚体形式，而脂肪酸合成产物——软脂酰 CoA 为其别构抑制剂，它促使多聚体形式的酶解聚转化为单体形式。

（三）脂肪酸合酶

脂肪酸的合成由脂肪酸合酶（fatty acid synthase）催化完成。脊椎动物、酵母、植物和微生物脂肪酸合酶相差较大。此处以细菌细胞脂肪酸合酶为例进行介绍。细菌细胞脂肪酸合酶包括 6 种酶和 1 个酰基载体蛋白（acyl-carrier protein；ACP），其中的 6 种酶分别是乙酰 CoA-ACP 酰基转移酶、丙二酸单酰 CoA-ACP 转移酶、β-酮脂酰 ACP 合酶、β-酮脂酰 ACP 还原酶、β-羟脂酰 ACP 脱水酶和烯脂酰 ACP 还原酶。

大肠杆菌的 ACP 是一个小分子质量蛋白，相对分子质量为 8 860，它的辅基和 CoA 的磷酸泛酰巯基乙胺相同（详见第六章），其活性基团巯基可与脂酰基形成硫酯键。ACP 借助磷酸泛酰巯基乙胺这个“摇臂”，把脂酰基从脂肪酸合酶的一个活性中心转移到另一个活性中心。

在脂肪酸合酶中除 ACP 上有一活性巯基外，β-酮脂酰 ACP 合酶上也有一活性巯基，由多肽链的 Cys 提供，是脂肪酸合成过程中脂酰基的另一个载体，与 ACP 上的巯基配合用于脂肪酸链合成过程中脂酰基的运载。通常将 ACP 上的巯基称为中央巯基，而将 β-酮脂酰 ACP 合酶上的巯基叫外围巯基。

（四）脂肪酸合成反应

脂肪酸的合成包括起始、“缩合→还原→脱水→还原”循环、释放等多步反应。软脂酸的生物合成如图 12 - 11 所示。

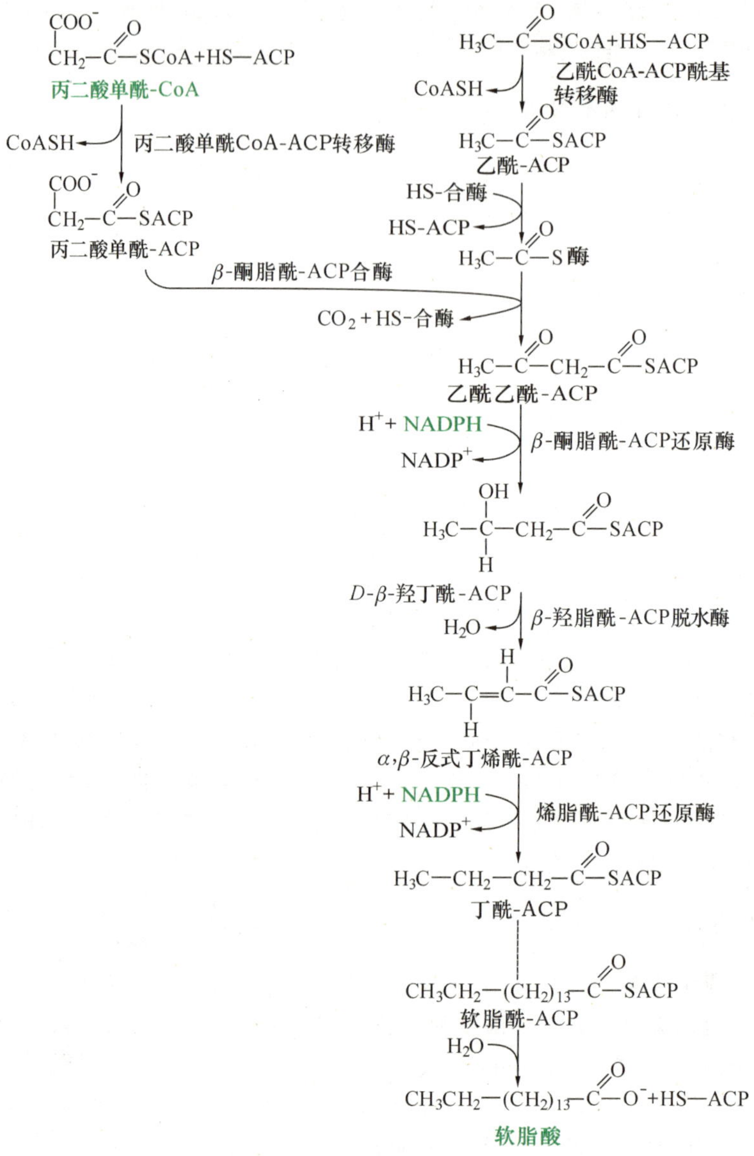

图 12 - 11　软脂酸的合成

起始阶段分两步：第一步，由乙酰 CoA-ACP 酰基转移酶催化乙酰 CoA 的乙酰基转移到 ACP 巯基上，随后在 β-酮脂酰-ACP 合酶催化下转到外围巯基上，生成乙酰-合酶；第二步，由丙二酸单酰 CoA-ACP 转移酶催化丙二酸单酰 CoA 的丙二酰基转移到中央巯基上，生成丙二酸单酰-ACP。

接下来，在 β-酮脂酰-ACP 合酶作用下，乙酰基和丙二酸单酰-ACP 进行缩合，形成乙酰乙酰-ACP，同时释放出 1 分子 CO_2；在 β-酮脂酰-ACP 还原酶催化下，乙酰乙酰-ACP 在 β 位发生还原反应，生成 D-β-羟丁酰-ACP，由 NADPH 提供还原力；D-β-羟丁酰-ACP 在脱水酶催化下，脱水形成 α,β-反式丁烯酰-ACP；β 位在烯脂酰 ACP 还原酶作用下，由 NADPH 提供还原力进行还原反应生成丁酰-ACP。

含 4 个碳原子的丁酰-ACP 是脂肪酸合成的第一轮产物。接下来，丁酰-ACP 被转移到外围—SH 基上，一个新的丙二酰基同时转移到中央—SH 基上，经过“缩合—还原—脱水—还原”反应，再延伸 2 个碳原子。这样经过 7 次循环，便形成软脂酰-ACP。动物体脂肪酸合酶还具有软脂酰-ACP 硫酯酶的活性，它催化软脂酰-ACP 的水解，转化为软脂酸和 ACP。其他的有机体因为没有软脂酰-ACP，硫酯酶直接利用软脂酰-ACP。

软脂酸的从头合成途径总反应式如下：

乙酰 CoA＋7 丙二酸单酰-CoA＋14NADPH＋$14H^+$ ⟶

软脂酸＋$7CO_2$＋$14NADP^+$＋8HS-CoA＋$6H_2O$

考虑到每个丙二酸单酰-CoA 形成时需要 1 分子 ATP 和 1 分子 CO_2，上式可改写为：

8 乙酰-CoA＋14NADPH＋$14H^+$＋ 7ATP ⟶

软脂酸＋$14NADP^+$＋ 8HS-CoA＋$6H_2O$＋7ADP＋7Pi

可以看出，从乙酰 CoA 合成脂肪酸除了需要 ATP 外，还需要 NADPH。每生成 1 分子软脂酸需要 14 分子 NADPH。脂肪酸合成所需的 NADPH，一部分来自柠檬酸—丙酮酸穿梭过程，另一部分来自磷酸戊糖途径。可见，糖代谢既能为脂肪酸合成提供乙酰 CoA 原料，又能提供还原力。

二、脂肪酸的延长与去饱和

脂肪酸的从头合成在细胞质中进行，主要产物是软脂酸(16∶0)，更长的脂肪酸是在软脂酸的基础上通过延长碳单位形成的。动物的脂肪酸延长发生在线粒体和内质网中。在线粒体中，脂肪酸碳链延长是乙酰 CoA 的加成与还原，每次循环延长 2 个碳原子。由此产生 18 碳、20 碳乃至 26 碳饱和脂肪酸。在内质网中，脂肪酸的延长类似于软脂酸的合成，也是以丙二酸单酰 CoA 为二碳单位的直接供体，由 NADPH 供氢，所不同的是脂酰基的载体不是 ACP，而是 CoA。

原核生物在脂肪酸从头合成途径中可以利用专一存在的脱水酶直接产生单不饱和脂肪酸，而真核生物只能在饱和脂肪酸合成后去饱和。最常见的动物体内的饱和脂肪酸是软脂酸(16∶0)和硬脂酸(18∶0)，分别是棕榈酸(16∶1Δ^9)和油酸(18∶1Δ^9)的前体。催化双键形成的酶是脂酰 CoA 去饱和酶(desaturase)，该酶为多功能氧化酶，反应需要 O_2 参与，NADPH 作为氢和电子供体。

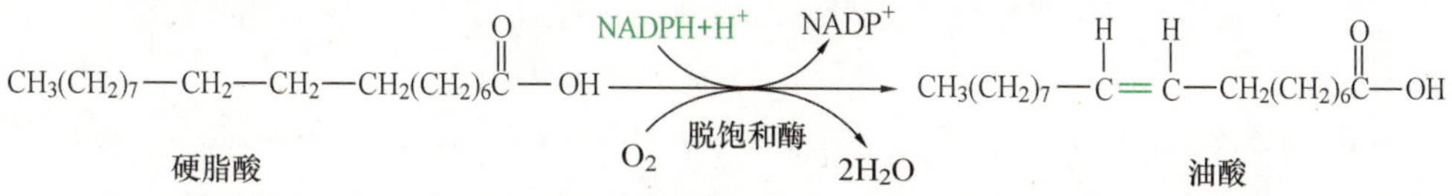

在合成不饱和脂肪酸时，只有植物和无脊椎动物能形成 Δ^9 以外的双键。哺乳动物含有 Δ^4、Δ^5、Δ^6、Δ^9 去饱和酶，可以通过去饱和、碳链延长反应合成油酸，但不能在 C_{10} 以后引入双键，故无法合成亚油酸(18∶2$\Delta^{9,12}$)和 α - 亚麻酸(18∶3$\Delta^{9,12,15}$)，必须从食物中获得。哺乳动物利用外源亚油酸合成花生四烯酸(20∶3$\Delta^{5,8,11,14}$)等高度不饱和脂肪酸。花生四烯酸是合成前列腺素等重要物质的必需前体，在体内占有重要位置。多不饱和脂肪酸具有重要的生理功能，严重缺乏会导致生长停止、生殖衰退甚至死亡。植物内质网和叶绿体中含有向 Δ^{12}、Δ^{15} 引入双键的去饱和酶，能完成多不饱和脂肪酸的合成。大量多不饱和脂肪酸的存在有利于植物在低温下维持生物膜的流动性。

知识拓展框

能解热镇痛的阿司匹林

花生四烯酸，一种二十碳的多不饱和脂肪酸，是前列腺素(prostaglandin)、血栓烷(thromboxane，TX)及白三烯(leukotriene)的前体物质。前列腺素、血栓烷及白三烯也称为类花生酸。它们在体内可引起广泛的生理(炎性反应)和病理反应(过敏反应)。类花生酸虽然与激素有类似作用，但是因为它们产生量很少，在几乎所有组织中都能产生，并不是在特定的腺体产生的，因此类花生酸并不是真正的激素。

花生四烯酸在 PGH 合酶(PGH synthase)催化下依次转变为 PGG_2 和 PGH_2，PGH_2 在体内其他酶的催化下转变成不同类型的前列腺素和血栓烷。PGH 合酶是双功能酶，一种是环氧合酶(cyclooxygenase, COX)活性；另一种是过氧化物酶(peroxidase)活性。COX 有 COX-1 和 COX-2 两种同工酶形式。COX-1 在很多组织中都能合成，是胃黏液分泌、肾的稳态和血小板凝集所必需的。COX-2 是可诱导的，COX-2 参与前列腺素的合成，介导炎症的疼痛、发热和红肿及感染的发热。

前列腺素合成过程可被一些化合物所抑制。阿司匹林(aspirin)可同时抑制 COX-1 和 COX-2，因而阻断前列腺素 PGH_2 的合成，起到解热镇痛的作用。但因为阿司匹林也抑制了 COX-1 的活性，而 COX-1 在胃黏液的合成中有作用，因此长期或过量服用阿司匹林可造成胃黏膜的损伤。开发针对 COX-2 的特异性抑制剂将有助于解决这一问题，但目前也有一些临床试验发现，特异性 COX-2 抑制剂可能具有增加患者心血管事件的危险性。

血栓烷 A2(TXA_2)在激活的血小板中由 COX-1 催化产生。TXA_2 促进血栓的形成。因为阿司匹林可抑制 COX-1 的活性，从而可降低体内 TXA_2 的含量，这就是通过低剂量阿司匹林减少血栓形成而降低中风和心脏病发作风险的治疗基础。2018 年，牛津大学研究者进行了一项阿司匹林一级预防的临床试验，包含 117 279 名志愿者。研究表明，阿司匹林对心血管疾病的预防效果与体重有关。每天摄入 75～100 mg 的阿司匹林对体重为 50～69 kg 的人来说有很好的降低心血管疾病的风险，但对于体重为 50 kg 以下、70 kg 以上的人几乎没有明显的效果，而且他们发病或死亡风险还有不同程度的增加。

Rothwell P M, Cook N R, Gaziano J M. Effects of aspirin on risks of vascular events and cancer according to bodyweight and dose: Analysis of individual patient data from randomised trials. Lancet, 2018, 392: 387-399.

Nelson D L, Cox M M. Lehninger Principles of Biochemistry. 7th ed. W. H. Freeman and Company, 2017.

三、三酰甘油和甘油磷脂的合成

细胞中的大多数脂肪酸以酯形式存在。这里简单介绍三酰甘油和两种常见甘油磷脂的合成。

磷脂酸(phosphatidate)是合成三酰甘油和甘油磷脂的中间体。通过将脂酰 CoA 的酰基转移到 3-磷酸甘油的 C_1 和 C_2 位置形成磷脂酸。

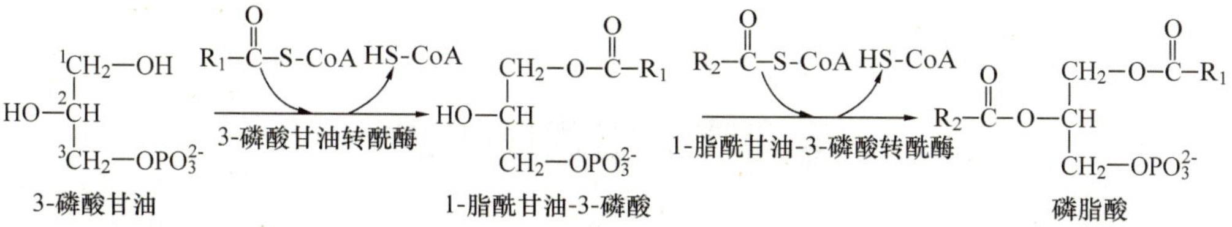

催化脂酰基转移的酶为转酰酶(acyltransferase)。有两类转酰酶:第一类为 3-磷酸甘油转酰酶,其作用是转移饱和脂酰链,催化 3-磷酸甘油的 C_1 位发生酯化生成 1-脂酰甘油-3 磷酸;第二类是以 1-脂酰甘油-3 磷酸为底物的转酰酶,倾向于将不饱和脂酰链转移到 C_2。

在合成三酰甘油和甘油磷脂时,首先在磷脂酸磷酸酶作用下,水解脱去磷酸生成 1,2-二酰甘油。然后与胞苷三磷酸(CTP)的衍生物(CDP-胆碱、CDP-乙醇胺)分别形成磷脂酰胆碱和磷脂酰乙醇胺。磷脂酰乙醇胺还可以经甲基化形成磷脂酰胆碱。如果在 1,2-二酰甘油的 C_3 上转移 1 个脂酰基,即为三酰甘油(图 12-12)。

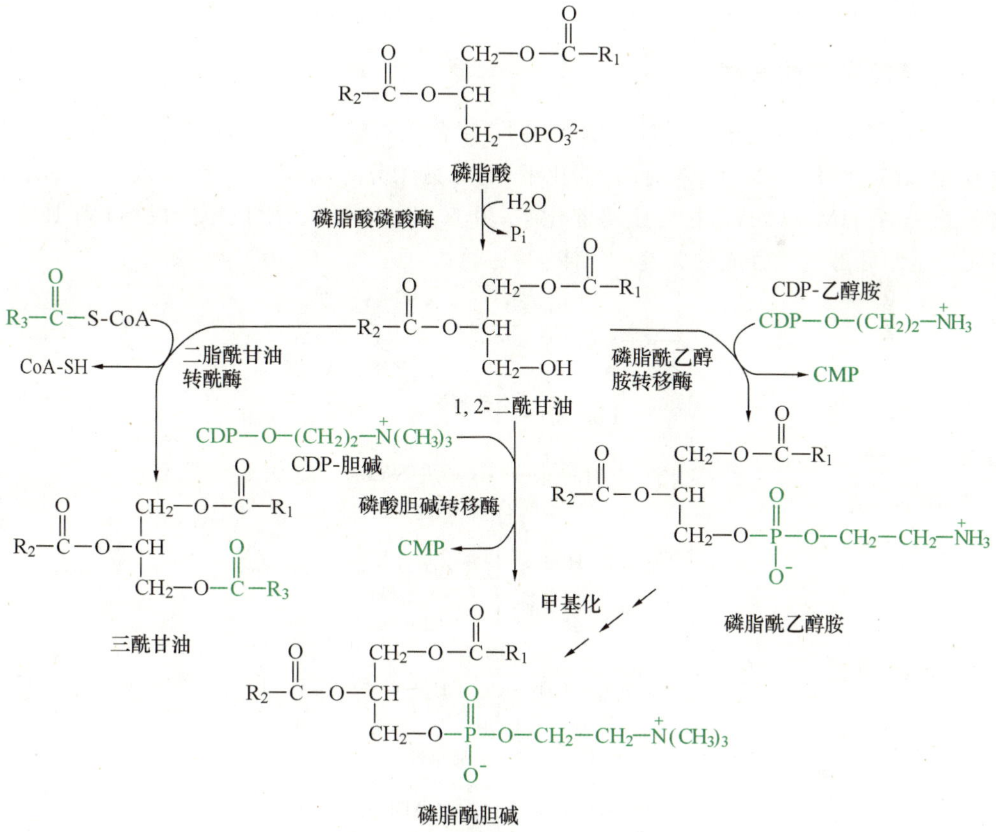

图 12-12 三酰甘油和磷脂的合成

乙醇胺和胆碱可直接来自食品,也可由丝氨酸脱羧生成乙醇胺;乙醇胺接受 S-腺苷甲硫氨酸提供的 3 个甲基生成胆碱。乙醇胺和胆碱经 ATP 活化后,利用胞苷三磷酸(CTP)在 CTP:磷脂酸胞苷转移酶作用下分别形成 CDP-乙醇胺和 CDP-胆碱后释放出 CMP,便生成磷脂酰乙醇胺和磷脂酰胆碱。磷脂酰胆碱是肺泡表面活性物质中主要的脂质成分。肺泡表面活性物质能降低液层的表面张力，降低肺泡再膨胀的压力，因而起到阻止肺泡塌陷的作用。早产儿出现的呼吸窘迫综合征与表面活性物质的合成或分泌不足有关，是新生儿死亡的重要原因。

第四节　胆固醇代谢

胆固醇是生物膜的重要组分，在哺乳动物中还是固醇类激素和胆汁酸的前体。胆固醇含有 27 个碳原子，所有碳原子来自乙酰 CoA。胆固醇的代谢和转化途径简述如下：

一、胆固醇的生物合成

动物体内的胆固醇可来自食物，也可由体内组织合成。几乎所有组织都能合成胆固醇，但以肝脏为主。肝脏细胞的内质网是合成胆固醇的主要场所。合成原料是乙酰 CoA，需要 ATP 供能，NADPH 供氢。胆固醇的合成比较繁杂，分为 3 个阶段：

(一) 甲羟戊酸的合成

2 分子乙酰 CoA 在乙酰乙酰硫解酶作用下，缩合成乙酰乙酰 CoA，然后在 3-羟-3-甲基戊二酸单酰 CoA 合酶(HMG-CoA 合酶)催化下，再与另 1 分子乙酰 CoA 缩合成 3-羟-3-甲基戊二酸单酰 CoA(HMG-CoA)；在还原酶催化下，由 NADPH 供氢，生成甲羟戊酸(图 12 - 13)。甲羟戊酸是胆固醇生物合成的关键中间体。

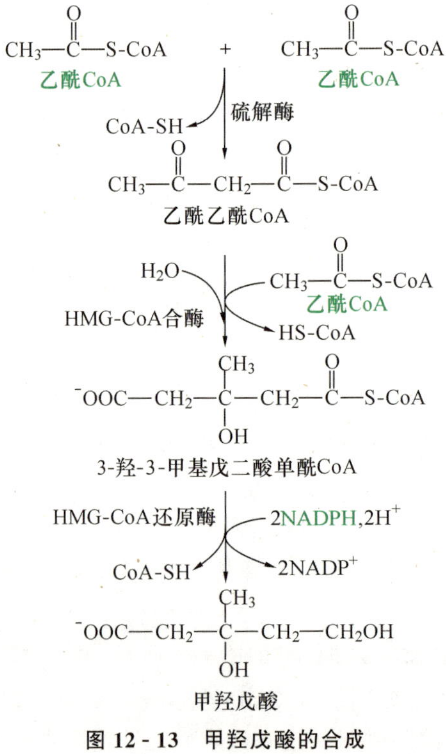

图 12 - 13　甲羟戊酸的合成

(二)鲨烯的合成

在一系列酶的催化下，由甲羟戊酸形成2个活化的异戊二烯(活化需要ATP)，即异戊烯焦磷酸和二甲丙烯焦磷酸。如果将连有焦磷酸的一侧看作“首”，另一侧为“尾”，那么，接下来的反应就是1分子异戊烯焦磷酸和1分子二甲丙烯焦磷酸进行首尾缩合，生成牻牛儿焦磷酸(二甲二烯焦磷酸)；牻牛儿焦磷酸和另1分子异戊酰焦磷酸首尾相接，缩合成15个碳原子的法尼焦磷酸。最后2分子法尼焦磷酸以头对头相接，释放出2分子焦磷酸，同时缩合成30碳的(角)鲨烯(squalene)(图12-14)。此过程中需要NADPH。

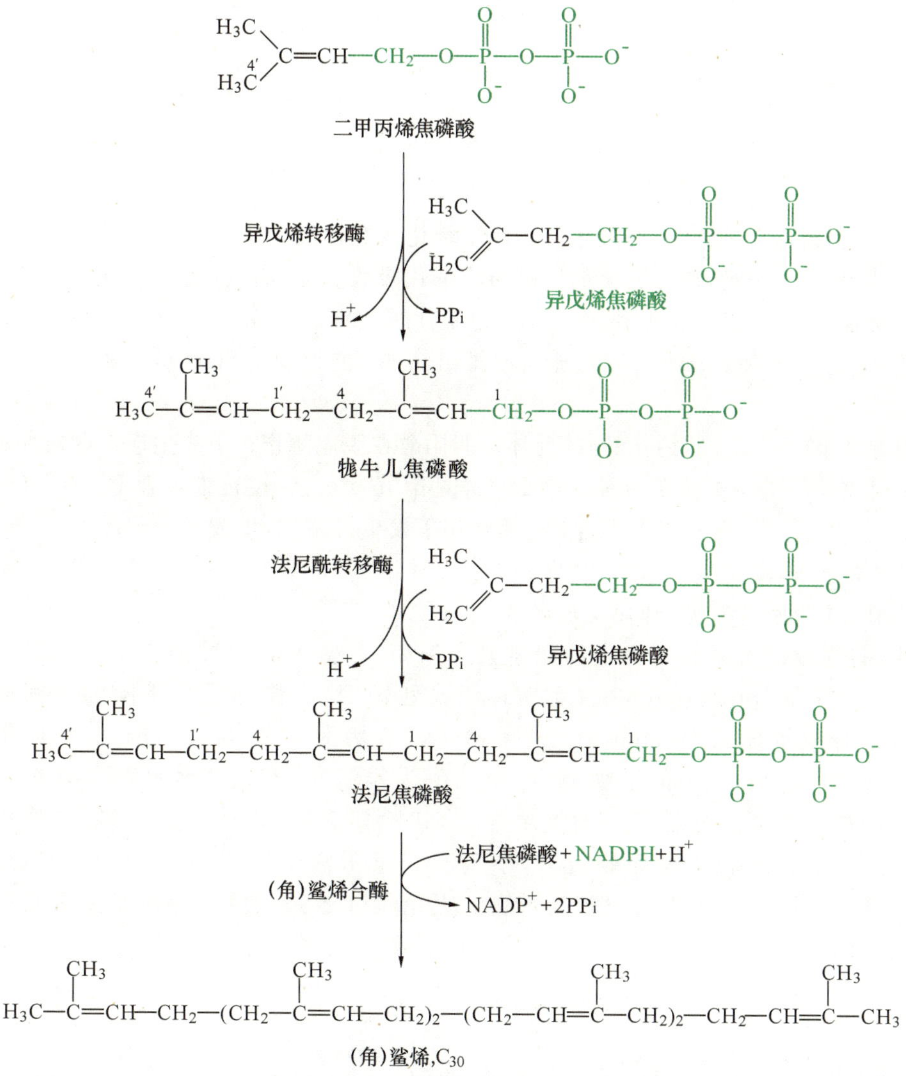

图12-14 6个活化异戊二烯缩合成(角)鲨烯

(三)形成胆固醇

在动物体内，(角)鲨烯经单加氧酶、环化酶催化两步反应环合为羊毛固醇(C_{27})，类固醇

4 个环的骨架就此搭建；羊毛固醇再经过约 20 步反应最终合成 27 个碳原子的胆固醇。反应需要 ATP 供能，需要 NADPH 供氢，另外还需要分子氧。

二、胆固醇的转化

胆固醇与一般脂质不同，它不能被彻底氧化降解为 CO_2 和 H_2O。虽然胆固醇的环戊烷多氢菲核在体内不能裂解，但侧链经过多步反应（如氧化、还原等）可转化成许多具有特殊生物活性物质，如胆汁酸、维生素以及类固醇激素等。

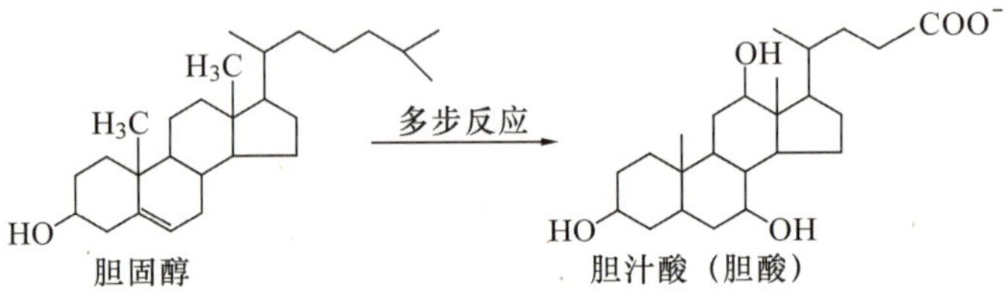

机体合成的胆固醇近一半经羟化酶等作用转化为胆汁酸。正常情况下胆汁酸（盐）（详见第九章）从胆囊排入小肠，作为乳化剂促进脂质消化吸收。完成任务后，95%以上的胆汁酸被肠壁细胞吸收，返回肝脏重新被利用。剩余的胆汁酸在细菌作用下，其 C_5、C_6 间的双键被还原为单键，生成粪固醇（coprosterol），随粪便排出体外。进食富含纤维素的食物，有利于促进粪固醇的排出。

胆固醇是维生素 D_3（胆钙化醇）的前体。胆固醇在脱氢酶作用下先生成 7-脱氢胆固醇，经紫外线照射皮肤后进一步转变为维生素 D_3（详见第五章）。后经转维生素 D_3 蛋白（transcalciferin）介导进入肝脏，在一种多功能氧化酶作用下发生羟基化，生成具有弱活性的 25-羟维生素 D_3，随血液进入肾脏转化为高活性的 1,25-二羟维生素 D_3。1,25-二羟维生素 D_3 最后转送到其他组织，调节钙、磷代谢，作用类似激素。

此外，胆固醇还可以转变为类固醇激素。例如，在肾上腺皮质细胞中，胆固醇可通过中间产物——孕酮（progesterone；又称黄体酮或妊娠酮）经修饰产生不同的类固醇激素。由孕酮可以合成雄烯二酮（androstenedione）再转变为睾酮（testosterone）。在卵巢中，睾酮可转变为雌二醇（estradiol）。睾酮、雄烯二酮为雄激素，有刺激雄性器官发育、促进第二性征的功能。睾丸是分泌睾酮的重要器官，切除睾丸后，机体代谢变慢，脂质积累，身体明显变胖。雌二醇和孕酮为雌激素，孕酮有刺激子宫受孕、停止月经、抑制动情等功能。雄激素和雌激素在体内可以相互转变。无论雄性还是雌性均存在雄激素和雌激素，只是比例不同。

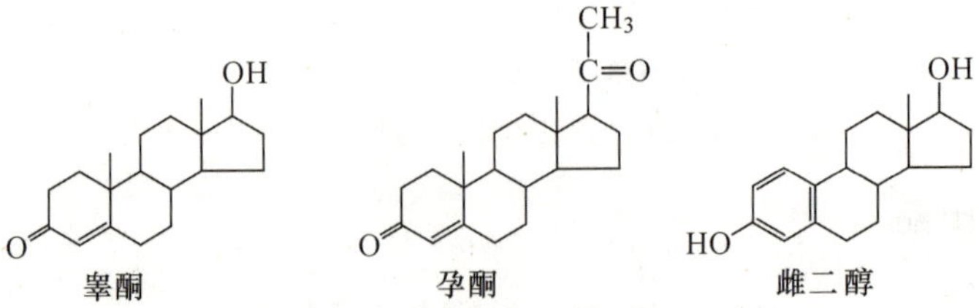

知识拓展框

胆固醇与高血脂

胆固醇在体内发挥着很重要的作用，它不仅是细胞膜的组成成分，也是很多生物活性物质的前体，如胆汁酸、维生素以及类固醇激素等。但现代生活中，人们却谈“胆固醇”色变，这是因为它与高血脂和心血管疾病之间存在着密切联系。胆固醇与高血脂之间的关系是经过长期的研究得出的结论。1910 年，确定动脉粥样硬化的斑块物质为胆固醇。1913 年，俄罗斯科学家给兔子喂食大量的胆固醇后，发现兔子出现了动脉粥样硬化，而兔子在正常饮食情况下是不会发生这种疾病的。这样胆固醇和动脉粥样硬化的病变就联系在一起了。此后的很多科学实验进一步研究了胆固醇在体内的合成过程、胆固醇引发动脉粥样硬化的致病机制，以及引发心脑血管疾病的过程。

那是不是我们就不能摄入鸡蛋、动物肝脏等高胆固醇含量的食物了呢？这需要先了解胆固醇在体内的代谢平衡。我们体内的胆固醇一部分是从食物中摄取的；另一部分是细胞合成的。如果食物中摄取的胆固醇含量高，细胞合成胆固醇的速度就减慢；当食物中摄取的胆固醇含量较低时，细胞合成胆固醇的能力就会加强。因为机体能够平衡胆固醇摄入和合成，血液中的胆固醇被维持在一个稳定的水平，因此我们摄入适量的富含胆固醇的食物并不会造成体内胆固醇的含量过高。那么细胞是通过何种机制保持摄入和合成平衡的呢？通过对高胆固醇血症患者的细胞进行研究，发现了 LDL 与胆固醇代谢之间的联系。高胆固醇血症患者的细胞缺乏 LDL 受体，血液中 LDL 含量很高。对患者的细胞进行体外培养，发现虽然培养基中的 LDL 不能进入细胞内，但细胞内胆固醇维持在正常水平。正常细胞是通过 LDL 转运和细胞自身合成这两种方式来维持胆固醇含量的。当血液中的 LDL 与细胞上的 LDL 受体结合时，LDL 进入细胞内，释放胆固醇，反馈抑制细胞内胆固醇合成关键酶 HMG-CoA 还原酶活性，细胞内源胆固醇合成降低，也就是说，LDL 作为胆固醇合成的抑制剂，保持细胞中胆固醇水平维持在一个恒定的水平。家族性高胆固醇血症患者由于 LDL 受体缺失，细胞外的 LDL 不能通过 LDL 受体进入细胞内，细胞内会持续不断地合成胆固醇，最终导致血液中胆固醇的水平远远高于正常人。

1971—1972 年间，日本科学家筛选了 3 800 多种真菌的提取物，最终从青霉菌的提取物中纯化出了能抑制胆固醇合成的活性物质，这种活性物质随后被命名为美伐他汀（Mevastatin）。1976 年，美伐他汀的相关实验结果正式发表，从此开创了被称为他汀类药物的降胆固醇药物。1987 年，第一个他汀类药物 Mevacor 用于治疗人类高胆固醇血症。1994 年，默克公司通过一项超过 4 000 人的临床实验确定他汀类药物能有效降低高血脂患者的心脏病发病率。

Goldstein J, L, Brown M, S. A century of cholesterol and coronaries: From plaques to genes to statins. Cell, 2014, 161: 161-172.

参考文献

1. 朱圣庚,徐长法.生物化学.4版.北京:高等教育出版社,2016.
2. 周顺伍.动物生物化学.北京:化学工业出版社,2008.
3. Moran L A, Horton H R, Scrimgeour K G, et al. Principle of Biochemistry. 5th ed. International: Pearson Education Inc (Asia), 2012.
4. Nelson D L, Cox M M. Lehninger Principles of Biochemistry. 7th ed. New York: Worth Publishers, 2017.

思考题

一、填空

1. 脂肪酸β-氧化的关键酶是________。1分子18碳长链脂酰-CoA经8次β-氧化生成________分子乙酰-CoA、________分子NADH＋H^+和________分子$FADH_2$。
2. 奇数碳脂肪酸经β-氧化过程将产生乙酰-CoA和________。
3. 脂肪酸从头合成途径包括________、________、________和________。
4. 酮体包括____________、____________和____________。

二、单选

1. 脂肪酸氧化、酮体生成和胆固醇合成的共同中间产物是________。
A)丙酰CoA　B)乙酰乙酰CoA　C)乙酰乙酸　D)丙二酸单酰CoA
2. 脂肪酸和胆固醇合成过程中的供氢体NADPH主要来自________。
A)糖酵解　B)糖有氧氧化　C)磷酸戊糖途径　D)糖原分解
3. 高密度脂蛋白的生理功能是________。
A)运输外源性甘油三酯　B)运输内源性甘油三酯
C)运输胆固醇到肝外组织　D)运输胆固醇到肝脏

三、问答题

1. 请比较脂肪酸合成和分解过程的不同点。
2. 计算1分子16碳的饱和脂肪酸彻底氧化分解为H_2O和CO_2时产生的能量。
3. 请写出乙酰CoA参与的代谢途径。

第十三章

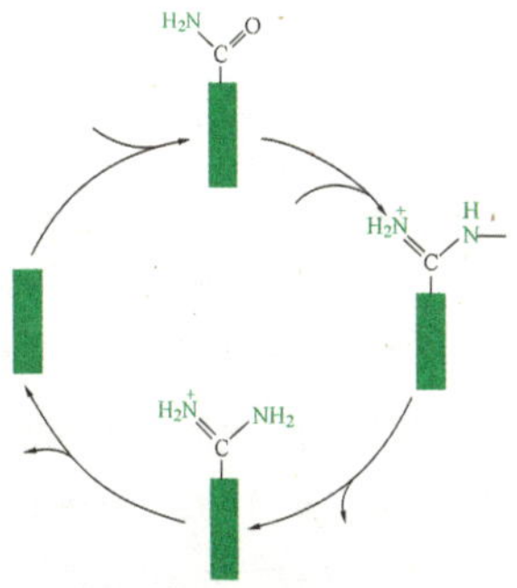

氨基酸代谢

生物体含有多种氨基酸，它们有不同用途：①直接用于自体蛋白质合成，以维持组织细胞的代谢、生长、更新和修补；②转变为其他重要含氮物质，如谷胱甘肽、肌酸、NO、血红素辅基、核苷酸及核苷酸类辅酶等；③氧化降解产生能量或转变为糖和脂肪。不同氨基酸的合成和降解要涉及许许多多中间物，而且不同物种还存在差异，因此，很难在一章内对所有氨基酸的代谢进行详尽叙述。本章重点讨论氨基酸的氮代谢以及氨基酸碳骨架的来源和命运。

第一节　蛋白质水解

无论从食物中获得的外源蛋白质，还是生物体自身蛋白质，它们在降解过程中，都要首先进行水解。蛋白质水解产物是氨基酸。

一、食物蛋白质的摄取与水解

动物机体在日常代谢中时刻都发生着蛋白质变化和蛋白氮的损失。一个体重 70 kg 的人每天约有 100 g 蛋白质被氧化降解或转变为葡萄糖。氧化降解的蛋白质需要由食物补充，以维持机体氮平衡(nitrogen balance)。氮平衡即动物在一定时间内摄入蛋白质的含氮量与同期内排泄物(主要为粪和尿，有的动物还包括乳或蛋)中含氮量之间的关系。正常成年动物在保证合理饮食的情况下，摄入氮量等于丢失氮量时，机体总氮量处于平衡。幼小动物、妊娠动物及病后康复期的动物需要摄入更多蛋白质用于生长和修复，此时氮代谢处于正平衡。长期饥饿、营养不良或患消耗性疾病的动物，氮代谢处于负平衡，氮入不敷出，会出现肌肉减少，机体消瘦。

对于成年健康动物来说，在糖和脂肪充分供应的条件下，为维持氮总平衡所必须摄入的蛋白质最低量，称为蛋白质的最低需要量。最低需要量与摄入蛋白质的种类有关，因为不同蛋白质的氨基酸组成不同，必需氨基酸含量不同。因此，提高食物蛋白质的多样性有利于健康。

蛋白质未经消化不易吸收。虽然少量蛋白质可以通过胞吞作用、特异性受体通道等特殊途径进入机体，但在一些情况下，被直接吸收的蛋白质容易导致过敏或其他免疫反应，严重时可引起休克。因此，为了利用食物蛋白质，动物需要经消化将大分子蛋白质变为小分子肽和氨基酸。

对于哺乳动物来讲，食物会刺激富含盐酸的胃液和胃蛋白酶原分泌。胃蛋白酶原经盐酸激活与自身催化作用，在 N 端去掉一个长 42 个氨基酸残基的肽段，转变为活性胃蛋白酶，选择性催化肽键水解，使蛋白质变成氨基酸和多肽进入小肠；食糜中氨基酸作用于胃肠道感受器，通过神经和体液的调节，刺激胰腺分泌出胰蛋白酶原、糜蛋白酶原、羧肽酶、氨肽酶等。酶原激活，各类蛋白酶专一性水解肽键(详见第五章)，协同作用将多肽水解为游离氨基酸。氨基酸被肠黏膜细胞吸收，通过血液进入肝脏及其他组织。

二、细胞内蛋白质的水解

活细胞中的蛋白质具有一定寿命，半寿期从几分钟到几周乃至几个月不等。一般处于重要代谢调控点上的蛋白质寿命更短些。就同一种蛋白质而言，它在不同细胞中的寿命也是不一样的，如红细胞中的血红蛋白可生存 120 天，而网织红细胞的血红蛋白半寿期仅有 10 分钟左右。任何情况下，细胞总是不断从氨基酸合成蛋白质，又不断将蛋白质水解为氨基酸。这看起来是一种浪费，但实际上是有重要意义的。一方面可以清除异常蛋白，如突变蛋白、错误折叠蛋白等，因为它们的积累对细胞有害；另一方面可以降解那些过多的酶和调节蛋白。机体在不同发育时期所需要的蛋白质是不同的，只有及时、选择性清除已经完成功能的蛋白质，才能使细胞代谢顺利进行。蛋白质在特定代谢部位不断进行的选择性更新称为蛋白质周转(protein turnover)。

(一)溶酶体系统

在真核细胞中，蛋白质可以在溶酶体系统(lysosome system)中被水解为氨基酸。溶酶体是一类膜性细胞器，它的内环境为酸性(pH 5.0 左右)，含有 50 多种水解酶。溶酶体通过吞噬将细胞质蛋白裹入，然后进行水解。在正常生理条件下，溶酶体对蛋白质的水解都是非选择性的，只有在特殊情况下，如细胞长期处于饥饿等非正常状态时，溶酶体的专一活性才被激活。比如，借助一类热激蛋白，溶酶体特异选择那些带有五肽(KFERQ)的蛋白质进行水解。糖尿病患者、肌肉受伤、产后子宫萎缩等可引起溶酶体活性增高，加速局部组织蛋白质的水解。蛋白质在溶酶体中的水解是不需要能量的。

(二)泛素途径

在厌氧条件下，细胞质中蛋白质降解受到明显抑制，显示蛋白质降解与能量代谢有关，这导致蛋白质降解新途径——泛素途径(ubiquitin pathway)的发现。

泛素途径是调控细胞内蛋白质降解的重要环节之一。该途径要求被降解的目标蛋白质必须首先进行泛素化标记，换句话说，只有连接着多聚泛素的蛋白质才能被降解，因此，属于选择性蛋白质降解。泛素是一类小分子质量单体蛋白，含有 76 个氨基酸残基，保守性很强，因广泛存在于真核细胞而得名。

1. 目标蛋白的泛素化标记

泛素对目标蛋白的靶向标记由 3 个酶催化完成：泛素活化酶(ubiquitin-activating

enzyme，E1）、泛素载体蛋白（ubiquitin-carrier protein，E2）和泛素—蛋白连接酶（ubiquitin-protein ligase，E3）（图 13－1）。

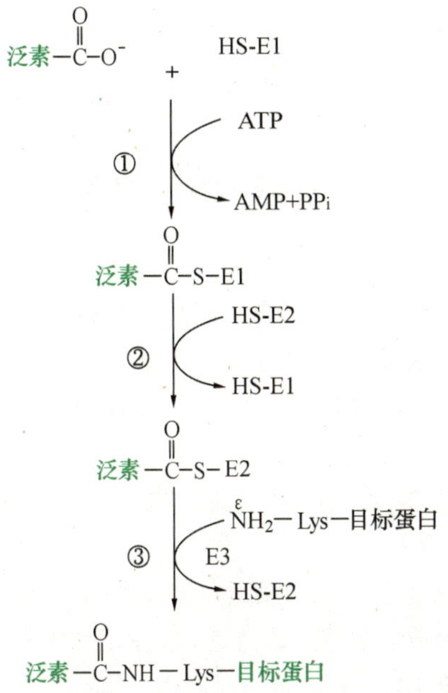

图 13－1　目标蛋白的泛素标记

反应分 3 步：①泛素分子的末端羧基通过硫酯键与 E1 连接，此过程与 ATP 的水解相偶联；②泛素从 E1 转移到 E2 的一个特异半胱氨酸巯基上；③E3 将活化后的泛素从 E2 转移到目标蛋白的赖氨酸残基的 ε－氨基上形成异肽键共价连接。之后，连接好的泛素依次接受几个、甚至几十个泛素分子，形成泛素多聚体。泛素多聚体是蛋白质选择性降解的有效信号。

2. 泛素化蛋白在蛋白酶体中降解

泛素化蛋白质水解为寡肽需要在蛋白酶体（proteasome）中完成。蛋白酶体是一种存在于细胞质中的 26S 多亚基蛋白，专门催化“泛素标记蛋白”的 ATP 依赖性水解，产生平均长度为 7～9 个氨基酸残基的肽段，并释放出泛素（图 13－2）。肽段再被细胞质中的肽链外切酶降解为氨基酸。

图 13－2　细胞蛋白质的泛素化降解

蛋白酶体的三维结构已经解析，不同生物蛋白酶体的亚基组成存在差异。26S 蛋白酶体相对分子质量很大，约 2.1×10^6，由 19S 帽状蛋白体和 20S 筒状蛋白体两部分组成，前者具有调控作用，用于识别目标蛋白，并且使蛋白质去折叠；后者含有催化中心，能将伸展开的多肽链降解为小肽段。蛋白酶体的详细机制尚不清楚。泛素途径的特点可归纳为以下几点：①泛素途径所降解的目标蛋白需要"泛素标记"；②泛素化蛋白被蛋白酶体识别并降解；③泛素途径所进行的是 ATP - 依赖性蛋白质酶解。

第二节　氨基酸的降解与转化

哺乳动物氨基酸降解的主要场所是肝脏。氨基酸降解涉及脱氨、脱羧等多种反应，如谷氨酸脱氨生成 α - 酮戊二酸，谷氨酸脱羧则生成 γ - 氨基丁酸（γ - aminobutyric acid，GABA）等。本节重点讨论氨基酸的转氨基作用、氧化脱氨作用、氨毒消除以及碳骨架的去向。

一、氨基酸的转氨基反应和氧化脱氨

氨基酸降解的第一步往往是脱去 α - 氨基，涉及两个反应：①转氨，即各种氨基酸先将 α - 氨基转移给 α - 酮戊二酸形成谷氨酸；②脱氨，即谷氨酸氧化脱氨释放出氨（NH_3，NH_4^+），同时又转变为 α - 酮戊二酸（图 13 - 3）。

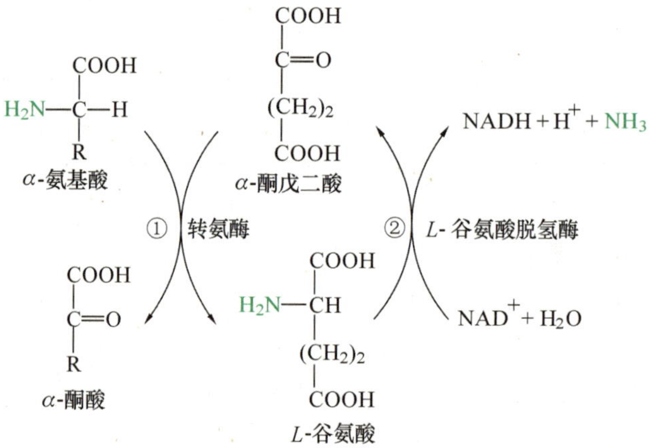

图 13 - 3　氨基酸的转氨基和氧化脱氨

转氨基反应由转氨酶（aminotransferases）催化。转氨酶多以 α - 酮戊二酸为氨基受体，对氨基供体要求不严，各种氨基酸都可以。最重要的一类转氨酶催化氨基酸的α -氨基转移到 α - 酮戊二酸上，生成相应的 α - 酮酸和 L - 谷氨酸。

所有转氨酶的辅基都是磷酸吡哆醛（PLP），磷酸吡哆醛与酶活性部位赖氨酸残基的 ε - 氨基共价相连。经脱水缩合反应，底物氨基酸的 α - 氨基置换酶活性部位赖氨酸的 ε - 氨基，形成新的 Schiff 碱；该分子发生双键移位异构化，最后水解生成 α - 酮酸，与此同时，磷酸吡哆醛转变为磷酸吡哆胺。

各种器官都可进行转氨基作用，以肝脏和心脏的转氨酶活性最高。正常情况下，转氨酶在细胞内发挥作用；当细胞膜透性增加、组织坏死或细胞破裂时，转氨酶将由细胞释放进入血液，使血清转氨酶活性升高。血清转氨酶活性常作为肝病、心肌梗死患者的诊断指标之一。

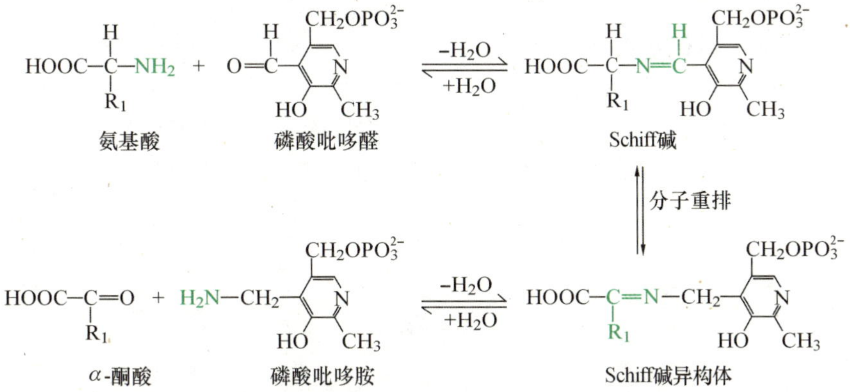

转氨反应生成的谷氨酸在谷氨酸脱氢酶催化下进行氧化脱氨，游离出氨进入尿素循环。该反应为可逆反应。

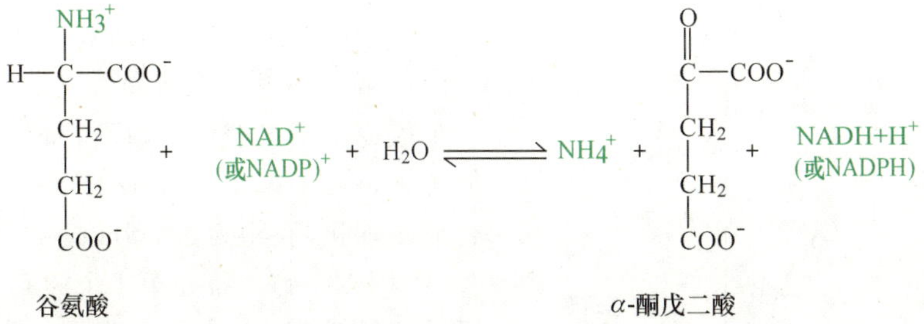

谷氨酸脱氢酶很特殊，它既能利用 NAD^+，又能利用 $NADP^+$。脊椎动物的谷氨酸脱氢酶由 6 个亚基组成，酶活性受到别构调节。GTP 和 ATP 是别构抑制剂，GDP 和 ADP 是别构激活剂，因此，细胞能荷的降低将加速氨基酸的氧化降解。

由转氨酶和谷氨酸脱氢酶所催化的总反应为：

$$\alpha\text{-氨基酸} + NAD^+(\text{或 } NADP^+) + H_2O \longleftrightarrow NH_4^+ + \alpha\text{-酮酸} + NADH(\text{或 } NADPH) + H^+$$

通常人们将转氨基和由谷氨酸脱氢酶催化的氧化脱氨基作用共同完成的氨基酸脱氨基作用称为联合脱氨基作用。

除了上述先进行氨基转移、再进行氧化脱氨的反应外，氨基酸还可以发生直接脱氨反应。如含羟基的氨基酸丝氨酸和苏氨酸，它们的 α-氨基在有关脱水酶作用下直接脱氨。

$$\text{丝氨酸} \longrightarrow \text{丙酮酸} + NH_4^+$$

$$\text{苏氨酸} \longrightarrow \alpha\text{-丁二酸} + NH_4^+$$

由氨基酸脱氨反应产生的 NH_4^+，如果在体内大量积累将产生危害。因为高水平的 NH_4^+ 使谷氨酸脱氢酶所催化的反应平衡偏向于谷氨酸的形成，随后 NH_4^+ 又与谷氨酸结合形成酰胺，使反应进一步推向谷氨酸一侧，从而造成 α-酮戊二酸的严重缺少。α-酮戊二酸是柠檬酸循环的中间产物，它的大量减少会使 ATP 形成速率降低，这容易导致脑高度损伤。因此，机体需要及时将氨进行无害转化，即将多余的氨不断转变为无毒或毒性小的化合物。

二、尿素循环(urea cycle)

生物体能够通过多种方式清除体内多余的氨。在大多数陆生脊椎动物体内，氨能够转化为尿素排出体外；在鸟类和陆生爬行类动物中，因体内水分有限，它们的排氨方式是形成膏状尿酸排泄出去；许多水生动物则直接排氨。依据生物排除氨的方式不同，将动物大致分为排尿素、排尿酸和排氨 3 类。但实际上，生物排泄氨毒的方式很丰富，不仅与物种有关，还与环境有关。如肺鱼在雨季排氨，旱季藏于泥土中则排尿素。

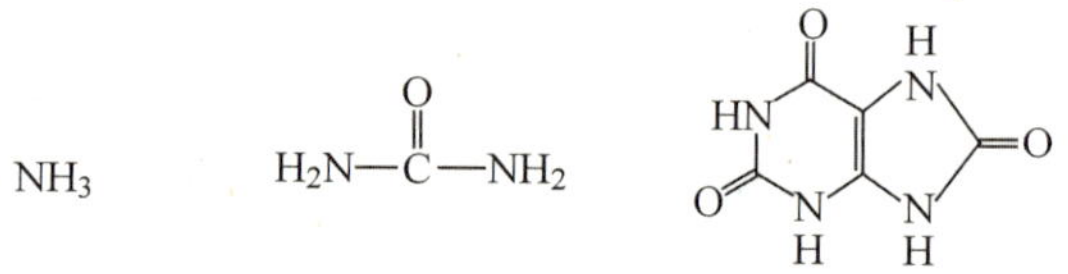

氨　　尿素　　尿酸

这里重点讨论由氨变为尿素的反应途径——尿素循环(urea cycle)。尿素循环是第一个被发现的环式代谢途径，由 H. Krebs 和 K. Henseleit 于 1932 年提出。

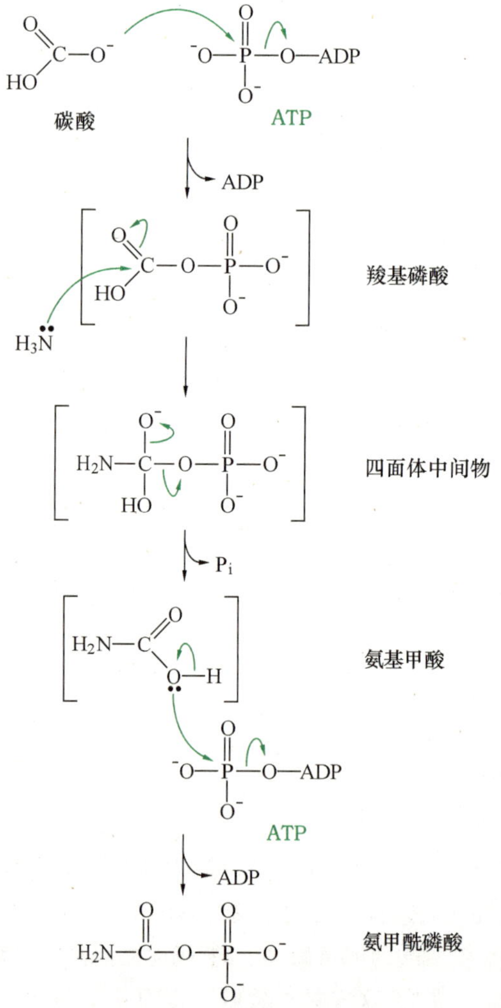

图 13-4　氨甲酰磷酸的合成

尿素循环过程在肝细胞中进行。尿素的第一个氮原子来自氨甲酰磷酸，而氨甲酰磷酸的氮原子来自氨。氨甲酰磷酸的合成由氨甲酰磷酸合成酶催化，底物为氨、碳酸盐 HCO_3^- 和 2 分子 ATP(图 13-4)。首先第 1 个 ATP 的 γ-磷酸基团转移给碳酸，生成羧基磷酸，释放出 ADP；接着 NH_3 的氮原子攻击羧基磷酸的碳原子，历经一个四面体中间物生成氨基甲酸；伴随第 2 个 ATP 参与反应，最后生成氨甲酰磷酸。

尿素的第 2 个氮原子来自天冬氨酸，反应需要鸟氨酸作为载体。尿素循环简单表示如图 13-5 所示：

首先，在鸟氨酸转氨甲酰酶作用下，氨甲酰磷酸的氨甲酰基转移到鸟氨酸上形成瓜氨酸。其次，精氨琥珀酸合成酶催化瓜氨酸和天冬氨酸缩合。这步反应有 ATP 参与，2 个高能键被消耗。再次，精氨琥珀酸酶(又叫裂解酶)将精氨琥珀酸裂解为精氨酸，释放出延胡索酸。最后，精氨酸被精氨酸酶水解为尿素和鸟氨酸。至此完成一个循环。

尿素循环反应比较复杂，氨甲酰磷酸的合成以及瓜氨酸的形成是在线粒体基质中发生的，随后的 3 个反应在胞液中进行。从尿素循环可知，所合成的尿素分子中，1 个氮原子来自氨，另 1 个氮原子来自天冬氨酸，而碳原子则是由 CO_2

衍生来的，鸟氨酸的作用是作为这些碳、氮原子的载体。

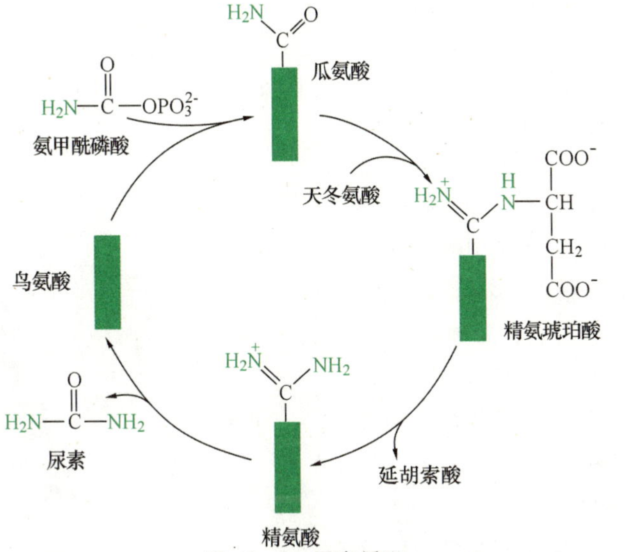

图 13-5　尿素循环

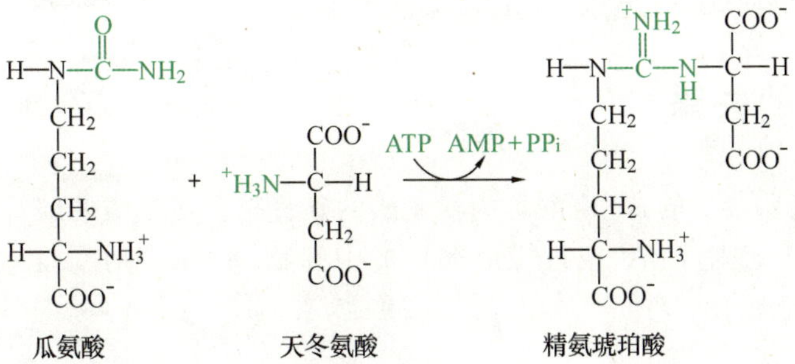

尿素循环不仅将 NH_4^+ 和 CO_2 合成为尿素，而且生成 1 分子延胡索酸，使尿素循环和柠檬酸循环联系起来。换句话说，尿素循环和柠檬酸循环的联系是基于精氨琥珀酸裂解为延胡索酸实现的。

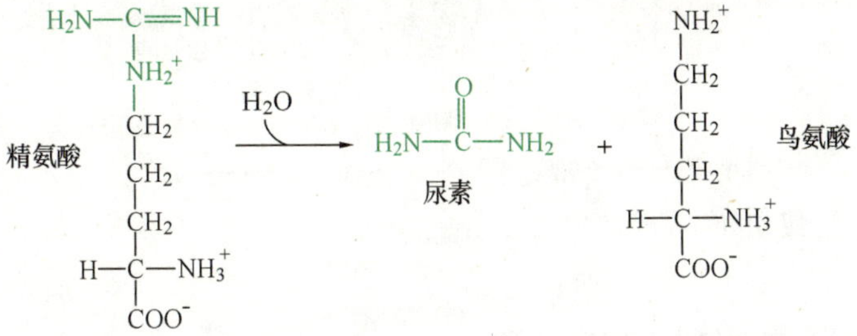

肝脏中尿素的合成是除去氨的主要途径，尿素循环的任何一个步骤出问题都有可能产生疾病。如果完全缺乏尿素循环中的某一个酶，婴儿在出生不久就昏迷和死亡；如果是部分缺乏，则引起智力发育迟滞、嗜睡和经常呕吐。在临床实践中，常通过减少蛋白质摄入量使轻微的高氨血遗传性疾病患者症状缓解，原因就是减少了游离氨的来源。

植物体内也存在尿素循环，但运转活性低，其意义仅在于合成精氨酸。个别植物也可产生尿素，在脲酶作用下分解产生氨，用以合成其他含氮化合物，包括核酸、激素、叶绿素和血红素、胺、生物碱等。

三、葡萄糖—丙氨酸循环

对于哺乳动物而言，尽管氨基酸的氨基转移反应主要发生在肝脏，但在肌肉中也可以进行。糖酵解是肌肉运动的重要能量来源。如图 13-6 所示，在肌肉中，葡萄糖发生糖酵解产生丙酮酸，丙酮酸除了形成乳酸外，还通过 α-氨基酸(α-AA)的转氨作用生成丙氨酸；丙氨酸随着血液进入肝脏进行脱氨处理，游离氨借助尿素循环被排出；在肝细胞中，丙酮酸通过糖异生转化为葡萄糖后再经血液循环转运至肌肉，重新分解产生丙酮酸。葡萄糖和丙氨酸在肝脏和肌肉之间的这种交换，称为葡萄糖—丙氨酸循环(glucose-alanine cycle)。葡萄糖—丙氨酸循环为肌肉消除游离氨、更新肌肉能量供应提供了间接途径。

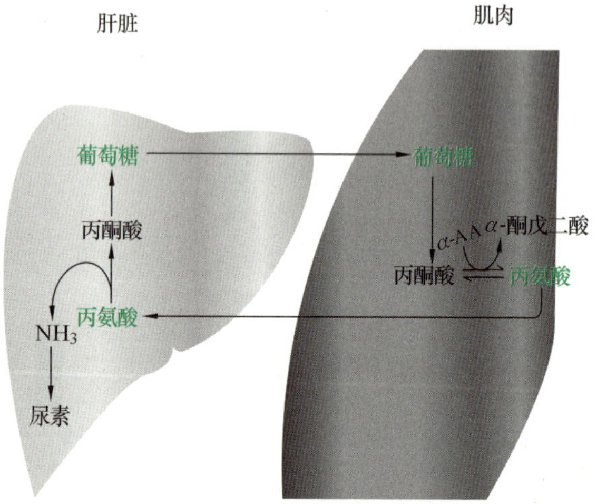

图 13-6　葡萄糖—丙氨酸循环

四、碳骨架的去路

α-氨基酸脱氨后余下的 α-酮酸称为氨基酸的碳骨架。氨基酸的碳骨架通过反应可转化为丙酮酸、乙酰乙酸、乙酰 CoA，或柠檬酸循环的中间物——α-酮戊二酸、草酰乙酸、琥珀酰 CoA 以及延胡索酸(图 13-7)。

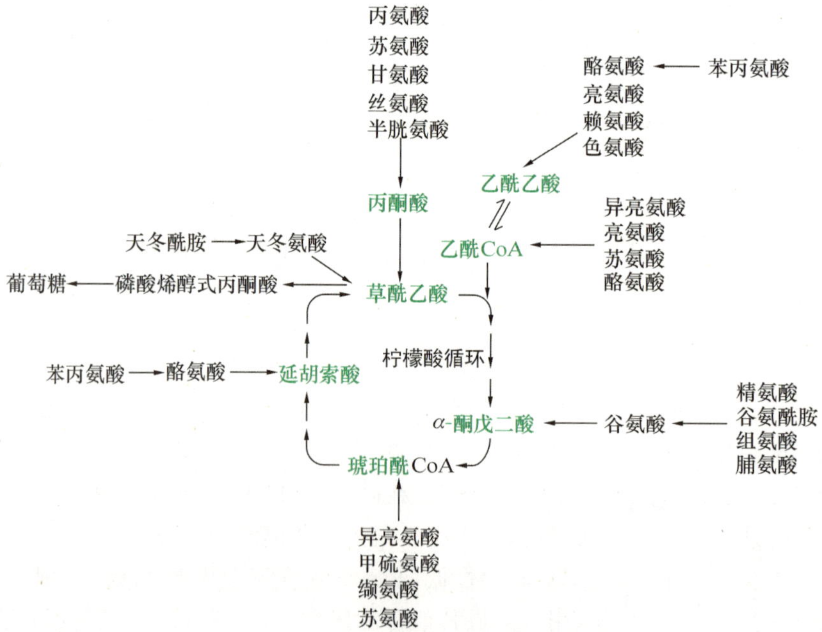

图 13-7　氨基酸碳骨架的代谢去向

下面简述几种碳骨架的转化：

(一)转化为丙酮酸

丙氨酸、苏氨酸、甘氨酸、丝氨酸和半胱氨酸的碳骨架可以转化为丙酮酸。不同氨基酸转化途径不同，例如，丙氨酸通过转氨作用直接产生丙酮酸；丝氨酸则需要丝氨酸脱水酶催化脱氨转变为丙酮酸。上述 5 种氨基酸形成丙酮酸后，就可以进一步转化为乙酰 CoA，进入柠檬酸循环。

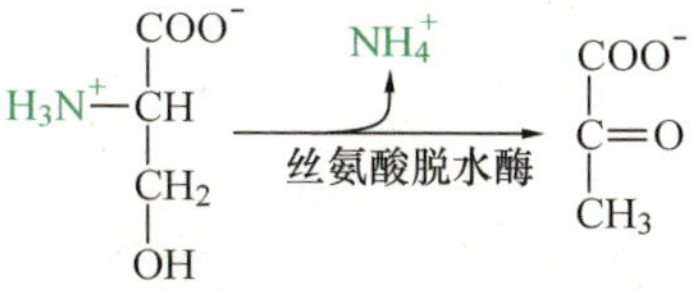

丝氨酸　　丙酮酸

(二)转化为草酰乙酸

天冬酰胺在天冬酰胺酶作用下，水解去掉酰胺基团的氨基，形成天冬氨酸；天冬氨酸在天冬氨酸氨基转移酶催化下，将 α - 氨基转移给 α - 酮戊二酸，碳骨架转化为草酰乙酸。

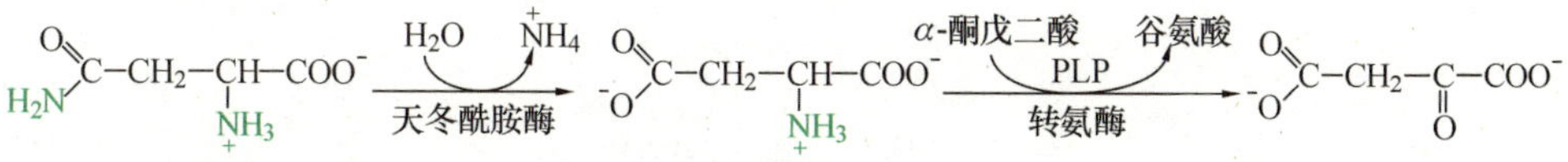

天冬酰胺　　天冬氨酸　　草酰乙酸

知识拓展框

天冬酰胺酶和急性白血病

天冬酰胺酶(asparaginase)，分子量 120 000，四聚体，能够水解天冬酰胺产生天冬氨酸和氨。早在 40 多年前，天冬酰胺酶就得到美国 FDA 的批准用于治疗急性白血病(acute lymphoblastic leukemia)。白血病是一种正常白细胞生成受到影响的骨髓癌。未成熟的淋巴细胞过量生成导致急性白血病。天冬酰胺是蛋白质的合成原料之一，所有细胞都需要它以维持细胞的代谢活性。虽然几乎所有的人体细胞都能自身合成天冬酰胺，但是恶性肿瘤细胞缺乏这样的能力。静脉注射天冬酰胺酶能够快速降低血清中的天冬酰胺水平，恶性肿瘤细胞由于得不到所需要的天冬酰胺，其蛋白质合成将受到阻碍，而正常细胞不受影响。因此，天冬酰胺酶在临床上用于治疗急性白血病。

作为治疗性酶蛋白，人们可以从微生物酵母、真菌和细菌纯化获得天冬酰胺酶。通常临床上使用天冬酰胺酶都是从大肠杆菌或者菊欧文氏菌(*Erwinia chrysanthemi*)中纯化获取的。随着生物技术的不断发展，利用 DNA 重组技术能够从更广泛的物种来源生产天冬酰胺酶，其中一些具有很好的临床应用潜力。

Walsh G. Protein：Biochemistry and Biotechnology. 2nd ed. John Wiley and Sons Inc，2014.

(三)转化为 α-酮戊二酸

精氨酸、组氨酸和脯氨酸均含5个碳原子,它们通过不同途径均可转化为谷氨酸(图13-8)。谷氨酸经氧化脱氨,最后形成 α-酮戊二酸。

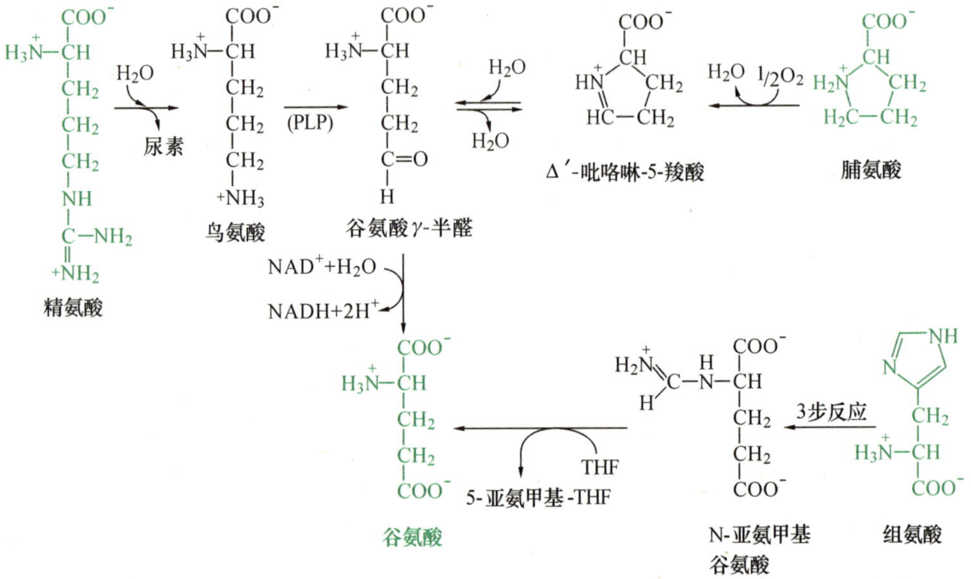

图 13-8 精氨酸、组氨酸和脯氨酸降解为谷氨酸的基本途径

谷氨酰胺也含5个碳原子,它转化为谷氨酸的反应性质与天冬酰胺向天冬氨酸的转化相同。

(四)转化为琥珀酰 CoA

甲硫氨酸、异亮氨酸、缬氨酸和苏氨酸在发生降解反应时,先形成丙酰 CoA。丙酰 CoA 再转化成琥珀酰 CoA(详见第十二章)。甲硫氨酸经由 S-腺苷甲硫氨酸、S-腺苷高半胱氨酸、高半胱氨酸、胱硫醚、α-酮丁酸降解生成丙酰 CoA 的反应如图13-9所示。反应需要 ATP,并有 PLP 和 $NADP^+$ 参与。

(五)降解为乙酰 CoA 和乙酰乙酸

酪氨酸、亮氨酸和异亮氨酸等可以转化为乙酰 CoA 和乙酰乙酸。例如,亮氨酸经转氨作用先变为 α-酮异己酸,再发生氧化脱羧形成异戊酰 CoA。

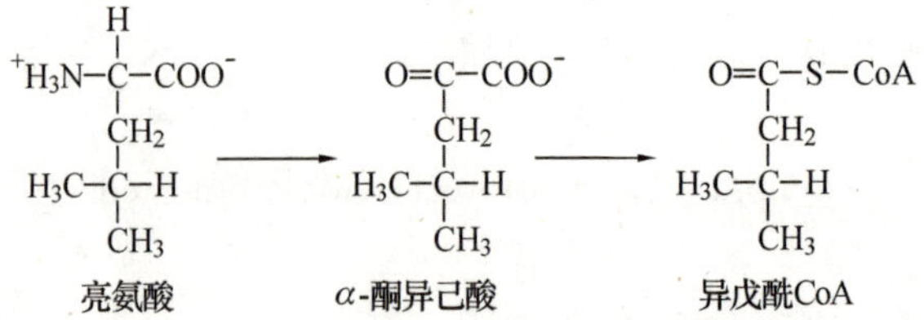

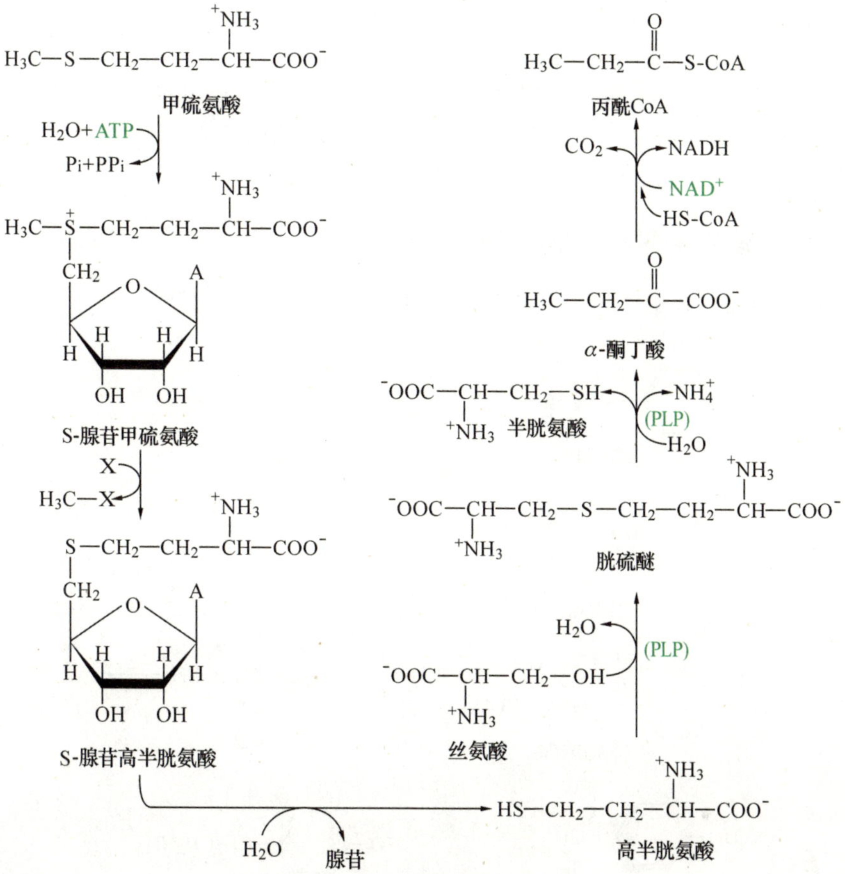

图 13-9　甲硫氨酸转变为丙酰 CoA

异戊酰 CoA 在其脱氢酶(辅基为 FAD)的催化下脱氢产生 β-甲基巴豆酰 CoA,接着消耗 1 个 ATP 而羧化成 β-甲基戊烯二酰 CoA。

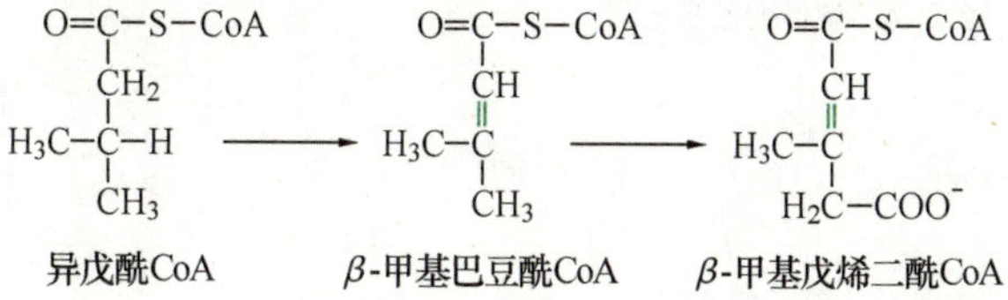

最后 β-甲基戊烯二酰 CoA 被水化,形成 β-羟基-β-甲基戊二酰 CoA,它再被裂解为乙酰 CoA 和乙酰乙酸。

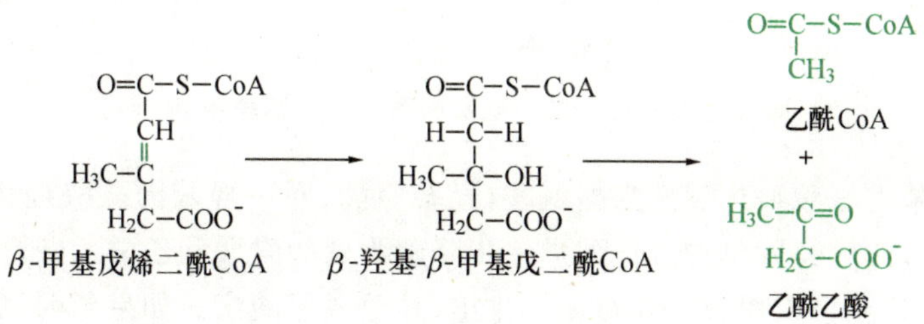

许多辅酶参与亮氨酸降解为乙酰 CoA 和乙酰乙酸的反应，其中 CoA 是这些反应中的酰基载体。异亮氨酸和缬氨酸的降解途径与亮氨酸类似。当这 3 种氨基酸的氧化脱羧反应被阻断后，会导致先天性代谢缺陷病——槭糖尿病（maple syrup urine disease）。其特点是患者尿中存在由缬氨酸、亮氨酸和异亮氨酸等产生的酮酸。这种病人须在婴幼儿期就开始食用缬氨酸、亮氨酸和异亮氨酸含量低的食品，否则会引起死亡。

（六）降解为延胡索酸和乙酰乙酸

苯丙氨酸和酪氨酸降解产生延胡索酸和乙酰乙酸（图 13 - 10）。

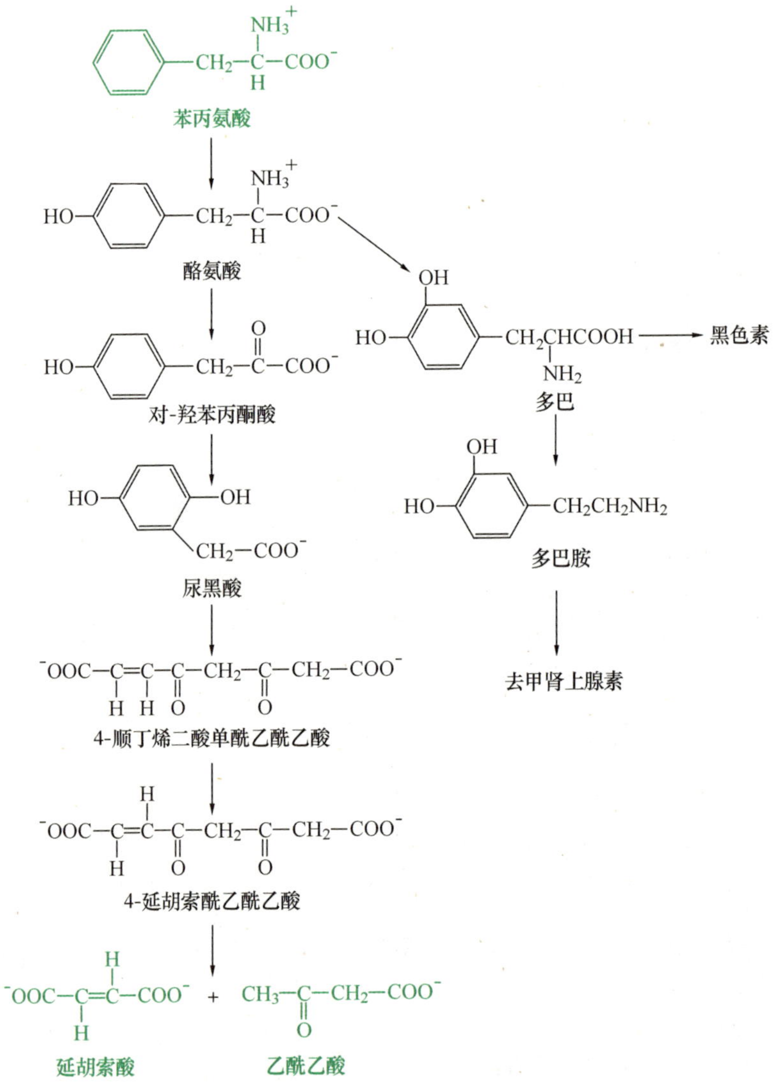

图 13 - 10　苯丙氨酸和酪氨酸降解途径

苯丙氨酸经苯丙氨酸羟化酶变为酪氨酸，经转氨酶、对—羟苯丙酮酸羟化酶（又叫双加氧酶）转变为尿黑酸，然后经尿黑酸氧化酶进一步降解为延胡索酸和乙酰乙酸。如果体内缺少尿黑酸氧化酶，尿黑酸就会积累起来并在尿中排出，导致尿黑酸病。如果苯丙氨酸羟化酶缺失或缺少，则会引起苯丙酮尿症，患者在智力发育上严重迟滞。精神病院中的病人约有1%有苯丙酮尿症。苯丙酮尿症的疗法是低苯丙氨酸饮食，必须在出生后不久就开始食用，以防止对脑的不可逆伤害。

酪氨酸在酪氨酸酶(tyrosinase)的催化下还可转变为3,4-二羟苯丙氨酸，即多巴(dopa)。多巴在人类黑色素细胞中进一步氧化、脱羧，生成吲哚醌。人皮肤的黑色素就是吲哚醌的聚合物。先天性缺乏酪氨酸酶会引起“白化病”(albinism)，患者皮肤及毛发呈白色。多巴进一步代谢可生成多巴胺(dopamine)、去甲肾上腺素和肾上腺素，三者统称为儿茶酚胺(catecholamine)类物质，它们属于神经递质或激素，代谢异常时会造成神经系统功能障碍，这是造成帕金森病的原因之一。

(七)提供一碳单位

一些氨基酸在代谢过程中可分解生成含一个碳原子的基团(不包括羧基)，称为“一碳基团”(one carbon group)或称“一碳单位”(one carbon unit)。常见一碳单位有甲基、亚甲基、甲酰基、羟甲基等。

一碳单位从氨基酸释放出来以后，不能自由存在，需要载体结合，再参与一碳单位的代谢。一碳单位的载体主要有两种：四氢叶酸和S-腺苷甲硫氨酸。一碳单位主要来源于丝氨酸、甲硫氨酸、甘氨酸、组氨酸及色氨酸等。

例如，丝氨酸与四氢叶酸(FH_4)反应，丝氨酸的羟甲基先与四氢叶酸结合生成N^{10}-CH_2OHFH_4，同时生成甘氨酸；N^{10}-CH_2OHFH_4发生脱水反应，最后形成N^5,N^{10}-亚甲基四氢叶酸(N^5,N^{10}-CH_2-FH_4)。N^5,N^{10}-亚甲基四氢叶酸中的亚甲基非常活跃，可转移给甲基受体。四氢叶酸是一类辅酶(参见第六章)，由叶酸还原而来，反应需要二氢叶酸还原酶、维生素C以及NADPH。

一碳单位的主要生理功能是作为合成嘌呤和嘧啶的原料，故在核酸生物合成中占有重要位置(详见第十五章)。氨基酸降解代谢产生一碳单位是蛋白质和核酸代谢相互联系的重要途径。此外，一碳单位还参与其他许多重要化合物的合成，如合成肌酸、胆碱的甲基都由活化的甲硫氨酸即S-腺苷甲硫氨酸直接提供(参见下一节)。如果一碳单位代谢出现紊乱，就会影响正常生命活动。根据这一原理，人们设计、生产出一些抗癌药物，如甲氨蝶呤，它可以作为二氢叶酸还原酶的竞争性抑制剂，有效阻止FH_4的合成，从而干扰癌细胞的增殖。

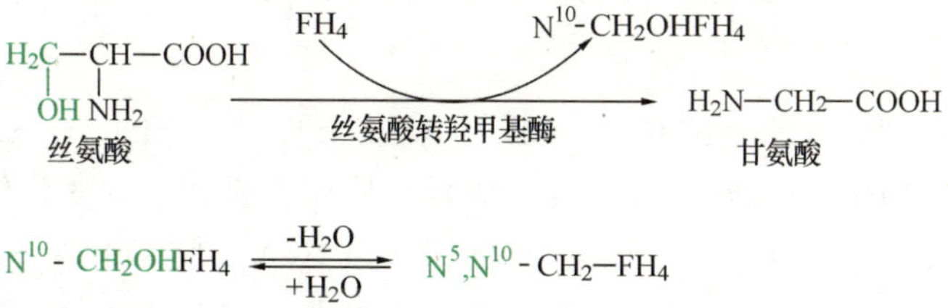

总之，氨基酸碳架的去向是多方面的，除了彻底氧化为CO_2和H_2O外，还可以转化为其他物质。我们把能生成丙酮酸和柠檬酸循环中间物的氨基酸称为生糖氨基酸(glucogenic amino acids)，因为它们的骨架可进入糖异生途径；凡是能生成乙酰CoA或乙酰乙酸的氨基酸称为生酮氨基酸(ketogenic amino acids)，因为它们能转化为酮体；有些氨基酸碳骨架的不

同部分可形成不同中间物，既能生糖又能生酮。区分氨基酸生糖还是生酮对动物很有意义，因为氨基酸是它们食物中的重要燃料代谢物。动物缺乏有效途径直接将乙酰 CoA 转化为糖，乙酰 CoA 过量时会刺激细胞生成酮体。对植物、细菌和真菌的氨基酸来说，区分生糖、生酮意义不大，因为这些生物可以利用乙醛酸循环将乙酰 CoA 转化成琥珀酸，由琥珀酸再生成草酰乙酸而进入生糖途径。

知识拓展框

S-腺苷甲硫氨酸与肌萎缩性脊髓侧索硬化症

S-腺苷甲硫氨酸(S-adenosylmethionine，SAM)作为甲基供体，参与了细胞的众多代谢过程，例如由脑磷脂生成卵磷脂的反应。这些化学反应的本质是 SAM 中的 S 具有正电荷，能够与具有亲核性的物质发生 S_N2 双分子亲核取代反应。近来，有关自由基 SAM 超家族酶的研究极大地拓展了人们对 SAM 功能的认识，并揭示了一系列新酶参与的转化反应，这些反应和人类疾病有着密切的关系。这些酶含有[4Fe-4S]簇的辅因子，可以利用金属辅因子来催化 SAM 还原断裂产生甲硫氨酸和 5-脱氧腺苷自由基(5-deoxyadenosyl radical，5-dA·)的反应。

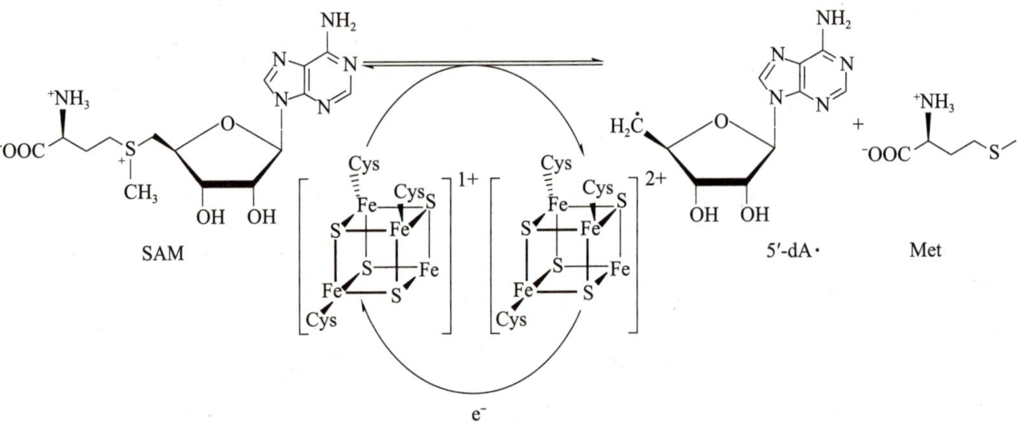

(引自 Bradley J. Landgraf 等. Annu. Rev. Biochem，2016)

自由基 SAM 超家族酶大约有 114 000 种，人体有 8 种，ELP3 (elongator protein 3) 就是其中之一。ELP1～ELP6 构成的复合体是人体细胞质和细胞核延伸因子复合物中的一个组成部分，作为其中的一员，ELP3 担负催化 tRNA U34 转化为 mcm^5 U34(5-methoxycarbonylmethyl)的反应，在此过程中其他 ELP 蛋白也是必需的，缺一不可。tRNA 修饰在 tRNA 折叠和稳定性以及蛋白质高保真的翻译过程中起到了重要的作用。有关 ELP3 催化反应的体外实验已经在古甲烷球菌(archaeon *Methanocaldococcus infernus*)得以验证。它参与了 tRNA 的修饰过程。

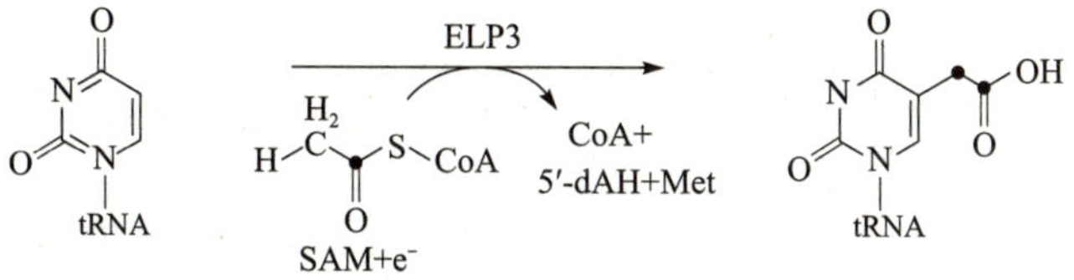

（引自 Bradley J. Landgraf 等. Annu. Rev. Biochem，2016）

肌萎缩性脊髓侧索硬化症（amyotrophic lateral sclerosis，ALS）是一种成年型神经退行性疾病，一经诊断，患者生存时间通常只能维持在 3～5 年。脑部和脊柱神经细胞的快速退化将导致患者的肌肉萎缩，吞咽和呼吸困难，最终死于呼吸衰竭。在一项约 1 500 个 ASL 患者的遗传学研究中，研究者发现 ELP3 与运动神经元退化有相关性，且 ALS 患者体内的 ELP3 表达水平低于正常人。研究者推测，人在受到重度胁迫条件下，ELP3 能够促进热激蛋白 70（heat shock protein 70）的表达从而保护运动神经元，减弱神经元病变导致 ALS 的发生。也有报道推测，CAST（cytomatrix at the active zone-associated structural protein）乙酰化程度降低将导致神经突触传递调节受到干扰，而 ELP3 具有乙酰转移酶活性，能够乙酰化 CAST，消除 CAST 乙酰化降低所导致的 ALS 的发生。事实上，ELP3 是如何保护运动神经元的精确机制还不清楚。

美国历史上著名的棒球手 Lou Gehrig 患有 ALS，因此该病也被称为葛雷克氏症（Lou Gehrig disease），英国著名物理学家霍金也患有此病。

Landgraf B J，McCarthy Erin L，Booker Squire J. Radical *S*-Adenosylmethionine enzymes in human health and disease. Annu Rev Biochem，2016，85：485-514.

第三节 氨基酸生物合成

氨基酸的氮原子来源有 2 个：大气氮（N_2）和土壤硝态氮（NO_3^-，NO_2^-）。土壤硝态氮是大气 N_2 在高压、雷电等自然条件下衍生而来，或者为工业固氮（化肥），因此，实际上大气 N_2 是生物氮的最初来源。

大多数生物不能直接把 N_2 转变为有机形式，要靠固氮微生物和一些藻类通过共生固氮或自生固氮将氮气转变为可溶性氨。据统计，地球上每年生物固氮达 10^{15} t。硝态氮也要转化为氨的形式，才能进入代谢途径，借助谷氨酸、谷氨酰胺和氨甲酰磷酸掺入氨基酸、核苷酸、磷脂等分子中。有机氮随着机体排泄或尸腐，还可以反向转化为无机氮。氮素从 N_2 到硝态氮、氨以及含氮生物分子，再返回 N_2 的循环称为氮素循环（nitrogen cycle），如图 13 - 11 所示。

本节先简单介绍生物固氮，然后重点讨论氨基酸的生物合成途径。

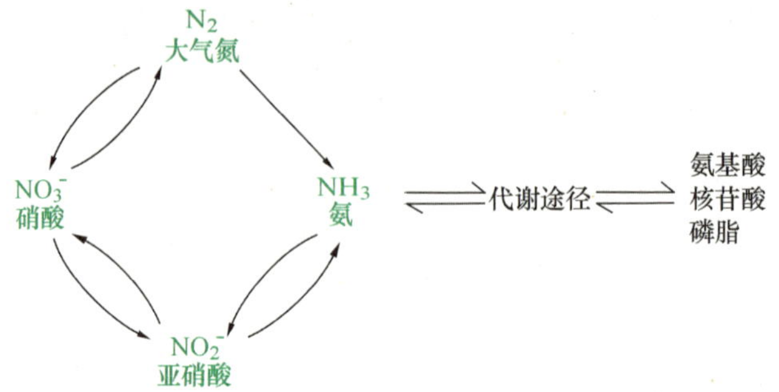

图 13-11 氮素循环

一、生物固氮

N_2 化学性质非常稳定，直接还原为氨需要高温、高压和催化剂。在某些生物体内（如固氮菌）含有特有的固氮酶（nitrogenase），能够催化 N_2 还原为氨，即所谓氮固定（nitrogen fixation）。固氮酶是一个结构复杂的酶复合体，由 2 种蛋白质组分构成：一种是还原酶，含 2 个相同亚基，属于铁硫蛋白，有 1 个[Fe_4S_4]簇和 2 个 ATP 结合位点，它的作用是为反应提供具有高还原势的电子；另一种是固氮酶，也称钼铁蛋白，由 2 个 α 亚基和 2 个 β 亚基组成，含有 2 个钼原子、32 个铁原子和相应数目的酸不稳定硫，它利用还原酶提供的高能电子还原 N_2 成为可溶性 NH_4^+。

生物固氮的总反应为：

$$N_2+8e^-+16ATP+16H_2O \longrightarrow 2NH_3+H_2+16ADP+16Pi+8H^+$$

生物固氮机制存在许多未知，比较清楚的是：①反应需要 ATP。固氮消耗的能量非常多，共有 16 个 ATP 被水解。②需要强还原剂。高还原势电子主要来自还原型铁氧还蛋白。③需要厌氧环境。固氮酶对氧十分敏感，只有在严格的厌氧条件下才有活性。④固氮过程常伴随有氢代谢，包括放氢反应和吸氢反应。许多固氮生物含有氢酶，它既可催化氢上的电子传给铁氧还蛋白，作为还原 N_2 的电子供体，又可催化 H^+ 接受还原型铁氧还蛋白的电子形成氢，以消除过剩的还原力。

二、植物靠硝酸还原作用将土壤硝态氮转变为氨

植物体所需要的氮素营养除了生物固氮外，绝大部分来源于土壤中的硝酸盐（NO_3^-）、亚硝酸盐（NO_2^-）。植物最易吸收的是硝态氮，然而硝态氮不能直接用于合成氨基酸，必须先还原为氨态氮。

$$NO_3^- \longrightarrow NO_2^- \longrightarrow NH_3$$

反应分两步，先由硝酸还原酶将 NO_3^- 还原为 NO_2^-；亚硝酸在正常情况下很少在植物中积累，它很快由亚硝酸还原酶进一步还原为 NH_3。

三、氨的同化

将无机氨掺入生物分子称为氨的同化（ammonia assimilation）。在将氨引入氨基酸分子

时，多以谷氨酸和谷氨酰胺为中介完成。换句话说，生物中最重要的同化氨的途径是谷氨酰胺合成酶(glutamine synthetase)途径。

(一)氨掺入谷氨酸和谷氨酰胺

谷氨酰胺合成酶催化谷氨酸和氨形成谷氨酰胺。反应需要 ATP 提供能量。

由此形成的谷氨酰胺作为氨的供体，在谷氨酸合酶(glutamate synthase)作用下，借助 α - 酮戊二酸合成 2 分子谷氨酸。

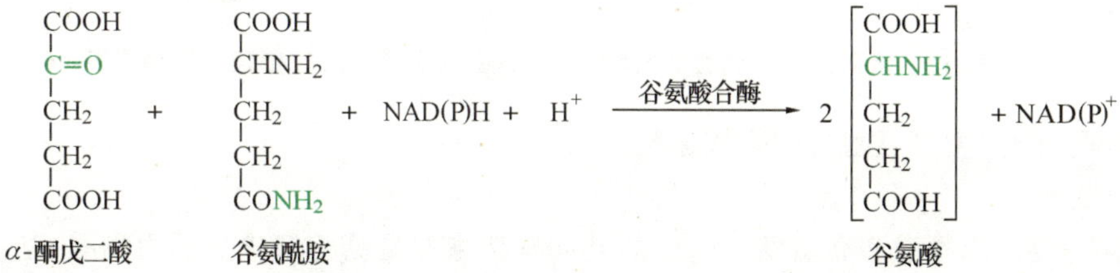

从上述两个反应可以看出，1 分子氨和 1 分子 α - 酮戊二酸被净合成为 1 分子谷氨酸。通过转氨基作用，谷氨酸提供氨基给其他 α - 酮酸，从而形成许多其他氨基酸。可见，谷氨酸是 NH_3 同化的重要形式，是重要的氨基载体。

谷氨酰胺合成酶对哺乳动物机体还有重要作用，它可以将有害的游离氨转变为无毒的谷氨酰胺在血液中运输。

(二)氨消耗 ATP 形成氨甲酰磷酸

同化氨的另一途径是氨甲酰磷酸的形成。有 2 种酶参与反应：

①氨甲酰激酶催化的反应：

$$NH_3 + CO_2 + ATP \xrightleftharpoons{Mg^{2}} H_2N-\overset{\overset{\large O}{\|}}{C}-O-PO_3^{2-} + ADP$$

②氨甲酰磷酸合成酶催化的反应：

$$NH_3 + CO_2 + 2ATP \xrightleftharpoons{Mg^{2+}} H_2N-\overset{\overset{\large O}{\|}}{C}-O-PO_3^{2-} + 2ADP + P_i$$

对于真核生物而言，氨甲酰磷酸合成酶有Ⅰ型、Ⅱ型两种。氨甲酰磷酸合成酶Ⅰ存在于细胞的线粒体中，催化上述反应，而氨甲酰磷酸合成酶Ⅱ存在于细胞质，催化生成的氨甲酰磷酸用于嘧啶核苷酸的合成(详见第十四章)。

在植物体内，氨甲酰磷酸中的氨基来自谷氨酰胺而不是氨。

四、氨基酸的合成

生物合成氨基酸不仅需要氨基，还需要碳骨架。碳骨架来源很丰富，与糖酵解、糖合成途径以及柠檬酸循环相联系(图 13-12)。

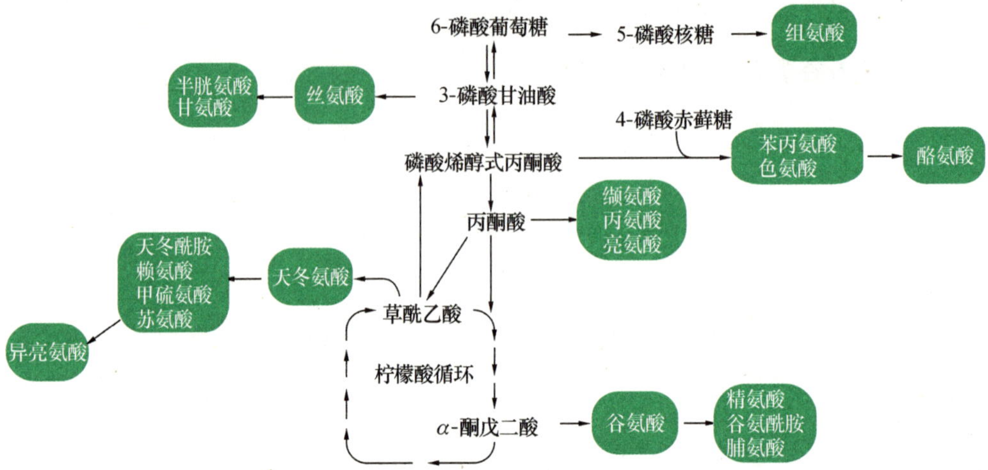

图 13-12 氨基酸的生物合成与糖酵解、糖合成途径以及柠檬酸循环相联系

下面概要叙述主要氨基酸的合成途径:

1. 丙氨酸族

包括缬氨酸、丙氨酸和亮氨酸。它们的共同碳架来源是糖酵解生成的丙酮酸,基本合成途径如图 13-13 所示。

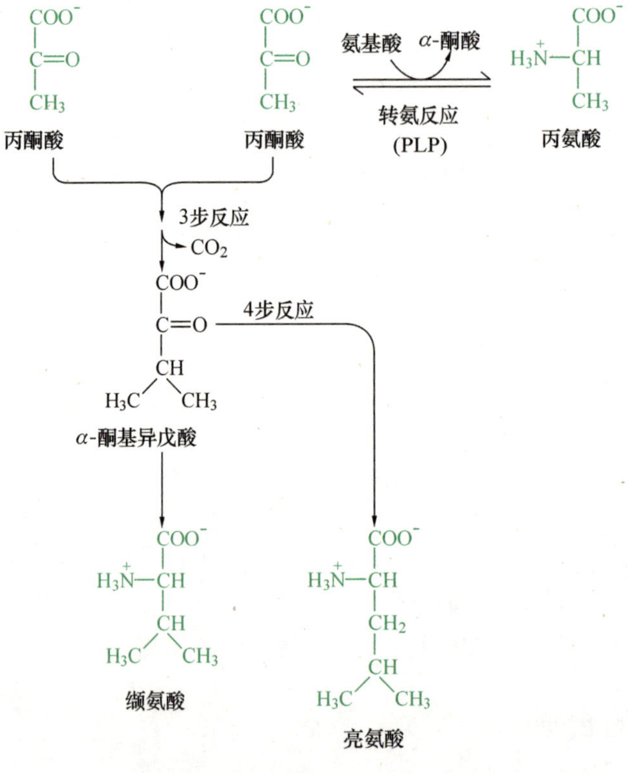

图 13-13 合成丙氨酸、缬氨酸和亮氨酸的骨架来自丙酮酸

2. 丝氨酸族

包括丝氨酸、甘氨酸和半胱氨酸。糖酵解中间产物 3-磷酸甘油酸是合成这些氨基酸的起始物。3-磷酸甘油酸在 3 种酶相继作用下经 3-磷酸羟基丙酮酸和 3-磷酸丝氨酸生成丝氨酸。丝氨酸在转羟甲基酶作用下直接生成甘氨酸，在酰基转移酶等作用下则生成半胱氨酸。

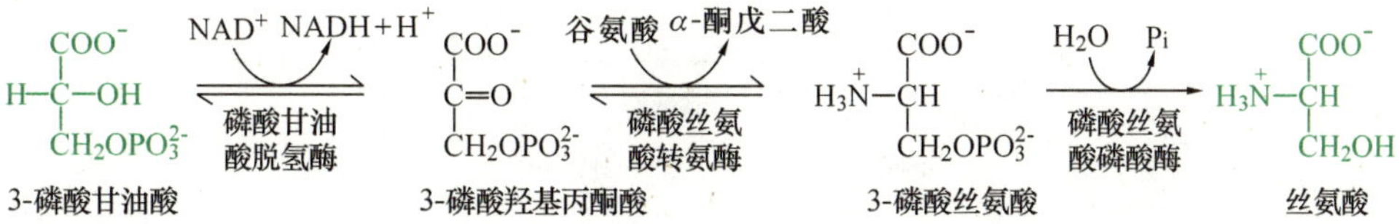

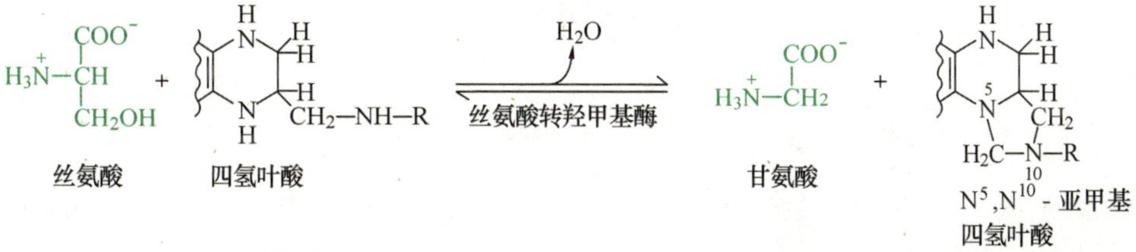

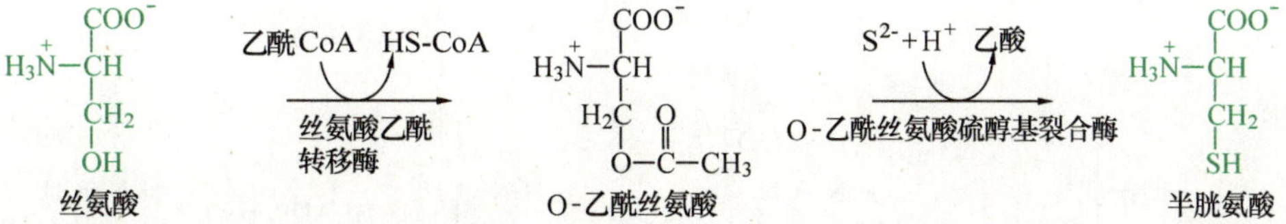

需要说明的是，上述半胱氨酸的合成反应中有无机硫的掺入，这仅限于微生物和植物。动物不具备从外界摄取硫的能力，需要靠摄食获得甲硫氨酸，利用甲硫氨酸中的有机硫，经多个酶促反应合成半胱氨酸。

3. 天冬氨酸族

包括天冬氨酸、天冬酰胺、赖氨酸、苏氨酸和甲硫氨酸，它们的碳骨架为草酰乙酸。草酰乙酸经转氨基作用生成天冬氨酸。

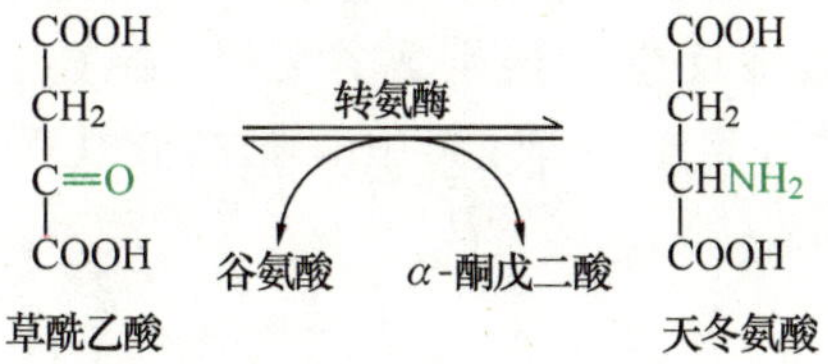

由天冬氨酸形成天冬酰胺有不同途径。在微生物体内，天冬酰胺合成酶催化天冬氨酸酰胺化，生成天冬酰胺。在某些高等植物中，天冬酰胺合成酶以谷氨酰胺为氨基供体，由天冬氨酸合成天冬酰胺。

在不同酶的作用下，天冬氨酸历经天冬氨酸 β-半醛，分别以不同的分支途径合成赖氨酸、甲硫氨酸和苏氨酸(图 13-14)。但这并不意味着这 3 个分支产物以等比例合成，细胞能通过调节措施以准确比例合成所需氨基酸。

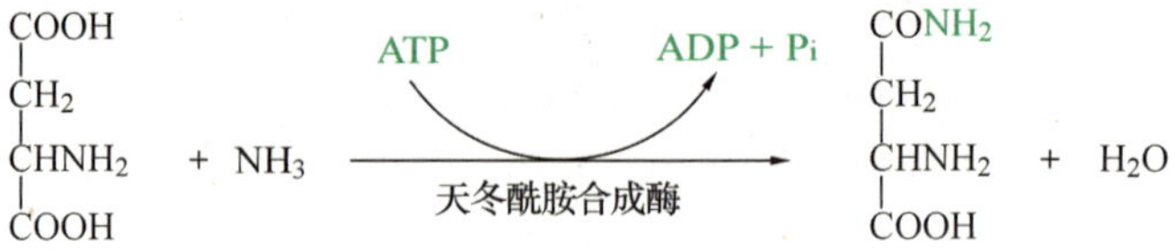

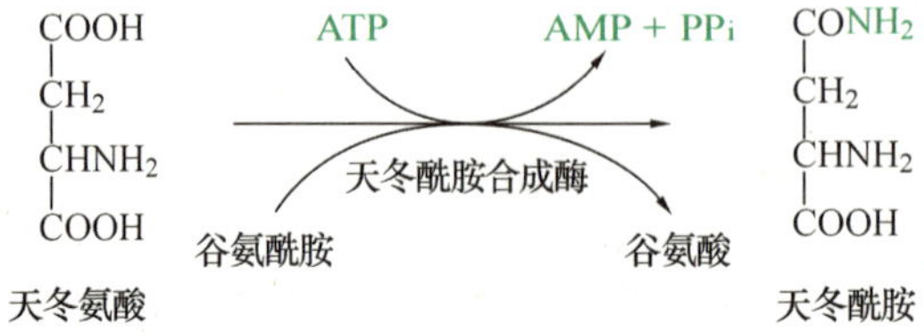

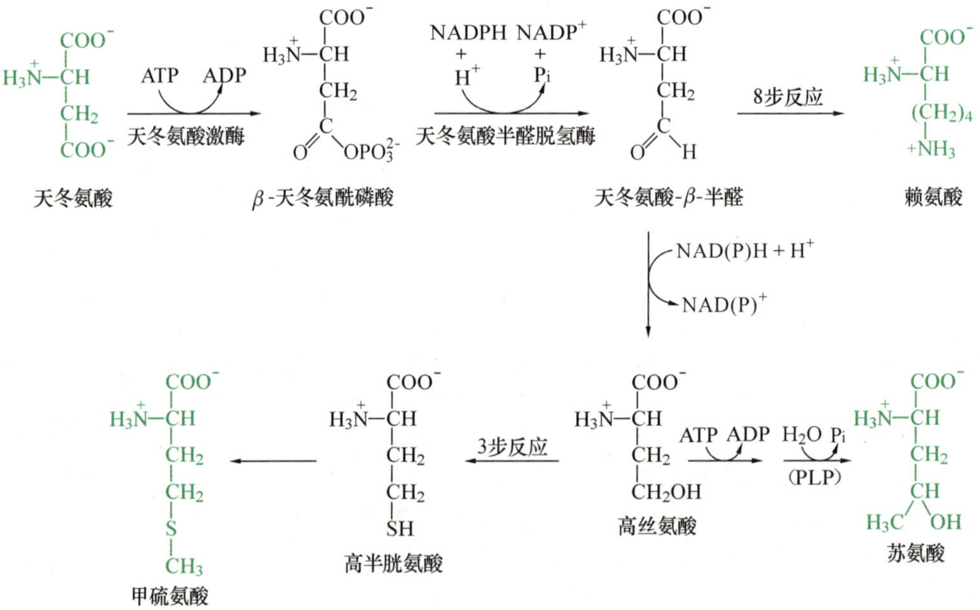

图 13-14 赖氨酸、甲硫氨酸和苏氨酸的合成途径

4. 谷氨酸族

包括谷氨酸、谷氨酰胺、脯氨酸和精氨酸，它们的共同碳架是柠檬酸循环中间物 α-酮戊二酸。α-酮戊二酸经转氨基反应直接生成谷氨酸，谷氨酸接受一个氨基生成谷氨酰胺。脯氨酸和精氨酸则通过谷氨酸合成，其中谷氨酸转化为精氨酸的途径如图 13-15 所示。

5. 芳香族氨基酸

包括酪氨酸、色氨酸和苯丙氨酸，它们的碳架为磷酸烯醇式丙酮酸和 4-磷酸赤藓糖。磷酸烯醇式丙酮酸为糖酵解中间物，而 4-磷酸赤藓糖可来自磷酸戊糖途径。磷酸烯醇式丙酮酸和 4-磷酸赤藓糖先经 4 步反应生成莽草酸(shikimate)，莽草酸再经 2 步反应衍生为分支酸(chorismate)(图 13-16)。

分支酸通过不同途径合成酪氨酸、色氨酸和苯丙氨酸(图 13-17)。分支酸是合成芳香族氨基酸的分支点。动物因没有合成分支酸的酶，不能合成分支酸，因而也就无法合成芳香族氨基酸。

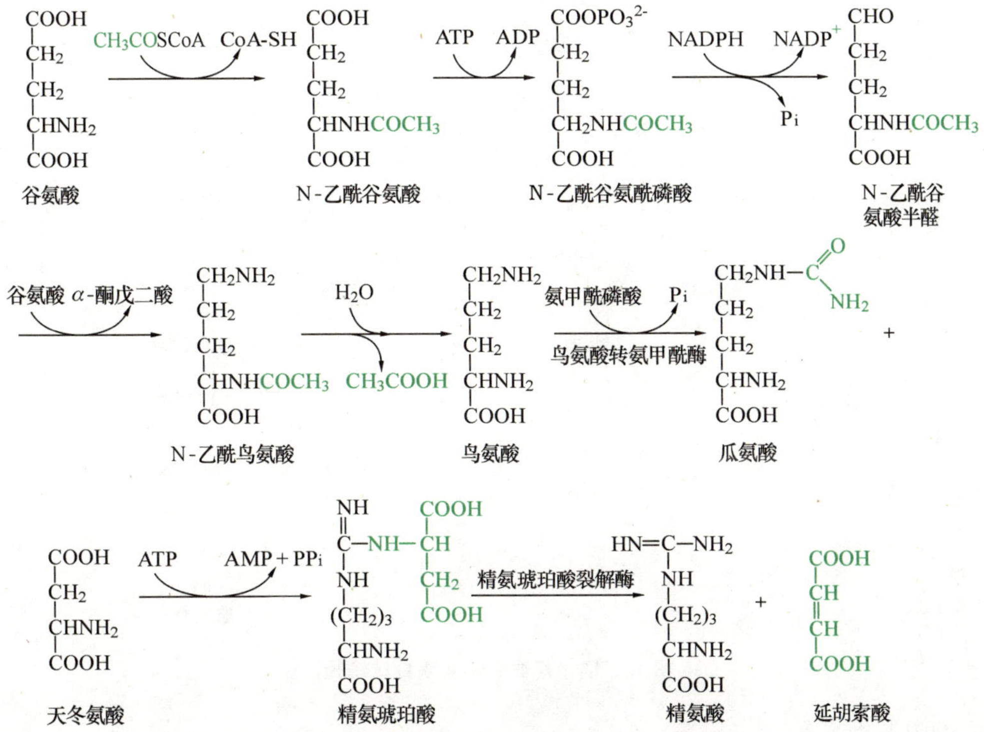

图 13-15　精氨酸的合成

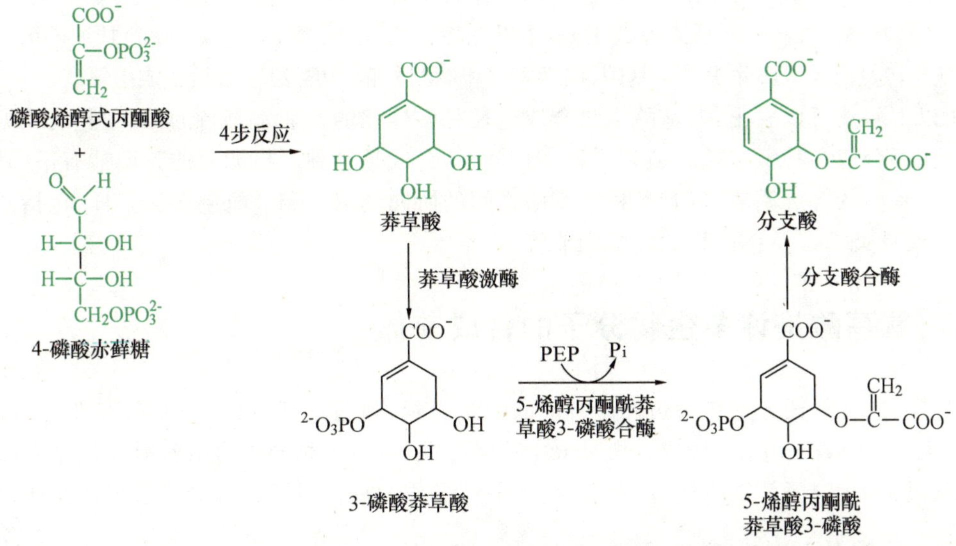

图 13-16　分支酸的合成

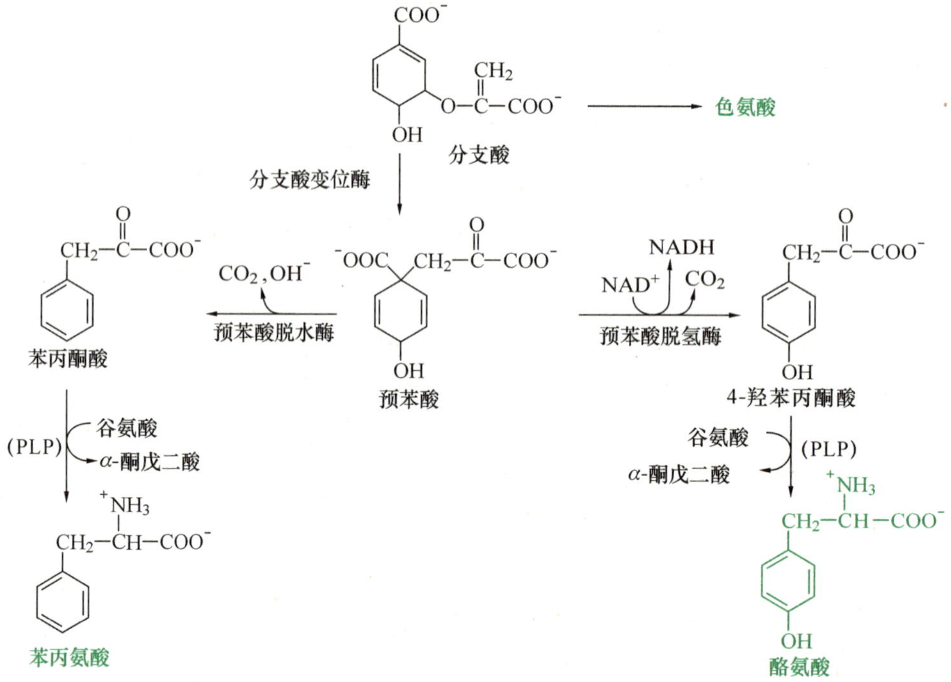

图 13 - 17　芳香氨基酸族合成途径

6. 组氨酸合成

细菌组氨酸的合成需要 10 步反应。首先，ATP 的腺嘌呤的吡啶环与核糖的衍生物——5 -磷酸核糖 - 1 - 焦磷酸(phosphoribosyl pyrophosphate，PRPP)缩合(图 13 - 18)，腺嘌呤六元环断裂，谷氨酸提供 1 个氮原子，借助环化掺入产物——咪唑甘油磷酸的咪唑环中。ATP 的其余大部分碳和氮原子以氨基咪唑羧胺核苷酸形式释放出来，用以嘌呤合成(详见第十四章)。咪唑甘油磷酸通过脱水、谷氨酸转氨以及水解除去磷酸基团，再经氧化和 NAD^+ 依赖的反应，最后生成组氨酸。

由以上叙述可以看出，氨基酸生物合成途径是多样化的。非常奇特的是，细胞能根据需要按一定比例合成各种氨基酸。换句话说，氨基酸的合成是受到严格调节的。调节有不同层次，有单个氨基酸的合成调节，也有各种氨基酸之间的协同调节。调节机制多种多样，包括同工酶调节、酶活性调节以及终产物的反馈调节等。

五、氨基酸是许多生物分子的合成前体

氨基酸的首要任务是作为蛋白质合成的建筑材料，执行此任务时，氨基酸需要经过活化、共价连接到 tRNA 分子上，形成氨酰 - tRNA，然后在 mRNA 指导下合成具有特定序列的蛋白质(详见第十七章)。氨基酸还有一个重要任务就是作为许多重要活性分子合成的前体。

(一)谷胱甘肽的生物合成

谷胱甘肽是机体中重要的巯基缓冲剂和氧化还原缓冲剂(见第三章)。谷氨酸和半胱氨酸可用于合成谷胱甘肽(图 13 - 19)。首先谷氨酸的 γ - 羧基被 ATP 活化，生成 γ - 谷氨酰磷酸；

之后与半胱氨酸的氨基发生缩合反应，生成 γ - 谷氨酰半胱氨酸；继续由 ATP 提供能量和磷酸基团，使 α - 羧基活化；最后与甘氨酸的氨基缩合，生成谷胱甘肽。

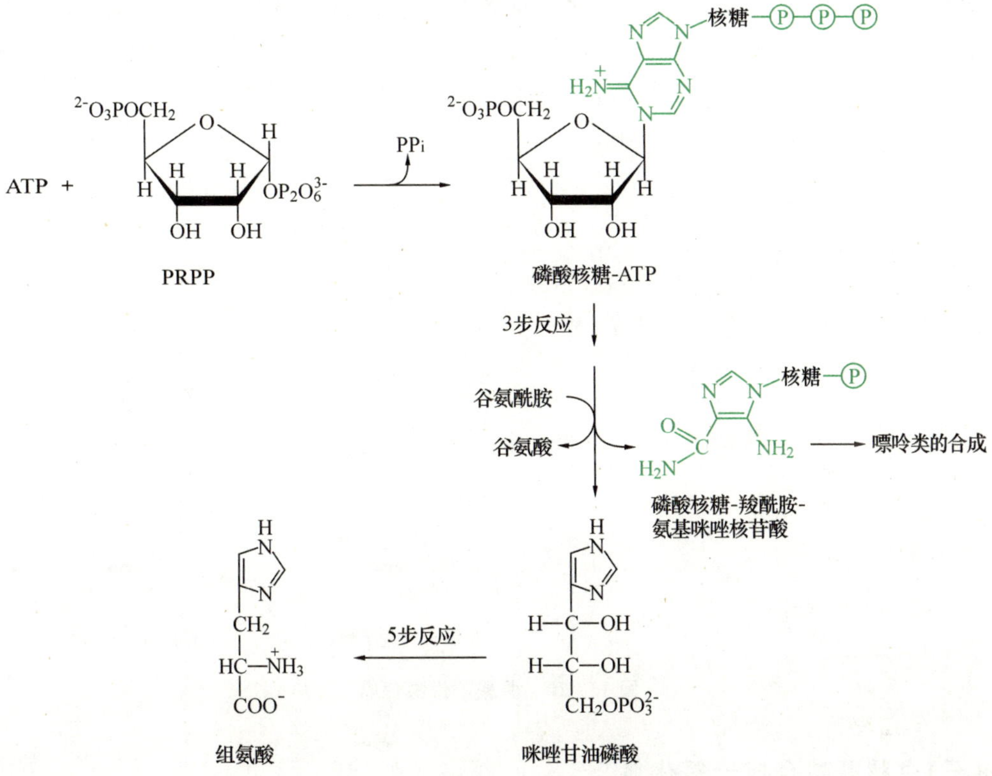

图 13 - 18 PRPP 与 ATP 合成组氨酸

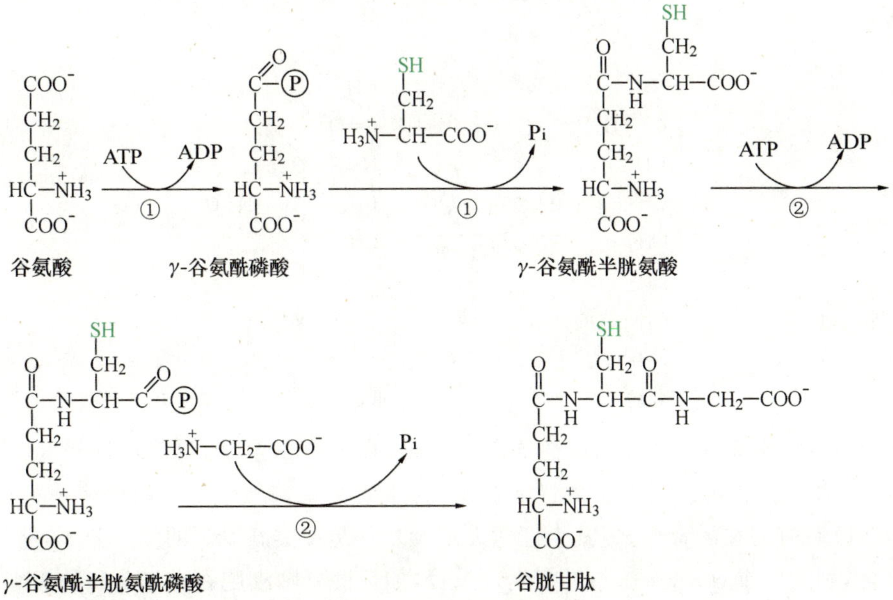

①γ - 谷氨酰半胱氨酸合成酶；②谷胱甘肽合成酶

图 13 - 19 谷胱甘肽的生物合成

(二)肌酸的生物合成

肌酸是磷酸肌酸的前体,在肌肉和神经的储能中占有重要位置。肌酸合成的第一步由转脒基酶(amidinotransferase)催化,精氨酸提供胍基给甘氨酸,合成胍基乙酸;然后由甲基转移酶催化,S-腺苷甲硫氨酸提供甲基给胍基乙酸,最终生成肌酸(图 13-20)。

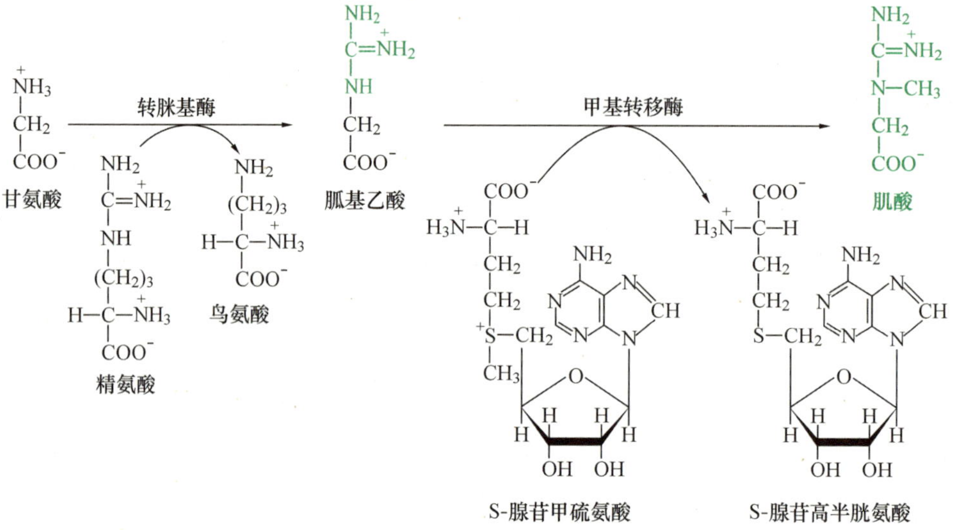

图 13-20 肌酸的生物合成

(三)由精氨酸合成一氧化氮

精氨酸在一氧化氮合酶作用下生成瓜氨酸和一氧化氮(NO)。反应需要多个辅助因子,如 NADPH。

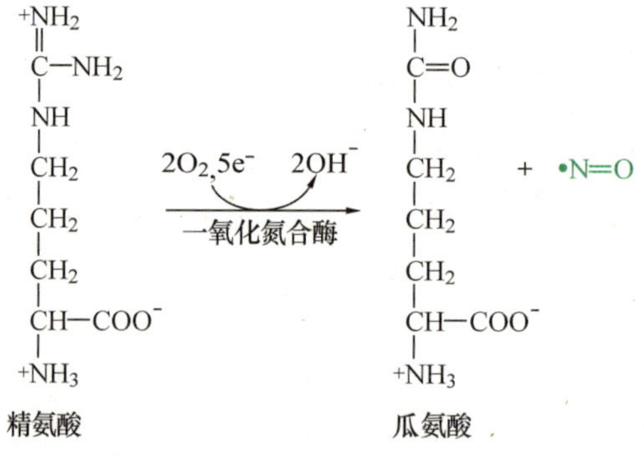

NO(˙N=O)是氮的一种不稳定性气态衍生物,携带自由电子,反应活性极高,但寿命很短,只存在几秒钟。它可以快速扩散进入细胞,在水溶液中与氧气和水反应生成硝酸和亚硝酸。尽管 NO 具有潜在的毒性,但其生理意义重大。它是一类新发现的信号分子,能与鸟苷酸环化酶结合,刺激生成 cGMP,参与许多生理过程,如帮助巨噬细胞吞噬细菌和肿瘤细胞;引起血管放松,降低血压;与超氧阴离子($O_2^{\cdot -}$)结合成毒性更大的反应活性物质,参与细胞凋亡等等。

参考文献

1. 朱圣庚，徐长法. 生物化学. 4版. 北京：高等教育出版社，2016.
2. 周顺伍. 动物生物化学. 北京：化学工业出版社，2008.
3. Moran L A，Horton H R，Scrimgeour K G，et al. Principle of Biochemistry. 5th ed. International：Pearson Education Inc (Asia)，2012.
4. Nelson D L，Cox M M. Lehninger Principles of Biochemistry. 7th ed. New York：Worth Publishers，2017.

思考题

一、填空

1. 在蛋白质的泛素降解途径中，________、________和________ 3种酶共同参与了泛素标记目标蛋白质的过程。

2. 尿素分子中的2个氮原子分别来自________和________，碳原子来自________。

3. 在20种常见蛋白质氨基酸中，________和________只能代谢生成酮体。

二、单选

1. 转氨作用在生物体氨基酸合成和降解过程中有十分重要的作用，转氨酶的辅酶是________。

A）磷酸吡哆醛　　B）生物素　　C）硫辛酸　　D）NAD^+

2. 丝氨酸的合成前体是________。

A）3-磷酸甘油　　B）3-磷酸甘油酸　　C）丙酮酸　　D）丙氨酸

3. 将尿素循环与TCA循环联系在一起的物质是________。

A）鸟氨酸　　B）延胡索酸　　C）精氨酸　　D）天冬氨酸

三、问答题

1. 什么是一碳单位？请说明一碳单位的载体、一碳单位的主要来源以及一碳单位的功能。

2. 什么是葡萄糖—丙氨酸循环？它在体内具有怎样的生理意义？

3. 请阐述氨基酸代谢与糖代谢的联系。

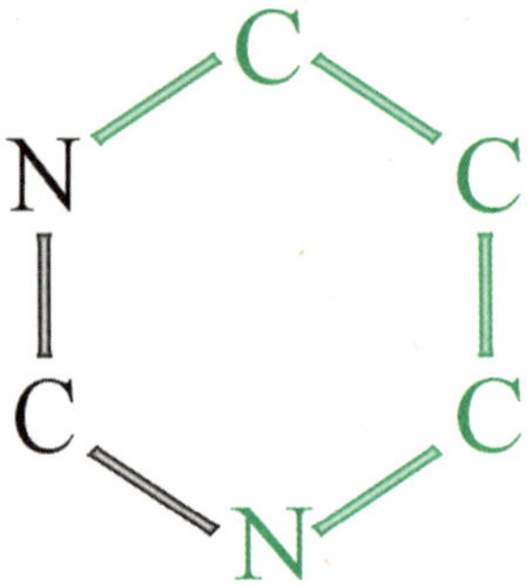

第十四章

核苷酸代谢

核苷酸不仅是构成 DNA 和 RNA 的基本单元，还以游离或掺入辅因子的形式参与细胞各种活动。细胞中核苷酸的适时合成和降解是细胞正常活动所必需的。所有生物和细胞都能合成嘌呤核苷酸和嘧啶核苷酸。间期细胞合成核苷酸主要用于 RNA 和各种核苷酸辅因子的合成；分裂细胞合成脱氧核苷酸主要用于 DNA 合成。核苷酸生物合成有两条基本途径：从头合成途径（*de novo* pathways）和补救途径（salvage pathways）。从头合成途径是指以氨基酸、CO_2 等小分子前体为原料，通过依次获取氮原子和碳原子先合成碱基环、再合成核苷酸的过程。补救途径是直接利用核酸降解产物——碱基或核苷合成核苷酸。

由于脱氧核苷酸合成与细胞分裂密切相关，而癌症又是细胞分裂失控的结果，有关脱氧核苷酸合成的调控研究对现代医学的发展有重要意义。对核苷酸降解的研究也很重要，核苷酸代谢异常会导致机体出现病态。本章将重点介绍嘌呤和嘧啶核苷酸的从头合成途径，简单介绍补救途径以及核糖核苷酸如何还原为 2′-脱氧核糖核苷酸，最后讨论核苷酸的分解代谢。

第一节　嘌呤核苷酸生物合成

一、嘌呤核苷酸的从头合成

早先认为嘌呤核苷酸是以嘌呤碱、核糖、磷酸为底物合成的，后来借助同位素标记技术对鸟类氮素代谢终端产物进行分析，证实嘌呤环上的碳原子和氮原子分别来源于甘氨酸、天冬氨酸、谷氨酰胺、CO_2 和一碳单位（N^{10}-甲酰四氢叶酸）（图 14-1）。

细胞合成嘌呤环的最初底物是 5-磷酸核糖-1-焦磷酸（5-phosphoribosyl-1-pyrophosphate；PRPP）。PRPP 在核糖环的 C_5 位有一个磷酸基团，在 C_1 位有一个焦磷酸基团。合成 PRPP 需要 PRPP 合成酶，底物为 5-磷酸核糖。如图 14-2 所示，5-磷酸核糖 C_1 位的羟基亲核攻击 ATP 的 β 位磷酸基团，ATP 的焦磷酸根转移到 5-磷酸核糖的 C_1，形成 PRPP（图 14-2）。

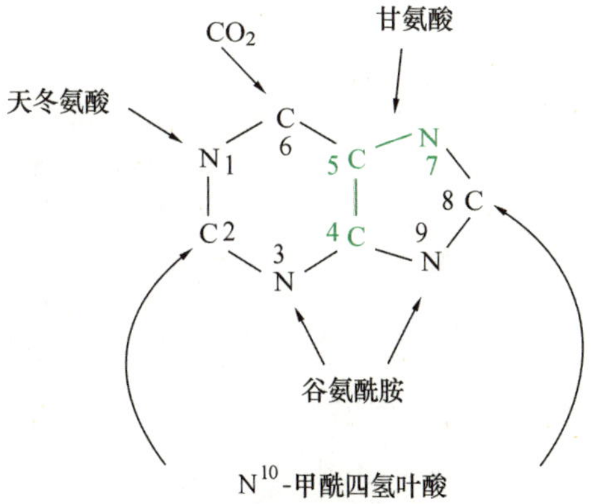

图 14 - 1　嘌呤环原子的来源

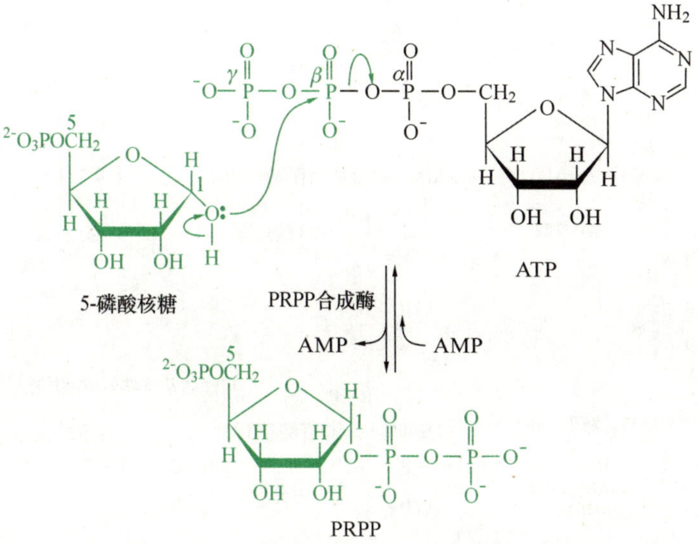

图 14 - 2　PRPP 的合成

嘌呤核苷酸从头合成的初级产物是次黄嘌呤核苷酸(inosine 5-monophosphate,IMP)。从 PRPP 开始到 IMP 合成,共需要 10 步反应(图 14 - 3)。

反应第一步有谷氨酰胺的掺入,所需酶是谷氨酰胺 - PRPP 转氨酶。PRPP 水解失去焦磷酸基团,将 5′ - 磷酸核糖基提供出来,接受谷氨酰胺的氨基,生成 5′ - 磷酸核糖胺。需要指出的是,在氨基替代焦磷酸根的同时,核糖的异头体发生了变化,由 α - 型变为 β - 型。之后经过甘氨酸骨架的掺入,甲酰基(供体为 10 - 甲酰四氢叶酸,即 N^{10} - 甲酰 - THF)和另 1 分子谷氨酰胺氨基的掺入,以及相继发生羧化反应、天冬氨酸氨基掺入和又一甲酰基的贡献,最后生成 IMP。至此,一个由 9 个原子组成的嘌呤环合成。

简单看来,PRPP 的作用是贡献磷酸核糖作为嘌呤环合成的"基底",嘌呤环各原子的依次构建在这个"基底"上完成;构建过程中除需要 2 分子谷氨酰胺、1 分子甘氨酸、1 分子天冬氨酸、2 分子 N^{10} - 甲酰四氢叶酸和 1 分子碳酸(CO_2 的水合形式)外,还需要 5 分子 ATP,说明嘌呤环的合成高度耗能。

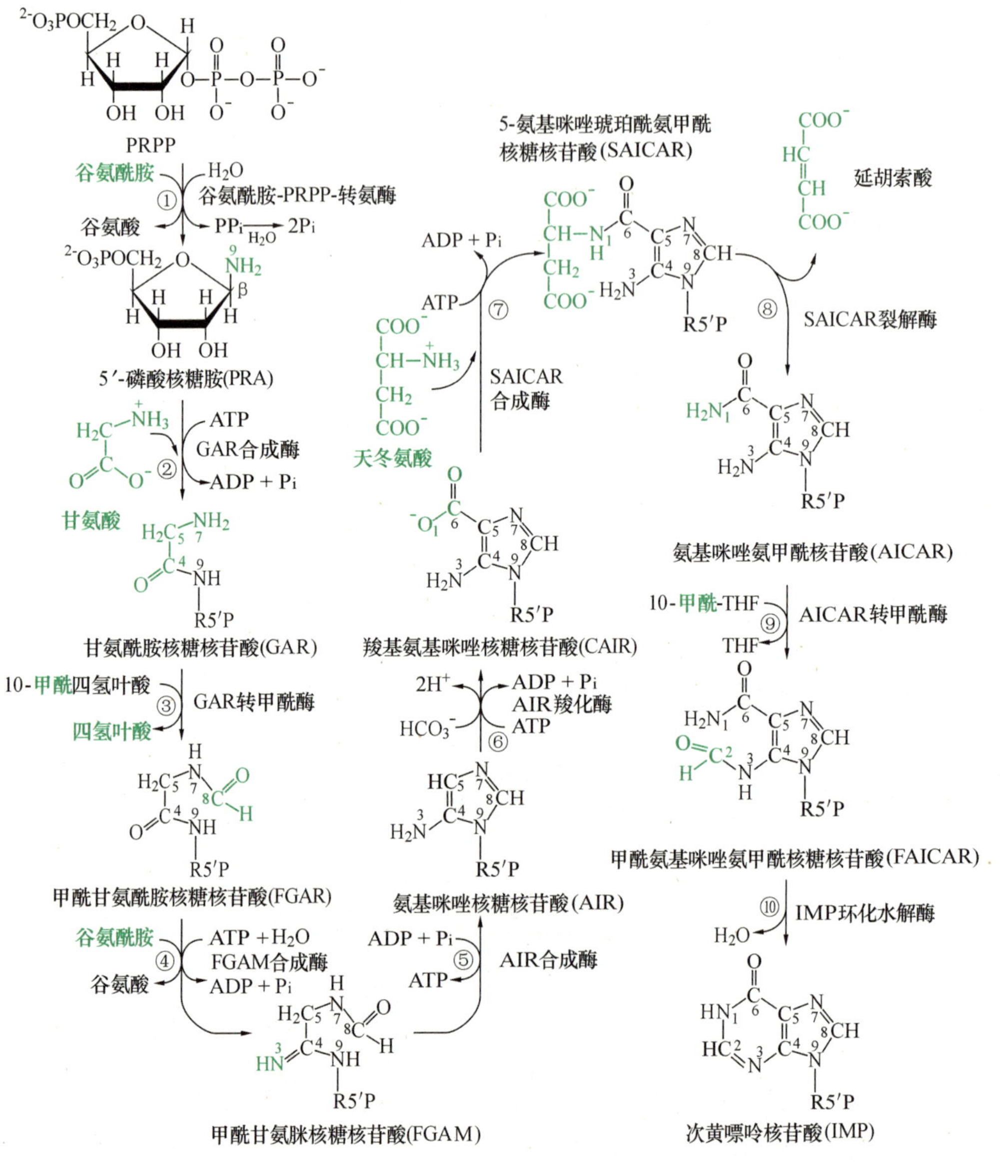

图 14-3　次黄嘌呤核苷酸的合成途径

有了 IMP,其他嘌呤核苷酸的合成才有了基础。以 IMP 作为前体,经过“两步”反应可转变成腺嘌呤核苷酸(AMP)或鸟嘌呤核苷酸(GMP)(图 14-4)。

“两步反应”的实质是嘌呤环的修饰,反应也需要提供能量。从 IMP 生成 AMP,第一步反应由腺苷琥珀酸合成酶催化,由天冬氨酸提供氨基修饰嘌呤环,由 GTP 水解供能;生成的腺苷琥珀酸在裂解酶作用下裂解出延胡索酸,释放出 AMP。从 IMP 转化为 GMP,第一个酶是 IMP 脱氢酶,在 NAD^+ 参与下,先氧化生成黄嘌呤核苷酸(xanthosine monophosphate, XMP),再由谷氨酰胺提供一个氨基,转变成 GMP;能量来自 ATP 的焦磷酸解。从上述反应式还可以看出,黄嘌呤环是次黄嘌呤环的氧化物,在 C_2 位多一个羰基氧。

总之,嘌呤核苷酸的从头合成分为两阶段:第一阶段由 PRPP 提供磷酸核糖部分,并在其上完成嘌呤环各原子的依次加入以及环化成 IMP；第二阶段是 IMP 转变为其他嘌呤核苷酸。嘌呤核苷酸的从头合成是一个耗费能量的过程。

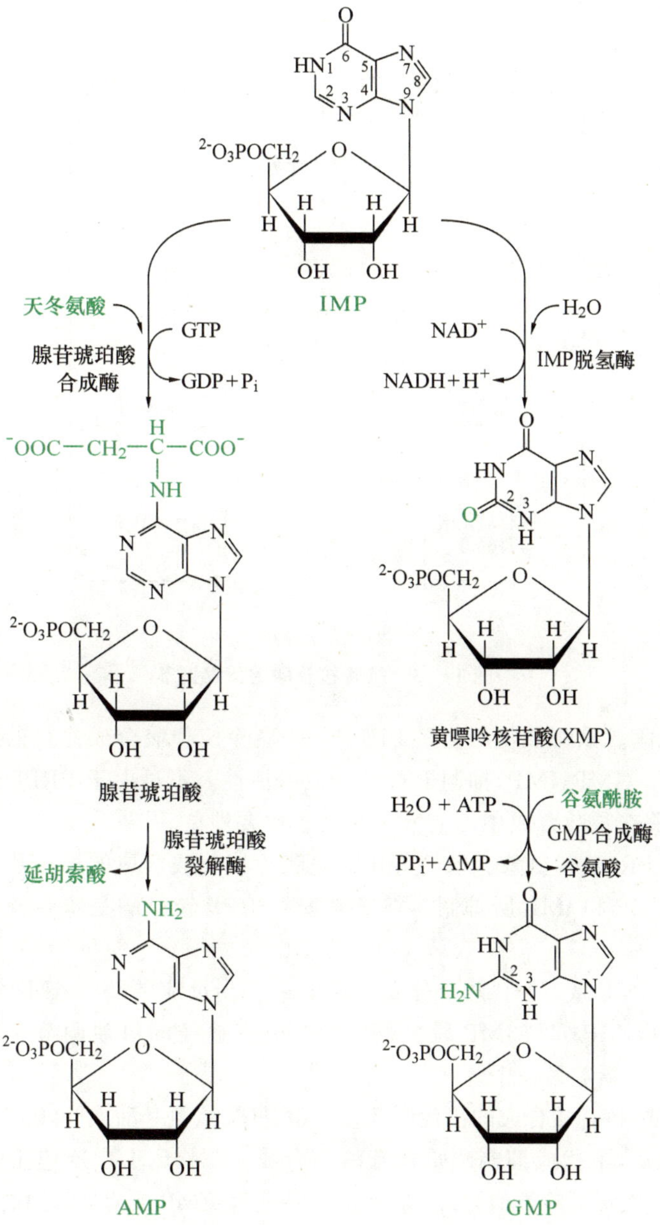

图 14-4　IMP 转化为 AMP 和 GMP 的途径

二、嘌呤核苷酸合成调节

嘌呤核苷酸的生物合成受到精细调节，调节方式主要为反馈抑制，有 3 个控制点（图 14-5）：

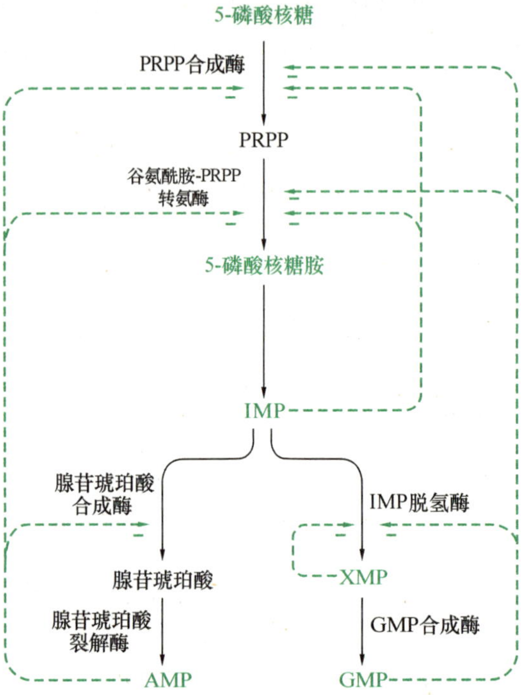

"－"表示抑制

图 14-5　嘌呤核苷酸的反馈调节

①PRPP 合成酶。该酶催化产物是 PRPP——嘌呤核苷酸合成途径的最初底物。高浓度嘌呤核苷酸(AMP, GMP,IMP)抑制 PRPP 合成酶活性。不过由于 PRPP 还参与其他十多种反应,PRPP 合成酶在嘌呤合成中的调节作用处于次要地位。

②谷氨酰胺-PRPP 转氨酶。该酶催化的是嘌呤核苷酸合成的第一步反应,为别构酶,可被终产物 AMP、GMP 和 IMP 所抑制。谷氨酰胺-PRPP 转氨酶是嘌呤核苷酸从头合成的关键调节部位。

③从 IMP 到 AMP 或 GMP 两个分支途径的第一步反应的酶。AMP 抑制腺苷琥珀酸合成酶活性,XMP 和 GMP 抑制 IMP 脱氢酶。两个分支途径的单独调节有利于其中一个产物过量受到抑制时而不影响另一个。

常用于抑制嘌呤核苷酸合成的抗代谢药物通常是嘌呤、氨基酸或叶酸的类似物,它们通过对酶的竞争性抑制作用,干扰或抑制嘌呤核苷酸的合成。在临床上广泛应用的 6-巯基嘌呤(6-MP),其化学结构与次黄嘌呤类似,可以抑制 IMP 转变为 AMP 或 GMP,因而具有抗肿瘤作用。

三、嘌呤核苷酸合成的补救途径

在细胞正常代谢过程中,核酸经相关核酸酶、核苷酸酶、核苷酶等的催化作用,降解为单核苷酸、核苷和碱基。由此形成的嘌呤碱和嘧啶碱有两种形式:或发生进一步降解(如嘌呤碱转变为尿酸,详见本章第四节),或通过补救途径直接转化为核苷酸。通常由食物消化产生的碱基发生进一步降解,而细胞内核酸降解产生的碱基多用于补救途径。补救途径有利于细胞节省能量。

嘌呤核苷酸合成的补救途径主要有：

①由嘌呤碱与1-磷酸核糖(R-1-P)合成嘌呤核苷酸。首先在核苷磷酸化酶催化下生成嘌呤核苷，再由核苷激酶催化生成嘌呤核苷酸。

嘌呤碱＋R-1-P ⟶ 嘌呤核苷 ⟶ 嘌呤核苷酸

②由嘌呤碱与PRPP合成嘌呤核苷酸。在磷酸核糖转移酶催化下，PRPP水解出焦磷酸，将磷酸核糖贡献出来，与碱基共价连接形成核苷酸。磷酸核糖转移酶具有针对嘌呤碱的专一性，如腺嘌呤磷酸核糖转移酶催化腺嘌呤和PRPP合成AMP，次黄嘌呤—鸟嘌呤磷酸核糖转移酶催化IMP和GMP的合成。

嘌呤碱＋PRPP ⟶ 嘌呤核苷酸＋PPi

次黄嘌呤—鸟嘌呤磷酸核糖转移酶在人体嘌呤核苷酸补救途径中发挥重要作用。先天性缺乏该酶称为莱—纳尔氏综合征，患者因次黄嘌呤、鸟嘌呤无法转化为IMP和GMP，只能降解为尿酸，使体内尿酸水平增高，PRPP水平也高，导致痛风和自残倾向。

第二节　嘧啶核苷酸生物合成

嘧啶碱的生物合成比嘌呤碱容易，消耗ATP也少。同位素标记实验证实，嘧啶环的C_2原子来自碳酸，N_3来自谷氨酰胺，天冬氨酸贡献其他4个原子(图14-6)。

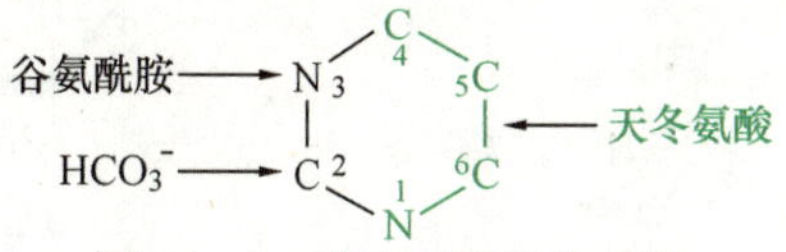

图14-6　嘧啶环原子的来源

一、嘧啶核苷酸的从头合成

尿嘧啶核苷一磷酸(UMP)是合成其他嘧啶核苷酸的前体。嘧啶核苷酸的从头合成首先是UMP的合成。UMP从头合成共有6步反应(图14-7)。

第一步是氨甲酰磷酸的合成。在氨甲酰磷酸合成酶(carbamoyl phosphate synthetase)催化下，谷氨酰胺作为氨基供体，与碳酸和ATP反应，生成氨甲酰磷酸。每合成1分子氨甲酰磷酸消耗2分子ATP。真核生物氨甲酰磷酸合成酶有2个异型体，在尿素循环中起作用的是Ⅰ型，存在于线粒体中；在嘧啶核苷酸合成中起作用的是Ⅱ型，存在于胞液中。细菌只含一种氨甲酰磷酸合成酶。

氨甲酰磷酸与天冬氨酸反应生成氨甲酰天冬氨酸，再闭环成二氢乳清酸(dihydroorotate)，最后脱氢氧化成乳清酸。催化这3步反应的酶分别是天冬氨酸转氨甲酰酶(ATCase)、二氢乳清酸酶(dihydroorotase)和二氢乳清酸脱氢酶(dihydroorotate dehydrogenase)。乳清酸是合成尿嘧啶核苷酸的重要中间产物，至此已形成嘧啶环。

而后，乳清酸与PRPP连接生成乳清苷酸(orotidine monophosphate，OMP)，再经脱羧生成UMP。催化这两步反应的酶分别是乳清酸磷酸核糖转移酶和乳清苷酸脱羧酶。

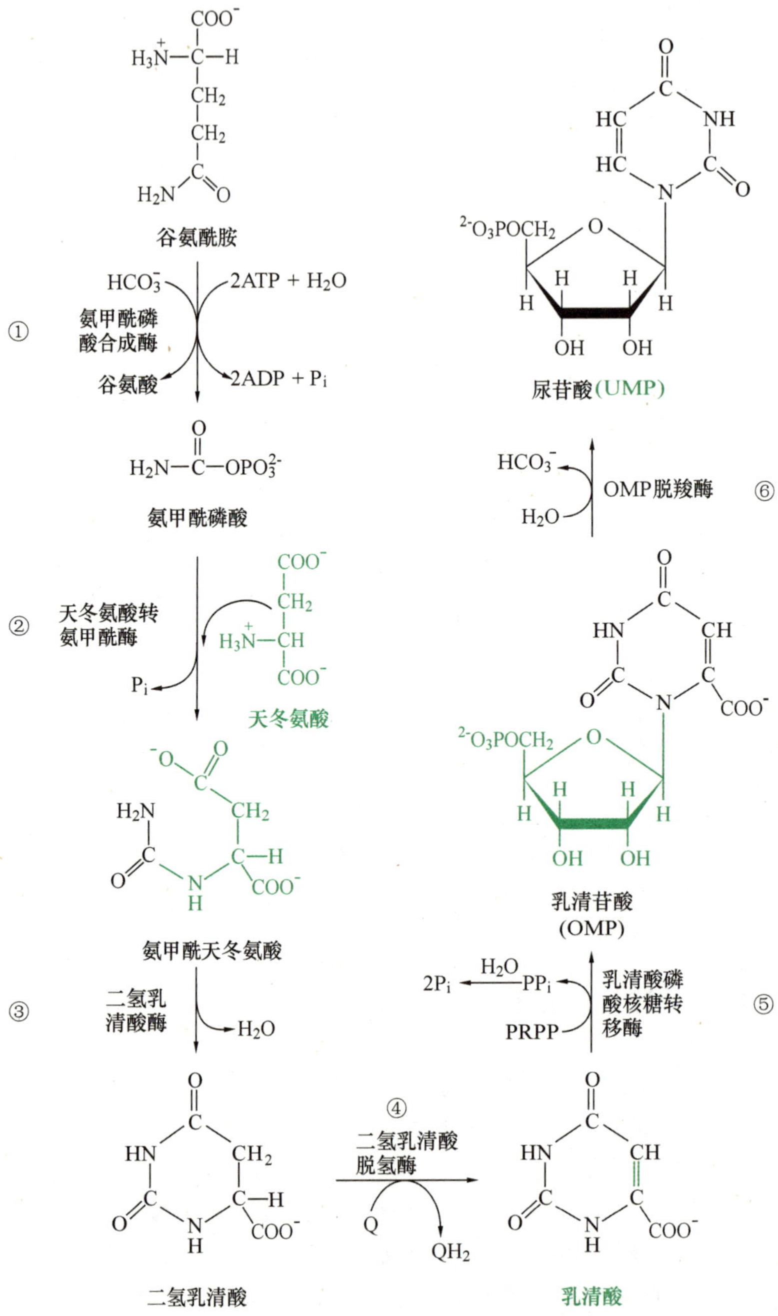

图 14-7　尿苷酸(UMP)的生物合成

无论原核细胞还是真核细胞,嘧啶核苷酸合成的 6 个基本步骤是一致的,只是酶的组织方式不同。在 *E. coli* 中,各个酶分别起催化作用。在真核细胞质中,催化前 3 步反应的酶形成多功能蛋白——二氢乳清酸合酶(dihydroorotate synthase),乳清苷酸核糖磷酸转移酶和乳清苷酸脱羧酶则融合为多功能酶——UMP 合酶。多功能酶可使代谢中间产物直接从酶的一个活位点到达下一个活性位点,这有利于限制中间产物的扩散,提高酶催化效率。

通过上述途径生成的 UMP，在激酶作用下发生磷酸化，转化成其他嘧啶核苷酸。从 UMP 转化成 CTP 需要 3 步反应。前 2 步是 ATP 依赖的转化反应，即 UMP 激酶催化 ATP 的 γ-磷酸基团转移给 UMP，生成 UDP；核苷二磷酸激酶催化另 1 分子 ATP 的 γ-磷酸基团转移给 UDP，生成 UTP。

$$UMP \longrightarrow UDP \longrightarrow UTP$$

核苷单磷酸转变成核苷三磷酸是所有生物共有的途径。细胞中存在着一系列激酶能将核苷单磷酸转变成相应的核苷二磷酸和核苷三磷酸。

$$NMP \longrightarrow NDP \longrightarrow NTP$$

最后一步反应是在 CTP 合成酶催化下完成的。谷氨酰胺的酰胺基团中氨基依赖于 ATP 水解转移至 UTP 的 C_4 上，生成 CTP（图 14-8）。

二、嘧啶核苷酸合成调节

E. coli 嘧啶核苷酸的合成调节如图 14-9 所示。UMP 合成的关键酶是天冬氨酸转氨甲酰酶（ATCase），CTP 合成的关键酶是 CTP 合成酶，这两个酶是重要的调控位点。天冬氨酸转氨甲酰酶属于别构酶（详见第五章），被 CTP 和 UTP 所抑制，受 ATP 激活；CTP 合成酶被 CTP 抑制，受 GTP 激活。

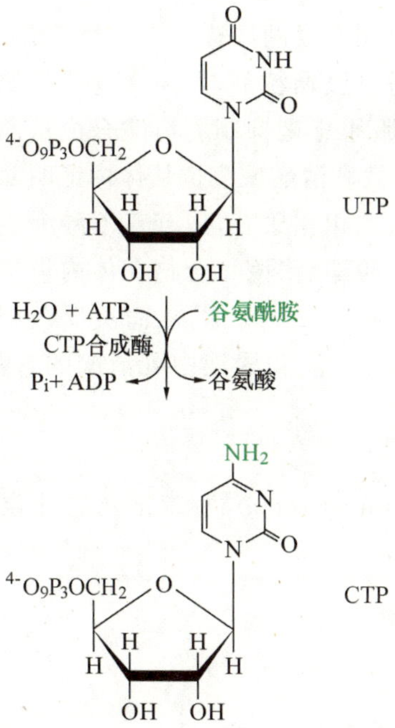

图 14-8　CTP 合成酶催化 UTP 转化为 CTP

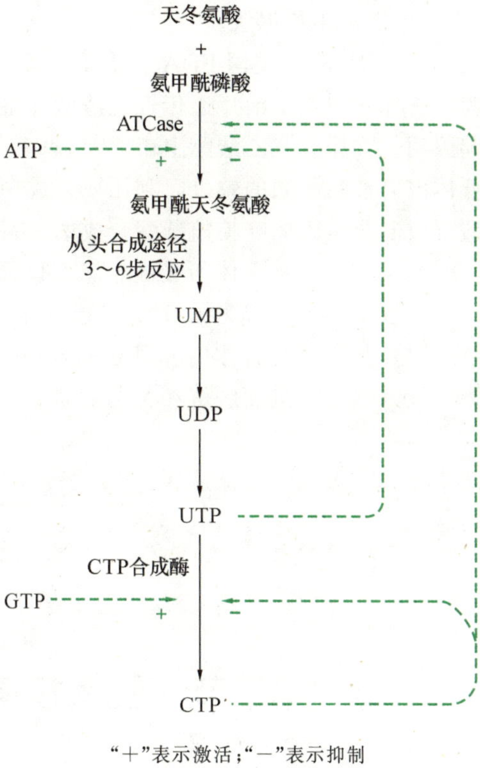

图 14-9　*E. coli* CTP 生物合成的调节部位

三、嘧啶核苷酸合成的补救途径

游离的尿嘧啶可直接接受 PRPP 提供的磷酸核糖基，在嘧啶磷酸核糖转移酶催化下生成

UMP；也可与 1 - 磷酸核糖作用先生成尿嘧啶核苷，再被尿苷激酶催化生成 UMP。

$$U + PRPP \xrightarrow{\text{嘧啶磷酸核糖转移酶}} UMP + PPi$$

$$\text{尿嘧啶核苷} + ATP \xrightarrow{\text{尿苷激酶}} UMP + ADP$$

与尿嘧啶不同，胞嘧啶碱基不能直接通过与 PRPP 反应生成 CMP。

知识拓展框

遗传性乳清酸尿症与嘧啶代谢异常

遗传性乳清酸尿症（hereditary orotic aciduria，HOA）是由于尿嘧啶核苷一磷酸（UMP）合酶缺陷导致的一种隐性基因遗传病。UMP 合酶是具有乳清酸磷酸核糖转移酶活性和乳清苷酸脱羧酶活性的双功能酶，催化 UMP 合成的最后两步反应。如果这两个酶活性或者任何一个酶活性缺陷，都将阻断 UMP 的合成，致使上游中间产物乳清酸的积累，导致乳清酸大量蓄积于血液和尿液中。乳清酸结晶形成物堵塞尿道可引发患者尿道堵塞、发育停滞和生长迟缓。

2015 年 9 月 4 日，美国 FDA 批准了一家生物制药公司研发的尿苷三乙酸酯上市（商品名为 Xuriden），用于治疗遗传性乳清酸尿症。该药为口服颗粒剂，可与食物或牛奶混在一起服用。在尿苷三乙酸酯上市之前，患者是通过口服尿苷来抑制乳清酸合成从而达到降低体内乳清酸积累的效果。利用尿苷成功治疗遗传性乳清酸尿症也从体内证明氨甲酰磷酸合成酶Ⅱ是人体嘧啶核苷酸合成的关键调节位点。相比尿苷，尿苷三乙酸酯更易被人体所吸收。患者口服尿苷三乙酸酯后，该化合物在体内被代谢生成为尿苷，结果患者体内外源性尿苷浓度增加，从而负反馈调节患者体内乳清酸的合成，减少了患者血液和尿液中乳清酸的含量，进而缓解相关的症状。

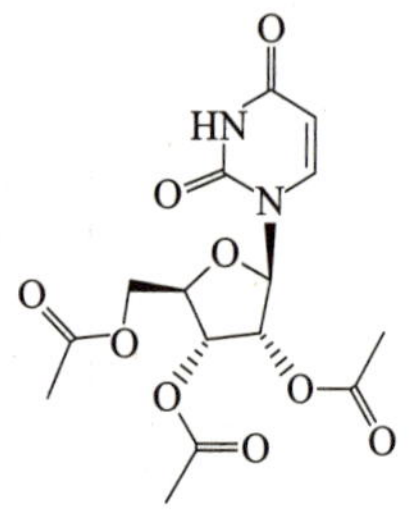

徐从军. 尿苷三乙酸酯（Uridine triacetate）. 中国药物化学杂志，2016，26(2)：162.

第三节　脱氧核糖核苷酸的合成

一、核糖核苷酸还原为脱氧核糖核苷酸

脱氧核糖核苷酸是由相应的核苷二磷酸生成的，在生物体内，ADP、GDP、CDP 和 UDP 4 种核糖核苷酸均可被还原成相应的脱氧核糖核苷酸。在一个由多组分组成的还原

系统的作用下，核糖核苷二磷酸（核苷二磷酸）在核糖 C_2 羟基发生脱氧反应，还原力的最初供体是 NADPH（图 14-10）。

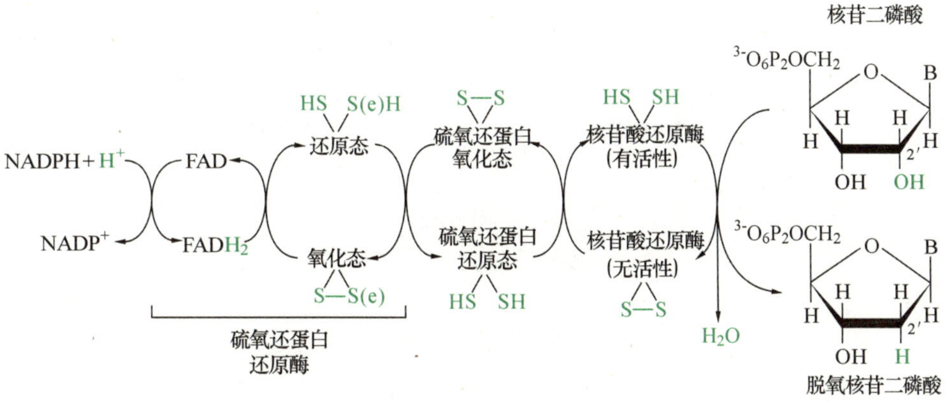

B 表示碱基；S(e)表示硫或硒

图 14-10　核苷二磷酸的还原

核糖核苷二磷酸还原系统涉及 3 种蛋白质：硫氧还蛋白还原酶、硫氧还蛋白（thioredoxin）和核糖核苷酸还原酶（核苷酸还原酶），它们在活性部位有一个共同特点，即都能通过二硫键和一对巯基的转化发生可逆氧化还原反应。其中硫氧还蛋白的作用是作为氢的传递体。硫氧还蛋白还原酶的活性部位在不同生物中略有不同，哺乳动物一个为半胱氨酸巯基，一个为硒代半胱氨酸。核苷酸还原酶有多种类型，为别构酶。

从图 14-10 可以看出，NADPH 首先将硫氧还蛋白还原酶的二硫键还原，接着将硫氧还蛋白从氧化态转变为还原态，继而又将核苷酸还原酶活性中心的二硫键还原，使该酶转变为活性形式。在核苷酸还原酶作用下，核苷二磷酸在 2′-脱氧，生成脱氧核苷二磷酸。

核糖核苷酸还原反应极为重要，核苷酸还原酶受到两方面的精确调节：一是核糖核苷酸和脱氧核糖核苷酸供求关系的调节；二是 4 种脱氧核苷二磷酸之间维持平衡。核苷酸还原酶含有酶活性调节位点和底物特异性调节位点，前者用于调节核糖核苷酸和脱氧核糖核苷酸的水平，后者用于协调 4 种核苷酸的均衡反应。核苷酸还原酶的精细调节对 DNA 复制的准确性有一定贡献（详见第十五章）。

需要指出的是，生物体还存在另一类核苷酸二磷酸还原系统，由谷氧还蛋白还原酶、谷氧还蛋白和谷胱甘肽还原酶组成，作用机制类似。

dADP、dGDP 和 dCDP 一旦形成，它们便可在相应的核苷二磷酸激酶作用下转化为三磷酸水平（dATP、dGTP 和 dCTP）。至于脱氧胸苷酸（dTMP、dTDP 和 dTTP），则需要经由特殊的中间体才能形成。

二、脱氧胸苷酸的生物合成

细胞中用于脱氧胸苷酸合成的中间体是 dUMP，有两个来源：dCMP 脱氨或 dUTP 水解。dUMP 的碱基发生甲基化生成 dTMP（图 14-11）。

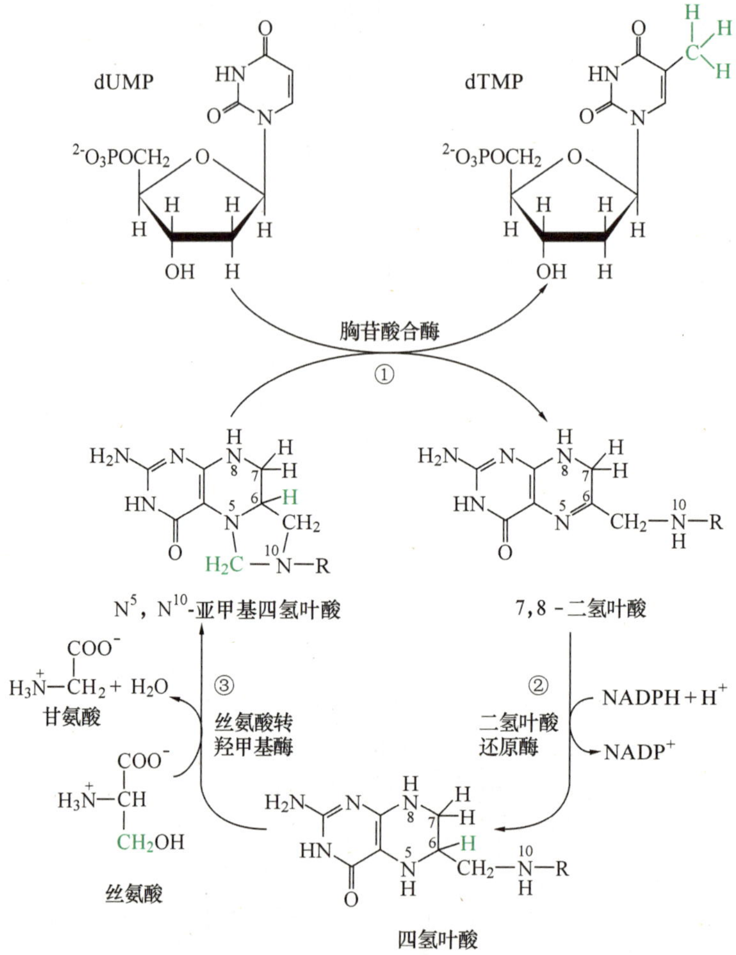

图 14-11　dTMP 的合成过程

催化这一反应的酶是胸苷酸合酶(thymidylate synthase),甲基供体是 N^5,N^{10}-亚甲基四氢叶酸。四氢叶酸是一碳单位的载体,在嘌呤和嘧啶核苷酸合成中均起重要作用。由于四氢叶酸在细胞中含量很低,需要随时再生。再生反应涉及二氢叶酸还原酶和丝氨酸转羟甲基酶,也需要丝氨酸的参与。

胸苷酸合酶、二氢叶酸还原酶常被选作设计抗肿瘤药物的靶点。有一种抗癌药物——5-氟尿嘧啶(5-FU),在体内可转变为氟脱氧尿苷酸(F-dUMP),其结构与 dUMP 相似,可竞争性抑制胸苷酸合酶的活性,从而抑制胸苷酸的合成,干扰 DNA 的合成和细胞的快速分裂。

第四节　核苷酸的降解

动物和异养微生物能分泌核酸酶用于水解食物核酸、外界入侵核酸或胞内无用核酸。核酸酶有多种(详见第八章)。其中核酸外切酶是一类从核酸(包括 DNA 和 RNA)分子的一端逐一把核苷酸顺次水解下来的核酸水解酶，它们是碱基非特异性的磷酸二酯酶。不同外切酶作用方向有差别，如蛇毒磷酸二酯酶，是从 RNA 或 DNA 的游离 3′端开始水解，依次产生 5′-核苷酸；牛脾磷酸二酯酶则相反，是从游离 5′端开始水解，逐个水解生成 3′-核苷酸。牛胰核糖核酸酶(RNase A)是一种核酸内切酶，专一性地水解 RNA 链中的嘧啶核苷酸参与形成的磷酸二酯键，产生 3′-嘧啶核苷酸和以 3′端为嘧啶核苷酸的寡核苷酸。核酸水解产物可产生单核苷酸，单核苷酸可被细胞直接利用，也可发生进一步降解。

一、核苷酸的降解

核苷酸在核苷酸酶(nucleotidase)催化下水解为核苷和无机磷酸。不同核苷酸酶专一性不同。3′-核苷酸酶只水解 3′-核苷酸的磷酸基团，5′-核苷酸酶只水解 5′-核苷酸的磷酸基团。非专一性磷酸酶也能催化核苷酸水解出磷酸基团。

核苷在核苷酶(nucleosidase)作用下，继续水解为碱基和戊糖。核苷酶有两类：一类为核苷磷酸化酶(nucleoside phosphorylase)，广泛存在于生物体内，催化可逆反应；另一类为核苷水解酶(nucleoside hydrolase)，只存在于植物和微生物体内，催化不可逆反应。

$$\text{核苷} + P_i \xrightleftharpoons{\text{核苷磷酸化酶}} \text{碱基} + \text{戊糖-1-磷酸}$$

$$\text{核苷} + H_2O \xrightarrow[\text{核苷水解酶}]{} \text{碱基} + \text{戊糖}$$

核苷酸分解产生的戊糖可进入糖分解代谢产生能量，不同生物嘌呤碱通常降解为不同化合物，分泌到体外，而嘧啶碱基被彻底代谢。

二、嘌呤碱的降解

嘌呤核苷酸在降解过程中产生的嘌呤碱基经氧化、脱氢或脱氨都能转化为黄嘌呤，黄嘌呤发生氧化生成尿酸。从图 14-12 可以看出，黄嘌呤在黄嘌呤氧化酶催化的反应中，将电子传递给 O_2 形成过氧化氢 H_2O_2(H_2O_2 能在过氧化氢酶作用下转化为 H_2O 和 O_2)，本身被氧化为尿酸。还有一条途径，就是黄嘌呤在黄嘌呤脱氢酶作用下，将电子和氢传递给 NAD^+，形成 $NADH+H^+$ 和尿酸。

不同生物对嘌呤碱的降解终产物不同。鸟类、部分爬行类和灵长类(包括人类)能将嘌呤碱降解为尿酸(uric acid)，排出体外(图 14-12)。血液中尿酸浓度过高会引发痛风。别嘌呤醇能治疗痛风，因为它的氧化产物能与黄嘌呤氧化酶活性中心紧密结合，强烈抑制该酶活性，可以防止尿酸的大量形成和尿酸钠的沉积。

在大多数生物中，尿酸被进一步氧化(图 14-13)。尿酸氧化酶催化尿酸氧化为尿囊素(allantoin)、H_2O_2 和 CO_2，反应具有氧依赖性。在此过程中，尿酸的嘧啶环打开。尿囊素是除人及猿类以外的大多数哺乳动物的嘌呤降解终产物。其他多数种类生物因含有尿囊素酶(allantoinase)，可以水解尿囊素生成尿囊酸(allantoate)。尿囊酸是某些硬骨鱼嘌呤碱代谢的排泄物。在大多数鱼类、两栖类动物中，尿囊酸在尿囊酸酶(allantoicase)作用下进一步分解成尿素。某些低等动物(如海生无脊椎动物和甲壳动物)还能将尿素分解成氨和二氧化碳再排出体外。

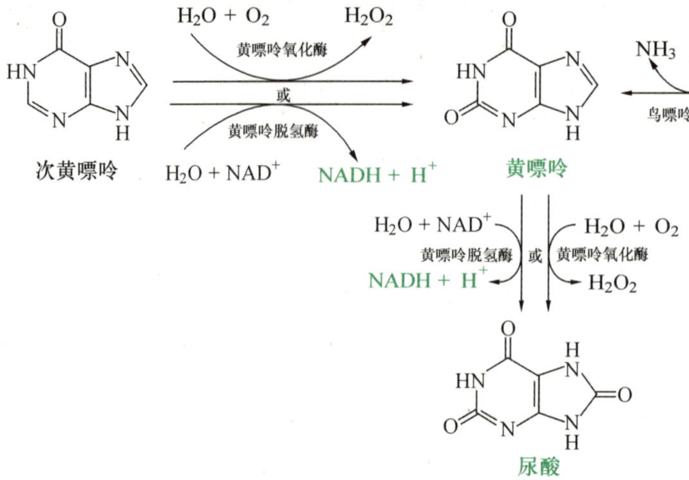

图 14-12 嘌呤碱氧化降解为尿酸

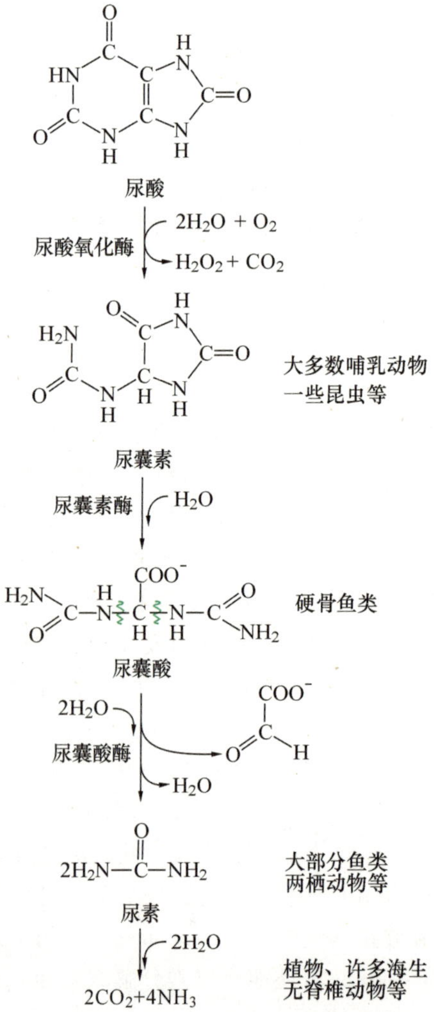

图 14-13 不同生物尿酸的降解产物

植物和微生物体内嘌呤碱的降解途径与动物相似。植物广泛存在尿囊素酶、尿囊酸酶和脲酶等，嘌呤分解主要发生在衰老叶片和储藏胚乳的组织内。微生物分解嘌呤碱最终生成氨、CO_2 以及一些有机酸，如甲酸、乙酸、乳酸等。

三、嘧啶碱的降解

尿嘧啶和胸腺嘧啶经还原发生嘧啶环断裂，再经 2 次水解，分别生成 β-丙氨酸和 β-氨基异丁酸（图 14-14）。

在嘧啶碱降解过程中，它们的二氢衍生物的生成是由二氢嘧啶脱氢酶催化的。在哺乳动物肝脏中，尿嘧啶脱氢酶和胸腺嘧啶脱氢酶以 NADPH 作为供氢体，细菌中这两种酶利用 NADH 作为供氢体。至于胞嘧啶，需要先脱氨生成尿嘧啶，再进入尿嘧啶降解途径。

嘧啶碱降解的终产物 β-丙氨酸先转变成乙酸，进入乙酸代谢，最终生成乙酰 CoA；β-氨基异丁酸经转氨等多步反应转变成琥珀酰 CoA。乙酰 CoA 和琥珀酰 CoA 是柠檬酸循环的重要中间物，它们进入 TCA 循环进行彻底降解。

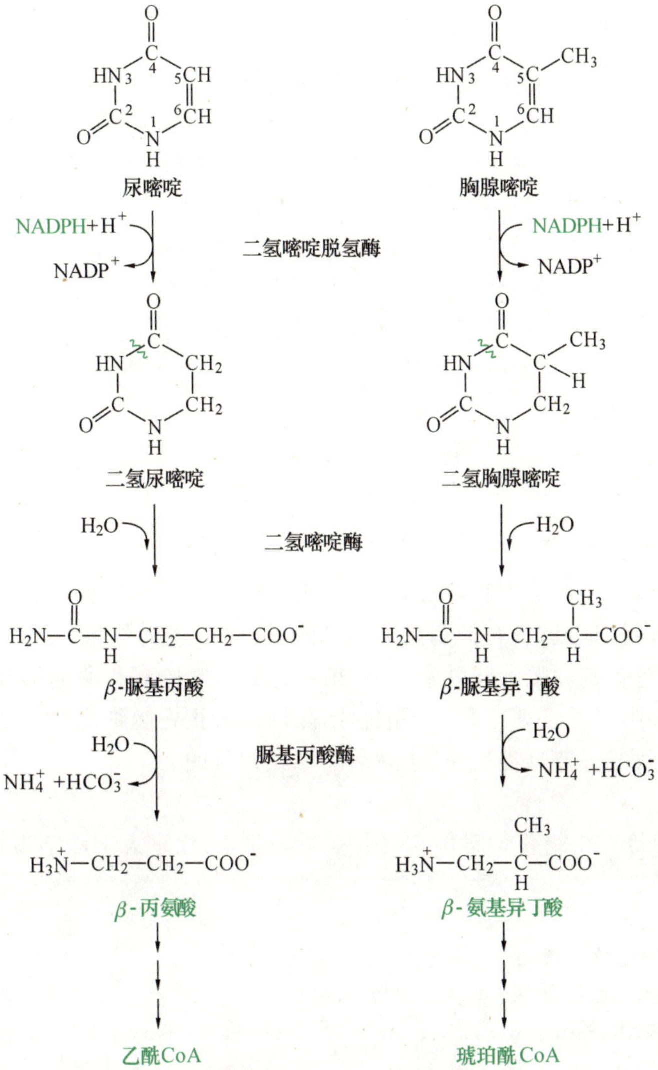

图 14-14　嘧啶碱的降解

知识拓展框

高尿酸血症与嘌呤代谢异常

嘌呤碱基作为核苷酸的组成部分不仅能够参与人体核酸、能量物质 ATP 的合成，而且也可以作为酶的辅酶发挥作用，同时还作为第二信使参与细胞信号转导等众多生物学过程。人体嘌呤的来源包括食物获取和自身合成。过多生成嘌呤及其核苷酸的代谢异常能够加速其降解过程，最终导致嘌呤降解产物尿酸在人体血液中含量增加，超出正常范围，引发人体发生高尿酸血症（hyperuricemia）。嘌呤合成有从头合成途径和补救合成途径。

5-磷酸核糖-1-焦磷酸(PRPP)合成酶参与嘌呤核苷酸从头合成途径,次黄嘌呤—鸟嘌呤磷酸核糖转移酶(hypoxanthine-guanine phosphoribosyl transferase ,HGPRT)参与次黄嘌呤和鸟嘌呤核糖核苷酸的补救合成途径,该酶的缺陷将导致其催化的底物次黄嘌呤和鸟嘌呤碱基积累,补救合成途径受阻。不论是 PRPP 合成酶的增加,还是 HGPRT 活性缺乏都将引起嘌呤碱基的降解增加,最终导致高尿酸血症的发生。

尿酸本身 pKa 为 5.4,在生理 pH 条件下是离子形式的,在水环境中尿酸及尿酸盐溶解性很差。正常代谢条件下,尿酸盐在人体血液中接近饱和。当嘌呤碱降解增加时,血液中尿酸盐含量升高,当尿酸盐在关节部位沉积形成结晶,就会导致关节炎发生,也就是所谓的痛风(gout)。

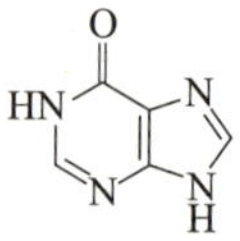

次黄嘌呤

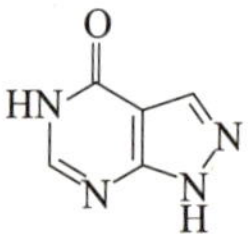

别嘌呤醇

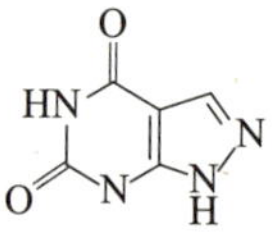

别黄嘌呤

传统治疗痛风的药物是别嘌呤醇,它是次黄嘌呤的结构类似物,能够与次黄嘌呤竞争黄嘌呤氧化酶的活性位点,具有抑制酶活性,降低尿酸生成的作用,是黄嘌呤氧化酶的抑制剂。辅助用药包括别黄嘌呤和秋水仙碱,前者也是黄嘌呤氧化酶的抑制剂,抑制尿酸合成反应;后者能够阻碍吞噬细胞吞噬尿酸盐结晶以及阻止吞噬细胞微管形成,进而减缓了吞噬细胞破裂导致的关节炎症反应,达到治疗痛风的目的。

拖伊(Toy C. E.)等. 生物化学案例 53 例. 3 版. 北京:北京大学医学出版社,2015.

参考文献

1. 朱圣庚,徐长法. 生物化学. 4 版. 北京:高等教育出版社,2016.
2. 周顺伍. 动物生物化学. 北京:中国农业大学出版社,2002.
3. Moran L A,Horton H R,Scrimgeour K G,et al. Principle of Biochemistry. 5th ed. International:Pearson Education Inc(Asia),2012.
4. Nelson D L,Cox M M. Lehninger Principles of Biochemistry. 7th ed. New York:Worth Publishers,2017.

思 考 题

一、填空

1. 嘌呤核苷酸合成的关键酶是________。最先合成的嘌呤核苷酸是________核苷酸,然后再转变为________和鸟嘌呤核苷酸。

2. 大肠杆菌和真核生物催化尿嘧啶核苷酸合成的关键酶分别是________和________。

3. 在 dUMP 转变成 dTMP 的甲基化反应中,甲基供给体是________。

4. 莱—纳尔综合征(Lesch-Nyhan Syndrome,自毁容貌征)是由于患者体内缺乏________酶,此酶参与了________途径。

二、单选

1. 真核细胞嘧啶核苷酸合成需要________。
A)氨甲酰磷酸合成酶Ⅰ(CPS-Ⅰ)　B)氨甲酰磷酸合成酶Ⅱ(CPS-Ⅱ)
C)HMG-CoA 还原酶　D)HMG-CoA 裂解酶
2. 人体嘌呤碱基降解的最终产物是________。
A)尿素　B)尿酸　C)尿囊酸　D)尿囊素
3. 细胞内大部分脱氧核糖核苷酸是在酶的催化下,由________直接还原生成的。
A)核糖　B)核糖核苷一磷酸　C)核糖核苷二磷酸　D)核糖核苷三磷酸

三、问答题

1. 嘌呤核苷酸和嘧啶核苷酸的合成分别有什么特点？哪些氨基酸参与了嘌呤和嘧啶环的合成？

2. 真核生物体内有两种氨甲酰磷酸合成酶,请从底物、参与的反应途径及反应部位进行比较。

项目	氨甲酰磷酸合成酶Ⅰ	氨甲酰磷酸合成酶Ⅱ
反应途径		
底物		
反应部位		

3. 请说明抗癌药物 5-氟尿嘧啶(5-FU)的作用机理。

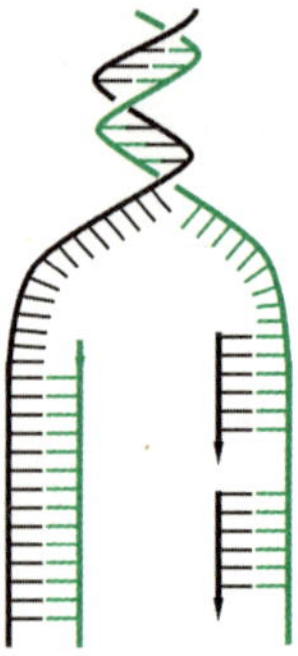

第十五章

DNA 合成

DNA 是生物遗传的主要物质基础，了解遗传信息流的方向和分子机理对深入揭示生物遗传的本质和生物多样性具有重要的科学意义。生物遗传信息以密码形式编码在 DNA 分子上，表现为特定的核苷酸排列顺序。著名的"中心法则"很好地解释了生物遗传信息的流向(图 15-1)。

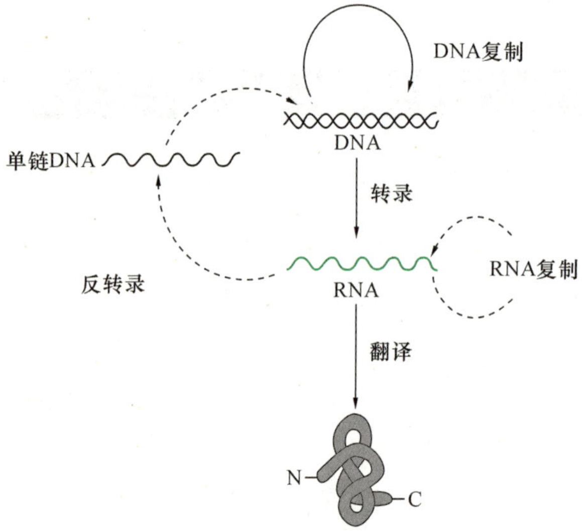

图 15-1　中心法则

"中心法则"告诉我们：生物体通过 DNA 复制(DNA replication)使遗传信息从亲代传递给子代；通过以 DNA 为模板合成 RNA 的转录过程(transcription)，以及以 RNA 为模板合成蛋白质的翻译过程(translation)，使遗传信息在个体内得以表达。对于以 RNA 为遗传物质的生物体，其 RNA 可自我复制，也可以 RNA 为模板进行逆转录(reverse transcription，或称反转录)，使遗传信息在亲代和子代之间传递。RNA 复制和逆转录过程的发现使中心法则得以补充和完善。

DNA 复制、转录和蛋白质生物合成将分章进行讨论，本章重点介绍 DNA 的复制。1953 年，DNA 双螺旋结构模型的建立预示了 DNA 的复制方式。Waston 和 Crick 推测，DNA 复制时双螺旋解开，细胞分别以两条亲代单链 DNA 为模板合成新的互补子代 DNA 链。通过这种方式一个双链 DNA 分子可以复制为两个相同的双链 DNA 分子；每一个 DNA 分子中，一条链来自亲代，另一条互补链是新合成的子代链。这种 DNA 的合成方式被称为 DNA 的半保留复制（semiconservative replication）。1958 年，M. Meselson 和 F. W. Stahl 以大肠杆菌为材料，利用^{15}N 和^{14}N 的同位素掺入实验证实了 Waston 和 Crick 的推测。同一年，A. Kornberg 纯化了第一个 DNA 聚合酶。1968 年，日本科学家冈崎令治等发现在大肠杆菌 DNA 复制过程中存在长度为 1 000～2 000 nt 的 DNA 片段，后被称作冈崎片段（Okazaki fragment）。1978 年，B. Olivera 提出了 DNA 复制的半不连续性（semidiscontinuity）。1970 年，H. Temin 和 D. Baltimore 从禽类肉瘤病毒中发现了能够催化以 RNA 为模板合成 DNA 的逆转录酶，观察到 DNA 的逆转录合成过程。

总之，DNA 的合成按模板分为两类：以 DNA 为模板合成 DNA，即 DNA 复制；以 RNA 为模板合成 DNA，即逆转录。发生在细胞内的这两类 DNA 合成都属于 DNA 的生物合成。另外，当 DNA 受到损伤时，生物体内还会启动修复机制。1985 年，美国科学家 K. Mullis 发明了聚合酶链式反应（PCR）技术，使体外快速酶促合成 DNA 成为可能。本章从这几个方面对 DNA 合成进行介绍。

第一节 DNA 复制

DNA 复制是 DNA 生物合成的基本内容。DNA 复制除了需要底物、DNA 模板外，还需要有一套完整的酶体系。

一、DNA 复制特点

（一）DNA 复制为半保留复制

1958 年，Meselson 和 Stahl 通过实验证明了细菌 DNA 的半保留复制方式（图 15 - 2）。他们将大肠杆菌先培养在只含有$^{15}NH_4Cl$ 氮源的培养基上，经过多代培养直至细菌 DNA 的 N 原子全部由^{15}N 同位素取代。而后，将细菌转移到只含有$^{14}NH_4Cl$ 氮源的培养基中，培养一代、两代和多代后分别取样，利用氯化铯密度梯度离心对样品 DNA 进行分析。结果发现：在转移培养前的细菌 DNA 样品中，只检测到^{15}N 的条带（图 15 - 2A）；在培养一代后的样品 DNA 中检测到一条新带，所处位置相当于^{15}N 和^{14}N 杂交带的位置（图 15 - 2B）；培养二代后的样品 DNA 含有^{15}N 和$^{15}N/^{14}N$ 两种条带（图 15 - 2C）；继续培养多代，伴随培养代数的增加^{15}N 条带减弱，而^{14}N 条带增强。这些结果充分说明 DNA 复制具有半保留特性。DNA 半保留复制方式保证了生物遗传的稳定性。

（二）DNA 合成方向是 5′→3′

DNA 合成不仅是在单条模板链上进行的，而且是发生在特定区域。DNA 双链在特定区域打开，产生一个类似于“眼”的结构，称为复制眼（replication eye）；“眼”角处形成类似于“叉”

的结构，称为复制叉(replication fork)(图 15-3)。DNA 复制可以沿复制叉进行双向复制(bi-directional replication)，也可以单向复制(unidirectional replication)。原核生物多为双向复制。

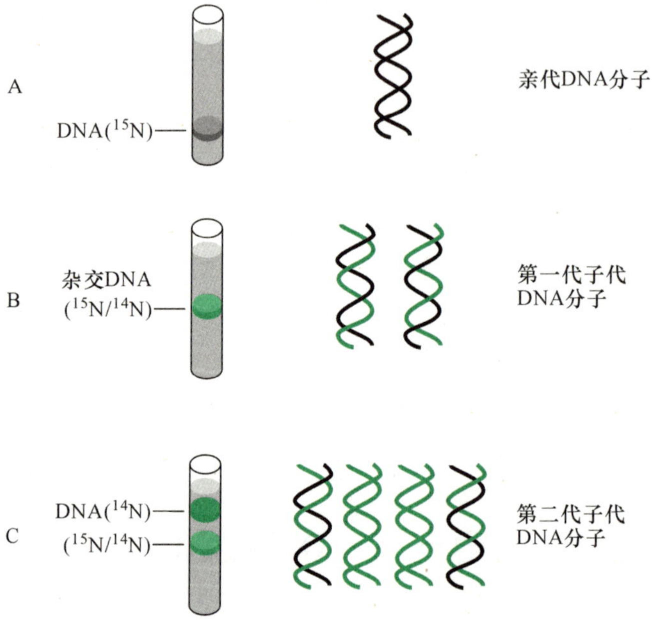

图 15-2　DNA 半保留复制实验

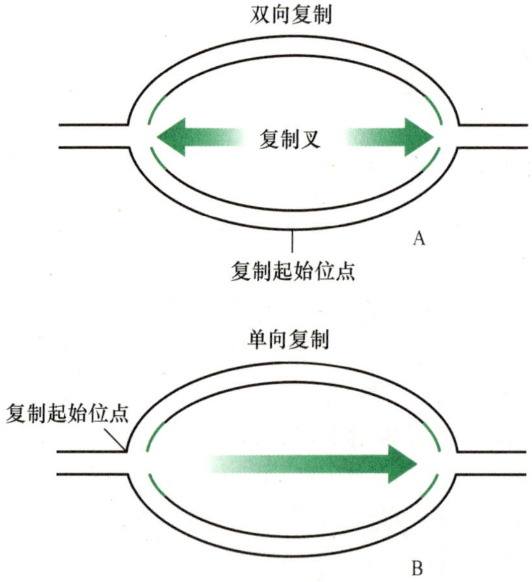

图 15-3　复制叉

无论单向复制还是双向复制，DNA 合成反应实际上是脱氧核糖核苷酸的聚合反应。DNA 聚合酶(DNA polymerase)不仅严格按照模板链的碱基顺序，以 4 种脱氧核糖核苷三磷酸(dNTP:dATP、dTTP、dCTP、dGTP)为底物合成延长互补链 DNA,而且它总是沿模板链的 3′→5′方向移动,向新合成 DNA 链的 3′-OH 添加脱氧核糖核苷酸。图 15-4 显示了 dTTP 向 DNA 合成链 3′-OH 的添加反应。由此合成的互补 DNA 链方向一定为 5′→3′。

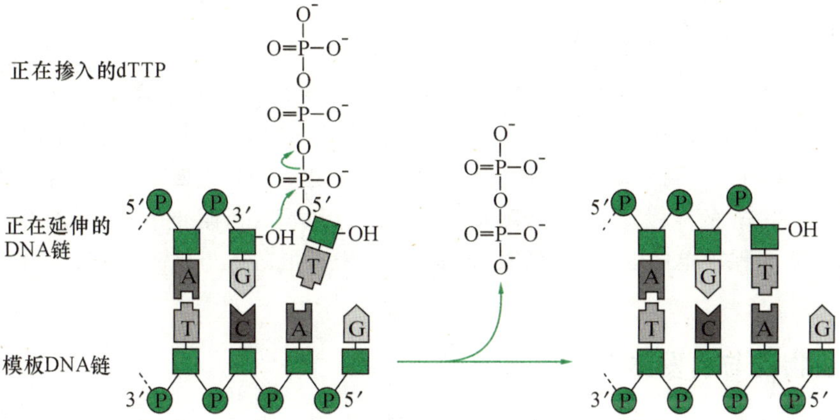

图 15-4　原核生物 DNA 复制方向

(三)DNA 复制具有半不连续性

双链 DNA 复制时,其中一条链的互补链为连续合成,而另一条链的互补链为不连续合成(详见第二节)。这种复制方式被称作 DNA 的半不连续复制。

二、DNA 复制体系

无论是原核生物还是真核生物,DNA 复制过程都需要许多酶和蛋白质因子参与。下面介绍大肠杆菌 DNA 复制体系。

(一)拓扑异构酶和解旋酶

DNA 在生物体内以染色体的形式存在。复制时,DNA 双链必须打开形成可供复制的单链模板。虽然天然染色体都是以负超螺旋 DNA 形式存在,便于 DNA 的解旋,但是在 DNA 复制过程中,由于复制叉沿 DNA 双链的快速移动会造成复制叉前方产生新的超螺旋,因此 DNA 整个复制过程都必须有拓扑异构酶的参与。拓扑异构酶有两种类型:Ⅰ型和Ⅱ型,两者作用相反(详见第八章)。细菌细胞至少有 4 种拓扑异构酶,其中拓扑异构酶Ⅱ属于Ⅱ型,也被称作 DNA 旋转酶(DNA gyrase),它在 DNA 复制时不断在复制叉前方引入负超螺旋,从而消除复制叉移动产生的扭曲张力,促使 DNA 双链成功解链。拓扑异构酶Ⅰ型和Ⅱ型作用相反,细胞通过严格控制两者的数量来保持 DNA 适宜的超螺旋状态。

DNA 双螺旋的解链由解旋酶(helicase)催化完成。DNA 复制起始时,解旋酶与一条 DNA 链结合,沿 DNA 链进行滑动,解开 DNA 双螺旋。所有生物体内都含有解旋酶,不同解旋酶功能不同。大肠杆菌含有 12 种解旋酶,其中 DnaB 在 DNA 复制中起主要作用,它的相对分子质量为 50 000,为同型六聚体蛋白,在 DNA 复制过程中沿 5′→ 3′方向模板链滑动解开双螺旋,能量由 ATP 或 GTP、CTP 提供。Rep 解旋酶和 PriA 解旋酶相对分子质量分别为

68 000 和 70 000，都是单亚基蛋白质，两者都是沿 DNA 模板链 3′→ 5′方向滑动解开双螺旋。Rep 解旋酶的存在对于大肠杆菌 DNA 复制不是必需的，但是该蛋白突变体的 DNA 复制叉移动速度与正常野生型相比降低约 2 倍。

(二)单链 DNA 结合蛋白

DNA 双链解开以后，如果单链 DNA 得不到保护，便很容易复性重新形成双链。有一类单链 DNA 结合蛋白(single-strand DNA-binding protein，SSB)专门与单链 DNA 结合，可以起到很好的保护作用。大肠杆菌 SSB 蛋白相对分子质量是 7 500，为四聚体，它结合在单链上后可以覆盖长约 32 nt 的片段，这不仅能阻止 DNA 复性形成双链，阻止单链 DNA 本身产生部分双螺旋，而且还能保护单链 DNA 不被核酸酶水解。SSB 蛋白在与单链 DNA 结合时具有正协同效应。

(三)引物酶与引发体

DNA 复制时，第一个脱氧核糖核苷酸的掺入具有特殊要求，就是在 DNA 聚合酶催化下与一小段 RNA 短链的 3′- OH 形成 3′,5′ - 磷酸二酯键。这一小段 RNA 链称为 RNA 引物(primer)，它与相应的 DNA 序列具有碱基互补性。大肠杆菌有两种合成 RNA 的酶：一种依赖 DNA 模板合成一小段 RNA 引物，称为引物酶(primase)，它的相对分子质量为 60 000，是单体，合成引物长度在 60 nt 以内，其编码基因为 *dnaG*，因此该酶表示为 DnaG；另一种为多亚基 RNA 聚合酶，相对分子质量约 500 000，它的作用是合成长链 RNA，而不是引物 RNA(详见第十六章)。

DNA 复制时两条亲代 DNA 链都能作为模板。以 3′→ 5′方向亲代 DNA 链为模板合成的子代链是连续的，因此需要合成引物的次数很少；以 5′→ 3′方向亲代 DNA 链为模板合成的子代链是不连续的，引物合成次数多。实际上，引物合成过程比较复杂，除引物酶和解旋酶外，还需要一些蛋白质共同组成复合体来完成，这类复合体称为引发体(primosome)。

(四)DNA 聚合酶

DNA 聚合酶是一类以 DNA 为模板、催化合成互补链 DNA 的酶。1957 年，A. Kornberg 首先发现了 DNA 聚合酶，后被命名为 DNA 聚合酶Ⅰ(简称 DNA Pol Ⅰ)。大肠杆菌至少含有 5 种 DNA 聚合酶：Ⅰ、Ⅱ、Ⅲ、Ⅳ、Ⅴ，其中 DNA 聚合酶Ⅲ主要参与 DNA 复制，也被称为复制酶(replicase)；其他几种与 DNA 修复有关：DNA 聚合酶Ⅰ是主要的修复酶，同时也参与 DNA 复制；DNA 聚合酶Ⅱ参与损伤 DNA 的修复过程；DNA 聚合酶Ⅳ和Ⅴ参与 SOS 修复(详见本章第四节)。

DNA 聚合酶Ⅲ(图 15 - 5)相对分子质量为 900 000，全酶由 α、ε、θ、τ、β、γ、δ、δ'、χ 和 ψ 10 种亚基组成。α、ε 和 θ 组成核心酶单体，其中 α 亚基具有 5′→3′聚合酶活性；ε 亚基具 3′→ 5′核酸外切酶活性；θ 具有刺激 ε 亚基 3′→ 5′核酸外切酶活性的作用。核心酶由单体组成同型二聚体。2 个 τ 亚基组成二聚体，将 2 个核心酶单体连接在一起。β 亚基为二聚体，也被称作 β 夹子(β sliding clamp)，负责将核心酶连接在 DNA 模板上，保持 DNA 合成连续进行。γ 复合体包含 γ、δ、δ'、χ 和 ψ 5 种亚基，它们是 β 夹子的载体。其中 ε 亚基具有 3′→ 5′核酸外切酶活性，能够使 DNA 合成过程中错配碱基及时被切除，从而保证 DNA 合成的忠实性。

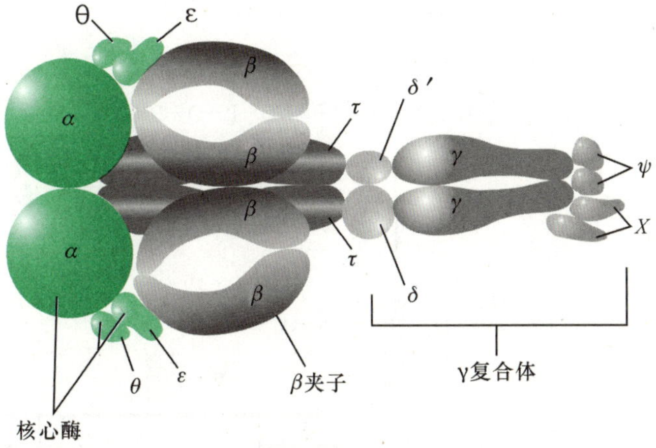

图 15-5 大肠杆菌 DNA 聚合酶Ⅲ的亚基组成与排布方式模式图

DNA 聚合酶Ⅰ由一条多肽链组成，相对分子质量为 103 000。用蛋白酶处理该多肽链后可得到相对分子质量为 68 000 的一个 C 端大片段和相对分子质量为 3 500 的 N 端小片段。通常大片段被称为 Klenow 片段，该片段具有 5′→3′方向的聚合酶活性和 3′→5′方向的核酸外切酶活性；N 端小片段，约占肽链长度的 1/3，具有 5′→3′方向核酸外切酶活性。在 DNA 复制过程中，DNA 聚合酶Ⅰ肽链的 N 末端负责 RNA 引物的切除和引物切除后空隙的填补。

所有的 DNA 聚合酶都具有一些共同的结构特征(图 15-6)。以人的右手作比喻，其结构包括手掌区、手指区和拇指区。手掌区主要提供酶的催化位点；手指区指导 DNA 模板与催化位点的正确定位；拇指区提供新合成 DNA 离开酶活性中心时结合 DNA 的位点。这样的结构保证了 3 个主要区域的保守序列聚在一起形成 DNA 聚合酶的活性中心。DNA 聚合酶中核酸外切酶活性中心是独立存在的。DNA 聚合酶结构中手掌区序列最保守，而手指区和拇指区序列各有差异。

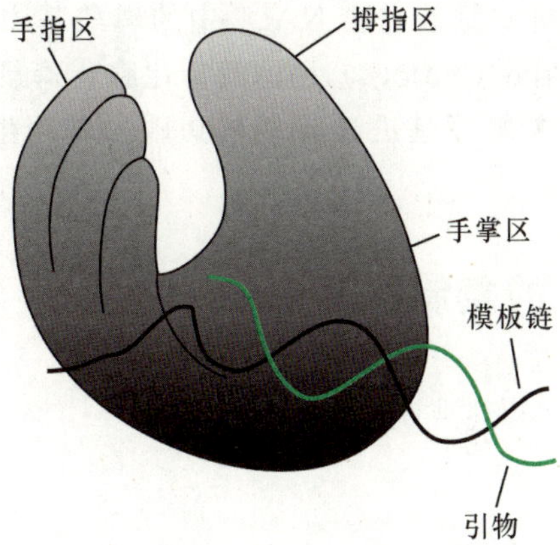

图 15-6 大肠杆菌 DNA 聚合酶的结构示意图

(五)DNA 连接酶

DNA 连接酶能够利用能量连接双链 DNA 中一条单链 DNA 上存在的切口。原核生物与真核生物连接过程相同，只是参与反应的辅因子不同。大肠杆菌利用 NAD^+ 作为辅因子，而真核生物利用 ATP 作为辅因子。具体连接过程如图 15-7 所示。

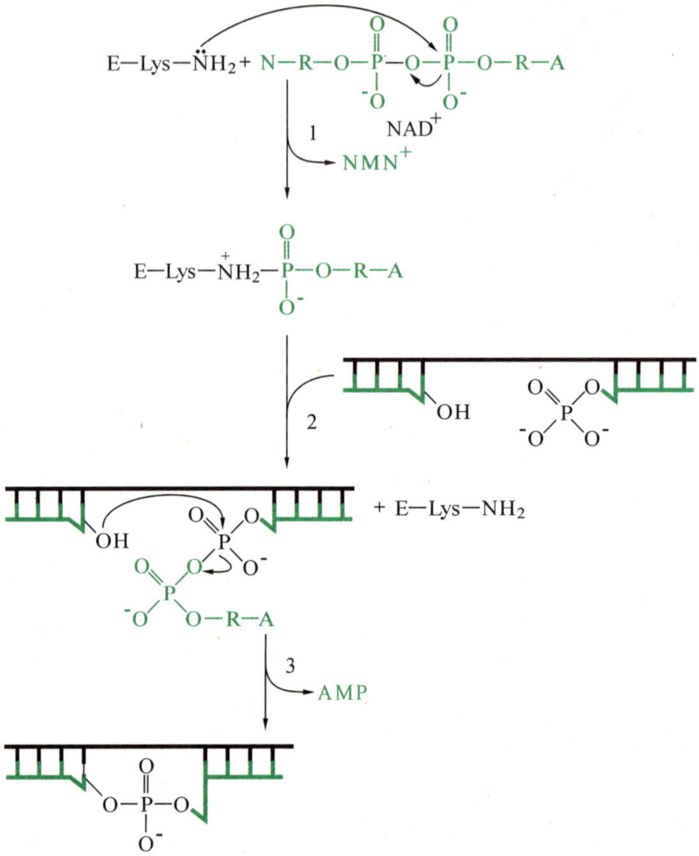

图 15-7　大肠杆菌 DNA 连接酶的连接缺口的反应过程

DNA 连接酶的赖氨酸侧链 ε 氨基进攻 NAD^+ 中的磷酸基团的磷原子，产生腺苷磷酸酶复合物，同时释放烟酰胺单核苷酸（NMN^+）；随即酶催化腺苷磷酸与单链 DNA 切口 5′端的连接反应，之后单链 DNA 切口 3′端羟基进攻 5′端的焦磷酸基团生成 3′,5′磷酸二酯键，释放 AMP，完成连接反应。

三、大肠杆菌 DNA 的复制过程

大肠杆菌 DNA 复制包括起始、延伸和终止 3 个阶段。

（一）起始

DNA 复制是在特定位置开始的，这个特定位置即复制起点（origin of replication），用"*ori*"表示。大肠杆菌 DNA 为环形，其上存在一段与 DNA 复制起始相关的特定序列，即 *oriC*。该序列含有 245 个核苷酸，其中 3 个由 13 nt 组成保守重复序列（GATCTNTT-NTTTT）同向排列，序列中富含 T；另外还有 5 个长度为 9 nt 的保守重复序列（TTATCCA-CA）（图 15-8）。

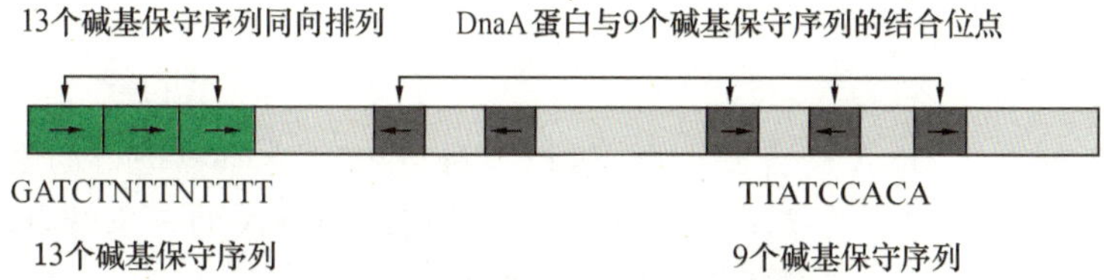

图 15-8　大肠杆菌 DNA 复制起始序列

复制起始过程需要多种蛋白质，即 DnaA、DnaB、DnaC、HU、整合寄主因子(intergration host factor，IHF)、拓扑异构酶以及 SSB，它们各自的功能如表 15-1 所示。

表 15-1　参与大肠杆菌 DNA 复制起始过程的蛋白质

蛋白质	功　能
DnaA	识别起始 DNA 序列、并在特定位点打开 DNA 双螺旋
DnaB	解旋酶，不断使双链 DNA 解链
DnaC	装载 DnaB，帮助其与起始位点结合
HU	组蛋白相似蛋白，DNA 结合蛋白，刺激 DNA 复制起始
IHF	诱导 DNA 弯曲
拓扑异构酶	消除 DNA 解链过程中产生的超螺旋
SSB	单链 DNA 结合蛋白，保护 DNA 单链
DnaG	引物酶，合成 RNA 引物

复制起始过程如图 15-9 所示。超螺旋解开后，首先 DnaA 与 ATP、HU 和 IHF 结合，随后 DnaA 识别 *oriC* 序列中的 9 核苷酸保守序列并与之结合；在 IHF 的帮助下 DNA 链弯曲，便于 DnaA 在 *oriC* 序列中 13 核苷酸保守序列处打开双链 DNA，富含 T 的 *oriC* 序列特征有利于解链。DnaA 募集 DnaB、DnaC，由 DnaC 和 ATP 酶促使 DnaB 与解链的双链 DNA 两端单链 DNA 结合。在上述蛋白质的作用下 DNA 双螺旋解链完成。之后 SSB 蛋白、拓扑异构酶与解链的 DNA 相连，引物酶随即加入，开始合成引物，引物长度为十多个和数十个核苷酸不等。

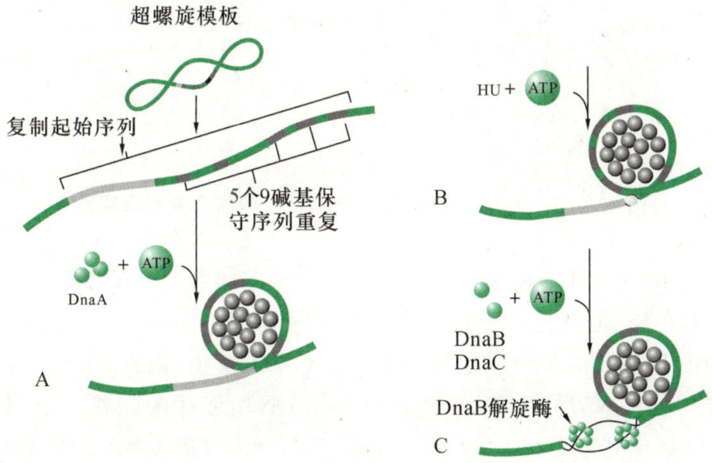

图 15-9　大肠杆菌 DNA 复制起始过程

(二)延伸

DNA 链的延伸是在 DNA 聚合酶催化下，以 4 种 dNTP 为原料进行的聚合反应。DNA 聚合酶Ⅲ在 DNA 复制中起主要作用，它将 dNTP 加到引物 RNA 的 3′末端，按照 5′→ 3′方向催化 DNA 链的延长。由于亲代两条 DNA 链同时都可以作为模板，而且 DNA 聚合酶Ⅲ又只能催化 DNA 链按照 5′→3′方向延长合成，因此，只有以 3′→ 5′方向亲代 DNA 链为模板的子代 DNA 链可以连续合成，这条新合成的子代 DNA 链被称作前导链或者先导链（leading strand）。

以 5′→ 3′方向亲代 DNA 链为模板的子代 DNA 链合成是如何进行的呢？1968 年，日本科学家冈崎令治利用^{3}H - 胸腺嘧啶标记实验研究 DNA 复制过程，结果发现了长约 1 000 nt 的 DNA 放射性标记片段，后被称为冈崎片段。如图 15 - 10 所示，大肠杆菌在培养基上培养几代后，将一定量 [^{3}H]胸腺嘧啶核苷加入培养基中，几秒钟后分离 DNA，结果分离到两种长度的放射标记 DNA：较长的标记片核苷段是前导链 DNA，较短的标记片段则是以 5′→ 3′方向亲代 DNA 链为模板合成的子代链片段，即冈崎片段。真核生物的冈崎片段长度为 100～200 个核苷酸，远短于原核生物。

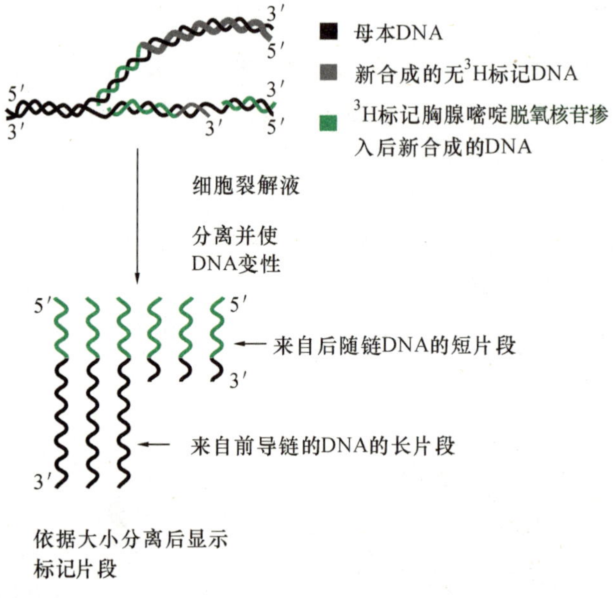

图 15 - 10　大肠杆菌 DNA 不连续合成的同位素示踪实验

如图 15 - 11 所示，由于 DNA 聚合酶Ⅲ能以 5′→3′方向合成新的多核苷酸链，因此在 3′→5′方向模板链上(黑色链)能够连续合成新链。而另一条 5′→3′方向的 DNA 模板链(绿色链)随着复制叉的前移，只能提供 3′→5′方向的短 DNA 片段模板，因此新合成的互补 DNA 链必然是不连续的冈崎片段。随后在 DNA 聚合酶Ⅰ和 DNA 连接酶的作用下，切除引物填补空隙，连接 DNA 片段形成完整子代 DNA 链。这条以 5′→3′方向 DNA 为模板的不连续合成的子代 DNA 链，被称为后随链或者滞后链(lagging strand)。

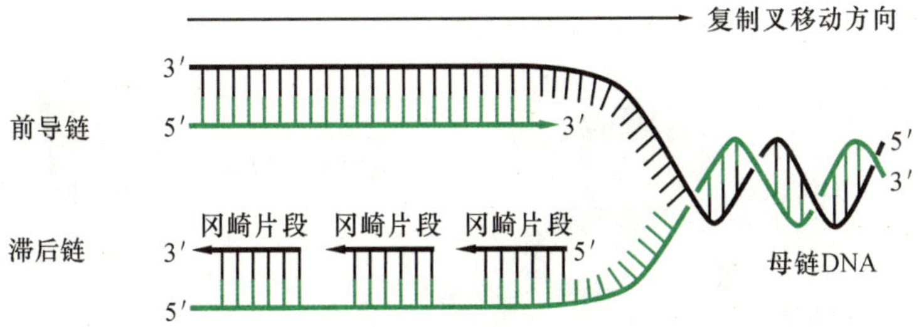

图15-11 大肠杆菌DNA前导链和后随链的合成过程

由于合成前导链和后随链的模板方向不同，而两者的合成方向又都是5′→3′方向，因而要求DNA聚合酶Ⅲ分子移动方向相反。生物体内DNA聚合酶究竟是如何移动的呢？研究者针对大肠杆菌DNA合成过程提出了复制体模型（model of the replisome），认为：复制体包括引发体、DNA聚合酶Ⅲ全酶和一些辅助蛋白质，其中引发体含有引物酶、解旋酶以及一系列蛋白质，位于复制叉的前端，后面是DNA聚合酶Ⅲ全酶；在合成DNA时，复制体和复制叉移动方向是相同的，在复制体沿复制叉方向移动时，解旋酶打开DNA双螺旋，DNA聚合酶Ⅲ核心酶的一个单体与3′→5′延伸方向的模板DNA紧密结合，在引物后按照5′→3′方向合成前导链；DNA聚合酶Ⅲ核心酶另一个单体则与5′→3′延伸方向的模板DNA结合，后随链的模板部分回折绕向复制叉方向，形成暂时的环状结构；在环状结构中，DNA聚合酶Ⅲ单体移动方向与复制叉方向也相同，在RNA引物后合成冈崎片段（图15-12）。虽然复制体中有两个DNA聚合酶Ⅲ核心酶单体，但是两者功能有显著差别。其中一个紧密结合在前导链模板上负责前导链连续合成，而另一个则结合在后随链模板上合成冈崎片段。当负责后随链合成的核心酶单体遇到前一个冈崎片段的RNA引物时，该单体脱离后随链模板，与后随链模板在下一个引物RNA处重新结合、合成下一个冈崎片段。由此可见，负责后随链合成的核心酶单体与后随链模板的结合是不完全连续的。DNA聚合酶Ⅲ的β夹子和γ复合体协助DNA聚合酶Ⅲ核心酶单体与后随链模板的结合。

近来，有报道认为DNA聚合酶Ⅲ是三聚体，其中一个核心酶参与前导链的合成，另外两个核心酶参与后随链相邻两个冈崎片段的合成。

（三）终止

大肠杆菌的DNA复制起始于环状DNA的*ori*C区域，进行双向复制，复制完成后终止于含有多个20 bp终止序列拷贝的区域，即终止区（termination region，*ter*）。终止区至少含有10个终止序列，富含GT，其中*Ter*H、*Ter*I、*Ter*E、*Ter*D和*Ter*A组成一组，*Ter*J、*Ter*G、*Ter*F、*Ter*B和*Ter*C组成另一组（图15-13）。前一组负责逆时针方向复制叉的终止，后一组负责顺时针方向复制叉的终止。与*ter*位点结合的蛋白质称为Tus（termination utilization substance），它是解旋酶的抑制剂，含309个氨基酸残基，为单体蛋白质。Tus通过与*ter*位点专一性结合，使DnaB无法解开DNA双螺旋，结果导致复制叉停止移动，从而终止复制。

四、DNA复制的准确性

DNA遗传信息准确传递对维持物种稳定性非常重要。DNA复制的误差一般在10^{-10}～10^{-8}。大肠杆菌保持DNA复制准确性（忠实性）的可能因素有：

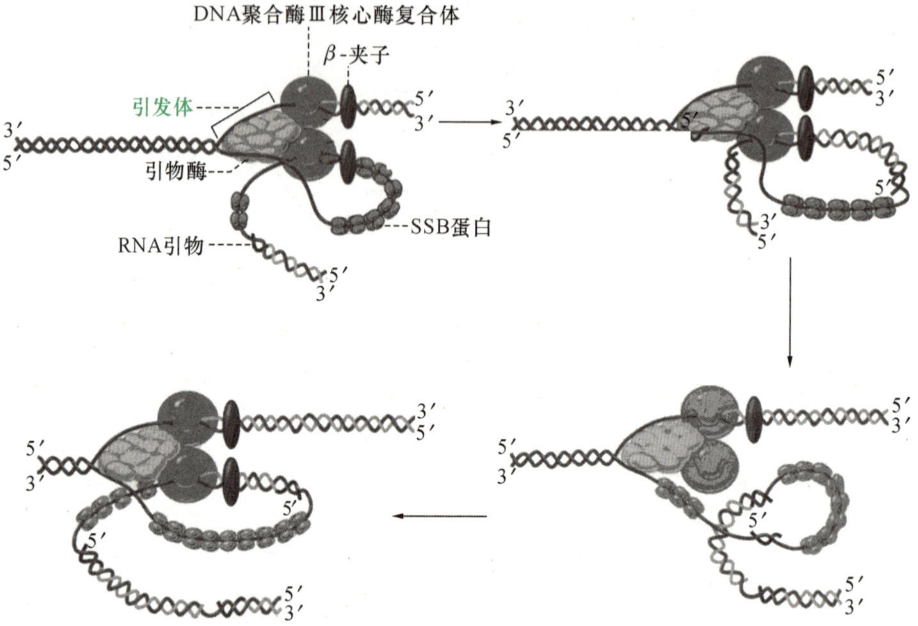

图 15-12　大肠杆菌复制体模型——DNA 后随链复制过程

（引自：Horton et al. Principles of Biochemistry，2006）

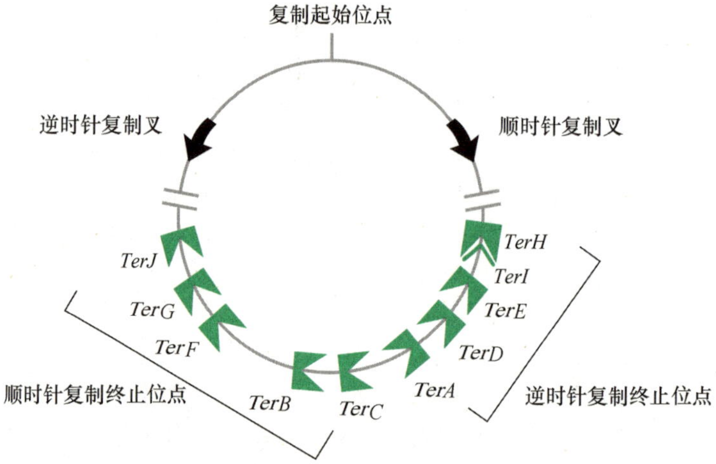

图 15-13　大肠杆菌 DNA 复制终止区域

①核糖核苷二磷酸还原酶的调节作用。通过核糖核苷二磷酸还原酶的调节作用（详见第十四章），可以维持细胞内 4 种 dNTP 合成的均衡，这有利于大大降低 dNTP 掺入新合成 DNA 的错误概率。

②DNA 聚合酶的构象变化。dNTP 通过碱基配对与模板 DNA 结合，此时 DNA 聚合酶处于开放构象，不能催化聚合反应；当掺入的 dNTP 与模板正确配对后，才能够诱导 DNA 聚合酶从开放构象转化为关闭构象，此时 DNA 聚合酶催化聚合反应。DNA 聚合酶构象变化使 dNTP 掺入的正确性得到了检验。

③DNA 聚合酶Ⅰ和 DNA 聚合酶Ⅲ的 3′→ 5′核酸外切酶活性。这些酶在合成 DNA 新

链的同时,可以切除错误掺入的 dNTP。

④借助 RNA 引物。DNA 复制最初进行碱基配对时,易出现非 Waston-Crick 的错误配对。DNA 合成之初借助 RNA 引物,合成之后切除 RNA 引物,从而避免了易产生的错误。借助引物复制也有助于保证 DNA 复制的准确性。

⑤修复酶的作用。细菌细胞中还存在一系列修复酶,可以修复 DNA 复制中产生的错误以及损伤的 DNA(详见本章第四节)。

此外,参与 DNA 复制的 20 多种蛋白质之间相互协作的精确性也是保证 DNA 复制准确性的重要因素。

五、真核生物 DNA 复制特点

真核生物与原核生物 DNA 复制机理相似,但前者更复杂,这里简单介绍两者的主要差别。

(一)真核生物的 5 种 DNA 聚合酶

参与真核生物 DNA 复制的酶有 5 种,分别是 DNA 聚合酶 α、DNA 聚合酶 β、DNA 聚合酶 γ、DNA 聚合酶 δ 和 DNA 聚合酶 ε。它们存在的细胞区域和执行的功能各不相同(表 15-2)。

表 15-2　参与真核生物 DNA 复制的 DNA 聚合酶

DNA 聚合酶	存在区域	活性	持续合成能力	在复制中的作用
DNA 聚合酶 α	细胞核	聚合活性 引物酶活性	低	引物合成
DNA 聚合酶 β	细胞核	聚合活性	低	DNA 修复
DNA 聚合酶 γ	线粒体	聚合活性 $3'\rightarrow5'$外切酶活性	高	线粒体 DNA 复制
DNA 聚合酶 δ	细胞核	聚合活性 $3'\rightarrow5'$外切酶活性	高	后随链合成
DNA 聚合酶 ε	细胞核	聚合活性 $3'\rightarrow5'$外切酶活性	高	前导链合成

从表 15-2 中可知 DNA 聚合酶 δ、ε 和 DNA 聚合酶 α 主要负责真核生物 DNA 的合成,其中 DNA 聚合酶 δ、ε 与原核生物 DNA 聚合酶Ⅲ功能相似,DNA 聚合酶 δ 负责后随链合成,DNA 聚合酶 ε 合成前导链。DNA 聚合酶 α 相当于原核生物的引物酶,所不同的是,它不仅能合成 RNA,也有 DNA 聚合酶活性,所合成的引物长度约 50-100 nt,包括 RNA 和 DNA 两部分。

(二)真核生物 DNA 复制包括多个复制子

通常将生物体内能够进行独立复制的单位称为复制子(replicon)。真核生物染色体 DNA 远远大于原核生物,具有多个复制子。不同物种或同一物种的不同组织、甚至不同发育时期,复制起点数目不同,每 3～300 kb 可出现一个复制起点。不同复制子的复制并不同时进行,通常 20～80 个相邻的复制子为一组,而且复制速度比较慢,每秒钟约合成 50 nt。整个细胞周期真核细胞染色体 DNA 只复制一次。

(三)真核生物 DNA 复制起始复合物的组装和激活分属于不同细胞周期

真核生物 DNA 复制的起始复合物组装分为两个阶段:第一阶段,在细胞周期 G1 期组装形成前复制复合物(pre-replicative complex,pre-RC),该复合物不能启动 DNA 复制的起始过程;第二阶段,在细胞周期 S 期,由 DNA 聚合酶 α、DNA 聚合酶 ε 和一些只有细胞周期 S 期才存在的蛋白质如 Cdk(cyclin-dependent kinase)等参与下,启动 DNA 复制的起始过程。起始复合物的组装和激活分属于细胞周期的两个时期,这种方式是保证整个细胞周期染色体 DNA 只复制一次的重要因素。

(四)RNaseH1 和 Flap 内切酶-1 参与真核生物 DNA 复制过程中引物的切除

真核生物 DNA 复制过程中冈崎片段前端的引物由 RNaseH1 和 Flap 内切酶-1(flap endonuclease-1,FEN1)共同完成。RNaseH1 切除引物的 RNA 部分,只剩余冈崎片段 5′前端一个核糖核苷酸;剩余的一个核糖核苷酸和 DNA 部分由 Flap 内切酶-1 切除。

(五)真核生物染色体 DNA 复制起始和终止序列

真核生物染色体 DNA 复制起始位点有多个,但是不同物种、同一物种不同发育时期差别很大。真核生物染色体 DNA 似乎缺乏复制终止序列,也不存在像原核生物那样参与复制终止的 Tus 蛋白质,每个复制叉双向移动,遇到相向移动的复制叉后 DNA 复制结束。

第二节　逆　转　录

1962 年,H. Temin 首先提出逆转录酶。1970 年,H. Temin 和 D. Baltimore 分别独立证实了逆转录酶的存在。一些以 RNA 为遗传物质的病毒含有逆转录酶。逆转录酶以单链 RNA 为模板合成双链 DNA 的具体过程如图 15-14 所示。

逆转录酶首先以病毒基因组 RNA 为模板,催化合成一条互补单链 DNA,产生 DNA-RNA 杂交体;然后将 RNA 模板链水解;再以单链 DNA 为模板,合成互补链 DNA。可见,逆转录酶具有多种功能:①具有 RNA 指导的 DNA 聚合酶活性,能以 RNA 为模板合成 DNA;②具有核酸酶 H (RNase H)活性,可以从 5′→3′和 3′→5′两个方向专一催化 RNA-DNA 杂交链中 RNA 的降解;③具有 DNA 指导的 DNA 聚合酶活性,能以 DNA-RNA 杂交链中的 DNA 链为模板,合成其互补 DNA。

由病毒单链 RNA 为模板合成的双链 DNA,能够整合到寄主细胞的基因组 DNA 中,这段双链 DNA 序列叫作原病毒或前病毒(provirus)。当寄主细胞分裂后,原病毒 DNA 借助宿主的 RNA 聚合酶进行转录产生大量新的病毒 RNA,病毒 RNA 翻译产生病毒蛋白。病毒 RNA 和病毒蛋白结合组装形成新的病毒颗粒并与细胞膜结合,以出芽(budding)的方式从细胞中释放出来。

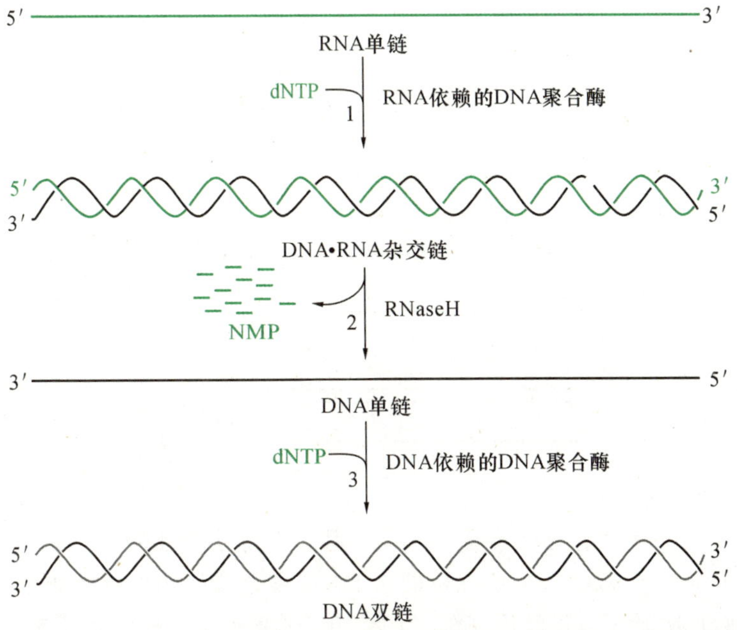

图 15 - 14　逆转录酶催化的反应

逆转录作用的发现，不仅丰富了中心法则，拓宽了人们对 RNA 病毒致病机理的认识，而且利用逆转录酶和体外逆转录反应，研究者们还能很容易地以真核细胞 RNA 为模板制备互补 DNA(complementary DNA，cDNA)，用于测序和基因克隆等。

第三节　PCR 技术

PCR(polymerase chain reaction)是由美国科学家 Kary B. Mullis 于 1985 年发明的体外酶促合成特异 DNA 片段的一种方法。由于 PCR 方法在理论和应用上的重要价值，Mullis 于 1993 年获得诺贝尔化学奖。

PCR 反应体系包括 DNA 模板、一对引物、dNTP 和 DNA 聚合酶。高温变性、低温退火和适温延伸组成一个反应周期，通过反应周期的不断循环，目的 DNA 得以迅速扩增(图 15 - 15)。

首先，模板 DNA 高温变性，解链成 2 条模板链；然后在低温下进行退火，使一对引物在目标序列的两端分别与模板 DNA 按照碱基互补原则结合；之后维持在适宜 DNA 链延伸的温度，由 DNA 聚合酶催化 dNTP 合成互补新链。上述反应完成一个循环后，DNA 模板链便上升为原始浓度的 2 倍，即由 2 条变成 4 条。继续“变性—退火—延伸”循环，目标 DNA 序列便以指数方式得到扩增。如 35 个循环后，目标 DNA 序列将达到模板 DNA 分子的 2^{35} 倍。可见，PCR 是从微量 DNA 中获得大量目标 DNA 序列的特效技术。PCR 应用特点是：特异性强，灵敏度高，简便、快捷，对样品纯度要求低。因此，PCR 技术常用于将微量 DNA 分子进行大量扩增，或从混合 DNA 分子中分离出目标 DNA。

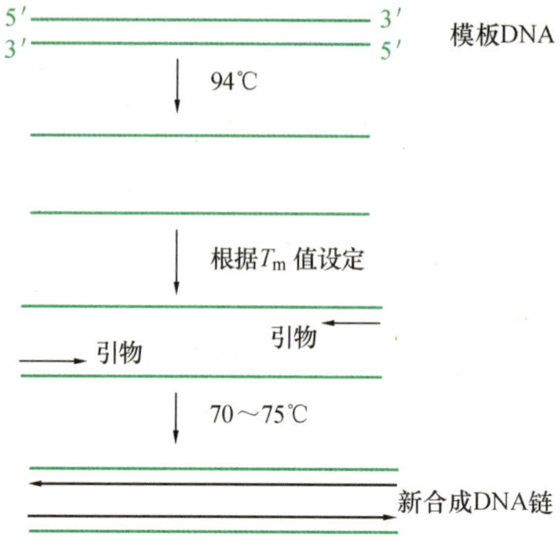

图 15-15　PCR 原理

在实际操作中，通常设定变性温度为 94℃，退火温度小于引物 T_m 值 5℃，延伸温度为 72～75℃，循环设定 30～35 次。需要强调的是 DNA 聚合酶的热稳定性非常重要，因为 PCR 需要多次循环，而每次循环都要经历高温。1986 年，研究者从一种水生嗜热菌中纯化得到耐热的 DNA 聚合酶，即目前被广泛使用的 Taq DNA 聚合酶，它适宜温度较广，在 70～75℃条件下活性最高，在 95℃下 40 min 仍能保持一半酶活性。Taq DNA 聚合酶已成为 PCR 反应体系中最常用的 DNA 聚合酶之一。

随着生命科学的不断发展，越来越多的 PCR 相关技术，例如适时定量 PCR（real time PCR）技术、RT-PCR（reverse transcription-PCR）技术等相继出现。这些技术不仅在基因分离、基因扩增和 DNA 测序等研究中发挥重要作用，而且在病原体检测、疾病诊断和生物进化等许多领域具有广泛应用价值。

第四节　DNA 损伤修复

DNA 在正常复制过程中可能会产生错配，但概率很小，当遇到不利因素时，DNA 结构将受到不同程度的破坏而出现损伤。损伤有多种形式，有些是碱基脱落、碱基修饰、核苷酸插入或缺失，有些甚至是 3′,5′-磷酸二酯键的断裂。

造成 DNA 损伤的因素很多，有物理因素、化学因素，还有生物因素。紫外线可导致同一条链两个相邻胸腺嘧啶碱基之间形成嘧啶二聚体（pyrimidine dimer）（图 15-16）。电离辐射（如 X 射线、γ 射线）作用比较复杂，除射线直接效应外还可以通过水在电离时所形成的自由基起作用。高温易引起糖苷键的断裂而导致碱基脱落，据估计哺乳动物每天约失去 10 000 个嘌呤碱基和几百个嘧啶碱基。化学因素如烷基化试剂——乙基甲烷磺酸，能使碱基的氮原子烷基化；化学诱变剂——亚硝酸盐能使胞嘧啶脱氨形成尿嘧啶；DNA 嵌入性荧光染料 EB 能撑大 DNA 碱基对之间的距离，使新合成的 DNA 链缺失或增加核苷酸，造成移码突变。生物因素如病毒侵入，病毒基因整合到寄主基因组后会改变后者 DNA 的功能，甚至导致死亡。然而在一定条件下，生物机体能使 DNA 损伤得到修复。DNA 是唯一能在损伤或改变后进行修复的生物大分子。常见的 DNA 修复机制有：

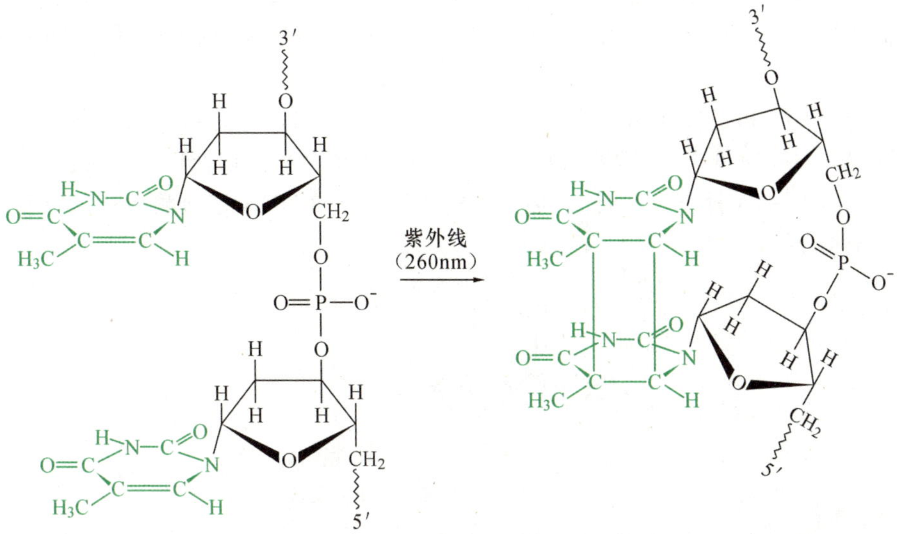

图 15-16 胸腺嘧啶二聚体的形成

一、直接修复

直接修复(direct repair)指直接将受损伤的 DNA 碱基恢复为正常碱基。对于嘧啶二聚体或因碱基烷基化形成的损伤，生物体可以通过光活化和酶催化直接修复。例如，嘧啶二聚体可被光裂合酶直接切开，也可被可见光(300～600 nm)的光解作用恢复为单体形式。又如碱基上非正常添加的甲基，它能被甲基转移酶直接切下、转移到酶活性中心半胱氨酸残基上，使碱基损伤得到直接修复(图 15-17)。

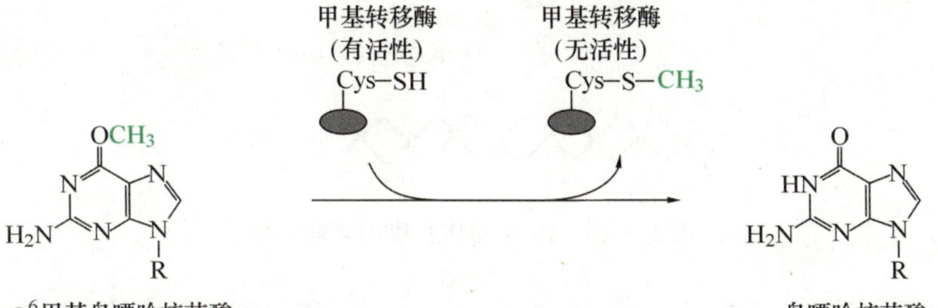

图 15-17 DNA 直接修复

二、切除修复

切除修复(excise repair)是指在一系列酶的作用下，将 DNA 受损部分切除掉，然后以另一条正常链为模板合成出正确的 DNA 链。损伤片段、嘧啶二聚体和单个碱基发生的错误等都能够通过切除修复而得以恢复。切除修复是比较普遍的修复方式。

切除修复主要包括以下 3 个过程：首先由核酸内切酶在损伤部位两端切断磷酸二酯键，留下两个切口；其次由解旋酶催化损伤部位解开双链，使损伤的 DNA 单股链释放，DNA 聚合酶以完好的 DNA 单股链为模板合成互补链；最后 DNA 连接酶催化切口连接。切除修复有核苷酸切除和碱基切除两个类型，下面以胸腺嘧啶二聚体以及胞嘧啶脱氨产生的损伤为例分别加以说明。

在大肠杆菌中，担任切除功能的是 UvrABC 核酸内切酶，该酶能够识别 DNA 中的嘧啶二聚体，并在其 5′端一侧 8 个核苷酸处以及 3′端一侧 5 个核苷酸处切断磷酸二酯键，释放含有胸腺嘧啶二聚体的 DNA 损伤片段，然后由 DNA 聚合酶 Ⅰ 和 DNA 连接酶填补空隙和封闭切口(图 15 - 18)。

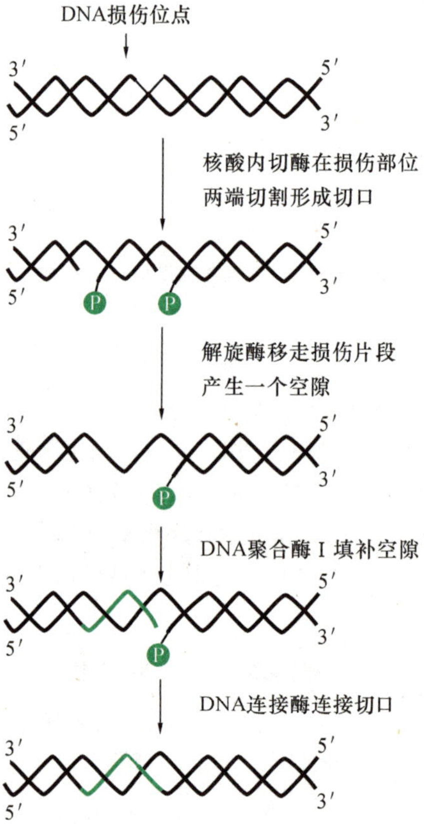

图 15 - 18 DNA 损伤片段的切除修复

生物体内存在着 DNA 糖基化酶(DNA glycosylase)，该酶能够切断核苷酸的糖苷键，除去被修饰的碱基，使原核苷酸位点成为无嘌呤、无嘧啶的脱氧核糖磷酸骨架，该 DNA 部位被标记为 AP 位点(apurinic site，apyrimidinic site)，即无嘌呤、无嘧啶位点。另有一些核酸内切酶专门识别、切割 AP 位点，被称为 AP 内切酶。还有一些特殊的 DNA 糖基化酶本身具有双功能，不仅能够识别 AP 位点，还能够除去被修饰的碱基。在这类酶的催化下，AP 位点上的无嘌呤、无嘧啶的脱氧核糖磷酸骨架被切除，单个核苷酸空隙由 DNA 聚合酶 Ⅰ 填补，随即 DNA 连接酶连接切口，完成修复过程(图 15 - 19)。

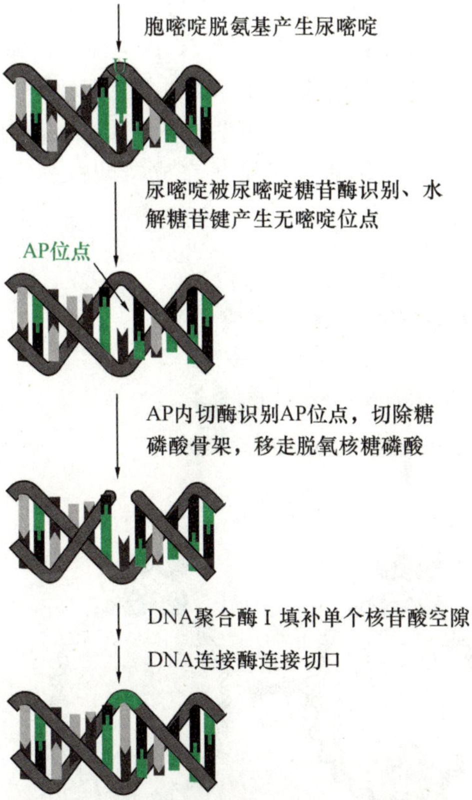

图 15-19 AP 核酸内切酶参与的切除修复

人类有一种称为着色性干皮病(xeroderma pigmentosum)的遗传性疾病。当患者皮肤暴露在紫外线下，细胞内 DNA 便产生损伤，形成胸腺嘧啶二聚体。由于体内缺乏一种与切除修复相关的核酸内切酶，因而无法修复损伤，结果患者皮肤细胞不断死亡，表现出皮肤干燥、雀斑，甚至发展成皮肤癌。

三、错配修复

虽然 DNA 聚合酶具有 3′→5′核酸外切酶活性，在 DNA 复制中具有校正的功能，但是这并不能保证 DNA 复制的绝对正确，难免有 dNTP 错误掺入的现象。细胞可以通过错配修复(mismatch repair)机制修复单个 dNTP 的错误掺入。

错配修复的关键在于如何区分模板链和新合成链。细菌借助半甲基化 DNA 区分"旧链"和"新链"。细菌有一类 DNA 腺嘌呤甲基化酶(DNA adenine methylase)，简称 Dam 甲基化酶，它能使 DNA 的 GATC 序列中的腺嘌呤 N_6 位甲基化，甲基化普遍存在于细菌细胞 DNA 分子中。甲基化的 DNA 双链复制时，新链在合成后的短时间内(数分钟)还没有来得及甲基化，因此新形成的 DNA 双链为半甲基化状态。当新链中出现错配碱基时，半甲基化位点作为识别标记，由错配修复系统将未甲基化链的一段核苷酸链切除，并以甲基化链为模板修复。一般 GATC 与错配碱基之间距离为 1 kb 或略多时，错配碱基最易被修复。

大肠杆菌的错配修复系统包括至少 12 种蛋白质成分，它们有的参与识别过程，有的参与修复过程。如 MutS 蛋白二聚体识别错配位点并与之结合，而后 MutL 蛋白二聚体与 MutS 蛋白二聚体结合形成复合体“MutS-MutL”；在 ATP 供应能量的条件下，复合体沿双链向前移动，DNA 由此在 GATC 序列与错配碱基之间形成一个突环（图 15 - 20）。随后，MutH 核酸内切酶结合到 MutS-MutL 复合体上，并在未甲基化链 GATC 位点附近切开。最后在解旋酶、SSB、DNA 聚合酶Ⅲ以及 DNA 连接酶等作用下完成错配修复。错配修复机制能够使 DNA 的复制准确率升高几百乃至上千倍。

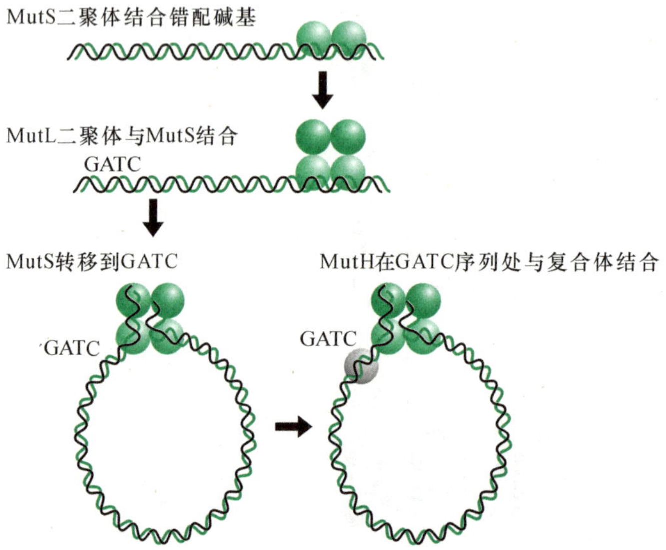

图 15 - 20　甲基化介导的错配修复早期反应

四、重组修复

有些单链 DNA 损伤（如胸腺嘧啶二聚体、烷基化引起的交联等）在复制前没能完成修复，或者 DNA 双链模板链发生断裂，这类 DNA 损伤可以通过同源 DNA 重组的方式进行修复。以大肠杆菌染色体双链 DNA 单链上存在胸腺嘧啶二聚体为例，假设二聚体损伤出现在后随链模板上，DNA 损伤的修复过程如图 15-21 所示。

当复制体遇到胸腺嘧啶二聚体时，复制体继续前导链的合成，而后随链合成停滞。此时，大肠杆菌 RecA 蛋白及其他相关蛋白共同启动了重组过程。与胸腺嘧啶二聚体互补的前导链模板相应区段入侵与后随链模板链中胸腺嘧啶二聚体 3′端附近区段互补配对，形成的分支向后随链模板 5′端移动，填补由于后随链合成受阻产生的空隙。而前导链模板上的空隙再由 DNA 聚合酶以前导链为模板，将脱氧核糖核苷三磷酸不断添加到入侵的与前导链部分互补的后随链 3′端游离羟基上，后由连接酶连接。这类损伤修复因为发生过遗传信息的重新组合，故称为重组修复（recombination repair）。

与其他修复方式相比，重组修复发生在复制之后，因此，又称为复制后修复。虽然重组修复并未除去原初损伤，但是细胞还可以通过其他方式对损伤进行修复。

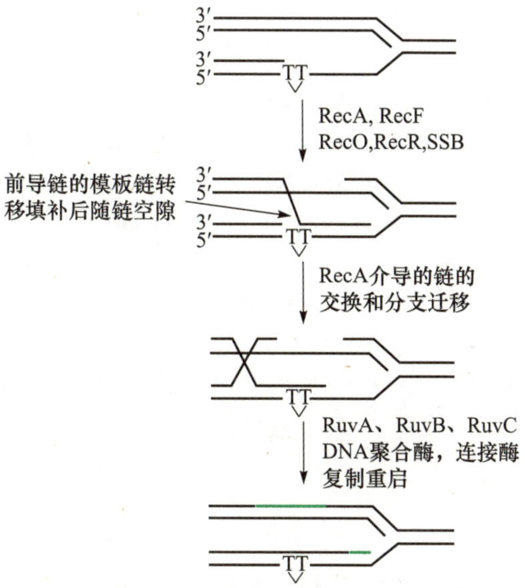

图 15-21　DNA 重组修复

五、应急反应

前面介绍的 DNA 修复方式大多是以损伤 DNA 链的互补链为模板进行修复的，因此，修复结果是正确的。但是当生物处于极度逆境下，DNA 链受到严重损伤时，细胞通常会应急产生一系列复杂的诱导效应，称为应急反应或 SOS 反应（SOS response）。应急反应能诱导产生大量切除修复和重组修复的酶类和蛋白质，用以加强切除修复和重组修复，这可以使细胞适应逆境而避免死亡。由于应急产生的修复酶类往往自身功能不健全，因而在修复过程中时常向新合成 DNA 中引入错配碱基。换句话说，SOS 反应诱导的修复有些为免错修复（error free repair），有些则为易错修复（error prone repair）。

虽然 DNA 聚合酶具有校对功能，细胞也具有多种 DNA 损伤修复机制，但是复制产生的错误一旦不能被检出、修正，则会导致 DNA 的永久改变，即 DNA 突变（mutation）。由单一碱基变化产生的突变称为点突变（point mutation）。如果某一个碱基被同类碱基置换，如鸟嘌呤改变成腺嘌呤，或者胞嘧啶改变成胸腺嘧啶，这种变化称为转换（transition）；如果某一个碱基发生了嘌呤碱向嘧啶碱的置换或者相反，则称为颠换（transversion）。DNA 分子上如果发生插入或者缺失一个以上碱基的变化，则称为插入（insertion）突变或者缺失（deletion）突变。碱基的插入和缺失会引起蛋白质读码框的改变，因此，也被称为移码突变（frameshift mutation）。移码突变造成的 DNA 损伤一般远大于点突变。

在自然条件下随机产生的自发突变（spontaneous mutation）频率一般很低。大肠杆菌和果蝇的突变率都在 10^{-10} 左右。利用物理因素或化学诱变剂（mutagen）对 DNA 进行人为诱变，可以大大提高突变率。化学诱变剂大多是碱基的类似物或修饰剂，如 5-溴尿嘧啶是胸腺嘧啶的类似物，当它以酮式结构存在时能与腺嘌呤配对，以烯醇式结构存在时能与鸟嘌呤配对。5-溴尿嘧啶的掺入可以导致 DNA 双螺旋中的 AT 对转变为 GC 对。又如亚硝酸，属于碱基的修饰剂，能使腺嘌呤脱氨形成次黄嘌呤，后者适宜与 C 配对，从而引发突变。DNA 诱变在动、植物分子育种以及基因功能研究中已成为常见的技术手段。

参考文献

1. 朱圣庚,徐长法. 生物化学. 4 版. 北京:高等教育出版社,2016.
2. 郑集,陈均辉. 普通生物化学. 4 版. 北京:高等教育出版社,2007.
3. Berg J M,Tymoczko J L,Stryer L. Biochemistry. 7th ed. New York: W. H. Freeman and Company,2012.
4. Boyer R. Concepts in Biochemistry. 4th ed. Asia:John Wiley and Sons Inc,2006.
5. Moran L A,Horton H R,Scrimgeour K G, et al. Principle of Biochemistry. 5th ed. International:Pearson Education Inc(Asia),2012.
6. Nelson D L,Cox M M. Lehninger Principles of Biochemistry. 4rd ed. New York:Worth Publishers,2017.
7. Voet D,Voet J G. Biochemistry. 3rd ed. International:John Wiley and Sons Inc,2004.
8. Watson J D,Baker T A,Bell S P,et al. Molecular biology of the Gene. 7th ed. Pearson Education Inc,2014.

思 考 题

二维码 15-1 原核生物 DNA 复制

一、填空

1. 在进行 DNA 复制研究时,研究人员用特异的蛋白酶切割大肠杆菌 DNA 聚合酶Ⅰ,得到大小两个肽段,大片段被称为________片段,该片段具有________活性和________活性。

2. 2015 年诺贝尔化学奖颁给瑞典托马斯·林道尔(Tomas Lindahl)、美国保罗·莫德里奇(Paul Modrich)以及土耳其阿奇兹·桑卡(Aziz Sancar),表彰他们在 DNA 修复的细胞机制研究中所做出的杰出贡献。其中 Tomas Lindahl 解析了切除修复机制,Aziz Sancar 解析了直接修复机制,Paul Modrich 解析了________机制。

3. CRISPR-Cas9 是近年来兴起的一项重要的基因编辑技术,当 CAS9 特异切割生物体内双链 DNA 后,生物体内细胞会采用________方式来修复受损 DNA。

二、单选

1. 下列过程是有关碱基切除修复的描述,请写出正确的反应排序________。

Ⅰ. AP 内切酶切除损伤片段; Ⅱ. DNA 糖基化酶切断糖苷键;

Ⅲ. DNA 连接酶催化磷酸二酯键的生成; Ⅳ. DNA 聚合酶Ⅰ催化的缺口平移

A) Ⅳ→Ⅲ→Ⅱ→Ⅰ B) Ⅰ→Ⅱ→Ⅳ→Ⅲ

C) Ⅱ→Ⅰ→Ⅳ→Ⅲ D) Ⅱ→Ⅳ→Ⅰ→Ⅲ

2. 2009 年诺贝尔生理学或医学奖授予伊丽莎白·布莱克本(Elizabeth H. Blackburn)、卡罗尔·格雷德(Carol W. Greider)和杰克·绍斯塔克(Jack W. Szostak),以表彰他们发现了端粒酶保护染色体的机理,端粒酶属于________。

A)DNA 聚合酶 B)RNA 聚合酶 C)逆转录酶 D)DNA 连接酶

三、问答题

1. 请分析说明原核生物如何保持 DNA 复制的忠实性?

2. RT-PCR 技术常用来检测基因的 mRNA 表达水平、克隆特定基因的 cDNA 序列等,请你设计实验从烟草中克隆 A 基因。

第十六章

RNA 转录

储存于 DNA 的遗传信息需通过转录和翻译得到表达(expression)。基因表达产物有蛋白质,也有功能 RNA 分子。以 DNA 为模板先转录成 RNA,再翻译为蛋白质,或者以 DNA 为模板直接合成功能 RNA 分子,两者都属于基因表达。

基因进行转录时,DNA 两条链中只有一条链作为模板,这条 DNA 链称为模板链;与模板链互补的 DNA 链为非模板链。显然,新转录的 RNA 序列与模板链互补,而与非模板链完全一致,只是用 U 代替了 T。由于蛋白质是依据 RNA 编码生成的,非模板 DNA 链又称为编码链(coding strand)、正链(+)或者有意义链(sense strand);而模板链则称为非编码链、负链(-)或无意义链(antisense strand)。与 DNA 复制不同,基因转录是有选择的。同一条 DNA 分子上的基因,在某一特定时间,可能只有一个基因在转录,也可能有一组基因在转录;有些基因转录以 DNA 双链中的一条为模板链,而另一些则以另一条为模板链。也就是说,对于双链的 DNA 分子,其中任何一条链都可以作为模板进行转录,转录是不对称的。

在 DNA 指导下合成的 RNA 主要有 rRNA、tRNA 和 mRNA 3 类。RNA 链的转录起始于 DNA 模板的特定起点,并在下游终点处终止。从转录起始点到终止点之间的 DNA 片段称为一个转录单位。转录主要由依赖于 DNA 的 RNA 聚合酶(DNA-dependent RNA polymerase)完成。所有生物的 RNA 聚合酶都是由多亚基组成的寡聚蛋白,但具体结构不同。RNA 的转录是核苷酸的聚合反应。RNA 聚合酶在催化反应时,除需要 4 种 dNTP 底物外,还需要 DNA 模板,但不需要引物。Mg^{2+} 能促进聚合反应。RNA 链的合成方向为 $5'\rightarrow 3'$。前一个核苷酸带有 $3'$ 羟基,每加入一个核苷酸脱去一个焦磷酸,形成 $3',5'$ - 磷酸二酯键。焦磷酸继续水解为单个磷酸释放能量,有利于推动聚合反应。

本章重点讨论原核生物的 RNA 转录,同时对真核生物的 RNA 转录要点进行部分介绍。另外,由于许多 RNA 转录的初级产物没有生物功能,需要进行转录后加工(processing)或称修饰(modification),在本章中也将一并给予介绍。

第一节　原核生物 RNA 转录

第十六章

一、原核生物 RNA 聚合酶

大肠杆菌 RNA 聚合酶相对分子质量为 500 000，含有 5 种亚基，各亚基以非共价键聚合在一起（$\alpha_2\beta\beta'\omega\sigma$），其中 σ 亚基具有识别启动子序列、引发 RNA 转录起始的作用；$\alpha_2\beta\beta'\omega$ 构成核心酶（core enzyme），以 DNA 为模板，按 5′→3′方向催化合成 RNA。在 RNA 聚合酶核心酶中，各亚基分工合作，其中 α 亚基作为"脚手架"参与核心酶组装；β 亚基与底物结合，催化形成磷酸二酯键；β' 亚基与模板结合；ω 亚基能够促进酶的组装。

二、原核生物启动子

启动子（promoter）是 DNA 分子上控制基因转录的一段特定序列，它能被 RNA 聚合酶识别、结合而启动转录。原核生物的启动子包括转录起始位点、−10 区（−10 region）、−35 区（−35 region）以及两个区之间的序列（图 16-1）。比较原核生物 10 个启动子可知，转录起始位点多为腺苷酸（A）。习惯上将起始位点标注为 +1（不设零）；起始位点之前的序列视为上游（upstream），碱基位置标注为负数；起始位点之后的序列视为下游（downstream），碱基位置标以正数。原核生物启动子含有两段共有序列（consensus sequence）：TTGACA 和 TATAAT。TTGACA 位于 −35 区；TATAAT 位于 −10 区，富含 A/T，又称 Pribnow 盒（Pribnow box）。不同基因启动子共有序列变化很小，一般只有 1～2 个核苷酸差异。实际上，不同启动子中的共有序列在具体位置上是有变动的，这种变动也是一种信号。

					转录起始位点 →		
GTGCGTG	TTGACT	ATTTTA　CCTCTGGCGGT	GATAAT	GG　TTGC	A	TGTACTAAGGA	λP_R
GGCGGTG	TTGACA	TAAATA　CCACTGGCGGT	GATACT	GA　GCAC	A	TCAGCAGGACG	λP_L
TGAGCTG	TTGACA	ATTAAT　CATCGAACTAG	TTAACT	AG TACGC	A	AGTTCACGTAA	*trp*
CCCAGGC	TTTACA	CTTTAT　GCTTCCGGCTCG	TATGTT	GT　GTGG	A	ATTGTGAGCGG	*lac*
CCCAGGC	TTTACA	CTTTAT　GCTTCCGGCTCG	TATAAT	GT　GTGG	A	ATTGTGAGCGG	*lac* UVS
ATCCTAC	CTGACG	CTTTTT　ATCGCAACTCTC	TACTGT	TTCTCCAT	A	CCCGTTTTTTT	*ara* BAD
TTTCCTC	TTGTCA	GGCCGG　AATAACTCCC	TATAAT	GCGCCACC	A	CTGACACGGAA	*rrn* A1
TAAATGC	TTGACT	CTGTAG　CGGGAAGGCG	TATTAT	GC ACACC	C	CGCGCCGCTGA	*rrn* A2
TCCATGT	CACACT	TTTCGCATCTTTGTTATGC	TATGGT	TA　TTTC	A	TACCATAAGCC	*gal* P1
TTATTCC	ATGTCA	CACTTT　TCGCATCTTTGT	TATGCT	AT　GGTT	A	TTTCATACCAT	*gal* P2
保守序列	TTGACA		TATAAT				
	−35区		−10区		+1		

图 16-1　10 种原核生物启动子序列比较

三、原核生物的转录过程

转录过程分为 3 个阶段：起始(initiation)、延伸(elongation)和终止(termination)。下面以大肠杆菌为例进行介绍：

(一)起始

转录起始是 RNA 聚合酶与启动子相互识别并形成转录起始复合物的过程，可分为两步(图 16-2)：

第一步，RNA 聚合酶全酶与 DNA 分子非特异结合，并沿 DNA 分子滑动搜索启动子序列；当 σ 因子识别出启动子后，引导 RNA 聚合酶与 DNA 分子特异结合成转录起始复合物。刚结合时，DNA 分子尚未解链，所形成的转录起始复合物称为闭合复合物(closed complex)；随着 RNA 聚合酶构象发生变化，启动子在 −10 区解链，闭合复合物随即转化为开放复合物(open complex)。

第二步，接下来，转录起始位点暴露，RNA 聚合酶开始沿模板转录；当转录长度大约为 10 nt 时，σ 因子从复合物上脱落下来，核心酶沿模板前行，启动子清空(promoter clearance)。

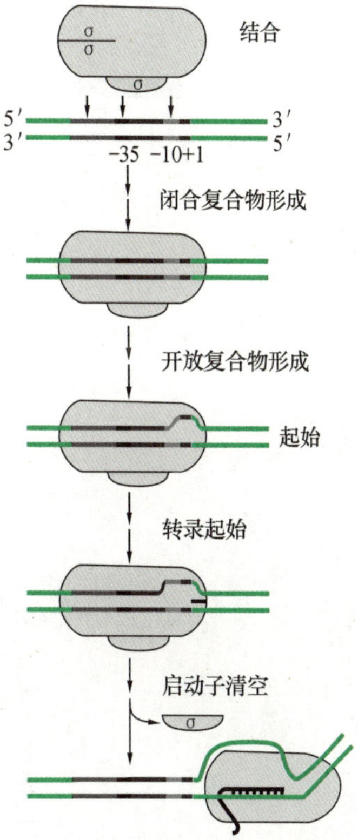

图 16-2 大肠杆菌 RNA 的转录起始过程

(二)延伸

转录起始完成后，RNA 聚合酶核心酶沿 DNA 模板链 3′→ 5′方向滑行，一面使双股 DNA 解旋，一面以 NTP 为底物、按照 5′→ 3′方向合成 RNA，使 RNA 链不断延伸。新合成的 RNA 片段暂时与模板以 RNA-DNA 杂交链形式存在，当长度超过 12 nt 后，RNA 链和 DNA 链之间的结合力因不足以维持杂交链的存在，RNA 单链便游离下来；已完成任务并被清空的 DNA 模板链随后与编码链互补，恢复双螺旋结构。

RNA 转录延伸不仅速度快(每秒添加 50～90 个核苷酸)，而且准确性高(每掺入 10^4～10^5 个核苷酸才可能出现一次错误)。另外，RNA 转录延伸还有一个特点，即核心酶在整个转录过程中沿模板链移动具有连续性。

(三)终止

RNA 聚合酶核心酶在 DNA 模板上遇到终止序列后便停止前进，转录产物从转录复合物上释放下来，即为转录终止。终止序列称为终止子(terminator)。依据 RNA 聚合酶在终止转录时是否需要其他蛋白质协助，转录终止分为以下两种方式：

1. 内部转录终止

内部转录终止，即 RNA 聚合酶依据自身结构终止转录，不需要其他蛋白质的参与。如图 16-3 所示，内部转录终止取决于 DNA 模板上终止子的两个特征：具有富含 G—C 的序列；在 GC 序列下游有一段 polyA。由此转录得到的 RNA 产物，因在相应序列也富含 G-C，很容易回折，自身形成发夹结构或茎环结构，这会迫使 RNA 聚合酶停止移动；DNA-RNA 杂交链的末端因富含 AU 配对，很容易解链释放出 RNA，导致转录终止。

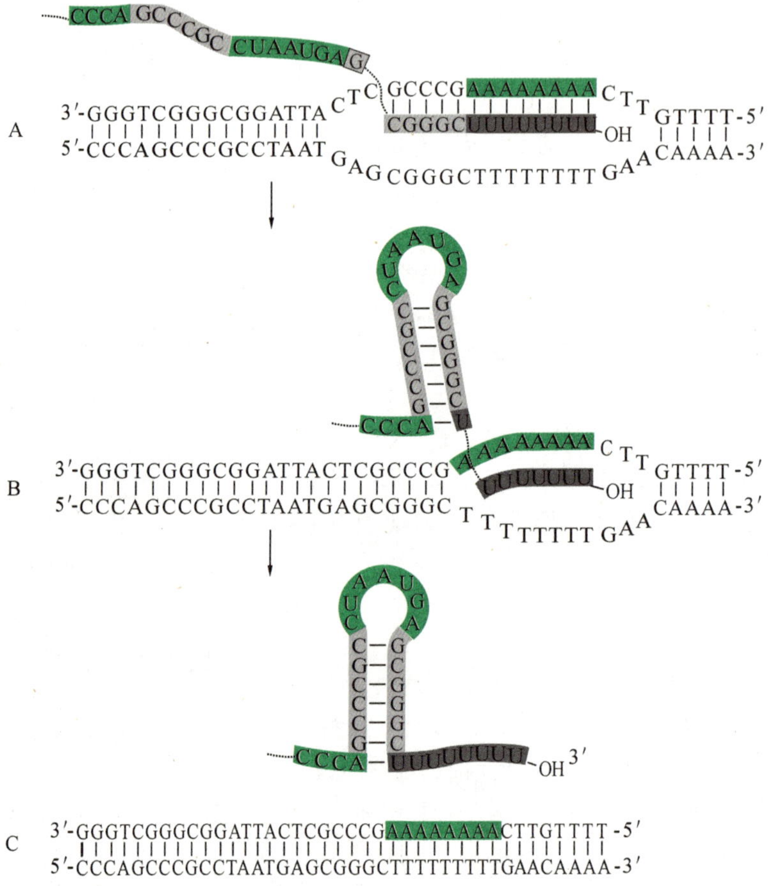

图 16-3 不依赖 rho 因子的转录终止

2. 依赖 rho 因子的转录终止

rho(ρ)因子是一种由 6 个相同亚基组成的寡聚蛋白质，属于 ATP 依赖的解旋酶，亚基上含有 RNA 结合结构域和 ATP 水解结构域，参与转录终止反应。rho 因子的特异识别序列存在于转录产物 RNA 上，长度为 80～100 nt，富含 C 而缺乏 U。

如图 16-4 所示，在 RNA 转录过程中，当 rho 因子的识别序列被转录出现以后，rho 因子便与之结合，利用水解 ATP 产生的能量沿新生 RNA 链 5′→3′方向移动，到达 DNA-RNA 杂交链区域后，rho 因子发挥解旋酶作用打开杂交链的氢键。当 RNA 聚合酶移动到转录终止位点时暂停。rho 因子在移动过程中，不断打开 DNA-RNA 杂交链，追上 RNA 聚合酶并与之互作,释放出 RNA 链。最后,在 NusA 等其他蛋白的参与下,RNA 聚合酶核心酶构象发生变化,从模板上脱落下来,结束转录。

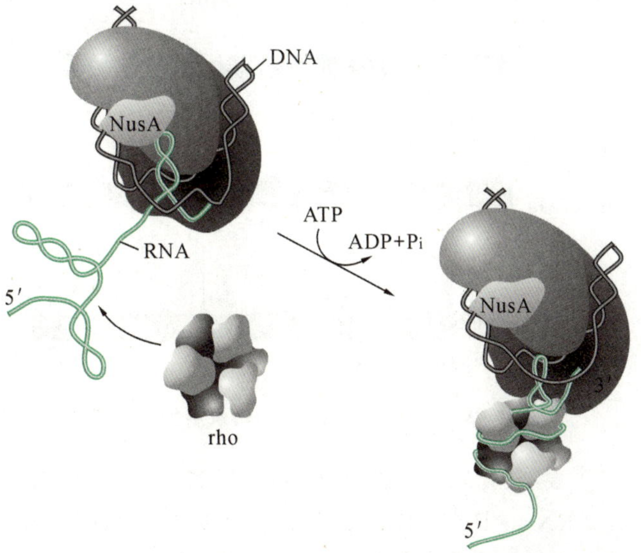

图 16-4　大肠杆菌依赖 rho 因子的转录终止过程

四、原核生物 RNA 转录后加工

原核生物合成的 mRNA 是功能分子,实际上在转录过程还没有结束之前就作为模板用于蛋白质的合成,因此不需要加工。而 rRNA 和 tRNA 的最初转录产物大多为不成熟的 RNA 前体,需要经过加工才有功能。对 RNA 前体进行加工的过程称为 RNA 转录后加工(posttranscriptional processing)。RNA 转录后加工有多种类型,如剪接(splicing)、末端切除、碱基修饰和核糖修饰等。下面以大肠杆菌为例介绍 rRNA 和 tRNA 的转录后加工过程。

(一)rRNA 转录后加工

大肠杆菌有 16S、23S 和 5S 3 种成熟 rRNA 分子,它们的最初转录产物是同一个 30S 前体(图 16-5),前体中还包括一个 4S tRNA。加工时,首先在甲基化酶的作用下,通过定点甲基化,将拟切除的片段进行标记;而后在核酸内切酶 RNase Ⅲ的催化下切除部分片段,产生中间产物 17S、25S、5S rRNA 以及 tRNA;中间产物分别在 M16、M23、M5 等核酸内切酶的作用下进行末端修剪,最终形成 3 种成熟的 rRNA,另外有 1 分子 tRNA。

(二)tRNA 转录后加工

大肠杆菌基因组含有大约 60 个 tRNA 基因,其中一些 tRNA 随着核糖体 rRNA 的转录和转录后加工一起成熟,如上文所述;另外一些散落在基因组 DNA 中,或成簇排列,它们的最初转录产物通常是 1 个或者 4～5 个相同 tRNA 的前体。

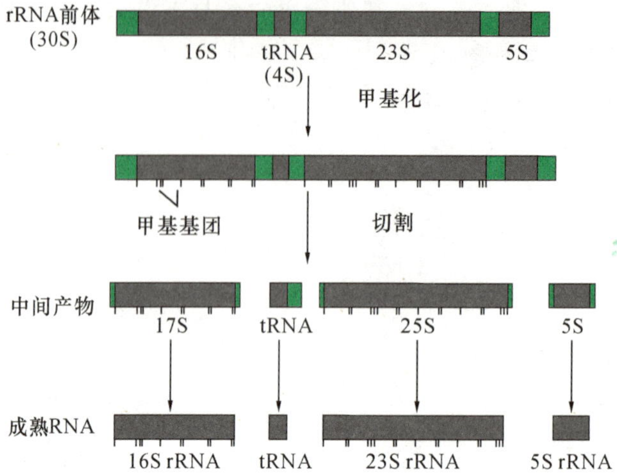

图 16-5　大肠杆菌 rRNA 的转录后加工过程

tRNA 转录后加工主要有：切除多余核苷酸序列、添加所需核苷酸序列和特定碱基的共价修饰等。图 16-6 显示，RNase P 在 tRNA 5′端切断磷酸二酯键，同时核酸内切酶在另一侧切割，得到最初的单个 tRNA 转录产物；然后由 RNase D 修剪掉 tRNA 3′末端多余核苷酸，并由 tRNA 核苷转移酶将"CCA"加上形成氨基酸接受臂。另外，tRNA 共价修饰比其他 RNA 要丰富得多，在一个约 80 个核苷酸的 tRNA 分子中，被共价修饰的核苷酸有 26～30 个。

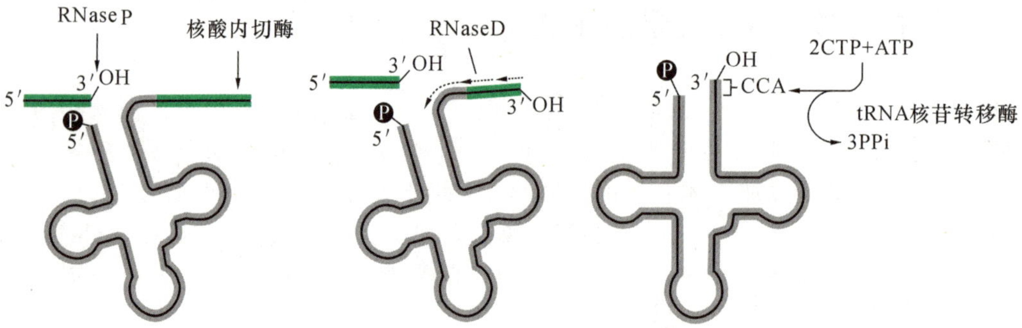

图 16-6　大肠杆菌 tRNA 的转录后加工过程

第二节　真核生物 RNA 转录

真核生物 RNA 转录过程远比原核生物复杂，这里就基本特点进行简单介绍，但因真核生物转录后加工很有特点，有关内容将是本节重点。

一、真核生物 RNA 聚合酶

真核生物 RNA 聚合酶有 3 种：RNA 聚合酶Ⅰ分布于核仁，用于合成大多数 rRNA 前体；

RNA 聚合酶Ⅱ存在于核质，用于合成 mRNA 前体和非编码 RNA；RNA 聚合酶Ⅲ也存在于核质，功能是合成 5S rRNA 和 tRNA 的前体。与原核生物 RNA 聚合酶相比，真核生物 RNA 聚合酶较多，亚基比较大，结构也复杂，平均相对分子质量均在 600 000 以上。

二、真核生物启动子

真核生物启动子一般更长，含有更多长度为 6～8 bp 的保守小片段，这些小片段称为“元件”（element）。不同基因启动子中的元件数量、排序和方向不同，各元件在基因表达中的作用也不同。

真核生物启动子分为 3 类，分别被 RNA 聚合酶Ⅰ、Ⅱ、Ⅲ识别。RNA 聚合酶Ⅰ和Ⅲ的启动子种类有限。RNA 聚合酶Ⅱ所识别的启动子包含 5 类控制元件：TATA 盒（TATA box）、起始子（initiator）、上游元件、下游元件以及应答元件（response element）。TATA 盒即“TATAAA”，位于－25 区，序列中全为 A-T 对，仅少数启动子含有 C-G 对。起始子位于－3 bp 和＋5 bp 之间，是转录的起始点。应答元件是一类随外界信号（如高温、冷害、创伤、低磷等）进行转录调控的特殊序列。各种元件的不同组合，再加上其他序列的变化，构成了种类庞大的启动子家族。真核生物启动子不仅变化比较大，整个序列也可以很长，通常将能够准确进行转录的最小序列称为核心启动子，包括 TATA 盒和起始子。有些启动子无 TATA 盒，核心启动子由起始子和下游元件（AGAC）组成；有些启动子无 TATA 盒和起始子，则上游元件将发挥关键作用。

图 16-7 展示的是真核生物核心启动子与原核生物启动子的比较。真核生物启动子 TATA 盒与大肠杆菌－10 区的 Pribnow 盒相似；另一个元件则不同，“GGXCAATCT”（X 表示任意碱基）位于－75 区，称为 CAAT 盒（CAAT box）。

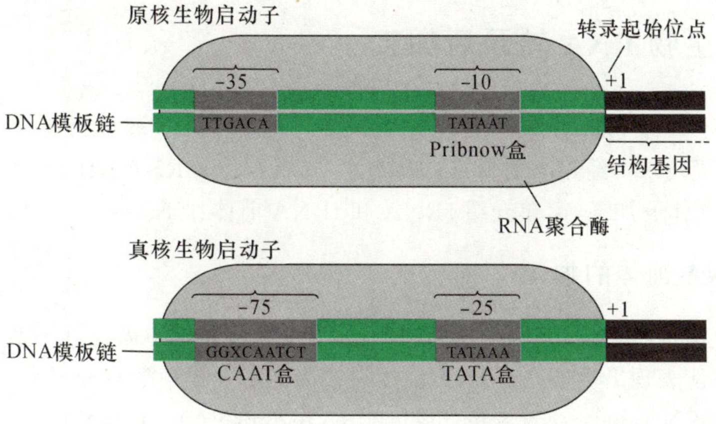

图 16-7 原核生物与真核生物启动子比较

三、真核生物转录过程

真核生物的转录过程与原核生物相似，主要区别有：

（一）真核生物在转录起始前有一个装配过程

与细菌转录起始不同，真核生物 RNA 聚合酶必须借助其他因子的装配才能选择性地结合到启动子上，因此转录反应分为 4 个阶段：装配、起始、延伸和终止。

(二)真核生物由转录因子识别启动子

转录因子(transcription factors，TF)是指除 RNA 聚合酶外的一系列参与转录及转录调节的蛋白质。不同基因表达或同一基因在不同条件下的表达，所需要的转录因子不同。RNA 聚合酶Ⅰ和Ⅲ的启动子种类有限，相应转录因子也较少。RNA 聚合酶Ⅱ所需要的转录因子有：TATA 结合蛋白(TATA-binding protein，TBP)、TFⅡB、TFⅡH 等，其中 TFⅡH 含有 9 个亚基，是最大、最复杂的转录因子，具有多种酶活性，包括 ATP 酶、解旋酶和激酶活性。

(三)RNA 聚合酶在转录过程中发生磷酸化修饰

如上述 TFⅡH 不仅能借助水解 ATP 获得能量参与启动子解链，而且能够催化 RNA 聚合酶Ⅱ多个位点发生磷酸化，使起始复合物改变构象而进入活性转录状态。当转录终止时，RNA 聚合酶Ⅱ会发生去磷酸化反应而失活，转录活性丧失。

利用不同药物可以选择性抑制 RNA 转录过程。α-鹅膏素(α-amanitin)是一种八肽化合物，对真核生物 RNA 聚合酶有选择性抑制作用。RNA 聚合酶Ⅰ对该抑制剂不敏感，RNA 聚合酶Ⅱ非常敏感，RNA 聚合酶Ⅲ被高浓度 α-鹅膏素所抑制。另一种药物放线菌素 D 是常见的抗生素，它能够插入 DNA 模板，阻止所有种类 RNA 聚合酶的移动，因而对真核和原核生物的转录都有抑制作用。利福平(rifampicin)是原核生物 RNA 聚合酶的抑制剂，可作为抗菌素应用于人类结核病及麻风病等的治疗。由于真核生物线粒体中 RNA 的生物合成类似于原核生物，因此抗生素的应用需得到专家指导。

四、真核生物 RNA 转录后加工

真核生物 RNA 最初的合成产物是完全没有活性的前体，被称为初级转录本(primary transcript)。初级转录本经过各种加工、修饰，生成成熟的 mRNA、rRNA 和 tRNA。下面重点讨论 mRNA 前体的加工，简单介绍 rRNA 和 tRNA 前体加工。

(一)mRNA 前体的加工

由于细胞核结构将转录和翻译过程隔开，mRNA 前体在核中需经过一系列加工过程并转移到细胞质中才能表现出功能。mRNA 前体在核内加工过程中形成分子大小不等的中间物，称为核内不均一 RNA(heterogeneous nuclear RNA，hnRNA)。hnRNA 大小极不均一，有的几个 S，有的可达 100S；hnRNA 中大约有 1/4 的序列经过加工成为成熟 mRNA；hnRNA 周转率极高，它们在核内迅速合成，也迅速降解，比细胞质 mRNA 更不稳定。

由 hnRNA 转变成 mRNA 的加工过程包括：①5′端形成特殊的帽子结构($m^7G5'ppp5'NmpNp-$)，即加帽(capping)；②在 3′端加多聚腺苷酸(polyA)尾巴；③通过剪接除去内含子序列；④链内部核苷酸甲基化修饰。下面分别进行讨论：

1. 5′端加帽

真核生物 mRNA 的转录和加工可以同时进行。mRNA 在合成不到 20 nt 长度时，就开始进行 5′端加帽反应。反应由磷酸酶和甲基化酶参与，具体过程如图 16-8 所示。

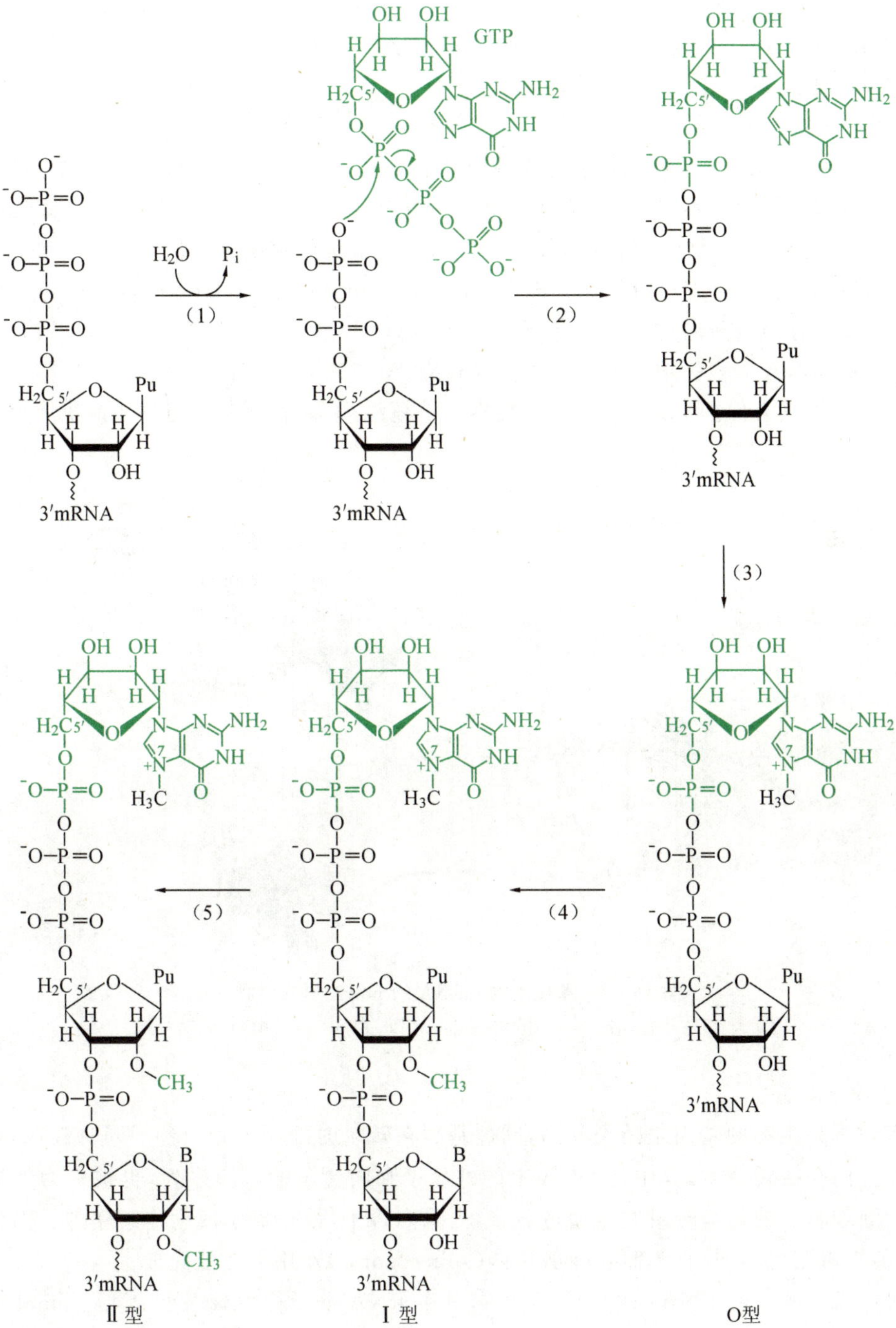

图 16-8 真核生物 mRNA 5′帽子的形成过程

①首先磷酸酶将 mRNA 的 5′末端第一个核苷酸的 γ 磷酸基团水解掉；②暴露出的 β 磷酸基团的氧亲核进攻 GTP 的 α 磷酸基团，释放焦磷酸，GMP 转移到 mRNA 的 5′末端；③在甲基化酶作用下，GMP 鸟嘌呤 N_7 被甲基化，形成 O 型帽子；④如果原来第一个核苷酸核糖 2′羟基继续发生甲基化，则形成Ⅰ型帽子；⑤如果 mRNA 的 5′端原第一、二个核苷酸核糖 2′羟基

都被甲基化，则形成Ⅱ型帽子。在多细胞生物中Ⅰ型帽子占优势，在单细胞真核生物中O型帽子占优势。mRNA的5′帽子结构能够保护mRNA不被核酸酶降解，并有助于mRNA在核糖体上正确定位。

2. 3′端加polyA尾巴

真核生物mRNA合成后由多聚腺苷酸聚合酶（polyA聚合酶）在mRNA 3′端连续加上大量腺苷酸，可多达250个腺苷酸，形成所谓的多聚腺苷酸尾巴（polyA）。如高等真核细胞mRNA在靠近3′端有一段保守序列AAUAAA作为发生多聚腺苷酸化的信号（图16-9），当该序列被转录出现以后，一种专一性因子CPSF（cleavage and polyadenylation specificity factor）与之特异性结合，并与核酸内切酶、polyA聚合酶相互作用，由核酸内切酶将mRNA链从保守序列处切断，由polyA聚合酶以ATP为底物沿mRNA链的3′端连续加入腺苷酸，释放出焦磷酸。polyA尾巴具有保护mRNA的3′末端不会被核酸酶降解，并有助于mRNA从细胞核向细胞质中转移的功能。

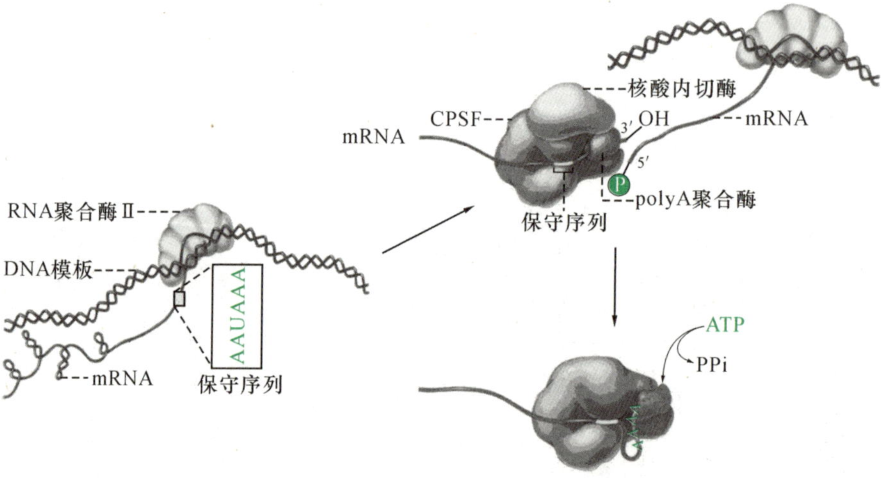

图16-9 真核生物mRNA的polyA形成过程

（引自：Moran et al. Principles of Biochemistry，2012）

3. 外显子剪接

大多数真核生物的基因是断裂基因，断裂基因在转录时外显子和内含子同时被转录，先形成非功能性的初级转录本，其中与DNA上的外显子和内含子的对应序列，也被称为外显子和内含子。断裂基因的初级转录本需通过剪接，去除内含子，使外显子成为连续序列。内含子多种多样，剪接机制也不同，有些需要在剪接体（spliceosome）作用下才能完成。

剪接体是一个大的RNA-蛋白质复合体，其中RNA分子称为核内小RNA（small nuclear RNA，snRNA）。snRNA种类很多，其中U系列（U1、U2等）的共性是富含尿嘧啶，分子小，而且内部存在大量配对螺旋区。snRNA与数个或十多个蛋白质结合形成核内小核糖核蛋白（small nuclear ribonucleoprotein，snRNP）。由于snRNA具有酶活性，整个剪接体可以看成是核酶的复合物。

真核生物核基因有不同类型内含子，其中一类内含子在左端（5′端）通常为GT，右端（3′端）通常为AG，此称为GT-AG规则（对应于RNA为GU-AG）。图16-10显示出脊椎动物内含子剪切位点及保守序列，其内含子的 5′端和 3′端各有一个剪接位点（红色箭头），在剪接位点附近有保守序列存在，另外内含子中还有一个保守的分支位点（branch site）“YNYURAY”，其中“A”在剪接过程中发挥重要作用。

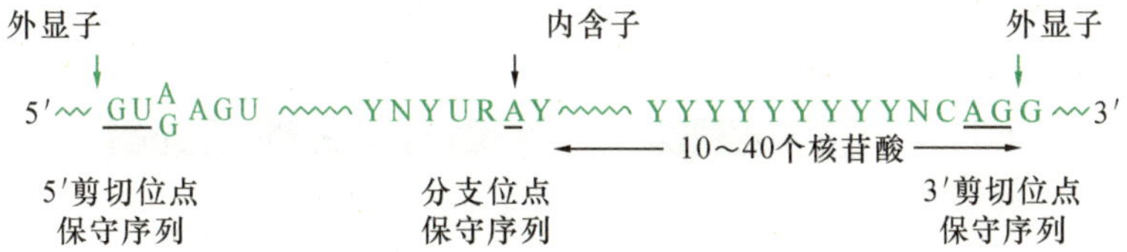

Y 代表任意嘧啶（U 或 C）；R 代表任意嘌呤（A 或 G）；N 代表任意核苷酸

图 16-10 脊椎动物内含子剪切位点保守序列

由剪接体催化的 mRNA 前体加工过程如图 16-11 所示。剪接体通过 snRNA 和初级转录本碱基互补来识别剪接位点，同时将分支位点置于恰当位置进行剪接。具体过程比较复杂，下面只简单介绍内含子剪接的两个基本反应：连接外显子；切除内含子形成套索状（lariat-shaped）。

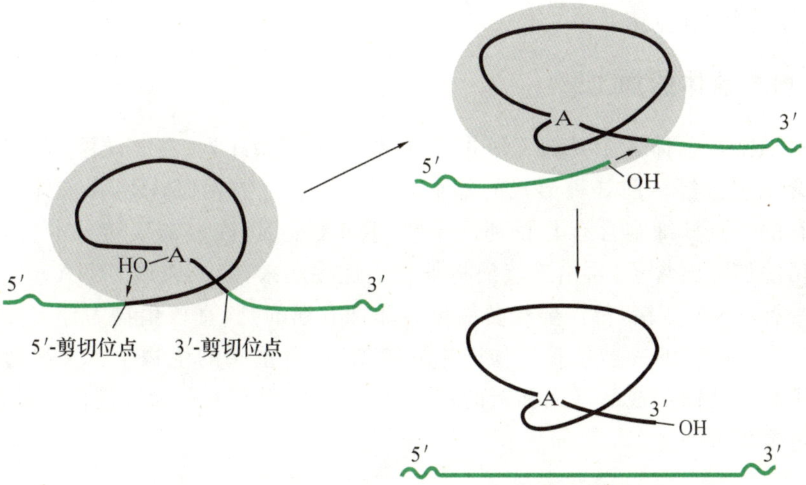

图 16-11 mRNA 前体内含子序列的剪切过程

反应开始，首先由分支位点腺苷酸的 2′-OH 进攻内含子 5′剪切位点，内含子 5′端断离，在外显子断处随即产生 3′-OH；该 3′-OH 进攻原内含子的 3′剪切位点，内含子 3′端断离，以套索状形式存在；两个被间隔的外显子相连，形成成熟 mRNA 分子。由于真核 mRNA 前体的剪接过程与某些内含子的自我剪接相似，推测 snRNA 可能是从内含子演变而来的。

4. mRNA 的内部甲基化修饰

真核生物 mRNA 除了在 5′端帽子结构中有 1～3 个甲基化核苷酸外，分子内部尚含有 1～2 个 m^6A，它们都是在 mRNA 前体的剪接之前，由特异的甲基化酶催化修饰后产生的。

（二）rRNA 前体的加工

真核生物大多数 rRNA 基因在 DNA 分子上成簇排列，它们作为一个多顺反子由 RNA 聚合酶 Ⅰ 催化转录。以脊椎动物为例，其 rRNA 的最初转录本是 45S，加工时，首先在特定位置进行大量甲基化，甲基化主要发生在核糖的 2′-OH；然后切除不需要的片段，产生 3 种成熟的 18S、5.8S 和 28S rRNA（图 16-12）。

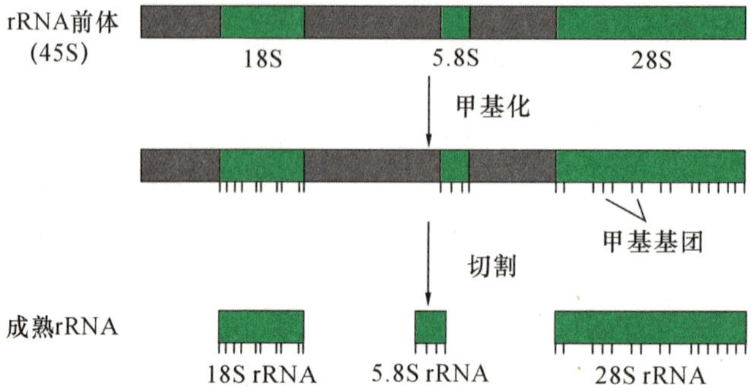

图 16-12　真核生物 rRNA 的转录后加工过程

真核生物的另一种 5S rRNA 情况则不同，它单独作为一个顺反子由 RNA 聚合酶催化转录，基本不需要加工。还有一些 rRNA 前体，如四膜虫细胞有一种长度为 6 400 nt 的核酸前体，能进行自我剪接（详见第八章）。

（三）tRNA 前体的加工

真核生物 tRNA 前体的主要加工形式有：剪切 5′端多余序列、在 3′端添加 CCA、碱基化学修饰以及内含子剪接等。前 3 种形式的基本过程与原核生物相似，tRNA 前体内含子剪接是真核生物特有的。真核细胞含有几百到几千个 tRNA 基因，许多初级转录本含有内含子，需要由核酸内切酶切除内含子，再由连接酶将外显子连接起来，形成成熟 tRNA。

无论哪一种 RNA 剪接，都需要耗费能量。非常有趣的是，真核生物为什么要先转录内含子，然后再将其切除？RNA 剪接是生物进化的结果，有着重要的生物学意义。剪接可使不同基因"模块"重新组合而产成新基因和新的转录产物，这不仅有利于加快进化速度，而且是基因表达调节的重要环节。

参考文献

1. 朱圣庚，徐长法. 生物化学. 4 版. 北京：高等教育出版社，2016.
2. 郑集，陈均辉. 普通生物化学. 4 版. 北京：高等教育出版社，2007.
3. Berg J M, Tymoczko J L, Stryer L. Biochemistry. 7th ed. New York: W. H. Freeman and Company, 2012.
4. Boyer R. Concepts in Biochemistry. 4th ed. Asia: John Wiley and Sons Inc, 2006.
5. Moran L A, Horton H R, Scrimgeour K G, et al. Principle of Biochemistry. 5th ed. International: Pearson Education Inc(Asia), 2012.
6. Nelson D L, Cox M M. Lehninger Principles of Biochemistry. 7th ed. New York: Worth Publishers, 2017.
7. Voet D, Voet J G. Biochemistry. 3rd ed. International: John Wiley and Sons Inc, 2004.
8. Watson J D, Baker T A, Bell S P, et al. Molecular biology of the Gene. 7th ed. Pearson Education Inc, 2014.

二维码 16-1
原核生物
RNA 转录

思 考 题

一、填空

1. 原核生物 RNA 聚合酶全酶的亚基组成为________,其中________亚基与转录起始位点识别相关。

2. 原核生物的________是边转录边翻译,不需要转录后加工,但是________和________是在原初转录本的基础上加工成熟的。

二、单选

1. mRNA 分子某片段序列为 UUCCGAU,则 DNA 模板链相应序列为________。

A)UUCCGAU B)TTCCGAT C)AAGGCTA D)ATCGGAA

2. ρ 因子是一种 ATP 依赖的________,它能够帮助原核生物实现转录终止。

A)聚合酶 B)连接酶 C)解旋酶 D)逆转录酶

三、问答题

1. 简述原核生物启动子的特点和转录起始机制。

2. 简述真核生物成熟 mRNA 的产生。

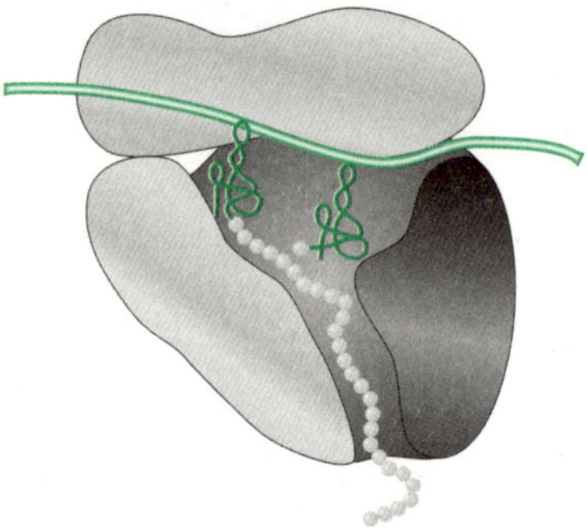

第十七章 蛋白质生物合成

蛋白质生物合成在细胞代谢中占有十分重要的地位。一个典型的细胞需要数千种蛋白质来担负其各类功能。为满足这种需求，细胞必须不断地合成蛋白质，并把它们定向地转运到相应的位点。以大肠杆菌为例，其蛋白质约占细胞干重的 50%，包括大约 3 000 种不同蛋白质分子，每种分子的数目保持在一定范围，以维持细胞各种生命活动；在适宜的培养条件下，细胞分裂周期仅为 20 min，一个含有 100 个氨基酸残基的肽链合成仅需 5 s。可见，蛋白质的生物合成是何等快速。

蛋白质生物合成机理研究的每一个进展几乎都与核酸代谢研究进展紧密地联系在一起。1952—1954 年，P. C. Zamecnik 等发现了核糖体，证明它们是蛋白质合成的场所。1955 年，M. B. Hoagland 建立了无细胞蛋白质生物合成体系。1956—1957 年，P. C. Zamecnik 和 M. L. Stephanson 等分离出 tRNA，并对它们的功能提出假设。1961 年，F. Jacob 和 J. Monod 提出了信使 RNA 的概念。1961—1965 年，M. Nirenberg 和 H. G. Khorana 建立了三联体遗传密码系统。

蛋白质生物合成过程十分复杂，除了 20 种常见蛋白质氨基酸和为蛋白质合成提供能量的 ATP、GTP 外，几乎涉及细胞内所有种类的 RNA 和几十种蛋白质因子。

第一节 遗传密码

mRNA 是遗传信息的传递者，是蛋白质生物合成过程中直接指令氨基酸掺入的模板。DNA（或 mRNA）中碱基的排列顺序决定多肽链中氨基酸顺序的对应关系称为遗传密码（genetic code）。

一、遗传密码的解读

1954 年，物理学家 G. Gamo 首先对遗传密码进行探讨。核酸分子中只有 4 种碱基，需要编码组成蛋白质分子的 20 种氨基酸。若由 1 个碱基编码一种氨基酸，那么，4 种碱基只能决定 4 种氨基酸；若由 2 个碱基编码一种氨基酸，也只能编码 $4^2=16$ 种氨基酸。若由 3

个碱基作为一组，可以有 $4^3=64$ 种排列，这种方式就能满足编码 20 种氨基酸的需要，因此，推测密码子(codon)应是三联体(triplet)。1961 年，F. H. C. Crick 及其同事提供了确切证据，说明三联体密码子学说是正确的，这种学说引起许多科学家破译遗传密码的兴趣。

M. W. Nirenberg 和 J. H. Matthaei 开始用人工合成的 mRNA 在大肠杆菌无细胞蛋白质合成系统中寻找氨基酸与三联体密码子的对应关系。用人工合成 polyU 作为模板，外加 20 种标记的氨基酸混合物，在试管中保温后，意外发现反应产物为多聚苯丙氨酸，从而推出 UUU 是编码苯丙氨酸的密码子。以此为突破口，用同样的方法证明 CCC 是编码脯氨酸的密码子，AAA 是编码赖氨酸的密码子。

接着，M. W. Nirenberg 和 S. Ochoa 等进一步用两种核苷酸的共聚物，如 poly UG、poly AC 等作为模板重复上述实验，结果表明标记氨基酸掺入新合成多肽的频率与按统计学方法推算出的三联体密码的出现频率相符合。为了进一步解决密码子中 3 个碱基的排列顺序问题，Nirenberg 等于 1964 年建立了核糖体结合技术。他们将大肠杆菌核糖体与人工合成的三核苷酸、Mg^{2+} 及 ^{14}C - 氨酰 - tRNA 一起保温，无须酶催化则特定的氨酰 - tRNA 就可与带有特定三核苷酸的核糖体结合，同时证明密码子的解读有方向性，如 pGpUpU 对 Val 专一，而 pUpUpG 却对 Leu 专一。在无 GTP 存在时，三核苷酸可促进与其对应的氨酰 - tRNA 结合到核糖体上而不形成肽键，这样，利用"氨酰 - tRNA - 三核苷酸 - 核糖体"复合物可被硝酸纤维滤膜吸附，而未被核糖体结合的 tRNA 则不被吸附的性质，特定 tRNA 能够被分离。由于三核苷酸模板只能与特定 tRNA 对应，而一定的 tRNA 又只与特定的氨基酸结合，所以只要带标记的氨基酸被滤膜吸附，通过确定氨基酸的种类就可确定所加三联体是什么氨基酸的密码子。例如，加入 AUG 时，只有被标记的 Met 留在滤膜上，因此可确定 AUG 是 Met 的密码子。利用这种简便的技术，Nirenberg 等很快破译了 64 个密码子中的 50 个。

然而，某些密码子不能促进氨酰 - tRNA 的结合，而某些密码子的存在会促进核糖体与氨酰 - tRNA 的非特异性结合。因此，需要另外的方法进一步完善和确定全部遗传密码。H. G. Khorana 及其同事合成了由 2～4 个核苷酸重复序列的多核苷酸，以此特定顺序的共聚物作为模板，在体外无细胞翻译体系中进行翻译，再对翻译产物加以分析，所得结果与 Nirenberg 等用随机多核苷酸为模板所得到的信息相互印证，破译了其他密码子。其中有 3 个密码子是终止密码子，不对应任何一个氨酰 - tRNA；AUG 既是 Met 的密码子，又是起始密码子。

总之，由于设计了十分出色的生物化学和遗传学实验，经过 5 年的努力，科学家们终于在 1966 年完全确定了编码 20 种氨基酸的密码子，编排出遗传密码字典(表 17 - 1)，并通过体内实验得以证实。

遗传密码的破译是 DNA 双螺旋模型提出以后生命科学史上又一重大突破，它不仅成为阐明蛋白质生物合成过程的基础，而且为确立分子遗传的中心法则提供了有力证据。由于 Nirenberg 和 Khorana 二人在破译遗传密码研究工作中的重大贡献，他们二人共同获得 1968 年诺贝尔奖。

在 64 个密码子中，61 个编码氨基酸，3 个(UAA、UAG 和 UGA)用作翻译的终止信号，称为终止密码子(termination codon)；AUG 除了编码甲硫氨酸外，还作为起始密码子(initiation codon)，是肽链合成的起始信号。在有些生物细胞中，起始密码子不是 AUG 而是编码缬氨酸的 GUG，不过使用最为普遍的起始密码子还是 AUG。

表 17-1 遗传密码字典*

第一个碱基（5′端）	中间碱基 U	中间碱基 C	中间碱基 A	中间碱基 G	第三个碱基（3′端）
U	Phe	Ser	Tyr	Cys	U
	Phe	Ser	Tyr	Cys	C
	Leu	Ser	终止密码	终止密码	A
	Leu	Ser	终止密码	Trp	G
C	Leu	Pro	His	Arg	U
	Leu	Pro	His	Arg	C
	Leu	Pro	Gln	Arg	A
	Leu	Pro	Gln	Arg	G
A	Ile	Thr	Asn	Ser	U
	Ile	Thr	Asn	Ser	C
	Ile	Thr	Lys	Arg	A
	Met**	Thr	Lys	Arg	G
G	Val	Ala	Asp	Gly	U
	Val	Ala	Asp	Gly	C
	Val	Ala	Glu	Gly	A
	Val	Ala	Glu	Gly	G

* 密码子的阅读方向 5′→3′； ** AUG 兼作起始密码子。

知识拓展框

扩大遗传字母表的梦想

地球上所有的生命形式都是以 A、T、C、G 4 种碱基为遗传字母编码 20 种基本氨基酸，并以氨基酸为构件分子形成千差万别的蛋白质。科学家们一直梦想“扩大遗传字母表”，从根源上改写生命。如果我们能在 DNA 中引入更多不同的碱基，就能产生更多的密码子，从而将更多不同性质的氨基酸整合进蛋白质里，改变蛋白质的生物特性。为此，科学家们开展了相应的研究工作。

2014 年，美国加州 Scripps 研究所取得了一项突破成果。他们在大肠杆菌 DNA 中插入额外的碱基对 X 和 Y，这种改造的大肠杆菌 DNA 携带非天然碱基对 X-Y，不过大肠杆菌细胞分裂缓慢，而且随着时间的推移，细胞还会失去携带“外来碱基”的 DNA。

2017 年 12 月，Nature 报道科学家们获得了使用外来 DNA 合成蛋白质的健康细胞。为了让细胞能够使用这些非天然的碱基，他们创建了一种修改版的tRNAs（用非典型氨基酸对 tRNA 进行氨基酰化修饰)，成功将两种非天然存在的氨基酸——PrK 和 pAzF 整合到绿色荧光蛋白中。这些新的氨基酸没有改变绿色荧光蛋白的性状或功能。

那么，“非天然的外来碱基”究竟能用来做什么呢？天然存在的 4 种 DNA 碱基编码了 20 种氨基酸，但额外加入非天然的 X-Y 碱基对能够额外编码多达 152 种氨基酸，这可能会成为新药和新型材料的“基石”，为创建新生命建立了平台。

Malyshev D A，Dhami K，Lavergn T，et al. A semi-synthetic organism with an expanded genetic alphabet. Nature，2014，509：385-388.

Zhang Y，Ptactin J L，Fishcher E C，et al. A semi-synthetic organism that stores and retrieves increased genetic information. Nature，2017，551(7682)：644-647.

二、密码子的基本性质

1. 通用性(universality)

密码子的通用性是指所有生物可共用同一套密码。密码子的通用性为进化论提供了强有力的支持，充分说明所有生物都有共同的起源。

然而，个别密码子在不同物种中也具有不同的含义，即密码子通用性存在例外。例如，AUA 在通用密码中编码异亮氨酸，但在果蝇、酵母等物种的线粒体中表示甲硫氨酸；原核生物支原体中，UGA 表示色氨酸，而作为通用密码 UGA 则表示终止信号。

2. 连续性

在 mRNA 链上，从起始信号到终止信号，密码子的排列是连续的，密码子之间既没有重叠也不存在间隔，即无标点。翻译时必须正确选择阅读起点，依次译读，这样由起始密码子至终止密码子组成的一个区域叫阅读框架(reading frame)，简称阅读框。如果阅读框中缺失 1 个或 2 个核苷酸，或者跳越 1 个核苷酸，所有密码子将发生连续改变即移码(frame shift)，从而产生错义的蛋白质。基因发生移码突变(frame-shift mutation)会产生严重后果，即此原因。

一般来说，一个阅读框编码一种蛋白质，基因是不重叠的，但在一些病毒中，同一 DNA 碱基顺序可以编码出两条不同的多肽链，这是由于有些基因可以完全埋藏在另一个基因之内或呈现部分重叠。例如，1976 年 Barrel 等发现，噬菌体 Φ×174 环型单链 DNA 为 5 386 nt，编码 9 种蛋白质，其中 *E* 基因的 237 nt 序列完全包含在长度为 456 nt 的 *D* 基因之内，但它们的阅读框不同。1977 年，Sanger 又发现 *B* 基因的 260 nt 完全位于含 1 546 nt 的 *A* 基因之内。此外，又发现另一个 *K* 基因跨越在 *A* 和 *C* 基因之间，基因 *E* 与 *D* 共用一段相同的碱基顺序，但阅读框不同(图 17 - 1)。

迄今为止，只有在噬菌体和病毒中发现基因重叠现象，这可能是因为在进化过程中，它们的基因组很小，而又必须有多种基因产物，这种压力导致了基因重叠现象的发生。

3. 简并性(degeneracy)

密码子简并性是指由几种密码子编码同一种氨基酸的现象。编码同一种氨基酸的一组密码子互称同义密码子(synonymous codon)。20 种氨基酸中除甲硫氨酸和色氨酸只有 1 个密码子外，其余都有 2 个或 2 个以上同义密码子。相反，没有哪个密码子能编码一个以上氨基酸。

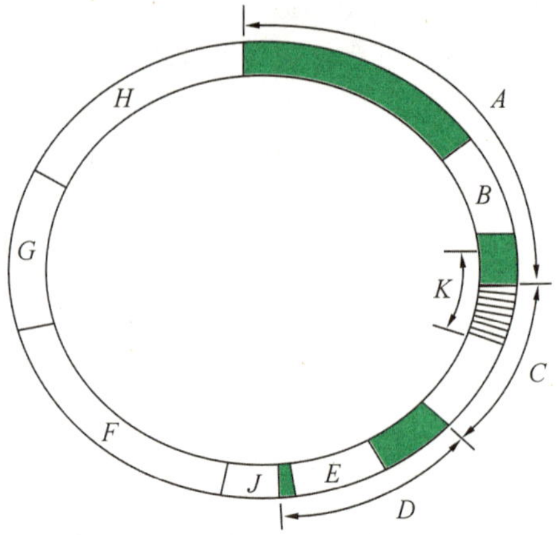

B 基因在 *A* 基因序列内；*E* 基因在 *D* 基因序列内；*K* 基因跨越 *A* 和 *C* 基因序列

图 17-1　噬菌体 Φ×174 环型 DNA 的基因

密码子的简并性往往表现在第 3 位碱基上。如编码缬氨酸的 4 个密码子(UGU、UGC、UGA 和 UGG)中，前 2 个碱基完全相同，只有第 3 位碱基不同，说明密码子的专一性主要取决于前 2 位碱基，第 3 位碱基作用有限。密码子的简并性具有重要意义，它增加了密码子中碱基改变仍然编码原来氨基酸的可能性，减少了因碱基变化造成的可能危害，有利于生物遗传与进化的统一。

既然一些氨基酸有多个密码子编码，那么同义密码子的使用频率是否相同呢？研究者发现，不同物种都有自己优先使用的密码子。表 17-2 显示了大肠杆菌和人类 1 000 个基因中 3 组同义密码子的使用频率。可以看出，亮氨酸密码子(CUU 和 UUG)以及丙氨酸密码子(GCA)在 2 种生物中出现频率基本相同，但是亮氨酸密码子(CUC)、脯氨酸密码子(CCA、CCC、CCG、CCU)以及丙氨酸密码子(GCG)在 2 个物种中的使用频率相差很大，表明不同物种在使用通用密码时存在偏好性。

表 17-2　3 组同义密码子在大肠杆菌和人类基因中的使用频率比较

氨基酸	密码子	大肠杆菌 基因频率($\times 10^3$)	人类 基因频率($\times 10^3$)
Leu	CUA	3.2	6.1
	CUC	9.9	20.1
	CUG	54.6	42.1
	CUU	10.2	10.8
	UUA	10.9	5.4
	UUG	11.5	11.1
Pro	CCA	8.2	15.4
	CCC	4.3	20.6
	CCG	23.8	6.8
	CCU	6.6	16.1
Ala	GCA	15.6	14.4
	GCC	34.4	29.7
	GCG	32.9	7.2
	GCU	13.4	18.9

4. 变偶性

tRNA 和 mRNA 的识别是通过反密码子与密码子的反向碱基配对来实现的(图 17-2)，即密码子的第 1 位碱基(5′端)与反密码子的第 3 位碱基(3′端)等依次配对。

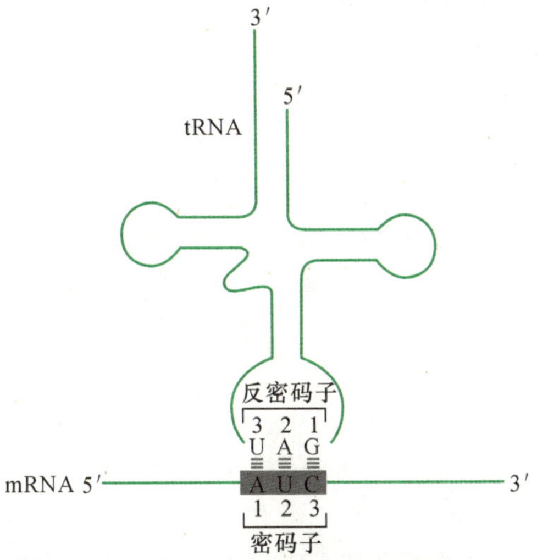

图 17-2　密码子与反密码子的反向互补识别

mRNA 上的密码子在与 tRNA 的反密码子进行碱基配对时，前两对严格遵循 A—U、G—C 间的配对原则，但最后一对可以有一定变动，Crick 称这种现象为变偶性(wobble)，或称“摆动”性。从表 17-3 可以看出，tRNA 反密码子第 1 个核苷酸碱基为 I(次黄嘌呤)时，可以与密码子第 3 个碱基 U、C 或 A 配对。反密码子 5′端碱基和密码子 3′端碱基被定义为变偶碱基(wobble base)。tRNA 反密码子的变偶碱基常为修饰碱基，次黄嘌呤出现的频率比较高。

表 17-3　密码子与反密码子第 3 对碱基配对的“摆动”规则

反密码子 5′碱基	C	A	U	G	I
密码子 3′碱基	G	U	A 或 G	C 或 U	U、C 或 A

一种 tRNA 分子常常能够识别一种以上的同义密码子，就是因为 tRNA 分子上的反密码子与密码子配对具有变偶性。由于变偶性的存在，理论上细胞中只需要 32 种 tRNA 就能识别 61 个编码氨基酸的密码子。配对的变偶性源于 tRNA 反密码子环的空间结构特点。反密码子 5′端碱基处于“L”形 tRNA 的顶端，受到的碱基堆积力束缚较小，有较大的自由度，故配对适应性强。

第二节　蛋白质合成体系

蛋白质合成是一个非常复杂的过程。20 世纪 70 年代，研究人员基于①核糖体是蛋白质的合成场所，②蛋白质新生肽链合成的起始过程中存在氨酰 tRNA 与 mRNA 的相互作用，

③蛋白质肽链延伸以及终止过程中核糖体组分的确定这 3 项研究结果，基本明确了蛋白质肽链合成的生物化学机制。蛋白质合成体系包括 mRNA、tRNA、核糖体以及诸多蛋白质辅助因子。

一、mRNA 是合成蛋白质的模板

作为蛋白质合成模板，mRNA 是如何与核糖体发生相互作用的呢？mRNA 起始密码子上游为核糖体结合位点（ribosome binding site，RBS）。Shine 和 Dalgarno 发现原核生物 mRNA 5′端起始密码子前存在一段富含嘌呤的核苷酸序列，长度为 4～9 nt，它能与核糖体小亚基 16S rRNA 的 3′端序列互补，被称之为 SD 序列（Shine - Dalgarno sequence）（图 17 - 3）。mRNA 通过自身的 SD 序列与核糖体小亚基识别，促进蛋白质合成起始复合物的组装。

图 17 - 3　大肠杆菌 mRNA 的 SD 序列负责与核糖体的识别

二、tRNA 是转运氨基酸的工具

在蛋白质合成过程中，tRNA 携带特定氨基酸，并按照 mRNA 的指令将其转运到核糖体上。

（一）tRNA 与氨基酸以酯键相连

原核细胞约有 60 种不同的 tRNA，真核细胞多达 100～120 种。绝大多数氨基酸需要一种以上的 tRNA 作为转运工具。运输同一种氨基酸的不同 tRNA 称为同工 tRNA（isoacceptor tRNAs）。在书写时为了区分不同 tRNA，通常将所转运氨基酸的三字母简写符号标在 tRNA 右上角。如 $tRNA^{Cys}$，表示专门转运半胱氨酸的 tRNA。除 20 种组成蛋白质的常见氨基酸外，还有少数氨基酸也有相应的密码子和 tRNA，如第 21 种氨基酸——硒代半胱氨酸（Sec，SeCys）由 $tRNA^{Sec}$ 携带。

所有 tRNA 在 3′端都有相似的氨基酸接受位点 CCA。氨基酸的连接由氨酰 - tRNA 合成酶（aminoacyl - tRNA synthetase）催化，反应分两步（图 17 - 4）：首先，氨基酸的 α - 羧基与 ATP 的 α - 磷酸基团形成酯键，生成氨酰腺苷酸，释放出的焦磷酸继续水解为无机磷；然后，tRNA CCA 的末端 3′ - OH 上的氧亲核进攻氨酰腺苷酸的羰基碳，代换掉 AMP，与氨基酸以酯键相连形成氨酰 - tRNA。

氨酰 - tRNA 习惯写法是在 tRNA 前加氨基酸的三字母缩写符号和连接线，如 $Ala\text{-}tRNA^{Ala}$，可简写为 Ala-tRNA。

氨基酸连接到 tRNA 上的反应称为氨基酸的活化。只有活化后的氨基酸才能参与蛋白质合成。氨基酸的活化实际消耗了 2 个高能键。氨基酸活化反应可以简写为：

$$\text{氨基酸}+tRNA+ATP \longrightarrow \text{氨酰}-tRNA+AMP+2Pi$$

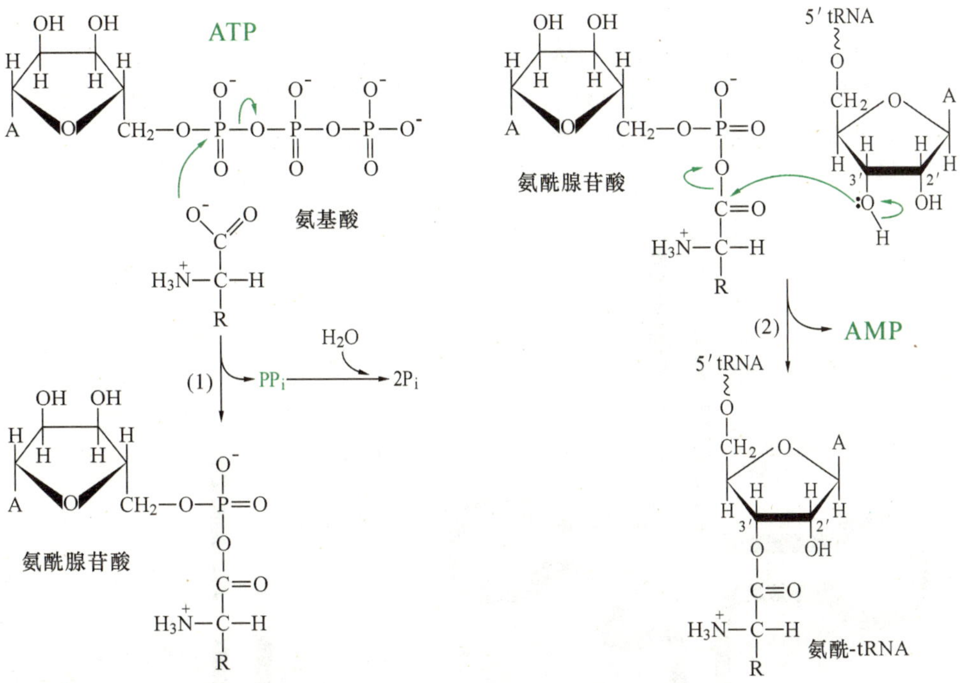

图 17-4　tRNA 负载氨基酸的两步反应

(二)氨酰 tRNA 合成酶催化氨基酸与 tRNA 的连接

上述氨酰-tRNA 的产生是在氨酰 tRNA 合成酶催化下完成的。由于同工 tRNA 的存在，氨基酸与相应的 tRNA 之间不完全是一一对应关系，而是一种氨基酸对应多种 tRNA。那么，催化氨基酸与其同工 tRNA 之间连接的氨酰-tRNA 合成酶是同一种，还是有很多种呢？有关研究证实，绝大多数生物都含有 20 种氨酰-tRNA 合成酶，即每种氨基酸与其 tRNA 的连接都是由同一种酶催化完成的。不过也有例外，比如，有些细菌就缺乏催化谷氨酰胺的氨酰-tRNA 合成酶，Gln-tRNA 的合成是由谷氨酸氨酰-tRNA 合成酶首先催化谷氨酸与 $tRNA^{Gln}$ 连接，产生 Glu-$tRNA^{Gln}$，再由其他酶将其中的谷氨酸转化为谷氨酰胺，形成 Gln-$tRNA^{Gln}$。

氨酰-tRNA 合成酶具有高度专一性，能准确挑选 tRNA。在 tRNA 的氨基酸接受臂上有重要的决定簇(determinants)被酶特异识别。在某些情况下，只要保留决定簇中某个碱基对，即使 tRNA 结构有较大变动，氨酰-tRNA 合成酶也能识别它。图 17-5A 是 $tRNA^{Ala}$ 三叶草结构，氨基酸接受臂上的 G·U 对是 Ala-tRNA 合成酶识别的特异位点；对 $tRNA^{Ala}$ 进行人工修饰(图 17-5B)，删除 13～66 位核苷酸，只保留氨基酸接受臂的部分，此时的 tRNA 仍然能被 Ala-tRNA 合成酶特异识别。氨酰-tRNA 合成酶与 tRNA 的特异识别，大大提高了氨基酸负载的准确性，被称为“第二遗传密码”(second genetic code)。

氨酰 tRNA 合成酶对氨基酸也有高度专一性，不仅能够通过区分氨基酸的化学基团、大小、形状等特征对氨基酸实施正确负载，还有校对活性(editing activity)。以异亮氨酸氨酰-tRNA 合成酶为例。Ile 与 Val 只差一个甲基，异亮氨酸氨酰-tRNA 合成酶对 Ile 的亲和力是 Val 的 100 倍，实际反应产物中 Ile-$tRNA^{Ile}$ 是 Val-$tRNA^{Ile}$ 的上万倍。另外，和大多数氨酰-

tRNA 合成酶一样，异亮氨酸氨酰 - tRNA 合成酶不仅存在催化氨基酸负载的活性位点，还存在氨酰 - tRNA 的校对位点(editing site)。氨基酸负载反应完成后，氨酰 - tRNA 从酶的活性位点进入校对位点，如果负载的是 Ile，产生的 Ile-tRNA^{Ile} 便离开酶，进入核糖体参与蛋白质合成；如果负载的是 Val，由于 Val 结构略小，便落入酶的校对位点被水解下来，产生空载 tRNA^{Ile} 和游离 Val，因此，阻止了 Val-tRNA^{Ile} 生成。

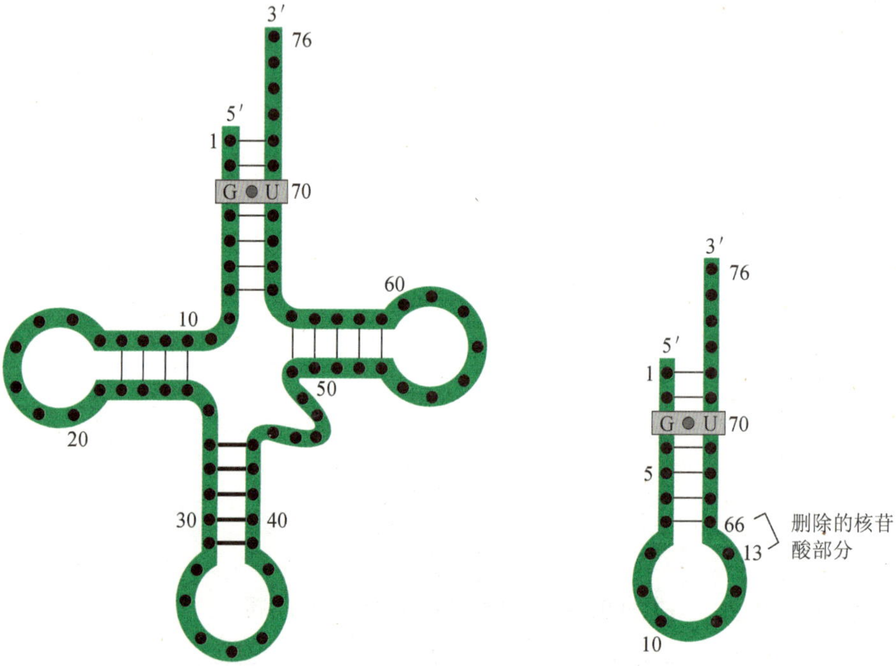

A　　　　B

图 17 - 5　丙氨酸氨酰 - tRNA 合成酶特异识别位点

三、核糖体是蛋白质合成的场所

早在 1950 年就有人将放射性同位素标记的氨基酸注入小鼠体内，经短时间后，分离各亚细胞组分，再分别测定放射性强度，结果表明放射性主要集中于核糖体，从而证明核糖体是蛋白质生物合成的场所。在其他蛋白质因子和酶的参与下，细胞在核糖体上按 mRNA 的指令将 tRNA 转运的氨基酸合成为蛋白质。

(一)核糖体组成与结构

每个细菌中平均约有 2 000 个核糖体，它们或以游离状态存在，或在蛋白质的合成过程中与 mRNA 结合。每个真核细胞含 10^6～10^7 个核糖体，其中一部分与内质网结合，形成粗糙内质网，其余存在于细胞质。此外，线粒体和叶绿体内也有自己的核糖体。

核糖体是一个高度复杂的超分子复合物，形似一个椭球体，包括大、小两个亚基，分别由几十种蛋白质和 rRNA 组成(图 17 - 6)。各种组分基本上都是单拷贝，其活性只有在组装成核糖体后才能表现出来。不同来源的核糖体在组成上的复杂程度有所不同。大肠杆菌核糖体相对分子质量为 2.5×10^6，沉降系数为 70S；小亚基为 30S，包括 16S rRNA 和 21 种蛋白质，其中 RNA 部分占 60%，蛋白质部分占 40%；大亚基为 50S，包括 23S、5S rRNA 和 31 种蛋白质，其中 RNA 部分占 70%，蛋白质部分占 30%。真核生物的核糖体沉降系数为 80S，其中小亚基 40S，大亚基 60S；rRNA 包括 28S、18S、5.8S 和 5S 四种，所含蛋白质种类更多。

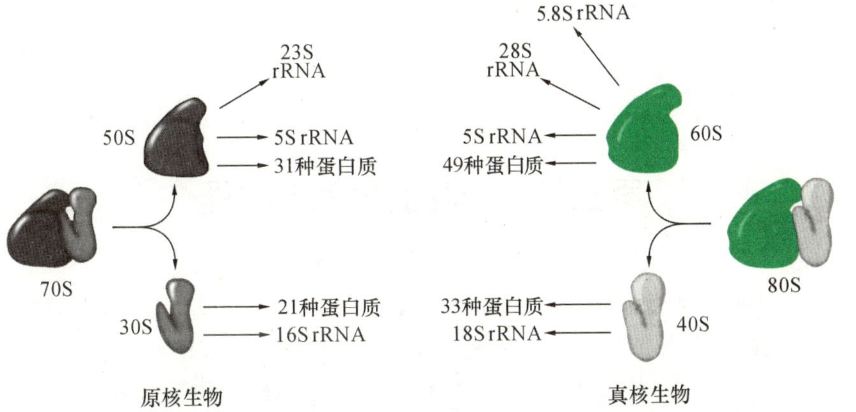

图 17-6　原核生物与真核生物核糖体组成比较

核糖体在细胞中以多种状态出现，除了亚基和完整核糖体外，无论是原核生物，还是真核生物，在蛋白质合成活跃的细胞中，都存在串联有 10～100 个核糖体的 mRNA，这些成串排列的核糖体被称为多聚核糖体(polysomes)。一条 mRNA 链上的核糖体数量依其长度而异，一般间隔 40 个核苷酸连接一个核糖体。一个 mRNA 分子被多个核糖体连续进行翻译，这种方式可以大大提高 mRNA 的使用效率。原核细胞转录和翻译紧密偶联，当 RNA 聚合酶沿 DNA 3′→5′方向转录 mRNA 时，未转录完成的 mRNA 就能够结合核糖体进行蛋白质翻译，这样在多聚核糖体上，离 mRNA 5′端越近的核糖体，其翻译开始越晚，合成多肽链长度也就越短。

(二)核糖体功能位点

应用核糖体重组技术并结合化学修饰、荧光标记、三维构象等分析，发现原核生物核糖体大小亚基之间有一个裂缝(或称通道)，裂缝附近存在多个活性位点(图 17-7)，包括：①A 位点(aminoacyl-tRNA site)，即氨酰-tRNA 位点，专门结合新掺入的氨酰-tRNA；②P 位点(peptidyl site)，即肽酰-tRNA 位点，是起始 tRNA 的结合位点，也能结合延伸中的肽酰-tRNA；③E 位点(exit site)，即空载 tRNA 离去位点。这 3 个位点都是分别部分占据大亚基，同时部分占有小亚基。

此外，在核糖体上还存在 mRNA 结合位点和众多蛋白质辅助因子的结合位点。

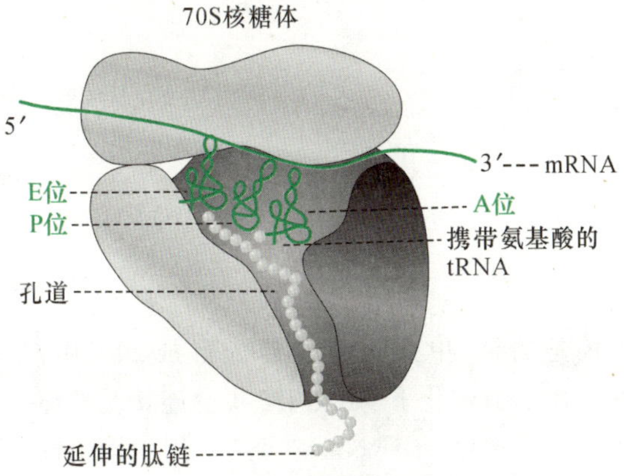

图 17-7　大肠杆菌核糖体功能位点

四、翻译辅助因子

蛋白质合成体系还需要一系列蛋白质辅助因子，包括起始因子(initiation factors，IF)、延伸因子(elongation factors，EF)和终止因子(release factors，RF)三大类，它们分别在肽链合成起始、延伸以及释放过程中发挥作用(详见下文)。另外，GTP、ATP 和 Mg^{2+} 等也参与蛋白质合成。

第三节　蛋白质合成过程

成熟蛋白质生物合成通常分为 5 个步骤：氨酰 - tRNA 的合成、多肽链合成的起始、延伸、终止，以及多肽链的折叠与加工。有关氨酰 - tRNA 的合成上一节已经提到，而多肽链的折叠与加工将在下节专门讨论，本节以大肠杆菌为例重点介绍原核生物新生多肽链合成的起始、延伸和终止过程。

一、原核生物多肽链合成的起始

多肽链合成的起始是指 mRNA、核糖体和第一个氨酰 - tRNA 三者相互识别并结合为复合物的过程。用于合成多肽链的第一个氨基酸称为起始氨基酸。起始氨基酸装载到 tRNA 上不仅需要特殊的酶，也需要特定的 tRNA。

(一)起始氨基酸

绝大多数多肽链的合成都以甲硫氨酸作为 N 端的起始氨基酸，但在翻译后的加工过程中有些被保留，有些则被删除。原核生物合成蛋白质的起始氨基酸是被甲酰化了的甲硫氨酸，即 N - 甲酰甲硫氨酸(N-formylmethionine，fMet)。fMet 的 α - 氨基被甲酰基封闭，不能参与肽链的延伸，只能作为起始氨基酸。

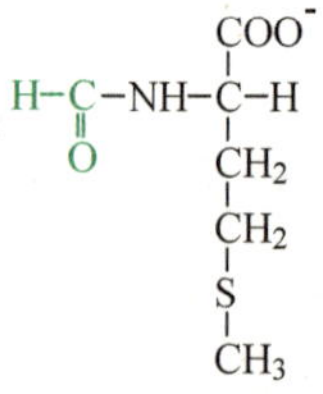

N-甲酰甲硫氨酸

有趣的是，甲硫氨酸并非先形成 N - 甲酰甲硫氨酸再被 tRNA 转运，而是先在氨酰 - tRNA 合成酶催化下与 tRNA 共价连接为 Met-tRNA，再经甲酰化酶作用形成 N - 甲酰甲硫氨酸 - tRNA(fMet-tRNA)。那么，用于携带起始甲硫氨酸和肽链内甲硫氨酸的 tRNA 是否相同呢？答案是否定的。甲硫氨酸的 tRNA 有两种：$tRNA_f^{Met}$ 识别起始密码子 AUG，携带 Met，并随后被甲酰化形成 fMet-tRNA$_f^{Met}$；tRNA^{Met} 为肽链延长过程中甲硫氨酰 - tRNA，只携带 Met（真核生物起始 tRNA 表示为 tRNA$_i^{Met}$）。

（二）起始复合物的组装

起始复合物的组装需要 30S 小亚基、50S 大亚基、mRNA、fMet－tRNA$_f^{Met}$、3 个起始因子（IF1、IF2 和 IF3）、GTP 和 Mg^{2+} 等。起始复合物的组装不是一次完成的，而是分两步进行：先形成 30S 起始复合物，再形成 70S 起始复合物（图 17 - 8）。

核糖体在完成上一轮蛋白质合成后通常解离为大、小两个亚基（图 17 - 8a），此时，IF3 与小亚基 E 位结合，从而阻止大、小亚基的无效结合（图 17 - 8b）。组装时，IF2（也是一种 GTP 酶）首先与 IF1、GTP 结合，进入核糖体小亚基的 A 位（图 17 - 8c）；mRNA 在 5′端的 SD 序列处与核糖体小亚基 16S rRNA 识别、结合；fMet-tRNA$_f^{Met}$ 进入小亚基 P 位，并与 IF2 结合；mRNA 起始密码子 AUG 与 fMet-tRNA$_f^{Met}$ 的反密码子识别，30S 起始复合物形成。mRNA 和起始氨酰 tRNA 与核糖体是独立且任意顺序结合。（图 17 - 8d ）。

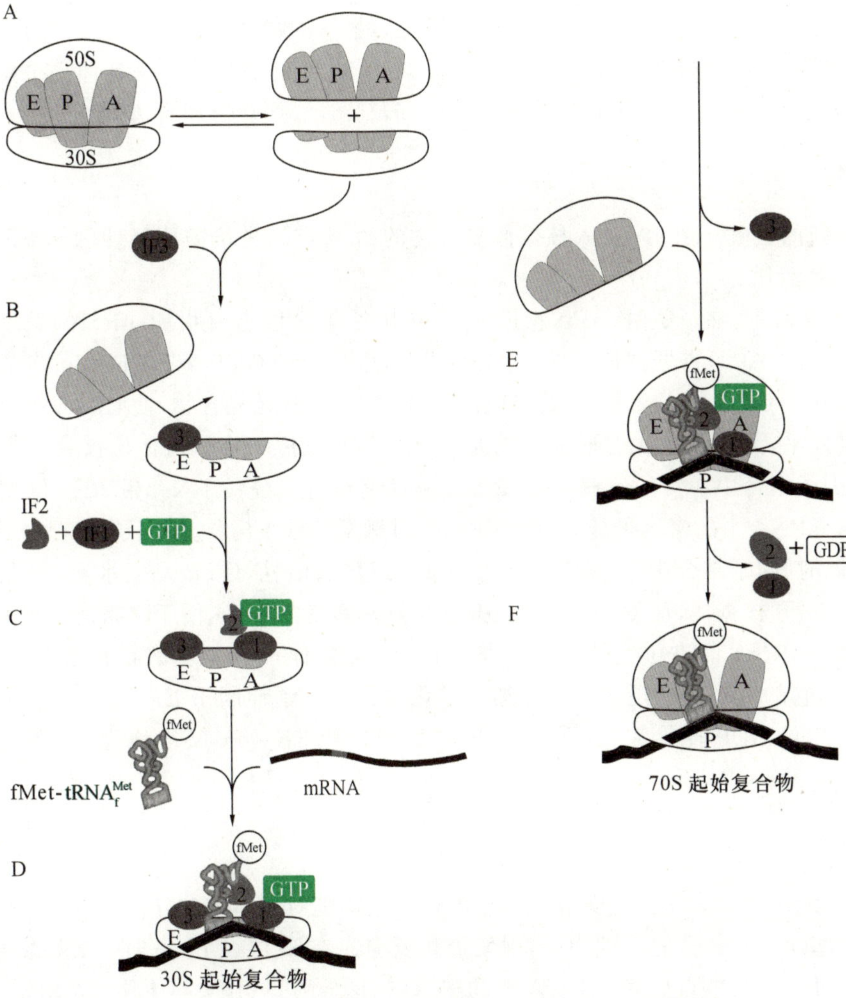

图 17 - 8　原核生物蛋白质新生肽链合成的起始过程

30S起始复合物形成后，密码子与反密码子的正确识别导致核糖体小亚基构象发生变化，IF3释放。此时，核糖体大亚基易于与小亚基结合，形成70S起始复合物前体（图17-9e）。核糖体大、小亚基的结合激发了IF2的酶活性，IF2水解GTP产生IF2·GDP。IF2·GDP与核糖体和起始氨酰tRNA的亲和力大大降低，IF2、GDP和IF1相继离开核糖体，70S起始复合物组装完毕。

真核生物多肽链合成的起始与原核生物存在较大差异。主要区别为：①真核生物起始氨基酸不被甲酰化，仅借助起始tRNA（$tRNA_i^{Met}$）和内部tRNA（$tRNA^{Met}$）的差别来区分起始密码子和阅读框内密码子；②真核生物起始因子有10多个，而不是3个；③真核生物mRNA没有SD序列，核糖体结合位点（ribosome binding site，RBS）在起始密码子附近，常见有GCCAGCCAUGG。

二、多肽链合成的延伸

70S起始复合物组装完成后，便进入肽链延伸阶段。在N-甲酰甲硫氨酸的羧基端延伸一个氨基酸残基，形成二肽；在二肽的羧基端继续延伸便形成更长的肽链。在整个合成过程中，肽链一直连接在tRNA上，即以肽基-tRNA（或称肽酰-tRNA）形式出现。蛋白质翻译方向是从mRNA的5′端向3′端进行，多肽链合成则是从N端向C端延伸。每延伸一个氨基酸都要经历进位、转肽（transpeptidation）和移位（translocation，又称易位）3个步骤（图17-9）。

（一）进位

进位是指新的氨酰-tRNA进入核糖体复合物的A位点。进位需要延伸因子EF-Tu引导，而且有GTP消耗。

如图17-10所示，在新氨酰-tRNA进入A位点之前，P位点由肽基-tRNA（第一个肽键合成时为fMet-$tRNA_f^{Met}$）占据。EF-Tu与IF2相似，也是一种GTP酶。EF-Tu首先与GTP结合形成EF-Tu-GTP，再与氨酰-tRNA的3′端结合形成三元复合物，使tRNA携带的氨基酸暂时被包裹起来，无法参与肽键形成。三元复合物借助EF-Tu-GTP与核糖体大亚基A位点附近的“因子结合中心”（factor binding center）结合，将氨酰-tRNA带入A位点，tRNA的反密码子与mRNA上的密码子配对，碱基正确配对触发核糖体构象改变，导致氨酰-tRNA结合变得稳定；同时“因子结合中心”激活EF-Tu的GTP酶活性，GTP发生水解，由此产生的EF-Tu-GDP离开核糖体，使氨酰-tRNA携带的氨基酸暴露出来，便于未来的肽键形成。

至此，氨酰-tRNA的进位完成。需要指出的是，每延伸一个氨基酸都需要消耗1分子EF-Tu-GTP，它的及时更新是必需的。细胞进化出另一个延伸因子EF-Ts，专门用来帮助无活性的EF-Tu-GDP转化为有活性的EF-Tu-GTP，EF-Ts又被称为GTP交换因子（GTP exchange factor）。

（二）转肽

当氨酰-tRNA进入A位点、反密码子与密码子正确配对后，tRNA所携带的氨基酸正好落在50S大亚基的肽基转移酶活性中心，引发催化反应。在A位点上，新加入氨基酸的α-氨基作为亲核基团攻击P位点肽基-tRNA上的羰基碳，形成肽键（图17-11）。换句话说，P位点肽基从肽基-tRNA上转移到A位点的氨酰-tRNA的氨基上，即所谓转肽。

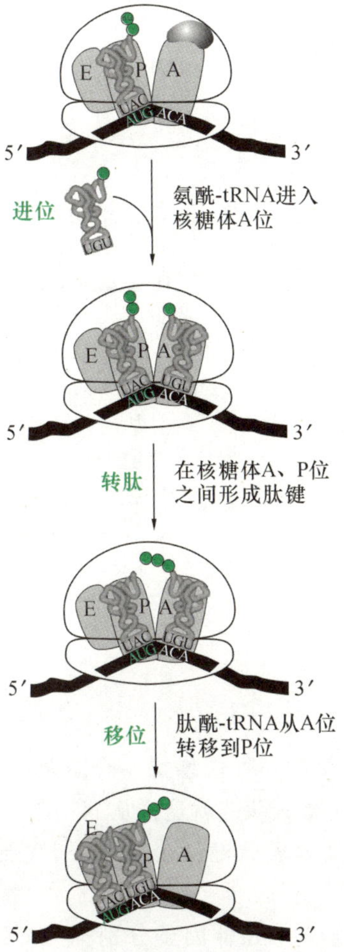

图 17-9　多肽链延伸 3 个步骤

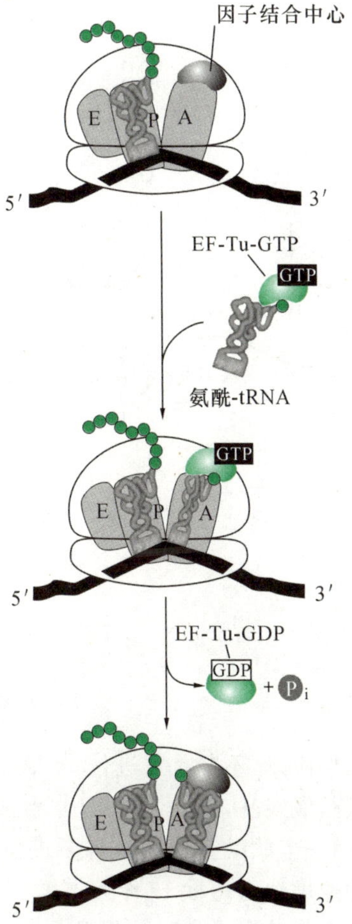

图 17-10　EF-Tu-GTP 引导氨酰-tRNA 进位

转肽反应的实质是使肽基的酯键变成肽键。肽基转移酶是由核糖体大亚基 23S rRNA 提供活性的，属于核酶。由此形成的肽链延伸方向是从 N 端到 C 端。此时，A 位点上的 tRNA 携带的是肽基-tRNA，脱去负载的 tRNA 依然留在 P 位点。

(三)移位

移位是指核糖体沿 mRNA 由 5′向 3′方向移动一个密码子。移位反应需要延伸因子 EF-G 和 GTP。

如图 17-12 所示，EF-G 首先与 GTP 形成 EF-G-GTP 复合物，此时核糖体大亚基“因子结合中心”已经暴露出来，EF-G-GTP 便与大亚基 A 位结合并与“因子结合中心”互作，触发 GTP 水解，产生 EF-G-GDP。可见 EF-G 也是一个 GTP 酶。GTP 水解产生的能量先引起 EF-G 的构象改变，进而引起核糖体构象改变，促使 EF-G-GDP 进入核糖体小亚基 A 位，迫使 A 位点的肽基 tRNA 发生移位，进入 P 位点，结果促使整个核糖体向前移动 3 个核苷酸。EF-G-GDP 释放后 A 位空出，肽基-tRNA 恰好处于核糖体 P 位点，原 P 位点上的脱酰化 tRNA 进入 E 位并脱离核糖体。这样，每移动一次，相当于核糖体沿 mRNA 的 5′→ 3′方向移动 1 个密码子的位置。

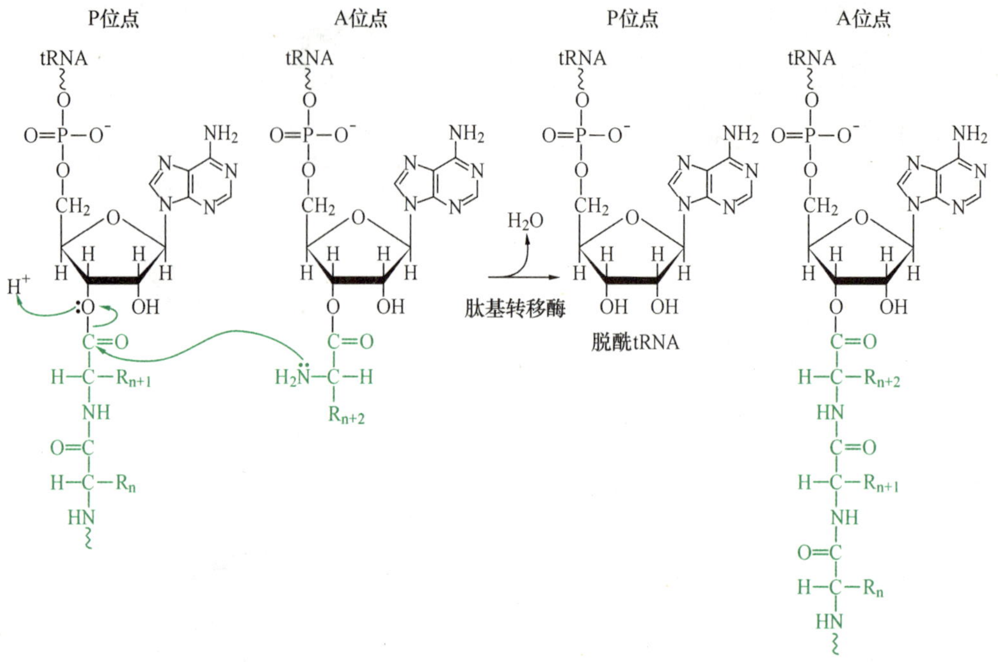

图 17-11　肽键的形成

在肽链延伸阶段，不断重复进位、转肽、移位 3 步反应，每循环一次增加 1 个氨基酸残基，每掺入 1 个氨基酸残基，有 2 个 GTP 水解成 GDP，以提供能量。肽链就这样从 N-端向 C-端延伸，总是前面一个肽酰基的羧基与新进位的氨基酸的氨基形成肽键。在 37℃下，大肠杆菌合成蛋白质的速度约为每秒 17 个氨基酸。

真核生物多肽链合成的延伸循环与原核生物十分相似，3 个延伸因子分别称为 eEF1A、eEF1B 和 eEF2。eEF1A 和 eEF1B 相当于原核生物的 EF-Tu 和 EF-Ts，eEF2 相当于 EF-G。真核生物核糖体没有 E 位点，脱酰 tRNA 直接从 P 位点脱落。

三、多肽链合成的终止

当 mRNA 的 3 个终止密码子任意一个进入核糖体 A 位点时，翻译进入终止(termination)阶段。没有一个 tRNA 能识别终止密码子，终止作用是由终止因子或叫释放因子(release factors，RF)的蛋白质促成的。大肠杆菌有 3 个终止因子：RF-1、RF-2 和 RF-3。RF-1 和 RF-2 分别识别终止密码子 UAG 和 UGA，但都能识别终止密码子 UAA；RF-3 的作用是参与 RF-1、RF-2 的释放。

所有释放因子都是蛋白质，那么，它们是如何识别终止密码子并终止翻译过程的呢？

RF1 和 RF-2 在氨基酸序列上具有 39%的一致性，二者在三级结构上十分类似 tRNA。如果将 RF-1 的保守序列 Pro-Ala-Thr(PAT)与 RF-2 的保守序列 Ser-Pro-Phe (SPF) 进行交换，二者识别 mRNA 终止密码子的特异性将会发生交换，说明这些区域有类似于 tRNA 反密码子的作用，故称为肽反密码子(peptide anticodon)。另外，RF-1 和 RF-2 还含有一个重要保守序列，即 GGQ 基序(glycine glycine glutamine motif)。

如图17-13所示，当RF-1(或RF-2)通过肽反密码子与mRNA终止密码子识别并与核糖体结合后，GGQ基序靠近P位点肽基-tRNA 3′端，该基序参与或者介导了肽基tRNA上肽链的水解。此时，多肽链的延伸反应发生改变，肽基被转移到水分子上，即多肽链被水解下来，导致蛋白质新生肽链合成的终止；另一个释放因子RF-3与GDP的复合物(RF-3-GDP)与核糖体结合，在RF-1的刺激下发生GDP-GTP交换，使RF-3与核糖体结合更紧密，RF-1解离下来；RF-3-GTP进入核糖体因子结合中心，RF-3的GTP酶活性被激活，GTP发生水解，RF3-GDP和Pi脱离核糖体。

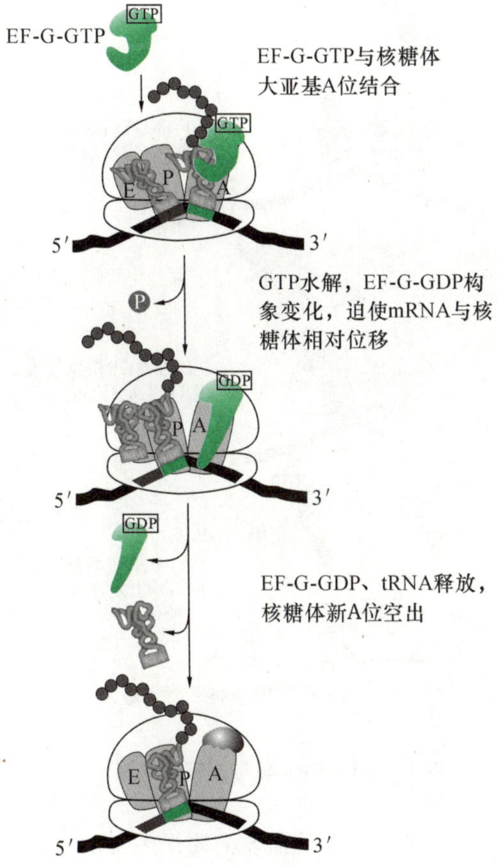

图17-12　EF-G参与的核糖体移位过程

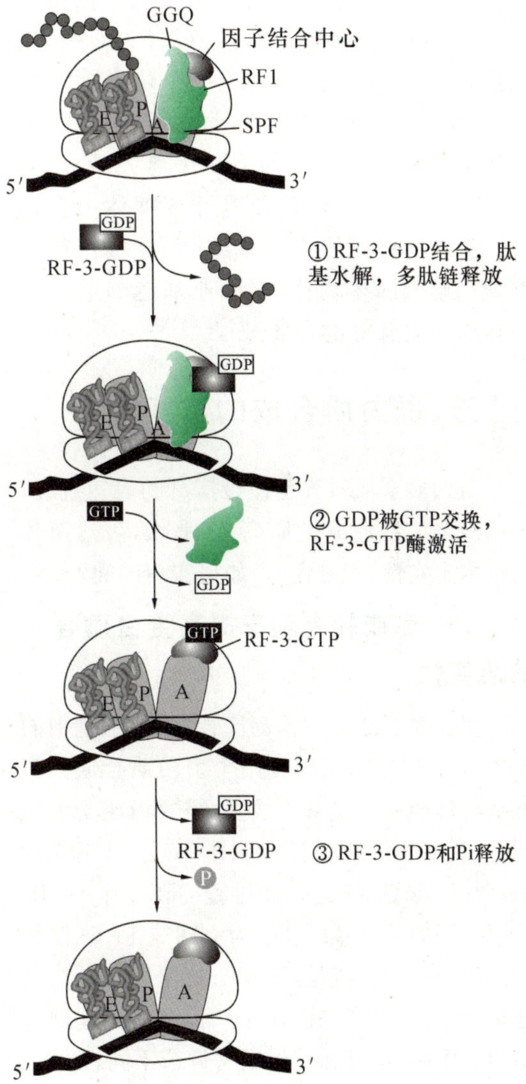

图17-13　RF-3参与的多肽链释放过程

在真核生物中，有两种类型的释放因子，eRF1识别3个终止密码子。eRF3是GTP酶，与eRF1互作并增强eRF1的作用。

四、核糖体的重新利用

当蛋白质新生肽链合成完成后，RF-1(或 RF2)以及 RF3 从核糖体上解离，核糖体发生解聚以备重新利用。这个过程由核糖体循环因子 RRF(ribosome recycling factor)、EF-G 以及 IF-3 共同完成(图 17-14)。

RRF 的结构类似于 tRNA，在各释放因子从核糖体上解离后，RRF 结合到核糖体空出的 A 位点，并募集 EF-G-GTP；EF-G 被激活，水解 GTP，促使 E、P 2 个位点上的空载 tRNA 从核糖体上离去，同时 RRF 进入核糖体 P 位点。当空载的 tRNA 离去后，RRF 和 EF-G-GDP 也随即离开核糖体，此时，IF3 进入与核糖体小亚基结合，导致核糖体解聚。解聚的核糖体大、小亚基能够进入下一轮蛋白质肽链的合成过程。

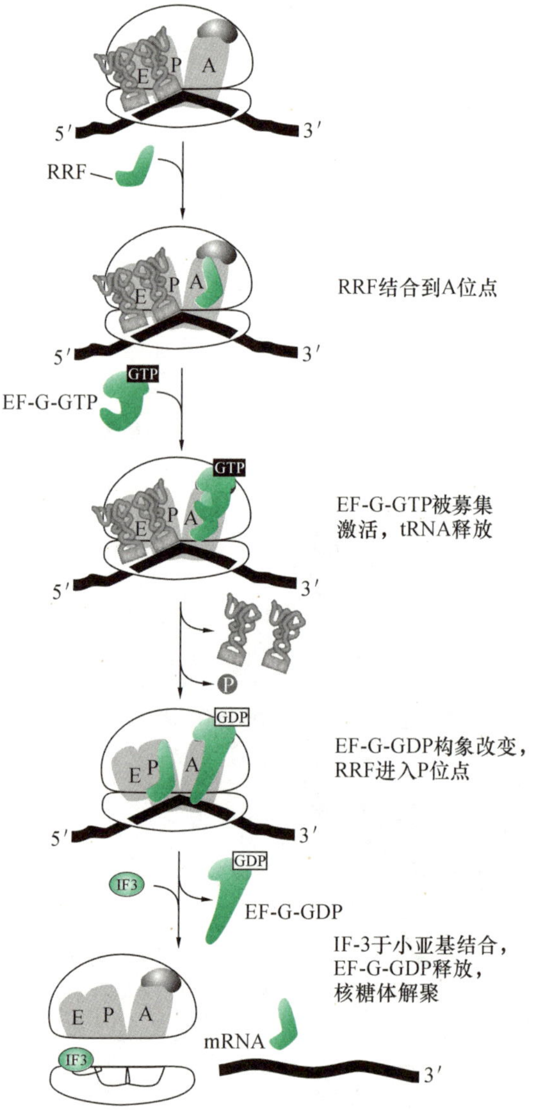

图 17-14　RRF 参与核糖体解聚

五、蛋白质合成的忠实性

蛋白质合成过程是遗传信息的表达过程，蛋白质合成如此复杂而高效，那么，表达遗传信息的忠实性(正确性)是如何实现的呢？

(一)高能耗有利于提高蛋白质合成的忠实性

蛋白质合成是一个高能耗过程，细胞中的 ATP 类物质有相当部分用于蛋白质合成。多肽链每延伸一个氨基酸残基，需要消耗 4 个高能键：氨基酸活化消耗 1 分子 ATP，实际为 2 个高能磷酸键；肽链延伸过程需要 2 个 GTP。值得一提的是，GTP 水解为 GDP+Pi，不仅为蛋白质合成提供能量，还参与核糖体组分构象变化，从这个角度来讲，GTP 和 GDP 还起到别构调节作用，不过和其他别构调节不同，蛋白质生物合成中的别构调节需要消耗很多能量。

4 个高能磷酸酯键的水解自由能(−122 kJ/mol)远远高于 1 个肽键(−21 kJ/mol)的能量，额外耗能中绝大部分用于蛋白质合成中的熵减过程。20 种游离氨基酸经过生物合成按照特定顺序形成多肽链，这显然是一个熵减过程。蛋白质是一个含有信息的多聚体，肽键的形成不是一个简单的随机过程，而是特定氨基酸间形成的，多付出的能量有利于 mRNA 的信息正确转译为蛋白质氨基酸序列。

(二)氨酰 tRNA 合成酶的贡献

如前所述,氨酰 tRNA 合成酶专一性非常强,既能分辨氨基酸,又能识别特异 tRNA,而且具有校对活性,可以使选择氨基酸和 tRNA 的错误率降低到万分之一以下。

在氨酰-tRNA 合成酶作用下形成正确的氨酰-tRNA,氨酰-tRNA 再通过反密码子与 mRNA 密码子配对,是正确合成蛋白质的关键因素。

(三)核糖体提供更多保障机制

核糖体具有独特的结构组成,有多个功能位点,不仅方便氨酰-tRNA 与 mRNA 之间的碱基配对,它还能识别配对是否正确,在多种蛋白质因子协助下使错配氨酰 tRNA 在多个步骤上脱离下来。核糖体至少存在 3 种机制保障蛋白质合成的忠实性。

(1)核糖体小亚基 16S rRNA 促进正确氨酰-tRNA 与核糖体结合　16S rRNA 上有两个相邻的腺嘌呤碱基(AA),如果密码子与反密码子形成正确配对,这两个碱基便能够与密码子的 5′端前两个碱基产生紧密的相互作用,使氨酰-tRNA 与核糖体结合比较紧密;如果配对错误,这种相互作用便被减弱,氨酰-tRNA 与核糖体的结合比较松弛,易解离(图 17-15)。

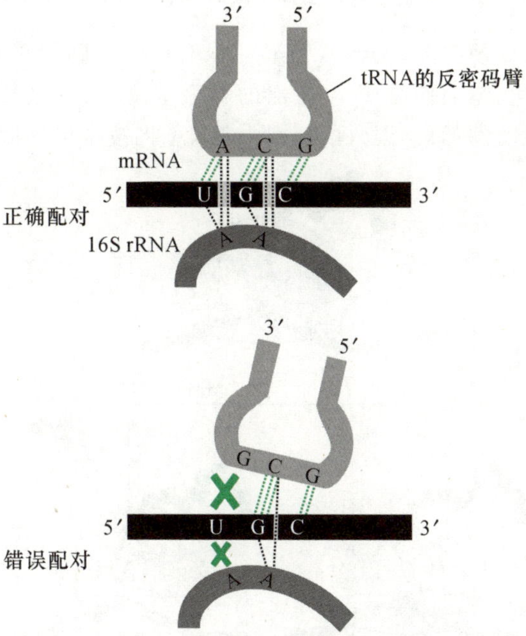

图 17-15　16S rRNA 与密码子 5′端前两个碱基的相互作用

(2)核糖体大亚基“因子结合中心”的作用　如果配对正确,氨酰-tRNA 携带的氨基酸便进入核糖体大亚基 A 位点,并与“因子结合中心”靠近;此时,EF-Tu 被激活,水解 GTP,EF-Tu-GDP 离开核糖体,使氨酰-tRNA 携带的氨基酸暴露出来易于肽键的形成。如果配对错误,氨酰-tRNA 虽然可以进入 A 位点,但是无法与“因子结合中心”靠近,EF-Tu 上的 GTP 不能水解,EF-Tu-GTP 连同氨酰-tRNA 一起离开核糖体,A 位点空出,等待正确氨酰-tRNA 的进入(图 17-16)。

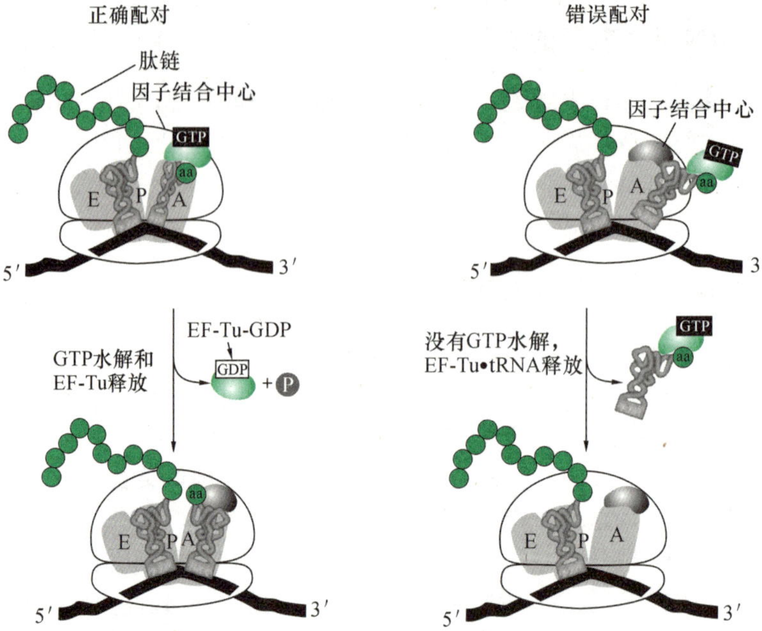

图 17-16　密码子与反密码子配对与 EF-Tu-GTP 的水解

(3)核糖体构象变化促使氨酰-tRNA 旋转　只有产生正确配对的氨酰-tRNA 才能促使核糖体发生正确构象变化，继而使处于 A 位点的氨酰基旋转，使氨基酸进入肽基转移酶的肽键形成位点，等待酶催化肽键形成；误入的氨酰-tRNA 将被排出核糖体外(图 17-17)。

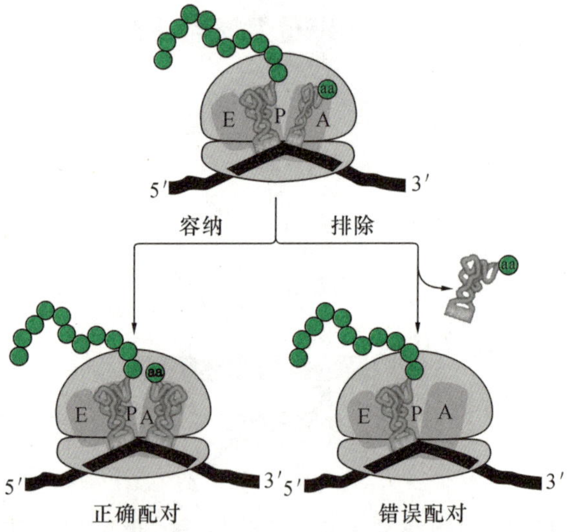

图 17-17　氨酰-tRNA 旋转

正是由于细胞中存在多种保证肽链合成正确性的机制，蛋白质的翻译错误率才仅保持在 $10^{-5} \sim 10^{-4}$ 的水平，使生物体得以正常生长和发育。

六、蛋白质合成抑制剂

蛋白质合成是细胞的一项中心功能，如果蛋白质合成受到抑制，细胞将失去正常活动而死亡。

常用抗生素中有许多是蛋白质合成的抑制剂，它们不仅可用来研究蛋白质合成的生物化学机制，作为抗菌剂用于实验室研究，还可以临床应用。抗生素种类不同，作用特点不同。四环素(tetracycline)抑制原核生物氨酰-tRNA与核糖体A位点的结合；链霉素(streptomycin)导致原核生物mRNA的错读，抑制肽链合成起始过程；氯霉素(chloramphenicol)抑制原核生物核糖体大亚基肽基转移酶的活性。嘌呤霉素(puromycin)是氨酰-tRNA类似物，确切地说是酪氨酰-tRNA的类似物，它可以造成原核生物和真核生物肽链合成提前终止。如图17-18所示，当它与核糖体A位结合后，经转肽作用，生成肽酰嘌呤霉素，由于嘌呤霉素的结构比氨酰-tRNA小，它虽然能够与核糖体大亚基A位点结合，但肽酰嘌呤霉素不能结合P位，于是从核糖体上解离下来，导致肽链合成终止。

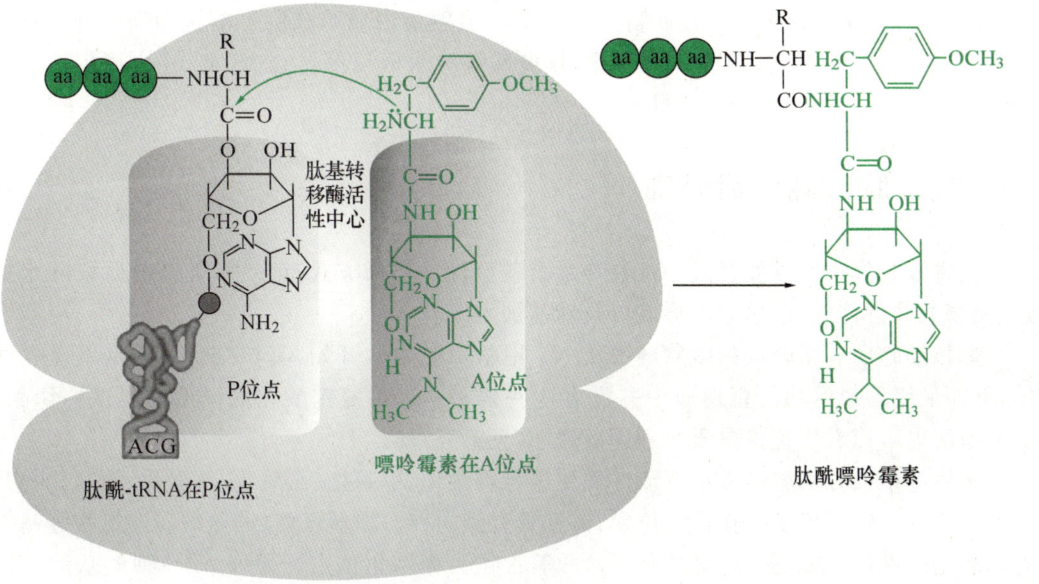

图17-18　嘌呤霉素进入核糖体A位点终止肽链合成

有些毒素也是蛋白质合成抑制剂。例如白喉毒素(diphtheria toxin)，它是一个由两条多肽链组成的相对分子质量为65 000的毒蛋白，它不抑制细菌蛋白质的合成，而是催化真核细胞eEF2与ADP-核糖连接促使延长因子失活，导致蛋白质合成受到抑制。蓖麻蛋白(ricin)也是两条多肽链组成的一种植物毒蛋白，它通过使60S亚基失活而抑制真核生物的蛋白质合成，因其对癌细胞的毒性比正常细胞更大些而被用于癌症治疗。

第三节　多肽链的折叠、修饰与转运

新合成的多肽链没有生物活性，需要进行正确折叠和适当加工，具有特殊定位的蛋白质还需要定向运输。本节简要介绍蛋白质多肽链的折叠、修饰及转运。

一、多肽链的折叠

在新生肽链合成过程中，先合成的一段通常含有较多疏水氨基酸残基，它们借助疏水作用自发向内折叠；随着多肽链的延长，氨基酸残基之间不断形成各种次级键，最后折叠为成熟蛋白质的天然构象，完成从线性 mRNA 遗传信息转变为三维构象蛋白质的过程。

有些新生肽链尤其是较大蛋白质的多肽链不能自发折叠为正确构象，需要特殊因子协助。在这些因子中，有一类属于酶，如蛋白质二硫键异构酶(protein disulfide isomerase)、肽酰脯氨酸顺反异构酶 (peptidyl prolyl cistrans isomerase)等；另一类称为分子伴侣(molecular chaperone)，即帮助新生肽正确折叠而自身并不参与成熟蛋白质组成的一类蛋白质。分子伴侣种类很多，有些为 ATP 酶。分子伴侣通过与多肽链疏水区反复结合、解离，一方面促进正确折叠；另一方面还可以逆转错误折叠。

二、多肽链翻译后修饰

大多数翻译产物需要经过一定修饰才具备活性。修饰方式有多种，如部分肽段的水解切除、氨基酸共价修饰、二硫键的形成以及辅基加入等。

原核细胞所有新合成的多肽链都从 N-甲酰甲硫氨酸开始，真核细胞则是从甲硫氨酸开始，然而最终形成的功能蛋白质中并没有这些残基。起始氨基酸在翻译后是要被酶切除的。酶原激活也可以看作是蛋白质的翻译后修饰(见第五章)。

多肽链中的氨基酸经常根据活性需要进行磷酸化、甲基化、乙酰化、泛素化、糖基化等共价修饰。共价修饰不仅发生在特定位置，而且具有倾向性。如丝氨酸、苏氨酸和酪氨酸羟基常作为磷酸化位点，天冬酰胺、丝氨酸和苏氨酸等常作为糖基化位点。另外，同一种氨基酸共价修饰对不同蛋白质作用不同，如乳中的酪蛋白有很多磷酸基，其功能是结合钙，从而有效提供幼年动物基本营养，而糖原磷酸化酶磷酸化后酶活性发生改变(见第五章)，有些蛋白质发生磷酸化还可引发癌变，等等。

三、蛋白质的转运

真核细胞具有特定的亚细胞结构，蛋白质在核糖体上合成以后，有些留在胞浆中，有些需要被转运、锚定(targeting)到特定细胞器中。需要转运的蛋白质都含有一段特殊的氨基酸序列，称为信号肽(signal peptide)或导肽序列(leader sequence)，引导蛋白质到达特定位置。信号肽多位于多肽链 N 端，长 13～36 个氨基酸残基，其氨基端至少含有一个碱性氨基酸，中间部分是由 10～15 个疏水氨基酸构成的疏水肽段。

蛋白质的分拣(sorting)和具体转运机制随蛋白质的种类和锚定地点不同而具有很大差别。真核细胞多肽链在信号肽指导下对内质网膜的跨膜运输是边翻译边转运，或称共翻译转运(cotranslational translocation)。下面以分泌性蛋白为例讨论共翻译转运是如何进行的。

蛋白质的转运过程有信号识别颗粒 (signal recognition particle, SRP)参与。SRP 是一

个核蛋白，含有 4 个蛋白质亚基和 1 个 300 nt 的 RNA。转运过程如图 17 - 19 所示：信号肽一旦从核糖体露出，SRP 立即与之结合，蛋白质合成随即停止；SRP 带领核糖体至内质网转运装置（translocation machinery），即由“SRP 受体 - 核糖体结合蛋白 - 信号肽酶”组成的膜通道复合物，SRP 与 SRP 受体结合，使信号肽正确定位于由核糖体结合蛋白形成的孔道。一旦 SRP - 核糖体锚定，暂时中断的翻译过程便恢复，SRP 借助一个偶联 GTP 水解的反应从核糖体上解离下来，核糖体进一步靠近镶嵌在脂双层中的信号肽酶（signal peptidase）；在信号肽酶作用下，信号肽在特定位点发生断裂，后进入内质网腔。此时，多肽链不断合成延伸，不断导入内质网中，进行折叠、修饰和进一步定向转运。当众多核糖体边合成蛋白质边将多肽链转运至内质网时，光滑内质网（smooth ER）转变为粗面内质网（rough ER）。

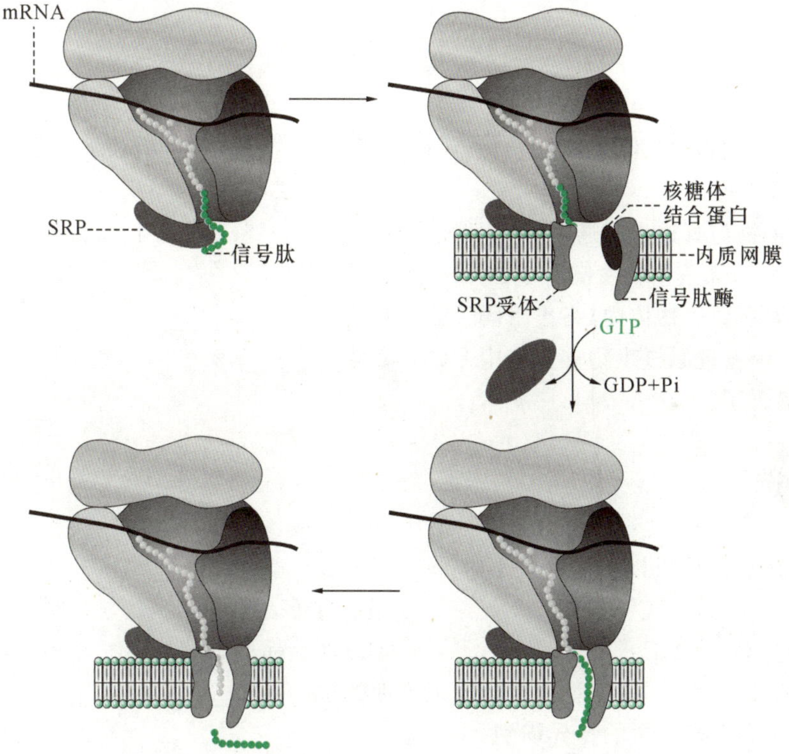

图 17 - 19　信号肽介导的蛋白质跨膜转运

（引自：Moran et al. Principles of Biochemistry，2012）

如果被转运的多肽链为膜蛋白，由于膜蛋白 C 端通常有 11～25 个疏水氨基酸残基，紧接着是一些碱性氨基酸残基，这些氨基酸会引起核糖体受体及孔道的解聚，因此，膜蛋白被锚定在内质网上。

原核细胞需要转运的新生肽链也存在信号肽，除了共翻译转运，还存在翻译后转运（post-translational translocation），转运装置的结构和具体转运过程等与真核细胞有很大差别。

参考文献

1. 朱圣庚，徐长法. 生物化学. 4 版. 北京：高等教育出版社，2016.

2. 郑集，陈均辉. 普通生物化学. 4 版. 北京：高等教育出版社，2007.
3. Berg J M，Tymoczko J L，Stryer L. Biochemistry. 7th ed. New York：W. H. Freeman and Company，2012.
4. Boyer R. Concepts in Biochemistry. 4th ed. Asia：John Wiley and Sons Inc，2006.
5. Horton H R，Moran L A，Scrimgeour K G，et al. Principle of Biochemistry. 4th ed. International：Pearson Education Inc(Asia)，2006.
6. Nelson D L，Cox M M. Lehninger Principles of Biochemistry. 3rd ed. New York：Worth Publishers，2000.
7. Voet D，Voet J G. Biochemistry. 3rd ed. International：John Wiley and Sons Inc，2004.
8. Watson J D，Baker T A，Bell S P，et al. Molecular biology of the Gene. 7th ed. Pearson Education Inc，2014.

思 考 题

二维码 17-1 原核生物蛋白质翻译

一、填空

1. 理论上，细胞中只需要 32 种 tRNA 就能识别 61 个编码氨基酸的密码子，其原因是密码子的________。

2. 原核生物与真核生物通用的起始密码子是________。原核生物肽链合成的第一个氨基酸是________，真核生物肽链合成的第一个氨基酸是________。

3. 在绝大多数生物体内，终止密码子分别是：________、________、________。1986 年，英国 Chambers 等发现原核生物支原体中 UGA 编码________，2002 年，美国 Hao 等发现产甲烷菌中 UAG 编码了________。

二、单选

1. 反密码子 ICC 可以识别哪些密码子________。

A)GGU，GGA，GGC　　B)UGG，AGG，CGG

C)GGG，GGA，GGC　　D)以上都不对

2. 原核生物细胞中，保证蛋白质合成正确性的是________。

A)密码子和反密码子的特异识别

B)tRNA 携带特异的氨基酸

C)氨酰-tRNA 合成酶可以校正错误

D)以上都包括

三、问答题

1. 简述原核生物多肽链合成的起始过程。
2. 简述大肠杆菌中蛋白质合成时多肽链的延伸过程。

第十八章

代 谢 调 节

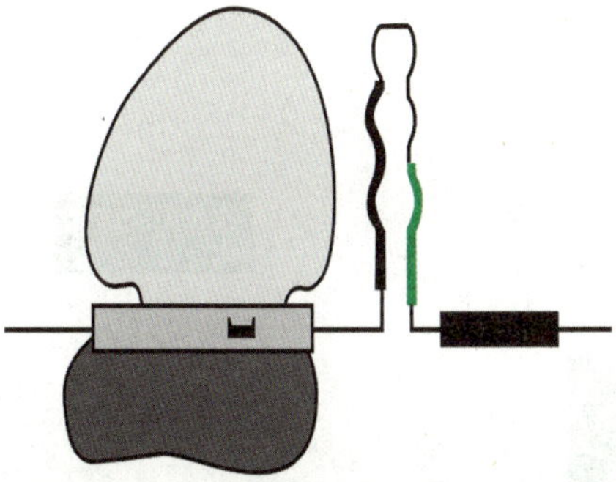

新陈代谢是生物体的基本特征之一。各种生物虽然结构特征和生活方式不同，但其新陈代谢都有着共同的规律。细胞从环境中获得物质和能量，用于构建自身结构；同时分解已有成分，加以利用，并将废物排出胞外。细胞代谢的高效、有序进行，离不开各种生物大分子的功能，离不开各类物质代谢途径的定向运行，也离不开各条代谢途径之间的联络和协调统一。代谢调节可在不同层面上进行，但最终都要进入到分子水平。本章首先概要总结各类代谢途径之间的相互联系，然后讨论代谢调节类型，重点分析原核生物基因表达调控的分子机制。

第一节　代谢途径的相互联系

细胞中生物分子成千上万，但它们最终都与几类基本代谢相联系。糖、脂、蛋白质和核酸四大代谢途径交叉形成网络，通过交叉点上关键中间代谢物而相互作用和相互转化。由于核酸类物质很少参与能量代谢，下面以糖、蛋白质和脂肪代谢网络为主（图 18 - 1）进行讨论。

一、不同代谢途径通过代谢共同的中间产物形成代谢网络

糖、蛋白质和脂肪 3 种物质代谢途径相互交叉，通过交叉点上的共同中间代谢物得以沟通。其中，6 - 磷酸葡萄糖、丙酮酸、乙酰 CoA、草酰乙酸、α - 酮戊二酸等是沟通各代谢的关键中间代谢物。另外，NADH、NADPH 和 $FADH_2$ 在能量代谢上的联络也是显而易见的。

代谢网络关系并非只存在于四大代谢之间，各类物质代谢内部的不同途径之间也存在密切关系。如在糖代谢中，6 - 磷酸葡萄糖既联系糖酵解，又联系磷酸戊糖途径和葡萄糖异生途径，此外，还通过变位生成 1 - 磷酸葡萄糖而参与糖原合成和降解（图 18 - 2）。可见，6 - 磷酸葡萄糖是糖原合成、糖原降解、糖酵解和磷酸戊糖途径以及葡萄糖异生途径的交叉点。

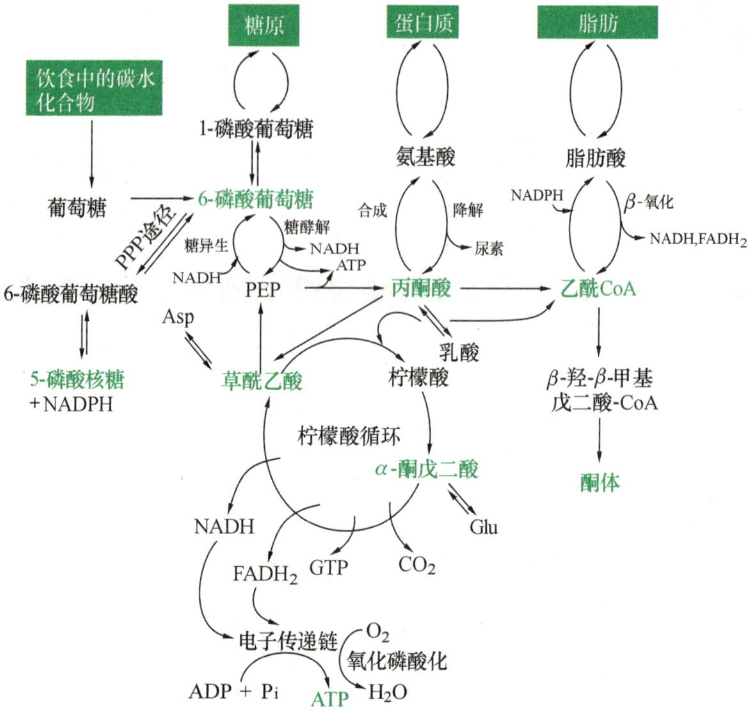

图 18-1　糖、脂和蛋白质代谢网络示意图

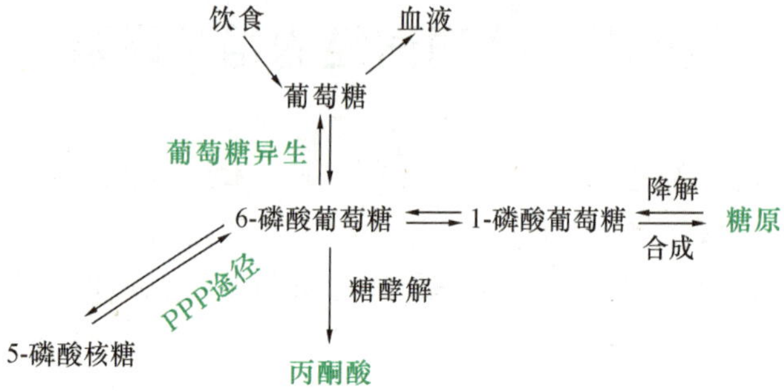

图 18-2　6-磷酸葡萄糖是多条糖代谢途径的交叉点

二、糖和脂可以相互转变

多吃糖易人发胖，用富含碳水化合物的各类饲料可育肥禽类和肉用家畜，萌发的花生种子脂肪减少并变甜，这些例子说明糖和脂类在生物体内可以相互转化。

丙酮酸、磷酸二羟丙酮不仅参与了糖代谢中的糖酵解、磷酸戊糖途径和葡萄糖异生途径，而且是联系糖代谢与脂类代谢的重要中间化合物(图 18-3)。磷酸二羟丙酮在磷酸甘油脱氢酶的作用下生成 3-磷酸甘油，而 3-磷酸甘油是合成脂肪的前体物质，也是磷脂合成的重要前体。丙酮酸通过丙酮酸脱氢酶复合体催化生成乙酰 CoA，乙酰 CoA 是脂肪酸链合成的前体物质，同时也是胆固醇合成的前体。而且，糖代谢中的磷酸戊糖途径能够生成大量的 NADPH，为脂肪酸合成提供还原力。

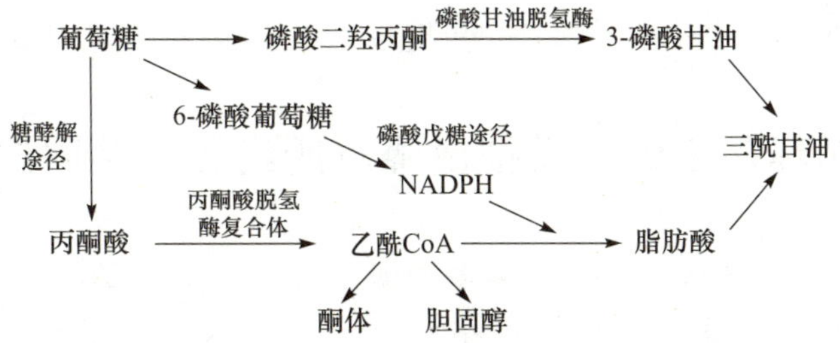

图 18-3　丙酮酸、磷酸二羟丙酮是连接糖代谢和脂代谢的重要中间产物

脂肪在体内能转化成糖，这种转化随生物种类而有区别。在动物体内，脂肪的降解产物甘油可经先磷酸化，后脱氢生成磷酸二羟丙酮再通过糖异生作用转变为糖，但脂肪酸不能净合成糖，原因是丙酮酸生成乙酰 CoA 的反应不可逆，乙酰 CoA 需要在有其他来源（如柠檬酸循环）的中间代谢物回补时才可转变为草酰乙酸，再经糖异生作用转变为糖。植物和微生物存在乙醛酸循环，脂肪降解产生的乙酰 CoA 可以转化为琥珀酸，再转变成草酰乙酸，进入糖异生途径。

三、氨基酸可转变为脂肪，而脂肪酸只能有限合成蛋白质

在动物体内，生酮氨基酸及生酮兼生糖氨基酸能生成乙酰乙酸（酮体）、乙酰 CoA，或者同时生成两者，之后乙酰 CoA 可进一步合成脂肪酸。生糖氨基酸通过直接或间接生成丙酮酸，可以转变为甘油，也可以在氧化脱羧后转变为乙酰 CoA，用于脂肪酸或胆固醇等脂类物质合成。丝氨酸脱羧可以转变为乙醇胺，乙醇胺在接受 S-腺苷甲硫氨酸给出的甲基后，即形成胆碱（见第十三章）。乙醇胺是脑磷脂的组成成分，胆碱是卵磷脂的组成成分。

由脂肪合成蛋白质的可能性是有限的。实际上，当乙酰 CoA 进入柠檬酸循环从而形成 α-酮酸即氨基酸的碳骨架时，需要与草酰乙酸缩合后转变成 α-酮戊二酸。α-酮戊二酸可经氨基化或转氨基作用生成谷氨酸。如无其他来源的草酰乙酸补充，反应便不能进行。在植物和微生物中，存在乙醛酸循环，通过合成琥珀酸回补了柠檬酸循环中的草酰乙酸，从而促进脂肪酸合成氨基酸。含有大量油脂的植物种子在萌发时，由脂肪酸和铵盐形成氨基酸的过程进行得极为活跃。微生物利用乙酸或石油烃类物质发酵生产氨基酸，可能也是通过这条途径。动物体内不存在乙醛酸循环，不易利用脂肪酸合成氨基酸。

四、糖代谢与蛋白质代谢通过柠檬酸循环相互沟通

糖可转变成各种氨基酸的碳骨架结构。丙酮酸是糖代谢的重要中间产物，它经柠檬酸循环转变为 α-酮戊二酸和草酰乙酸，这 3 种 α-酮酸经一步转氨基作用分别生成丙氨酸、谷氨酸和天冬氨酸。柠檬酸循环中的其他中间产物以及磷酸戊糖途径中的一些中间化合物转化成 α-酮酸后，都能为各种氨基酸的合成提供碳骨架，再经转氨基作用形成氨基酸，进而合成蛋白质。此外，糖降解还可为氨基酸和蛋白质合成提供能量。

蛋白质转化为糖之前，首先要水解成氨基酸。动物体中除亮氨酸和赖氨酸外，其余氨基酸通过脱氨基作用生成相应的α-酮酸。丙氨酸、谷氨酸和天冬氨酸脱氨后分别转变为EMP途径中的丙酮酸以及柠檬酸循环中间产物——α-酮戊二酸和草酰乙酸，这些物质经糖异生作用即可生成葡萄糖。

五、柠檬酸循环是三大物质彻底降解所经历的共同途径

从图18-1还可以看出，无论是细胞自身的糖原，还是饮食中的碳水化合物，都可经葡萄糖进入降解代谢。糖、脂肪通过降解生成乙酰CoA，然后进入柠檬酸循环彻底氧化，产生二氧化碳和水。蛋白质降解产生氨基酸，再通过脱氨基产生相应的酮酸，如丙酮酸、草酰乙酸和α-酮戊二酸等，通过柠檬酸循环彻底氧化，多余的氨通过尿素循环排出体外。

六、核酸代谢与其他代谢途径的关系

核酸除了作为遗传物质外，其构件分子核苷酸及其衍生物在糖、脂和蛋白质代谢过程中同样起重要作用。例如，ATP是能量通用货币；$NAD(P)^+$、FAD作为诸多氧化还原酶的辅酶参与各类代谢；ADPG、UDPG参与淀粉和糖原的合成代谢；CTP参与磷脂分子的合成；ATP、GTP参与蛋白质的合成；核苷酸衍生物cAMP、cGMP还可以作为代谢调节物质。此外，核苷酸降解产物如乙酰CoA和琥珀酰CoA也可以通过柠檬酸循环彻底氧化。其他代谢途径的中间产物也参与核苷酸的生物合成，例如蛋白质的构件分子如甘氨酸、天冬氨酸、谷氨酰胺等参与了嘌呤和嘧啶核苷酸的合成，谷胱甘肽参与了核糖核苷二磷酸向脱氧核糖核苷二磷酸转化的代谢过程；糖代谢中磷酸戊糖途径的产物5-磷酸核糖参与了核苷酸的合成过程，等等。由此可见，核苷酸及其衍生物与其他物质代谢也有着密切的关系。因此，核酸虽然不是重要的能源和碳源物质，但是它在物质代谢中发挥着不可替代的作用。

综上所述，糖、脂肪、蛋白质以及核酸在代谢过程中形成网络，密切相关，相互转化，相互制约。柠檬酸循环不仅是降解代谢的共同途径，也是合成代谢所必需的。柠檬酸循环是各类物质代谢之间相互联系的枢纽。

第二节　代谢整合

对于单细胞生物而言，各代谢途径都在一个细胞中相互联系、相互作用。对于多细胞生物，特别是机体结构复杂的哺乳动物，不同器官的代谢需要进行整合，以保证生物个体处于物质和能量代谢的动态平衡之中。

一、哺乳动物主要器官的代谢轮廓

从表18-1可以看出，在脑、骨骼肌、心肌、肝脏及脂肪组织中，燃料的贮存、使用和输出各不相同，这说明它们的代谢也存在较大差别，这些差别是与它们的功能相适应的。

表 18-1 哺乳动物主要器官的代谢轮廓

组织	燃料储存	燃料使用	燃料分子输出
脑	无	葡萄糖、酮体	无
骨骼肌(休息)	糖原	脂肪酸、葡萄糖	无
骨骼肌(运动)	无	葡萄糖、脂肪酸、酮体	乳酸、氨基酸
心肌	无	脂肪酸、葡萄糖、乳酸、酮体	无
肝脏	糖原、三酰甘油	葡萄糖、脂肪酸、乳酸、氨基酸、甘油	葡萄糖、脂肪酸、酮体
脂肪组织	三酰甘油	脂肪酸、葡萄糖	脂肪酸、甘油

脑组织是动物个体的指挥系统，它既不贮存也不输出燃料分子，而是利用血液中葡萄糖的供给实施其功能。当血液中葡萄糖不足时，也可以利用部分酮体物质进行代谢。

肝脏的主要功能是为其他组织和器官提供燃料分子，包括葡萄糖、脂肪酸和酮体等；另一个功能是维持血糖稳定。作为物质代谢的中心，肝脏中进行着活跃的糖、脂和蛋白质代谢，它们的代谢为肝脏维持血糖的稳定起到重要的作用。为了维持稳定的血糖浓度，肝脏必须在血液葡萄糖浓度高的时候贮存葡萄糖，而在血液葡萄糖浓度低的时候，通过降解糖原和进行葡萄糖异生作用合成葡萄糖，并将葡萄糖输出到血液中。因此，肝脏能够贮存糖原、三酰甘油，利用葡萄糖、脂肪酸、乳酸、氨基酸、甘油为底物合成葡萄糖，并为肝外组织输出葡萄糖。

脂肪组织是动物个体的能量贮存组织，当机体需要能量时，能够输出能量。因此，它能够贮存脂肪为燃料库，以脂肪酸和葡萄糖为底物，代谢产生细胞所需要的能量，同时能够输出燃料分子脂肪酸、甘油。

心脏的功能是维持机体血液循环，它既不贮存也不输出燃料分子，能够利用各种燃料分子维持代谢，保持心脏跳动。

骨骼肌的功能是收缩运动，有一定量的肌糖原储备。当骨骼肌处于休息状态时，它利用葡萄糖和脂肪酸维持基础代谢，当骨骼肌处于运动状态时，它利用糖原，甚至酮体分子维持细胞功能，同时排出乳酸和丙氨酸从而维持细胞对葡萄糖的需求。

综上所述，不同器官有不同功能和与之相适应的代谢过程；即使相同的组织细胞，其代谢也依赖不同情况发生变化。

二、代谢途径的整合

不同器官、组织间在代谢物质上存在密切联系。比如哺乳动物的肝脏，能够通过血液运输葡萄糖供给骨骼肌，还能够为心脏和脂肪组织提供脂肪酸，也可以为骨骼肌、心肌和脑提供酮体燃料。

不同器官、组织通过代谢途径的整合(integration)实现密切联系。如柯立氏循环(详见第十一章)，它在肝脏和骨骼肌代谢整合中发挥着重要作用。当骨骼肌处于剧烈运动时，肌肉细胞中的葡萄糖不能被彻底氧化，而是酵解产生乳酸，乳酸随血液流入肝脏，肝脏细胞再利用脂肪酸氧化产生的能量，以乳酸为底物经过葡萄糖异生作用合成葡萄糖，葡萄糖再从肝脏进入血液转移到肌肉中。该循环的存在保证了肌肉能够从肝脏中得到足够的葡萄糖，保证了肌肉功能的正常实施。通过柯立氏循环，肌肉中的糖酵解途径与肝脏中的脂肪酸降解途径、糖异生途径发生了跨区域的相互联系。又如葡萄糖—丙氨酸循环(详见第十三章)，它的功能是将肌肉中多余的氮素转移进入肝脏，通过肝脏中的尿素循环，将多余的氮排出体外。

三、特定环境下机体的代谢适应

生物体处于不同的状态时，能够采用不同的代谢模式做出适应性反应。下面以短跑与长跑、糖尿病和长期饥饿为例，说明动物个体代谢模式与状态的适应关系。

(一)短跑与长跑

短跑运动员与长跑运动员在代谢上有很大差别。表 18-2 是两种运动形式的能量消耗与燃料使用。从表中可以发现，短跑消耗的能量平均为 200 kJ/min^{-1}，远远大于马拉松的 84 kJ/min^{-1}。但是，由于距离短，前者能量的总消耗只有 33 kJ 左右，远小于马拉松运动的 12 000 kJ。不同能量需求导致不同的代谢特点。在短跑比赛时，运动员肌肉主要进行的是无氧呼吸，提供能量的物质首先是磷酸肌酸，其次是葡萄糖，而在马拉松比赛时，运动员的肌肉进行的是有氧代谢，燃料分子主要来自血液葡萄糖、脂肪酸。两种运动导致运动员感到疲劳的原因也不同，短跑运动员的无氧呼吸导致血液中乳酸和氢离子浓度增加，而马拉松运动员的疲劳则来源于肌糖原的消耗。

表 18-2　人体进行短跑和马拉松运动时的代谢特点

特　征	短跑(100 m)	马拉松(42.2 km)
能量消耗的速率(kJ/min^{-1})	200	84
总能量的消耗(kJ)	33	12 000
燃料	无氧代谢 磷酸肌酸和葡萄糖	有氧代谢 葡萄糖、脂肪酸、糖原、三酰甘油
疲劳原因	乳酸增加、氢离子浓度增加	肌糖原的消耗

由此可见，对于不同的运动形式，人体能够采用不同的代谢方式以满足其能量需求。

(二)糖尿病

人体在健康条件下，各代谢途径保持协调，正常运行。当人体处于疾病状态时，代谢过程将发生何种变化来满足病态条件对能量的需求呢？我们以与代谢关系密切的糖尿病(diabete mellitus)为例，介绍病态条件下人体糖脂代谢的过程。

根据人体胰岛素能否正常分泌，糖尿病通常被划分为Ⅰ型和Ⅱ型。所谓Ⅰ型糖尿病是指患者胰岛不能正常分泌胰岛素而导致胰岛素缺乏，也被称作胰岛素依赖型糖尿病。Ⅱ型糖尿病，也被称作非胰岛素依赖型糖尿病，它的特点是胰岛素能够被正常分泌，但是胰岛素受体及胰岛素相关信号通路无法正常工作。当血液中葡萄糖浓度升高时，正常人胰岛能够分泌胰岛素，细胞感知激素信号后，糖原合成增加，降解减缓，进而脂肪酸合成增加，降解减缓。对于糖尿病患者而言，当血液中葡萄糖浓度已经升高，由于患者胰岛素分泌缺乏或者胰岛素受体缺陷，细胞无法感知激素信号，细胞仍然进行脂肪降解、脂肪酸氧化、葡萄糖异生和酮体代谢等过程，结果导致血液中酮体水平增高，进而产生酮血、酮尿等症状，这样的代谢模式与正常人完全不同。

(三)长期饥饿

不同种动物，其个体的血糖浓度各不相同，但是都有较为恒定的数值。血液中葡萄糖的含量并不随着动物个体的进食状态变化而发生明显的变化，即使动物个体处于严重饥饿状态，血液中葡萄糖含量仍然维持一定的数值。人们将动物个体血液维持特定的葡萄糖浓度，即血液能量的持续可获得性称为热量稳态(caloric homeostasis)。由于脑组织对血液葡萄糖的绝对依赖，动物个体的血液葡萄糖浓度始终受到精确的调控。

对人体长期禁食的代谢过程进行研究，有助于了解人体糖、脂和蛋白质在特定条件下的代谢特点(表 18 - 3)。

表 18 - 3 长期饥饿人体内燃料分子的类型与含量

燃料交换与消耗	24h 形成或者消耗的量(g)	
	饥饿第 3 天	饥饿第 40 天
脑使用的燃料		
葡萄糖	100	40
酮体	50	100
所有其他用途的葡萄糖	50	40
燃料动员		
脂肪组织脂解	180	180
肌肉蛋白降解	75	20
肝中输出的燃料		
葡萄糖	150	80
酮体	150	150

从表 18 - 3 可以看出，正常人在禁食 3 d 和 40 d 时，脑组织使用的燃料、肝细胞释放的燃料以及脂肪组织的脂解和肌肉组织的蛋白质降解均发生了一定的变化。在长期禁食情况下，代谢变化较为明显的指标是：脑组织使用的燃料由葡萄糖为主转化为酮体为主，以减少对葡萄糖的需求；肌肉蛋白质的降解由 75 g/d 减少到 20 g/d，以维持机体的基本功能；肝脏细胞葡萄糖的输出量减少近一半。

图 18 - 4 描述的是人体禁食后肝细胞代谢过程。当禁食过夜后，被研究者的所有肝糖原和肌糖原消耗殆尽。禁食人员在禁食 24 h 内，其血液葡萄糖开始下降，此时胰岛素分泌减少，胰高血糖素分泌增加，导致葡萄糖异生途径、脂肪动员和蛋白质降解增加。为了满足脑组织对葡萄糖的需求，肝细胞开始降解蛋白质，以期产生能够进行葡萄糖异生的氨基酸(图 18 - 4 中 1)，氨基酸脱掉的氨基以尿素的形式排出体外(图 18 - 4 中 2)，脱氨基后的碳骨架与肝细胞中的柠檬酸循环中间产物碳骨架都能够通过葡萄糖异生途径产生葡萄糖进入血液中(图 18 - 4 中 3 和 4)，同时，脂肪动员，脂解的脂肪酸通过血液进入肝细胞(图 18 - 4 中 5)，脂肪酸在肝细胞中氧化分解，为肝细胞提供大量的能量。由于柠檬酸循环中间产物进入葡萄糖异生途径而导致草酰乙酸减少，脂肪酸降解产物乙酰 CoA 无法进入柠檬酸循环

而彻底氧化，结果乙酰 CoA 积累导致酮体的形成，酮体作为燃料分子通过血液输入到其他组织（图 18-4 中 6、7 和 8）。由此可见，禁食人员在饥饿状态下，糖原首先被动用，随后是蛋白质降解，长时间的饥饿导致酮体作为主要燃料分子维持机体对能量的需求，即脂肪是动物个体能量贮存的主要形式。研究人员指出，一个正常的人类个体，其脂肪组织贮存的能量可以维持 3 个月的机体能量需要，而一个成年的肥胖者，其脂肪组织贮存的能量可以维持机体一年的能量需求。

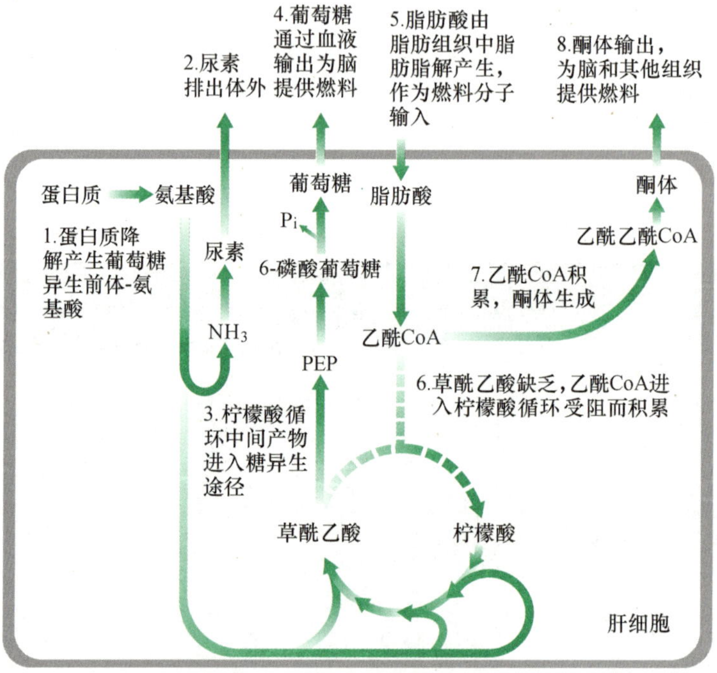

图 18-4　人体禁食后肝细胞代谢过程

综上所述，动物个体所处的状态不同，其代谢过程也有所不同，但是整个代谢过程的不同物质代谢都是受到精密调节，协调运行，从而维持机体的能量平衡。

第三节　代谢调节

生物体是靠代谢的正常运转维持的。生物体在有限的空间内同时有那么多复杂的代谢途径在运转，必须有灵巧而精密的调节机制，才能适应外界环境的变化和自身生长发育需要。调节失灵会导致代谢障碍，出现病态甚至危及生命。然而，某些生物的代谢障碍可能累积对人类有用的中间代谢物。因此，研究代谢调节机制有着十分重要的理论意义和实用价值。

一、代谢调节在 4 种水平上进行

在漫长的生物进化历程中，机体的结构和生理功能越来越复杂，代谢调节机制也随之变得

更为复杂。以高等动物为例，代谢调节在 4 个相互联系、彼此协调又各具特色的层面上进行，即神经水平、激素水平、细胞水平和酶水平（图 18 - 5）。

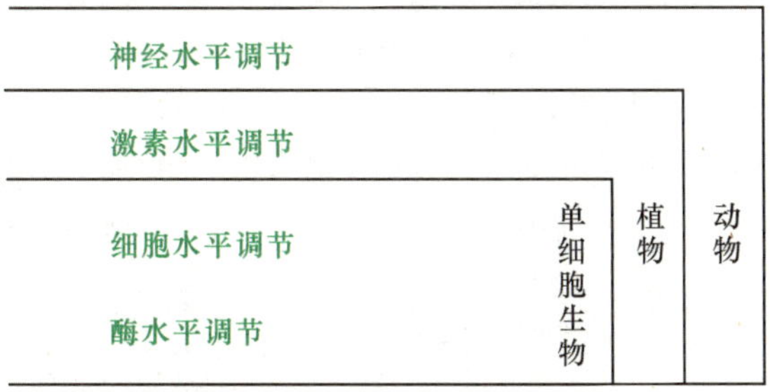

图 18 - 5　代谢调节的四级水平

（一）神经水平调节

神经调节是最高水平的调节。动物利用感官感知环境变化，通过神经迅速传递到大脑，由大脑对这些信息进行综合分析，再发出指令采取适当的应对措施。例如，一个动物如果感知附近有危险的猎食者，它的大脑立刻通过神经系统直接给肌肉系统发出逃逸指令。神经冲动传递到肌细胞，改变了膜电位，肌浆网（钙库）立刻释放出 Ca^{2+}，[Ca^{2+}]升高促使 Ca^{2+} 与肌钙蛋白结合，引起原肌球蛋白构象改变，促使肌动蛋白呈启动状态，肌动蛋白与肌球蛋白结合，水解 ATP，肌肉收缩和运动，使动物迅速逃离。神经系统还通过控制激素的分泌实现对代谢和生理功能的调控。

（二）激素水平调节

激素是内分泌细胞产生的一类微量调节物质，通过体液运输，作用于一定组织和细胞（即靶组织和靶细胞），对整体代谢进行综合调节。动物和植物都需要激素调节使不同组织细胞内的代谢彼此协调。在动物激素中，胰岛素、胰高血糖素和肾上腺素在代谢调节中作用最为突出。

胰岛素、胰高血糖素是分别由动物胰岛 β 细胞和 α 细胞分泌的蛋白质性质的激素。胰岛素的功能有：①促进肌肉和肝脏对葡萄糖的吸收；②促进肝脏的糖原合成与糖酵解过程；③抑制脂肪组织中的脂肪降解；④促进脂肪组织和肝脏中的脂肪合成；⑤增强丙酮酸脱氢酶复合体的活性。总之，胰岛素是动物个体处于饱食状态的信号。而胰高血糖素的功能有：①增加血液中的血糖浓度；②增加肝脏和脂肪组织细胞中的 cAMP 含量；③促使肝糖原降解。胰高血糖素是动物个体处于饥饿状态的信号。肾上腺素是由肾上腺分泌的对环境和代谢胁迫产生反应的儿茶酚类激素，它的功能是对碳水化合物和脂肪酸代谢进行调节，它与胰高血糖素相同，都是通过 cAMP 的含量变化来调节代谢的。下面重点讨论上述几种激素对脂代谢的调节作用（图 18 - 6）。

这里所谓的脂代谢只是涉及脂肪的合成与降解，并且主要发生在动物个体的肝脏和脂肪组织，由于涉及两个部位，因此还存在物质转运的过程。在肝细胞的细胞质中不仅能够进行脂肪酸的合成以及三酰甘油的合成，而且在肝细胞的线粒体中还可以进行脂肪酸的降解反应 β -

氧化过程。以软脂酸的合成与降解为例,软脂酸降解调节的关键酶是肉毒碱脂酰转移酶I,而合成过程的主要调节酶是乙酰 CoA 羧化酶。而且,柠檬酸是乙酰 CoA 羧化酶激活剂,软脂酸是酶的抑制剂。更重要的是,乙酰 CoA 羧化酶能够受到依赖于胰岛素的脱磷酸化激活,也能够受到由胰高血糖素或者肾上腺素通过 cAMP 含量增高而被磷酸化的抑制。在脂肪组织细胞中,有一种激素敏感的脂酶,它的功能是降解脂肪产生游离的脂肪酸。脂肪酸可以作为燃料分子供给肝脏和其他组织。有趣的是这种激素敏感性脂酶,与乙酰 CoA 羧化酶相反,受到 cAMP 依赖的磷酸化激活。

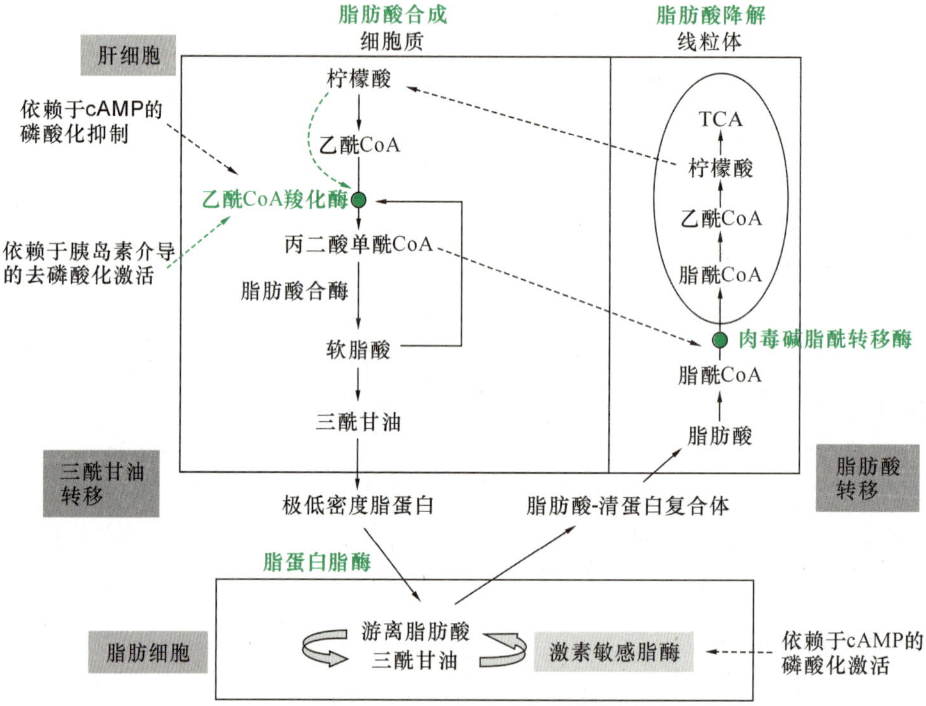

图 18-6　激素对脂代谢的调节

如果动物个体处于饥饿状态,血液中胰高血糖素含量将有所上升,结果肝细胞中乙酰 CoA 羧化酶被磷酸化而失活,脂肪酸合成受阻。同时,乙酰 CoA 羧化酶失活导致其产物丙二酸单酰 CoA 含量降低,由于丙二酸单酰 CoA 对脂酰 CoA 的转运有抑制作用,所以,丙二酸单酰 CoA 含量降低促使更多的脂酰 CoA 进入线粒体,促进了脂肪酸的氧化。在脂肪组织细胞中,血液中胰高血糖素含量增加激活了激素敏感性脂酶,结果促使脂肪水解,产生的游离脂肪酸进入血液,游离脂肪酸作为燃料分子为肝细胞和其他组织提供能量,应对饥饿状态。肾上腺素与胰高血糖素有相似的作用。

如果动物个体处于饱食状态,则血液中胰岛素含量上升,结果乙酰 CoA 羧化酶去磷酸化被激活,脂肪酸合成增加。同时,丙二酸单酰 CoA 含量增高,抑制脂肪酸的氧化。这样,肝细胞中脂肪酸合成和降解两个过程不能够同时进行,避免了无效的能量耗费。

实际上,神经信号和激素的调节功能最终还要通过细胞水平和酶水平的调节来体现。

(三)细胞水平调节

生物最基本、最原始的调节是细胞水平的调节,为动、植物和单细胞生物所共有。细胞依赖庞大的膜系统进行区域化分割，这可以促使代谢反应所需要的酶、底物等在各类细胞器中得到浓缩（表 18 - 4），从而有利于反应高效独立进行。

表 18 - 4　各代谢途径在真核细胞内的细胞器定位

细胞器	代谢途径或酶
细胞液	糖酵解途径，磷酸戊糖途径，糖原合成、降解，糖异生，脂肪酸合成，氨基酸、核苷酸的合成，核糖体蛋白质生物合成等
线粒体	氧化磷酸化，丙酮酸氧化脱羧，柠檬酸循环，脂肪酸氧化，尿素循环，谷氨酸脱氢酶，少量 DNA、RNA、蛋白质的合成，脂肪酸碳链延长等
内质网	蛋白质的合成、加工，黏多糖、磷脂、糖脂、糖蛋白、胆固醇、胆汁的合成，脂肪酸碳链延长等
高尔基体	核蛋白、多糖、黏液生成；加工、浓缩、包装和运输作用
质膜	ATP 酶、腺苷酸环化酶等
溶酶体	水解酶类（蛋白酶、脂酶、磷脂酶、核酸酶、糖苷酶、磷酸酯酶）

生物膜结构在细胞水平代谢调节中发挥着重要作用。除了局域化作用外，生物膜的其他功能——物质运输、能量转换、信息传递和膜融合等都依赖于膜的结构特性。生物膜的极化特性参与代谢控制，如线粒体内膜可利用质子浓度梯度的势能合成 ATP 和吸收磷酸根等物质，神经肌肉的兴奋传导与跨膜离子流产生膜电位有关等。生物膜对物质的高度选择性以及膜蛋白与膜的可逆结合等，都参与了代谢的精密调节。

（四）酶水平调节

酶水平的调节是通过改变细胞中酶活性和酶含量来实现的。酶活性调节有别构调节、共价修饰、酶原激活等多种类型（详见第五章），这里不再赘述。改变酶的含量是通过调节其降解速度和合成速度来实现的。细胞能利用蛋白质特异性、非特异性降解途径减少或清除无用的酶（详见第十三章），通过基因表达合成所需要的新酶。

尽管生物体的代谢调节有不同水平和途径，最根本的还是基因表达调控。生物体在生命周期中，基因组的各基因表达随生长发育有先有后，并受内外环境影响和诱导。例如，植物的成花基因只有在植物个体发育到一定阶段并受光周期诱导时才表达，雌性哺乳动物只有在哺乳期才能启动与产乳、泌乳相关的基因表达。

基因表达调控需要经历 4 个阶段：DNA 水平的转录调控、mRNA 加工调控、蛋白质翻译调控和蛋白质活性调控（包括酶活性调控）（图 18 - 7）。其中基因转录调控是首要的。生物在生长发育过程中，基因表达可按一定时间程序发生改变即所谓时序调节（temporal regulation），还可以随内外环境的条件变化加以调整即所谓适应调节（adaptive regulation）。基因由此而分为两类：持家基因（housekeeping gene），其表达产物大致以恒定水平始终存在于细胞内，这类基因的表达称为组成型表达（constitutive expression）；可调基因（regulated gene），它们的产物只有在细胞需要时才表达，为可调型表达（regulated expression）或称为诱导表达。

基因表达调控比较复杂，真核生物和原核生物之间存在很大差异，同种生物不同基因的调控机制不同，同一基因在不同条件下的表达调控也不相同。下面重点讨论原核生物基因转录水平的调节机制。

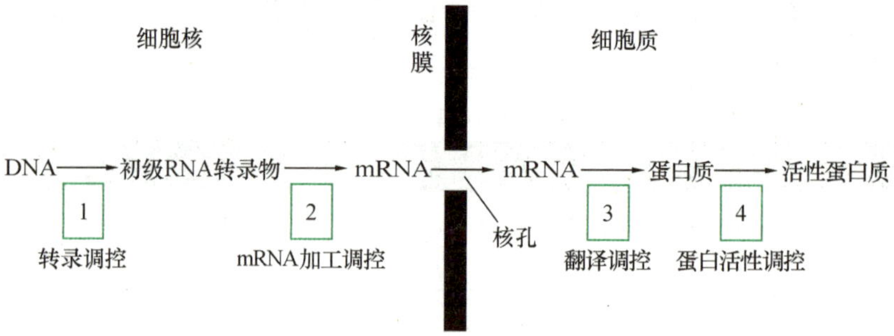

图 18-7　基因表达调控的 4 个阶段

二、原核生物调节蛋白调节基因转录的模式

在原核细胞基因诱导表达中，外界信号与基因之间的沟通是通过调节蛋白实现的。根据功能不同，将调节蛋白分成两种类型：负调节蛋白，又称阻遏蛋白(repressor)；正调节蛋白，又称激活蛋白(activator)。

调节蛋白通过与 DNA 的适时结合而行使转录调节功能。转录调节存在 4 种模式(图 18-8)：对于激活蛋白来讲，有些本身没有活性，需要在配基结合、发生构象变化后才与 DNA 结合，从而募集 RNA 聚合酶与启动子结合而启动基因转录(图 18-8A)；有些本身有活性，直接与 DNA 结合，同时募集 RNA 聚合酶，启动转录，但如果有活性的蛋白与某一配基结合，能够导致调节蛋白失去活性而无法启动转录(图 18-8B)。对于阻遏蛋白而言，有些本身有活性，通过与 DNA 直接结合来阻止基因转录，但当某一配基与之结合后，该阻遏蛋白失活，基因转录进行，这一配基被称为诱导物(图 18-8C)；有些本身没有活性，不能与 DNA 结合而阻止基因转录，但当与某一配基结合、构象发生变化后，便与 DNA 结合，释放出 RNA 聚合酶从而阻止转录进行(图 18-8D)。辅助无活性阻遏蛋白发挥功能的配基被称之为辅阻遏物(co-repressor)。

三、操纵子是原核生物基因表达调控的基本单位

人们对基因表达调控机理的了解，大部分来自对细菌系统的研究。20 世纪初，有人发现将大肠杆菌培养在以乳糖为唯一碳源的培养基上时，2～3 min 内 β-半乳糖苷酶增加到原来的 1 000 倍，占细菌总蛋白的 3%。若从培养基上除去乳糖，则该酶的合成在 2～3 min 内即停止。同时发现，除 β-半乳糖苷酶外，乳糖透过酶(催化乳糖透过 *E. coli* 质膜)和 β-硫代半乳糖苷乙酰转移酶(功能不明，可能与解毒有关)也一起被诱导合成。以上现象说明 3 种酶的基因平时是关闭的，当乳糖存在时才被打开得以合成。

1952 年，J. Monod 发现了与上述相反的现象。将大肠杆菌培养在有 NH_4^+ 和单一碳源(如葡萄糖)的培养基中时，可测出色氨酸合成相关的酶，并产生色氨酸；若在培养基中加入色氨酸时，则检测不到色氨酸合成相关的酶，说明色氨酸合成酶基因的表达受到阻遏。

1961 年，J. Monod 和 F. Jacob 基于上述事实提出了操纵子模型(operon model)，成功地解释了酶合成的诱导与阻遏现象。这一学说后来为许多实验证实，现已被普遍接受，为此 1965 年他们获得了诺贝尔奖。

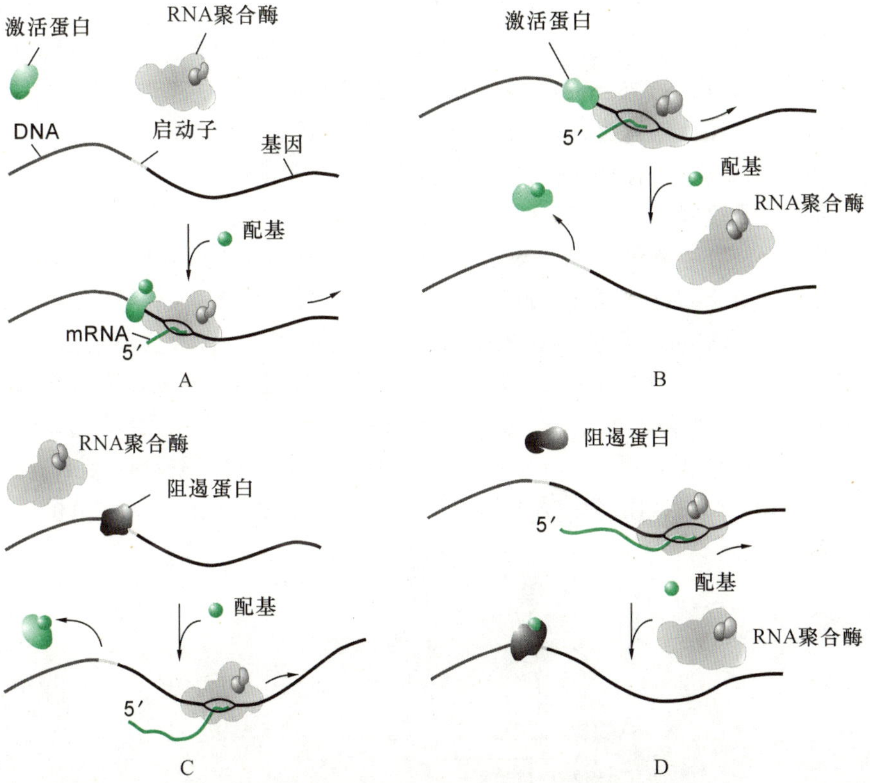

图 18-8 原核生物调节蛋白调节基因转录的模式

(一)乳糖操纵子

操纵子(operon),是指由一个或几个功能相关的结构基因(structural gene)与操纵基因(operator,*O*)、启动子(promoter,*P*)序列组成的调节转录的单位。操纵基因和启动子序列组成操纵子的控制区,结构基因组成结构基因区。在操纵子外,通常还有一些能够编码调节蛋白的DNA序列,即调节基因。调节蛋白能够通过与操纵子中特定的DNA序列结合而调节转录过程。乳糖操纵子如图18-9所示。

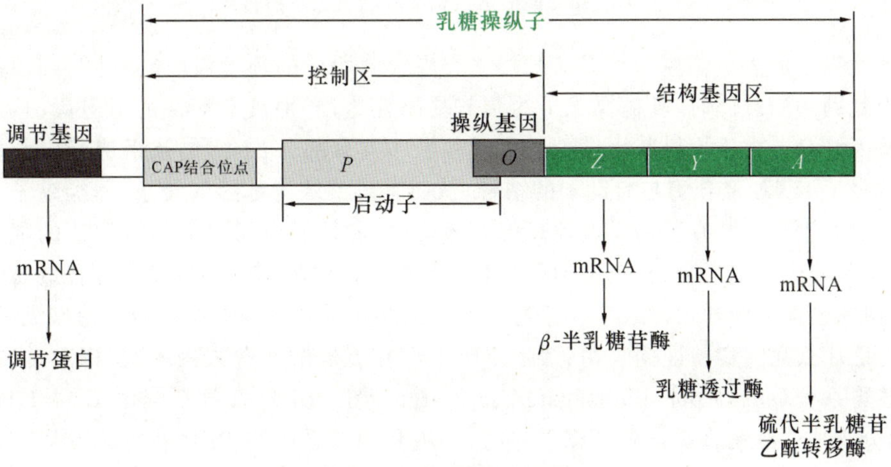

图 18-9 乳糖操纵子结构

在乳糖操纵子的控制区有与阻遏蛋白结合的操纵子序列(O),有与 RNA 聚合酶结合的启动子序列(P)。另外,在启动子上游还有一段 DNA 序列,是 CAP 蛋白(catabolite activator protein,降解物活化蛋白)的结合位点。CAP 蛋白是乳糖操纵子的正调节蛋白。在结构基因区有 Z、Y 和 A 3 个基因,分别编码 β-半乳糖苷酶、乳糖透过酶和 β-硫代半乳糖苷乙酰转移酶,这 3 个酶的协同表达在细菌细胞利用乳糖的代谢中发挥作用。

对于许多启动子而言,如果没有调节蛋白,RNA 聚合酶也能够与其弱结合,使一些基因有一个基础水平的转录。以乳糖操纵子为例(图 18-10),当体系中没有任何调节蛋白时,RNA 聚合酶与启动子弱结合,启动最基础的转录(图 18-10A);当体系中有阻遏蛋白存在时,由于阻遏蛋白本身有活性,它可以直接和操纵基因结合,从而阻止 RNA 聚合酶与启动子结合而抑制转录(图 18-10B);当体系中有 CAP 蛋白时,CAP 蛋白通过与配基 cAMP 结合被激活,这时 CAP 结合在乳糖启动序列附近的 CAP 位点,募集 RNA 聚合酶与启动子结合,并导致转录起始开放复合物的形成,激活转录(图 18-10C)。其中阻遏蛋白对转录的调控属于乳糖操纵子的负调控,而激活的 cAMP-CAP 蛋白的调控方式属于正调控,与上文刚提到的转录调节模式 A 相同。

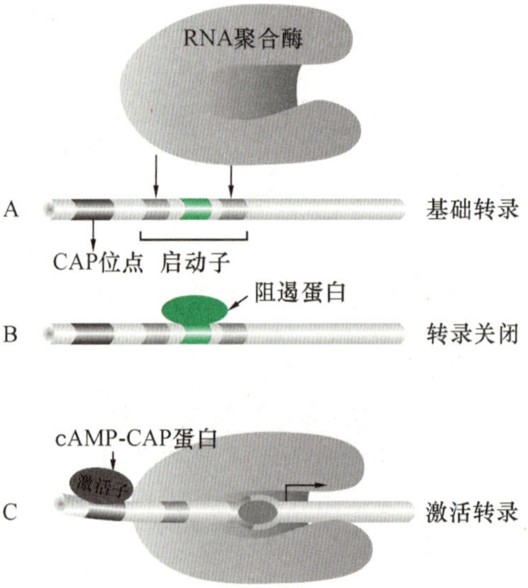

图 18-10 调节蛋白调节乳糖操纵子的转录

乳糖操纵子的表达调控与外界信号相关。当细菌所处的环境没有乳糖时,细菌没有必要产生利用乳糖的酶。此时,乳糖操纵子的调节基因表达,产生具有活性的阻遏蛋白,阻遏蛋白与操纵基因结合。由于操纵基因序列与启动基因序列有部分重叠,结果阻遏蛋白与操纵基因的结合阻碍了 RNA 聚合酶与启动子的结合,从而阻碍了结构基因的转录,即操纵子处于关闭状态。当细菌生存在既有乳糖又有葡萄糖的环境中,乳糖操纵子是如何被调节的呢?研究人员发现,细菌首先利用葡萄糖,在葡萄糖消耗殆尽时,才开始利用乳糖,即乳糖操纵子才能正常开启,这种现象被称作葡萄糖效应。葡萄糖效应的存在说明葡萄糖有抑制乳糖操纵子的作用,那么机制是什么呢?实验证据表明,细胞质膜上存在着磷酸烯醇式丙酮酸(PEP)依赖的糖的磷酸转移酶系统(sugar phosphotransferase system;图 18-11),该系统由 EⅠ、HPr、EⅢ和 EⅡ等组分组成。细菌在缺乏葡萄糖供应时,细胞利用该系统将 PEP 上的磷酸基团转移给细胞质膜上的腺苷酸环化酶,从而激活腺苷酸环化酶,形成 cAMP。

如前所述，cAMP 能够作为配基结合并激活 CAP 蛋白，从而正调控乳糖操纵子。由于环境中葡萄糖的存在，PEP 依赖的糖磷酸转移系统将 PEP 上的磷酸基团转移给进入细胞的葡萄糖，而不转移给腺苷酸环化酶，因而腺苷酸环化酶处于失活状态，cAMP 不能合成，cAMP-CAP 含量少，乳糖操纵子处于没有正调节的基础转录水平，结构基因转录水平低，细菌细胞几乎不能利用乳糖。当葡萄糖消耗殆尽时，PEP 依赖的糖磷酸基团转移系统将 PEP 上的磷酸基团转移给腺苷酸环化酶，随即 cAMP 浓度升高，cAMP-CAP 含量增加，乳糖操纵子高效运行，细菌利用乳糖。

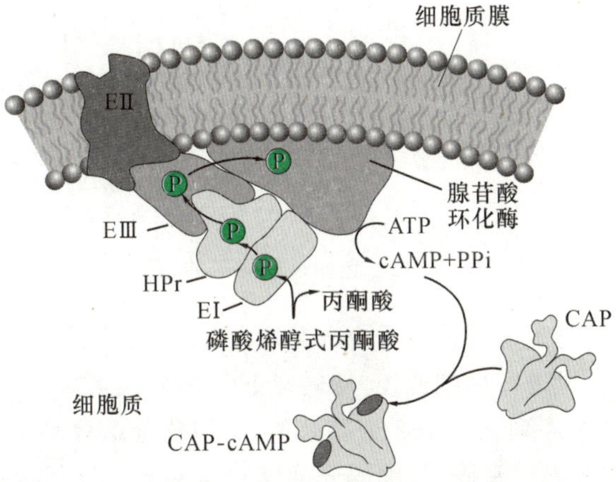

图 18-11　糖磷酸转移酶系统参与 cAMP 的生成

只有乳糖而没有葡萄糖时，细菌需要利用乳糖作为碳源生长繁殖。此时，由于细胞乳糖操纵子有基础水平的转录，少量的基因表达产物能够使乳糖进入细胞，少量乳糖在细胞中被转化为别乳糖(allolactose)。别乳糖和乳糖的根本区别在于连键性质不同，前者为(1→6)糖苷键，后者为(1→4)糖苷键。与图 18-8 中的 C 一致，别乳糖能够作为诱导物，与阻遏蛋白结合，使阻遏蛋白构象改变失去活性，不能与操纵基因结合。此时，操纵子处于开启状态，由于没有葡萄糖的存在，乳糖操纵子处于正调节状态，结构基因大量转录，细菌细胞能够有效利用乳糖。通常，诱导物往往是结构基因编码蛋白(酶)催化反应的底物或底物类似物，异乳糖和 IPTG(异丙基硫代半乳糖苷)均可诱导细菌中乳糖操纵子的表达。

(二)色氨酸操纵子

色氨酸操纵子也分为控制区与结构基因区(图 18-12)。与其他操纵子相同，控制区包括启动子和操纵基因；结构基因区包含 5 个结构基因，依次为 *trpE*、*trpD*、*trpC*、*trpB*、*trpA*，分别编码色氨酸合成中的邻氨基苯甲酸合酶酶Ⅰ、Ⅱ、邻氨基苯甲酸异构酶-吲哚-3-甘油磷酸合酶、色氨酸合酶的 β 和 α 亚基。在结构基因和操纵基因之间，还有一段编码先导肽的序列。在操纵子外有编码调节蛋白的调节基因。

对于色氨酸操纵子而言，其调节基因编码的调节蛋白是一个负调控蛋白。与乳糖操纵子不同，该调节蛋白被合成后本身没有活性，它需要与一个配基(色氨酸)结合才能够被激活，关闭操纵子。色氨酸就是所谓的辅阻遏蛋白，由色氨酸介导的调控模式是一种负调节，与图 18-8 中的 D 模式相同。当细胞内有过量色氨酸时，色氨酸作为辅阻遏物与阻遏蛋白结合激活阻遏蛋白,促使其与操纵基因结合,关闭色氨酸操纵子。此时,细胞不合成色氨酸,而是利用环境中的色氨酸。

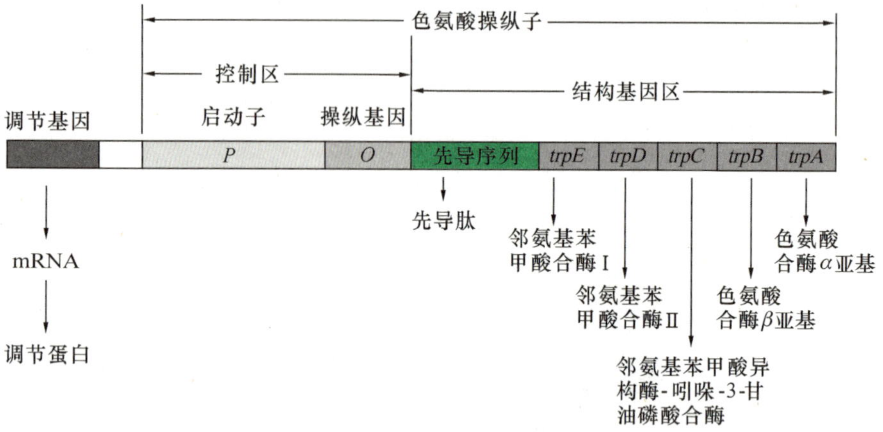

图 18-12　色氨酸操纵子的结构

除了上述辅阻遏蛋白与阻遏蛋白结合介导的色氨酸操纵子的负调控方式外,细菌还可以通过先导序列对色氨酸合成进行精细调控,即转录起始后的衰减调节。先导序列具有如下的结构特点(图 18-13):整个序列含有 162 个核苷酸,5′端核苷酸序列能够编码 14 个氨基酸的先导肽,含有 2 个连续的色氨酸密码子;编码先导肽 C 末端 5 个氨基酸残基的序列和紧靠下游的 3 段核苷酸序列富含 G、C,一起组成衰减子(attenuator,又称弱化子),即存在于结构基因外、参与削弱基因转录的特定序列。在特定情况下,序列 1～2、2～3 或者 3～4 之间能够进行局部配对,其中序列 3～4 之间形成的发夹结构是不依赖于 Rho 因子的转录终止信号。

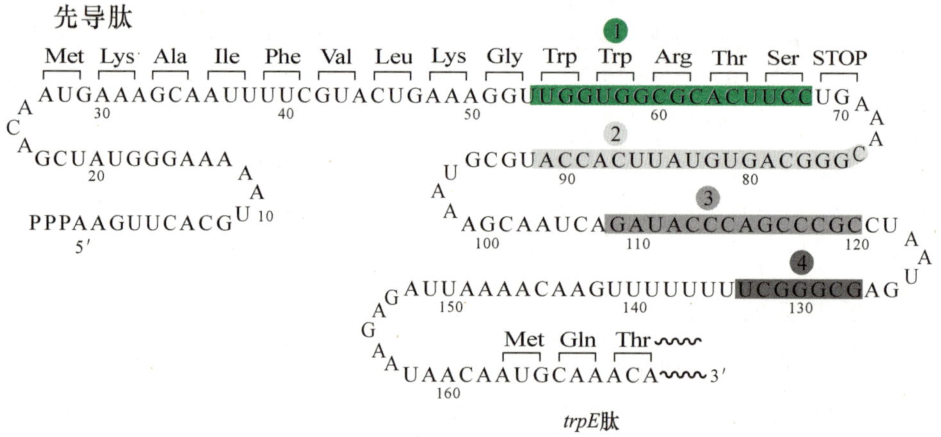

图 18-13　先导序列 mRNA 的核苷酸顺序

色氨酸操纵子是通过先导肽的合成来感知环境中色氨酸含量的细微变化,通过转录继续与提前终止转录来对环境作出响应。值得一提的是,这种调节是建立在原核生物转录、翻译同时进行的条件下。

色氨酸操纵子处于开放状态时,DNA 转录产生序列 1 和 2,在序列 1、2 未产生配对之前,核糖体已经开始翻译并移动至序列 1,停留在先导肽色氨酸密码子所处的位置,在此等待色氨酰-tRNA^{trp}，而RNA聚合酶继续转录。此时出现两种情况：①如果环境中的色氨酸浓度足够，则色氨酰-tRNA^{trp}容易获得，那么核糖体将很快移动并覆盖序列2，RNA聚合酶转录生成的序列3、4形成发卡结构，即转录终止信号，随即RNA聚合酶脱离模板，转录终止(图18-14A)；②如果环境中的色氨酸缺乏，则位于序列1的核糖体很难得到合成先导肽所需要的色氨酰-tRNA^{trp}，此时核糖体停止移动，RNA聚合酶继续移动合成出序列3，序列2、3产生配对形成发夹结构，转录终止信号无法产生，因此RNA聚合酶继续转录直至转录完成(图18-14B)。

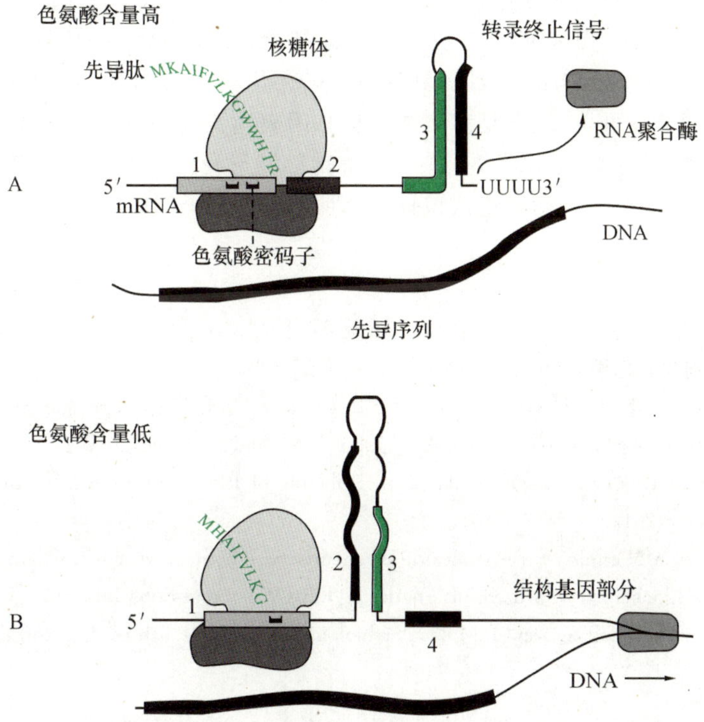

图18-14 大肠杆菌色氨酸操纵子的衰减机制

通过这样的调节，细菌细胞能够在环境中色氨酸浓度高时终止转录，而色氨酸浓度低时转录结构基因。色氨酸操纵子的衰减调节是细菌感受细胞中色氨酸含量、确定外来蛋白质降解产生的色氨基酸是否能够满足细胞代谢的需求，从而避免自身从头合成氨基酸的精细调控机制。除色氨酸外，苯丙氨酸、苏氨酸、亮氨酸、异亮氨酸、缬氨酸和组氨酸合成相关的操纵子中都存在衰减调控机制。

四、真核生物基因表达调控远比原核生物复杂

真核生物由多细胞组成，细胞分化形成不同组织、器官，一生中有不同的生长发育阶段，各阶段及各细胞除有共同的基本代谢外，还有各自特异的代谢，这些专一的代谢是导致细胞分化形成不同细胞、组织、器官的基础。细胞分化及组织器官的形式是不同基因表达及相互作用的结果。基因表达除了与发育时间(如不同发育阶段形成不同器官)和空间(不同部位形成不同细胞、组织和器官)有关外，还与环境条件的改变有关。真核生物有比原核生物复杂得多的结构及生命过程，其基因表达调控也更为复杂。

像原核生物的操纵子一样，真核生物也有正调控和负调控之分，但以正调控为主。之所以如此，究其原因与真核基因组大有关。如人的基因组约含十万个基因，而在不同细胞中只表达基因组中很少一部分，如果所有基因都采用负调控，那么每个细胞都要合成十万多种不同的阻遏蛋白，以封阻每个基因的表达，这是十分不经济的，而采用正调控每个细胞只合成它需要激活物的蛋白就可以了。

真核生物的启动子有着复杂的结构与作用方式。启动子中有“CAAT 盒”(CAAT box)和“GC 盒”(GC box)等多个保守序列，通常称之为“元件”(elements)。DNA 元件和称为“转录因子”(transcription factors)的特异蛋白识别并结合，结果使启动子区构象改变，从而促进 RNA 聚合酶的结合，使基因转录活性得到调节。转录因子有许多种，它们的活性再受其他蛋白质或酶的精细调节。可见，生命是多么神奇！基因表达调控是分子生物学课程的重要内容，也是生命科学研究领域的前沿课题，有许多生命奥秘等待我们去探索。彻底解析所有基因表达调控机制的那一天，也是人类真正认识自己的那一天。

参考文献

1. 朱圣庚，徐长法. 生物化学. 4 版. 北京：高等教育出版社，2016.
2. 郑集，陈均辉. 普通生物化学. 4 版. 北京：高等教育出版社，2007.
3. Berg J M，Tymoczko J L，Stryer L. Biochemistry. 6th ed. New York：W. H. Freeman and Company，2007.
4. Boyer R. Concepts in Biochemistry. 4th ed. Asia：John Wiley and Sons Inc，2006.
5. Moran L A，Horton H R，Scrimgeour K G，et al. Principle of Biochemistry. 5th ed. International：Pearson Education Inc(Asia)，2012.
6. Nelson D L，Cox M M. Lehninger Principles of Biochemistry. 7th ed. New York：Worth Publishers，2017.
7. Voet D，Voet J G. Biochemistry. 3rd ed. International：John Wiley and Sons Inc，2004.
8. Watson J D，Baker T A，Bell S P，et al. Molecular biology of the Gene. 5th ed. Pearson Education Inc，2004.

二维码 18-1
乳糖操纵子

思 考 题

一、填空

1. 高等植物代谢调节包括酶水平、________、________ 3 个层面。

2. 乳糖操纵子的正调控指的是________能够作为配基结合并激活________，使其结合在启动序列附近的 CAP 位点，募集 RNA 聚合酶与启动子结合，激活转录。

二、单选

1. 代谢物阻抑是指大肠杆菌中________。

A)乳糖操纵子正调控需要 cAMP

B)葡萄糖代谢抑制 cAMP 的生成

C)葡萄糖代谢抑制利用其他碳源所需酶的生物合成

D)葡萄糖代谢抑制利用其他碳源所需酶的生物活性

2. 下列________是蛋白质标准氨基酸合成的前体。

A)丙酮酸　　B)3-磷酸甘油酸　　C)草酰乙酸　　D)以上均是

三、问答题

1. 为什么说 TCA 循环是物质代谢和能量代谢的枢纽?
2. 为什么说乙酰-CoA 是代谢的重要中间物质?
3. 分别举例说明诱导物和辅阻遏物是如何调节原核细胞基因表达的。

教材习题答案汇总

第二章　氨基酸

一、填空

1. Cys　Met　2. 茚三酮　3. Cys

二、单选

BCC

三、问答题

1. 请根据 20 种常见蛋白质氨基酸结构特征，完成下列表格的填写。

氨基酸侧链基团	氨基酸三字符	氨基酸单字符
含有巯基	Cys	C
含有—OH	Tyr　Ser　Thr	Y　S　T
含有咪唑基	His	H
含有羧基	Asp　Glu	D　E
含有胍基	Arg	R

2. 学生利用阳离子交换柱层析分离含有 Lys、Val 和 Asp 3 种氨基酸的样品。请根据离子交换柱层析分离原理判断 3 种氨基酸洗脱的顺序并说明理由。

通常用阳离子交换剂分离氨基酸。Lys、Val 和 Asp 3 种氨基酸带电荷性质不同，因此三者与离子交换剂结合紧密程度不同。例如，在酸性 pH 2～3 条件下，三者均带正电荷，均可以和交换剂结合。但是调整 pH，当 pH 接近中性时，Asp 带负电荷与离子交换剂结合程度最差，最先被洗脱下来，Val 几乎不带电，与离子交换剂结合不紧密，Lys 带正电荷与离子交换剂结合最紧密。通过调整 pH 或者盐浓度，改变 Val、Lys 与离子交换剂结合程度，达到洗脱目的，洗脱的顺序先是 Val，最后是 Lys。

3. 什么是 Sanger 试剂，它的用途是什么?

Sanger 试剂是 2，4-二硝基氟苯，可以用来测定蛋白质一级结构和确定肽链的 N 末端氨基酸种类。

第三章　蛋白质的结构与功能

一、填空

1. 疏水作用力，范德华力，静电相互作用力

2. 稳定

3. 在蛋白质中，若干相邻的二级结构单元组合在一起，彼此相互作用，形成有规则，在空间上能够辨认的二级结构组合体。βαβ、ββ

二、单选

BCB

三、问答题

1. 某未知氨基酸序列的多肽样品被分成两份，其中一份用胰蛋白酶水解获得如下肽段：Leu-Ser-Tyr-Ala-Ile-Arg 和 Asp-Gly-Met-Phe-Val-Lys；另一份样品用胰凝乳蛋白酶催化水解，产生的肽段为 Val-Lys-Leu-Ser-Tyr、Ala-Ile-Arg 和 Asp-Gly-Met-Phe。请根据以上信息推断该未知多肽的氨基酸序列。

1）胰蛋白酶切割位点是 Lys 和 Arg 羧基与其他氨基酸氨基形成的肽键，该酶处理未知多肽的产物是 Leu-Ser-Tyr-Ala-Ile-Arg 和 Asp-Gly-Met-Phe-Val-Lys，无法确定哪一段是肽链的 N 末端。

2）胰凝乳蛋白酶切割位点是 Phe、Tyr 和 Trp 羧基与其他氨基酸氨基形成的肽键，该酶处理未知多肽的产物是 Val-Lys-Leu-Ser-Tyr、Ala-Ile-Arg 和 Asp-Gly-Met-Phe，无法确定每个肽段的位置。

3）由该 Val-Lys-Leu-Ser-Tyr，结合胰蛋白酶处理的肽段信息 Leu-Ser-Tyr-Ala-Ile-Arg，可以推测肽链的序列是 Asp-Gly-Met-Phe-Val-Lys-Leu-Ser-Tyr-Ala-Ile-Arg。

2. 请简述甘氨酸和脯氨酸在维持蛋白质 α-螺旋结构中的作用。

由于甘氨酸侧链基团比较小，其两侧的二面角取值范围自由度较大，很难满足 α-螺旋结构所需要的二面角角度。因此，甘氨酸存在时，α-螺旋结构不稳定。脯氨酸是亚氨基氨基酸，侧链与其自身 α 氨基形成平面结构，如果出现在 α-螺旋结构中易引起肽链发生回折，同时由于脯氨酸其 α 氨基无氢原子参与氢键形成，无法维持 α-螺旋结构的稳定性。因此，脯氨酸存在不利于 α-螺旋结构形成。

3. 请分析下图，说明 pH 和 CO_2 对血红蛋白氧结合能力的影响。

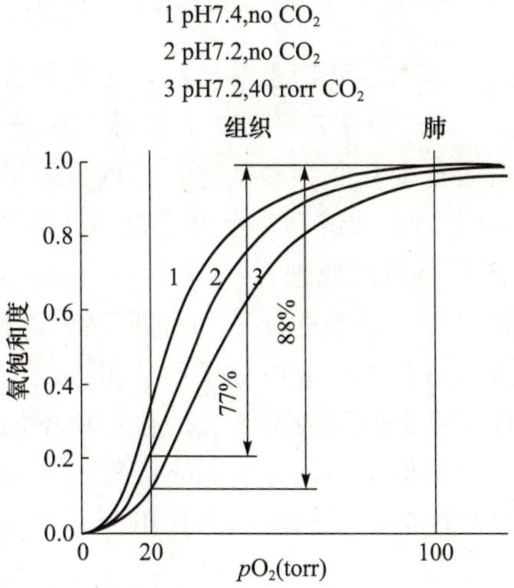

（引自 Bery et al. Biochemistry，2012）

对比 pH 7.2 的两条曲线（线 2 和 3）可以发现，由于添加 40 torr 的 CO_2，血液释放氧的能力从 77%增加到 88%；对比 pH 7.2（线 2）和 pH 7.4 无 CO_2（线 1）的两条曲线可以发现，随着 pH 的降低，血液释放氧的能力增加。这些结果表明，CO_2 及 H^+ 浓度升高均能促进血红蛋白释放氧气。

第四章　蛋白质的分离与纯化

一、填空

1. 凝胶阻滞层析

2. 等电点

3. 负电荷

二、单选

CDC

三、问答题

1. 研究人员将分子质量为 140 000 蛋白质未处理样品和经过巯基乙醇处理后样品进行 SDS-PAGE，所得结果如下图。请分析说明该蛋白质的亚基组成，并估算蛋白质亚基分子量。

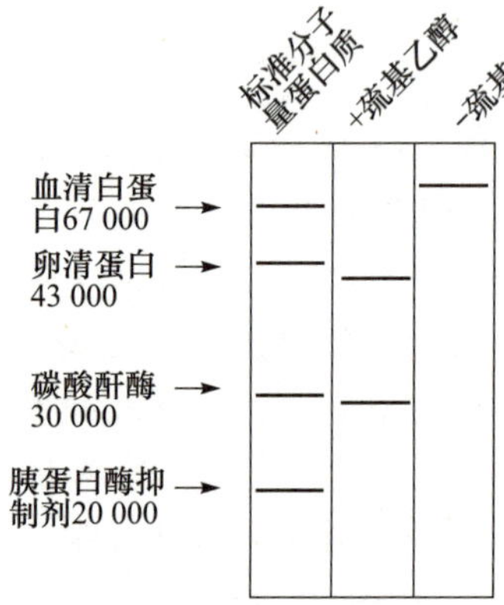

如果蛋白质有二硫键，以巯基乙醇处理蛋白样品，能够打开蛋白质的二硫键。在进行电泳时，具有分子量 140 000 蛋白，经巯基乙醇处理，电泳图中分别出现分子量约为 30 000 和 40 000 两条条带，说明该蛋白质至少有 2 类多肽链；分析分子量，可以推测蛋白质由 4 个多肽链组成，即 2 个分子量 30 000 的多肽链和 2 个分子量 40 000 的多肽链。

2. 简述凝胶过滤层析分离蛋白质的原理。

凝胶过滤层析，即分子筛层析，是依据分子大小进行物质分离的层析技术。如果采用该技术进行蛋白质分离，目标蛋白与其他杂蛋白分子质量相差越悬殊，越容易分离。当蛋白质样品经柱床进行洗脱时，比柱床中凝胶颗粒网孔大的蛋白质不能进入凝胶颗粒内部，而从凝胶颗粒的间隙里通过，受到的阻滞作用小，经过的路径短，先被洗脱下来；比凝胶颗粒网孔小的蛋白质则容易进入凝胶颗粒内部，受到的阻滞作用大，经过的路径长，后被洗脱下来。

3. 什么是盐溶和盐析？

许多蛋白质在水中的溶解度并不高，当往蛋白质水溶液中加入少量低浓度中性盐时，蛋白质溶解度会明显增加。低浓度中性盐增加蛋白质溶解度的现象称为盐溶；当在蛋白质溶液中加入大量中性盐，蛋白质便会沉淀下来，这种现象即盐析。

第五章 酶

一、填空

1. Glu 和 Asp
2. 水解酶、异构酶
3. 不可逆抑制剂

二、单选

DCC

三、问答题

1. 研究人员在对某蛋白质进行纯化时，采用了下列表格中显示的纯化策略，并获得了相应的数据。请解释酶的总活力，比活力、纯化倍数及产率，并填写表格中空缺的数据。

纯化步骤	总蛋白（mg）	总活力（U）	比活力（U/mg）	产率（%）	纯化倍数
酶粗提液	60 000	300 000	5	100.00	1
硫铵分级分离	18 400	276 000	15	0.92	3
离子交换柱层析	5 112	230 040	45	0.77	9
凝胶过滤层析	275	149 875	545	0.50	109
亲和层析	3.5	70 000	20 000	0.23	4 000

- 从教材所知

  比活力是指每毫克酶制剂中所含的酶活力单位数（U/mg）。

  总活力＝U/mg×总蛋白毫克数

  纯化倍数＝每步酶制剂比活力/酶粗提液比活力

  回收率＝每步酶制剂总活力/酶粗提液总活力
- 依据表格中已有数据进行计算，填补空缺的部分

  答案依次是 45，0.50，109，70 000

2. 称取 25 mg 蛋白酶配成 25 mL 溶液，取 2 mL 溶液测得含蛋白氮 0.2 mg。另取 0.1 mL 溶液测酶活力，结果每小时可以水解 1 500 μg 酪蛋白。假定定义 1 个酶活力单位为每分钟分解 1 μg 酪蛋白的酶量，请计算酶溶液的蛋白质浓度和酶的比活力。

1）25 mg 蛋白酶配置成 25 mL 溶液，蛋白质酶浓度相当于 1 mg/mL；

2）取 2 mL 溶液测得含蛋白氮 0.2 mg，说明称取的蛋白酶含有杂质，依据蛋白氮含量测定数值，可以确定溶液中蛋白酶的含量。因此，配置的蛋白酶溶液中，蛋白酶的浓度不再是 1 mg/mL，而应该是 0.1/0.16＝0.625 mg/mL。

3）假定定义 1 个酶活力单位为每分钟分解 1 μg 酪蛋白的酶量，那么每小时水解 1 500 μg 酪蛋白，相当于 0.1 mL 蛋白酶溶液中含有的酶活力单位数是 1 500 μg/60 min，即 25 μg/min，即 25 U；而 0.1 mL 溶液中真正蛋白酶含量相当于 0.1×0.625 ，即 0.062 5 mg 蛋白酶，所以依据酶的比活力定义，可计算得到每毫克酶蛋白的活力单位数是 25/0.062 5，即 400；

所以酶溶液的蛋白质浓度是 0.625 mg/mL；酶的比活力是 400。

3. 请简述酶活性中心的特点。

酶蛋白活性中心占据酶分子总体积很小一部分；具特定的三维结构；通常位于酶分子的疏水凹穴中；酶活性中心的关键氨基酸残基与底物以次级键相连。

第六章 辅酶

一、填空

1. 维生素 B_6，转氨酶

2. 羟基化

3. D

二、单选

DAE

三、问答题

1. 简述维生素 B_1 的功能，并查阅资料说明中国居民膳食维生素日推荐量。

维生素 B_1 的活性形式是焦磷酸硫胺素（TPP），TPP 中的噻唑环 C2 易失去 H^+ 生成具有很强亲核性的碳负离子，协助酶蛋白实施共价催化作用。TPP 是许多与脱羧基相关酶（如丙酮酸脱氢酶）的辅酶，在维持正常糖代谢中发挥重要作用。中国居民膳食维生素日推荐量（2013 版）维生素 B_1 是男性 1.4mg，女性 1.2mg。

2. 硫辛酸是维生素吗？它的功能是什么？

硫辛酸是一种含 2 个硫原子的八碳酸，还原型硫辛酸有 2 个巯基，也被称作二氢硫辛酸，当 2 个巯基脱氢形成二硫键时，形成了氧化型的硫辛酸，硫辛酸不是维生素。硫辛酸常常以其羧基与酶蛋白赖氨酸的 ε-氨基形成酰胺键，作为脱氢酶的辅基传递氢和电子，也能够以其巯基携带脂酰基，作为酰基载体发挥作用。例如，硫辛酸可以作为糖代谢中关键的丙酮酸脱氢酶复合体的辅基发挥其重要作用。

第七章 糖

一、填空

1. 果糖，葡萄糖

2. $2^{5-2}=8$

3. 小

二、单选

DAA

三、问答题

1. 请简述支链淀粉、糖原和纤维素以及几丁质的结构特征。

糖原和支链淀粉均以葡萄糖为最基本的结构单元。葡萄糖之间以 α-1，4-糖苷键和 α-1，6-糖苷键相连形成同多糖；糖原分支密度高于支链淀粉，平均每 8～10 个葡萄糖残基就发生分支，而支链淀粉每 15～25 个葡萄糖残基发生分支；两者分子量也不同，糖原大约有 50 000 个葡萄糖残基组成，而淀粉由 300～6 000 个葡萄糖残基构成。乙酰氨基葡萄糖作为结构单位，以 β-1，4-糖苷键相连形成几丁质。

2. 线性和环式 D-葡萄糖具有相同数目的立体异构体吗，请说出理由。

不相同。当线性葡萄糖分子产生环式葡萄糖时，C1 变成一个异头碳，能够产生 2 个异头体 α 和 β，相当于在原有分子结构中引入一个不对称碳原子，导致环式葡萄糖分子立体异构体数目增加。

3. 请完成下列表格

	单糖组分	糖苷键	是否还原性糖
蔗糖	葡萄糖 果糖	α-*D*-葡萄糖-(1,2)-β-*D*-果糖	×
乳糖	半乳糖 葡萄糖	β-*D*-半乳糖-(1,4)-α-*D*-葡萄糖	√
麦芽二糖	葡萄糖	α-*D*-葡萄糖-(1,4)-β-*D*-葡萄糖	√
纤维二糖	葡萄糖	β-*D*-葡萄糖-(1,4)-β-*D*-葡萄糖	√

第八章　核酸

一、填空

1. 3′，5′-磷酸二酯键
2. dTTP 脱氧胸苷三磷酸
3. 氢键、碱基堆积力、离子键

二、单选

ADA

三、问答题

1. 人类基因组 DNA 大约包含 3×10^9 个核苷酸对，请估算如果 DNA 完全伸展，大约有多长呢？

根据 B-DNA 双螺旋结构特征可知每 10 对核苷酸的螺距约为 3.4 nm，人类基因组包含 3×10^9 个核苷酸对，它们以 B-DNA 的结构形式存在，所以长度大约是 $3 \times 10^9 \times 0.34$，约为 1 m 长。

2. 请分析在稀碱条件下 DNA 和 RNA 哪一类更稳定？

如教材图 8-26 所示，组成 RNA 的核苷酸是核糖核苷酸，与组成 DNA 的脱氧核糖核苷酸相比，由于其核糖 2′位羟基在碱性条件下，易被 OH^- 攻击，失去 H^+，结果生成了具有负电性的羟基氧，后者能够攻击连接 2 个核苷酸磷酯键中的磷，并与之共价结合，引起酯键水解，随即生成的 2′，3′-环磷酸酯，该产物水解产生 3′-核苷酸和 2′-核苷酸的混合物。所以 RNA 在碱性条件下更不稳定。

3. 下图是用双脱氧法测定某 DNA 序列的电泳图，请写出这个被测 DNA 序列，并简述双脱氧核糖核苷三磷酸 ddNTP 的用途。

1）从测序胶正极向负极依次读出碱基序列，该序列是被测 DNA 序列的互补序列，之后写出被测 DNA 序列是 TCGAGTCATG。

2）在测序过程中，当 ddNTP 掺入正在合成的 DNA 片段中，由于 ddNTP 核糖 2′位羟基是脱氧的，因此无法与后续 dNTP 形成 3′，5′-磷酸二酯键，导致 DNA 链合成终止，最终产生不同大小的 DNA 片段，通过电泳可得到相差一个核苷酸的各种 DNA 片段，从而得知被测 DNA 序列的互补序列。

第九章　脂和生物膜

一、填空

1. 内在蛋白，膜锚蛋白
2. 一级主动运输，次级主动运输
3. 长度，饱和度

二、单选

CDD

三、问答题

1. 请解释什么是 ω-3 脂肪酸，我们为何需要通过饮食获得这些脂肪酸？

人们将脂肪酸中远离羧基端的一端命名为 ω 端，从 ω 端开始向羧基端方向数，如果第三位有双键，则被叫作 ω-3 脂肪酸。例如：α-亚麻酸是 18∶2 的脂肪酸（$\Delta^{9,12}$），它是 ω-3 脂肪酸，是人体无法自身合成的，必须通过摄食以满足人体的需要，人体没有脱饱和酶能够催化生成 ω-3 脂肪酸。

2. 简述 G 蛋白在跨膜信号转导过程中的作用。

如图 9-28 所示，细胞外信号（激素、压力等）通过与细胞膜上受体蛋白结合，引发相关酶的活性变化或者通道开关，这些变化通过所谓的信号传递体，将胞外信号传递给细胞膜上的效应酶，后者引发第二信使的产生，由第二信使将胞外信号继续传递给细胞核或者细胞质中的某些组分，甚至膜上蛋白，进而诱发细胞产生对胞外信号的响应。G 蛋白在这个过程中充当信号传递体的角色。G 蛋白是鸟苷酸结合蛋白，普遍分布在不同细胞的细胞膜上，G 蛋白是由 α、β 和 γ 3 种亚基组成的异三聚体膜蛋白。当细胞膜受体接受外界信号后，非活性 G 蛋白中 GDP 被 GTP 替换转变为活化状态，有活性的 G 蛋白中 β 和 γ 亚基离去，随后 Gα 蛋白与效应酶互作，完成信号传递的作用。

3. 简述小分子物质跨膜运输的类型及特点。

小分子物质跨膜运输依据其是否需要载体和是否需能量划分为以下几类：被动运输和主动运输，被动运输又分为简单扩散和协助扩散，主动运输分为一级和次级主动运输，主要特征如下表。

项目	不需要蛋白质载体 − 需要蛋白质载体 +	顺着浓度梯度 − 逆着浓度梯度 +	不需要能量 − 需要能量 +
简单扩散	−	−	−
协助扩散	+	−	−
一级主动运输	+	+	+（ATP 水解功能）
次级主动运输	+	+	+（离子梯度等）

第十章　生物氧化

一、填空

1. 复合物Ⅲ，复合物Ⅳ
2. 电位梯度，浓度梯度
3. 电子传递抑制剂

二、单选

DCD

三、问答题

1. 请简述下列电子传递抑制剂和 ATP 合成过程中的作用。

1）叠氮化物和 CO 专一性抑制电子传递复合体Ⅳ的活性，阻断电子在从电子传递复合物Ⅳ向 O_2 的转移；

2）鱼藤酮专一性抑制电子传递复合体Ⅰ的活性，阻断电子从 NADH 向 CoQ 的转移；

3）苍术苷，一种植物产生的有毒糖苷，能够抑制线粒体内膜上的腺嘌呤核苷酸移位酶活性，导致合成 ATP 所需要的 ADP 无法从线粒体内膜外侧运入线粒体基质，从而抑制 ATP 合成。

4）DNP（2，4-二硝基苯酚）是一种解偶联剂，通过在生物膜中自由运动，携带质子跨膜扩散，消减跨线粒体内膜的质子梯度，影响 ATP 的合成。

5）寡霉素，专一性地抑制 F_oF_1-ATP 合酶的活性，不仅抑制氧化磷酸化，而且能够抑制电子传递。

2. 请写出线粒体内膜上电子传递链中的可移动电子载体及其特征。

可移动电子传递体有 CoQ、Cyt c。CoQ 是一种醌类物质，脂溶性，能够在线粒体内膜脂双层中自由扩散，传递氢和电子；Cyt c 是蛋白质，位于线粒体内膜外侧，具有传递单电子的功能。

3. 为什么 ATP 合酶催化的 ATP 生成需要完整的线粒体内膜？

ATP 合酶催化 ATP 合成的推动力是线粒体内膜两侧的 H^+ 浓度和电位梯度。电子通过线粒体内膜上电子传递复合物进行传递，电子传递复合物Ⅰ、Ⅲ和Ⅳ具有质子泵的功能，可以将线粒体内膜内侧的 H^+ 泵到线粒体内膜外侧，产生 H^+ 浓度和电位梯度。如果线粒体内膜不完整，H^+ 浓度和电位梯度将被破坏，ATP 合成的动力将不存在。

第十一章　糖代谢

一、填空

1. 线粒体基质，琥珀酸脱氢酶
2. NADPH，5-磷酸核糖
3. 糖原合酶，糖原磷酸化酶，UDPG，1-磷酸葡萄糖

二、单选

ACD

三、问答题

1. 请写出丙酮酸脱氢酶复合体的成分以及它所催化的反应。此反应是在机体什么部位进行的？如果在反应体系中加入亚砷酸盐，对反应有何影响？机体是如何调节丙酮酸脱氢酶复合体活性的？

1）3 种酶：丙酮酸脱氢酶、二氢硫辛酰胺转乙酰基酶和二氢硫辛酰胺脱氢酶。5 种辅因子：TPP、硫辛酰胺、CoA、NAD^+ 及 FAD。

2）催化丙酮酸转变为乙酰-CoA

3）线粒体

4）反应会受到抑制。亚砷酸盐可与硫辛酰胺的 2 个硫原子紧密结合，抑制以硫辛酰胺为辅因子的酶的活性。

5）NAD^+、CoA 等底物会提高酶的活性，而产物 NADH、乙酰-CoA 会抑制酶的活性。此外，丙酮酸脱氢酶复合体还受到共价修饰调节。磷酸化失活，去磷酸化有活性。

2. 糖酵解和糖异生是体内生理功能相反的两条途径，机体是如何调节这两条代谢途径的？

糖异生和糖酵解相互制约和协调关系是通过相同调节物的相反效应来实现的。如 AMP 对糖酵解途径的磷酸果糖激酶有激活作用，对糖异生途径的果糖磷酸酯酶有抑制作用；ATP、柠檬酸对磷酸果糖激酶有抑制作用，对果糖磷酸酯酶有激活作用。总之，当 ATP/ADP 比值高时，糖酵解途径关闭，糖异生打开；当 ATP/ADP 比值低时，糖酵解途径打开，而糖异生活性降低。

另外，2，6-二磷酸果糖（F-2，6-BP）在协调糖酵解和糖异生作用中具有特殊的作用。糖异生和糖酵解受进食和激素水平的影响，这种影响与 F-2，6-BP 有关。在大量进食含糖食品后，血液中胰岛素水平升高，F-2，6-BP 随之升高。F-2，6-BP 是磷酸果糖激酶的激活剂，因而糖酵解加速进行；F-2，6-BP 又是果糖磷酸酯酶的抑制剂，使糖异生途径受到抑制。在饥饿时，机体血糖含量下降，刺激血液中胰高血糖素升高，胰高血糖素使 F-2，6-BP 合成受到抑制，糖酵解便随之被制约。

3. 为什么说 6-磷酸葡萄糖是糖代谢途径重要的交叉点？

6-磷酸葡萄糖参与了糖酵解、糖异生、磷酸戊糖途径、糖的有氧氧化以及糖原的合成和分解等多个代谢过程。

第十二章　脂代谢

一、填空

1. 肉碱脂酰转移酶Ⅰ，9，8，8

2. 丙酰 CoA

3. 缩合，还原，脱水，再还原

4. 乙酰乙酸，β-羟丁酸，丙酮

二、单选

BCD

三、问答题

1. 请比较脂肪酸合成和分解过程的不同点。

应从反应部位、过程、关键酶、能量能方面进行比较。

项目	脂肪酸分解	脂肪酸从头合成
细胞内反应部位	线粒体外（活化）+线粒体内（β-氧化）	细胞质
关键酶	肉碱脂酰转移酶Ⅰ	乙酰 CoA 羧化酶
酰基载体	CoA-SH	ACP-SH
加入或断裂的二碳单位	乙酰 CoA	丙二酸单酰 CoA
电子供体或受体	NAD^+ & FAD	$NADPH+H^+$
能量	产生 106 个 ATP	消耗 7 分子 ATP 及 14 分子 $NADPH+H^+$
对柠檬酸和 HCO_3^- 的需求	不需要	需要
β-羟脂酰中间产物构型	*L*	*D*
转运系统	肉碱转运系统	柠檬酸—丙酮酸穿梭
四步重复过程	脱氢、水合、脱氢、硫解	缩合、还原、脱水、还原

2. 计算 1 分子 16 碳的饱和脂肪酸彻底氧化为 H_2O 和 CO_2 时产生的能量。

1 分子 16 碳的饱和脂肪酸经 7 次 β-氧化产生 8 分子乙酰 CoA、7 分子 $NADH + H^+$ 和 7 分子 $FADH_2$。1 分子乙酰 CoA 经三羧酸循环和氧化磷酸化产生 10 分子 ATP，8 分子乙酰 CoA 就能产生 80 分子 ATP。7 分子 NADH 产生 $7\times2.5=17.5$ 分子 ATP。7 分子 $FADH_2$ 产生 $7\times1.5=10.5$ 分子 ATP。因此，共产生的能量为：$8\times10+7\times1.5+7\times2.5=108$。因为，在脂肪酸活化过程中消耗了 2 个高能磷酸键，相当于消耗了 2 分子 ATP。因此 1 分子 16 碳的饱和脂肪酸彻底氧化为 H_2O 和 CO_2 时产生的能量为：$108-2=106$ 个 ATP。

3. 请写出乙酰 CoA 参与的代谢途径。

1）进入三羧酸循环；2）合成脂肪酸；3）合成酮体；4）合成胆固醇；5）进入乙醛酸循环（植物及微生物体内）

第十三章　氨基酸代谢

一、填空

1. 泛素活化酶，泛素携带蛋白，泛素蛋白连接酶
2. 天冬氨酸，铵根离子，CO_2
3. 亮氨酸，赖氨酸

二、单选

ABB

三、问答题

1. 什么是一碳单位？请说明一碳单位的载体、一碳单位的主要来源以及一碳单位的功能。

一碳单位是含一个碳原子的基团（不包括羧基）。一碳单位在体内的载体主要是四氢叶酸和 S-腺苷甲硫氨酸（SAM）。一碳单位主要来自体内氨基酸的代谢，如丝氨酸、甲硫氨酸

及甘氨酸等。一碳单位的功能主要是作为合成嘌呤和嘧啶核苷酸的原料，此外，也参与胆碱等物质的合成。

2. 什么是葡萄糖—丙氨酸循环？它在体内具有怎样的生理意义？

肌肉中葡萄糖经糖酵解途径产生丙酮酸，丙酮酸通过转氨基作用生成丙氨酸。丙氨酸通过血液循环进入肝脏，在肝脏中经转氨基作用生成丙酮酸，氨进入尿素途径，丙酮酸经糖异生途径合成葡萄糖。葡萄糖又可经血液循环进入肌肉，氧化分解产生能量。通过葡萄糖—丙氨酸循环为肌肉供应能量，同时清除游离氨。

3. 请阐述氨基酸代谢与糖代谢的联系。

1）氨基酸可转变为糖类：生糖氨基酸可转变为葡萄糖。例如，丙氨酸可以通过一步转氨基作用生成丙酮酸，后者可以作为葡萄糖异生前体合成葡萄糖。

2）糖类也能转变为一些非必需氨基酸。例如，3-磷酸甘油酸，葡萄糖糖酵解中间产物，是合成丝氨酸、半胱氨酸和甘氨酸的前体物质；磷酸烯醇式丙酮酸和4-磷酸赤藓糖是合成芳香族氨基酸的前体物质。

第十四章　核苷酸代谢

一、填空

1. 谷氨酰胺-PRPP转氨酶，次黄嘌呤核苷酸，腺嘌呤核苷酸
2. 天冬氨酸转氨甲酰酶，氨甲酰磷酸合成酶Ⅱ
3. N^5，N^{10}—亚甲基四氢叶酸
4. 次黄嘌呤—鸟嘌呤磷酸核糖转移酶（HGPRT），嘌呤核苷酸补救合成

二、单选

BBC

三、问答题

1. 嘌呤核苷酸和嘧啶核苷酸的从头合成分别有什么特点？哪些氨基酸参与了嘌呤和嘧啶环的合成？

嘌呤核苷酸合成是先由5-磷酸核糖-1-焦磷酸（PRPP）提供糖环，合成的初始产物是次黄嘌呤核苷酸（IMP），然后再转变为鸟嘌呤核苷酸和腺嘌呤核苷酸。嘧啶核苷酸合成的开始没有核糖参与，先合成乳清酸后与PRPP反应生成乳清苷酸，再转变为尿嘧啶核苷酸。

参与嘌呤环合成的氨基酸有谷氨酰胺、天冬氨酸和甘氨酸。参与嘧啶环合成的氨基酸有谷氨酰胺和天冬氨酸。

2. 真核生物体内有2种氨甲酰磷酸合成酶，请从底物、参与的反应途径及反应部位进行比较。

项目	氨甲酰磷酸合成酶Ⅰ	氨甲酰磷酸合成酶Ⅱ
反应途径	尿素循环	嘧啶核苷酸合成
底物	HCO_3^-，NH_4^+，ATP	HCO_3^-，Gln，ATP
反应部位	线粒体	细胞质

3. 请说明抗癌药物5-氟尿嘧啶（5-FU）的作用机理。

5-氟尿嘧啶在体内转变为氟脱氧尿苷酸（F-dUMP），它的结构与dUMP相似，竞争性地与胸苷酸合酶结合，抑制了dTMP的合成，从而使dTTP合成减少，DNA合成受到抑制，影响细胞分裂。

第十五章　DNA合成

一、填空

1. Klenow；5′→3′聚合酶；3′→5′外切酶
2. 错配修复
3. 重组修复

二、单选

CC

三、问答题

1. 请分析说明原核生物如何保持DNA复制的忠实性？

①核糖核苷二磷酸还原酶的调节作用，维持体内4种dNTP合成的均衡。②DNA聚合酶的构象变化。③DNA合成之初使用RNA引物，DNA合成之后切除RNA引物。④DNA聚合酶Ⅰ和DNA聚合酶Ⅲ的3′→5′核酸外切酶活性，在DNA合成的同时，切除错误掺入的dNTP。⑤DNA修复系统。

2. RT-PCR技术常用来检测基因的mRNA表达水平、克隆特定基因的cDNA序列等，请你设计实验从烟草中克隆A基因。

1）首先需要从烟草中提取RNA，注意保持RNA的纯度和完整性。

2）以RNA为模板，在逆转录酶的催化作用下，合成cDNA。

3）根据A基因序列，设计并合成1对特异性引物。

4）PCR反应体系包括：cDNA模板、1对特异性引物、dNTP、DNA聚合酶、反应Buffer等。

5）设定合适的温度、循环数在PCR扩增仪中做PCR扩增。

6）琼脂糖凝胶电泳检测，回收目标片段测序，或PCR产物测序。

7）用DNA连接酶将PCR产物连接到合适的载体。

第十六章　RNA合成

一、填空

1. $\alpha_2\beta\beta'\omega\sigma$；$\sigma$
2. mRNA；tRNA；rRNA

二、单选

DC

三、问答题

1. 简述原核生物启动子的特点和转录起始机制。

启动子是 DNA 分子上调控基因转录的一段序列，它能被 RNA 聚合酶识别、结合而起始转录。原核生物的启动子包括转录起始位点（+1）、−10 区、−35 区等特征序列。−35 区是启动子上被 RNA 聚合酶 σ 因子特异识别的序列，σ 因子识别−35 区后，引导 RNA 聚合酶和启动子结合形成转录起始闭合复合物，启动子在富含 TA 的−10 区解链，形成开放复合物。转录起始位点暴露，RNA 聚合酶开始沿着模板转录，当转录长度大约为 10nt，σ 因子从复合物上脱落下来，核心酶沿着模板前行，启动子清空。

2. 简述真核生物成熟 mRNA 的产生。

真核生物 mRNA 前体（也称为 hnRNA）是在细胞核内、由 RNA 聚合酶Ⅱ催化产生的。由 hnRNA 产生成熟 mRNA 的过程包括：5′端加帽子结构、3′端加 polyA 尾巴、外显子剪接（去除内含子而保留外显子的修饰过程）。绝大部分 mRNA 的剪接都是由剪接体所执行，有些 RNA 分子也有能力催化自身的修剪。

知识补充：通常 mRNA 前体能经由数种不同的剪接方式，产生不同形式的 mRNA，使一段基因序列在不同的组织或发育过程中能经过转录—剪接—转译后产生不同形式的蛋白质，进而发挥不同的作用，这种剪接方式叫作选择性剪接。

第十七章　蛋白质合成

一、填空

1. 变偶性
2. AUG；甲酰甲硫氨酸；甲硫氨酸
3. UAA；UGA；UAG；硒代半胱氨酸；吡咯赖氨酸

二、单选

AD

三、问答题

1. 简述原核生物多肽链合成的起始过程。

多肽链合成的起始是指 mRNA、核糖体、第一个氨酰 tRNA 三者之间识别并结合形成起始复合物的过程。①辨认起始密码子：原核生物多肽链合成首先要辨认 mRNA 上的起始密码子 AUG，原核生物合成的第一个氨基酸大多是 N-甲酰甲硫氨酸（fMet），$tRNA_f^{Met}$ 识别起始密码子 AUG，$tRNA^{Met}$ 识别肽链延伸中的密码子 AUG。原核生物 mRNA 起始密码子 5′端上游有一段富含嘌呤的 SD 序列，与核糖体小亚基上 16S rRNA 3′端上的特异序列（反 SD 序列）识别，从而指示了下游的 AUG 是起始密码子。②30S 起始复合物的形成：起始因子 IF-3、IF-1 、IF-2 参与形成 30S 起始复合物，完成 fMet-$tRNA_f^{Met}$ 与 P 位点结合。③70S 起始复合物形成：30S 起始复合物与 50S 的大亚基结合，3 个 IF 因子释放，70S 起始复合物组装完毕。

2. 简述大肠杆菌中蛋白质合成时多肽链的延伸过程。

多肽链每延伸一个氨基酸需要经历进位、转肽、移位 3 个步骤。

1）进位：新的氨酰-tRNA 结合到 A 位点，有 EFTu-EFTs 循环，消耗 1 分子 GTP。

2）转肽：P 位点的肽基从氨酰-tRNA 转移到 A 位点的氨酰-tRNA 上，形成肽键，50S 大亚基的 23 SrRNA 具有肽酰转移酶活性。

3）移位：EF-G 消耗 1 分子 GTP 推动核糖体沿 mRNA（5'→3'）方向移动 1 个密码子。

第十八章　代谢调节

一、填空

1. 细胞水平、激素水平

2. cAMP；CAP 蛋白

二、单选

CD

三、问答题

1. 为什么说 TCA 循环是物质代谢和能量代谢的枢纽？

1）糖代谢产生的碳骨架进入 TCA 氧化。糖异生以琥珀酸、草酰乙酸为前体。

2）脂肪分解产生甘油和脂肪酸，甘油先转化成磷酸二羟丙酮，再经 EMP 进入 TCA；脂肪酸经 β-氧化产生乙酰 CoA，进入 TCA。脂肪酸的合成以乙酰 CoA 为前体。

3）氨基酸氧化分解的碳骨架延胡索酸、草酰乙酸、α-酮戊二酸等都可进入 TCA。TCA 循环的中间产物草酰乙酸、a-酮戊二酸可以合成氨基酸。

4）TCA 循环产生大量 NADH 和 $FADH_2$，在线粒体参与电子传递，氧化磷酸化，产生大量 ATP。物质合成代谢需要 ATP 供能。

2. 为什么说乙酰-CoA 是代谢的重要中间物质？

①糖酵解产物进入三羧酸循环的连接点，而三羧酸循环是物质与能量代谢的枢纽。②脂肪酸降解与合成的基本单元，是动物细胞碳水化合物供应不足时，脂肪酸降解中酮体代谢的关键物质。③是植物微生物中乙醛酸循环中的关键物质，而乙醛酸循环在这些生物体内完成了脂肪酸向碳水化合物的转化。④氨基酸代谢碳骨架的连接点之一。⑤脂肪酸、酮体和胆固醇合成的前体。

3. 分别举例说明诱导物和辅阻遏物是如何调节原核细胞基因表达的。

乳糖操纵子：当环境中没有乳糖时，细菌没有必要产生利用乳糖的酶，此时阻遏蛋白与操纵基因结合，阻碍了 RNA 聚合酶和启动子结合，结构基因的转录关闭。当环境中有乳糖，乳糖可以转化为别乳糖，别乳糖作为诱导物与阻遏蛋白结合导致后者构象发生变化，不再与操纵基因结合，RNA 聚合酶和启动子结合，结构基因转录，细菌细胞能够利用乳糖。该模型解释了酶合成的诱导现象。

色氨酸操纵子：色氨酸操纵子的阻遏蛋白本身没有活性，需要与配基（色氨酸）结合才能够被激活。当细胞中有大量色氨酸时，色氨酸作为辅阻遏物与阻遏蛋白结合导致后者激活，与操纵基因结合，关闭色氨酸操纵子。此时，细胞不能合成色氨酸。该模型解释了酶合成的阻遏现象。